中国白蚁防治研究及其应用

——高道蓉论文选集

主　编：王建国　庞正平

苏州大学出版社
Soochow University Press

图书在版编目(CIP)数据

中国白蚁防治研究及其应用:高道蓉论文选集/王建国,庞正平主编. --苏州:苏州大学出版社,2016.4
ISBN 978-7-5672-1582-5

Ⅰ.①中… Ⅱ.①王… ②庞… Ⅲ.①白蚁防治-文集 Ⅳ.①S763.33-53

中国版本图书馆CIP数据核字(2016)第060564号

书　　名	中国白蚁防治研究及其应用——高道蓉论文选集
主　　编	王建国　庞正平
责任编辑	倪青
装帧设计	刘俊
出版发行	苏州大学出版社
社　　址	苏州市十梓街1号(邮编:215006)
印　　刷	南京新洲印刷有限公司
开　　本	889 mm×1194 mm　1/16　印张:22.25　插页:20　字数:710千
版　　次	2016年4月第1版
印　　次	2016年4月第1次印刷
书　　号	ISBN 978-7-5672-1582-5
定　　价	150.00元

苏州大学版图书若有印装错误,本社负责调换
苏州大学出版社营销部　电话:0512-65225020
苏州大学出版社网址　http://www.sudapress.com

谨以此书

纪念我国著名白蚁学家高道蓉教授

编辑委员会

主　任：陈丹琦

副主任：徐　俊　周留坤　陈道友

委　员：（按姓氏拼音顺序排列）

陈丹琦　陈道友　程冬保　程元善
丁俊杰　姜志宽　金占宝　林　雁
李　濮　刘绍基　庞正平　王建国
王秀梅　吴建国　徐　俊　尹　兵
杨建平　周留坤　周　晔　赵兴华

主　编：王建国　庞正平

主持单位：
　　江苏省白蚁防治协会

参与单位：
　　南京市白蚁防治研究所
　　江西农业大学
　　常州市白蚁防治中心
　　常州市武进区白蚁防治所
　　江阴市白蚁防治所
　　常州晔康化学制品有限公司

出版说明

南京市白蚁防治研究所的教授级高级工程师高道蓉是我国著名的白蚁学家,不幸因病于 2011 年 7 月 17 日在深圳去世。为纪念高道蓉教授为我国白蚁防治事业做出的突出贡献,传承其学术思想,其家人(夫人岳世韵,儿子高文)授权江苏省白蚁防治协会编辑出版《中国白蚁防治研究及其应用——高道蓉论文选集》。该书主要收录了高道蓉教授一生公开发表的中外文学术论文 95 篇,按照发表的时间先后和先中文后外文的顺序进行编排。为尊重历史和原文,对选编的论文仅对明显错误的字、句进行了修改,对文章的格式和部分表格进行了重新排版。同时,该书还收录了从 20 世纪 80 年代以来高道蓉教授工作、交流和生活的照片 90 幅;书末附有香港渔农自然护理署植物及除害剂监理科刘绍基博士整理的《高道蓉发表的白蚁新种名录》,以供读者查阅。

本书可供白蚁防治工作者,尤其是白蚁分类学研究者参考使用。

编者
2016 年 3 月

高道蓉教授简介

高道蓉,男,1940年6月13日生,湖北武昌人。1963年毕业于复旦大学生物系动物学专业(昆虫专门化5年制本科),在中国科学院中南昆虫研究所(现广东昆虫研究所)工作;1977年4月被调至江苏省南京市白蚁防治研究所工作,教授级高级工程师;1995年6月起享受国务院政府特殊津贴;1995年9月获江苏省"有突出贡献中青年专家"称号;2001年6月退休;2011年7月17日因病医治无效在深圳去世,享年71周岁。

高道蓉教授长期在基层从事白蚁防治的科学研究工作,先后主持完成了《白蚁诱杀材料的研究》《江苏省白蚁调查及白蚁分类的研究》《抗生素杀灭房屋建筑白蚁的研究》《香港白蚁的研究》和《灭白蚁药剂筛选研究》等多项重大科研课题,研究成果获省级科技进步奖4项、市级科技进步奖3项。高道蓉教授为我国白蚁分类学研究做出了突出贡献。他野外采集白蚁标本,足迹几乎踏遍了我国所有的白蚁分布区,建立白蚁新属3个,发表白蚁新种78个,为白蚁学工具书《中国动物志·昆虫纲·第十七卷·等翅目》提供了丰富的资料。

高道蓉教授一生发表科技论文、出版专著甚丰。在国内外20余种学术性刊物上先后发表科技论文、译文100余篇;主编或参与编辑《中国动物志·昆虫纲·第十七卷·等翅目》《中国等翅目及其主要危害种类的治理》《香港地区的白蚁(等翅目)》《江苏白蚁及其防治》和《深圳市白蚁及其防治》共5部专著。此外,高道蓉教授还参与编著了《中国白蚁学论文选》4部,共9册,收录论文1485篇,共计2796万字,将我国白蚁学者分散发表在国内外各种学术刊物上的论著汇编成册,对推动我国白蚁学研究做出了重大贡献。

高道蓉教授非常注重学术交流。他是我国白蚁防治学术交流的代表人物,先后参加过美国昆虫学会年会、国际昆虫学大会、国际社会昆虫学大会、亚大区杀虫业协会年会等国际性学术讨论会,并做了专题报告。受国家建设部委托于1997年9—10月和1998年10—11月率团赴美国进行白蚁学术交流;1992—1995年应邀赴我国香港进行白蚁学研究和指导白蚁防治工作;2004年10月应邀赴印度尼西亚首都雅加达指导白蚁防治工作;2004年11月应邀赴越南白蚁防治中心进行学术交流并做学术报告。

高道蓉教授从事白蚁防治工作近50年,他将一生奉献给了我国白蚁防治事业。他所做出的贡献,将被历史铭记!

高道蓉教授
(1940年6月13日—2011年7月17日)

图1　高道蓉教授在野外进行试验

图2　高道蓉教授在室内工作

图3　高道蓉教授在南京市白蚁防治研究所与同事(左起朱本忠、高道蓉、李濮、凌爽)一起开展课题研讨

图4 高道蓉教授与无锡白蚁防治所李小鹰(左一)、徐州白蚁防治所王兴华(左二)、南京白蚁防治所刘发友(右二)、泉州白蚁防治所薛祖培(右一)合影

图5 高道蓉教授在野外采集标本

图6 高道蓉教授夫妇在香港艺术馆前合影

图7 1984年9月陈铸尧(前排左四)、高道蓉(前排左五)、范树德(前排右四)、邹运鼎(前排右三)等授课老师与中国白蚁防治第一期培训班全体学员合影

图8 1984年9月高道蓉教授与杜心懿(左一)、姚力群(右一)在安徽省安庆市合影

图9　1985年6月高道蓉教授参加美国昆虫学会年会时与日本昆虫学会理事长森八郎教授(左二)等合影

图10　1985年6月高道蓉教授参加美国昆虫学会年会时与日本代表团合影

图11　1985年高道蓉教授在夏威夷考察白蚁试验场

图12　1985年高道蓉教授在香港富力杀虫有限公司考察

图13　1985年高道蓉教授在香港考察时与香港杀虫业协会会长叶锦荣(中)等合影

图14　1985年高道蓉教授在香港考察时与香港杀虫业协会会长翁天全会长(右一)、叶锦荣(右三)等合影

图15 1985年高道蓉教授在香港考察时与香港永新杀虫公司总裁、副总裁合影

图16 1988年高道蓉教授和林树青在香港城市理工学院合影

图17 1992年6月高道蓉教授在北京国际会议中心参加第十九届国际昆虫学大会时与同行合影

图18 1992年6月高道蓉教授在北京国际会议中心参加第十九届国际昆虫学大会时与同行合影(右一为南昌市白蚁防治研究所蔡勋红)

图 19　1992 年 6 月高道蓉教授在第十九届国际昆虫学大会上做报告

图 20　1993 年 5 月高道蓉教授参加中国白蚁防治研究会
　　　与香港杀虫协会学术交流会合影

图 21　1993 年 5 月高道蓉教授参加中国白蚁防治研究会
　　　与香港杀虫协会学术交流会合影

图22 1994年1月高道蓉教授访问美国时与苏南耀教授等合影

图23 1994年1月高道蓉教授访问美国时与苏南耀教授等合影

图24 1995年高道蓉教授访问日本东京时与同行合影

图 25　1995 年 1 月 19 日高道蓉夫妇与夏凯龄教授(右一)合影

图 26　1996 年 7 月高道蓉教授与刘发友等合影

图 27　1997 年 9 月 26 日高道蓉教授和
杜心懿在联合国总部外合影

图 28　1997 年 10 月中国白蚁防治研究会组织
的赴美考察团在美国听报告

图 29　1997 年 10 月中国白蚁防治研究会组织
的赴美考察团在美国听报告

图30　1998年11月高道蓉教授在美国考察白蚁药剂野外试验场

图31　1998年11月高道蓉与张锡良(右一)等在美国佛罗里达大学合影

图32　1998年11月高道蓉教授(右一)、吴建国(右二)、张锡良(右三)等在美国佛罗里达大学参观考察

图33　1998年11月高道蓉教授(右二)与苏南耀教授(右一)等在美国佛罗里达大学教室里合影

图34　1998年11月高道蓉教授(右三)与苏南耀教授(右二)等在美国佛罗里达大学教室里合影

图35　1998年11月高道蓉教授(右一)与苏南耀教授(右二)在美国佛罗里达大学教室里合影

图36 1998年11月高道蓉教授(左一)、张锡良(右一)在美国佛罗里达大学与苏南耀教授(左二)在教室里合影

图37 1998年11月高道蓉教授(后排左五)和中国白蚁防治考察团在美国白宫前合影

图38 1999年3月高道蓉教授与张锡良(右二)、谭国安(左一)合影

图39 1999年9月高道蓉教授与姚力群(左一)、李小鹰(右一)参加亚大区杀虫管理联盟协会年会的合影

图40 1999年9月高道蓉教授与李小鹰(左一)、杨礼中(左二)参加亚大区杀虫管理联盟协会年会的合影

图41 1999年9月高道蓉教授参加亚大区杀虫管理联盟协会年会时与大会执行主席(左二)、杜心懿(左一)、姚力群(右一)合影

图42　1999年9月高道蓉教授在北戴河

图43　1999年南京市白蚁防治研究所年度总结大会后所领导与中层干部合影(所长张锡良,副所长黄听祥、王桂彬,管理处办公室主任陈加林,所办公室主任陈道友、副主任孙友才,防治科科长侯玉明、刘俊祥,财务科科长景治娥,研究室主任高道蓉)

图44　2000年12月18日高道蓉教授(左四)与何秀松(左三)、马延明(左五)、徐升平(右四)、吴建国等白蚁防治专家在武进市房地产管理处对武进市白蚁防治所科研项目《武进市白蚁种类调查及区系分布特点研究》进行评审鉴定

图45　2000年10月高道蓉教授(左五)与周晔(左一)、尹兵(左二)、丁汉华(左三)、周留坤(左六)、杨建平(右四)、华福堂(右三)、庞正平(右二)等在常州市中华恐龙园前合影

图46 2000年高道蓉教授和周留坤(右一)、殷国良(左一)在江苏省溧阳市天目湖合影

图47 2000年高道蓉教授和杨建平(右一)、丁汉华(右二)、顾瑞珍(左一)在江苏省溧阳市天目湖合影

图48 2001年12月8日高道蓉教授(右二)和姜志宽(左一)、郑智民(左二)、周留坤(左三)、夏凯龄(左四)、陈问达(右三)、吴建国(右一)在江苏常州合影

图49 2001年高道蓉教授(前排左六)、夏凯龄教授(前排左七)等专家参加江苏常州晔康化学制品有限公司氟虫胺原药项目鉴定会

图 50　2004 年 9 月 26 日高道蓉教授与香港刘绍基博士在香港机场铁路香港岛总站前合影

图 51　2004 年 9 月 26 日高道蓉教授与香港刘绍基博士在金融中心合影

图52　2005年7月高道蓉教授在澳门

图53　2005年10月高道蓉教授夫妇在新加坡

图54　2005年11月高道蓉教授在全国第七届城市昆虫学术研讨会上做学术报告

图55　2005年11月在全国第七届城市昆虫学术研讨会上高道蓉教授与宋晓钢合影

图56　2005年11月在全国第七届城市昆虫学术研讨会上高道蓉教授与许如银合影

图57　2005年11月在全国第七届城市昆虫学术研讨会上高道蓉教授与李栋(左二)、徐卫英(右一)等合影

图 58　2005 年 11 月在全国第七届城市昆虫学术研讨会上高道蓉教授与同行合影

图 59　2005 年 11 月在全国第七届城市昆虫学术研讨会上高道蓉教授与陈学新教授（左二）、谭速进博士（右一）合影

图 60　2005 年 11 月在全国第七届城市昆虫学术研讨会上高道蓉教授与唐振华教授（左二）等合影

图 61　2005 年 11 月在全国第七届城市昆虫学术研讨会上高道蓉教授与马延明合影

图 62　2005 年 11 月在全国第七届城市昆虫学术研讨会上高道蓉教授与石勇（左二）、郭建强（右一）合影

图 63　2005 年 11 月在全国第七届城市昆虫学术研讨会上高道蓉教授与李栋（右一）等合影

图64 2006年3月17日陈镈尧、陈问达、林树青、夏凯龄、高道蓉、吴建国、杜心懿(前排从左到右)等专家在武进市白蚁防治所《应用环保药剂研制开发白蚁群族监测灭杀系统》项目鉴定会上合影

图65 2006年3月17日殷国良、吴建国、高道蓉、陈问达、林树青、夏凯龄、周留坤、杜心懿、周晔(从左到右)在常州晔康化学制品有限公司厂区合影

图66 2006年3月17日高道蓉教授和林树青在常州晔康化学制品有限公司厂区合影

图67 2006年3月17日高道蓉教授和常州晔康化学制品有限公司董事长周留坤、总经理周晔在厂区合影

图68 2006年4月14日高道蓉教授和夏凯龄(右一)、朱锦彪(左一)等在常州北乐大酒店参加常州市白蚁防治研究所《房屋白蚁预防工程土壤化学屏障质量检测评价体系研究》项目鉴定会

图 69　2008 年 4 月 17 日高道蓉教授在海南采集白蚁标本

图 70　2008 年 8 月高道蓉教授在海南博鳌

图 71　2008 年 11 月高道蓉教授在张家界

图 72　2008 年 12 月高道蓉教授夫妇在三亚

图 73　2009 年 2 月高道蓉教授和全国白蚁防治同行在杭州参加全国消减和淘汰氯丹灭蚁灵实施计划研讨会

图 74　2009 年 2 月高道蓉教授和全国白蚁防治同行在杭州参加全国消减和淘汰氯丹灭蚁灵实施计划研讨会

图75　2009年3月高道蓉夫妇在井冈山

图76　2009年4月高道蓉教授和黄复生(右二)、夏凯龄(左二)、林树青(左一)等
全国白蚁防治专家在浙江湖州参加全国白蚁防治专业培训教程审定会

图 77　2009 年 8 月 12 日高道蓉教授和谭速进博士、杜心懿研究员在鉴定标本

图 78　2009 年 8 月 12 日高道蓉教授和张锡良、杜心懿、谭速进参加烟台地区白蚁属种认定研讨会

图 79　2009 年 8 月高道蓉教授和谭速进、杜心懿在烟台张裕红酒博物馆前合影

图 80　2009 年 8 月高道蓉教授和谭速进、杜心懿在青岛奥帆中心码头合影

图 81　2009 年 8 月高道蓉教授在青岛奥帆中心

图 82　2009 年 8 月高道蓉教授在青岛海军博物馆

图83　2010年4月19日高道蓉教授和夏凯龄、杜心懿、张锡良、王士敏、姚力群、杨兆芬、石勇等专家在上海参加马鞍山市白蚁防治所《等翅目属名中文名称研究》课题评审会

图84　2010年4月19日高道蓉教授和夏凯龄教授在上海参加马鞍山市白蚁防治所《等翅目属中文名称研究》课题评审会

图 85　2010 年 4 月 19 日高道蓉教授和程冬保在上海锦江之星合影

图 86　2010 年 4 月 19 日高道蓉教授和杨建平、周留坤、吴建国、徐国兴、庞正平等在常州市武进区白蚁防治所合影

图87　2010年4月19日高道蓉教授和庞正平在常州市武进区白蚁防治所合影

图88　2011年1月高道蓉教授和孙子在深圳合影　　图89　2011年1月高道蓉教授和孙子在深圳合影

白蚁学界的耕耘者（序一）

——缅怀勤奋务实的高道蓉教授

高道蓉生于1940年，毕业于复旦大学生物系动物学专业（昆虫专门化5年制本科）。1977年他从广东省昆虫研究所调入南京市白蚁防治研究所之后，先后主持了白蚁诱杀材料的研究、江苏省白蚁调查及白蚁分类的研究、抗生素杀灭房屋建筑白蚁的研究、香港白蚁的研究、灭白蚁药剂筛选研究共5项重大科研课题，先后获省科技进步奖4项、市科技进步奖3项，他本人荣获江苏省"有突出贡献中青年专家"称号，享受国务院政府特殊津贴。

高道蓉同志被调入南京市白蚁防治研究所后随即投入紧张的科研工作中。几十年来，他在白蚁分类研究领域造诣颇高，展示了一名真正的学者潜心学术研究的毅力。自1977年起，他先后对江苏省57个市、县的白蚁种类及其分布和危害情况进行了全面系统的调查和标本的采集。1977年至1990年间，共采集到白蚁标本3 000余份。通过对标本的整理、分类和鉴定，1990年年底，他将江苏省的白蚁归类为3科6属19种。这一研究成果对江苏各地开展白蚁防治和新建房屋白蚁预防工作具有指导意义，他因此获得1992年度南京市科技进步二等奖和江苏省科技进步三等奖。此外，他还带领科研人员深入苏、皖两省的部分地区开展白蚁危害调查和白蚁标本采集，为编写工具书——《中国动物志·昆虫纲·第十七卷·等翅目》提供了宝贵的第一手资料。

2005年，中国白蚁防治氯丹灭蚁灵替代示范项目大规模推广的饵剂技术，引领白蚁防治行业技术水平的发展达到一个新高度。而鲜为人知的是，早在1982年，以我所研究室主任高道蓉为首的科技人员就已经开展了"白蚁诱杀材料"研究课题，并创造性地发明了毒饵胶冻剂，这一成果获得1984年南京市科技进步二等奖和江苏省科技进步三等奖，只是因为时代的影响，这些科研成果未能得到良好的商业化开发。高道蓉教授在科研工作中注重白蚁生物学特点的应用。很久以前，他就利用抗生素消灭白蚁体内微生物，使白蚁摄入的食物无法分解而得不到必需的营养物质致最终死亡。抗生素杀灭房屋建筑白蚁的研究成果，获得1992年度南京市和江苏省科技进步三等奖。

高道蓉教授在白蚁防治药剂的应用研究上取得了卓越的成就。从1996年起，高道蓉教授针对老一代白蚁防治药物因污染严重而即将退出生产和使用的严峻形势，与南京军区军事医学研究所等单位合作开展了灭白蚁药剂筛选研究，经过三年的艰苦工作和反复试验，筛选出硫氟酰胺毒饵等3种新型杀白蚁剂，同期由他参与开展的环保型白蚁防治制剂1%氟氰苯唑微乳剂的研制课题也圆满完成。

高道蓉教授将一生奉献给了白蚁防治科研事业。自1980年起至2000年间，我研究所出版或发表的142篇著作、论文中，大多数为高道蓉单独或作为第一作者所编撰。1994—1995年，由高道蓉等研究人员承担选编的《中国白蚁学论文选：1950—1983》于1986年印刷出版。1997—1998年，由高道蓉教授负责组织从事白蚁防治工作多年、经验丰富的人员组成编辑委员会选编了《中国白蚁学论文选：1984—1993》，收录了近千篇精选的论文，全书约470万字。1999年底开始选编《中国白蚁学论文选：1994—1999》。三部论文选将我国白蚁学者分散发表在国内外各种学术刊物上的论著精选汇编成册,对推动全国白蚁防治学术研究,提高白蚁行业理论水平、防治技能和工作效率具有实用价值。

高道蓉教授还是我所对外学术交流的先锋人物。1992年8月至1995年1月,他应邀赴香港开展香港地区白蚁分类研究工作,使香港地区已知白蚁种类倍增到40多种,填补了香港地区白蚁分类上的多项空白。1996年,由高道蓉、刘绍基等编著的《香港地区的白蚁(等翅目)》一书出版。他因杰出的工作而荣获江苏省"有突出贡献中青年专家"的荣誉称号,享受国务院政府特殊津贴。

1995年7月和1996年7月,他两次赴澳大利亚进行学术交流并洽谈合作,先后访问了墨尔本的Adams杀虫公司和澳大利亚昆虫研究所白蚁研究室、昆虫病理研究组和分类研究室、悉尼Amalgted杀虫公司、澳大利亚杀虫业协会悉尼地区分部,对澳大利亚各主要城市白蚁防治技术、研究成果、卫生害虫市场的前景等进行了有益而广泛的调研。1997年,以中国白蚁研究会常务理事高道蓉教授为团长的中国白蚁防治技术交流考察团一行18人赴美国进行交流访问,代表团先后访问了美国纽约州害虫防治协会、美国国家害虫防治协会(NPCA)、加州害虫防治委员会和加州西部白蚁和害虫防治公司。1998年,应美国佛罗里达大学苏南耀教授、夏威夷大学Grace教授和美国害虫防治业协会执行副总裁R. F. Lederer先生的邀请,以高道蓉教授为团长的白蚁防治学术交流代表团再次赴美访问,与美方就人员技术培训、白蚁防治业务与管理、药物和器具等问题开展了交流和学习。

实际上,早在1985年,高道蓉就应美国昆虫学会太平洋分会的邀请,赴美国夏威夷出席在檀香山举行的主题为"台湾家白蚁生物学、生态学及其防治"的国际学术研讨会。他在会上做了有关诱杀白蚁的学术报告,赢得与会各国学者的一致好评。1994年,他又赴法国巴黎参加国际城市昆虫学术会议,做了题为《中国香港地区的白蚁及其防治》的专题学术报告。

2001年,高道蓉教授退休后继续从事白蚁学技术研究。他移居广东,仍从事白蚁、红火蚁等有害生物防治工作,积极培养青年人才,为苏、粤两地白蚁防治同行交流牵线搭桥。由于他的勤奋工作和巨大贡献,南京市白蚁防治研究所的学术成就、科研能力、人才培养、对外交流等方面长期以来走在行业前列。高道蓉教授是我所的骄傲!我们为有像高道蓉教授这样的杰出同事而倍感自豪!

南京市白蚁防治研究所所长
陈丹琦
2014年12月8日

序 二
——我的好友高道蓉教授

2012年某天,我致电深圳找高教授,希望传递个简单的问候,对方说:"高道蓉已经不在了!"我没有追问下去就把电话挂上了,其一,我的普通话非常"一般",恐怕若追问下去,对方一大堆的答案让我弄不清楚究竟,但实际的原因,潜意识驱使我把"高道蓉已经不在了!"理解为"他不在家,外出公干去了"! 直到今年年初,有朋友带来高教授确实离世的消息,心里骤然冒出一幕幕的回忆,高教授与夫人不久前还到我办公室聊天,把我窗旁的"红蝴蝶"(图1)摘了些带回家栽种,我们还一起拍了些白蚁和其他昆虫的照片(图2),其后高教授、夫人又回复祖父母身份,到我办公楼附近的店铺为孙儿买奶粉……

图1 *Oxalis triangularis*

图2 来自海南省的标本

身为昆虫学者的一分子,我有良好的记录习惯。翻查旧档,得知高教授曾经于1983年5月和10月期间在香港的卑路乍山和新界的大埔滘采集标本,当年我还在英国受业,并不认识高教授。1983年后十年,高教授再没有在港采标本的记录。1992年1月7日,高教授应香港杀虫业协会邀请,在该年度的职员就职典礼上演讲,我刚好是席上嘉宾,就在互换名片的情况下,我们首次见面。高教授的演讲内容我已完全忘记了,只留下一个印象:"哗! 很专业,很精彩,不是江湖卖艺。"同年8月前后,高教授接受一家本港灭虫公司的赞助,在香港从事白蚁调查和研究,为期两年。高教授周日以灭虫公司顾问身份,穿堂入室,去香港不同的住宅采集标本。机会十分难得,一般学者极难有这种机缘。周末期间,我和高教授走访各大郊野公园(图3)、政府度假村(图4)及一些有户外展区的博物馆(图5),采样的地理覆盖

图3 香港仔郊野公园

图 4　鲤鱼门公园及度假村

图 5　香港海防博物馆

面很广,今后有任何学者要做同样的研究,并且达到高教授的覆盖面,将会是一件极具挑战性的工作。

由于经常一同外出采样,而且一去便是数小时,所以大家无所不谈,虽然我用的是吓人的普通话,他用的是带北方韵味的广府话,但无碍彼此的沟通。高教授在港工作时的工资不高,仅足够基本生活,居住的条件亦不如家中适意,我的工作亦同样不是天色常蓝,花香常漫,所以大家就经常讲讲说说,互相勉励。

因植检工作的需要和个人兴趣,我从早年开始便尝试编写一份中国昆虫名录,因此需要不断找寻各方文献,高教授没有像其他人一样向我的心愿浇冷水,反而积极提供有关白蚁的及其他的文献给我做参考,还介绍一些内地学者如夏凯龄、毕道英、章伟年等为我鉴定标本(图6)。要编写中国昆虫名录,绝不能缺少的文献就是胡经甫先生的大作,但香港各大学图书馆均未见收藏,托朋友四处找寻,终于在北京大学前燕京大学图书馆内见到藏书,但不能外借。高教授就托其朋友到上海昆虫研究所图书馆内,花长时间分批复印胡先生的整套名录,并委托一名船长朋友分批运送到香港(图7),才转递到我手中,所以高教授对我工作的支持和鼓励,并不是停留在嘴上,而是有实际行动的。

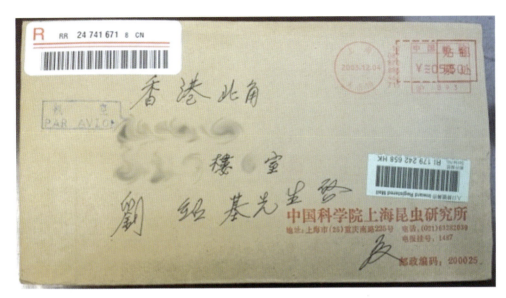

图6　夏凯龄老师的鉴定函件

图7　胡经甫1935年著的复印本

高教授个子高大,采样时手持小槌,在路上不时四处观望,身穿典型内地学者的服饰,所以不时吸引郊外游人的好奇,特别是当我们蹲在地上采集白蚁的时候,我们往往会向路过的人展示我们的收获,并解释我们的工作。有一个关于高教授的秘密,原来他十分惧怕单独在野外行走,记得一天早上我载了高教授上了太平山顶,让他独自沿路前往薄扶林水塘,之后我自行上班。当天是1992年10月1日,天清气爽,沿途清静,风景优美,他采到了 *Macrotermes barneyi*、*Odontotermes formosanus*、*Coptotermes eucalyptus* 和 *C. melanoistriatus* 的标本,收获不错,但事后他告诉我,当天他怕得要命!

1992 年我的女儿刚出生,初为人父,我和高教授很多话题都在小孩和家庭琐事上,高教授因而得知家慈早年曾经在上海及宁波生活过一段时间。1994 年高教授回内地后,特地送了一份礼物(图 8)给我,我和太太起初都不知它的用途。回家后,母亲十分高兴,告诉我这是气锅,并用它煮上一餐美食,由此可见高教授为人心思细密。

图 8　给我家中的礼物

高教授回国后专心写作,论文多次获奖,因为参与《香港地区的白蚁等翅目》的编写,所以我们还保持联络,主要内容还是与白蚁研究有关(图 9)。每次高教授到访香港或经港回国,我们总能见上一面(图 10)。2005 年,内地与香港先后发现红火蚁入侵,笔者亦有向高教授讨教防治该入侵蚂蚁的最佳方法。

图 9　高教授回国后的书信　　　　**图 10　2004 年与高教授摄于香港机场铁路港岛总站前**

高教授近年居于深圳,见面和交流的机会又再见频繁。2010 年年尾,高教授携同夫人岳世韵女士来访,并带来一批采自海南省的白蚁标本供拍照,想不到鉴定结果还未收到,却传来高教授故去的消息。了解到高教授晚年身体健壮,生活愉快,且仍不断从事白蚁研究工作,直到陨落前的一刻,深感他的一生是美好和令人羡慕的。

香港渔农自然护理署

刘绍基　博士

2014 年 8 月 24 日

序 三

高道蓉同志是中国白蚁防治研究会第一届、第二届常务理事,《白蚁科技》编委会常务副主编,第一届全国白蚁防治技术专家委员会委员。

高道蓉同志从事白蚁防治工作近50年,热爱白蚁防治事业,勤奋工作,具有强烈的事业心和工作责任感。无论是在白蚁种类的描述、生活习性的观察,还是在白蚁防治新技术、新方法、新药剂的研究,以及参加国内外学术交流、出版专业书籍和培训教材等方面,他都取得了丰硕成果,为我国白蚁防治事业的发展做出了重要贡献。因此,获江苏省"有突出贡献中青年专家"称号,享受国务院政府特殊津贴。

一、高道蓉同志积极开展白蚁防治科研工作。他自参加工作以来,积极从事白蚁防治科学研究,取得了一系列科研成果。

(一)在夏老(夏凯龄)的指导下,他经常与有关科研人员深入全国有蚁害地区,在当地白蚁防治部门相关同志的配合下,对白蚁区域分布及种类进行调查,采集到大量白蚁标本,并在刊物上发表了多篇论文,为白蚁生物学和生态学方面的基础理论研究提供了宝贵资料。

(二)积极热情地参与科研工作。高道蓉同志参加了由中国白蚁科技协作中心组织全国16个大中城市参与的由建设部下达的白蚁蟑螂蚂蚁诱饵剂系列产品的研究课题攻关。高道蓉同志通过室内外试验为研究课题提供了大量数据。通过全国16个城市白蚁防治部门科技工作者的共同努力,研究达到了预期效果。课题经国家建设部组织验收和鉴定,专家组认为该项研究成果是我国白蚁防治手段上的重大突破,达到国际领先水平。

(三)江苏省南京市白蚁防治研究所高道蓉同志主持的用金霉素和低剂量灭蚁灵复合剂灭治散白蚁的研究成果,荣获江苏省多个科技进步奖项。

二、高道蓉同志非常重视科学技术交流,积极参加国内外科技交流活动。

(一)1985年6月,高道蓉同志和我出席了在美国夏威夷召开的家白蚁国际学术交流会,在会上宣读的论文得到了参会专家的高度评价。中国代表的两篇论文引起了专家们的广泛重视和赞扬。美国昆虫学会对中国政府派来的二位学者表示非常欢迎,对在会上宣读的论文给予了很高的评价。时年80多岁的美国城市昆虫学创始人W. Ebeling教授说:"中国是一个大国。政府能派你们二位学者第一次来美国参加都市昆虫学讨论会,我们非常欢迎(高兴),这是历史上的创举,是很有意义的事情。二位学者讲得很好,各位代表听了都很高兴,你们的论文将汇集到专刊中并在美国发表。欢迎中国今后能继续派学者来美国演讲。"大会主席Tamashino教授说:"中国派你们二位学者第一次来美国参加家白蚁学术讨论会,我们非常感谢。"

(二)1988年,高道蓉同志和我应香港杀虫协会及富力杀虫公司邀请,参加了有关白蚁及家庭害虫的专业学术交流,取得了良好效果,为我国白蚁防治工作走向世界提供了一个窗口。

(三)高道蓉同志经常参加全国性的白蚁防治、城市害虫防治学术交流会,积极提交学术论文,与参会者进行交流。

三、高道蓉同志参与出版了多部学术专著和论文集。

（一）1991年,高道蓉同志和我在天津科学技术出版社出版了《中国等翅目及其主要危害种类的治理》一书。

（二）高道蓉同志从1989年起在《白蚁科技》杂志上翻译发表了美国W. Ebeling教授的专著《城市昆虫学》。

（三）1996年和1998年先后主编出版了《香港地区的白蚁（等翅目）》《江苏白蚁及其防治》两部著作。

（四）由高道蓉同志全面负责汇集、编辑工作,相继出版了4部9册《中国白蚁学论文选》,共收录论文1485篇。

（五）2000年参与编辑、出版了白蚁学工具书《中国动物志·昆虫纲·第十七卷·等翅目》。

2011年7月17日高道蓉同志因病医治无效不幸逝世,他为我国白蚁防治事业所做的贡献,历史将铭记。我与高道蓉同志相知40余年,在这段共同战斗的岁月里,他对我工作上的大力支持和帮助,将令我终生难忘。工作上的密切配合与优势互补,使我们成为好兄弟、好朋友,成为彼此生命中不可缺少的一部分。这些日子令人难以忘怀,我将珍惜,直至永远。

原中国白蚁防治科技协作中心秘书长
原全国白蚁防治中心常务副主任、高级工程师　林树青
2013年11月22日

序 四
——追忆高道蓉教授

和高老师初识是在1983年夏季,夏凯龄教授带部分专家和白蚁工作者来我市调研白蚁危害情况。在崂山采集标本时,高老师除采集白蚁以外,还协助夏老采集螳虫标本,两只手拿了好几样工具,忙得不亦乐乎,乃至中午时竟腾不出手来从背包里拿东西吃,有好心的同行就喂了他几口,另一位同行打趣地说:"看!这是兵蚁。"当时我是向导之一,被这一场景深深折服。

1984年,全国白蚁防治中心在安徽安庆市举办了第一期白蚁防治和科技管理培训班(为期三个月,被同学们戏称白蚁防治"黄埔一期"),共开设7门课程,其中高老师主讲的白蚁分类学深受学员好评。

高老师非常爱才,个性鲜明。行业里只要有人重业务、爱钻研,遇到难题向他请教,他都不厌其烦地给予指导;反之,对个别不求上进的人嗤之以鼻。

在相识的30年里,高老师给予我以及我们单位不少的帮助,尤其是他对专业的严谨态度深受行业人士的称道。他在汇编《中国白蚁学论文选》的日子里倾注了大量的精力,做到广泛征求、论文搜索、逐一核对、篇篇落实。

自20世纪90年代起,受行业的委托,他数次率团与国外同行交流,并深受外国专家的赞赏。

2000年以后,我有幸和高老师共同参与了一些行业的鉴定会、论证会等,获益匪浅,感觉他既是老师又像兄长。

高道蓉老师已经离开我们了,但他的音容笑貌、他对白蚁事业的执着精神和所做出的贡献却深深地印在我的脑海里。谨以此文表达我对他的怀念。

原青岛市白蚁防治研究所所长、研究员
杜心懿
2014年12月20日

序 五
——忆导师高道蓉

我的第一篇论文于1999年发表在《白蚁科技》上，其实该文早在1997年年底就写出来了，当时对于写科技论文，以及如何给杂志社投稿，我都很茫然。1998年，我被调到研究室，当时高道蓉教授正在主持与南京军区军事医学研究所合作开展的灭白蚁药剂筛选研究课题。来得恰好是时候，不久我被派到南京最远的金牛山水库进行野外试验，那是一次非常愉快的经历，虽然条件很艰苦。为了赶到金牛山水库，我们得转好几次车，最后搭乘水利局的车到山脚下，再步行很远才能到达目的地，赶在天黑前投宿。试验的过程并不复杂，然而自此以后，我对于钻研白蚁学有了很浓厚的兴趣，我也把自己写的论文请高工（在办公室里我们更习惯称呼他"高工"）审阅。高工当时已是《白蚁科技》的常务副主编，是可以直接安排论文发表的，但是他并不因为我是他的门下就给予方便，这篇论文后来又退回给我重新修改了好几遍。同时，他又担心我会因为稿件没有通过他这一关而放弃继续努力，于是他请朱本忠老师直接指导我继续修改。朱工在白蚁学方面的造诣也非常深厚，也一直是我的良师益友，所以我很幸运地得到他们的当面指导，完成了处女作。正是由于有这次修改论文的经历，后来我才独立撰写了不少篇科技论文。

后来，我又参与氟氰苯唑微乳剂的研制课题，第一次接触到室内毒力试验。高工的办公时间都安排得很满，但是他时常会请朱工来具体指导我做事。记得有一次是用微量进样器做毒力测定，他示范过一遍后就让我开始做。之后，我正在做观察记录，高工走过来看试验结果，表情很诧异，培养皿中的白蚁几乎全部被击倒，大大超出了他的预期。仔细一问，原来是因为我没有注意观察他在做示范的时候进样器的针尖都点在白蚁的腹部，而我是哪儿方便就点哪儿，都点在了头部。高工很风趣地说："你这不等于往白蚁的嘴里灌毒药吗？难怪都倒下这么快。"通过这些手把手教导，后来很多试验只需高工简单交代一下，我都可以自己独立完成。

我还在上小学的时候，就时常去白蚁防治研究所玩耍，曾见到过硕大的台湾乳白蚁巢，因此那时我对白蚁就有了最初的印象。每次经过一楼的实验室，我都能够感受到一种神秘，时常能看到高工和朱工在忙事情。记得上班的第一天，还没有给我分配部门，我就坐在靠近楼梯口的办公室。高工正好上楼来办事，他跟我说了一些与白蚁工作有关的话。原话我已经想不起来了，但意思就是我虽然离开了学校，但是一定要保持一颗继续学习的心，不要认为工作了就不用学习。他是一位知行合一的学者。1999年，单位里要派遣三人去武汉华中农业大学在职学习植物保护专业（城市昆虫方向）知识，本来名单里并没有我，因为我是学建筑专业的，没有经历过昆虫学方面的系统培训。我在与高工聊天的时候说起了这事情，第二天高工就去找所领导要来了派去学习的名额，其实我很清楚，事先已经预定好的人选重新改动，这件事是有难度的。2001年，高工离开南京，定居于广东深圳以后，仍在当地的有害生物防治协会从事顾问工作，继续编撰《中国白蚁学论文选》第四部。有一次，他回南京，谈到这个论文集收录了我写的《建筑设计、施工与白蚁预防》一文,仍旧聊到了继续学习这个话题,他鼓励我在论文中把自己在建筑专业的长处发挥出来,从白蚁防治行业中并不多见的建筑学角度去写出有独创性的论文。这段简短的谈话对我后来的工作有很大的影响,促使我重新审视在白蚁研究工作中的方向,后来我所写论文大都是朝着这个方向的。高工去深圳以后,为探讨工作思路,我是单位里少数可以经常"打扰"他的人,他也时常会把广东那里市场化的杀虫业现状介绍给我。

我一直深受高工的工作精神鼓舞。十几年以前,当时工作条件还是相当差的,我从未听到高工抱怨工作上有任何不便,他总是能找到办法去把工作完成。那时候,研究室还没有配置电脑和打印机,打印文稿是个相当麻烦的事情,我经常会拎着夹好书签的一大沓资料去南京农业大学的一间文印室。高工就联系好那里的负责人,安排员工将资料打印出来,我当场校对完后再带回来。更多时候,他只是自己动手把复印件剪切下来贴成完整的稿件,尽量避免让我来回跑。他每天早上七点多就来到办公室开始一天的工作,中途也很少休息。1997年以后,研究所大多数办公室被搬迁到朝天宫西街,由于没有足够的办公场所,只有研究室还保留在原址。那里没有食堂供应午餐,吃喝问题都得自己解决,但是在高工看来,这样的工作环境更加清静,需要珍惜。高工是个非常专注的人,所以他也不喜欢安排很多繁杂的事务给我们,让我有很多空余时间去翻译专著、做实验、采集标本或者看专业书,我很怀念那段工作时光。

高道蓉先生是我工作上的导师。作为一名资深学者,他从没有对我摆过架子,他对研究目标的执着追求精神和对生活的乐观态度一直影响着我。

谨以此文表达我对导师的怀念!

南京市白蚁防治研究所高级工程师
李　濮
2014年12月16日

目　录

1　利用放射性同位素碘-131标记法对家白蚁活动规律的初步研究 …………………………………………… 1
2　木鼻螱属一新种记述（等翅目：鼻螱科：木鼻螱亚科） …………………………………………………… 6
3　陕、甘南部地区白蚁调查及一新种记述 …………………………………………………………………… 8
4　江苏省螱类调查及网螱属新种记述 ………………………………………………………………………… 12
5　江苏省的螱类 ………………………………………………………………………………………………… 17
6　四川省螱类研究Ⅰ.成都、西昌地区螱类三新种记述 ……………………………………………………… 19
7　四川省白蚁之研究Ⅱ.成都地区的木鼻白蚁 ………………………………………………………………… 23
8　四川省白蚁之研究Ⅲ.成都地区的树白蚁属 ………………………………………………………………… 26
9　四川省螱类研究Ⅳ.南充地区的螱类及木鼻螱属一新种 …………………………………………………… 29
10　峨眉山白蚁类的垂直分布及叶白蚁属、散白蚁属新种 …………………………………………………… 32
11　四川省网螱属及新种记述 …………………………………………………………………………………… 36
12　凉山地区树螱属一新种 ……………………………………………………………………………………… 41
13　四川螱类两新种（等翅目） ………………………………………………………………………………… 44
14　四川省螱类研究Ⅸ.二种螱类的翅螱描述 …………………………………………………………………… 48
15　钝颚螱属、象螱属和原歪螱属三新种 ……………………………………………………………………… 51
16　堆砂螱属一新种记述 ………………………………………………………………………………………… 54
17　中国须螱属三新种记述（等翅目：螱科：象螱亚科） …………………………………………………… 56
18　中国树螱属及新种 …………………………………………………………………………………………… 61
19　重庆地区螱类调查及新种记述 ……………………………………………………………………………… 66
20　香港地区危害房屋建筑和农林作物的白蚁名录 …………………………………………………………… 68
21　中国螱类名汇修订 …………………………………………………………………………………………… 69
22　中国等翅目的分科、属检索 ………………………………………………………………………………… 70
23　新型毒饵灭治林地白蚁（螱） ……………………………………………………………………………… 74
24　杉木林地的白蚁防治 ………………………………………………………………………………………… 77
25　网螱属一新种 ………………………………………………………………………………………………… 79
26　香港螱类名录（等翅目） …………………………………………………………………………………… 81
27　毒饵法灭治白蚁 ……………………………………………………………………………………………… 82
28　白蚁防卫化学研究概况 ……………………………………………………………………………………… 85
29　亮螱属一新种记述 …………………………………………………………………………………………… 89
30　土白蚁属一新种（等翅目：白蚁科：大白蚁亚科） ……………………………………………………… 91
31　浙江省西天目山螱类（等翅目）考察 ……………………………………………………………………… 93

32	引诱白蚁的食用菌腐朽物的筛选	95
33	中国土螱属一新种	100
34	钝颚螱属 *Ahmaditermes* 一新种	103
35	白蚁的天敌	105
36	仓储物资谨防白蚁	106
37	中国象螱亚科一新属三新种	107
38	中国龙王山奇象螱属一新种	114
39	中国天目山钝颚螱属 *Ahmaditermes* 二新种	118
40	中国钝颚螱属 *Ahmaditermes* 及一新种记述（等翅目：白蚁科）	122
41	华扭螱属 *Sinocapritermes* 一新种（等翅目：螱科）	125
42	四川象螱属二新种（等翅目：螱科）	129
43	近扭颚螱属 *Pericapritermes* 一新种	132
44	中国破坏建筑物木构件和建材的白蚁（螱）名录	135
45	金霉素和灭蚁灵的几种合剂对五种常见白蚁的毒力对比	139
46	中国象螱亚科一新种	141
47	安徽省等翅目种类和象螱亚科一新种	143
48	几种抗生素对白蚁的实验室毒力测定	147
49	中国等翅目的区系划分	150
50	地质变迁与中国等翅目分布起源	158
51	溴氰菊酯防治房屋建筑白蚁应用效果试验初报	164
52	象白蚁属一新种（等翅目：白蚁科：象白蚁亚科）	167
53	香港的乳螱属 *Coptotermes* 研究（等翅目：鼻螱科）	170
54	香港的土螱属 *Odontotermes* 研究（等翅目：螱科）	174
55	香港经济重要的白蚁和防治	176
56	香港大螱属 *Macrotermes* 的研究（等翅目：螱科）	180
57	香港网螱属 *Reticulitermes* 的研究（等翅目：鼻螱科）	183
58	香港新螱属 *Neotermes* 的研究（等翅目：木螱科）	185
59	特征分析和等翅目的分类系统	187
60	美国的白蚁及其防治概况	192
61	溴氰菊酯处理木材防治散白蚁 *Reticulitermes* 实验室研究结果的报告	205
62	溴氰菊酯对散白蚁 *Reticulitermes* sp. 毒力测定结果初报	208
63	溴氰菊酯处理木材防治白蚁野外试验研究结果	210
64	溴氰菊酯土壤处理防治白蚁研究结果的报告	212
65	硫氟酰胺对白蚁的药效研究	214
66	人工合成新药硫氟酰胺防治白蚁的室内试验	217
67	特密得（Termidor）——一种新的杀白蚁药剂	219

68	江苏省的白蚁及其防治概况	223
69	防治城市害虫的新药——氟虫胺和氟虫胺制剂	237
70	锐劲特用于防治房屋建筑白蚁的研究	240
71	中国白蚁防治药剂研究与应用概况	244
72	环保型白蚁防治制剂1%氟氰苯唑微乳剂的研制及药效	247
73	微乳剂在白蚁化学防治中的应用	251
74	家装白蚁预防须知	254
75	宜昌市白蚁防治考察报告	255
76	15%吡·氯乳油对台湾乳白蚁和黑胸散白蚁的药效研究	256
77	桂林市白蚁防治考察报告	260
78	红火蚁 Solenopsis invicta Buren 及其防治	262
79	外来红火蚁生物学行为特点	265
80	中国危害林木的白蚁名录	268
81	外来红火蚁灭治方法与效果的研究	274
82	对房屋建筑木构件等有破坏作用的白蚁	277
83	氟虫胺饵剂对红火蚁现场灭治效果研究	280
84	我国白蚁化学防治的研究进展	284
85	行道树白蚁危害情况调查及防治探讨	289
86	深圳市白蚁调查	292
87	海南省六市县白蚁危害调查	296
88	Notes on the termites (Isoptera) of Hong Kong including description of a new species and a checklist of Chinese species	302
89	Use of attractants in bait toxicants for the control of *Coptotermes formosanus* Shiraki in China	314
90	Notes on the genus *Sinocapritermes* (Isoptera: Termitidae) from China, with description of a new species	318
91	Toxicity of AMICAL 48 (Diiodomethyl P-tolyl sulfone) against the *Reticulitermes aculabialis* (Isoptera: Rhinotermitidae)	321
92	Economic important termite species in China	322
93	Distribution of termites in China	323
94	The taxonomy, ecology and management of economically important termites in China	324
95	Notes on the genus *Microcerotermes* (Isoptera: Termitidae) from China, with description of a new species	339
附录	高道蓉发表的白蚁新种名录	343

利用放射性同位素碘-131标记法对家白蚁活动规律的初步研究

李栋，何拱华，高道蓉，赵元

（广东省昆虫研究所）

近年来，防治家白蚁（*Coptotermes formosanus* Shiraki）工作取得了很大成效。但因家白蚁生活极为隐蔽，因此，以常用方法研究其活动规律受到一定的限制，这为彻底防治家白蚁带来了一定的困难。本试验的目的是用放射性同位素标记法探测蚁巢，并对家白蚁的一些活动规律进行研究，为彻底消灭家白蚁提供参考。

方法

（一）设置诱集箱

用松木料制成诱集箱（约50 cm × 40 cm × 30 cm），内装约4/5的松木条（约5.0 cm × 3.5 cm × 1.5 cm），在松木条上面铺3~5层草纸，喷水润湿松木条和草纸，将诱集箱箱盖盖严，置于家白蚁危害集中取食的部位。待诱出一定数量的家白蚁时，根据建筑结构类型、白蚁群体的大小及其数量的多少，取适当数量的^{131}I食饵投入诱集箱。

（二）碘-131食饵的配制及置放

称取松花粉4 g、赤砂糖1.2 g、10%的硫酸亚铁（防霉）1 mL、30%的葡萄糖2 mL，混合均匀，加无菌水搅拌至半固态，倒在铺有草纸的塑料薄膜上，最后将10~12 mCi（370~444 MBq）的^{131}I原液加入，并重新搅拌均匀后包起来，装入铅罐内，用专车运到现场，把放射性^{131}I食饵投入诱集箱内。

（三）探测

诱集箱内投下^{131}I食饵后，立即在诱集箱上固定一点，用FL-2型乙丙种辐射仪（或7204型乙丙种辐射仪）测其能量，以后定时定点测量。随后以诱集箱为中心定时向外探测，直至探测范围再无扩展为止。

结果和分析

我们选择了不同的建筑结构（混凝土地板、砖地板、泥土地）类型的环境条件，做了四次试验，结果列于表1至表4。

从表1看出，试验一在15 cm厚的混凝土地板下面，探到主巢一个；在墙壁的电板内，探到副巢一个；还探到四处取食点。由探测距离及其所需时间推知家白蚁的活动速度大于0.9 m/h。副巢距主巢0.8 m，取食点距主巢0.8~8.9 m。

从表2看出，试验二在放射性同位素处理后12 h，就在一棵大树基部探到主巢，主巢距放射性同

表1 探测与解剖结果（试验一）

（地点：原广州市中苏友好大厦；时间：1965年7—8月）

巢型及编号		处理后至探到巢所需时间（h）	距诱集箱的距离（m）	距主巢的距离（m）	位置	类型	形状	大小
主巢	3	12	7.40	—	15 cm厚混凝土地板下面	地下巢	近球形	39 cm × 24 cm × 22 cm
副巢	2	12	8.20	0.80	窗台电板里	电板巢	近方砖形	33 cm × 42 cm × 7 cm
取食点	1	6	5.30	7.40	15 cm厚的混凝土地板下的木条内	取食点	蚁路	
	4	78	2.00	7.60	15 cm厚的混凝土地板下的木条内	取食点	蚁路	
	5	114	8.20	0.80	窗台木板内	取食点	蚁路	
	6	6	5.20	8.90	非处理诱集箱	取食点	似副巢	

位素处理的诱集箱24.70 m。探到副巢10个,其中7个副巢是在解剖现场时发现的(表2),4个在树干内,3个在诱集箱下面的木条板内。根据所测距离和所需时间推知家白蚁取食活动速度大于2 m/h。主副巢相距最近为3.1 m,最远为24.70 m。探到取食点12处,取食点距主巢最近为9 m,最远为24.70 m。

从表3看出,试验三在放射性同位素处理后6 h,就在距放射性同位素处理箱18.50 m处的墙壁上的电板内探到了主巢。在电板内和电插头木板内探到5个副巢。根据探测距离和所需时间推知家白蚁取食活动速度大于3 m/h。主副巢之间最近为6.6 m,最远为49.10 m。探到取食点6处,取食点距主巢最近为0.8 m,最远为52.10 m。

表2 探测与解剖结果(试验二)
(地点:广州市沙河某仓库;时间:1965年7—8月)

巢型及编号		处理后至探到巢所需时间(h)	距诱集箱的距离(m)	距主巢的距离(m)	位置	类型	形状	大小
主巢	3	12*	24.70		大树基部	树巢	近球形	$3.14 \times 17^2 \times 72$ cm³
副巢	1	12*	11.00	12.20	大树基部	树巢	近球形	$3.14 \times 8^2 \times 25$ cm³
	2	12*	13.00	14.20	树干内	树巢	近球形	$3.14 \times 8^2 \times 40$ cm³
	5	18	24.70	4.80	树桩内	树巢	近球形	$3.14 \times 9^2 \times 25$ cm³
取食点	4	18	16.50	23.20	室内木条板内	取食点	蚁路	
	6	24	15.40	12.00	室内木条板内	取食点	蚁路	
	7	24	9.00	15.00	室内木条板内	取食点	蚁路	
	8	24	6.00	18.70	室内木条板内	取食点	蚁路	
	9	24	4.40	24.70	室内木条板内	取食点	蚁路	
	10	30	15.60	14.50	室内木条板内	取食点	蚁路	
	11	30	8.90	15.00	室内木条板内	取食点	蚁路	
	12	42	25.30	11.00	室内木条板内	取食点	蚁路	
	13	54	27.30	9.00	室内木条板内	取食点	蚁路	
	14	102	13.20	12.00	室内木条板内	取食点	蚁路	
	15	102	14.60	11.00	室内木条板内	取食点	蚁路	
	16	60	17.10	12.00	室内木条板内	取食点	蚁路	
注:处理现场时在主巢3号的大树干内发现有4个副巢(距地面3 m)、诱集箱下面的木条板内有3个副巢				3.10	树干内	树巢	近球形	$3.14 \times 5^2 \times 25$ cm³
				4.10	树干内	树巢	近球形	$3.14 \times 10^2 \times 15$ cm³
				5.00	树干内	树巢	近球形	$3.14 \times 8^2 \times 15$ cm³
				5.20	树干内	树巢	近球形	$3.14 \times 9^2 \times 25$ cm³
				27.70	室内木条板内	一般巢	长方形	$15 \times 320 \times 10$ cm³

*12 h前未测。

表3 探测与解剖结果(试验三)
(地点:原广州市中苏友好大厦;时间:1965年8月)

巢型及编号		处理后至探到巢所需时间(h)	距诱集箱的距离(m)	距主巢的距离(m)	位置	类型	形状	大小
主巢	2	6	18.50		墙壁上电板内	电板巢	近球形	32 cm × 32 cm × 7 cm
副巢	1	6	4.20	19.60	墙壁上电板内	电板巢	方砖形	27 cm × 27 cm × 5 cm
	3	12	29.90	43.10	墙壁上电板内	电板巢	方砖形	39 cm × 42 cm × 6 cm
	4	12	13.60	6.60	大厅中央柱上电插头的电板木头内	电板巢	方砖形	14 cm × 12 cm × 6 cm
	6	18	35.90	49.10	墙壁上电板内	电板巢	方砖形	20 cm × 20 cm × 6 cm
	10	30	8.40	14.60	大厅中央柱上电插头的电板木头内	电板巢	方砖形	14 cm × 12 cm × 6 cm

续表

巢型及编号		处理后至探到巢所需时间(h)	距诱集箱距离(m)	距主巢距离(m)	位置	类型	形状	大小
取食点	5	12	9.10	19.80	厅中的木材堆内	取食点	蚁路	
	7	24	34.90	48.10	窗台木板内	取食点	蚁路	
	8	24	30.90	44.10	窗台木板内	取食点	蚁路	
	9	30	37.10	50.03	窗台木板内	取食点	蚁路	
	11	30	38.90	52.10	厅外大树基部	取食点	蚁路	
	12	24	21.90	0.80	窗台木板内	取食点	蚁路	

从表4看出，试验四在放射性同位素处理后28 h，距室内放射性同位素处理箱22.70 m的室外（中山大学，隔条马路）一棵大树基部探到了主巢，未发现副巢，探到7个取食点。根据探测距离和所需时间推知家白蚁取食活动速度大于1 m/h。取食点距主巢最近为14.90 m，最远为31.60 m。

表4 探测与解剖结果（试验四）
（地点：原广州市新港路87号；时间：1965年8月）

巢型及编号		处理后至探到巢所需时间(h)	距诱集箱的距离(m)	距主巢的距离(m)	位置	类型	形状	大小
主巢	5	28	22.70		大树基部	树巢	未挖	未挖
取食点	1	9	5.60	28.30	砖地上面的木板内	取食点	蚁路	—
	2	9	8.90	31.60	室外甘蔗渣内	取食点	蚁路	—
	3	9	7.10	29.80	室外木桩内	取食点	蚁路	—
	4	9	8.50	31.20	室外贮煤箱内	取食点	蚁路	—
	6	24	14.70	17.70	室外贮煤箱内	取食点	蚁路	—
	7	34	19.60	14.90	室外甘蔗渣内	取食点	蚁路	—

在试验过程中，定时定点用FL-2型乙丙种辐射仪探测能量的变化（结果如图1至图4所示），从能量的变化了解家白蚁的活动规律。

从图1看出，诱集箱能量变化曲线的高峰连续3天均在凌晨1:00—3:00，且在雷雨时，曲线峰更高（中午11:00）。说明家白蚁在一昼夜内取食盛期是在凌晨1:00—3:00，当时平均气温28.90℃、相对湿度88.3%。雷雨时出现能量升高可说明家白蚁取食活动的强弱（尤其在混凝土结构内的地下巢，缺乏水分）与水分有一定关系，值得进一步探讨。根据家白蚁取食活动的强弱，可以在找不到巢的情况下，在白蚁取食最盛期于取食部位施灭蚁药，这样做效果可能更佳。

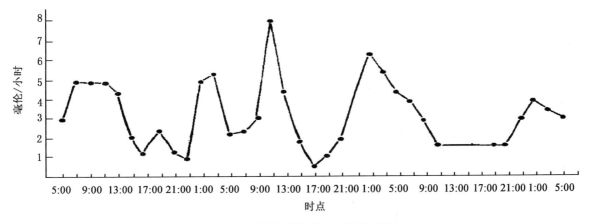

图1 诱集箱的能量变化（● 降雨时间）

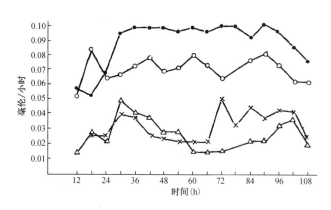

图 2　主、副巢的能量变化关系
-●- 主巢；　-○- 副巢；　-△- 副巢；　-×- 副巢

一个家白蚁群体经放射性同位素处理后,每隔 6 h 探测一次主、副巢内的能量,连续探测 5 d,观其主、副巢内的能量变化关系。由图 2 可以看出,诱集箱内投入放射性食饵后 12 h,主副巢的能量随着时间的延长而显著升高;主巢的能量在处理后 36 h 上升到最大值,之后一直稳定,意味着食过放射性食饵的家白蚁数量在主巢内相对稳定;从曲线的波折反映出副巢内的家白蚁数量变动较大;当主巢的能量增加时,副巢的能量则减少,18~24 h 最明显,一个副巢的能量增加时,另外一个副巢的能量则减少。能量升高时家白蚁数量增加,能量减少时家白蚁数量则减少。因此,从能量的增加和减少的关系反映出主副巢或副巢间家白蚁数量的转移规律。

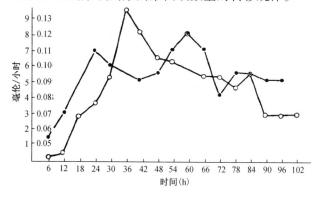

图 3　诱集箱施灭蚁药后主巢内的能量变化
-●- 1×10⁻²；　-○- 1×10⁰

把诱集箱看作一个副巢(实际上已形成副巢),在诱集箱内施灭蚁药砷素剂,研究家白蚁受毒药刺激后在主巢和副巢内的活动趋向。由图 3 表明,诱集箱(副巢)施药后 6 h,主巢的能量急剧上升,在 24 h 和 36 h 左右达到最高峰,以后曲线有起伏。这说明家白蚁受到灭蚁药砷素剂的刺激后会有大量摄入过放射性食饵的家白蚁返回主巢,使之能量升高。

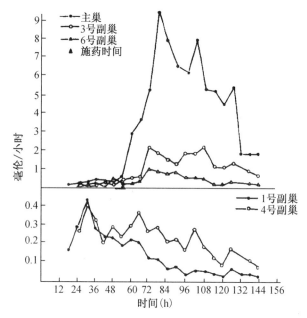

图 4　诱集箱施灭蚁药后主、副巢内能量变化关系

由图 4 可看出,在诱集箱内施灭蚁药砷素剂后,主巢能量急剧上升,说明诱集箱内大量摄入过放射性食饵的家白蚁返回主巢。施药后 24 h 能量最高,说明回到主巢内的家白蚁数量最多。之后又有白蚁离开主巢出去活动,致使曲线波浪起伏。1 号副巢和 4 号副巢在诱集箱内施药后,能量也有升高,而在 6 h 和 12 h 后能量又分别开始降低,稍有起伏。3 号副巢和 6 号副巢在诱集箱施药 12 h 后能量开始上升,18 h 后能量开始下降。施药后,各个副巢内能量上升和下降的时间不同,可能与它们与主巢和诱集箱之间的距离远近有关(主巢和诱集箱距副巢之间的距离详见表 3)。1 号副巢和 4 号副巢均比 3 号副巢和 6 号副巢距主巢和诱集箱为近,巢内家白蚁受到灭蚁药作用快,能量升高与下降也迅速。这里仅从一个相对的能量转移过程来阐明家白蚁主巢和副巢内白蚁数量流动情况。事实上,家白蚁每时每刻都有可能在主巢和副巢之间频繁地往来(因为用野外辐射仪探测带放射性的家白蚁时,需要具有一定的能量才会探到)。上述情况可以初步证明,在诱集箱内施灭蚁药砷素剂后,家白蚁有向主巢集中的趋向。

三、讨论

1. 只要放射性同位素 ^{131}I 的用量适当,一般建筑结构内的家白蚁隐蔽群体均可探测到,达到有的放矢地防治家白蚁的目的。

2. 可以很粗浅地看出家白蚁的一些活动规律,如:家白蚁在每昼夜内(广州市 6、7 月份)的取食盛期,以及混凝土结构地下巢内的家白蚁取食盛期与雷雨天气之间的关系。

3. 可以初步看出家白蚁群体活动范围很大,远远超出我们所探测到的最远距离52.10 m(因多次防治,很有可能切断它的联系)。家白蚁的生活环境很复杂,一般主巢筑在食料充足的地方。从试验二、四看出,建筑物内家白蚁危害很严重,但在建筑物内显然无筑巢,而主巢筑在建筑物外的大树内。主巢和副巢内的家白蚁之间的来往是频繁的,一昼夜内可能往返数次。

4. 一般能量大的,除非巢在混凝土地板下很深时,尤其在诱集箱内施灭蚁药后能量急剧上升,之后又相对稳定的,可确定是主巢位置。

A preliminary study on the foraging behaviour of the termite *Coptotermes formosanus* (Shiraki) by labelling with iodine-131

Li Dong, He Gonghua, Gao Daorong, Zhao Yuan

(Guangdong Entomological Institute, Chinese Academy of Sciences)

1. The application of radioactive iodine-131 of 10 to 12 millicurie in a wooden box (50 cm × 40 cm × 30 cm) containing sawdust, sugar, etc. to allure the foraging termites can make their hidden locomotility under coverage and also the locality of the concealed nests be detectable. Thus, it is a technique very useful in termite control.

2. The foraging range of this species is large and the most distant point from the nest may reach 52.1 meters. Though they cause damage in dwelling houses the main termitaria are found to be located in the big trees outside the buildings. The frequency of communicative activity between the main and the side nests is high.

3. The peak of foraging activity within a day is at one to three o'clock in the early morning and influenced by storms. The application of arsenic in the alluring box seems to promote the foraging termites to concentrate in the main nest.

原文刊登在《昆虫学报》,1976,19(1):32−38

2 木鼻白蚁属一新种记述（等翅目：鼻白蚁科：木鼻白蚁亚科）

高道蓉，朱本忠

（南京市白蚁防治研究所）

1978 年 12 月份，作者之一在四川省成都地区采集一批白蚁类标本，经整理鉴定，其中有一种为木鼻白蚁属 *Stylotermes* Holmgren 的一新种。

现描述如下：

成都木鼻白蚁 *Stylotermes chengduensis* 新种

兵蚁（图 1）：

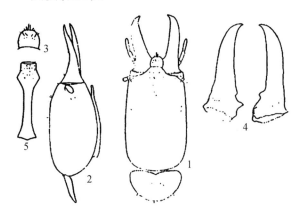

图 1 成都木鼻白蚁 *Stylotermes chengduensis* *

兵蚁：1. 头及前胸背板背面观；2. 头及前胸背板侧面观；3. 上唇；4. 上颚；5. 后颏

个体中大型。

头背面呈棕色，向前逐渐加深；头腹面色淡。触角窝盖片近黑褐色，眼点浅棕黄色。前胸背板比头背色稍淡而明显深于腹部。

头背面具刚毛，额区刚毛粗长，向后毛被逐渐变稀而细短。上颚基部具稀疏的短细毛。上唇毛被稍多。近前缘具有 5~6 对长刚毛；中间一对较长。唇基毛较稀疏。触角的第 1、2 节毛短而少；至第 3 节起各节具有 6 枚较长刚毛及一些短毛沿膨大处着生成一圈。后颏具极稀疏绒毛，唯后颏前部的前半部具有 1~2 对短刚毛。前胸背板前缘刚毛稀疏，两侧缘略多，中区毛短而稀。中、后胸背板被毛稍密，足具有散生短刚毛。腹部被毛较密；尾须具有一些短刚毛，末端 2 枚较长。

头近似长方形，两侧近于平行，头指数（头最宽/头长不连上颚）0.49~0.58；后侧角圆弧形。额区倾斜，倾角 43°~45°，通常为 45°。囟小，圆点状，孔径为 0.03 mm，位于至上颚基头长的前方 1/4 处，侧面观囟区平整或略微隆起。眼点几不鼓起。触角 12~13 节，通常为 13 节；第 2 节短小，第 3 节最粗长，约为第 2 节的 2 倍，第 4 节和第 5 节长度几相等，均长于第 2 节，自第 4 节始渐呈倒锥状，端节略细小。上唇近半圆形，短，不达上颚缘齿，唇端平直，上颚呈军刀状、粗壮，端部向内微弯曲，几对称，唯右上颚宽度略小而内缘较直；外缘几平滑或有微波状；两上颚内缘中点后各有一个小形缘齿，左上颚缘齿有时略大；右上颚缘齿较小并较低于前者，但在其基部内缘均有一凹口。后颏狭长，前部扩展成长六边形，最宽处与最狭处之比为 2.8∶1。前胸背板似肾形，扁平；前缘中间具深凹口并下陷，紧接前缘后部每侧各有一深色"V"形纹；前侧角圆，后缘连两侧圆匀而几呈半圆形，中点处微凹或几无，中纵线不明显或仅后半段有。中、后胸背板稍窄于前胸背板，前宽后窄，后侧角宽圆，后缘弧状；中胸背板长而稍窄于后胸背板。足腿节粗壮，胫距式为 3∶2∶2；跗节 3 节。缺腹刺；尾须 2 节；基节粗而短，端节较细而长，末端圆钝。

兵蚁量度见表 1。

---

* 原文遗漏刊登兵蚁图，现采用《中国动物志·昆虫纲·第十七卷·等翅目》中 *Stylotermes chengduensis* Gao et Zhu, 1980（现中文名为成都杆白蚁）的图片予以弥补。

表 1　9头兵蚁各体部量度（单位：mm）

项目	范围	平均值	项目	范围	平均值
全长	7.37～8.72	8.09	左上颚长	1.55～1.60	1.58
头长连上颚	3.62～3.90	3.78	上唇长	0.13～0.31	0.21
头长不连上颚	2.50～2.95	2.72	上唇宽	0.40～0.41	0.40
头最宽	1.45～1.55	1.48	后颏长	1.70～2.00	1.86
头指数	0.49～0.60	0.54	后颏最宽	0.56～0.61	0.59
头最窄	1.23～1.35	1.28	后颏最窄	0.20～0.22	0.21
头最厚	1.18～1.26	1.24	前胸背板中长	0.65～0.70	0.67
额区倾角	43°～45°	通常45°	前胸背板最宽	1.24～1.34	1.28
触角窝盖片（长×宽）	0.075×0.230～0.115×0.320	0.086×0.278	后足腿节长	0.82～1.02	0.95
囟孔直径	0.03	0.03	后足腿节阔	0.40～0.49	0.43
囟至后唇基前缘	0.45～0.84	0.63	后足胫节长	0.80～1.04	0.88
触角（节数）	12～13	通常13	尾须长	0.11～0.15	0.13

模式标本：兵蚁（正模和副模），工蚁、若蚁。四川省成都市。采集人：高道蓉。1978-XII-22。寄主：银杏 Ginkgo biloba L.。

比较：本新种与中华木鼻蚁 S. sinensis（Yu et Ping）较接近。主要区别在于：（1）头部显著较大，通常不连上颚，头长在 2.50 mm 以上；（2）前胸背板不具明显中纵线，后缘大多无显著缺刻；（3）上颚粗壮，外缘光滑、平整。

正模（兵蚁）、工蚁，保存于中国科学院上海昆虫研究所；副模（兵蚁）、工蚁，保存于南京市白蚁防治研究所。

（本工作在中国科学院上海昆虫研究所夏凯龄老师指导下进行。本文插图由上海昆虫研究所徐仁娣同志绘制。四川省成都市西城区房管处白蚁组裴云龙同志提供采集现场，协助采集并赠送部分标本；成都市白蚁防治研究所马星春、曹汝杰等同志支持并协助采集标本，特此一并致谢。）

Notes on a new species of the genus *Stylotermes* Holmgren from Sichuan, China Isoptera: Rhinotermitidae, Stylotermitinae

Gao Daorong, Zhu Benzhong

(Nanjing Institute of Termite Control)

Stylotermes chengduensis Gao et Zhu sp. nov.

This new species resembles closely with *Stylotermes sinensis* (Yu et Ping) but differs from it as follows:

1. Head distinctly larger, length of head without mandibles usually longer than 2.50 mm;
2. Pronotum without distinct middle longitudinal line, most of the posterior margin without distinct emarginate in middle;
3. Mandibles stout, outer margin of mandibles smooth and straight.

Type locality: soldiers, workers and nymphs, Sichuan: Chengdu, collected by D. R. Gao, 1978-XII-22, in a dead portion of living tree: *Ginkgo biloba* L.

Holotype: Soldier and worker, deposited in Shanghai Institute of Entomology. Academia Sinica.

Paratype: Soldiers and workers, deposited in Nanjing Institute of Termite Control.

原文刊登在《动物学研究》，1980，1(4)：537-539

3 陕、甘南部地区白蚁调查及一新种记述

高道蓉[1]，朱本忠[1]，刘发友[1]，张志端[2]，文少卿[2]
([1]南京市白蚁防治研究所；[2]西安铁路局)

一、陕、甘南部地区的白蚁

(一) 陕西省南部至今发现的白蚁计有2科4种

1. 鼻白蚁科 Rhinotermitidae
   (1) 黄胸散白蚁 *Reticulitermes flaviceps* (Oshima)
   (2) 尖唇散白蚁 *R. aculabialis* Tsai et Hwang
   (3) 圆唇散白蚁 *R. labralis* Hsia et Fan.
2. 白蚁科 Termitidae
   (4) 黑翅土白蚁 *Odontotermes formosanus* Shiraki

(二) 甘肃省南部至今发现的白蚁计有3科5种

1. 木白蚁科 Kalotermitidae
   (1) 陇南树白蚁 *Glyptotermes longnanensis*，新种
2. 鼻白蚁科 Rhinotermitidae
   (2) 黄胸散白蚁 *Reticulitermes flaviceps* (Oshima)？
   (3) 尖唇散白蚁 *R. aculabialis* Tsai et Hwang
   (4) 黑胸散白蚁 *R. chinensis* Snyder
3. 白蚁科 Termitidae
   (5) 黑翅土白蚁 *Odontotermes formosanus* Shiraki

二、新种记述

陇南树白蚁 *Glyptotermes longnanensis* Gao et Zhu，新种

兵白蚁(见图1A～G)

头部呈棕黄色；头额部坡面向前颜色加深至棕色；上颚亦褐，前2/3近于黑色。基部色略淡；上唇黄色，前唇基白色，后唇基黄棕色；后颏前部棕黄色，向后渐淡，至基部近黄色，两侧缘色深构成轮廓；触角与上唇同色，前胸背板棕黄色，具淡色中线；中胸背板、后胸背板、腹部淡黄色；腿节、胫节淡黄色；跗节深黄色。

头呈长方形，长约为宽的1.5倍，两侧边近乎平行，有时在后头1/3处略微膨大，后侧角弧状，头后缘平直，Y缝有而不显，额坡面成角45°，斜面上端中部略凹下，两额叶极微隆起。上颚粗壮，基部膨出，并具极小颚基毛，左上颚内侧有4枚大型缘齿，第1缘齿前向，其前切缘甚短于后切缘，第2缘齿较短，第3、4缘齿宽短而内向，位于上颚中点后；右上颚内侧有缘齿2枚，第1缘齿约位于上颚中点处，第2缘齿宽大，约位于基部的1/3处。上唇短，仅达上颚中点，宽大于长。前缘狭而平，两侧缘后段近于平行，唇基宽于上唇。后颏细长，平坦，长为最大宽的3倍多，前宽后狭，宽缘比约为2:1，颏前部前缘近平直，两侧平，呈梯形，狭柄部两侧平行，至基部向两侧扩展。触角10～11节，一般11节，第2节大于第3节，小于第4节，第3节短，自第4节起呈倒圆锥形，端节显著较小，大多呈长卵形。有时同一个体左右并不对称，节数且有变化。触角窝后方有微凸淡色眼点，近圆形，背面观微突出于头侧缘。前胸背板稍狭于头，前缘浅弧形，中央具微凹，两侧稍凸，弯向腹方，后侧角平，后缘窄而平直，在中点处稍凹陷。中、后胸背板具小型翅芽，其宽等于或稍大于前胸背板，后缘略微内凹。足、腿节粗壮，胫节细短。

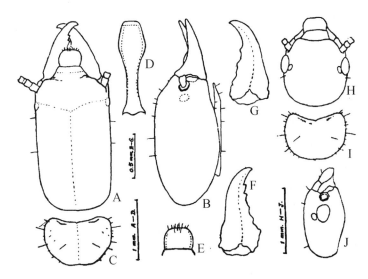

图1　陇南树白蚁 *Glyptotermes longnanensis* sp. nov. 甘肃文县

兵白蚁：A. 头正面；B. 头侧面；C. 前胸背板；D. 后颏；E. 上唇；F. 左上颚；G. 右上颚。
母白蚁：H. 头正面；I. 前胸背板；J. 头侧面。

5头陇南树兵白蚁体部测量结果见表1。

表1　5头兵白蚁各体部量度（单位：mm）

测定项目	各个体测定值					平均	测定项目	各个体测定值					平均
	1	2	3	4	5			1	2	3	4	5	
头长至上颚端	2.84	2.78	2.63	2.41	2.80	2.69	后颏最窄	0.19	0.20	0.20	0.20	0.23	0.20
头长至上唇端		2.21	2.10	1.95	2.31	2.16	后颏中长	1.47	1.37	1.39	1.12	1.33	1.34
头长至上颚基	1.98	1.95	1.90	1.70	1.91	1.90	前胸背板中长	0.62	0.55	0.50	0.50	0.55	0.54
头宽	1.12	1.15	1.17	1.10	1.14	1.14	前胸背板宽	1.09	1.05	1.05	0.99	1.06	1.05
头高	1.00	1.01	1.05	1.00	1.05	1.02	后足胫节长	0.81	0.70	0.70	0.65	0.75	0.72
左上颚长	1.03	0.90	0.93	0.80	0.97	0.93	后足腿节长	0.75	0.70	0.70	0.70	0.75	0.72
左上颚端至第1缘齿长	0.22	0.21	0.21	0.16	0.23	0.21	左触角节数	11	10	11	10	11	
后颏最宽	0.44	0.42	0.44	0.40	0.44	0.43	右触角节数	11	11	11	11	10	

母白蚁（见图1H～J）

头深赤褐色；上唇暗黄色，唇基淡黄色；上颚、头腹面色稍淡；触角深黄色；复眼近黑色；单眼黄色；前胸背板赤褐色，具隐约淡色中缝线；中、后胸背板棕色，前半部具黑色中纵线；翅鳞边缘及其翅脉色与前胸背板相同；足基节、转节、腿节褐色，胫、跗节浅褐色；腹背板色近乎胸背板，腹板片淡褐色，向后渐深，具淡色中纵线。

头近似椭圆形，两侧略平行，长略大于宽，Y缝不明显；复眼稍大，中等膨出，近圆形；单眼近似圆形，紧靠复眼，上唇宽，前缘几平直，前侧角圆弧状，两侧缘几平行，上唇中部表面微凸，触角不全，第2节稍短于第3节，第3、4节几相等，自第4节起各节渐增大为圆珠状，前胸背板略窄于头宽（连复眼），前缘凹弧形，中线前段凹陷，两侧缘弯向腹方，前侧角狭圆，后侧角阔圆，与后缘连成半圆形，后缘中凹极弱；前翅鳞大，后翅鳞短小，长约为前翅鳞的一半；腹部长圆筒形，腹板中间具线状隆起，形成贯穿腹部的中脊线。

2头陇南树白蚁母蚁各体部测量结果见表2。

表2　2头母白蚁各体部量度（单位：mm）

测定项目	测定值（2头）		测定项目	测定值（2头）		测定项目	测定值（2头）	
头长至上唇端	1.31	1.25	复眼长径	0.30	0.31	前胸背板中长	0.60	0.62
头长至上颚基	1.03	1.04	复眼短径	0.27	0.25	前胸背板宽	1.00	1.01
头宽连眼	1.06	1.10	单眼长	0.11	0.075	后腿长	0.70	0.70
上唇长	0.28	0.27	单眼宽	0.09	0.06	后胫长	0.81	0.77

模式产地：甘肃省文县城关，海拔1 038 m，兵蚁（正模，副模），母蚁（正态模）、若虫。采集人：高道蓉、张志端、刘发友，1979-Ⅲ-30，寄主：活槐树树干；甘肃省文县碧口镇，海拔980 m，张志端、刘发友，1979-Ⅳ-3，寄主：活垂柳树干枯腐部位。

模式标本：正模存于上海昆虫研究所，副模分存于南京市白蚁防治所、西安铁路局。

比较：本新种兵白蚁体型大小与 G. brevicaudatus (Haviland)，G. nakajimai Morimoto 甚为接近，但本种额部坡度较小而无显著的额叶可与前者相区别，与后者的不同在于上颚外缘基部较为膨出及左上颚第1缘齿几不成钝角，与 G. fuscus Oshima 的区别在于本新种明显略大，却小于我国云南产的 G. chinpingensis Tsai et Chen。

本新种母蚁在大小上近似于 G. nakajimai Morimoto, G. chinpingensis Tsai et Chen，单眼圆形，几连及复眼和胫节的较短，可与前者区别，从腿节的褐色甚而与后者区分，与 G. fuscus Oshima 的不同在于后者甚小。

习性简述

本种在文县危害树木比较严重。粗略统计在文县县城（旧城）及碧口镇某些街区危害绿化树木达10%以上，已见危害树种计有槐、垂柳、枫香、枫杨等，危害部位大多是活树干的枯腐部位及活树干暴露出木质部的部位。树干裸露部分的木质部外表有较多点状小孔口，此段的成排小孔由细道穿过木质部，开口于树干表面，细道下方有大量粒状排泄物，大多呈柱体（长0.52～0.77 mm，直径0.25～0.45 mm），新排泄物颜色较淡，久则色加深，为灰褐色。据此点状孔口及粒状排泄物即可判断本种白蚁的存在。本新种兵白蚁在群体中所占比例极小，一般在母白蚁附近蚁路活动，缺工白蚁时由若虫行工白蚁职能，无特定王室。本种白蚁可生活在活树干中，对水分的需求已可满足，而与该地年降雨量较少关系不大（如：文县县城年平均降雨量仅444.6 mm），主要限制因子似乎与年平均气温、一月平均气温、极端最低气温有关。

三、陕、甘南部白蚁分布特点

陕西南部白蚁的种类较少，仅有4种，就其分布而言，仍可看出秦岭山脉的影响。秦岭南北的共有种为尖唇散白蚁 R. aculabialis，广布于秦岭南北各县市，秦岭南北少数地方还有圆唇散白蚁 R. labralis，秦岭以南还有黄胸散白蚁 R. flaviceps (?) 与黑翅土白蚁 O. formosanus。

甘肃省南部的白蚁虽分属于三科，但仅有五种，远不及南邻的四川省。在分布上，白龙江南秦岭一线南北似有差异，该线以北仅有尖唇散白蚁 R. aculabialis，以南则有陇南树白蚁 G. longnanensis、黄胸散白蚁 R. flaviceps、黑胸散白蚁 R. chinensis、黑翅土白蚁 O. formosanus。

此次采集，在甘肃省南部文县发现偏南方种类木白蚁科树白蚁属，足以证明甘肃省南部的白龙江南秦岭一线以南具有某些亚热带气候特征。

四、讨论

1. 首次在陕、甘南部发现黑翅土白蚁，鉴于此种土白蚁在我国南方地区常常在水库土坝中营巢，不易为人们发现而酿成灾害，当地水利部门须引起重视。人工营林时也要考虑对该种蚁害的防治措施。

2. 散白蚁在甘肃省文县、两当、徽县、武都地区已见危害房屋、木电杆等，有关部门要考虑防治措施。散白蚁在陕西省关中地区危害房屋建筑还是较严重的。例如，这次作者在西安市陕西省博物馆"西安碑林"亲见被散白蚁严重蛀蚀而折换下来的大圆柱；又据西安市房地产一分局白蚁组调查，市内南大街、东大街的40条巷房屋，白蚁危害率达24.61%以上，其中东木头市巷更为严重，竟高达44%，在汉中地区、安康地区，两种散白蚁危害房屋及电杆木也是相当严重的。据粗略统计，一般危害的占60%，其中危害严重的有30%左右，有关部门必须引起高度重视。

3. 鉴于木白蚁科树白蚁属超越木白蚁分布区而突入四川盆地、湖北西部及甘肃省东南部文县（北纬32°57′，东经104°44′）等具亚热带气候特点地区的事实，我国木白蚁区系分布在我国内陆还应包括上述特殊地区。

（工作中承夏凯龄老师指导，插图由中国科学院上海昆虫研究所徐仁娣同志绘制，标本采集工作得到甘肃省白龙江林管局营林处、白水江自然保护区管理局及陕西省安康地区科委等单位大力协助，南京大学地理系资料室王树本老师提供陕西、甘肃有关地理资料，江苏省气象台提供有关气象资料。特此一并致谢。）

Survey of termites in the southern regions of Shanxi and Gansu Provinces with description of a new species (Isoptera, Kalotermitidae, *Glyptotermes*)

Gao Daorong[1], Zhu Benzhong[1], Liu Fayou[1], Zhang Zhiduan[2], Wen Shaoqing[2]

([1]Nanjing Institute of Termite Control; [2]Xi'an Railway Administration)

1. This is a report on the survey of termite in the southern regions of Shanxi and Gansu Provinces. Four species of termites are found in southern Shanxi, belonging to 2 families. All four species are new records for Shanxi. Five species of termite are found in southern Gansu, belonging to 3 families, of which 4 species are new records for Gansu and 1 species is new to science.

2. The range of distribution of *Glyptotermes* now extends to southern Gansu Province (N. 32°57′, E. 104°44′).

3. *Glyptotermes longnanensis* Gao et Zhu, sp. nov.

Comparisons:

Soldier (Fig. 1 A ~ G)

Soldier of the present new species is closer to those of *G. brevicaudatus* (Haviland) and *G. nakajimai* Morimoto in dimensions, but separable from the former by the forehead is less steeply sloping and lateral lobes are indistinct, from the latterly mandible with outer margin rather bulging at base and left mandible with first marginal tooth almost not an obtuse angle; from *G. fuscus* Oshima by an apparently larger dimensions; from *G. chinpingensis* Tsai et Chen from Yunnan by smaller dimensions.

Queen (Fig. 1 H ~ J)

The queen of this new species is similar to those of *G. nakajimai* Morimoto and *G. chinpingensis* Tsai et Chen in dimensions, but separable from the former by the ocellus rounded, almost touching the eye and easily separable from the latter by femora brown from *G. fuscus* Oshima by a rather smaller dimension in the latter (*G. fuscus* Oshima).

Type locality: Wen Xian, Gansu Province, Altitude 1038 m. soldiers (holotype and paratype), queen (morphotype), nymphs, collected by Gao Daorong, Zhang Zhiduan, Liu Fayou, 1979-Ⅲ-30, host plant: in living tree (*Sophora japonica* L.); Wen Xian, Bikou, altitude 980 m, soldiers (paratypes), queen (paramorphotype), nymphs, collected by Gao Daorong, Zhang Zhiduan, Liu Fayou, 1979-Ⅳ-3, host plant: in a dead portion of living tree (*Salix babylonica* L.). Holotype: Soldier and queen (holomorphotype), deposited in Shanghai Institute of Entomology, Academia Sinica. Paratype: Soldiers and queen (paramorphotype), deposited separately in Shanghai Institute of Entomology, Academia Sinica; Nanjing Institute of Termite Control and Xi'an Railway Administration.

原文刊登在《昆虫分类学报》,1980,2(1):69-74

4 江苏省蝥类调查及网蝥属新种记述

高道蓉[1]，朱本忠[1]，王新[2]
([1]南京市白蚁防治研究所；[2]江苏省林业科学研究所)

江苏省位于我国东南沿海，北纬30°45′~35°7′，东经116°22′~121°54′之间，跨暖温带、北亚热带和中亚热带三个自然带，雨量较为充沛，气候温暖，适于多种蝥类生存繁殖。

江苏的蝥类，据胡经甫(1935)所录有7种：*Reticulitermes flaviceps* Oshima、*R. fukienensis* Light、*Coptotermes formosanus* Shiraki、*Termes fontanellus* Kemner、*T. formosanus* Shiraki、*Capritermes jangtsekiangensis* Kemner 和 *C. nitobei* Shiraki；蔡邦华和陈宁生(1964)统计有6种：黑胸散白蚁 *Reticulitermes chinensis* Snyder、栖北散白蚁 *R. speratus* (Kolbe)、花胸散白蚁 *R. fukienensis* Light(?)、家白蚁 *Coptotermes formosanus* Shiraki、歪白蚁 *Capritermes nitobei* (Shiraki) 和黑翅土白蚁 *Odontotermes formosanus* (Shiraki)；夏凯龄和范树德(1964)所列网蝥属计有中华网蝥 *Reticulitermes chinensis* Snyder、圆唇网蝥 *R. labralis* Hsia et Fan、黄胸网蝥 *R. flaviceps* (Oshima)、福建网蝥 *R. fukienensis* Light；蔡邦华和黄复生(1980)所列有7种：黄胸散白蚁 *Reticulitermes flaviceps* (Oshima)、花胸散白蚁 *R. fukienensis* Light、尖唇散白蚁 *R. aculabialis* Tsai et Hwang、黑胸散白蚁 *R. chinensis* Snyder、家白蚁 *Coptotermes formosanus* Shiraki、黑翅土白蚁 *Odontotermes formosanus* (Shiraki)、歪白蚁 *Capritermes nitobei* (Shiraki)。自1977年以来南京市白蚁防治研究所对江苏省各地蝥类进行了广泛、详细的调查采集，在全省57个县(市)采集到蝥类标本共计3000余份。同时，江苏省林业科学研究所等对我省重点林区的蝥类也进行了采集，经初步整理鉴定计有3科19种，其中有2种网蝥属 *Reticulitermes* 新种。

标本鉴定工作在中国科学院上海昆虫研究所夏凯龄老师指导下进行。新种正模标本保藏于中国科学院上海昆虫研究所，副模标本分别保藏于上海昆虫研究所、南京市白蚁防治研究所、江苏省林业科学研究所。

一、江苏省的蝥类

到目前为止，江苏省的蝥类计有3科19种。

（一）木蝥科 Kalotermitidae

1. *Incisitermes* sp.

（二）鼻蝥科 Rhinotermitidae

2. 直颚乳蝥 *Coptotermes orthognathus* Hsia et He
3. 普见乳蝥 *Coptotermes communis* Hsia et He
4. 苏州乳蝥 *Coptotermes suzhouensis* Hsia et He
5. 庞格乳蝥 *Coptotermes pargrandis* Hsia et He
6. *Coptotermes* sp.
7. 肖若网蝥 *Reticulitermes* (*F.*) *affinis* Hsia et Fan
8. 丹徒网蝥 *Reticulitermes* (*F.*) *dantuensis* Gao et Zhu, sp. nov.
9. 黄胸网蝥 *Reticulitermes* (*F.*) *flaviceps* (Oshima)
10. 福建网蝥* *Reticulitermes* (*F.*) *fukienensis* Light
11. 尖唇网蝥 *Reticulitermes* (*P.*) *aculabialis* Tsai et Hwang
12. 黑胸网蝥 *Reticulitermes* (*P.*) *chinensis* Snyder
13. 圆唇网蝥 *Reticulitermes* (*P.*) *labralis* Hsia et Fan
14. 细颚网蝥 *Reticulitermes* (*P.*) *leptomandibularis* Hsia et Fan
15. 清江网蝥 *Reticulitermes* (*P.*) *qingjiangensis* Gao et Wang, sp. nov.

(三)白蚁科 Termitidae

16. 黄翅大白蚁 *Macrotermes barneyi* Light?
17. 囟土白蚁 *Odontotermes fontanellus* Kemner
18. *Odontotermes* sp.
19. 扬子江歪白蚁 *Capritermes jangtsekiangensis* Kemner

(*转引文献所载,作者未存标本。)

二、新种记述

1. 丹徒网白蚁 *Reticulitermes dantuensis* Gao et Zhu, sp. nov.

兵蚁(图1)的形体描述如下:

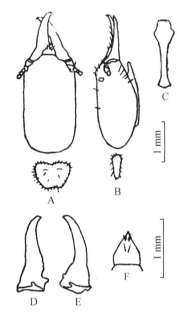

图1 丹徒网白蚁 *Reticulitermes dantuensis* Gao et Zhu, sp. nov. 的兵蚁
A.头及前胸背板正面;B.头及前胸背板侧面;C.后颏;D.左上颚;E.右上颚;F.上唇。

体型小。

头部淡黄褐色;上颚赤褐色;颚基略淡,为褐色;触角、前胸背板为橙黄色;腹部黄色。

头部细短,两侧近似平行,近前缘约1/3起略向前收缩,中段稍宽出,最宽似在1/2稍后处,近后缘1/3起微窄,后侧角宽圆,连后缘呈宽弧形,额峰隆起,侧视高出于后头面,峰后上有4~5枚短刚毛。囟小点状,圆形,明显可见,凹入,位于额峰后方。上颚较细短,端部尖细,上唇长舌状,透明端部颇圆,约伸达上颚中点之前,上唇端着生2枚长刚毛。触角窝上缘略向上翘起。触角14~15节,以15节居多。后颏后部较宽,最狭处与其长之比为1:5.29~1:6.07;与头宽之比为1:5.41~1:6.60。前胸背板明显窄于头宽,前缘宽于后缘,前后缘均较为平直,前缘中央具较深而宽的凹刻,后缘中央凹刻不显。后足胫节短。

比较:本新种是我国网白蚁属已知种中(包括 *R. parvus* Li, 1979)最小的一种,以其兵蚁量度小而较易与其他大多数网白蚁属近缘种类相区别,而与 *R. parvus* Li 的不同在于本新种兵蚁头长更小,且头指数(头宽/头长至唇基前缘)略大,平均为 0.64(*R. parvus* Li 则为 0.59);此外,本新种兵蚁头部侧缘略呈弧形,后颏后部稍宽,前胸背板略小,且中纵线不明显,可与之区别。

模式标本:兵蚁(正模和副模)、工蚁和若蚁。江苏省丹徒县。1979-Ⅸ-17,由朱本忠、俞俊文等采于松木伐桩内。

分布:江苏省句容县。

7头丹徒网白蚁兵蚁各体部量度结果见表1。

表1 7头丹徒网白蚁兵蚁各体部量度(单位:mm)

项目	范围	平均	项目	范围	平均
头长(连上颚)	2.12~2.30	2.23	后颏长	0.88~1.00	0.93
头长(至上唇端)	1.76~1.95	1.90	后颏最宽	0.35~0.40	0.39
头宽	0.92~0.99	0.96	后颏最窄	0.15~0.17	0.16
上唇长	0.37~0.40	0.29	前胸背板长	0.34~0.40	0.36
上唇宽	0.30~0.31	0.30	前胸背板宽	0.61~0.70	0.68
上颚长(左)	0.84~0.91	0.85	后足胫节长	0.55~0.72	0.63
上颚长(右)	0.85~0.87	0.86			

2. 清江网白蚁 Reticulitermes qingjiangensis Gao et Wang, sp. nov.

兵蚁(图2)的形体描述如下：

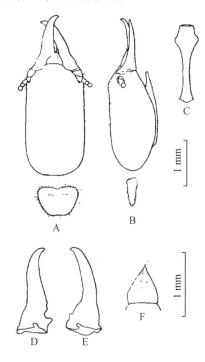

图2 清江网白蚁 Reticulitermes qingjiangensis Gao et Wan, sp. nov.
A. 头及前胸背板正面；B. 头及前胸背板侧面；C. 后颏；D. 左上颚；E. 右上颚；F. 上唇。

体型大。

头呈黄褐色，前端稍深，后头略淡；唇基与头色同；上唇色略淡，边缘略透明，唇端具透明短尖；触角堤脊赤褐色；触角淡褐黄色，基部色淡；上颚赤褐色，基部淡赤褐色；后颏黄褐色，后部较前部稍淡；前胸背板较头色稍淡，近前缘处面上有两"V"形深斑纹。

头被毛稀；上唇端部有端毛和不发达的侧端毛各一对，面上亦散生数枚毛；触角除基部三节毛稀少外，其余均具数枚长毛及密被小茸毛，前胸背板周缘毛稍多，后颏前缘两侧有数枚短毛，前部面上亦有散生毛，后部毛极少。

头近长方形，略为粗长，两侧缘在触角前收拢，触角后至头后部1/3~1/4处呈一微凹宽弧，头后部1/3~1/4处头最宽，头后缘几平直；额峰不明显或微隆起，囟位于其后缘中央，约相当于头长至上颚的1/4稍后处。唇基呈梯形，前窄后宽，后缘宽约为其长的2倍，前缘略呈弧形凸出；上唇近三角形，中区略拱起，端部具透明短尖。上颚呈军刀状，端尖而内弯；左上颚内缘后半有数枚波状缘齿，右上颚

内缘平滑。后颏前部扩展，前缘略平直，后部狭长，两侧缘近平行。触角17~18节，第3节最短，第2节长约为第3节长的2倍，第4节长等于或稍短于第2节长。前胸背板呈肾形，前宽后窄，前缘几平直，中央凹刻较深，前侧角圆，两侧缘宽弧形，斜向后收缩，后缘中央凹入不显，具可见的淡色中纵线。

5头清江网白蚁各体部量度结果见表2。

表2 5头清江网白蚁兵蚁各体部量度(单位：mm)

项目	范围	项目	范围
头长(连上颚)	3.29 ~ 3.56	后颏长	1.55 ~ 1.80
头长(至上唇端)	2.61 ~ 2.89	后颏最宽	0.50 ~ 0.55
头长(至上颚基)	2.20 ~ 2.37	后颏最窄	0.15 ~ 0.16
头宽	1.28 ~ 1.35	前胸背板长	0.45 ~ 0.55
上唇长	0.31 ~ 0.35	前胸背板宽	0.95 ~ 1.04
上唇宽	0.39 ~ 0.42	后足胫节长	1.12 ~ 1.15
左上颚长	1.21 ~ 1.25		

比较：本新种兵蚁头长明显大于尖唇网白蚁 Reticulitermes aculabialis Tsai et Hwang，且头后缘颇为平直，触角17~18节可与之区别。

模式产地：江苏省清江市（编者注：现为江苏省淮安市）。兵蚁(正模和副模)，工蚁。采集人：王维钊、王永和，1979-X-28。

三、分布特点

由于长江横贯江苏全境，苏南、苏北的气候、土壤、植被等自然条件差异较大，长江以南为亚热带气候区，以北为暖温带向亚热带气候的过渡区，白蚁类的分布、密度、种类在长江南北均有差异。

江苏全省以网白蚁属 Reticulitermes 为优势，几乎全省各地均可发现该属白蚁的存在，其中黑胸网白蚁、黄胸网白蚁、尖唇网白蚁及圆唇网白蚁为常见种，同时亦是我省主要危害种类，但仍是长江以南密度较大、危害较重的种，江淮间次之，淮河以北仅局部发生危害。

乳白蚁属 Coptotermes 对房屋建筑的危害程度在我省居第2位。分布以长江以南至苏北南部近长江一带较为普遍，稍北则难以发现。至今，乳白蚁属在江苏省分布北界为建湖县(北纬约33°44'。上海昆虫研究所1975年在该县曾采到标本)，而广东省昆虫研究所编的《白蚁及其防治》(1979)中提及家白蚁北界在江苏省连云港一线，恐系误传。

土白蚁属 Odontotermes 在苏南及长江两岸均有分布。对水库土坝、林木等造成危害，其分布北界为

江苏省盱眙县(北纬约33°01′)。

大白蚁属 Macrotermes 仅在江苏省南部的宜溧山区局部分布,对当地的林木、水库土坝亦有危害。

歪白蚁属 Capritermes 在苏南各地时可发现,但未见造成危害。

四、讨论

1. 鉴于江苏省不少地方多次发现从南方(福建、江西)调运来的木材中带有南方产白蚁(如象白蚁属 Nasutitermes 等),现虽未发现其扩散,但能在江苏存活数年,说明其适应性较强,故今后国内木材(尤指南方产者)的调运应将白蚁列为检疫对象。

2. 近年来,随着进口木材的增加,带入的白蚁时有发现。例如,作者在南京市发现从美国进口木材中带入了新北白蚁 Zootermopsis angusticollis (Hagen),建议加强进口木材的检疫工作。

3. 从福建省建阳县调入江苏的部分木材中采到的一种象白蚁属巢内的极少量兵白蚁标本来看,明显存在三型的现象,由于当时灭治人员对白蚁标本的采集经验不足,且所取兵白蚁数量较少,还不足以鉴定,值得今后进一步研究。

4. 从江苏省各地白蚁分布密度及危害情况来看,积极开展全省白蚁区系的研究是十分必要的。苏南至长江北岸的某些城镇确应建立白蚁防治的专门机构,苏北大多数城镇有兼职人员从事此项工作足矣。

5. 在江苏南部至苏北南部有土白蚁属分布的地区以及苏南局部有大白蚁属分布的地区,林业和水利部门应引起足够重视。

(工作中承江苏省林科所彭超贤先生及本所唐德林、余斌等同志大力支持。上海昆虫研究所徐仁娣同志绘图,浙江农业大学李参同志提供 R. parvus Li 头指数数据。本所绝大多数同志参加标本采集,在此恕不一一列名,特此致谢!)

参考文献

[1] 广东省昆虫研究所.白蚁及其防治[M].北京:科学出版社,1979.
[2] 李参.浙江省白蚁种类调查及三个新种描述[J].浙江农业大学学报,1979,5(1):63-72.
[3] 夏凯龄,何秀松.我国乳白蚁属的研究(摘要)[C].福建福州:中国昆虫学会白蚁学术讨论会,1980.
[4] 夏凯龄,范树德.中国网白蚁属记述[J].昆虫学报,1965,14(4):360-382.
[5] 夏凯龄,韩美贞.楹白蚁属 Incisitermes 两新种(摘要)[C].福建福州:中国昆虫学会白蚁学术讨论会,1980.
[6] 蔡邦华,陈宁生.中国经济昆虫志·第八册·等翅目(白蚁)[M].北京:科学出版社,1964.
[7] 蔡邦华,等.中国的散白蚁属及新亚属新种[J].昆虫学报,1977,20(4):465-475.
[8] 蔡邦华,黄复生.中国白蚁[M].北京:科学出版社,1980.
[9] 蔡邦华,等.湖南的散白蚁及其新种[J].昆虫学报,1980,23(3):298-301.
[10] Kemner NA. Zwei neue chinesische Termiten aus der Sammelausbeute der Kaltboffschen Expedition nach China [J]. Arkiv Zool,1925,17A(28):1-6.
[11] Light SF. Present status of our knowledge of the termites of China[J]. Lingnan Sci J,1931,(7):581-600.
[12] Wu CF. Catalogus insectorum sinensium [M]. 1935:217-221.

Survey of termite in the regions of Jiangsu Province with description of two new species (Isoptera: Rhinotermitidae: *Reticulitermes*)

Gao Daorong[1], Zhu Benzhong[1], Wang Xin[2]

([1]Nanjing Institute of Termite Control; [2]Jiangsu Forestry Research Institute)

Nineteen species of termites have hitherto been recorded in the region of Jiangsu Province, belonging to 3 families. Two species are new to science.

***Reticulitermes dantuensis* sp. nov.**

Comparisons:

Soldiers (Fig. 1 A~F)

Soldiers of the present new species can be easily distinguished from all related species of the same genus by its size smaller; from *R. parvus* Li 1979 by its length of the head shorter, head-width index (head width/length of head to anterior margin of clypeus) larger, average 0.64 (*R. parvus* Li, 0.59), head slightly parenthesized, posterior area of postmentum slightly broader, pronotum shorter, without a distinct middle longitudinal line.

Type locality: Dantu, Jiangsu Province; soldiers (holotype and paratype), workers, nymphs collected by Zhu Benzhong *et al.* 1979-IX-17.

Holotype: soldier deposited in Shanghai Institute of Entomology, Academia Sinica.

Paratype: soldiers deposited separately in Shanghai Institute of Entomology, Academia Sinica; Nanjing Institute of Termite Control; Jiangsu Forestry Research Institute.

Reticulitermes qingjiangensis Gao et Wang, sp. nov.

Comparison:

Soldier (Fig. 2): The soldier of *R. qingjiangensis*, new species, closely resembles that of *R. aculabialis* Tsai et Hwang, but differs as follows: the length of head is larger, posterior margin of head is straighter and antennae 17~18-segmented.

Type locality: Qingjiang, Jiangsu Province; soldiers (holotype and paratype), workers, nymphs collected by Wan Weizhao *et al.* 1979-X-28.

Holotype: soldier deposited in Shanghai Institute of Entomology, Academia Sinica.

Paratype: soldiers deposited separately in Shanghai Institute of Entomology, Academia Sinica and Nanjing Institute of Termite Control.

原文刊登在《动物学研究》,1982,3(增刊):137-144

5 江苏省的蟓类

高道蓉[1]，朱本忠[1]，王鑫[2]

([1]南京市白蚁防治研究所；[2]江苏省林业科学研究所)

蟓(termite)，俗称白蚁(white ant)，为林木害虫之一，属等翅目(Isoptera)昆虫。

江苏省横跨长江下游，处北纬30°45′~35°07′，东经116°22′~121°54′，东滨黄海和东海，南连浙江，西邻安徽，北界山东。气候属暖温带向亚热带过渡的润湿季风气候，自北而南和自西向东海洋性气候特点逐渐显著，年平均气温为13.5℃~16.5℃，年平均降雨量为700~1100 mm，适于多种蟓类生存繁殖。其属种具有东洋区向古北区过渡的特点。至今为止，江苏省计有蟓类3科6属19种。

一、木蟓科 Kalotermitidae

(一) 楹蟓属 Incisitermes

1. 陌奇楹蟓 Incisitermes paradoxus Hsia et Han

二、鼻蟓科 Rhinotermitidae

(二) 乳蟓属 (家白蚁属) Coptotermes

2. 普见乳蟓 Coptotermes communis Hsia et He
3. 直颚乳蟓 Coptotermes orthognathus Hsia et He
4. 庞格乳蟓 Coptotermes pargrandis Hsia et He
5. 苏州乳蟓 Coptotermes suzhouensis Hsia et He
6. Coptotermes sp.

(三) 网蟓属 (散白蚁属) Reticulitermes

7. 肖若网蟓 Reticulitermes (F.) affinis Hsia et Fan
8. 黄胸网蟓 R. flaviceps (Oshima)
9. 福建网蟓* R. fukienensis Light?
10. 丹徒网蟓 R. dantuensis Gao et Zhu
11. 尖唇网蟓 R. (P.) aculabialis Tsai et Hwan
12. 黑胸网蟓 R. chinensis Snyder
13. 圆唇网蟓 R. labralis Hsia et Fan
14. 细颚网蟓 R. leptomandibularis Hsia et Fan
15. 清江网蟓 R. qingjiangensis Gao et Wang

三、蟓科 Termitidae

(四) 大蟓属 Macrotermes

16. 黄翅大蟓 Macrotermes barneyi Light?

(五) 土蟓属 Odontotermes

17. 囟土蟓 Odontotermes fontanellus Kemner
18. 浦江土蟓 Odontotermes pujiangensis Hsia et Fan

(六) 歪蟓属 Capritermes

19. 扬子江歪蟓 Capritermes jangtsekiangensis Kemner

(*作者未存标本，引自文献记载。)

在江苏，网蟓属种类为优势种，其中尖唇网蟓、圆唇网蟓、黄胸网蟓、黑胸网蟓为主要危害种。土蟓属、大蟓属危害林木，其分布范围较窄。乳蟓属仅分布于苏南，其分布北界线在江苏省境内，危害甚烈。楹蟓属在江苏省偶有发现，危害木构件。歪蟓属在苏南各地常可发现，未见危害。

近年来，在从外省(福建、江西)调进江苏省各地的木材中发现有钝蟓属 Ahmaditermes、象蟓属 Nasutitermes 多种蟓类，以及从美国进口的木材中发现有 Zootermopsis angusticollis (Hagen)。

由于检疫工作失误，外来昆虫蔓延成灾的事例是很多的。就蟓类言，台湾乳蟓 Coptotermes formosanus Shiraki 就已从我国东南部向西蔓延至非洲大陆的南非、马里，向东蔓延至美国南部的得克萨斯州(Texas)、路易斯安那州(Louisiana)、南卡罗来纳州(South Carolina)，成为当地的严重危害种类。

江苏省气候温暖潮湿，上述外来蟓类有的已在江苏省存活数年。为了防止外来蟓类在江苏省扩散、蔓延以致造成新的危害,必须对木材进行严格检疫,蠹类要列为检疫对象。江苏省木材缺乏,每年从外地调入量较大,检疫工作应引起注意。不仅从外国进口的木材必须加强检疫,就是国内南方木材运进江苏省也需要进行检疫。

参考文献

[1] 夏凯龄,何秀松. 我国乳蠹属的研究(摘要)[C]. 福建福州:中国昆虫学会白蚁学术讨论会,1980.

[2] 夏凯龄,范树德. 中国网蠹属记述[J]. 昆虫学报,1965,14(4):360-382.

[3] 夏凯龄,韩美贞. 楹蠹属 Incisitermes 两新种记述(摘要)[C]. 福建福州:中国昆虫学会白蚁学术讨论会,1980.

[4] 蔡邦华,陈宁生. 中国经济昆虫志·第八册·等翅目(白蚁)[M]. 北京:科学出版社,1964.

[5] 蔡邦华,等. 中国的散白蚁及新亚属新种[J]. 昆虫学报,1977,20(4):465-475.

[6] 蔡邦华,黄复生. 中国白蚁[M]. 北京:科学出版社,1980.

[7] Kemner NA. Zwei neue chinesische Termiten aus der Sammelausbeute der Kaltboffschen Expedition nach China [J]. Arkiv Zool,1925,17A (28):1-6.

[8] Light SF. Present status of our knowledge of the termites of China[J]. Lingnan Sci J,1931,(7):581-600.

原文刊登在《江苏林业科技》,1981,3:26-27

6 四川省蟹类研究 I. 成都、西昌地区螱类三新种记述

龚安虎[1]，韩丽新[1]，高道蓉[2]，朱本忠[2]

([1]成都市白蚁防治研究所；[2]南京市白蚁防治研究所)

近年来，作者等曾多次赴四川省各地进行螱类（即白蚁）调查，收集到大批螱类标本，其中还采有大量原螱属 Hodotermopsis Holmgren 标本。至此，我国现有的四科螱类（木螱科 Kalotermitidae、原螱科 Termopsidae、鼻螱科 Rhinotermitidae、螱科 Termitidae）在四川省均已采到。另外，堆砂螱属 Cryptotermes Banks、亮螱属 Euhamitermes Holmgren 的标本和叶螱属 Lobitermes Holmgren 的标本在四川省也已采到。

现将成都地区的螱类和已鉴定的成都、西昌地区的部分螱类新种报告于后。

下述新种之正模标本保藏于中国科学院上海昆虫研究所，副模分别保藏于上海昆虫研究所、成都市白蚁防治研究所和南京市白蚁防治研究所。

一、成都地区的螱类

蔡邦华、陈宁生（1964）在《中国经济昆虫志》中所列在四川省成都市有黑树螱 Glyptotermes fuscus Oshima。夏凯龄和范树德（1965）记载有中华网螱 Reticulitermes chinensis Snyder 分布，蔡邦华和黄复生（1977）定为尖唇网螱 R. aculabialis Tsai et Hwang，高道蓉和朱本忠曾鉴定一木鼻螱新种：成都木鼻螱 Stylotermes chengduensis Gao et Zhu。

经初步整理鉴定，成都地区还有陇南树螱 Glyptotermes longnanensis Gao et Zhu，黄胸网螱 R. flaviceps Oshima，至今为止成都地区的螱类计有 3 科 9 种。

（一）木螱科 Kalotermitidae

1. 阔颚树螱 Glyptotermes latignathus Gao et Zhu，新种
2. 陇南树螱 G. longnanensis Gao et Zhu
3. 黑树螱 G. fuscus Oshima（未藏标本，引自蔡、陈，1964）

（二）鼻螱科 Rhinotermitidae

4. 成都木鼻螱 Stylotermes chengduensis Gao et Zhu
5. 黄胸网螱 Reticulitermes flaviceps（Oshima）
6. 尖唇网螱 R. aculabialis Tsai et Hwang
7. 黑胸网螱 R. chinensis Snyder
8. 圆唇网螱 R. labralis Hsia et Fan

（三）螱科 Termitidae

9. 黑翅土螱 Odontotermes formosanus（Shiraki）

二、成都、西昌地区螱类新种记述

（一）阔颚树螱 Glyptotermes latignathus Gao et Zhu，新种

兵螱（图1）：

头呈淡黄褐色，额前区色加深，呈褐色；上颚赤褐色，前端部加深，近黑褐色；后颏黄褐色，前部稍深；前胸背板黄褐色，前缘略具深色，形成明显的边界；中、后胸背板色较前胸背板略淡，腿节淡黄，胫、跗节黄色，腹部淡黄褐色。

头部被毛稀疏，头前沿后唇基后缘有一列稀疏的毛；唇基毛稀少；上唇前缘有长毛 8~10 枚，面上亦散生少许较短的毛，上颚基部具几个短细的颚基毛；前胸背板边沿有较多的短毛，面上仅有两枚长毛。

头背面观为长方形，较短宽，头指数（头宽/头长至上颚基）为 0.75~0.77，两侧不平行，头最宽处接近眼点稍后，后侧角宽圆，后缘宽弧形，额与头顶交接区具两个明显分离的丘状突起，触角窝脊前方具明显突起。上唇近长半圆形，伸达上颚中点前，前缘阔弧形。上颚短，极宽阔，基部膨大（见图1）。后颏长形，前部扩展，最狭处约在后部中点。左右触

角均已折断。触角后眼点色淡黄,明显,凸出极微。前胸背板肾形,约与头最宽处相等或略窄,前缘凹弧形,中央微具缺刻,两侧凸,弯向腹方,后缘略平直,在靠近后缘中央区有一弧形凹窝,两后侧角宽圆。中胸背板与前胸背板几相等,后胸背板稍狭。

2 头兵蚁的量度结果见表1。

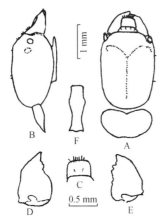

图1 阔颚树白蚁 Glyptotermes latignathus Gao et Zhu

兵蚁:A. 头及前胸背板正面;B. 头及前胸背板侧面;C. 上唇;D. 左上颚;E. 右上颚;F. 后颏。

表1 2头兵蚁的量度(单位:mm)

项目	正模	副模	项目	正模	副模
头长(连上颚)	3.00	3.05	左上颚长	1.00	0.98
头长(至上颚基)	2.25	2.30	后颏长	1.36	1.15
头宽	1.69	1.77	后颏最宽	0.46	0.47
头高(不连后颏)	1.28	1.29	后颏最窄	0.30	0.28
上唇长	0.34	0.35	前胸背板中长	0.70	0.72
上唇宽	0.50	0.55	前胸背板宽	1.62	1.77

比较:本新种兵蚁的头较短宽、头指数明显较大,以及其特别宽短的上颚即可区别于树白蚁属其他近缘种。

模式标本:兵蚁、若蚁。四川省成都市,1980-Ⅱ-28。采集人:龚安虎、韩丽新。寄主:垂柳(*Salix babylonica* L.)。

(二)细颚木鼻白蚁 *Stylotermes angustignathus* Gao, Zhu et Gong,新种

兵蚁(图2):

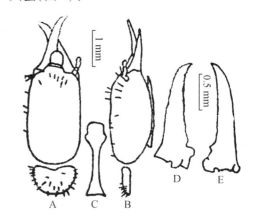

图2 细颚木鼻白蚁 *Stylotermes angustignathus* Gao, Zhu *et* Gong, sp. nov.

兵蚁:A. 头及前胸背板正面;B. 头及前胸背板侧面;C. 后颏;D. 左上颚;E. 右上颚。

头部呈棕黄色,额部稍深;上颚黑褐色,基部稍淡;上唇深黄色;前唇基灰白色;后唇基棕黄色;触角窝盖片深棕色;触角黄色,第3节起后半节色稍深;前胸背板淡褐黄色,前缘稍深。腿节淡黄,胫、跗节色略深,为黄色。

头背面观似长方形,囟圆点状,小,通常不高出额顶面,额坡面似略陡,触角窝后方有不甚明显的淡色眼点。上唇半圆形,宽大于长,面上有两枚长毛,尚有7~8枚短毛,前缘有十数枚长毛。上颚军刀状,端部稍细,微弯,上颚与头长之比为1:1.40 ~ 1:1.54,外缘平滑,近基部略有波形,左、右上颚中部之后各有一微齿,右上颚微齿位置较低。后颏细长,前部显著宽于后部,前端透明,前缘凸出,侧视后颏中部稍弓出于头下缘。触角14节,第2节短小,第3节较为粗长,约为第2节的两倍。前胸背板前缘中凹较深,凹角约为130°,两侧缘斜向后收缩,前缘大于后缘,前缘稍后的面上有两个"V"形凹陷,后缘狭,中央几不具凹口。腿节较粗大,胫节较细。

4 头兵蚁各体部量度结果见表2。

表2 4头兵蚁各体部量度(单位:mm)

项目	范围	平均	项目	范围	平均
头长连上颚	3.75 ~ 4.23	3.97	头厚	1.15 ~ 1.26	1.22
头长至颚基	2.28 ~ 2.61	2.46	后颏长	1.68 ~ 2.15	1.99
颚基处头宽	1.25 ~ 1.35	1.3	后颏前缘宽	0.40 ~ 0.52	0.47
头最宽	1.46 ~ 1.65	1.55	后颏最宽	0.56 ~ 0.65	0.62
囟至后唇基前缘	0.73 ~ 0.85	0.8	后颏最窄	0.17 ~ 0.25	0.21
囟孔径	0.025 ~ 0.030	0.026	前胸背板长	0.60 ~ 0.70	0.66
触角窝盖片大小	(0.20 ~ 0.35) × (0.07 × 0.10)	0.25 × 0.09	前胸背板宽	1.20 ~ 1.41	1.28

续表

项目	范围	平均	项目	范围	平均
上唇长	0.25~0.35	0.32	后足腿节长	1.02~1.10	1.07
上唇宽	0.40~0.45	0.41	后足腿节宽	0.43~0.46	0.45
左上颚长	1.60~1.70	1.66	后足胫节长	1.05~1.22	1.12

比较：本新种兵螱的体躯大小与成都木鼻螱 *S. chengduensis*、长颚木鼻螱 *S. longignathus* 及长囟木鼻螱 *S. fontanellus* 相似，但以本新种兵螱的上颚颚体较直，尤以颚端稍细可区别之。与多毛木鼻螱（*S. crinis*）相比，本种明显较大。

模式产地：四川普威。兵螱（正模和副模）、工螱、若螱。1980-Ⅳ-10. 采集人：韩丽新、龚安虎。寄主：蒙自桤木树 *Alnus nepalensis* D. Don。

（三）长囟木鼻螱 *Stylotermes fontanellus* Gao, Zhu et Han，新种

兵螱（图3）：

头呈褐黄色，前端稍加深；后唇基与头前端色同，两侧色深，呈赤褐色；前唇基浅黄色；上唇中黄色；上颚近黑色，基部赤褐色；后颏黄褐色，前部两侧缘色加深，呈赤棕色，后部色稍淡；触角褐黄色，第3节起后半节色略深，呈深赤褐色，以后逐节渐淡，端节近黄色；前胸背板色淡，周缘略深，为棕黄色；足部腿节黄色，胫、跗节色稍深；腹部黄色。

头背面观呈长方形，头两侧近平行，后侧角宽弧状，后缘狭而平直。眼点较大，卵圆形，不鼓出。触角窝盖弓形，向上翘起，囟小，长圆点状，囟区隆起极微或稍平；侧视，头扁平，额坡面似乎有些陡，头下缘呈宽弧形弓出，最厚在头中段。后唇基条状，宽约为长的4倍，前缘具数枚长鬃毛及一些短毛；前唇基短梯形，前缘约为后缘的1/3。上唇近似圆形，前缘连两侧缘约呈圆弧状，前缘具长鬃毛12枚，唇面中央亦具几枚长毛。上颚长，军刀状，端部较弯。后颏前部扩大，两侧缘略翘起，后部狭，略细长，后缘略平；侧视，后颏稍突出于头下缘。触角14节，第2节最短，第3节最大，约为第2节的两倍半，呈锤状，端节稍细，长卵形。前胸背板肾形，较阔大，前缘稍翘起，呈"V"形凹入，凹口宽且较深，中央微下陷，前侧角稍伸向前，狭圆，侧缘略平直，向后稍缩狭，后缘宽弧形，中央缺刻小，后侧角宽弧形，几不具中纵线。后足腿节甚粗大。

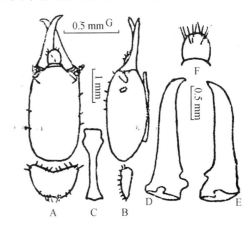

图3 长囟木鼻螱 *Stylotermes fontanellus* Gao, Zhu et Han, sp. nov.

兵螱：A. 头及前胸背板正面；B. 头及前胸背板侧面；C. 后颏；D. 左上颚；E. 右上颚；F. 上唇；G. 囟孔。

5头兵螱各体部量度结果见表3。

表3 5头兵螱各体部量度（单位：mm）

项目	范围	平均	项目	范围	平均
头长连上颚	4.28~4.40	4.35	后颏长	2.22~3.35	2.28
头长至颚基	2.72~2.86	2.77	后颏最宽	0.65~0.71	0.68
头宽（颚基处）	1.35~1.47	1.43	后颏前缘宽	0.51~0.57	0.54
头宽（后部）	1.62~1.75	1.68	后颏最窄	0.23~0.25	0.24
头厚	1.26~1.41	1.35	上唇长	0.35~0.39	0.37
囟至后唇基前缘	0.85~0.95	0.90	下唇宽	0.45~0.50	0.46
囟孔径（长径×短径）	(0.04~0.05)×0.03	0.05×0.03	前胸背板长	0.75~0.84	0.80
触角窝盖片大小	(0.30~0.35)×(0.11~0.15)	0.54×0.12	前胸背板宽	1.55~1.63	1.58
			后足脚节长	1.15~1.25	1.18
			后足腿节宽	0.50~0.61	0.55
左上颚长	1.75~1.85	1.77	后足胫节长	1.15~1.30	1.22

比较：本新种兵蚁上颚较长且端较弯，囟孔似长圆形，可区别于近缘种。此外，有别于成都木鼻蚁 S. chengduensis 的是上颚颚体稍细，前胸背板后缘明显较宽；与多毛木鼻蚁 S. crinis 的区别在于本新种明显较大；区别于细颚木鼻蚁 S. angustignathus 的是颚体略粗，端部稍弯；区别于长颚木鼻蚁 S. longignathus 的是右上颚内缘基部凹口不甚扩展，凹口后圆形突起明显较大。

模式产地：四川普威。兵蚁（正模和副模），工蚁，若蚁。1980-Ⅳ-11，龚安虎、韩丽新采自蒙自桤木树 Alnus nepalensis D. Don.。

（本文所用特征图系由上海昆虫研究所徐仁娣同志绘制。并承铁道部成都铁路局直属房建段张祥龙同志提供部分蚁类标本。特此一并致谢。）

Studies on the termites from Sichuan I. Three new species of the genera *Glyptotermes* and *Stylotermes* from Chengdu and Xichang (Isoptera: Kalotermitidae and Rhinotermitidae)

Gong Anhu[1], Han Lixin[1], Gao Daorong[2], Zhu Benzhong[2]

([1]Chengdu Institute of Termite Control; [2]Nanjing Institute of Termite Control)

Nine species of the termites have hitherto been found in the region of Chengdu, belonging to 3 families, which one species is new to science. Besides, two new species of Genus *Stylotermes* which were collected from Xichang.

Descriptions of new species:

1. *Glyptotermes latignathus* Gao et Zhu, sp. nov.

Comparisons:

Soldier (Fig. 1)

This new species may be differentiated from its nearers as follows: its head broader and shorter, head-width index (head-width/head-length) larger, mandibles distinctly broad and short.

Holotype: Soldier, Chengdu, Sichuan Province, 1980-Ⅱ-28, collected by Gong Anhu, Han Lixin; host-plant: *Salix babylonica* L.; deposited in Shanghai Institute of Entomology, Academia Sinica.

Paratype: Soldiers, nymphs, locality see holotype, separately deposited in Chengdu Institute of of Termite Control and Nanjing Institute of Termite Control.

2. *Stylotermes angustignathus* Gao, Zhu et Gong, sp. nov.

Comparison:

Soldier (Fig. 2)

Stylotermes angustignathus, new species closer to *S. chengduensis*, *S. longignathus* and *S. fontanellus* in dimensions but differ as follows: mandibles comparatively slender, particularly with apex slightly slender; from *S. crinis* by its distinctly larger size.

Type locality: Puwei, Sichuan Province, soldiers (holotype and paratype), workers, nymphs, collected by Han Lixin, Gong Anhu, 1980-Ⅳ-10. Host plant: living *Alnus nepalensis* D. Don.

Holotype: Soldier, deposited in Shanghai Institute of Entomology, Academia Sinica.

Paratype: Soldiers, deposited separately in Shanghai Institute of Entomology, Academia Sinica, Chengdu Institute of Termite Control and Nanjing Institute of Termite Control.

3. *Stylotermes fontanellus* Gao, Zhu et Han, sp. nov.

Comparison:

Soldier (Fig. 3)

This new species can be easily distinguished from other species of *Stylotermes* by its mandibles longer and with apex incurved, fontanelle elongate and circular; from *S. chengduensis* by its mandibles slightly slender, posterior margin of pronotum broader; from *S. crinis* by its distinctly larger size; from *S. angustignathus* by its mandibles relatively stout and with apex slightly incurved; from *S. longignathus* by emargination at basal part of inner margin of left mandible not greatly expanded; round rising at posteriority distinctly larger.

Type locality: Puwei, Sichuan Province, soldiers (holotype and paratype), workers, nymphs, collected by Gong Anhu, Han Lixin 1980-Ⅳ-11. Host plant: living *Alnus nepalensis* D. Don.

Holotype: Soldier, deposited in Shanghai Institute of Entomology Academia Sinica, Chengdu Institute of Termite Control and Nanjing Institute of Termite Control.

7 四川省白蚁之研究 Ⅱ. 成都地区的木鼻白蚁

高道蓉[1], 朱本忠[1], 韩丽新[2], 龚安虎[2]

([1]南京市白蚁防治研究所；[2]成都市白蚁防治研究所)

成都地区位于四川盆地,气候温暖潮湿,木鼻白蚁属 Stylotermes Holmgren 分布较广,近年来作者等在成都地区陆续采集到一批木鼻白蚁属标本,除高道蓉、朱本忠已鉴定一种成都木鼻白蚁 Stylotermes chengduensis 外,尚有 2 个新种,兹记述如下。

模式标本保存于中国科学院上海昆虫研究所、成都市白蚁防治研究所、南京市白蚁防治研究所。

长颚木鼻白蚁 Stylotermes longignathus Gao, Zhu et Han, 新种

兵蚁(图1):

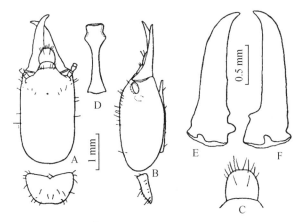

图1 长颚木鼻白蚁 Stylotermes longignathus Gao, Zhu et Han, 新种

兵蚁:A. 头及前胸背板正面;B. 头及前胸背板侧面;C. 上唇;D. 后颏;E. 左上颚;F. 右上颚。

体型大。

头红棕色,头前缘及触角窝盖色稍深,呈赤褐色;后唇基与额前区色同;前唇基米白色,上唇棕黄色,上颚近黑色,基部稍淡;后颏赤棕色,后部略淡;触角淡黄色,第3节起,各节后半部色深,呈淡棕色至褐色,以致节间分界明显,前胸背板淡赤棕色,前缘色略深;中、后胸背板黄色;腿节淡黄色,胫、跗节淡黄棕色;腹部淡黄白色。

头部被毛稍多,囟区周围有数枚长刚毛;唇基毛稀少,上唇前缘有12枚毛,面上散生数枚长毛,上颚基部有一些短细的颚基毛;后颏具稀疏的短毛,前半部较多,狭柄部极稀少,前胸背板面上被毛稍多,前缘有散生的数枚长刚毛,前侧角沿边缘具 3~4 枚长刚毛,每侧缘有 9~10 枚长毛,后缘 10 多枚毛较短;中、后胸背板具较多的长毛和短茸毛,腹部被毛一般。

头近似长方形,两侧中段似平行,略弧出,前面 1/3 向前呈弧形缩狭,后面 1/3 与后缘连成近半圆弧形。囟区略大,明显,为圆凹点状,侧视囟区似不凸起或有微凸感。触角窝盖片近似弓形,边缘略向前伸出。上唇长半圆形,最宽处位于中点,前缘几平直,周缘为略透明的阔边,向后收拢,前侧角宽圆。上颚粗长,军刀状,稍不对称,顶端向内弯,外缘平滑,基部也无明显波形,两上颚内缘在中点后各具小钝圆齿1枚;上颚长与头长(至上颚基)之比为 1:1.43~1:1.56,平均为 1:1.47。后颏细长,侧视中段似微突出于头下缘;前缘平直,端部透明,颏前部两侧缘呈波形,中有凹入较深,颏后部两侧稍平行而收拢,呈宽凹弧形,最狭处位于颏后部中段,中段两侧稍平行,其后又渐向外扩展,后缘几与最宽处等宽,后颏最宽处与端部宽之比为 (1.3~1.41):1,平均为 1.34:1。触角 13~14 节,第 2 节最短小,第 3 节略粗大,呈倒锤形,第 4、5 节约相等,但均长于第 2 节而显著短于第 3 节,端节细,呈长卵形。眼点色略浅于头,卵圆形,不突出。前胸背板扁平,具较明显的淡色中纵线,前缘呈宽"V"形,凹入甚深,中央稍下陷,前侧角狭圆,侧缘微凸,后缘宽弧形,中间微凹下,中胸背板狭于前胸背板,后缘向后呈弧形凸出,两侧缘凸弧形,后胸背板等于或略宽于中胸背板,最短,后缘阔弧形;中、后胸背板均具明显中纵线。腿节粗壮,胫节细长。

5头兵蚁各体部量度结果见表1。

表1 5头兵蚁各体部量度(单位:mm)

项目	范围	平均	项目	范围	平均
头长(连上颚)	3.88~4.20	4.06	后颏长	1.85~2.00	1.94
头长(至颚基)	2.38~2.60	2.54	后颏端部宽	0.43~0.47	0.45
颚基处头宽	1.34~1.45	1.4	后颏最宽	0.57~0.65	0.61
头最宽	1.59~1.70	1.65	后颏最窄	0.20~0.25	0.22
囟孔之直径	0.05~0.07	0.06	后颏末端宽	0.48~0.55	0.51
触角窝盖片(长×宽)	(0.25~0.35)×(0.08~0.12)	0.30×0.10	前胸背板长	0.66~0.71	0.69
上唇长	0.26~0.41	0.33	前胸背板宽	1.36~1.50	1.45
上唇宽	0.42~0.46	0.45	后足腿节长	0.95~1.10	1.00
左上颚长	1.65~1.75	1.71	后足腿节宽	0.45~0.52	0.48
			后足胫节长	0.91~1.00	0.99

本新种兵蚁与成都木鼻白蚁 *S. chengduensis* 近似,但较大,且本新种兵蚁头两侧中段似平行,稍弧出,上颚较长,上颚长/头长(至上颚基)为 1:1.43~1:1.56,平均为 1:1.47,囟略大,后颏前部侧缘中段较凹入,侧视后颏中段似微弓出头下缘,前胸背板前缘中凹稍深,头及前胸背板被毛稍密,可与之区别。

模式标本:兵蚁(正模及副模)和工蚁。四川省成都市龙泉区,1980-Ⅲ-24,韩丽新、龚安虎、高道蓉、赵贡力采集。寄主:活的桤木树 *Alnus cremastogyne* Burk。

多毛木鼻白蚁 *Stylotermes crinis* Gao, Zhu et Gong,新种

兵蚁(图2):

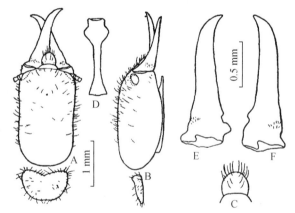

图2 多毛木鼻白蚁 *Stylotermes crinis* Gao, Zhu et Gong,新种

兵蚁:A. 头及前胸背板正面;B. 头及前胸背板侧面;C. 上唇;D. 后颏;E. 左上颚;F. 右上颚。

个体中等。

头呈赤黄色,近前端稍深;上唇黄色;第3触角节后半部较深,为褐色;上颚近黑色,基部色稍淡;前胸背板淡黄褐色,前缘色加深。

头中、前部被较多的长刚毛,向后渐稀且短而细,后头区几无毛,后唇基前缘具数枚长毛,面上也有散生短毛;上唇前缘具数枚长毛,中间的两枚最长,面上沿中间有数枚长毛;颚基毛稍多,后颏前半部有散生的短毛,狭柄部毛更稀少;前胸背板四周具长毛,前缘毛较少,两侧缘略密,面上亦有较多的长毛和短茸毛;中、后胸背板及腹部毛均较密。

头呈长方形,两侧缘似宽波状,在触角窝和头中点稍后处均微有缩狭感,后缘几平直,后侧角宽圆,囟小,小点状,凹入,侧视囟区平或微隆起;触角窝盖近半月形,略微向上翘起。唇基梯形,宽大于长,前缘及后缘均显平直。上唇半圆形,前缘弧形凸出,两侧缘向后收拢。上颚军刀状,端部内弯,外缘基部略具波形;左上颚内缘位于中点后方有一枚钝圆小齿;右上颚对应稍后处亦有一枚小齿。后颏细长,前部扩展,最宽处位于前端1/5处,前缘近于平直,端部有弓形透明区,颏前部两侧缘渐向前收狭,略呈波形凹入,颏后部两侧缘收拢成最狭处,最狭处两侧缘近于平行,于后段又呈弧形扩展,侧视后颏略弓出于头下缘。触角13节,第2节最短小,第3节粗长,呈前粗后细的锤形,第4、5节略相等,端节近长卵形。眼点极不明显。前胸背板呈肾形,扁平,前缘为宽的"V"形,中央略下陷,前侧角圆,两侧斜向后收拢,后缘微向后凸出,中央略有缺刻,中纵线极不明显。中、后胸背板均较前胸背板略狭。腿节粗大,胫节细长,胫距式:3:2:2;跗节3节。尾须2节,基节粗短,端节细,呈锥形,端狭圆。

1头兵蚁的量度(单位:mm):头长(连上颚)3.63,头长(至唇基前缘)2.44,头长(至上颚基)2.25;头宽1.35;触角窝盖大小(长×宽)0.25×

0.10；上唇长 0.22，上唇宽 0.38；左上颚长 1.48；后颏长 1.80；后颏前缘宽 0.32；后颏最宽 0.57；后颏最狭 0.15；后颏后缘宽 0.40；前胸背板长 0.50；前胸背板宽 1.10；后足腿节长 0.82；后足腿节宽 0.35；后足胫节长 0.75。

采集时同一株树内尚有黑胸网白蚁 Reticulitermes chinensis Snyder。

本新种兵蚁体型大小与中华木鼻白蚁 (S. sinensis (Yu et Ping)) 近似，其区别在于本新种兵蚁上颚外缘平滑、前胸背板不具明显中纵线、后缘无显著缺刻、头侧缘宽波形、颚基毛细密而较长、头色略淡。

本新种兵蚁与成都木鼻白蚁 S. chengduensis、长颚木鼻白蚁 S. longignathus 的区别在于：①体小，头长至上颚基 2.16~2.25 mm，头宽 1.22~1.35 mm；②头侧缘宽波形；③头色略淡；④眼点极不明显。与成都木鼻白蚁 S. chengduensis 的区别是头及前胸背板毛稍多、颚基毛细密而较长，与长颚木鼻白蚁 S. longignathus 的区别是囟孔略小、侧视后颏稍弓出于头下缘。

模式标本：兵蚁（正模和副模）、工蚁及母蚁，四川省成都市龙泉区，1980-Ⅲ-24，龚安虎、韩丽新、高道蓉、赵贡力采集。寄主：活桤木树 Alnus cremastogyne Burk。

Studies on the termites from Sichuan II. Notes on the genus *Stylotermes* Holmgren from Chengdu

Gao Daorong[1], Zhu Benzhong[1], Han Lixin[2], Gong Anhu[2]

([1]Nanjing Institute of Termite Control; [2]Chengdu Institute of Termite Control)

Stylotermes longignathus Gao, Zhu *et* Han, sp. nov.

Soldier (Fig. 1):

Stylotermes longignathus, new species, comes closer to *S. chengduensis*, but differs as follows: body larger; head parallel-sided, slightly parenthesized in middle; mandibles longer; length of left mandible/head length to basal side of mandibles, 1:1.43~1:1.56, average, 1:1.47; fontanelle plate larger; lateral margins of anterior area of postmentum more concave in middle; in profile the median part of the postmentum slightly arching out over the lower margin of the head; the middle concave of the anterior margin of the pronotum deeper; head and pronotum hairy moderately.

Holotype: soldier, Chengdu, Sichuan Province, 1980-Ⅲ-24. Collected by Han Lixin, Gong Anhu, Gao Daorong, Zhao Gongli. Host-plant: a living tree of *Alnus cremastogyne* Burk.; deposited in Shanghai Institute of Entomology, Academia Sinica.

Paratypes: soldiers and workers, locality see holotype, separately deposited in the Chongdu Institute of Termite Control and Nanjing Institute of Termite Control.

Stylotermes crinis Gao, Zhu *et* Gong, sp. nov.

Soldier (Fig. 2):

The soldier of *Stylotermes crinis*, new species, comes closer to that of *S. sinensis* (Yu *et* Ping) in dimensions, from which it can be distinguished by the following characters: 1) outer margin of mandibles smooth; 2) pronotum without distinct middle longitudinal line, posterior margin without distinct indentation; 3) side of head broadly undulate; 4) bases of mandibles with a few dense and long hairs; 5) colour of the head much lighter.

The soldiers of *S. crinis*, new species differ from those of *S. chengduensis* Gao *et* Zhu, *S. longignathus* Gao, Zhu *et* Han by the body small sized, length of head to bases of mandibles, 2.16~2.25 mm, width of head, 1.22~1.35 mm; side of head broadly undulate; colour of head much lighter; eyes very inconspicuous. They differ from those of *S. chengduensis* Gao *et* Zhu in being moderately hairy on the head and disc of the pronotum, and having a few dense and long hairs at bases of mandibles. And they differ from those of *S. longignathus* Gao, Zhu *et* Han in having the fontanelle plate smaller.

Holotype: soldier, Chengdu, Sichuan Province, 1980-Ⅲ-24, collected by Gong Anhu, Han Lixin, Gao Daorong, Zhao Gongli. Host-plant: living *Alnus cremastogyne* Burk.; deposited in Shanghai Institute of Entomology, Academia Sinica.

Paratypes: soldiers and workers, locality see holotype, deposited separately in Chengdu Institute of Termite Control and Nanjing Institute of Termite Control.

原文刊登在《昆虫分类学报》，1981，3(1)：65—70

8 四川省白蚁之研究 III. 成都地区的树白蚁属

高道蓉[1]，朱本忠[1]，龚安虎[2]，韩丽新[2]
([1]南京市白蚁防治研究所；[2]成都市白蚁防治研究所)

蔡邦华和陈宁生(1964)报道，成都有黑树白蚁 *Glyptotermes fuscus* Oshima 分布，高道蓉和朱本忠也鉴定了阔颚树白蚁 *Glyptotermes latignathus* Gao et Zhu 一种。近年来，作者对成都地区的树白蚁做了重点采集，经初步鉴定后发现，成都地区还有陇南树白蚁 *Glyptotermes longnanensis* Gao et Zhu 分布。另有二新种，现记述如下。

（一）宽头树白蚁 *Glyptotermes euryceps* Gao, Zhu et Gong, 新种

兵蚁（图1）：

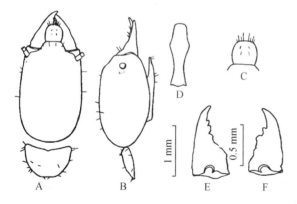

图1 宽头树白蚁 *Glyptotermes euryceps* Gao, Zhu et Gong, 新种
A. 头及前胸背板正面；B. 头及前胸背板侧面；C. 上唇；D. 后颏；E. 左上颚；F. 右上颚。

头呈棕黄色，头前区色略深，后部色稍淡；上唇褐黄色；前胸背板略深于后头，淡黄褐色，中、后胸背板与腹部同色，淡黄色；腿节、胫节和跗节淡黄色。头部仅散生少许毛，后头区几无毛；上唇前缘具数枚较长的毛；后颏前部面上有两列长毛；胸、腹部被毛甚稀。头近长方形，较厚，两侧缘呈宽弧形、膨出，最宽在中点稍后处，后侧角与头后缘约连成半圆弧形，近前端头两侧稍缩狭；额峰不显；侧视额面呈约45°的斜面，头最厚在中间处，头上缘自中间

向后徐徐收缩，呈宽弧形；淡色眼点位于头两侧触角窝后方，新月形，不突出。上唇近卵圆形，伸达上颚中点前。上颚粗壮，端部稍向内弯，基部膨大；左上颚具缘齿4枚，第1、2缘齿相互靠近，第1缘齿呈三角形，前向，第2缘齿宽，略平截，第3缘齿宽而短，约位于上颚中点处，第4缘齿与第3缘齿距离甚远，小；右上颚有缘齿2枚，第1缘齿呈三角形，约位于中点略前，第2缘齿呈钝三角形，位于中点稍后。触角12节，第1节较粗长，第3、4节分裂不完全，第5节向前渐成倒锥形，端节较细小，呈长卵形。后颏前部扩展，后部细狭，呈棒槌形；后颏前缘稍弧凸，前侧角圆，稍突出；侧视后颏略弓出于头下缘。前胸背板明显狭于头，前缘凹弧形，前侧角狭圆，略伸向前，侧缘近直，向后收拢，并弯向腹方，后缘狭而几平直，后侧角宽圆。中胸背板约与前胸背板等宽；后胸背板又略较中胸背板为宽。

2头兵蚁的量度结果见表1。

表1 2头兵蚁的量度（单位：mm）

项目	量度(2头)		项目	量度(2头)	
头长（连上颚）	2.62	2.71	左上颚长	0.92	0.9
头长（至上颚基）	1.86	2.01	后颏长	1.05	1.05
头在上颚基处宽	1.02	1.10	后颏前缘宽	0.30	0.25
头最宽	1.31	1.37	后颏最宽	0.45	0.40
头最厚（不连后颏）	1.16	1.20	后颏最窄	0.17	0.20
上唇长	0.32	0.34	前胸背板长	0.45	0.55
上唇宽	0.35	0.37	后胸背板宽	1.05	1.12

比较：本新种兵蚁在体型大小上与 *Glyptotermes brevicaudatus* (Haviland)、*G. nakajimai* Morimoto 和我国产的陇南树白蚁 *G. longnanensis* Gao et Zhu 相似，但以其头短宽而厚实，侧缘宽弧形，中部稍宽出，头顶甚为鼓出，头指数（头最宽/头长至上颚基）

稍大(0.68~0.70),可与之区别;与川西树白蚁 *G. hesperus* 相比,本种明显较小。

模式标本:兵蚁(正模和副模)、母蚁、若虫。四川省成都市。1980-Ⅲ-1,韩丽新、龚安虎。寄主:垂柳 *Salix babylonica* L.。

(二) 川西树白蚁 *Glyptotermes hesperus* Gao, Zhu *et* Han,新种

兵蚁(图2):

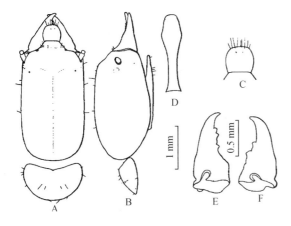

图 2　川西树白蚁 *Glyptotermes hesperus* Gao, Zhu *et* Han,新种
A.头及前胸背板正面;B.头及前胸背板侧面;C.上唇;D.后颏;E.左上颚;F.右上颚。

头赤黄色,额前区色稍深;唇基淡褐色;上唇棕色,上颚近黑色,基部略淡;后颏棕黄色,前部两侧边缘较深,端部色淡;触角淡褐黄色,基部数节色略深;前胸背板褐黄色;中胸背板淡褐黄色;腿节淡黄,胫、跗节似乎略深。头部具稀疏长毛和短毛;唇基具数枚短毛;上唇前缘具8~10枚较长的毛;上颚基部有一些短细毛;前胸背板边缘毛一般较短而稀,面上有数枚长毛。头长方形,头两侧缘接近平行,头在触角后眼点处最宽,眼点浅棕色,前侧角呈一端圆而赤褐色的小突出,后侧角宽弧形,后缘宽弧出,额面倾斜,中间微凹陷;额峰分离,略隆起;上唇宽卵形,伸达上颚2/3处。上颚粗壮,基部膨大,左上颚缘齿4枚,第1缘齿前向,第2缘齿与第1缘齿距离较近,内向,第3缘齿与前两缘齿距离较远,三角形,第4缘齿短小,不明显;右上颚第1缘齿约在中点稍前处,较尖,略向前,第2缘齿较大,前切缘凸弧形大于后切缘。后颏狭长,前半部扩展。触角12~13节,第2节长于第3、4节,第3节最短,自第5节向前渐成倒圆锥形,端节较细,呈卵圆形。前胸背板肾形,比头宽略窄,两侧弯向腹方,前缘浅弧形,中央微具凹口,两侧缘突弧形,后缘宽弧形,中央无缺刻。中胸背板较前胸背板稍狭,后胸背板略宽于中胸背板而略狭于前胸背板;中、后胸背板两侧均有较小的翅芽,前翅芽较后翅芽稍大。

2头兵蚁的量度结果见表2。

表2　2头兵蚁的量度(单位:mm)

项目	量度(2头)		项目	量度(2头)	
头长(连上颚)	3.25	3.42	后颏长	1.61	1.77
头长(至上颚基)	2.35	2.51	后颏前缘宽	0.25	0.25
头在上颚基处宽	1.30	1.36	后颏最宽	0.48	0.50
头最宽	1.41	1.50	后颏最窄	0.20	0.25
头最厚(不连后颏)	1.33	1.36	前胸背板长	0.63	0.61
上唇长	0.37	0.41	后胸背板宽	1.35	1.38
上唇宽	0.40	0.40	后腿长	0.90	0.95
左上颚长	1.10	1.05	后腿阔	0.38	0.45
左上颚第1缘齿至上颚端	0.15	0.18	后胫长	0.90	0.96

比较:本新种兵蚁体型与赤树白蚁 *G. satsumensis* (Matsumura)较为接近,但头部较短小(头指数为0.60),且头后侧角宽弧形,可加以区别。而与金平树白蚁 *G. chinpingensis* Tsai *et* Chen 的不同在于本新种明显较大,而额部隆起亦较低平。

模式标本:兵蚁(正模和副模),母蚁和若虫。产地、采集人、时间、寄主均同前种。

分布:四川峨眉。

上列二新种之正模标本保存于中国科学院上海昆虫研究所,副模标本分别保存于上海昆虫研究所、成都市白蚁防治研究所、南京市白蚁防治研究所。

(本文中的特征图由上海昆虫研究所徐仁娣同志绘制,特此致谢。)

Studies on the termites from Sichuan, III.
Notes on the genus *Glyptotermes* Froggatt from Chengdu

Gao Daorong[1], Zhu Benzhong[1], Gong Anhu[2], Han Lixin[2]

([1]Nanjing Institute of Termite Control; [2]Chengdu Institute of Termite Control)

1. *Glyptotermes euryceps* Gao, Zhu et Gong, sp. nov.

Soldiers (Fig. 1)

Soldiers of the present new species similar to those of *G. brevicaudatus* (Haviland), *G. nakajimai* Morimoto and *G. longnanensis* Gao et Zhu in dimensions, but easily separable from them by the head shorter, broader and thicker; head broadly parenthesized laterally; slightly broader in middle; vertex very hunchy; head-width index (head width/head length to base of mandibles) larger (0.68 ~ 0.70), separable from *G. hesperus* by its distinctly smaller in size.

2. *Glyptotermes hesperus* Gao, Zhu et Han, sp. nov.

Soldiers (Fig. 2)

The soldiers of *G. hesperus* n. sp. come closer to those of *G. satsumensis* (Matsumura) in size, but may be distinguished by the head shorter and smaller; head-width index, 0.60; posterior lateral corners of the head broadly rounded; separable from *G. chinpingensis* Tsai et Chen by its distinctly larger size, and elevation of the frontal area lower.

Type locality of the present two new species: Chengdu, Sichuan Province, 1980-III-1, soldiers and nymphs, collected by Gong Anhu & Han Lixin. Host-plant: the same tree (*Salix babylonica* L.).

The type specimens are kept separately in Shanghai Institute of Entomology, Academia Sinica, Chengdu Institute of Termite Control and Nanjing Institute of Termite Control.

原文刊登在《昆虫分类学报》,1981,3(2):137-140

四川省螱类研究 IV. 南充地区的螱类及木鼻螱属一新种

高道蓉[1]，朱本忠[1]，杨文长[2]，吉光荣[2]，马星春[3]
([1]南京市白蚁防治研究所；[2]南充师范学院生物系；[3]成都市白蚁防治研究所)

近年来，作者在四川省南充地区采集了一批螱类标本。经初步整理后发现，南充地区的螱类以网螱属 Reticulitermes 占优势，此外尚有树螱属 Glyptotermes、木鼻螱属 Stylotermes、乳螱属 Coptotermes、原歪螱属 Procapritermes、歪螱属 Capritermes、土螱属 Odontotermes。其中有木鼻螱属一新种。为了对我国著名昆虫学家蔡邦华先生1958年以来在螱学研究中卓有成效的工作表示敬意，特将该新种定名为蔡氏木鼻螱 Stylotermes tsaii。

正模保存于中国科学院上海昆虫研究所；副模分别保存于中国科学院上海昆虫研究所、南充师范学院生物系、成都市白蚁防治研究所、南京市白蚁防治研究所。

新种记述

蔡氏木鼻螱 Stylotermes tsaii sp. nov.

兵螱（图1）：

头背面赤棕色，前端略深，头腹面色稍淡；唇基黄色；上唇黄褐色；上颚近黑色，颚基部为赤褐色；后颏前部赤棕色，两侧缘赤褐色，颏后部色微淡；触角黄褐色，第3节后半部色较深，触角窝盖赤褐色，前胸背板为深黄褐色；中、后胸背板为黄褐色；腿节呈暗黄色；胫、跗节黄色。

头部被毛适中，后头区毛稀而短小；后唇基前缘具数枚较长毛；上唇前缘亦着生10~12枚长毛，面上也散生少许毛；两上颚近基部着生十数枚短细毛；后颏前部前缘及面上散生十数枚较长毛，后部仅具2~4枚较短毛；触角被毛适中，第1、2节被极稀少短毛或近于无毛。前胸背板两侧缘各散生3~4枚长毛，后缘毛较短，前缘毛稀疏；中、后胸背板被毛较密。

头呈长方形，两侧缘较平行，两后侧角宽圆，后缘平直。触角窝盖片稍微上翘，在背面前方位于上颚基内侧后具有赤褐色的小突起。前唇基和后唇基均呈宽梯形，宽甚大于其长；前唇基前缘中央凸出。上唇近卵形，前半稍宽，两侧缘向后微缩狭，前侧角宽圆，前缘略平。上颚军刀状，端部稍内弯，两上颚中点之后各具三角形微小缘齿一枚，右上颚齿位置低于左上颚齿；上颚长与头长（至上颚基）之比为 $1:1.57 \sim 1:1.65$，平均 $1:1.60$。后颏前部扩展，前缘凸弧形，侧缘似翘卷，略呈波状，中段凹入稍深，端部为狭小透明区；颏后部不甚缩狭，窄宽之比为 $1:2.1 \sim 1:2.3$，平均为 $1:2.25$，颏后部近后头孔处复又扩展，后缘稍凹入。触角16节，第3节约与第1节等长，而略呈前粗后细的倒锥形，第2节短小，第4节大于第2节而小于第3节，端节呈长卵形。触角后眼点几不突出，色淡，略大。因为小圆点状，囟区平。前胸背板呈肾形，前缘呈"V"形深凹入，中央微凹陷，中纵线仅前半较明显，略显凹下，前侧角狭圆，侧缘宽弧形，向后缩狭，后缘略平，中央微具缺刻，稍凹陷。腿节粗大，胫节细长。

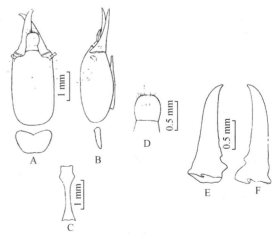

图1 蔡氏木鼻螱 Stylotermes tsaii sp. nov.

兵螱：A. 头及前胸背板正面；B. 头及前胸背板侧面；
C. 后颏；D. 上唇；E. 左上颚；F. 右上颚。

4头兵螱各体部量度结果见表1。

表1 4头兵螱各体部量度(单位:mm)

项目	范围	平均	项目	范围	平均
头长连上颚	3.80~4.10	3.97	后颏长	1.70~1.95	1.81
头长至上颚基	2.50~2.60	2.53	后颏前缘宽	0.41~0.45	0.42
上颚基处头宽	1.25~1.45	1.34	后颏最宽	0.53~0.58	0.56
头最宽	1.54~1.55	1.55	后颏最窄	0.24~0.25	0.25
囟孔径	0.04~0.05	0.04	后颏末端宽	0.40~0.50	0.44
囟至后唇基前缘	0.76~0.95	0.87	前胸背板长	0.59~0.67	0.62
触角窝盖片(长×宽)	(0.23~0.26)×0.07	0.25×0.07	前胸背板宽	1.26~1.35	1.32
上唇长	0.40~0.50	0.43	后足腿节长	1.00~1.20	1.09
上唇宽	0.45~0.50	0.47	后足腿节宽	0.40~0.50	0.45
左上颚长	1.52~1.66	1.58	后足胫节长	1.00~1.20	1.08

长翅成虫(图2):

头呈深黄褐色,后部色稍淡;触角黄棕色;复眼近黑色;前唇基近白色;后唇基及上唇棕黄色;前胸背板黄褐色;足部腿节、胫节、跗节呈棕黄色,翅鳞及脉近黑褐色,翅膜透明;腹背板深褐黄色,前部腹板色稍淡,后部则渐深。

头被稀疏短毛,杂有少许长毛;前胸背板周缘及面上长毛稍多。

头背面观近圆形,自复眼后两侧缘连后缘呈弧状,半月形触角斑明显可见。复眼近圆形,中等偏大,突出于头侧缘。单眼长卵形,稍突起,与复眼相邻,但不接触;单复眼距约为单眼短径之半。上唇半圆形,宽稍大于长。后唇基狭横条状,前唇基略呈梯形。后颏腰鼓状,长大于宽,其前缘微大于后缘,两侧缘弧状凸出。触角17节,第2~3节较小,第4节以上渐增大,第13节以上呈纺锤形。左上颚具3枚缘齿,第1缘齿小于第3缘齿而远较第2缘齿为大;右上颚具2枚相邻缘齿,颚齿板具较多微齿。

前胸背板狭于头宽连眼,中纵线可见,前缘大于后缘,前侧角圆匀,后侧缘宽弧形,前缘中部有稍明显之缺刻,后缘中部缺刻不显。胫距式:3:2:2。

4头长翅成虫的量度结果见表2。

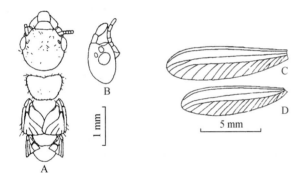

图2 蔡氏木鼻螱长翅成虫
A.头、胸部正面;B.头侧面;C.前翅;D.后翅。

表2 4头长翅成虫的量度(单位:mm)

项目	范围	平均	项目	范围	平均
体长(不连翅)	6.51~7.23	6.97	单眼短径	0.101~0.126	0.11
前翅长(不连翅鳞)	8.69~9.75	9.22	单复眼距	0.025~0.057	0.043
前翅宽	2.35~2.61	2.48	复眼距头下缘	0.078~0.151	0.096
头长(至上唇端)	1.42~1.65	1.54	上唇长	0.30~0.40	0.35
头宽(不连眼)	1.08~1.22	1.16	上唇宽	0.40~0.44	0.43
头宽(连眼)	1.25~1.39	1.33	后颏宽	0.35~0.43	0.39
复眼之间距	0.97~1.06	1.03	后颏长	0.49~0.55	0.53
单眼之间距	0.97~0.85	0.83	前胸背板中长	0.60~0.65	0.62
复眼长径	0.375~0.426	0.402	前胸背板宽	1.00~1.07	1.04
复眼短径	0.324~0.376	0.353	后足胫节长	1.00~1.25	1.11
单眼长径	0.125~0.152	0.143	尾须长	0.10~0.13	0.12

前翅稍长于后翅,前翅鳞稍大于后翅鳞,前翅 Rs 脉与 Sc + R 脉在翅端部相接,M 脉自肩缝处发出,不分支,与 Rs 脉相比,偏近于 Cu 脉,M 脉前、后方翅膜上分布着很多不甚规则与主脉相连接的联系脉,Cu 脉有 16 个左右的分支。

腹部长圆筒形。尾须两节。

比较:本新种兵螱在体躯大小上与长颚木鼻螱 *S. longignathus* 近似。但以其头部两侧缘平行,上唇稍长,上颚较短,上颚长与头长(至上颚基)之比为 1∶1.57～1∶1.65,平均 1∶1.60(而 *S. longignathus* 则为 1∶1.43～1∶1.56,平均为 1∶1.47),前胸背板稍窄,后足胫节略长,囟至后唇基前缘距离较长,可与之区别。

本新种长翅成虫与 *Stylotermes changtingensis* 相比,其区别在于:①体色较深,呈黄褐色;②前胸背板后缘略宽;③额部触角斑与囟之间的淡色"V"形横纹明显。

模式产地:四川省阆中县,海拔 480 m。兵螱(正模和副模)、长翅成虫(正态模和副态模)、工螱。采集人:戴梦贤、哈赢沅。1978-Ⅵ-25。

寄主:楠木 *Phoebe bournei* (Hemsl.) Yang。

Studies on the termites from Sichuan IV. Study on termites and a new species of *Stylotermes* from Nanchong District (Isoptera: Rhinotermitidae)

Gao Daorong[1], Zhu Benzhong[1], Yang Wenchang[2], Ji Guangrong[2], Ma Xingchun[3]

([1]Nanjing Institute of Termite Control; [2]Department of Biology, Nanchong Normal College; [3]Chengdu Institute of Termite Control)

Stylotermes tsaii **sp. nov.**

Comparisons:

Soldier (Fig. 1)

The soldier of this new species is similar to that of *S. longignathus* in size, but differ as follows: head parallel-sided; labrum slightly longer; mandibles shorter; length of left mandible: head length to base of mandibles (1∶1.57～1∶1.65), average (1∶1.60); pronotum narrower; length of hind tibia longer; length from fontanelle to anterior margin of postclypeus longer.

Holotype: soldier deposited in Shanghai Institute of Entomology, Academia Sinica.

Paratype: soldiers deposited in Shanghai Institute of Entomology, Academia Sinica; Department of Biology, Nanchong Normal College; Chengdu Institute of Termite Control; Nanjing Institute of Termite Control.

Type locality: Langzhong, Sichuan Province, Altitude 480 m, soldiers (holotype and paratype), workers, imagos (holomorphotype and paramorphotype), collected by Dai Mengxian and Ha Yingyuan, 1978-Ⅵ-25. Host plant: *Phoebe bournei* (Hemsl.) Yang.

原文刊登在《动物学研究》,1982,3(增刊):145-150。

10 峨眉山白蚁类的垂直分布及叶白蚁属、散白蚁属新种

高道蓉[1]，朱本忠[1]，韩丽新[2]，龚安虎[2]
（[1]南京市白蚁防治研究所；[2]成都市白蚁防治研究所）

1976年以来，作者等在四川省峨眉山进行了四次白蚁类采集，因而对峨眉山的白蚁类有了一个粗略的了解。

本文所论及的白蚁类标本及模式标本均保藏在中国科学院上海昆虫研究所、成都市白蚁防治研究所、南京市白蚁防治研究所。

关于叶白蚁属 Lobitermes Holmgren 的恢复，承中国科学院北京动物研究所蔡邦华先生赐教，特致谢意。

一、峨眉山白蚁类的垂直分布

峨眉山位于四川盆地边缘（北纬29°31′，东经103°20′），顶峰海拔高3200 m，其气候、土壤、植被垂直变化很大，白蚁类的分布也随高度的变化而有明显的差异。在海拔2000 m以下，共采集到白蚁类计3科11种，2000 m以上则未获白蚁类标本。其分析结果详见表1。

表1 峨眉山白蚁类垂直分布

种类	垂直分布				地理分布	
	500~1000 m	1001~1500 m	1501~2000 m	2000 m 以上	东洋区种	古北区种
1. 木白蚁科 Kalotermitidae						
① 陇南树白蚁 Glyptotermes longnanensis	+				+	
② 川西树白蚁 G. hesperus	+				+	
③ 峨眉叶白蚁 Lobitermes emei	+				+	
2. 鼻白蚁科 Rhinotermitidae						
④ 多毛木鼻白蚁 Stylotermes crinis	+				+	
⑤ 肖若散白蚁 Reticulitermes affinis	+	+			+	
⑥ 黄胸散白蚁 R. flaviceps	+					+
⑦ 尖唇散白蚁 R. aculabialis	+					+
⑧ 黑胸散白蚁 R. chinensis	+	+				+
⑨ 峨眉散白蚁 R. emei	+	+	+			+
3. 白蚁科 Termitidae						
⑩ 黑翅土白蚁 Odontotermes formosanus	+	+			+	
⑪ 原歪白蚁 Procapritermes mushae	+				+	

从表1可以看出，白蚁科与木白蚁科仅分布于本山较低处，该处植被一般为常绿阔叶林以及常绿阔叶与落叶阔叶混交林，气候较暖，特别是山脚冬暖夏热，极少霜雪，年均气温为17.50℃左右。而鼻白蚁科分布稍高，而且分布较广，直至植被为落叶阔叶及针叶混交林带仍有分布。

从表1可以看出，在500 m~1000 m高处，东洋区种类占63.6%，就全山的白蚁类分析亦然。而海拔往上古北区种类渐占优势。郑作新（1959）认为，本山属于古北界与东洋界的过渡地带而较接近于

东洋界。作者等对峨眉山白蚁类区系调查的结果与这种论证基本相符。

二、叶白蚁属 *Lobitermes* Holmgren 及其新种记述

属征：兵蚁。头部前窄后宽；额面坡度远比 *Glyptotermes* 陡峭，几近于垂直，额面较为不平，额顶有二个并列的深色瘤；上颚短，具数枚缘齿；触角9～14节。

在我国，蔡邦华、陈宁生（1963）曾鉴定了黑额叶白蚁 *Lobitermes nigrifrons* Tsai et Chen（云南屏边大围山）。作者现又鉴定了一新种，至今，我国叶白蚁属计有2种。

我国产叶白蚁属的分种检索表

兵蚁

额面黑色，前胸背板前、后缘中央无缺刻 ………………… 黑额叶白蚁 *L. nigrifrons* Tsai et Chen（云南屏边大围山）

额面浅于黑色，前胸背板前、后缘中央皆有缺刻 ………………… 峨眉叶白蚁 *L. emei* sp. nov.（四川峨眉山）

峨眉叶白蚁 *Lobitermes emei*，新种

兵蚁（图1）：

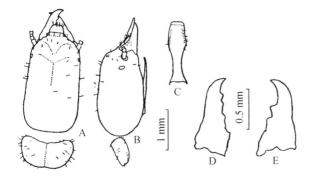

图1 峨眉叶白蚁 *Lobitermes emei* Gao et al., sp. nov.
兵蚁：A. 头及前胸背板正面；B. 头及前胸背板侧面；C. 后颏；D. 左上颚；E. 右上颚。

头呈棕黄色，额顶向前渐加深为赤褐色，瘤顶为黑褐色，后头色稍淡；后唇基与额面色同；前唇基黄色；上唇褐黄色；上颚近黑色，近基部色略淡，呈暗赤褐色；后颏赤褐色，端部略透明，色淡；触角黄褐色；前胸背板棕黄色，前缘稍深；中、后胸、足、腹部均为淡黄色。

头部仅具极少长毛，散布有稀疏的短毛；在后唇基前缘有2枚长毛，前唇基毛短而稀少，上唇前缘具6～8枚长毛，面上散生一些长毛，上颚近基部具较多短毛，触角毛稀疏且短小，基部两节毛极少或几近光秃，后颏前部有散生短毛，狭腰部具极少短细毛；前胸背板周缘及面上具有散生之多数毛，前、后缘毛短，侧缘仅具数枚长毛。

头长大于头宽，头指数为0.55～0.61，平均0.59，前窄后宽，后缘宽弧形或几平直，两后侧角宽圆；"Y"形缝隐约可见；额面倾截，几近于垂直，且额面不平；额瘤位于触角窝的背方，两额瘤间具数条纵向皱折，近前缘处又有数条横向皱折，触角窝后方具淡色卵圆形眼点。后唇基与前唇基近乎等长。前唇基狭条形，长约为宽的1/4。上唇半圆形，宽大于长，前缘近于平直，前半部弓起。上颚短，颚体较宽而直，端部甚内弯，颚基部具基瘤。左上颚缘齿4枚，中点前具有2枚三角形缘齿，钝，几等大，紧接，第1缘齿略前向，第2缘齿内向，第3、4缘齿紧接，但与前二缘齿距离甚远，第3缘齿大，第4缘齿小，均朝向内方；右上颚缘齿2枚，第1缘齿三角形，内向，前切缘近直，后切缘凹弧形，第2缘齿几近直角，前切缘短，后切缘长。后颏前部扩展，前缘弓形，腰部狭窄，后端略微扩展。触角10～12节，多数为11节，第1节粗大，基部较前半节粗，第2节约为第1节长之半，第3节最短，约为第4节长之半，第4节稍短于第2节，第5—10节呈倒锥形，端节较细，呈长圆形。前胸背板略狭于头部，前缘凹弧形，中央具较明显的缺刻，两前侧角向前突出，两侧缘几直，渐向后收缩，后缘宽弧状，中央具明显较宽的缺口，面上近前缘的后方有两个月牙形凹陷，中纵线明显。中胸背板稍狭于前胸背板，后胸背板则略宽于前胸背板，中、后胸背板两侧均具明显淡褐色翅芽，三角形，前后翅芽约等大。足短，腿节稍膨大，胫节细。

本新种兵蚁明显地大于黑额叶白蚁 *L. nigrifrons* Tsai et Chen，其区别在于：额面浅于黑色，前胸背板前、后缘中央具有较明显缺刻；触角10～12节，多数为11节。

模式标本：兵蚁（正模和副模）、若蚁，四川峨眉山，韩丽新、龚安虎，1980-Ⅴ-11。

寄主：枯树干。

8头兵蚁各体部量度结果见表2。

表 2　8 头兵蚁各体部量度(单位：mm)

项目	范围	平均	项目	范围	平均
头长连上颚	2.82～3.10	2.97	后颏长	1.35～1.55	1.47
头长至颚基	2.12～2.42	2.23	后颏前缘宽	0.30～0.38	0.34
头宽(上颚基处)	1.00～1.15	1.08	后颏最宽	0.43～0.50	0.48
头宽(后部)	1.25～1.45	1.33	后颏最窄	0.20～0.28	0.25
头厚(不连后颏)	1.10～1.25	1.19	前胸背板长	0.55～0.65	0.59
上唇长	0.15～0.27	0.20	前胸背板宽	1.10～1.55	1.31
上唇宽	0.35～0.40	0.37	后足腿节长	0.75～0.85	0.77
左上颚长	0.80～0.90	0.86	后足腿节宽	0.31～0.40	0.36
左上颚第 1 缘齿端至端齿	0.20	0.20	后足胫节长	0.70～0.90	0.80

三、散白蚁属新种记述

峨眉散白蚁 *Reticulitermes emei*，新种

兵蚁(图 2)：

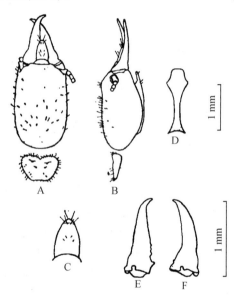

图 2　峨眉散白蚁 *Reticulitermes emei* Gao et al., sp. nov.

兵蚁：A.头及前胸背板正面；B.头及前胸背板侧面；C.上唇；D.后颏；E.左上颚；F.右上颚。

体型小。

头部为淡棕黄色；上颚前半为赤褐色，后半色淡；前胸背板为淡黄色。

头被稀疏短毛；前胸背板周缘毛稍多。

头呈长方形，两侧缘近似平行，以触角后稍窄；额峰微隆起，但不高出于后头面；囟为小点状。上唇长舌状，长大于宽，透明区端部钝圆；有长端毛一对，另具有一对发达的侧端毛。唇基梯形。上颚略细短，其长度短于头宽。触角通常为 15 节。后颏后部略为细长，与后颏长之比约为 1∶7.69～1∶11.20；与头宽之比约为 1∶7.85～1∶10.50，平均为 1∶9.51。前胸背板狭于头宽，前缘略直，并较后缘为宽，前缘中央具宽大而略深之凹刻，后缘中央凹刻不甚显著，中、后胸背板宽度均窄于前胸背板，而又以中胸背板为最窄。后足胫节较短。

本新种兵蚁与圆唇散白蚁 *Reticulitermes labralis* Hsia et Fan 之间的区别为头部稍小且后颏后部明显较狭，后足胫节稍短。

模式标本：兵蚁(正模和副模)、长翅成虫、工蚁、若蚁，四川省峨眉山，1980-V-12，龚安虎、韩丽新采集。

分布：四川省自贡市。

10 头兵蚁各体部量度结果见表 3。

表 3　10 头兵蚁各体部的量度(单位：mm)

项目	范围	平均	项目	范围	平均
头长连颚	2.43～2.55	2.48	后颏长	0.99～1.20	1.09
头长(至上唇端)	1.99～2.17	2.08	后颏最宽	0.36～0.40	0.38
头宽	0.99～1.08	1.02	后颏最窄	0.10～0.13	0.11
上唇长	0.30～0.39	0.36	前胸背板中长	0.39～0.45	0.42
上唇宽	0.29～0.33	0.32	前胸背板宽	0.73～0.79	0.76
左上颚长	0.93～1.03	0.96	后足胫节长	0.75～0.85	0.80
右上颚长	0.93～1.03	0.98			

(本文插图由中国科学院上海昆虫研究所徐仁娣同志绘制,谨致谢意。)

参考文献

[1] 尤其伟,平正明. 中国等翅目区系划分的探讨[J]. 昆虫学报,1964,13(1):10-24.

[2] 郑作新,等. 中国动物地理区划[M]. 北京:科学出版社,1959.

[3] 郑作新,等. 四川峨眉山鸟类及其垂直分布的研究[J]. 动物学,1963,15(2):317-335.

[4] 蔡邦华,陈宁生. 中国南部的白蚁新种[J]. 昆虫学报,1963,12(2):167-198.

[5] 夏凯龄,范树德. 中国网蠊属记述(等翅目,犀蠊科)[J]. 昆虫学报,1965,14(4):372-374.

Study on vertical distribution of termite of mount Emei with description of two new species (Isoptera: Kalotermitidae and Rhinotermitidae)

Gao Daorong[1], Zhu Benzhong[1], Gong Anhu[2], Han Lixin[2]

([1]Nanjing Institute of Termite Control; [2]Chengdu Institute of Termite Control)

Mt. Emei, one of the most famous mountains in China, is situated at 103°20′E, 29°31′N, in the west of the Sichuan basin.

Surveys of termites of the mountain were conducted by the authors et al. during May 1976, Feb. 1979, April and May 1980. In the present paper the authors have listed 11 species, belonging to 3 families, in which two species are new to science. In the regions below the altitude of 1000 m, termites showing an Oriental affinity is about 64%, while those with a Palaearctic affinity only 36%.

Key to species of *Lobitermes* from China
Soldiers

Frontal area black; anterior and posterior margin of pronotum without emargination, Yunnan (Mt. Dawei, Pingbian) ·· *Lobitermes nigrifrons* Tsai et Chen
Colour of frontal area lighter than black anterior and posterior margin of pronotum emarginated at the middle, Sichuan (Mt. Emei) ·· *L. emei* Gao et al. sp. nov.

1. *Lobitermes emei* **Gao et al., sp. nov.**

Soldier

The new species differs from *Lobitermes nigrifrons* Tsai et Chen by the body larger, colour of frontal area lighter than black, anterior and posterior margin of pronotum emarginated at the middle, antennae with 10~12, commonly 11 segments in soldiers.

Type locality: Mt. Emei, Sichuan Province, soldiers (holotype and paratype), nymphs, collected from an unknown sp. of dead tree by Han Lixin and Gong Anhu, 1980-V-11.

2. *Reticulitermes emei* **Gao et al., sp. nov.**

The new species closely resembles *Reticulitermes labralis* Hsia et Fan, but differs as follows: the head slightly smaller, posterior part of postmentum distinctly narrower and the length of hind tibia slightly shorter.

Type locality: Mt. Emei, Sichuan Province, soldiers (holotype and paratype), nymphs, 1 imago, workers, collected from dead tree by Gong Anhu and Han Lixin, 1980-V-12.

Holotypes (soldiers) are deposited in Shanghai Institute of Entomology, Academia Sinica.

Paratypes (soldiers) are deposited separately in Shanghai Institute of Entomology, Academia Sinica; Nanjing Institute of Termite Control and Chengdu Institute of Termite Control.

原文刊登在《昆虫分类学报》,1981,3(3):211-216.

11 四川省网白蚁属及新种记述

高道蓉[1]，潘演征[2]，马星春[3]，史文鹏[4]
（[1]南京市白蚁防治研究所；[2]四川省林业科学研究所；[3]成都市白蚁防治研究所；[4]重庆市白蚁防治研究所）

四川省网白蚁属（Reticulitermes）种类较为丰富，Snyder（1923）发表黑胸网白蚁（宜宾）R. chinensis；夏凯龄、范树德（1964）记载重庆有大头网白蚁R. grandis Hsia et Fan 分布；蔡邦华、黄复生（1977）发表尖唇网白蚁R. aculabialis（成都），同时，还记载重庆有黄胸网白蚁R. speratus（Kolbe）分布；蔡、黄（1980）记载峨眉山、西昌有黄胸网白蚁R. speratus（Kolbe），另峨眉山还有黑胸网白蚁、尖唇网白蚁。高道蓉等鉴定网白蚁属一新种：峨眉网白蚁R. emei（峨眉山），另记载峨眉山还有肖若网白蚁R. affinis Hsia et Fan、黄胸网白蚁R. flaviceps（Oshima）、尖唇网白蚁、黑胸网白蚁。

现鉴定四川省各地部分网白蚁属标本，有下列已知种：

肖若网白蚁R.（F.）affinis Hsia et Fan
黄胸网白蚁R.（F.）flaviceps（Oshima）
大头网白蚁R.（F.）grandis Hsia et Fan
尖唇网白蚁R.（P.）aculabialis Tsai et Hwang
黑胸网白蚁R.（P.）chinensis Snyder
峨眉网白蚁R.（P.）emei Gao et al
湖南网白蚁R.（P.）hunanensis Tsai et Peng
圆唇网白蚁R.（P.）labralis Hsia et Fan
细颚网白蚁R.（P.）leptomandibularis Hsia et Fan
英德网白蚁R.（P.）yingdeensis Tsai et Li

此外尚有3个新种，现描述如下。

（一）高山网白蚁 Reticulitermes（Frontotermes）altus Gao et al.，新种

兵蚁（图1）：

体型中大。

头呈黄褐色；上颚赤褐色，基部略淡。

头部被毛稀少；前胸背板周缘具一些短毛，中区毛20枚以上；腹部被毛密。

头稍长，两侧缘近平行，似呈微波形，在触角窝后有微缩感。上颚粗壮，其外缘基部缢口后方较为膨大，端部略弯。上唇舌状，大多数个体上唇长大于宽，端部钝圆，有明显端毛一对。唇基梯形，其长度短于前缘宽。触角16~18节，以17节居多。额峰明显隆起，囟小点状，位于额峰后方。后颏细长，前部较宽，后部狭长，其宽与头宽之比为1:6.76~1:8.00，与后颏长之比为1:8.41~1:10.33。前胸背板前缘大于后缘，前后缘中央均具缺刻，前缘凹刻较为宽深。

12头兵蚁各体部量度结果见表1。

表1 12头兵蚁各体部量度（单位:mm）

项目	范围	平均	项目	范围	平均
头长连上颚	2.84~3.10	2.98	后颏长	1.40~1.59	1.48
头长至上唇端	2.40~2.75	2.56	后颏最宽	0.46~0.50	0.48
头长至上颚基	2.05~2.25	2.12	后颏最窄	0.14~0.17	0.15
头宽	1.11~1.20	1.16	前胸背板中长	0.41~0.47	0.45
上唇长	0.32~0.44	0.40	前胸背板宽	0.86~0.95	0.91
上唇宽	0.35~0.40	0.36	后足胫节长	1.00~1.15	1.10
左上颚长	1.00~1.08	1.06			

比较：本新种与肖若网白蚁R. affinis 近缘，但是本新种稍小，且头两侧在触角窝后有微缩感，上颚

稍短,其外缘基部缢口后方较为膨大;前胸背板前缘中央凹刻稍为宽深,触角通常为17节,可区别之。

模式产地:四川省德昌县(海拔1630 m)。兵螱(正模和副模)、工螱。采集人:龚安虎、高水林。1981-Ⅰ-24。寄主:树桩。

(二) 古蔺网螱 Reticulitermes(Frontotermes) gulinensis Gao et al. ,新种

兵螱(图2):

体型大。

头部呈棕黄色;上颚赤褐色,基部稍淡;触角淡黄褐色。

头、胸背板被毛适度;上唇有端毛、侧端毛各一对;后颏前部两侧及面上均有数枚毛,后颏后部前段亦有数枚毛,腹部被毛密。

头部粗长,两侧缘几平行;侧视额峰明显隆起,峰间有凹沟。上唇长舌形,端部钝圆,近基部1/3处最宽;唇基呈梯形,其前缘宽大于其长。上颚粗壮,端尖,稍内弯,上颚外缘基部缢口后似膨出。触角17~18节,以18节居多。后颏长,前部宽大,后部长而细狭,两侧似平行,其宽与头宽之比约为1:7.11~1:8.60;与后颏长之比为1:8.90~1:11.13。前胸背板前缘宽于后缘,前后缘中央均有凹刻,前缘中央凹刻较为宽深。

6头兵螱各体部量度结果见表2。

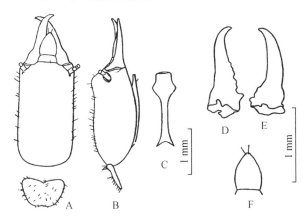

图1 高山网螱 Reticulitermes altus Gao et al. ,新种
兵螱:A. 头及前胸背板正面;B. 头及前胸背板侧面;C. 后颏;D. 左上颚;E. 右上颚;F. 上唇。

表2 6头兵螱各体部量度(单位:mm)

项目	范围	平均	项目	范围	平均
头长连上颚	3.20~3.40	3.28	后颏长	1.60~1.75	1.67
头长至上唇端	2.82~2.95	2.87	后颏最宽	0.51~0.55	0.54
头长至上颚基	2.24~2.45	2.31	后颏最窄	0.15~0.19	0.17
头宽	1.25~1.35	1.30	前胸背板中长	0.50~0.55	0.52
上唇长	0.42~0.48	0.46	前胸背板宽	1.00~1.05	1.02
上唇宽	0.40~0.49	0.43	后足胫节长	1.10~1.15	1.12
左上颚长	1.16~1.21	1.19			

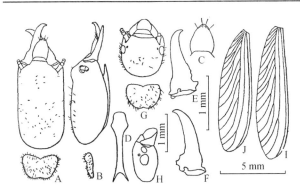

图2 古蔺网螱 Reticulitermes gulinensis Gao et al. ,新种
兵螱:A. 头及前胸背板正面;B. 头及前胸背板侧面;C. 上唇;D. 后颏;E. 左上颚;F. 右上颚。
长翅成虫:G. 头及前胸背板正面;H. 头部侧面;I. 前翅;J. 后翅。

长翅成虫(图2):

体型大。

头部呈黑褐色;触角褐色;前胸背板为暗黄色,中、后胸背板与腿节、腹板为褐色,后颏、前唇基、胫节、跗节为黄色;翅为淡灰褐色。

头密被细毛,唇基、上唇面上均具数枚细毛,前胸背板周缘及面上均具较多细毛;前、后翅鳞,腹部密被细毛。

头略呈长圆形,两侧缘近似平行,囟位于头顶中央,稍凸起。后唇基明显短于前唇基,前后唇基分界明显;上唇半圆形,中部稍凹。复眼稍大,近似圆形,不甚突出于头侧缘,最大直径长于其至头下缘距离。单眼小,似圆形,其直径大于单复眼距。触角18~19节,多数为18节。后颏呈长方形。前胸背板狭于头宽,前、后缘略为平直,前、后缘中央均具明显缺刻。翅宽长,翅尖稍宽圆,M脉位于Rs与Cu脉中间,似等距离,近端部1/3处有分支;Cu

脉具十数枚分枝。后足胫节长。

3 头长翅成虫各体部量度结果见表3。

表3 3头长翅成虫各体部量度（单位：mm）

项目	范围	平均	项目	范围	平均
体长连翅	12.6～12.12	12.09*	复眼最大直径	0.26～0.30	0.28
体长（不连翅）	6.35～7.15	6.75	单眼直径	0.08～0.09	0.08
前翅长（连翅鳞）	10.14～10.51	10.33	复眼下缘至头下缘距	0.20～0.26	0.23
前翅宽	2.40～2.52	2.46	后颏长	0.54～0.56	0.55
头长至上唇端	1.55～1.65	1.58	后颏宽	0.38～0.41	0.40
头宽连眼	1.19～1.25	1.23	前胸背板中长	0.57～0.60	0.59
头宽不连眼	1.15～1.20	1.17	前胸背板宽	0.96～1.03	1.00
复眼间距	0.94～0.96	0.95	后足胫节长	1.35～1.44	1.39
单眼间距	0.72～0.78	0.75			

*编者注：此数据明显不符，原文发表时如此。

比较：本新种兵螱与花坪网螱 R. huapingensis Li 近似，但本新种头长（至上颚颚基）较长（2.24～2.45，平均2.31；花坪网螱则为1.83～2.21，平均2.02）；触角17～18节，以18节居多；以及上唇有侧端毛，前胸背板周缘被毛稍多，可以区别之。

本新种长翅成虫以其复眼稍大，单眼呈圆形，单、复眼距小于单眼直径即可区别于近缘种花坪网螱 R. huapingensis Li。

模式产地：四川古蔺。兵螱（正模及副模），长翅成虫（正态模及副态模）、工螱。采集人：潘演征、唐国清。1980-X-15。寄主：伐后倒木。

分布：四川合江。

（三）拟尖唇网螱 Reticulitermes (Planifrontotermes) pseudaculabialis Gao et al.，新种

兵螱（图 3A～F）：

体型中等。

头部为淡黄褐色；上颚前大半为赤褐色，后小半色淡；前胸背板为淡黄色。

头被疏短毛。

头呈长方形，略显粗长，两侧缘近似平行，稍显凹弧，触角基前不缩狭，最宽在中后部，后缘平直。上颚粗壮，基部外缘膨出。上唇舌状，透明区端部钝尖，有长端毛一对，另有不发达的侧端毛。唇基呈梯形。触角17～18节。额峰微隆起，但不高出于后头面；因为小点状。后颏后部略为粗长，与头宽之比为1:6.00～1:7.61，平均为1:6.71。前胸背板狭于头宽，前缘略直，并较后缘为宽，前侧角狭圆，后侧角宽弧形，前缘中央明显凹刻，后缘中央微具凹刻；中、后胸背板宽度均窄于前胸背板，而以中胸背板为最狭。后足胫节短。

7 头兵螱各体部量度结果见表4。

表4 7头兵螱各体部量度（单位：mm）

项目	范围	平均	项目	范围	平均
头长（连上颚）	2.84～3.01	2.92	右上颚长	0.98～1.10	1.04
头长（至上唇端）	2.40～2.73	2.57	后颏长	1.15～1.50	1.36
头宽	1.18～1.25	1.21	后颏最宽	0.48～0.50	0.49
头高	0.93～1.05	1.01	后颏最窄	0.16～0.20	0.18
上唇长	0.36～0.40	0.41	前胸背板长	0.46～0.50	0.49
上唇宽	0.36～0.43	0.39	前胸背板宽	0.84～0.97	0.9
左上颚长	1.00～1.04	1.02	后足胫节长	0.90～1.00	0.96

长翅成虫（图 3 G～J）：

体型较小。

头、前胸背板呈黑褐色；后唇基、上唇、触角为淡黑褐色，前唇基较淡；胫节、跗节为棕黄色，头被疏毛，前胸背板毛稍多。

头呈长圆形，后缘呈圆弧状，两侧缘近于平行。上唇半舌形，长微小于宽。复眼较小，其最大直径稍大于至头下缘距离，稍突出于头两侧缘；单眼小，近似圆形，直径略大于单、复眼距，新月形触角斑可见。触角17～18节，一般以第3节最为短小，前胸背板前缘平直，前缘中央凹刻不似后缘中央凹刻宽深。前翅鳞大于后翅鳞；翅狭长，前翅 Rs 脉与 Sc + R 脉在近翅端部相接；M 脉位于 Rs 与 Cu 脉之间，稍偏近于 Cu 脉，距翅端不远常有分支，Cu 脉具 9 ~ 11 分支；后翅 M 脉自 Rs 脉基部分出，余与前翅相似；后足胫节短。

3 头长翅成虫各体部量度结果见表 4。

表 4 3 头长翅成虫各体部量度（单位：mm）

项目	范围	平均	项目	范围	平均
体长（不连翅）	5.64 ~ 6.22	5.89	单眼长径	0.067 ~ 0.075	0.072
前翅长（连翅鳞）	7.19 ~ 7.52	7.37	单复眼距	0.048 ~ 0.062	0.053
前翅宽	1.90 ~ 1.96	1.91	复眼下缘至头下缘间距	0.180 ~ 0.231	0.195
头长（至上唇端）	1.35 ~ 1.39	1.36	后颏长	0.42 ~ 0.45	0.43
头宽（不连眼）	1.00 ~ 1.03	1.02	后颏宽	0.36 ~ 0.38	0.37
头宽（连眼）	1.045 ~ 1.06	1.05	前胸背板中长	0.52 ~ 0.55	0.53
复眼间距	0.80 ~ 0.83	0.82	前胸背板宽	0.89 ~ 0.91	0.90
单眼间距	0.68 ~ 0.71	0.70	后足胫节长	0.99 ~ 1.13	1.05
复眼最大直径	0.225 ~ 0.244	0.236			

比较：本新种兵螱头部量度与尖唇网螱 *R. aculabialis* Tsai et Hwang 相近似，但头宽稍窄，头两侧缘中前部似微凹弧；上唇透明端不甚尖锐；触角以 18 节居多，可区别之。

本新种长翅成虫近似于圆唇网螱 *R. labralis* Hsia et Fan，但头部尺寸稍大，前胸背板宽，前翅宽稍宽，可加以区别。

模式标本：兵螱（正模、副模）、长翅成虫（正态模、副态模）、工螱、若螱。四川省南充市。采集人：魏汉钧、邓宇民。1981-Ⅳ-8。寄主：构树 *Broussonetia papyrifera* (L.) L'Her. ex Vent.

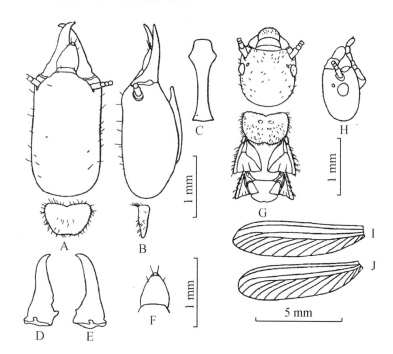

图 3 拟尖唇网螱 *Reticulitermes pseudaculabialis* Gao et al., 新种
兵螱：A. 头及前胸背板正面；B. 头及前胸背板侧面；C. 后颏；D. 左上颚；E. 右上颚；F. 上唇。
长翅成虫：G. 头及前胸背板正面；H. 头部侧面；I. 前翅；J. 后翅。

（本文插图由中国科学院上海昆虫研究所徐仁娣同志绘制，谨致谢意。）

Notes on the genus *Reticulitermes* from Sichuan, China with descriptions of new species (Isoptera: Rhinotermitidae)

Gao Daorong[1], Pan Yanzheng[2], Ma Xingchun[3], Shi Wenpeng[4]

([1] Nangjing Institute of Termite Control; [2] Sichuan Forestry Research Institute; [3] Chengdu Institute of Termite Control; [4] Chongqing Institute of Termite Control)

The present paper deals with the genus *Reticulitermes* of Sichuan Province. There are thirteen species altogether, among them ten species are already known: 1. *Reticulitermes affinis* Hsia et Fan; 2. *R. flaviceps* (Oshima); 3. *R. grandis* Hsia et Fan; 4. *R. aculabialis* Tsai et Hwang; 5. *R. chinensis* Snyder; 6. *R. emei* Gao et al.; 7. *R. hunanensis* Tsai et Peng; 8. *R. leptomandibularis* Hsia et Fan; 9. *R. labralis* Hsia et Fan; 10. *R. yingdeensis* Tsai et Li. The remaining three species are considered as new to science.

Description of three new species:

1. *Reticulitermes altus* Gao et al., sp. nov.

Reticulitermes altus, new species, comes close to *R. affinis* Hsia et Fan, but differs as follows: its size slightly smaller, head slight constricted behind antennae, the mandibles with outer margin bulging at base and slightly shorter, antennae usually with 17 segments, the middle concave of the anterior margin of the pronotum slightly broader and deeper.

Type locality: Dechang, Sichuan Province, alt. 1630 m, soldiers (holotype and paratype), workers collected from dead stump by Gong Anhu and Gao Shuilin, 1981-I-24.

2. *Reticulitermes gulinensis* Hsia, Gao et al., sp. nov.

The soldier of *Reticulitermes gulinensis*, new species, comes close to *R. huapingensis* Li, but differs as follows: its head length to base of mandibles longer, 2.24~2.45 mm, average 2.31 mm (*R. huapingensis* Li, 1.83~2.21 mm, average 2.02 mm), antennae with 17~18 segments, commonly 18, labrum with paraterminal setae; in being moderately hairy on the margins of the pronotum.

The imago of *R. gulinensis*, new species, can be distinguished from that of *R. huapingensis* Li by the eye slightly larger, by the ocellus rounded, separated from eye by slightly less than its diameter.

Type locality: Gulin, Sichuan Province, soldiers (holotype and paratype) imagos (holomorphotype and paramorphotype), worker collected from dead stump by Pan Yanzhen and Tang Guoqing, 1980-X-15.

3. *Reticulitermes pseudaculabialis* Gao et al., sp. nov.

The soldier of *Reticulitermes pseudaculabialis*, new species, approaches that of *R. aculabialis* Tsai et Hwang in size, but differs as follows: the width of head slightly narrower, sides of head weakly concave before the middle, labrum rounded at tip, antennae with 18 segments usually.

The imago of *R. pseudaculabialis*, new species, closely resembles that of *R. labralis* Hsia et Fan, but differs from it in being larger and wider in the width of forewing.

Type locality: Nanchong, Sichuan Province, soldiers (holotype and paratype), imagos (holomorphotype and paramorphotype), workers collected by Wei Hanjun and Deng Yumin from *Broussonetia papyrifera* (L.) L' Her. ex Vent.

原文刊登在《昆虫分类学报》,1982,4(4):299-306

12 凉山地区树螱属一新种

高道蓉[1],朱本忠[1],龚安虎[2]
([1]南京市白蚁防治研究所;[2]成都市白蚁防治研究所)

凉山树螱 Glyptotermes liangshanensis,新种

兵螱(图1):

头呈赤棕色,近前缘略深,前唇基色淡,上唇淡黄褐色,边缘略有透明感,上颚近黑色,颚基部色略淡,后颏前部淡赤棕色,后部为黄棕色,触角淡黄褐色,前胸背板色略淡,为黄棕色,中、后胸背板为淡黄白色,腿节淡黄,胫、跗节色略深。

背面观头呈长方形,两侧近乎平行,头最宽在中间或近后头处,后侧角宽圆,后缘几平直。两额叶隆起极微;侧视之额坡面约为45°,头最厚在中段;头部被极稀少毛,后头几近无毛或仅具极少短毛。触角窝后方眼点极不明显,似不突出。后唇基长方形横条状,其长:宽约为1:5;前唇基呈梯形,前、后缘均较平直,两侧缘略具弧形。上唇为长半圆形,前缘连两侧缘大都呈半圆弧形;前缘着生十多枚较长毛,面上亦着生少许毛。上颚稍长于头长之半,后半粗壮,前端较尖细而略弯,颚基瘤明显,其上具少许颚基毛;左上颚缘齿4枚,第1、2缘齿呈三角形,略等大,齿尖,稍朝向前,第3齿最大,三角形,朝向内侧,与前一枚缘齿间距离较大,且其前切缘基部有一微小的凹刻,第4缘齿小;右上颚具2枚大型三角状缘齿,均朝向内方。后颏前部扩展,两侧缘翘卷,前端具弓形透明块;颏后部细狭,后端稍扩展。触角10~11节,被毛较稀;第1节粗长,第2节短小,端节为长卵形。前胸背板呈肾形,扁平,前缘浅凹入,前侧角凸伸向前,两侧缘圆弧形,后缘宽弧形,前、后缘中央均具小缺刻,周缘及面上被较多短毛,面上中纵线明显,淡色。中、后胸背板宽约等于前胸背板,后缘中央微弧凹。腿节略粗,胫节细。

7头兵螱各体部量度结果见表1。

表1 7头兵螱各体部量度(单位:mm)

项目	范围	平均	项目	范围	平均
头长连上颚	2.51~3.02	2.81	后颏长	1.15~1.57	1.39
头长至上颚基	1.70~2.12	1.93	后颏前缘宽	0.25~0.30	0.27
头在上颚基处宽	1.00~1.16	1.10	后颏宽	0.41~0.48	0.45
头最宽	1.11~1.29	1.23	后颏最窄	0.17~0.21	0.19
头厚(不连后颏)	0.93~1.15	1.08	前胸背板长	0.50~0.60	0.54
上唇长	0.12~0.25	0.22	前胸背板宽	1.03~1.20	1.11
上唇宽	0.25~0.35	0.32	后足腿节长	0.70~0.75	0.74
左上颚长	1.00~1.25	1.09	后足腿节宽	0.25~0.32	0.29
左上颚端至第1缘齿长	0.25~0.30	0.26	后足胫节长	0.75~0.85	0.77

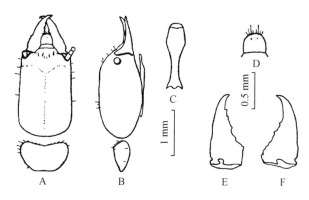

图 1 凉山树白蚁 G. liangshanensis, sp. nov. 兵蚁
A. 头及前胸背板正面；B. 头及前胸背板侧面；C. 后颏；
D. 上唇；E. 左上颚；F. 右上颚。

母蚁和雄蚁（图 2）：

头部近黑褐色，上唇黄褐色，唇基黄色，触角淡褐色，复眼近黑色，单眼淡褐色，胸背板近黑褐色，腹背板呈赤褐色，腿节为褐色，胫节和跗节色稍淡，为浅黄褐色。

头略呈方形，前缘浅凹弧形，两侧缘自前至复眼后缘较平行，自前向后稍有扩展感，头后缘在两复眼间呈近半圆弧形，侧视额面较为陡峭；头部毛较稀少，头顶 Y 缝甚不明显。复眼似圆形，中等度鼓出，单眼亦近圆形，单、复眼间比较靠近。唇基为梯形，上唇近横条状方形，前缘稍呈弧形凸出，具十数枚毛。触角不全，第 2 节稍短，第 3 节较长，第 4 节稍短于第 3 节，但略大于第 2 节，第 4 节向前各节呈圆珠形。前胸背板肾形，与头宽（连复眼）相等或略稍宽，前缘浅凹弧形，侧缘凸弧形，后缘宽弧形，中央微凹，面上中纵线呈凹沟状；前缘、侧缘具稀疏短毛，后缘短毛稍密。前翅鳞甚大，几乎全部覆盖后翅鳞。

4 头母蚁和雄蚁的量度结果见表 2。

表 2 4 头母蚁和雄蚁的量度（单位：mm）

项目	范围	平均	项目	范围	平均
头长（至上唇端）	1.12~1.35	1.29	上唇长	0.14~0.21	0.19
头长（至唇基前缘）	0.95~1.15	1.10	上唇宽	0.35~0.45	0.40
头宽（连复眼）	1.09~1.11	1.10	前胸背板长	0.55~0.60	0.57
复眼直径	0.25~0.31	0.28	前胸背板宽	1.12~1.15	1.13
单眼长	0.06~0.08	0.07	后足腿节长	0.55~0.70	0.64
单眼宽	0.05~0.07	0.06	后足胫节长	0.73~0.83	0.79

比较：本新种兵蚁在体躯大小上与我国产陇南树白蚁 G. longnanensis Gao et Zhu 和金平树白蚁 G. chinpingensis Tsai et Chen 相近似，但本新种与陇南树白蚁 G. longnanensis 的不同在于兵蚁眼点极不明显、左上颚端部较细、第 3 缘齿显著较大、上唇前缘弧形，与金平树白蚁 G. chinpingensis 的区别在于本新种眼点极不明显、后足胫节明显略短，与 G. fuscus Oshima 的区别在于明显较大。

本新种母蚁在大小上近似于金平树白蚁 G. chinpingensis 和陇南树白蚁 G. longnanensis，但从母蚁腿节的褐色易与 G. chinpingensis 相区别；与 G. longnanensis 的不同在于母蚁略大且体色稍深，为深褐色，单、复眼间似有一狭窄距离，前胸背板与头宽略相等或稍宽；而与 G. fuscus 的不同在于显著较大。

模式产地：四川省金阳县，海拔 1330 m，兵蚁、母蚁和雄蚁、若蚁。采集人：龚安虎。1980-Ⅷ-18。

寄主：核桃 Juglans regia L.。

模式标本：正模（兵蚁）、正态模（母蚁）。保存于中国科学院上海昆虫研究所。

副模（兵蚁）、副态模（母蚁和雄蚁）分别保存于中国科学院上海昆虫研究所、成都市白蚁防治研究所、南京市白蚁防治研究所。

（本文特征图由徐仁娣同志绘制，谨此致谢。）

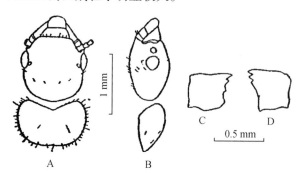

图 2 凉山树白蚁 G. liangshanensis sp. nov. 母蚁和雄蚁
A. 头及前胸背板正面；B. 头及前胸背板侧面；C. 左上颚；
D. 右上颚。

A new species of *Glyptotermes* from Liangshan (Isoptera: Kalotermitidae)

Gao Daorong[1], Zhu Benzhong[1], Gong Anhu[2]

([1] Nanjing Institute of Termite Control; [2] Chengdu Institute of Termite Control)

Glyptotermes liangshanensis sp. nov.

Soldier (Fig. 1)

Soldiers of the present new species are similar to those of *G. longnanensis* Gao et Zhu and *G. chinpingensis* Tsai et Chen in size, but separated from *G. longnanensis* by eyes very inconspicuous, left mandible with apex slightly slender, third marginal tooth larger, anterior margin of labrum rotund, from *G. chinpingensis* by eyes very inconspicuous, length of hind tibia shorter, from *G. fuscus* by larger dimensions.

The queen of this new species is similar to that of *G. chinpingensis* and *G. longnanensis* in dimensions, but separated from *G. chinpingensis* by femur brown, from *G. longnanensis* by colour of the body darker, ocelli narrowly distant from eyes, pronotum as broad as or very slightly broader than head with eyes, from *G. fuscus* by larger dimensions (Fig. 2).

Type locality: Jinyang, Sichuan Province; altitude 1330 m, soldiers (holotype and paratype), queens and kings (holotype and paratype), nymphs, collected by Gong Anhu, 1980-Ⅷ-18. Host plant: in living tree (*Juglans regia* L.).

Holotype: soldier and queen (holomorphotype), deposited in Shanghai Institute of Entomology, Academia Sinica.

Paratype: soldiers and queens (kings) deposited separately in Shanghai Institute of Entomology, Academia Sinica; Chengdu Institute of Termite Control and Nanjing Institute of Termite Control.

原文刊登在《昆虫分类学报》，1982，4(1/2)：67-69

13 四川蜚类两新种（等翅目）

高道蓉[1]，彭心赋[2]，夏凯龄[3]
([1]南京市白蚁防治研究所；[2]宜宾市白蚁防治研究所；[3]中国科学院上海昆虫研究所)

砂白蚁属 Cryptotermes Banks 分布北界约位于北纬25°以南，在我国台湾、福建、浙江、广东、广西、贵州、云南等省、自治区均有分布。蔡、陈(1964)，蔡、黄(1980)据砂白蚁分布地区属于亚热带季雨林分布范围，估计四川省会有砂白蚁属存在，有待进一步调查。本文第二作者首次在四川省江安县采获该属标本，砂白蚁属在四川亦有分布得以证实。该标本经鉴定为新种。此外尚有一网白蚁属 Reticulitermes (Holmgren) 新种，现分别描述如下。

新种描述

(一) 狭背砂白蚁 Cryptotermes angustinotus Gao et Peng, 新种

翅白蚁(图1A~C)：

头部呈赤褐色；前唇基淡棕黄色；上唇淡赤褐色；上颚棕黄色，齿色较深；前胸背板较头部色微深。翅灰褐色，前缘赤褐色，头部散生稀疏短毛，后部毛更少，上唇端部有多枚毛；前胸背板前侧缘、侧缘及表面散生一些毛。

6头翅白蚁的度量结果见表1。

表1 6头翅白蚁的度量（单位：mm）

项目	范围	平均	项目	范围	平均
头长至上唇端	1.25~1.33	1.29	单眼长	0.08~0.10	0.09
头长至上颚基	0.99~1.06	1.03	头宽连眼	1.00~1.04	1.02
前翅长(不连翅鳞)	5.86~6.19	6.10	复眼下缘至头下缘	0.17~0.22	0.19
前翅宽	1.50~1.75	1.65	前胸背板中长	0.58~0.61	0.59
复眼长径	0.28~0.31	0.29	前胸背板宽	0.97~1.02	1.00
复眼短径	0.24~0.26	0.25	后足胫节长	0.75~0.85	0.8

头近长方形，两侧平行，后缘弧出。头盖缝之中臂可见，复眼适度膨出，形状以近圆形较多；单眼多为长圆形，与复眼接近但未接触；触角斑明显可见，额部稍显不平，两侧微有斜向凹纹；复眼至触角窝距离小于单眼之短径；复眼下缘距头下缘距离约等于复眼长径之2/3。前唇基梯形，上唇宽阔，拱形；左上颚第一缘齿较小，端尖，呈锐角；第二缘齿端较宽；右上颚第一缘齿尖，斜向，第二缘齿呈钝角，紧接第一缘齿，其后切缘长于颚齿板（molar plate）。触角14~15节，第2、3、4节之中，第2或第3节稍长于第4节，前胸背板微狭于头宽(连眼)，中纵线可见，前段两侧表面各有一斜凹陷，状如"ヽィ"形，前缘中央浅凹，后缘中央凹入明显，两侧弧形，前侧角狭圆，后侧角宽圆。前、后翅鳞不等，前翅鳞往往大于后翅鳞；前翅的 Sc 脉较短，R 脉约伸达翅长的1/4左右，Rs 脉伸达翅端，具有数枚短分支，M 脉自肩缝处独立伸出，大部分靠近 Cu 脉，但在伸达翅长约3/4处弯向 Rs 而与 Rs 相连，Cu 脉有十余个分支，近翅鳞的分支色较深，以后色较淡；后翅 M 脉在肩缝后由 Rs 基部伸出，Cu 脉分支较前翅稍多，其余同前翅。

兵白蚁(图1D~F)：

上颚及头前部黑褐色，由额脊向后色渐淡，头后部棕褐色，唇基与额部同色，上唇、触角棕黄色，

前胸背板淡棕褐色,前部稍深,近前缘色更深,有时表面具有不规则的块状色斑。头、胸被毛稀疏。

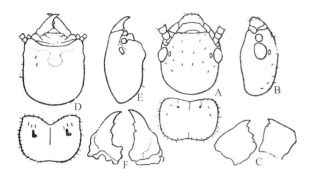

图1 狭背砂螱 C. angustinotus,新种
A. 翅螱头、前胸背板背面观；B. 翅螱头部侧面观；C. 翅螱上颚；
D. 兵螱头、前胸背板背面观；E. 兵螱头部侧面观；F. 兵螱上颚。

头略呈方形,头短且厚,Y 缝的中臂明显可见,额区呈铲面状,面上有皱纹,其后缘额脊隆起,中央部凹下,形成左、右两部。额脊至头顶坡面有斜向皱纹。触角窝上、下各有一角状突。眼近触角窝,卵圆形,稍大,略为突出。上颚短,颚基部较膨大,端尖;左上颚第一缘齿斜向,后切缘长于前切缘甚多,第二缘齿低而粗大；右上颚第一缘齿内向,钝角形,端齿,齿端与左上颚第一缘齿端约在同一水平,其后切缘长于前切缘,第二缘齿较钝。上唇短,舌状。触角13～15节。前胸背板之前缘呈宽"V"形凹入,其凹缘较不平滑,具微齿；前部略显翘起,后侧缘近似平行,后缘大多甚平直,中纵线可见。足很短。

9头兵螱的度量结果见表2。

表2 9头兵螱的度量(单位:mm)

项目	范围	平均
头长连上颚	1.70～1.95	1.83
头宽(连眼)	1.21～1.32	1.25
头宽	1.22～1.31	1.25
头高(不连后颏)	0.84～0.96	0.89
前胸背板中长	0.70～0.75	0.72
前胸背板宽	1.19～1.24	1.23
后足胫节长	0.70～0.86	0.78

比较：本新种翅螱小于铲头砂螱 *Cryptotermes declivis* Tsai et Chen 而大于泰城砂螱 *C. thailandis* Ahmad,与前一种的不同还在于本新种触角第2、3、4节中,以第2或第3节稍长；与后一种的不同还在于本新种前胸背板微狭于头宽(连眼),以及上颚齿明显不同。

本新种兵螱与 *C. declivis* Tsai et Chen 的区别在于头最宽与头宽(连眼)近乎相等,前胸背板前缘具有细齿,以及头部两侧近乎平行。本新种兵螱体型大于 *C. thailandis* Ahmad,同时触角节数较多,故可区别之。

模式产地：四川省江安县。翅螱(正态模和副态模)；兵螱(正模及副模),若螱,1979-I-17,采集者：彭心赋；母螱,兵螱,若螱,1981-X-26,采集者：史文鹏。寄主：干木(建材)中。

正模标本保存于中国科学院上海昆虫研究所,副模标本分别保存于上海昆虫研究所、南京市白蚁防治研究所和四川省宜宾市白蚁防治研究所。

(二) 雷波网螱 *Reticulitermes leiboensis* Gao et Xia,新种

兵螱(图2)：

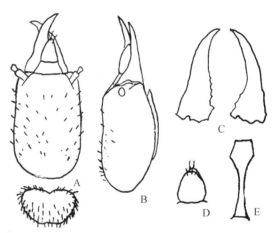

图2 雷波网螱 *Reticulitermes leiboensis*,新种
兵螱：A. 头、前胸背板正面观；B. 头部侧面观；C. 上颚；
D. 上唇；E. 后颏。

头部为黄棕色,上唇及上颚基部较头色略深,上颚大部为深赤褐色,前胸背板微深于头色,头被疏毛,前胸背板毛稍多。

体型中小。头呈长方形,前端略较狭,向后略宽,头最宽处位于中部,上颚较细直,略短于头宽。上唇为宽舌状,其长略大于宽,透明端钝圆,端毛和侧毛均明显可见,触角通常为15～16节,囟点状,明显可见。额峰微隆起,峰间似有微凹,后颏腰部甚为狭长,其与头宽之比为1:9.67～1:12.20,平均为1:11.02;其与后颏最宽处之比为1:3.67～1:4.50,平均为1:4.10,前胸背板较狭于头宽,前缘中央具有明显凹刻,后缘中央凹刻较浅,后侧缘为宽弧状。后足胫节较短。

18头兵螱各体部量度结果见表3。

表3 18头兵螱各体部量度(单位:mm)

项目	范围	平均	项目	范围	平均
头长(连上颚)	2.81~3.08	2.93	左上颚长	1.09~1.16	1.11
头长(至上唇端)	2.39~2.60	2.46	后颏最宽	0.41~0.47	0.44
头长(至上颚基)	1.81~2.01	1.90	后颏最狭	0.10~0.12	0.11
头宽	1.15~1.22	1.18	前胸背板中长	0.49~0.55	0.52
上唇长	0.35~0.47	0.43	前胸背板宽	0.91~1.01	0.96
上唇宽	0.35~0.41	0.37	后足胫节长	0.90~1.01	0.95

比较:新种 R. leiboensis 的兵螱量度显著大于峨眉网螱 R. emei Gao et al.,且上唇多数为宽舌形,可与之区别;本新种兵螱与黑胸网螱 R. chinensis Snyder 的区别在于后颏的腰部明显狭长,且前胸背板较宽。

模式产地:四川省雷波县。海拔1350 m,兵螱(正模与副模)、工螱、若螱。1980-XII-3,龚安虎、高水林采于枯死漆树 Rhus verniciflua Stokes。

正模标本保存于中国科学院上海昆虫研究所,副模标本分别保存于上海昆虫研究所、南京市白蚁防治研究所及成都市白蚁防治研究所。

(本工作承重庆市白蚁防治研究所史文鹏同志惠赠部分标本,特此致谢;本文插图由林爱莲同志绘制。)

参考文献

[1] 蔡邦华,陈宁生.中国南部的白蚁新种[J].昆虫学报,1963,12(2):167-198.

[2] 蔡邦华,陈宁生.中国经济昆虫志·第八册·等翅目(白蚁)[M].北京:科学出版社,1964.

[3] 蔡邦华,黄复生,李桂祥.中国的散白蚁属及新亚属新种[J].昆虫学报,1977,20(4):465-475.

[4] 蔡邦华,黄复生.中国白蚁[M].北京:科学出版社,1980.

[5] 李参.浙江省白蚁种类调查及三个新种描述[J].浙江农业大学学报,1979,5(1):63-72.

[6] 高道蓉,朱本忠,韩丽新,等.峨眉山白蚁类的垂直分布及叶白蚁属、散白蚁新种[J].昆虫分类学报,1981,3(3):211-216.

[7] Ahmad M. Termites (Isoptera) of Thailand[J]. Bull Amer Mus Nat Hist,1965,131(1):14-16.

Notes on two new species of termites from Sichuan, China (Isoptera: Kalotermitidae and Rhinotermitidae)

Gao Daorong[1], Peng Xinfu[2], Xia Kailing[3]

([1]Nanjing Institute of Termite Control; [2]Yibin Institute of Termite Control; [3]Shanghai Institute of Entomology, Academia Sinica)

This paper describes a new species of the genus *Cryptotermes* Banks and a new species of the genus *Reticulitermes* Holmgren collected from Sichuan, China.

***Cryptotermes angustinotus* Gao et Peng, sp. nov.**

The winged form of *Cryptotermes angustinotus*, new species, differs from that of *Cryptotermes declivis* Tsai et Chen as follows: The size is smaller and the 2nd or 3rd article of antennae longer than the 4th article. It differs from that of *C. thailandis* Ahmad as follows: the size is large, width of pronotum narrower than that of head (with eyes), and marginal teeth of mandibles different.

The soldier of the present new species differs from that of *C. declivis* Tsai et Chen by the maximum width of head almost as long as width of head (with eyes), head with lateral sides parallel and pronotum with the anterior margin finely serrated. It differs from that of *C. thailandis* Ahmad by the larger size and the antennae with 13~15 articles.

Type locality: Jiangan, Sichuan Province, soldiers (holotype and paratype), winged forms (holomorphotype and paramorphotype) and nymphs, collected by Peng Xinfu, 1979-I-17; Queen, king, soldiers and nymphs, by Shi Wenpeng, October 26, 1981, in timber components of the building.

Holotype: soldier and winged forms are deposited in Shanghai Institute of Entomology, Academia Sinica.

Paratype: Soldiers and winged forms are deposited separately in Shanghai Institute of Entomology, Academia Sinica, Nanjing Institute of Termite Control and Yibin Institute of Termite Control.

Reticulitermes leiboensis Gao et Xia, sp. nov.

The soldier of *Reticulitermes leiboensis*, new species, closely resembles that of *R. emei* Gao *et al.* and *R. chinensis* Snyder, but it can be easily distinguished from *R. emei* by the larger dimensions, the frons slightly raised, the labrum distinctly broader and the antennae with 16 articles; from *R. chinensis* by the frons slightly raised, the waist of postmentum distinctly narrower and the pronotum broader.

Type locality: Leibo, Sichuan Province, altitude 1350 m. soldiers (Holotype and Paratype), workers and nymphs, collected by Gong Anhu and Gao Shuilin. December 3, 1980, in a stump of *Rhus verniciflua* Stokes.

Holotype: Soldier and worker are deposited in Shanghai Institute of Entomology, Academia Sinica.

Paratype: Soldiers and workers are deposited separately in Shanghai Institute of Entomology, Academia Sinica; Nanjing Institute of Termite Control and Chengdu Institute of Termite Control.

原文刊登在《昆虫学研究集刊》，1982-1983，3：193-197

14 四川省螱类研究 IX. 二种螱类的翅螱描述

高道蓉[1]，马星春[2]

([1] 南京市白蚁防治研究所；[2] 成都市白蚁防治研究所)

作者现将峨眉叶螱 *Lobitermes emei* 与川西树螱 *Glyptotermes hesperus* 的翅螱分别描述如下。

一、峨眉叶螱 *Lobitermes emei* Gao et al.

翅螱(图1)：

头深赤褐色，额区色稍淡，上唇赤褐色，唇基深褐黄色，触角褐黄色；复眼近黑色；前胸背板深褐黄色，较浅于头部，并具淡色中纵线，中胸背板、后胸背板前部均具黑褐色纵线；翅鳞赤褐色；足基节、转节、腿节褐黄色，胫节、跗节色略深；腹部背板褐黄色，腹板色稍淡。

头被极稀疏毛。

头近似方形，复眼之后似宽，后侧角宽圆，后缘宽弧形，头长微大于或等于头宽；前额中部略凹，有数道纵、横纹，两边形成微弱额峰，上有斜纹；"Y"形缝可见。椭圆形复眼中等稍大，略突出，与近似圆形的单眼相邻，但未接触，复眼短径大于复眼下缘至头下缘的距离。上唇宽，上唇面拱起，前缘平直；唇基前缘钝，突出。标本触角不全，以第2节略大于第3节而第3节为最短小居多，以后逐渐增大为圆珠状。前胸背板略大于头宽(连复眼)，前缘凹弧形，后缘平直，中部微凹入，前、后缘中央均无缺刻。前翅鳞大于后翅鳞。足部后足胫节短，胫节具3枚端刺。腹部长圆筒形。

11 头翅螱各体部量度结果见表1。

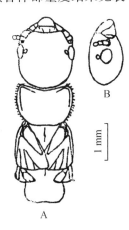

图1 峨眉叶螱 *Lobitermes emei* Gao et al.
雄螱(母螱)：A.头及胸正面；B.头侧面。

表1 11 头翅螱各体部量度(单位：mm)

项目	范围	平均	项目	范围	平均
头长至上唇端	1.18~1.36	1.29	前胸背板中长	0.58~0.68	0.63
头宽连眼	1.08~1.22	1.15	前胸背板宽	0.99~1.15	1.07
上唇长	0.17~0.25	0.23	后足腿节长	0.70~0.80	0.74
复眼长径	0.28~0.35	0.31	后足腿节宽	0.29~0.33	0.30
复眼短径	0.23~0.28	0.26	后足胫节长	0.83~1.00	0.90
单眼长	0.09~0.15	0.11			

采集地：四川雷波。1980-X-29，采集人：龚安虎、高水林。

寄主：川桂 *Cinnamomum wilsonii* Gamble

二、川西树螱 *Glyptotermes hesperus* Gao, Zhu et Han

翅螱(图2)：

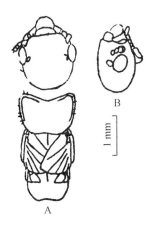

图2 川西树白蚁 *Glyptotermes hesperus* Gao, Zhu et Han
雄蚁(母蚁): A. 头及胸正面; B. 头侧面。

头深褐黄色; 上唇褐黄色, 前唇基淡褐黄色, 后唇基色较深; 上颚黑色; 触角为褐黄色, 复眼近黑褐色, 前胸背板褐黄色, 中、后胸背板灰褐色; 其前半部并具有深色中纵线; 翅鳞赤褐色; 足基节、转节、腿节淡黄褐色, 胫节色稍深; 腹部背板褐黄色, 腹板色稍淡。

头被毛极稀少; 上唇前缘有约十枚短毛, 上唇及唇基面上有少许毛, 后颊后部两侧缘有短毛, 面上有6枚以上较长毛; 前胸背板周缘有较多短毛, 唯后缘中部被毛较为稀少, 侧缘并杂有少许较长毛; 腹部背板后缘亦有较多的短毛。

头近于正方形, 头长略等于其头宽, "Y"形缝不明显、隐约可见, 额部平。上唇为方形, 长约为宽的2/3, 前缘平直, 上唇面拱起; 前唇基梯形, 长约为其最宽的1/4; 后唇基短而宽。后颊前部较后部为窄, 前部中央凹陷, 最宽在后部中点后, 约为后颊长的1/2。复眼较大, 椭圆形, 明显突出; 单眼卵圆形, 突起, 邻近复眼, 但未接触。标本触角不全, 大多数个体的第2节略大于第3节, 而第3节与第4节似等长。大多数个体前胸背板宽与头宽连复眼等宽, 或略窄, 前缘强烈凹弧形, 后缘平直, 微凹入, 前、后缘中央似无明显缺刻; 中、后胸背板均窄于前胸背板。前翅鳞大, 后翅鳞小, 约为前翅鳞的1/2, 前翅鳞遮盖后翅鳞大部。足部胫节具3枚端刺。腹部圆筒形。

9头翅蚁各体部量度结果见表2。

表2　9头翅蚁各体部量度(单位: mm)

项目	范围	平均	项目	范围	平均
头长至上唇端	1.69~1.80	1.74	单眼长	0.15~0.19	0.17
头长至上颚基	1.25~1.50	1.39	单眼宽	0.11~0.15	0.13
头宽连眼	1.46~1.54	1.51	前胸背板中长	0.72~0.79	0.76
上唇长	0.35~0.40	0.39	前胸背板宽	1.41~1.56	1.49
后颊长	0.73~0.85	0.8	后足腿节长	1.04~1.15	1.09
后颊最宽	0.40~0.41	0.4	后足腿节宽	0.40~0.43	0.41
复眼长径	0.49~0.51	0.5	后足胫节长	1.20~1.35	1.27
复眼短径	0.42~0.45	0.44			

比较: 川西树白蚁 *Glyptotermes hesperus* 的翅蚁体型大小近似赤树白蚁 *Glyptotermes satsumensis*, 但本种前胸背板较狭, 略窄于或等于头宽(连复眼); 体色为褐黄色。本种翅蚁与金平树白蚁 *G. chinpingensis* 的区别在于本种体型略大, 且单眼也较大。

采集地: 四川省成都市。1980-IX-16。采集人: 龚安虎、韩丽新。

(本文插图由中国科学院上海昆虫研究所徐仁娣同志绘制, 特表感谢。)

Studies on the termites from Sichuan IX. Description on imagoes of two species (*Lobitermes emei* and *Glyptotermes hesperus*)

Gao Daorong[1], Ma Xingchun[2]

([1]Nanjing Institute of Termite Control; [2]Chengdu Institute of Termite Control)

1. *Lobitermes emei* Gao et al.

Imago (Fig. 1)

Head dark reddish brown, very scantily hairy. Head subquadrate; eyes moderately bulging, not quite round. Ocellus small, almost round, nearly touching eye. Antennae incomplete; the second article slight longer than the third, the third shortest. Pronotum slightly broader than head (with eyes).

Range of measurements of 11 Imagoes, with means in parentheses: Length of head to tip of labrum, 1.18 ~ 1.36 (1.29); width of head (with eyes), 1.08 ~ 1.22 (1.15); length of labrum, 0.17 ~ 0.15 (0.23); long diameter of eye, 0.28 ~ 0.35 (0.31); short diameter of eye, 0.23 ~ 0.28 (0.26); length of ocellus, 0.09 ~ 0.15 (0.11); length of pronotum, 0.58 ~ 0.68 (0.63); width of pronotum, 0.99 ~ 1.15 (1.07); length of hind femur, 0.70 ~ 0.80 (0.74); width of hind femur, 0.29 ~ 0.33 (0.30); length of hind tibia, 0.83 ~ 1.00 (0.90).

Locality: Leibo, Sichuan Province; Imagoes, nymphs, soldiers, collected by Gong Anhu *et al.* October 29, 1980, in a stump of *Cinnamomum wilsonii* Gamble; Mt. Emei, Sichuan Province; imagos, Kings (queens), nymphs, soldiers, collected by Wei Hanjun *et al.* September 17, 1981, in a stump.

2. *Glyptotermes hesperus* Gao, Zhu *et* Han

Comparisons: The imago of this species is similar to that of *Glyptotermes satsumensis* in size, but easily separated from *G. satsumensis* by the narrower pronotum (pronotum slightly narrower than head width with eyes or pronotum almost as wide as head with eyes) and body brownish yellow. Size of this species is larger than *G. chinpingensis* and ocellus larger.

Locality: Chengdu, Sichuan Province; Kings (queens), nymphs, soldiers, collected by Gong Anhu *et al*, April 16, 1980, in a stump; Mt. Emei, Sichuan Province; Kings (queens), nymphs, soldiers collected by Gao Daorong *et al.* April 24, 1980, in a dead stump.

原文刊登在《动物学研究》，1983，4（2）：135-138

15 钝颚螱属、象螱属和原歪螱属三新种

夏凯龄[1]，高道蓉[2]，潘演征[3]，唐国清[3]
（[1]中国科学院上海昆虫研究所；[2]南京市白蚁防治研究所；[3]四川省林业科学研究所）

（一）四川钝颚螱 *Ahmaditermes sichuanensis* Xia *et al.*，新种

兵螱（图1）：

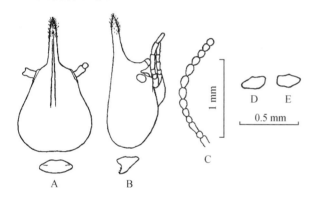

图1 四川钝颚螱 *Ahmaditermes sichuanensis* Xia et al.，新种

兵螱：A．头及前胸背板正面；B．头及前胸背板侧面；C．触角；D．左上颚；E．右上颚。

头呈橙黄色，象鼻部颜色较深，深褐黄色；触角及前胸背板呈土黄色；前胸背板前部色稍深，腹部色稍淡，黄色。

头部毛极稀疏，仅后头区有2~4枚长毛，象鼻部毛较头部稍多，近鼻端有明显可见的多数短毛；前胸背板周缘有稀疏短毛。

头背面观呈梨形，在触角窝后稍狭，后即扩展，头后缘中部稍凹入。象鼻稍长，似超过头长之半，额腺管明显可见，约伸达头中部；侧视象鼻向上微翘起，基部略隆。上颚前侧角无刺。触角13节，第1节长于第2节，第3节最长；第4节小于第2节而最细短，第3节约为第4节的2倍多。前胸背板近似马鞍形，前部小，翘起，前缘中央微有缺刻。腹部粗长。

8头四川钝颚螱兵螱各体部量度结果见表1。

表1 8头四川钝颚螱兵螱各体部量度（单位：mm）

项目	范围	平均
头长连鼻	1.52~1.62	1.57
前胸背板宽	0.37~0.47	0.44
头长不连鼻	0.91~0.97	0.94
后足胫节长	0.87~0.97	0.95
头宽	0.82~0.90	0.85

比较：本新种兵螱与丘额钝颚螱 *Ahmaditermes sinuosus*（Tsai et Chen）相似，但本新种兵螱稍大，象鼻基部隆起不甚显著，象鼻似上翘，可以区别之。

模式产地：四川省合江县。兵螱（正模和副模）、工螱。1980-Ⅸ-8。寄主：枯树头。采集人：潘演征、唐国清。

（二）若尖象螱 *Nasutitermes gardneriformis* Xia *et al.*，新种

兵螱（图2）：

头呈黄褐色；象鼻赤褐色，顶端乳白色，鼻基部色淡，前胸背板前部色深，似近赤褐色，后部淡黄褐色，淡色，中纵线明显；腹背板褐色；足腿节、跗节黄色。

头被稀疏短毛，有数枚较长毛，象鼻端部毛稍多，前胸背板前、侧缘有稀疏短毛；腹部背面毛较密。

头梨形，自触角后急剧扩展，状似宽圆形，头后缘略平，头宽略长于或等于头长；象鼻管状，较长，侧视略向上翘起，象鼻与头顶的连接线微凸，鼻基峰明显，额腺明显可见，伸达头中部，上颚前外端甚为秃钝，无突出的尖刺。后颏粗短，其最宽大于中长，上唇宽大于长甚多，其长度略等于唇基长，上唇前缘宽弧形。触角一般为13节，第3节最长，第2节略长于第4节，第4节最短。有的个体触角为14节时，第3节最短。前脚背板为短马鞍形，前部翘

起,近乎直立,短于后部,后缘中部微凹入,腹部为粗橄榄形。后足胫节较长。

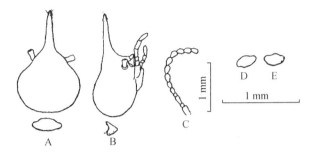

图2 若尖象螱 *Nasutitermes gardneriformis* Xia et al., 新种

兵螱:A. 头及前胸背板正面;B. 头及前胸背板侧面;C. 触角;D. 左上颚;E. 右上颚。

8头若尖象螱兵螱各体部量度结果见表2。

表2 8头若尖象螱兵螱的量度(单位:mm)

项目	范围	平均
头长连鼻	1.88~2.05	1.95
前胸背板宽	0.50~0.56	0.54
头长不连鼻	0.95~1.08	1.00
后足胫节长	1.26~1.37	1.32
头宽	1.10~1.21	1.15
头高(不连后颏)	0.72~0.84	0.77

比较:本新种兵螱与 *Nasutitermes gardneri* Snyder(浙江天目山产)相似,但本新种兵螱头部稍宽,象鼻基背部微隆起,可以区别之。

模式产地:四川省叙永县。兵螱(正模与副模)、工螱。1980-Ⅹ-25。寄主:未知名活树中。采集人:潘演征、唐国清。

(三) 川原歪螱 *Procapritermes vicinus* Xia et al., 新种

兵螱(图3):

头部橙黄色,上颚赤褐色;触角黄色;上唇、前胸背板淡黄色;腹部淡黄白色。头被疏毛;上唇前凹缘有2枚细毛,面上有数枚长毛;囟区周围有十数枚毛,凹坑左右皆有一斜向对生的毛,但不交叉;后颏前部两前侧缘各有2~4枚毛;前胸背板周缘毛稍多。

头两侧近似平行,有的前端略窄。头缝明显,不伸过头中点,囟位于头前端横向卵圆形凹坑内;凹坑前有三角形浅槽,直伸达唇基。上唇长方形,卧向右方,不甚长,两前侧角呈针状突出,前缘凹弧形。上颚长,不对称,其左上颚尖端弯曲如钩状;右上颚短,端尖上翘且略具钩形。触角14~15节。当

为14节时,大多数个体的第2节明显较短于第3节;为15节时,第3节最短小。后颏较为粗短。前胸背板马鞍形,前部翘起,前缘中央微有缺刻。

5头川原歪螱兵螱的量度结果见表3。

表3 5头川原歪螱兵螱的量度(单位:mm)

项目	范围	平均
头长连上颚	3.66~3.82	3.75
后颏最窄	0.16~0.19	0.17
头长不连上颚	1.96~2.06	2.01
前胸背板宽	0.72~0.78	0.75
头宽	1.23~1.34	1.29
后足胫节长	1.10~1.15	1.13
后颏最宽	0.36~0.39	0.38

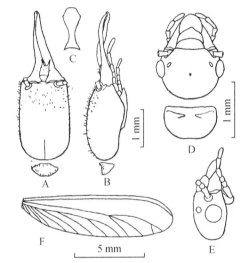

图3 川原歪螱 *Procapritermes vicinus* Xia et al.,新种

兵螱:A. 头及前胸背板正面;B. 头及前胸背板侧面;C. 后颏。长翅成虫:D. 头及前胸背板正面;E. 头及前胸背板侧面;F. 前翅。

长翅成虫(图3):

头呈棕褐色;后唇基、触角色稍淡,淡黄褐色;前胸背板黄褐色;翅灰褐色。头及前胸背板被密毛。

头宽卵圆形。复眼圆形,甚为膨出;单眼椭圆形;单复眼距大于单眼本身宽度。后唇基略隆起,其长约为宽度的1/3。中等大小的长圆形囟位于两复眼间的头顶浅凹的中央。触角15节,第3节最短小,第4、5节大致相等。前胸背板似肾形,前缘直,前部略翘起,前、后缘中央缺刻不显。前翅鳞大于后翅鳞;前翅M脉自肩缝处偏近Rs脉独立伸出,整个M脉距Cu脉较近;约自1/2或自翅端1/3起具1~3个分支达翅端;Cu脉有7~10个分支。

4头川原歪螱长翅成虫各体部量度结果见表4。

表4 4头长翅成虫各体部量度(单位:mm)

项目	范围	平均	项目	范围	平均
单眼长	0.09~0.11	0.10	体长不连翅	6.28~6.78	6.44
单眼宽	0.07~0.09	0.08	翅长	10.15~11.28	10.49
单复眼距	0.08~0.10	0.09	头长至上唇端	1.23~1.28	1.26
前胸背板长	0.49~0.51	0.50	头宽过眼	1.10~1.13	1.11
前胸背板宽	0.92~0.93	0.93	复眼直径	0.29~0.30	0.30

比较:本新种兵螱近似原歪螱 *Procapritermes mushae* Oshima et Maki,但其体型较大,触角 14~15 节,14 节时大多数个体第 2 节明显短于第 3 节,可与之区别。

本新种长翅成虫则以单复眼距大于单眼本身宽度,可与原歪螱相区别。

模式产地:四川省宜宾县;兵螱(正模及副模)、长翅成虫(正态模及副态模)、工螱;1980-Ⅺ-3;采集人:潘演征、唐国清、陈玉明。

分布:重庆市。

以上三新种的正模标本保存于中国科学院上海昆虫研究所,副模分别保存于南京市白蚁防治研究所、四川省林业科学研究所、成都市白蚁防治研究所。

(本文插图由中国科学院上海昆虫研究所徐仁娣同志绘制,特表感谢。)

Three new species of *Ahmaditermes*, *Nasutitermes* and *Procapritermes* from Sichuan, China (Isoptera: Termitidae)

Xia Kailing[1], Gao Daorong[2], Pan Yanzheng[3], Tang Guoqing[3]

([1]Shanghai Institute of Entomology, Academia Sinica; [2]Nanjing Institute of Termite Control; [3]Sichuan Forestry Research Institute)

1. *Ahmaditermes sichuanensis* Xia et al., sp. nov.

The new species resembles closely *A. sinuosus* (Tsai et Chen), but differs as follows, it is larger, nasal hump indistinctly developed, nasus upturned.

Type locality: Hejiang, Sichuan Province, soldiers (holotype and paratype), workers, collected from dead stump by Pan Yanzheng and Tang Guoqing, 1980-Ⅸ-8.

2. *Nasutitermes gardneriformis* Xia et al., sp. nov.

The new species resembles closely *N. gardneri* Snyder (Mt. Tianmu, Zhejiang Province), but differs as follows: its width of head wider and nasal hump slightly developed.

Type locality: Xuyong, Sichuan Province, soldiers (holotype and paratype), workers, collected from an unknown sp. of living tree by Pan Yanzheng and Tang Guoqing, 1980-Ⅹ-25.

3. *Procapriterme svicinus* Xia et al., sp. nov.

The soldier of the new species resembles closely *P. mushae* Oshima et Maki, but differs as follows: it is larger, antennae with 14~15 segments, when with 14 articles, the second usually rather shorter than the third.

The imago of the new species can be distinguished from that of *P. mushae* Oshima et Maki by the ocellus separated from eye by more than its width.

Type locality: Yibin, Sichuan Province, soldiers (holotype and paratype), imagos (holomorphotype and paramorphotype), workers, collected by Pan Yanzheng, Tang Guoqing and Chen Yuming, 1980-Ⅺ-3.

Holotype (holomorphotype) of the present three new species: soldier, imago deposited in Shanghai Institute of Entomology, Academia Sinica.

Paratype (paramorphotype) of the present three new species: soldiers, imagos deposited separately in Shanghai Institute of Entomology, Academia Sinica; Nanjing Institute of Termite Control and Sichuan Forestry Research Institute.

原文刊登在《昆虫分类学报》,1983,5(2):159-163

16 堆砂白蚁属一新种记述

夏凯龄[1]，高道蓉[2]，邓宇民[3]

（[1]中国科学院上海昆虫研究所；[2]南京市白蚁防治研究所；[3]成都市白蚁防治研究所）

罗甸堆砂白蚁 Cryptotermes luodianis，新种

翅白蚁（图 1A~B）：

头赤褐色；前唇基带黄色；后唇基与上唇深棕黄色；触角褐黄色；前胸背板、腹部及腿节较头部色微深；前足胫节为淡黄褐色，而中、后足胫节色较之微淡；翅褐黄色。

头部被毛稀疏；上唇端部有毛 7~9 枚；前胸背板周缘散生一些毛。

头略近长方形，两侧近似平行，后缘宽弧形。"Y"形缝隐约可见。复眼适度膨出，形状如图 1 所示。单眼较小，近似圆形，接近复眼。褐黄色半月形触角斑可见，额部不甚平坦，有纵向皱纹。前唇基明显梯形，上唇宽，拱形。左上颚第一缘齿斜向、尖，其后切缘短于第二缘齿的前切缘。右上颚有 2 枚缘齿，第一枚为锐角，第二枚为钝角。触角 13~15 节，第 2、3、4 节中，第 2 或第 3 节较长。前胸背板微阔于头宽连眼，中纵线明显可见，前缘凹入，后缘微凹，似有小缺刻，后侧角较前侧角更为阔圆。前翅鳞大于后翅鳞，并且遮盖后翅鳞大部，翅面密布颗粒状刻点。前翅：Sc 脉极短，R 脉约伸达翅长的 1/4~1/3，Rs 脉色深而伸达翅端，有 6~7 枚分支，M 脉自肩缝独立伸出，大部分靠近 Cu 脉，达翅 1/2~2/3 处，弯转与 Rs 脉相连，Cu 脉约有 10 个分支。后翅翅脉：Sc 脉极短或无，M 脉在肩缝后由 Rs 脉基部伸出，其余同前翅。

8 头翅白蚁各体部量度结果见表 1。

表1 8头翅白蚁各体部量度（单位：mm）

项目	范围	平均	项目	范围	平均
头长至上唇端	1.28~1.40	1.34	单眼直径	0.07~0.10	0.09
头长至上颚基	1.02~1.11	1.06	头宽连眼	0.98~1.10	1.04
前翅长（不连翅鳞）	5.87~6.52	6.19	复眼下缘至头下缘距	0.19~0.27	0.23
前翅宽	1.50~1.71	1.61	前胸背板中长	0.56~0.65	0.60
复眼长径	0.27~0.32	0.30	前胸背板宽	0.96~1.15	1.07
复眼短径	0.25~0.28	0.26	后足胫节长	0.75~0.90	0.84

兵白蚁（图 1C~F）：

头后区棕黄褐色，向前渐深，额脊至额区黑褐色，上唇、触角为淡棕黄色，上颚黑褐色，前胸背板棕黄色，面上有深色或淡色斑，前部略深，而前部边缘色更深。

头部毛被稀少，前胸背板周缘有些短的或稍长的毛，面上散生疏毛，左、右前部近边有多枚较长毛。

头短且厚，背面观近似方形，长宽差不多相等。"Y"形缝可见。额区约呈铲状，面不平。额脊隆起甚为显著，中部凹，明显形成左、右两部分，两瘤状突出物位于触角窝的上、下方，眼近触角窝，卵圆形，色稍淡，颇大，微隆起。上颚短宽，端尖且弯，颚基峰发达；左上颚第一缘齿钝，位于中点前，斜向，有些个体第二缘齿不甚显，点状，近基部有较大齿突，其前切刻稍深，右上颚有缘齿 2 枚，均内向，后切缘大于前切缘。上唇短，端钝圆，有 2 枚较长的端毛。触角 12~15 节。前胸背板前缘呈宽深"V"形，其缘较不平滑，具不明显的细齿，前部稍斜翘起，中纵线明显，后缘一般较为平直，中央稍内凹。足短。

7 头兵白蚁各体部量度结果见表 2。

表2 7头兵螱各体部量度(单位:mm)

项目	范围	平均	项目	范围	平均
头长连上颚	1.76~2.00	1.86	前胸背板中长	0.65~0.79	0.71
头宽(过眼)	1.21~1.37	1.28	前胸背板宽	1.15~1.41	1.29
头宽	1.23~1.40	1.32	后足胫节长	0.74~0.80	0.76
头高(不连后颊)	0.85~1.00	0.92			

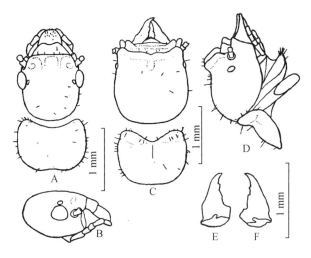

图1 罗甸堆砂螱 *C. luodianis* sp. nov.

翅螱:A.头及前胸背板正面;B.头侧面。

兵螱:C.头及前胸背板正面;D.头及前胸背板侧面;E.左上颚;F.右上颚。

比较:本新种翅螱与 *Cryptotermes declivis* Tsai et Chen 的区别在于单眼近似圆形,且触角第2、3、4节中,以第2或第3节较长,前胸背板微宽于头宽过眼。与 *Cryptotermes thailandis* Ahmad 的区别在于,本新种体型较大,头部较宽,复眼距头下缘的距离为0.19~0.27 mm(而后者为0.18~0.19 mm)。

本新种兵螱与 *C. declivis* 的差别在于,眼较大而圆,左上颚齿的不同和前胸背板前缘具有不明显的细齿。与 *C. thailandis* 的区别在于,本新种体型较大,触角节较多,为12~15节(后者为11节);眼为宽卵形,较大。

模式产地:贵州省罗甸县,翅螱、兵螱、若螱。采集人:高道蓉、龚安虎等;1981-Ⅷ-19。寄主:干木。

正模标本(翅螱、兵螱)保存于中国科学院上海昆虫研究所。

副模标本(翅螱、兵螱、若螱)保存于上海昆虫研究所和南京市白蚁防治研究所。

(本文插图由中国科学院上海昆虫研究所徐仁娣同志绘制,特表感谢。)

Notes on a new species of the genus *Cryptotermes* from Guizhou, China

Xia Kailing[1], Gao Daorong[2], Deng Yumin[3]

([1]Shanghai Institute of Entomology, Academia Sinica; [2]Nanjing Institute of Termite Control; [3]Chengdu Institute of Termite Control)

Cryptotermes luodianis sp. nov.

The soldier of the present new species is closely related to *C. declivis* Tsai et Chen, but differs as follows: eyes larger; marginal teeth of left mandible different, and pronotum with faint leptodenticles in anterior margin. It is also close to *C. thailandis* Ahmad, from which it can be distinguished by the larger size and the antennae with 12~15 articles (*C. thailandis* 11 articles).

The winged form of this new species is similar to those of *C. declivis* Tsai et Chen and *C. thailandis* Ahmad, but differs from *C. declivis* as follows: approximately round ocelli; the 2nd or 3rd article larger among the 2nd, 3rd and 4th article and width of pronotum wider than width of head (with eyes); from *C. thailandis* as follows: larger in size, width of head wider and eye from lower margin of head 0.19~0.27 mm (*C. thailandis* 0.18~0.19 mm).

Type Locality: Luodian, Guizhou Province, soldiers (holotype and paratype), winged forms (holomorphotype and paramorphotype) and nymphs, collected by Gao Daorong, Gong Anhu, etc., August 19, 1981, in a plank.

Holotype: Soldier and winged form are deposited in Shanghai Institute of Entomology, Academia Sinica.

Paratype: Soldiers and winged forms, are deposited separately in Shanghai Institute of Entomology, Academia Sinica, Nanjing Institute of Termite Control and Chengdu Institute of Termite Control.

原文刊登在《昆虫分类学报》,1983,5(3):247-249

17 中国须螱属三新种记述(等翅目:螱科:象螱亚科)

何秀松[1],高道蓉[2]

(^{1} 中国科学院上海昆虫研究所;^{2} 南京市白蚁防治研究所)

须螱属 *Hospitalitermes* Holmgren,迄今已知 24 种,大多分布于印度-马来亚地区,仅一种 *H. papuanus* Ahmad(1947)分布于巴布亚地区。它在我国云南南部热带雨林区也有分布,且非稀见。我们在整理本属标本时,发现有 3 个新种,现分别记述如下。

所有模式标本均保存于中国科学院上海昆虫研究所,其中大勐龙须螱 *H. damenglongensis* 的副模标本保存于南京白蚁防治研究所。

(一) 大须螱 *Hospitalitermes majusculus* He et Gao,新种

兵螱(图1A~E):

头部近黑褐色,仅后端略浅,象鼻赤褐色,触角同头色,端部仅稍浅;胸、腹部背板褐色或淡褐色;胫节黄褐色。

头部具数枚毛,象鼻端具 4 枚毛;胸、腹部背板被稀少毛,腹板被毛较密。

体型大。头呈宽梨形,前端明显较狭,最宽处位于近后端,圆弧形扩出,其宽近乎等于头长(不连象鼻),后缘为稍宽圆弧形,中央微内凹,侧观头后部较隆起,鼻基较低凹;象鼻长短于头长之半,端部上翘,上颚具尖刺,较长;触角 14 节,第 3 节最长,为第 2 节的 2~2.5 倍,第 4 节与第 1 节近乎等长,前胸背板马鞍形,前叶较狭短,前缘较平直,后缘圆弧形;后足腿节超过腹端,胫节细长,距式为 2∶2∶2;跗节 4 节。

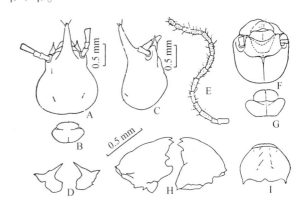

图1 大须螱 *H. majusculus* He et Gao,新种

兵螱:A、B. 头部及前胸背板背面观;C. 头部侧面观;D. 上颚;E. 触角。
大工螱:F、G. 头部及前胸背板背面观;H. 上颚;I. 上唇。

大须螱兵螱各体部量度结果见表1。

表1 兵螱各体部量度(单位:mm)

项目	范围	项目	范围
头长(连象鼻)	1.92~2.04	前胸背板长	0.432~0.456
头长(不连象鼻)	1.368~1.512	前胸背板宽	0.720~0.792
头宽	1.32~1.44	后足胫节长	2.592~2.700
象鼻长	0.576~0.648		

大工螱(图1F~I):

头黑褐色,前部略较浅,触角同头色;胸、腹部背板较浅于头色;胫节黄褐色。

头部毛稀少,上唇表面具数对毛;胸、腹部背板毛较稀而短,腹部的腹板毛较长而密。

体型大。头近矩形,背观前端较宽,后端较狭,后缘为宽圆形,其宽略大于头长(至上颚基);后唇基显著隆起,后缘向后弓出,中央纵沟明显,分成两半,其长短于宽之半;头顶"Y"形缝明显,囟小、近圆形,位于"Y"形缝前缘,额区显著凹;上颚齿形见图

1H;触角15节,第3节长约为第2节的2倍,略长于第4节;前胸背板马鞍形;前叶较狭,其长几乎与后叶相等,前缘圆弧,后缘较平直,中央均不具凹口;后足腿节超过腹端,胫节细长,距式为2:2:2,跗节4节。

小工蚁:

体型较小,近似大工蚁,体色稍浅;触角15节,第3节长约为第2节的1.5倍,约等于第1节;后足腿节不超过腹端。

大须白蚁的大工蚁与小工蚁各体部量度结果见表2。

表2 大须白蚁的大工蚁与小工蚁各体部量度(单位:mm)

项目	大工蚁	小工蚁
头长(至上唇端)	1.600~1.672	1.272~1.392
头长(至上颚基)	1.200~1.320	1.008~1.030
头宽	1.320~1.392	1.128~1.200
前胸背板长	0.552~0.576	0.408~0.432
前胸背板宽	0.888~0.912	0.720~0.744
后足胫节长	2.496~2.592	1.968~1.992

模式标本:兵蚁(正模、副模)、大工蚁、小工蚁;云南大勐龙、巴卡;1973-V;何秀昌;编号:09003044。

比较:

大须白蚁 *H. majusculus* 新种,其兵蚁体型较大,近似 *H. birmanicus* (Snyder,1934)。但由下述各点可区分之:本新种兵蚁头顶部具长毛;头部黑褐色;头长不连象鼻1.365~1.512 mm,较大于宽,长连象鼻1.92~2.04 mm。而后者的兵蚁头顶部不具毛;头部浅栗褐色;头长不连象鼻1.30~1.35 mm,头长连象鼻1.85~1.95 mm。新种又接近本文后两个新种,即景洪须白蚁 *H. jinghongensis* 和大勐龙须白蚁 *H. damenglongensis*。但本新种体型为大型;兵蚁头宽1.32~1.44 mm,前胸背板宽0.72~0.792mm。头和触角为同色,大工蚁的头宽1.30~1.392 mm,前胸背板宽0.888~0.912 mm。而后两新种体型为中型;且兵蚁的头色比触角色浅,极易区别之。

(二)景洪须白蚁 *Hospitalitermes jinghongensis* He et Gao,新种

兵蚁(图2A~E):

头部赤褐色,前端稍浅,象鼻同头色,触角、下颚须、下唇须颜色明显较深于头色;胸、腹部背板黄褐色;腿节褐色,胫节暗黄色。

头顶后半部具2枚毛,象鼻端部具4枚毛;腹部毛较密。

体中型。头长梨形,长较大于宽,背观前部较狭,近触角后略为收缩,最宽位于后部,呈圆弧形扩展;后缘几近平直,侧观上缘后部为圆拱形,鼻基较低凹;象鼻细长,其长接近头长之半,端部上翘;上颚尖刺较短粗;触角14节,第3节约为第2节的2.5倍,第4节略短于第3节,与第1节近等长;前胸背板马鞍形,前缘平直,中央略凹陷,后缘较宽,呈波状,中央微凹;腹部细长,后足腿节超过腹端;胫节细长;距式为2:2:2;跗节4节。

景洪须白蚁的兵蚁各体部量度结果见表3。

表3 景洪须白蚁的兵蚁各体部量度(单位:mm)

项目	范围	项目	范围
头长(连象鼻)	1.75~1.92	前胸背板长	0.408~0.432
头长(不连象鼻)	1.25~1.32	前胸背板宽	0.672~0.692
头宽	1.13~1.20	后足胫节长	2.252~2.712
象鼻长	0.60~0.672		

大工蚁(图2F~I):

头后部暗黄色,前部较浅;胸、腹部较浅于头色。头部、胸部、腹部背板毛较稀少;上唇表面具3对长毛和3对较短的毛;腹部的腹板被毛较密。

体中型。头宽卵形,前部略宽,后缘为圆弧形,其宽大于头长(至颚基);后唇基隆起,前缘较平直,后缘为宽圆弧形,其长略短于宽之半,中央纵沟明显;"Y"形缝线明显;囟较小;额区较凹隐,凹面较宽;上颚齿形见图2H,左上颚的第1缘齿后缘呈"S"形弯曲,后缘的弯端短于其前缘;触角15节,第3节为第2节的2倍,略长于第4节;前胸背板马鞍形,前叶长与后叶长几相等,前缘宽圆弧,中央略凹陷。后缘较宽,中央凹口稍浅;后足腿节不超过腹端,胫节细长,距式为2:2:2;跗节4节。

小工蚁:

体形近似于大工蚁,较小,体色稍浅;触角15节,第3节约为第2节的1.5倍,约等于第1节;后足腿节不超过腹端。

景洪须螱的大工螱和小工螱各体部量度结果见表4。

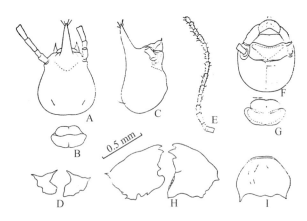

图2 景洪须螱 *H. jinghongensis* He et Gao, 新种

兵螱: A、B. 头部及前胸背板背面观; C. 头部侧面观; D. 上颚; E. 触角。
大工螱: F、G. 头部及前胸背板背面观; H. 上颚; I. 上唇。

表4 景洪须螱的大工螱、小工螱各体部量度(单位:mm)

项目	大工螱	小工螱
头长(至上唇端)	1.440～1.512	1.290
头长(至上颚基)	1.176～1.224	1.032
头宽	1.272～1.320	1.128
前胸背板长	0.456～0.528	0.408
前胸背板宽	0.792～0.840	0.672
后足胫节长	2.520～2.640	1.968

模式标本: 兵螱(正模、副模)、大工螱、小工螱; 云南景洪; 1972-Ⅻ-22; 夏凯龄、何秀松; 编号: 09002985。

比较:

景洪须螱 *H. jinghongensis* 新种, 较近似于 *H. atarmensis* Prashad et Sen-Sarma。但本新种兵螱的头色明显地浅于触角, 头壳较厚, 其高为0.912～0.96 mm, 其宽明显短于长; 前胸背板后缘呈波状, 其长为0.408～0.432 mm(后者兵螱的头色略浅于触角, 头壳高为0.78～0.91 mm, 其宽仅略短于长; 前胸背板后缘为圆弧形), 可区别之。

本新种也很近似大勐龙须螱 *H. damenglongensis* 新种, 其区别为前者兵螱的头后缘较平直, 前胸背板的后缘较宽、呈波状。后者兵螱的头后缘中部明显地向后突出, 前胸背板的后缘明显地向后突出, 因此易于区别。

(三) 大勐龙须螱 *Hospitalitermes damenglongensis* He et Gao, 新种

兵螱(图3 A～E):

头部呈深赤褐色, 前部及鼻基稍浅, 呈赤褐色; 触角、腿节色深于头色, 呈黑褐色; 前胸背板呈赤褐色; 腹部背板及胫节呈褐黄色。

头后部具有2枚毛, 象鼻端部具有4枚毛; 前胸背板前缘有些短毛; 腹部背板有些短毛, 腹板有较长毛。

体中型。头梨形, 长略大于宽, 头两侧前部较狭, 触角后侧显著收缩, 最宽处位于头后部, 后缘宽弧形, 中央略突出, 侧观头后部显著隆起, 近象鼻基部明显低凹; 象鼻圆柱形, 其长约等于头长之半, 端部上翘, 下缘与唇基相交近直角, 额腺管可见; 上颚具一尖刺, 刺较长; 触角14节, 第3节长约为第2节长的2～3倍, 第四节长约为第2节长的2倍; 前胸背板马鞍形, 其前叶显著短于后叶, 前缘宽而平直, 两侧缘强烈向后缩狭, 后缘狭窄, 圆弧形突出; 足较长, 后足腿节到达或超过腹端, 胫节细长, 距式2:2:2, 跗节4节。

大工螱(图3 F～I):

头呈赤褐色, 前部较浅, 上唇浅黄褐色, 触角略浅于头后部; 前胸背板颜色同头色, 腿节赤褐色, 胫节黄褐色。

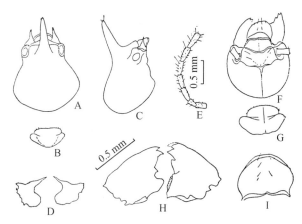

图3 大勐龙须螱 *H. damenglongensis* He et Gao, 新种

兵螱: A、B. 头部及前胸背板背面观; C. 头部侧面观; D. 上颚; E. 触角。
大工螱: F、G. 头部及前胸背板背面观; H. 上颚; I. 上唇。

头部具微短毛, 上唇具有短毛和数对长毛; 胸、腹部背板毛稀少, 腹板毛较密。

体中型。头部近圆形, 最宽处位于触角之后, 后缘圆弧; 后唇基显著隆起, 前缘较平直, 后缘弓形, 中央具有纵沟, 其长短于宽之半; 头顶淡色"Y"缝线明显, 中央具有倒三角形凹陷; 囟明显, 圆点状, 额区凹陷; 上颚齿形见图3H; 触角15节, 第3节长于第4节, 约为第2节的1.5倍; 前胸背板呈马鞍形,前叶斜翘起,前缘宽弧形,其长几等于后叶之长,后缘稍狭,略呈波状,中央具小缺刻;后足腿节一般不到达腹端。

大勐龙须螱的兵螱各体部量度结果见表5。

表5 大勐龙须螱兵螱体部量度(单位:mm)

项目	范围	项目	范围
头长(连象鼻)	1.67~1.87	前胸背板长	0.40~0.45
头长(不连象鼻)	1.25~1.40	前胸背板宽	0.67~0.70
头宽	1.06~1.24	后足胫节长	2.40~2.62
象鼻长	0.80~0.91		

小工螱:

体型较小。体各部形态、毛序与大工螱近似,仅颜色较浅;触角15节,第2、3、4节的长几乎相等。

大勐龙须螱的大工螱、小工螱各体部量度结果见表6。

模式标本:兵螱(正模、副模),大工螱,小工螱;云南大勐龙;1969-Ⅵ-8;赵元;编号:09008019。

表6 大勐龙须螱的大工螱、小工螱各体部量度(单位:mm)

项目	大工螱	小工螱
头长(至上唇端)	1.45~1.52	1.30~1.37
头宽	1.21~1.29	1.10~1.16
前胸背板长	0.50~0.55	0.36~0.42
前胸背板宽	0.81~0.86	0.66~0.70
后足胫节长	2.47~2.60	1.90~2.09

比较:

大勐龙须螱 H. damenglongensis 新种,较近似于 H. schmidti Ahmad(1947)。其区别为兵螱头部背面观在象鼻基部之后的两侧缺毛;侧面观头部上缘近象鼻基部明显低凹(后者兵螱头部背面观在象鼻基部的两侧各具一枚毛;侧面观头部上缘近象鼻基部较平)。

本新种与吕宋须螱 H. luzonensis (Oshima) 相似。但新种兵螱头部的颜色明显浅,触角色深于头色,头和前胸背板均较宽,易与后者区别。

(承国际水稻研究所(IRRI)张德慈博士惠赠吕宋须螱 H. luzonensis 标本,插图由程义存同志复墨,谨致谢忱。)

Notes on three new species of the genus *Hospitalitermes* from Yunnan Province, China (Isoptera: Termitidae: Nasutitermitinae)

He Xiusong[1], Gao Daorong[2]

([1]Shanghai Institute of Entomology, Academia Sinica; [2]Nanjing Institute of Termite Control)

In the present paper three new species of the genus *Hospitalitermes* Holmgren(1912) are described, of which were collected from southern regions of Yunnan Province, China in 1969-1973. All type specimens are kept in Shanghai Institute of Entomology, Academia Sinica, except the paratype of *H. damenglongensis*, new species, are deposited in Nanjing Institute of Termite Control.

Hospitalitermes majusculus **He et Gao, sp. nov.**

Soldier and Major worker (Fig. 1):

The soldier of this new species, in having large size, comes closest to that of *H. birmanicus* (Snyder,1934) but differs as follows: Head with long hairs, blackish brown; head length with nasus 1.92~2.04 mm; head length without nasus 1.365~1.512 mm and longer than its width.

It is also close to another two new species, *H. jinghongensis* and *H. damenglongensis*, from which it can be distinguished by the soldier with head and antennae of same color and by larger size, head width 1.32~1.44 mm, pronotum width 0.72~0.79 mm, the major worker with head width 1.32~1.392 mm, pronotum width 0.888~0.912 mm.

Type Locality: Damenglong, Baka, Yunnan Province; soldiers, major workers, minor workers, collected by He Xiuchang, May 1973, No: 09003044.

Hospitalitermes jinghongensis **He et Gao, sp. nov.**

Soldier and Major worker (Fig. 2):

The soldier of *H. jinghongensis*, new species, resembles that of *H. ataramensis* Prashad et Sen-Sarma, but differs as follows: Head color distinctly lighter than antennae, head seen from profile rather thick at base, height 0.912~0.96 mm, the width distinctly shorter than its length, Pronotum with posterior margin not smooth, wave-like, length 0.408~0.432 mm (vs. soldier with head color slightly lighter than antennae, height 0.78~0.91 mm, the width slightly shorter than its length; pronotum with posterior margin broadly rounded).

It is also very close to *H. damenglongensis*, new species, from which it differs as follows: Soldier with the posterior margin of head almost straight, pronotum with posterior margin broadly rounded and slightly wave-like (vs. head with posterior margin convex in middle, the posterior margin of pronotum distinctly convex in middle).

Type Locality: Jinghong, Yunnan Province; soldiers, major workers, minor workers; collected by Xia Kailing, He Xiusong, December 22, 1972, No: 09002985.

***Hospitalitermes damenglongensis* He *et* Gao, sp. nov.**

Soldier and Major worker (Fig. 3):

Soldier of this new species resembles to *H. schmidti* Ahmad, but differs in the following respects: The head without a pair of hairs behind the nasus, head seen from profile distinctly concave at base of nasus.

It is also close to *H. luzonensis* (Oshima) from which it can be distinguished by its antenna color deeper than head, the width of head and pronotum distinctly broader.

Type Locality: Damenglong, Yunnan Province; soldiers, major workers, minor workers, collected by Zhao Yuan, June 8, 1969, No: 09008019.

原文刊登在《昆虫学研究集刊》，1984，4:203-210

18 中国树白蚁属及新种

高道蓉¹,涂成仁²,孙传明²
(¹南京市白蚁防治研究所;²宜宾市白蚁防治研究所)

在我国南方,树白蚁属 Glyptotermes Froggatt 分布较广,甘肃、四川、云南、贵州、湖北、湖南、广东、广西、福建、台湾等省(区)均有其分布。迄今为止,树白蚁属在我国地理分布的北界为甘肃省文县(北纬32°57′)。在活立木特别是枯腐的部位和暴露出木质部的部位,以及在残树桩、枯立木、风倒木中常发现它们的存在。其特征是被害处外表有点状小孔口以及颗粒状排泄物。作者于1983年4月在四川省宜宾地区进行白蚁考察时,曾见此属白蚁危害房屋的木构件,如门下槛、门框下部等,粗看似与堆砂白蚁属 Cryptotermes Banks 危害相似。

已知寄主植物名录如下:桃金娘科 Myrtaceae Juss. 的大叶桉 Eucalyptus robusta Smith、番石榴 Psidium guajava L.;核桃科 Juglandaceae R. Rich et Kunth 的核桃 Juglans regia L.、枫杨 Pterocarya stenoptera C. DC;杨柳科 Salicaceae Mirb. 的垂柳 Salix babylonica L.;豆科 Leguminosae Juss. 的凤凰木 Delonix regia (Bojer) Raf.、皂荚 Gleditsia sinensis Lam.,槐树 Sophora japonica L.、刺槐 Robinia pseudoacacia L.;金缕梅科 Hamamelidaceae R. Brown 的枫香 Liquidambar formosana Hance;茶科 Theaceae D. Don 的木荷 Schima superba Gardn. et Champ.;漆树科 Anacardiaceae Lindl. 的杧果 Mangifera indica L;冬青科 Aquifoliaceae Bartl. 的冬青 Ilex chinensis Sims;大戟科 Euphorbiaceae Juss. 的橡胶树 Hevea brasiliensis (H. B. K.) Muell. - Arg.;桑科 Moraceae Link. 的木波罗 Artocarpus heterophylla Lam.、小叶榕 Ficus microcarpa L.、黄葛树 Ficus lacor Buch. - Ham.;壳斗科 Fagaceae Dum. 的板栗 Castanea mollissima Bl.、黄青冈 Cyclobalanopsis delavayi (Franch.) Schott.;木樨科 Oleaceae Hoffmansegg et Link. 的梣 Fraxinus chinensis Roxb.、桂花树 Osmanthus fragrans Lour.;榆科 Ulmaceae Mirb. 的糙叶树 Aphananthe aspera (Bl.) Planch.;楝科 Meliaceae Juss. 的香椿 Toona sinensis (A. Juss.) Roem.;樟科 Lauraceae Juss. 的桢南 Phoebe zhennan S. Lee et F. N. Wei.

在我国,蔡邦华和陈宁生(1964),及蔡邦华和黄复生(1980)记载树白蚁属有三种:黑树白蚁 Glyptotermes fuscus、金平树白蚁 G. chinpingensis、赤树白蚁 G. satsumensis;高道蓉和朱本忠(1980)鉴定了陇南树白蚁 G. longnanensis;范树德和夏凯龄(1980)记载我国树白蚁属有7种:金平树白蚁、短头树白蚁 G. curticeps、黑树白蚁、宽胸树白蚁 G. latithorax、陇南树白蚁、小树白蚁 G. parvus 及赤树白蚁。高道蓉等(1981,1982ª,1982ᵇ)相继鉴定了四川省产的宽头树白蚁 G. euryceps、川西树白蚁 G. hesperus、阔颚树白蚁 G. latignathus 和凉山树白蚁 G. liangshanensis。

作者从最近所获的白蚁标本中又整理鉴定出一树白蚁属新种。这样,迄今为止我国树白蚁属共有12种。

一、中国树白蚁属分种检索表*

兵 蚁

1. 额与头顶相交处具较明显的丘状突起 ··· 2
   额与头顶相交处丘状突起不明显或甚微 ··· 8
2. 头中、大型,头宽大于1.10 mm ·· 3

|头小型,头宽小于 1.00 mm ··· 7
3. 头长(不连上颚)大于 2.53 mm ·· 赤树白蚁 G. satsumensis (Matsumura)
   头长(不连上颚)在 2.53 mm 以下 ·· 4
4. 上颚特别短宽 ··· 阔颚树白蚁 G. latignathus Gao et Zhu
   上颚一般短壮 ·· 5
5. 前胸背板明显宽于头 ·· 宽胸树白蚁 G. latithorax Fan et Xia
   前胸背板一般狭于或等于头宽 ·· 6
6. 头宽指数(头宽/头至上颚基的长度)稍大,上唇较短,后足胫节稍长 ················· 合江树白蚁 G. hejiangensis,新种
   头宽指数(头宽/头至上颚基的长度)稍小,上唇较长,后足胫节稍短 ··························· 川西树白蚁 G. hesperus Gao et al.
7. 第十腹节背板深于其余各腹节背板,后颏后缘较突出 ································· 短头树白蚁 G. curticeps Fan et Xia
   第十腹节背板与其余各腹节背板色同 ·· 小树白蚁 G. parvus Fan et Xia
8. 体较小;不连上颚头长小于 1.29 mm ·· 黑树白蚁 G. fuscus Oshima
   体较大;不连上颚头长大于 1.60 mm ··· 9
9. 头宽指数(头宽/头至上颚基的长度)稍大(0.68 左右),头宽大于 1.30 mm ················ 宽头树白蚁 G. euryceps Gao et al.
   头宽指数(头宽/头至上颚基的长度)稍小(小于 0.68),头宽小于 1.29 mm ·· 10
10. 眼点不明显,左上颚第 3 缘齿较大 ·· 凉山树白蚁 G. liangshanensis Gao et al.
    眼点明显,左上颚第 3 缘齿较小 ··· 陇南树白蚁 G. longnanensis Gao et Zhu

* 金平树白蚁 G. chinpingens Tsai et Chen 因缺乏兵蚁标本,未列入表内。

翅蚁

1. 头赤褐色或较浅;前胸背板为褐黄色或稍深;腹背板褐黄色或稍浅 ··· 2
   头黑色或近黑褐色;前胸背板浅于头色,一般为赤褐色或稍深;腹背板一般为褐色 ·· 6
2. 体较小;头宽连眼小于 0.95 mm,前胸背板宽小于 0.91 mm ··· 小树白蚁 G. parvus Fan et Xia
   体较大;头宽连眼大于 1.14 mm,前胸背板宽大于 1.00 mm ··· 3
3. 头部触角斑明显 ·· 4
   头部触角斑不明显 ·· 5
4. 头顶"Y"缝可见;复眼 0.39~0.42 mm ·· 合江树白蚁 G. hejiangensis 新种
   头顶"Y"缝不显;复眼 0.31~0.34 mm ··· 宽胸树白蚁 G. latithorax Fen et Xia
5. 头顶"Y"缝明显 ·· 赤树白蚁 G. satsumensis (Matsumura)
   头顶"Y"缝不显 ··· 川西树白蚁 G. hesperus Gao et al.
6. 体较小;头宽(连眼)小于 0.95 mm;前胸背板宽小于 0.91 mm ·· 黑树白蚁 G. fuscus Oshima
   体较大;头宽(连眼)大于 1.03 mm;前胸背板宽大于 0.97 mm ··· 7
7. 腿节黄白色,与胫节颜色相同 ·· 金平树白蚁 G. chinpingensis Tsai et Chen
   腿节褐色,与腹背板颜色相近 ·· 8
8. 头黑褐色;前胸背板宽与头宽(连眼)相等或略宽 ·· 凉山树白蚁 G. liangshanensis Gao et al.
   头深赤褐色;前胸背板宽略窄于头宽(连复眼) ··· 陇南树白蚁 G. longnanensis Gao et Zhu

二、新种描述

合江树白蚁 *Glyptotermes hejiangensis* Gao, sp. nov.

兵蚁(图 1A~F):

头棕色,前端部分及后唇基为棕褐色;上颚近赤褐色,近颚基部色稍淡,为棕褐色;上唇、触角及前胸背板为棕黄色;前胸背板周缘色稍深;腿节、胫节亦为棕黄色。头部被毛稀少。唇基及上唇前缘各有数枚毛。

体型中等偏大。头呈长方形,较为宽长,且厚,似呈筒状,两侧缘近似平行,前端向后逐渐稍为扩大,最宽处在头后部,后缘稍平行,额部具两个丘状小突起,两突起中间稍具凹沟,额部与头顶相交处微有数条皱纹。近椭圆形,眼点中等大小,可见至触角窝盖距离小于其最大直径。"Y"缝不显,上唇略呈短梯形,约伸达上颚长之半。上颚略显粗短,端部不甚弯曲,颚基部外侧缘不膨出;左上颚具 4 枚缘齿,右上颚具 3 枚缘齿,第 3 缘齿小。触角以 13 节居多,第 3 节最为短小,第 4 节稍大于第 3 节,端节小,为长圆锥状。后颏细长,长约为其最宽的 3 倍,最宽处约为最窄处的 2 倍,前部约呈梯形,后部中段两侧缘似平行,后缘微弧出。前胸背板小于头宽连眼,中轴前半段凹陷,前缘凹,中央似不具明显

缺刻,后缘弧出,中央微凹,后足胫节略为细长。

3头兵螱各体部量度结果见表1。

表1 3头兵螱各体部量度(单位:mm)

项目	范围	平均	项目	范围	平均
头长(连上颚)	2.88~3.12	3.00	后颏前缘宽	0.24~0.30	0.27
头长(至上颚基)	2.07~2.38	2.23	后颏最宽	0.50~0.56	0.53
头在上颚基处宽	1.35~1.41	1.38	后颏最窄	0.22~0.26	0.24
头最宽	1.46~1.52	1.49	前胸背板中长	0.60~0.66	0.63
头最厚(不连后颏)	1.27~1.30	1.29	前胸背板宽	1.34~1.41	1.38
上唇长	0.16~0.21	0.18	后足腿节长	0.92~0.94	0.93
上唇宽	0.35~0.36	0.35	后足腿节宽	0.44~0.45	0.45
左上颚长	1.05~1.07	1.06	后足胫节长	1.06~1.24	1.15
后颏中长	1.51~1.65	1.58			

母螱(雄螱)(图1 G~H):

头部呈棕褐色,触角,上唇为黄棕色,复眼色深于头色,单眼和触角斑色浅于头部,前胸背板色稍浅于头部,呈浅棕褐色,腹背板色又较前胸背板色浅。通体被毛稀少。体中等。头略呈长圆形,复眼后两侧缘连头后缘呈半圆形,头顶中央微凹,"Y"形头缝可见,尤以中轴缝明显。复眼中等大小,近圆形,中度突出;单眼小,近长圆形,与复眼相近但不接触,近圆形触角斑明显可见。上唇表面拱起,前缘略平,长为宽的1/2,唇基宽扁。左、右上颚各具缘齿两枚。后颏近长方形。标本触角不全。第2节稍长于第3节,第4节又微小于第3节。前胸背板略窄于头宽连眼,中缝明显,前缘浅凹,中段颇平,后缘中央亦平,前后缘中央皆无明显缺刻。后足胫节较为细长。

2头母螱各体部量度结果见表2。

表2 2头母螱(雄螱)量度(单位:mm)

项目	量度		项目	量度	
头长(至上唇端)	1.55	1.47	上唇宽	0.50	0.58
头长(至上颚基)	1.27	1.25	前胸背板中长	0.75	0.70
头宽(连复眼)	1.39	1.40	前胸背板最宽	1.26	1.31
复眼长径	0.39	0.42	后足腿节长	1.01	0.97
单眼长	0.14	0.15	后足腿节宽	0.39	
单眼宽	0.10	0.11	后足胫节长	1.30	1.26
上唇长	0.26	0.25			

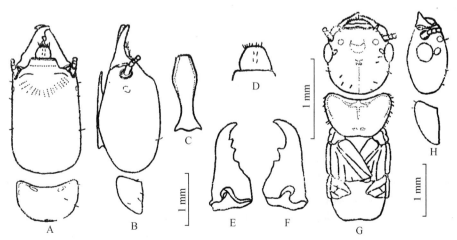

图1 合江树螱 *G. hejiangensis* sp. nov.
兵螱:A. 头及前胸背板正面;B. 头及前胸背板侧面;C. 后颏;D. 上唇;E. 左上颚;F. 右上颚。
母螱:G. 头及前胸背板正面;H. 头及前胸背板侧面。

比较:本新种兵蚁与川西树白蚁 *G. hesperus* Gao et al. 相近,但本新种兵蚁头宽指数(头宽/头至上颚基的长度)稍大(平均为 0.67),上唇较短,且后足胫节稍长。

本新种翅蚁与川西树白蚁翅蚁之区别在于本新种翅蚁有较明显之触角斑,"Y"缝中臂明显,复眼较小,且前胸背板狭于头宽连眼。

模式标本:兵蚁、母蚁及雄蚁、若蚁。采集人:孙传明、高道蓉、涂成仁,1983-IV-26 采于木荷 *Schima superba* Gardn et Champ 中。

模式产地:四川省合江县。

正模标本保存于中国科学院上海昆虫研究所,副模标本分别保存于上海昆虫研究所、南京市白蚁防治研究所和宜宾市白蚁防治研究所。

(本工作在中国科学院上海昆虫研究所夏凯龄教授指导下进行;本文特征图由上海昆虫研究所徐仁娣同志绘制,特表感谢。)

The genus *Glyptotermes* (Isoptera: Kalotermitidae) from China: with a description of a new species

Gao Daorong[1], Tu Chengren[2], Sun Chuanming[2]

([1]Nanjing Institute of Termite Control; [2]Yibin Institute of Termite Control)

In some provinces of China: Gansu, Sichuan, Yunnan, Guizhou, Hubei, Hunan, Guangdong, Guangxi, Fujian and Taiwan, eleven species of *Glyptotermes* are known. The north limit of the range of distribution of *Glyptotermes* now is 32°57′N. They were found causing damage to living trees of swamp mahogany (*Eucalyptus robusta* Smith), common guava (*Psidium guajava* L.), royal walnut (*Juglans regia* L.), Chinese wingnut (*Pterocarya stenoptera* C. DC), Babylon weeping willow (*Salix babylonica* L.), royal poinciana (*Delonix regia* (Bojer) Raf.), Chinese honey-locust (*Gleditsia sinensis* Lam), Japanese pagodatree (*Sophora japonica* L.), black locust (*Robinia pseudoacacia* L.), beautiful sweetgum (*Liquidambar formosana* Hance), schima (*Schima superba* Gardn. et Champ.), mango (*Mangifera indica* L.), purpleflower holly (*Ilex chinensis* Sims), para rubber tree (*Hevea brasiliensis* (H. B. K.) Muell. – Arg.), dirersileaf artoearpus (*Artocarpus heterophyllus* Lam.), smallfruit fig (*Ficus microcarpa* L.), bigleaf fig (*Ficus lacor* Buch. – Ham.), hairy chestnut (*Castanea mollissima* Bl.), delavay oak (*Cyclobalanopsis delavayi* (Franch.) Schott.), Chinese ash (*Fraxinus chinensis* Roxb.), sweet osmanthus (*Osmanthus fragrans* Lour.), scabrous aphananthe (*Aphananthe aspera* (B1.) Planch.), Chinese mahogany (*Toona sinensis* (A. Juss.) Roem.), and ehennan (*Phoebe zhennan* S. Lee et F. N. Wei); and also to wood construction members which are summarized in the following key.

Key to species of the genus *Glyptotermes*
(Soldiers)

1. Frontal area distinctly raised ··· 2
   Frontal area not raised or slightly raised ··· 8
2. Head middle large or large, width of head more than 1.10 mm. ··· 3
   Head small, width of head less than 1.00 mm ·· 7
3. Length of head (without mandible) more than 2.53 mm ················ *G. satsumensis* (Matsumura)
   Length of head (without mandible) less than 2.53 mm ··· 4
4. Mandibles distinctly broad and short ·· *G. latignathus* Gao et Zhu
   Mandibles generally stout ··· 5
5. Pronotum distinctly broader than head ·· *G. latithorax* Fan et Xia
   Pronotum generally narrower than head ·· 6
6. Head-width index (head width/length of head to side base of mandibles) larger, labrum shorter, hind tibia longer
   ·· *G. hejiangensis* sp. nov.
   Head-width index (head width/length of head to side base of mandibles) smaller, labrum relatively longer, hind tibia shorter
   ··· *G. hesperus* Gao et al.
7. Tenth abdominal tergite darker than other tergites, posterior margin of postmentum rather convex ··· *G. curticeps* Fan et Xia

Tenth abdominal tergite as pigmented as other tergites ·· *G. parvus* Fan et Xia
8. Body smaller, length of head (without mandible) less than 1.29 mm ··· *G. fuscus* Oshima
   Body larger, length of head (without mandible) more than 1.60 mm ··· 9
9. Head-width index (head width/length of head to side base of mandibles) larger (about 0.68), head width more than 1.30 mm ··· *G. euryceps* Gao et al.
   Head-width index (head width/length of head to side base of mandibles) smaller (less than 0.68), head width less than 1.29 mm ·· 10
10. Eyes inconspicuous, third marginal tooth of the left mandible larger ················· *G. liangshanensis* Gao et al.
    Eyes distinct, third marginal tooth of the left mandible smaller ························· *G. longnanensis* Gao et Zhu

(Imagoes)

1. Head reddishly brown or lighter, pronotum brownish yellow or slightly darker; abdominal tergites brownish yellow or slightly lighter ·· 2
   Head almost black or darkly brown, pronotum slightly lighter than head, abdominal tergites brown ···················· 6
2. Body smaller, width of head with eyes smaller than 0.95 mm, width of pronotum less than 0.91 mm ·· *G. parvus* Fan et Xia
   Body larger, width of head with eyes broader than 1.14 mm, width of pronotum more than 1.00 mm ················· 3
3. Frons with antennal-spots ·· 4
   Frons without antennal-spots ··· 5
4. Y-suture distinct, maximum length of eye 0.39~0.42 mm ································· *G. hejiangensis* sp. nov.
   Y-suture indistinct, maximum length of eye 0.31~0.34 mm ····································· *G. latithorax* Fan et Xia
5. Y-suture distinct ·· *G. satsumensis* (Matsumura)
   Y-suture indistinct ··· *G. hesperus* Gao et al.
6. Body smaller, width of head with eyes smaller than 0.95 mm, width of pronotum less than 0.91 mm ······ *G. fuscus* Oshima
   Body larger, width of head with eyes broader than 1.03 mm, width of pronotum more than 0.97 mm ··············· 7
7. Femora yellowish white, as the tibiae in colour ··· *G. chinpingensis* Tsai et Chen
   Femora brown, the same as the abdominal tergites in colour ·· 8
8. Head darkly brown, pronotum as broad as head with eyes or slightly broader than head with eyes ··· *G. liangshanensis* Gao et al.
   Head reddishly brown, pronotum slightly narrower than head with eyes ··················· *G. longnanensis* Gao et al.

This paper also reports on a new species collected in Sichuan Province which is named *Glyptotermes hejiangensis* Gao, sp. nov.

The soldier of this new species resembles that of *G. hesperus* but differs in that: (1) the head-width index (head width/length of head to side base of mandibles) is larger, (2) the labrum is shorter, and (3) the hind tibia is longer.

The imago of the new species differs from that of *G. hesperus* in having the distinct antennal-spots, the distinct median suture, and the slightly small eyes.

Type locality: Hejiang, Sichuan Province, soldiers (holotype and paratype), queen (or king) (morphotype and paramorphotype), nymphs, collected by Sun Chuanming, Gao Daorong and Tu Chengren, 1983-IV-26; host plant: Schima (*Schima superba* Gardn. *et* Champ.).

Holotype (holomorphotype): Soldier and queen, deposited in Shanghai Institute of Entomology, Academia Sinica.

Paratype: Soldiers and king, deposited separately in Shanghai Institute of Entomology, Academia Sinica; Nanjing Institute of Termite Control, and Yibin Institute of Termite Control.

原文刊登在《南京林业大学学报(自然科学版)》，1984(4)：53-60

19 重庆地区蠊类调查及新种记述

高道蓉[1], 史文鹏[2], 朱本忠[1]
([1]南京市白蚁防治研究所；[2]重庆市白蚁防治研究所)

作者近年来对重庆地区，特别是缙云山(俗称巴山)自然保护区进行了多次蠊类调查，采集了大量蠊类标本。经初步整理鉴定，重庆地区的蠊类计有树蠊属 Glyptotermes、木鼻蠊属 Stylotermes、乳蠊属 Coptotermes、网蠊属 Reticulitermes、歪蠊属 Capritermes、原歪蠊属 Procapritermes、土蠊属 Odontotermes、钝颚蠊属 Ahmaditermes。其中以网蠊属占优势。

关于重庆地区网蠊属，夏凯龄和范树德(1965)记载有大头网蠊 R. grandis 的分布；平正明和李桂祥等(1982)发表了三色网蠊 R. tricolorus，现经鉴定，迄今为止在重庆地区网蠊属已知种类如下：

1. 大头网蠊 Reticulitermes grandis Hsia et Fan
2. 肖若网蠊 R. affinis Hsia et Fan
3. 黄胸网蠊 R. flaviceps (Oshima)
4. 三色网蠊 R. tricolorus Ping et Li
5. 尖唇网蠊 R. aculabialis Tsai et Hwang
6. 黑胸网蠊 R. chinensis Snyder
7. 湖南网蠊 R. hunanensis Tsai et Peng
8. 圆唇网蠊 R. labralis Hsia et Fan
9. 细颚网蠊 R. leptomandibularis Hsia et Fan

此外，尚有一新种，现描述如下：

狭颊网蠊 Reticulitermes perangustus，新种

兵蠊(图1)：

体型中等。

头部呈黄色；后唇基比前唇基略浅，同头色，上唇淡黄褐色，上颚后半呈淡赤褐色，前半呈深赤褐色，前胸背板淡黄色。头被疏毛。

头呈长方形，两侧缘近于平行，在触角基前稍有狭感。上颚相当粗壮，基部外缘膨出，端部向内弯曲。上唇近似长舌状，端部钝狭，有一对长端毛，唇基呈梯形。触角17～18节，额峰微隆起。囟为点状。后颊后部较为细狭，与头宽之比为1:7.20～1:8.21，平均1:7.69，前胸背板明显狭于头，前缘中央凹刻较显，后缘中央微有凹刻。

6头兵蠊各体部量度结果见表1。

表1 6头兵蠊各体部量度(单位：mm)

项目	范围	平均	项目	范围	平均
头长(连上颚)	2.82～3.12	2.97	右上颚长	1.00～1.05	1.02
头长(至上唇端)	2.52～2.70	2.60	后颊长	1.35～1.55	1.42
头宽	1.08～1.20	1.16	后颊最宽	0.43～0.46	0.45
头高	0.90～1.00	0.94	后颊最窄	0.14～0.16	0.15
上唇长	0.45～0.50	0.46	前胸背板中长	0.45～0.50	0.47
上唇宽	0.35～0.39	0.36	前胸背板宽	0.90～0.97	0.93
左上颚长	0.95～1.04	1.00	后足胫节长	0.95～1.02	0.98

比较：本新种的兵蠊与拟尖唇网蠊 R. pseudaculabialis 的区别在于头色稍淡，头部狭长，后颊后部明显细狭，上唇为瘦长舌状。

模式产地：重庆市。兵蠊(正模和副模)、工蠊，高道蓉，1980-Ⅳ-26，采自枯树根。

分布：重庆市石柱县。

正模标本保存于中国科学院上海昆虫研究所，副模标本分别保存于中国科学院上海昆虫研究所、南京市白蚁防治研究所及成都市白蚁防治研究所。

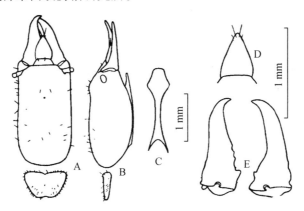

图1 狭颊网螱 *R. perangustus* sp. nov. 兵螱
A. 头及前胸背板正面；B. 头及前胸背板侧面；C. 后颏；D. 上唇；E. 左右上颚。

（本文承夏凯龄老师审校，中国科学院上海昆虫研究所徐仁娣同志绘图，重庆市商业储运公司鲍荣全、柴文莉同志提供部分标本，特此一并致谢。）

Survey of termites in the Chongqing district with description of a new species (Isoptera: Rhinotermitidae)

Gao Daorong[1], Shi Wenpeng[2], Zhu Benzhong[1]

([1] Nanjing Institute of Termite Control; [2] Chongqing Institute of Termite Control)

Survey of termites in the Chongqing district was conducted by the authors *et al.* during Dec. 1979, Sep. 1979, Apr. 1980, June 1981 and Sep. 1981.

In Chongqing district there are termites of *Glyptotermes*, *Stylotermes*, *Coptotermes*, *Reticulitermes*, *Capritermes*, *Procapritermes*, *Odontotermes*, and *Ahmaditermes*, among which *Reticulitermes* occupies a dominant place. There are 10 species of *Reticulitermes*, among which 9 species are already known e. g. *Reticulitermes grandis* Hsia et Fan, *R. affinis* Hsia et Fan, *R. flaviceps* (Oshima), *R. tricolorus* Ping et Li, *R. aculabialis* Tsai et Hwang, *R. chinensis* Snyder, *R. hunanensis* Tsai et Peng, *R. labralis* Hsia et Fan, and *R. leptomandibularis* Hsia et Fan. The remaining one species is considered as new to science.

***Reticulitermes perangustus*, sp. nov.**

The soldier of this new species differs from that of *R. pseudaculabialis* by colour of the head slightly lighter, head narrower and longer, posterior area of postmentum distinctly narrower and labrum shaped like a long tongue.

Type locality: Chongqing, Sichuan Province, soldiers (holotype and paratypes) and workers, collected by Gao Daorong, April 26, 1980.

Holotype: Soldier and worker, deposited in Shanghai Institute of Entomology, Academia Sinica.

Paratypes: Soldiers and workers, deposited separately in Shanghai Institute of Entomology, Academia Sinica; Nanjing Institute of Termite Control and Chengdu Institute of Termite Control.

原文刊登在《昆虫分类学报》，1984，6(4)：295-297

20 香港地区危害房屋建筑和农林作物的白蚁名录

高道蓉[1]，林群声[2]
([1]南京市白蚁防治研究所；[2]香港大学动物学系)

香港地区位于我国广东省南部，属亚热带气候。W. V. Harris(1963)报道了香港所有的7种蠊类：麻头砂蠊* *Cryptotermes brevis* (Walker)、台湾乳蠊 *Coptotermes formosanus* Shiraki、福建网蠊（花胸网蠊）*Reticulitermes fukienensis* Light、黑翅土蠊 *Odontotermes formosanus* (Shiraki)、黄翅大蠊 *Macrotermes barneyi* Light、灰胫歪蠊 *Capritermes fuscotibialis* Light 和圆囟原歪蠊 *Procapritermes sowerbyi* (Light) 中，前5种蠊类可对房屋建筑木构件和农林作物造成危害。

现作者对所获香港地区蠊类标本进行了鉴定，在所鉴定的标本中，可造成危害的蠊类尚有新蠊 *Neotermes* sp.、八重山网蠊 *Reticulitermes speratus yaeyamanus* Morimoto、普见乳蠊 *Coptotermes communis* Xia et He 和小象蠊 *Nasutitermes parvonasutus* Shiraki。

原文刊登在《住宅科技》，1984(5)：14

---

* 麻头砂蠊原为中、南美洲的蠊类，作者尚未在香港采集到此种蠊类。

21 中国蠊类名汇修订

高道蓉，朱本忠

（南京市白蚁防治研究所）

根据中国科学院上海昆虫研究所夏凯龄教授再次审校的意见，对《中国蠊类名汇》中的一些属和种做一些增补和修订。

1. 原蠊属 Hodotermopsis 中，仍分为 2 种，即越南原蠊（拟）Hodotermopsis sjöstedti Holmgren 和日本原蠊（拟）Hodotermopsis japonicus Holmgren。

2. 杆蠊属 Stylotermes 中，增加 2 个品种，即阔颏杆蠊 Stylotermes latipedunculus（Yu et Ping）和倾头杆蠊 Stylotermes inclinatus（Yu et Ping）。

3. 网蠊属 Reticulitermes 中，删去 1 种，即狭颏网蠊 Reticulitermes perangustus Gao，Shi et Zhu，1983。

4. 删去歪蠊属 Capritermes。将该属所列的 4 种歪蠊移至近歪蠊属 Pericapritermes 下，并订正如下：近歪蠊 Pericapritermes nitobei（Shiraki）、灰胫近歪蠊 Pericapritermes fuscotibialis（Light）、左斜近歪蠊 Pericapritermes laevulobliguus Zhu et Chen、五指山近歪蠊 Pericapritermes wuzhishanensis Li。

5. 删去钩歪蠊属 Pseudocapritermes，将该属所列的 2 种均移至原歪蠊 Procapritermes 下，现将该 2 种种名修订如下：隆额原歪蠊 Procapritermes pseudolaetus（Tsai et Chen）和微原歪蠊（拟）Procapritermes minutus（Tsai et Chen）。

经修订、增删，至 1983 年年底为止，我国已知蠊类计有 4 科 34（35）属 201 种。

原文刊登在《白蚁科技》，1984（6）：9

22 中国等翅目的分科、属检索

高道蓉，朱本忠
（南京市白蚁防治研究所）

蔡、黄（1980）列出了中国蠊类（白蚁）95种的分科、属及种的检索表。近年来，特别是党的十一届三中全会以后，中国的蠊类分类学研究有了较快的发展，发现了一些新属和许多新种及新纪录种。中国蠊类的已知种数（截至1983年年底）达到了4科34（35）属201种（高、朱，1984修订稿）。现将中国已知蠊的分科、分属检索表分别介绍如下，供我国蠊学研究和防治工作者参考。

一、分科检索表

中国已知蠊类按其形态特征、进化关系等方面，可分别归入下列4科：木蠊科 Kalotermitidae、草蠊科 Hodotermitidae、鼻蠊科 Rhinotermitidae、蠊科 Termitidae。

其分科检索表如下。

成 虫

1. 尾须长，3~8节；缺单眼 ······ 草蠊科 Hodotermitidae
   尾须短，不超过2节；具单眼 ······ 2
2. 缺囟；后唇基极短而不明显。无真正工蠊 ······ 木蠊科 Kalotermitidae
   具囟；后唇基明显。具工蠊 ······ 3
3. 左上颚具有缘齿3枚；前翅鳞明显大于后翅鳞并不同程度地遮盖后翅鳞 ······ 鼻蠊科 Rhinotermitidae
   左上颚缘齿1~2枚；前翅鳞不明显大于后翅鳞，前翅鳞往往不伸达后翅鳞基部 ······ 蠊科 Termitidae

兵 蠊

1. 跗节5节，第4、5跗节分裂不完全；尾须长，3~8节 ······ 草蠊科 Hodotermitidae
   跗节不超过4节，尾须短，不超过2节 ······ 2
2. 前胸背板宽度几乎与头宽相等；缺囟 ······ 木蠊科 Kalotermitidae
   前胸背板宽度明显窄于头宽；具囟 ······ 3
3. 前胸背板扁平，或仅近前缘处翘起。近似肾形 ······ 鼻蠊科 Rhinotermitidae
   前胸背板前部显著隆起，强烈马鞍形 ······ 蠊科 Termitidae

二、各科分亚科、分属检索表

（一）草蠊科 Hodotermitidae

草蠊科 Hodotermitidae 在中国至今仅发现1属（即原蠊属 Hodotermopsis）2种：Hodotermopsis sjöstedti Holmgren 与 H. japonicus Holmgren。已知该属蠊类在我国分布的最北界为北纬27°47′（浙江省龙泉县），生活在海拔千米以上的山地森林之中，对附近的住宅、村庄亦能造成严重的破坏（李参，1982）。在我国已知分布于浙江、湖南、广东、广西、四川、云南、贵州、台湾等省（自治区）。

鉴于近年来在我国已多次发现了从北美西海岸进口的木材中带入了另一种草蠊科的蠊类（属于同我国原蠊属 Hodotermopsis 同一亚科：原蠊亚科 Hodotermitinae 的动蠊属 Zootermopsis）：新北动蠊（北美动蠊）Zootermopsis angusticollis (Hagen)。应加强对进口木材的蠊类检疫（高、朱，1981；1982）。现将这两属的检索表介绍如下。

翅蟓和兵蟓的检索

翅蟓:左上颚端齿后缘短于或等于第 1 缘齿的前缘;兵蟓:左上颚端齿至第 1 缘齿的距离与第 1、2 两缘齿之间的距离相等 ··· 原蟓属 *Hodotermopsis*

翅蟓:左上颚端齿后缘长于第 1 缘齿的前缘;兵蟓:左上颚端齿至第 1 缘齿的距离明显地短于第 1、2 两缘齿之间的距离 ··· 动蟓属 *Zootermopsis*

(二) 木蟓科 Kalotermitidae

迄今为止,我国木蟓科 Kalotermitidae 已知 26 种,分属于下列 6 属:木蟓属 *Kalotermes*、楹蟓属 *Incisitermes*、新蟓属 *Neotermes*、砂蟓属 *Cryptotermes*、叶蟓属 *Lobitermes*、树蟓属 *Glyptotermes*。

其检索表如下:

翅 蟓

1. 左上颚第 3 缘齿的前切缘与第 1 缘齿加第 2 缘齿(第 2 缘齿与第 1 缘齿愈合)的后切缘等长或略短 ················ 2
   左上颚第 3 缘齿的前切缘长于第 1 缘齿加第 2 缘齿的后切缘 ·· 4
2. 前翅中脉不骨化,较弱,位于径分脉与肘脉中间 ·· 木蟓属 *Kalotermes*
   前翅中脉较骨化,较近且平行于径分脉 ·· 3
3. 径分脉有数个分支与前缘相连 ·· 新蟓属 *Neotermes*
   径分脉无分支 ··· 树蟓属 *Glyptotermes*
   ·· 叶蟓属 *Lobitermes*
4. 中脉在翅面中点以后折转同径分脉相连 ·· 砂蟓属 *Cryptotermes*
   中脉伸达翅尖 ··· 楹蟓属 *Incisitermes*

兵 蟓

1. 头方形,迎面观为佛龛形;上颚缘齿微弱或缺 ·· 砂蟓属 *Cryptotermes*
   头非方形;上颚缘齿发达 ·· 2
2. 额部平;上颚较长,近于头长之半 ·· 3
   额部多少具有程度不同的额峰;上颚短,小于头长之半 ·· 5
3. 第 3 触角节不特别长大,其颜色不深于第 4 节;后足胫节一般不特别膨大,前胸背板较宽,约 2 倍宽于长
   ··· 新蟓属 *Neotermes*
   第 3 触角节特别长大,其颜色深于第 4 节;后足胫节一般特别膨大,前胸背板较狭,其宽短于长的 2 倍 ············ 4
4. 前胸背板前缘凹入较浅 ··· 木蟓属 *Kalotermes*
   前胸背板前缘凹入深 ·· 楹蟓属 *Incisitermes*
5. 额坡面倾斜,约 45°,表面光滑 ·· 树蟓属 *Glyptotermes*
   额面陡,几乎于垂直,表面凹凸不平 ·· 叶蟓属 *Lobitermes*

(三) 鼻蟓科 Rhinotermitidae

据截至 1983 年年底的统计(高、朱,1984),我国鼻蟓科 Rhinotermitidae 已知种为 92 种,它们可分别归入下列 7(8) 属中:乳蟓属 *Coptotermes*(异蟓属 *Heterotermes*)、网蟓属 *Reticulitermes*、蔡蟓属 *Tsaitermes*、杆蟓属 *Stylotermes*、原鼻蟓属 *Prorhinotermes*、长鼻蟓属 *Schedorhinotermes*、棒鼻蟓属 *Parrhinotermes*。其分亚科、分属检索表如下:

翅 蟓

1. 后唇基大,隆起,中央往往有沟(鼻蟓亚科 Rhinotermitinae) ·· 2
   后唇基并不隆起,中央无沟 ·· 3
2. 前翅中脉自肩缝处独立伸出,后翅中脉自径分脉基部分出 ··· 长鼻蟓属 *Schedorhinotermes*
   前翅中脉自肘脉分出或无明显中脉 ·· 原鼻蟓属 *Prorhinotermes*
3. 左上颚第 2 缘齿短于第 1 缘齿,后唇基短,头近圆形(杆蟓亚科 Stylotermitinae) ··································· 杆蟓属 *Stylotermes*
   左上颚第 2 缘齿与第 1 缘齿等长,或第 2 缘齿长于第 1 缘齿 ·· 4
4. 头长卵形(异蟓亚科 Heterotermitinae) ·· 5
   头圆形(乳蟓亚科 Coptotermitinae) ·· 乳蟓属 *Coptotermes*
5. 触角 19 ~ 20 节 ··· 蔡蟓属 *Tsaitermes*
   触角一般不超过 18 节 ·· 6
6. 体淡色,翅几乎无色,翅脉网状不明显 ·· 异蟓属 *Heterotermes*

体暗褐色,翅浅褐色,翅脉网状明显 ································· 网螱属 *Reticulitermes*

兵 螱

1. 头近长方形,两侧缘平行 ··· 2
   头较短,前端明显变狭 ··· 5
2. 上唇短,半圆形,端部缺透明区,跗节3节(杆螱亚科 Stylotermitinae) ············ 杆螱属 *Stylotermes*
   上唇长,前端具半透明区。跗节4节(异螱亚科 Heterotermitinae) ······················· 3
3. 头两侧向后扩展,头扩指数为 0.80±0.05 ·· 蔡螱属 *Tsaitermes*
   头两侧近乎平行 ·· 4
4. 上颚较粗壮,端部较弯,其长一般短于头宽 ·· 网螱属 *Reticulitermes*
   上颚较细长而直,其长一般长于头宽 ·· 异螱属 *Heterotermes*
5. 囟大,位于头前端,开口朝前方(乳螱亚科 Coptotermitinae) ····················· 乳螱属 *Coptotermes*
   囟位于正常部位(鼻螱亚科 Rhinotermitinae) ··· 6
6. 上颚缘齿发达 ··· 7
   上颚缺缘齿,仅基部具有缺刻 ··· 原鼻螱属 *Prorhinotermes*
7. 上颚基部缺锯刻,兵螱两型 ··· 长鼻螱属 *Schedorhinotermes*
   上颚基部具细锯刻,兵螱单型 ··· 棒鼻螱属 *Parrhinotermes*

(四) 螱科 Termitidae

螱科 Termitidae 在螱类中是一个拥有众多成员的大家族,它占据着世界上已知螱类总数的 2/3 左右。在我国,也已知包含了 20 属 81 种,约占我国螱类已知总数的 41%。在等翅目中,这是一个比较进化的科,所以常常称该科螱类为高等螱类。在本科已知 20 属中有 2 属是近年来命名的新属。土螱属 *Odontotermes* 是该科在我国分布范围最广的属,其北界线可达北纬 35°以南。根据对该科进化系统的研究,可将本科归并为四个亚科:齿钩螱亚科 Amitermitinae、螱亚科 Termitinae、大螱亚科 Macrotermitinae、象螱亚科 Nasutitermitinae。这四个亚科在我国分布包括以下各属:

(1) 齿钩螱亚科 Amitermitinae
印螱属 *Indotermes*
华螱属 *Sinotermes*
亮螱属 *Euhamitermes*
锯螱属 *Microcerotermes*
球螱属 *Globitermes*

(2) 螱亚科 Termitinae
钳螱属 *Termes*
瘤螱属 *Microcapritermes*
双角螱属 *Dicuspiditermes*
原扭螱属 *Procapritermes*(含钩扭螱属 *Pseudocapritermes*)
近扭螱属 *Pericapritermes*

(3) 大螱亚科 Macrotermitinae
大螱属 *Macrotermes*
土螱属 *Odontotermes*
地螱属 *Hypotermes*
小螱属 *Microtermes*

(4) 象螱亚科 Nasutitermitinae
弧螱属 *Arcotermes*
钝螱属 *Ahmaditermes*
歧螱属 *Havilanditermes*
象螱属 *Nasutitermes*
针螱属 *Aciculitermes*
须螱属 *Hospitalitermes*

本科中国螱类的分亚科、分属的检索表如下(分属检索皆用兵螱特征):

1. 成虫:上唇长略大于其宽,中间具硬化的横带;兵螱:上颚细长,有齿或无齿;巢群有培育真菌的行为(大螱亚科 Macrotermitinae) ··· 2
   成虫:上唇长与宽相等或长稍短于宽,无硬化带;巢中无菌圃腔 ··· 5
2. 上唇端部有透明块,中、后胸背板两侧极度扩展;兵螱 2~3 型 ·················· 大螱属 *Macrotermes*
   上唇端部无透明块,中、后胸背板两侧不很扩展;兵螱单型 ···································· 3
3. 上颚缺明显缘齿 ·· 地螱属 *Hypotermes*
   上颚具有缘齿或小齿 ·· 4
4. 上颚瘦弱,基部外缘明显凹入,内缘有或缺小齿;兵螱体小于工螱 ·················· 小螱属 *Microtermes*
   上颚粗大,基部外缘不凹入,左上颚内缘有一较大缘齿 ····························· 土螱属 *Odontotermes*
5. 成虫:胫距式为 2:2:2;兵螱:前胫距 2 枚,上颚退化,额腺开口成管状突出于头的前方(象螱亚科 Nasutitermitnae)

··· 6

　成虫:胫距式为3:2:2(若胫距式为2:2:2,则其右上颚第2缘齿的后缘凹入);兵蚁:前胫距3枚,上颚发达
··· 11

6. 鼻基部两侧各有一小突起,上颚无端刺 ·· 针蚁属 *Aciculitermes*
　鼻基两侧无小突起 ··· 7
7. 头在触角基后方不收缩 ··· 8
　头在触角基后方收缩 ··· 9
8. 上颚有端刺,且分歧。兵蚁二型 ··· 歧蚁属 *Havilanditermes*
　上颚有分歧的端刺或无刺,兵蚁1~2型 ··· 象蚁属 *Nasutitermes*
9. 上颚有端刺,体色深,近黑色,触角节及足一般较长 ································· 须蚁属 *Hospitalitermes*
　上颚无端刺,体色不甚深,触角节较短 ·· 10
10. 头后缘凹陷。兵蚁二型 ·· 钝蚁属 *Ahmaditermes*
　头后缘不凹,呈凸弧形。兵蚁单型 ·· 弧蚁属 *Arcotermes*
11. 成虫:上颚第1缘齿与端齿等长或稍长;兵蚁:上颚左右对称,额部平,上唇端钝,前缘两侧角不突出(齿钩蚁亚科 Amitermitinae)
··· 12
　成虫:上颚端齿大,较长于第1缘齿;兵蚁:上颚不适于咬钳,且多少不对称,额部突出或多少有点隆起(蚁亚科 Termitinae)
··· 16
12. 头近圆形,上颚细长,端部弯曲度大 ··· 球蚁属 *Globitermes*
　头近方形或长方形,上颚较短而粗壮,端部不强度弯曲 ···································· 13
13. 头下口式,跗节3节 ·· 14
　头非下口式,附节4节 ·· 15
14. 头背面最高点近头后端,上颚缘齿端指向前方 ································· 印蚁属 *Indotermes*
　头背面最高点位于头中部,上颚缘齿端指向内方 ································· 华蚁属 *Sinotermes*
15. 头近方形;上颚粗而短,内缘中部有一宽矮的齿 ································· 亮蚁属 *Euhamitermes*
　头长方形;上颚细长,内缘有一列小锯齿 ································· 锯蚁属 *Microcerotermes*
16. 上颚左右近乎对称,左、右上颚宽相等,上颚细长,上唇两侧角呈针尖状突出(蚁族 Termitini) ········· 钳蚁属 *Termes*
　上颚左右明显不对称,左上颚强烈弯曲,左上颚比右上颚宽广(扭蚁族 Capritermitini) ································· 17
17. 有额突,额突短而圆;上唇前缘深凹;左上颚基部的齿状突起前方有一枚缘齿 ········· 瘤蚁属 *Mirocapritermes*
　无额突,或有退化额突 ·· 18
18. 头触角窝的前外侧有三角状突出 ··· 双角蚁属 *Dicuspiditermes*
　头触角窝的前方两侧无突出 ·· 19
19. 上唇两侧角扩展,突出短 ·· 20
　上唇两侧角成长针状突出 ·· 21
20. 头部前方额区具有退化的额突,其下为囟,左上颚端呈钩状,左上颚中段略弯曲。分布于马达加斯加区
·· 扭蚁属 *Capritermes*
　头部前方额区较平,无额突,左上颚端部缺弯钩 ································· 近扭蚁属 *Pericapritermes*
21. 触角13节,上唇端缘凹口较浅,分布于亚洲 ··································· 平蚁属 *Homalotermes*
　触角14节,上唇端缘凹口较深,分布于亚洲 ································· 原扭蚁属 *Procapritermes*

(本文承中国科学院上海昆虫研究所夏凯龄老师审阅,特表感谢。)

原文刊登在《白蚁科技》,1984,1(7,8):24-28

23 新型毒饵灭治林地白蚁(螱)

高道蓉[1]，朱本忠[1]，千保荣[2]，贺顺松[2]，袁绍西[2]
（[1]南京市白蚁防治研究所；[2]宜兴县林场）

关键词：毒饵；炭角菌；白蚁

在我国长江流域以南，广泛地分布着网螱属 *Reticulitermes*、乳螱属 *Coptotermes*、大螱属 *Macrotermes* 和土螱属 *Odontotermes* 等种类。其中尤以土螱属和大螱属的某些种类对人工林造成的危害更甚。过去对这二属螱类危害种的化学防除，通常采用六六六、DDVP 插管等烟剂鼓风压烟及铁筒自然压烟[1,2]以及灭蚁灵(Mirex)粉剂喷射[3]等法，可取得一定的效果。但是这些方法都有污染环境、费用较高、耗药量大等问题。

为此，我们于 1983 年 8 月下旬至 1984 年 12 月上旬在宜兴县林场进行了应用胶冻剂毒饵灭治林地白蚁的野外试验。现将试验情况报导如下。

一、试验林地的选择

选择囟土螱 *O. fontanellus*、黄翅大螱 *M. barneyi* 和黄胸网螱 *R. flaviceps* 危害严重而过去未经防治的林地。

试验林地选定在茅山工区。确定茅山护林房下、沟北路东约 7 亩人工杉木林为试验林。1983 年 8 月 25 日抽样调查，从南到北任选两排植株检查白蚁危害情况，结果见表 1。

表 1 白蚁危害杉木植株调查

	调查株数	当年被害株数	被害率(%)
第一排	70	44	62.82
第二排	67	51	76.12
小计	137	95	69.47

经采集、鉴定在该试验林地危害杉木植株的白蚁种类中，以囟土螱为主，黄翅大螱次之，黄胸网螱最少。其结果见表 2。

表 2 三种白蚁危害杉木植株情况

白蚁种类	危害株数	在整个被害株中所占比例(%)
黄翅大螱	21	22.11
囟土螱	72	75.79
黄胸网螱	2	2.10
合计	95	100

二、胶冻剂毒饵的制备

（一）原料

1. 甘蔗渣粉，60℃下烘干，过 120 目筛。

2. 银耳 *Tremella fuciformis* Berk 真菌木屑原种或栽培种和黑木耳 *Auricularia auricula* (L. ex Hook. f.) Underw. 真菌木屑原种或栽培种，60℃下烘干，粉碎研磨成粉，过 120 目筛。

3. 70% 灭蚁灵粉，烘干。

4. 琼脂。

（二）配方及配制

15 g 琼脂中加入 500 mL 水，徐徐加热，待琼脂溶解后加入混合粉（甘蔗渣粉、银耳和黑木耳真菌木屑原种或栽培种粉、灭蚁灵粉的质量比为 1∶2∶2）40 g，搅拌均匀，待稍冷却后，分装入 50 支塑料牙膏管中，完全冷凝后封闭管口，待用。

三、试验结果

本试验于 1983 年 10 月 25 日至 27 日投药。在杉木植株基部泥被、泥线的下方，囟土螱或黄翅大螱的白蚁进出处投药；黄胸网螱则在白蚁危害集中处投药。整个试验林地共耗用管状胶冻剂 25 支，计含灭蚁灵杀虫剂原粉 5.6 g。3 天后抽样检查，70% 投药点的饵料已被白蚁取食。据现场观察，工蚁先在毒饵下方包上泥被，然后大量取食，3 mm 直径、20 cm 长的胶冻剂毒饵，不到 3 h 即可被白蚁食完。

次年(1984年),在整个白蚁活动季节反复检查,试验林当年危害率大大下降。据7月12日检查,整个试验林地仅在边缘有3株相邻杉木植株被害(后经补药,至年底检查时,这3株杉木上已无活白蚁),林地上已长出炭角菌(Xylaria spp.)。而对照林地当年危害率仍为70%,对照林地内无炭角菌长出(年底检查时,在相邻的对照林地有一炭角菌丛残迹发现)。试验结果见表3。

表3 毒饵诱杀的效果检查

检查日期	检查效果及解剖蚁巢所见结果
1984年5月9日至10日	施药处未见新鲜泥被、泥线。发现一处炭角菌萌出。未见活网蟴,但兵蟴头壳可见。
1984年5月25日	施药处未见新鲜泥被、泥线。林地内有6个炭角菌集团。
1984年6月5日	林地内发现9个大的炭角菌集团和1个较小的炭角菌集团。
1984年7月12日	由一个炭角菌集团向下开挖,解剖一个死亡巢体,主巢80 cm×70 cm,深度为87 cm,巢腔内有十数个菌核。6月5日所见的8个大的和1个小的炭角菌集团残迹可见。试验地边缘还发现3株杉木植株,尚有新鲜泥被,当时补药0.5支。
1984年12月10日	林地内炭角菌残迹仍可见。补药的3株杉树上泥被已干枯,无活白蚁。在相邻对照林地内距离补药处31 m发现炭角菌丛残迹。

四、讨论

1. 我们认为,此胶冻剂毒饵用于灭治危害林木的林地白蚁(土蟴属、大蟴属、网蟴属的某些种类)效果是好的。在本次试验中,毒饵药效传递可达31 m远。

2. 胶冻剂的材料来源易得。甘蔗渣在南方易得。引诱成分:银耳、黑木耳真菌木屑原种或栽培种在一般的食用菌生产单位均可购到。并且可以用采收过银耳、黑木耳真菌的废弃木屑栽培培养基代用。如欲降低成本,琼脂可用石花菜代替。

3. 胶冻剂诱饵使用方便,不需专门工具,操作人员不需要专门培训,仅将牙膏管内的胶冻剂挤施到白蚁活动处即可。方法易被群众掌握。

4. 操作安全。虽然灭蚁灵毒性较低,对雄性大鼠口服致死中量(LD_{50})为(306 ± 71) mg/kg,但如用粉剂,施工人员势必较大量地吸入含有该毒剂的粉尘,从而影响施工人员的身体健康,但使用胶冻剂则可以避免。

5. 对环境几乎不造成污染。由于只需在有白蚁活动的泥被、泥线及活动处挤施胶冻剂毒饵,大多数毒饵均可被白蚁取食,残存在地表的量较少。同时,灭治整个7亩林地共耗用70%灭蚁灵8 g(折合原粉仅为5.6 g)。按长出十个炭角菌集团估算,至少有十个土栖白蚁巢群死亡,每个巢群平均耗杀虫剂原粉仅为0.56 g。而其中尚包括用于灭治网蟴属巢群的耗药量,故每个巢群实际消耗杀虫剂原粉的平均量少于0.56 g。

6. 林地内地表长出的炭角菌(Xylaria spp.)可作为黄翅大蟴、凶土蟴死亡巢群的指示物,很可靠。该炭角菌具有多种形态,同属不同种,这一事实需真菌分类学家进一步研究鉴定。

参考文献

[1] 江苏省宜兴县林场.用压烟法防治杉木白蚁的探讨[J].林业科技通讯,1975(3):17-18.

[2] 句容县林场.用自然压烟法防治林地土栖白蚁[J].林业科技通讯,1977(9):18.

[3] 干保荣,贺顺松,袁绍西."灭蚁灵"防治林地白蚁初试[J].江苏林业科技,1983(4):22-23.

(本研究在中国科学院上海昆虫研究所夏凯龄教授指导下进行,特表感谢。)

A new toxic bait for the control of forest-infested termites

Gao Daorong[1], Zhu Benzhong[1], Gan Baorong[2], He Shunsong[2], Yuan Shaoxi[2]

([1]Nanjing Institute of Termite Control; [2]Yixing Forest Plantation)

Abstract: "Jelly compound agent", a toxic bait for controlling *Odontotermes fontanellus* Kemner, *Macrotermes barneyi* Light and *Reticulitermes flaviceps* (Oshima), was made with rotten wood sawdust infected by *Tremella fuciformis* Berk and *Auricularia auricula*

(L. ex Hook.) Underw, bagasse dust, agar and pesticides, as rotten wood sawdust had a stronger attraction to several species of genera (*Odontotermes*, *Macrotermes* and *Reticulitermes*) which infested Chinese fir plantations in China. This toxic bait had the following advantages effective: safe to use, easy to carry and popularize, while causing almost no pollution to the environment. The populations of *Xylaria* spp. are reliable markers of the dead colonies of *O. fontanellus* and *M. barneyi*.

Key words: toxic bait; *Xylaria* spp. ; termite

原文刊登在《南京林业大学学报(自然科学版)》,1985(3):128-131

24 杉木林地的白蚁防治

高道蓉[1]，朱本忠[1]，周孝宽[2]
（[1]南京市白蚁防治研究所；[2]江宁县林副业局）

在我省长江以南，土栖白蚁（囟土螱 Odontotermes fontanellus 和黄翅大螱 Macrotermes barneyi）对杉木林（特别是幼树）的危害较大。轻则影响植株的正常生长发育，形成"小老树"；重则致植株死亡。在防治上，以往用人工挖掘林地白蚁巢穴，捕杀蚁王、蚁后，从而消灭土栖白蚁群体；或用鼓风压烟和自燃压烟，用熏蒸剂磷化铝、硫酰氟等药剂熏蒸，以及喷施灭蚁灵（Mirex）粉剂等方法。这些方法施用得当，可以取得令人满意的效果。但挖掘法要耗费大量劳动力，挖掘大量土方，同时，在挖掘过程中还会伤害一些植株根系，影响这些植株的正常生长；采用压烟或熏蒸法则需准确寻找出较大的蚁道，如果压烟口或熏蒸口距主巢位置较远，巢居结构复杂，药量所形成的烟量或化学熏蒸剂量不足，不易使蚁群全部死亡；喷施灭蚁灵粉剂虽然毒性较低（雄大鼠口服急性 LD_{50} 为 306 ± 71 mg/kg），但施工人员吸入过多也会影响健康。

采用毒饵法灭治土栖白蚁则可避免上述方法的缺点，是一种简易可行、污染小、效果好的方法。

在中国科学院上海昆虫研究所夏凯龄教授的指导下，各地采用毒饵法灭治土栖白蚁都取得了可喜的成果。例如，浙江省临安县白蚁防治站汪一安等研制成用菝葜 Smilax china 和蕨（Pteridium aquilinum）等野生植物晒干粉碎，而后加入 70% 蚁灭灵粉、食糖，三者的质量比为 6∶1∶1，制成的诱杀包防治林地土栖白蚁取得了明显成效；重庆市白蚁防治研究所史文鹏等研制成的"灭蚁膏剂"，即甘蔗渣粉加纤维索粉和 70% 灭蚁灵粉，用蜂蜜调制而成，对危害园林绿化的土栖白蚁防治取得了令人满意的效果。

本文介绍白蚁毒饵的另一种剂型——胶冻剂。配方中使用了对土栖白蚁诱集力较强的银耳 Tremella fuciformis 和黑木耳 Auricularia auricula 木屑原种（或栽培种，或采收后的废弃培养基），制成胶冻存放在牙膏管中，便于携带，使用方便，安全，无污染，容易推广。

一、胶冻剂毒饵成分

1. 杀虫成分：70% 灭蚁灵粉剂。
2. 引诱成分：银耳和黑木耳食用真菌木屑原种或木屑栽培种，或上述两种真菌栽培采收后的废弃培养基。
3. 填充成分：甘蔗渣粉或松木粉。
4. 凝固成分：琼脂或石花菜。

二、胶冻剂毒饵制作方法

将银耳和黑木耳食用真菌木屑原种（或木屑栽培种，两种食用菌的废弃培养基），放在恒温干燥箱中烘干（60℃），研细，过 120 目筛；甘蔗渣粉（或松木粉）烘干（60℃），过 120 目筛。将真菌木屑粉，甘蔗渣粉（或松木粉）和 70% 灭蚁灵粉按 2∶1∶2 的质量比拌成混合粉。

15 g 琼脂中加水 500 mL，加热溶化成黏稠状，加入上述混合粉 40 g，搅拌均匀，稍冷却后分装于 50 个塑料牙膏管中，冷却后使用。

三、胶冻剂使用方法及用药量

在土栖白蚁活动季节，将少量胶冻剂挤入有土栖白蚁活动的泥被、泥线下方地面的通道口。在每一土栖白蚁活动群的多株相邻杉树泥被、泥线下方，累计施药 1 支至 2 支。

四、效果

1983 年 10 月给宜兴县林场 7 亩杉树林施药 25

支后,1984年度检查林地内计有十数个炭角菌(*Xylaria* spp.)萌出,炭角菌为土栖白蚁死亡巢群地面指示物。据推算,毒饵药效传递可达31 m远。据1985年5月中旬检查,在1984年度长出炭角菌的旧址上,有一半旧址又长出炭角菌。该林地已无新鲜泥被、泥线。

1985年6月初给江宁县龙山林场4.8亩杉木林施药36支后,同年9月25日检查林地内计有14个炭角菌萌出,经反复检查林地内杉树,已无新鲜泥被、泥线。而对照林内,土栖白蚁危害仍然严重。

据测算,宜兴林场整个7亩林地杀灭十数个土栖白蚁群体,仅耗灭蚁灵原粉5.6 g,平均每个土栖白蚁巢群用药量不足0.56 g。又龙山林场4.8亩杉木林杀灭14个囵土白蚁群体耗灭蚁灵原粉8.6 g,平均每个白蚁巢群用药量也只有0.58 g。

五、应用范围

据试验,本胶冻剂毒饵不仅可防治危害林木的土栖白蚁,还可防治危害林木的乳螱属 *Coptotermes* spp. 和网螱属 *Reticulitermes* spp. 的一些危害种。林区可以广泛应用。

原文刊登在《江苏林业科技》,1985(4):32-33

25 网螱属一新种

高道蓉[1]，朱本忠[1]，赵元[2]

([1]南京市白蚁防治研究所；[2]广东省昆虫研究所)

陌宽网螱 *Reticulitermes* (*Frontotermes*) *mirus*，新种

兵螱(图1)：

体大型。

头褐黄色，触角堤脊略深，后头略淡；上颚前半深赤褐色，向后渐淡，近基部则略深于头色；前胸背板色同后头区，后部稍浅。

头部被毛稀疏，前胸背板面上毛较密，前缘毛略疏。

头呈长方形，两侧近于平行，大多数个体头后部渐狭，后缘宽弧出；额峰明显隆起；自囟后"Y"缝的中臂可见；触角堤脊向上翘起，显著，似成短盖状。囟孔，圆点状，明显。后唇基梯形，前唇基明显色淡，前缘凸弧出；上唇宽舌形，端宽圆，透明端不甚显，其端毛2枚，有的侧端毛不甚发达。上颚粗壮，端内弯，近基部稍扩大。标本触角不全。后颏前部扩展，后部狭长，其最狭与最宽之比为1∶2.55～1∶3.27，平均为1∶2.87；最狭与头宽之比则为1∶6.55～1∶9.33，平均为1∶7.47。前胸背板明显窄于头宽，平坦，元宝形，前宽后窄，前缘略平直，中央具明显凹刻，前侧角圆，侧缘平直，斜向后收缩，后缘凹刻显著，后侧角连后缘宽圆，面上具中纵线，中央中线两侧各有一小点状圆凹。

7头兵螱各体部量度结果见表1。

表1 7头兵螱各体部的量度(单位：mm)

项目	范围	平均	项目	范围	平均
头长(连上颚)	3.52～3.62	3.58	右上颚长	1.20～1.30	1.27
头长(至上唇端)	2.98～3.20	3.07	后颏长	1.65～1.80	1.71
头宽	1.30～1.40	1.33	后颏最宽	0.49～0.55	0.51
头高(不连后颏)	1.05～1.16	1.12	后颏最窄	0.15～0.20	0.18
上唇长	0.40～0.49	0.45	前胸背板中长	0.50～0.60	0.54
上唇宽	0.40～0.50	0.45	前胸背板宽	1.01～1.07	1.05
左上颚长	1.15～1.30	1.23	后足胫节长	0.95～1.02	1.00

比较：本新种兵螱与近缘种花坪网螱 *R. huapingensis* Li 的区别在于头部量度稍大；头后部侧缘缩狭，触角堤脊似成短盖状，"Y"缝中臂较明显。

模式标本：兵螱(正模及副模)、工螱、若螱。广东省肇庆市。采集人：赵元、蔡宝珍。1981年10月。

正模标本保存在中国科学院上海昆虫研究所，副模标本分别保存在上海昆虫研究所和南京市白蚁防治研究所。

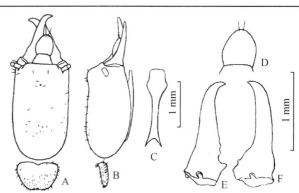

图1 陌宽网螱 *R. mirus*，新种

兵螱：A. 头及前胸背板正面观；B. 头及前胸背板侧面观；C. 后颏；D. 上唇；E. 左上颚；F. 右上颚。

(本文承夏凯龄老师审校;插图由中国科学院上海昆虫 研究所徐仁娣同志绘制,特表感谢。)

A new species of the genus *Reticulitermes* from Guangdong, China

Gao Daorong[1], Zhu Benzhong[1], Zhao Yuan[2]

([1]Nanjing Institute of Termite Control; [2]Entomological Institute of Guangdong Province)

Reticulitermes (Frontotermes) mirus sp. nov.

The soldier of this new species is closely related to *R. huapingensis* Li, but differs as follows: head slightly larger in size; posterior part of head slightly narrower; antennal carinae clearer and median suture distinct.

Type locality: Zhaoqing, Guangdong Province; soldiers (holotype and paratype), workers and nymphs, collected by Zhao Yuan and Cai Baozhen, October, 1981.

Holotype: Soldier and worker, deposited in Shanghai Institute of Entomology, Academia Sinica.

Paratype: Soldiers and workers, deposited separately in Shanghai Institute of Entomology, Academia Sinica and Nanjing Institute of Termite Control.

原文刊登在《昆虫分类学报》,1985,7(1):47-48

26 香港螱类名录（等翅目）

高道蓉[1]，林群声[2]

（[1]南京市白蚁防治研究所；[2]香港大学动物学系）

香港地区位于我国广东省南部，气候炎热，雨量充沛，属亚热带气候，适于多种螱类生存繁殖。

关于香港地区的螱类，M. Oshima（1914）与 S. F. Light（1924，1929）曾有过零星报道。而 W. V. Harris（1963）对香港地区的螱类做了较详细的报道，计有 7 种，分属于 3 科 7 属。其名录如下。

一、木螱科 Kalotermitidae

（一）砂螱属 Cryptotermes

1. 麻头砂螱 *Cryptotermes brevis*（Walker）

二、鼻螱科 Rhinotermitidae

（二）乳螱属 Coptotermes

2. 台湾乳螱 *Coptotermes formosanus* Shiraki

（三）网螱属 Reticulitermes

3. 福建网螱 *Reticulitermes fukienensis* Light

三、螱科 Termitidae

（四）歪螱属 Capritermes

4. 灰胫歪螱 *Capritermes fuscotibialis* Light

（五）原歪螱属 Procapritermes

5. 圆囟原歪螱 *Procapritermes sowerbyi*（Light）

（六）土螱属 Odontotermes

6. 黑翅土螱 *Odontotermes formosanus*（Shiraki）

（七）大螱属 Macrotermes

7. 黄翅大螱 *Macrotermes barneyi* Light

B. Lofts（1978）引述了 W. V. Harris 所报道的上述 7 种螱类。D. S. Hill *et al*（1982）也引述 W. V. Harris 所报道的 7 种螱类，但在"土壤和枯枝落叶层昆虫名录"中除列有黄翅大螱、灰胫歪螱、黑翅土螱、台湾乳螱外，还有肖若网螱 *Reticulitermes affinis* Hsia et Fan 与圆唇网螱 *R. labralis* Hsia et Fan。

近年来，本文第二作者对香港地区的螱类进行了采集，并收集了一些香港地产螱类标本，同时香港大学动物学系惠借了该系标本馆所藏香港产螱类标本。作者对上述所获螱类标本进行了初步鉴定，发现香港地区螱类有下列新记录属：新螱属 *Neotermes*、象螱属 *Nasutitermes* 和近歪螱属 *Pericapritermes*；有下列新记录种：新螱属一种 *Neotermes* sp.、八重山网螱 *Reticulitermes speratus yaeyamanus* Morimoto、普见乳螱 *Coptotermes communis* Xia et He、小象螱 *Nasutitermes parvonasutus* Shiraki 和近歪螱 *Pericapritermes nitobei*（Shiraki）。

（香港大学动物学系 Dr. David Dudgeon 对本工作予以大力支持，特表感谢。）

原文刊登在《昆虫分类学报》，1985，7(2)：118

27 毒饵法灭治白蚁

高道蓉，朱本忠，范寿祥
（南京市白蚁防治研究所）

在我国，白蚁（蠊类）的分布很广。据各地的调查，至今为止，除黑龙江、吉林、内蒙古、青海、宁夏、新疆等省（区）尚未发现白蚁外，北自辽宁、北京，南达广东南海诸岛，东起台湾，西至西藏，都有白蚁的分布。

白蚁（蠊类）的一些种类可对国民经济的许多部门造成危害，导致一定的经济损失。为了减少和避免损失，对其进行治除已为人们所重视。相对于化学药剂的水、粉剂喷洒治除法，用毒饵法诱杀白蚁更是一种简易可行、污染小、效果好的灭治白蚁的方法。20世纪60年代以来，美国、加拿大等地相继使用带有灭蚁灵（Mirex）的一种被称为密黏褶菌 *Gloeophyllum trabeum*（Pers.）Murrill（以前曾称为 *Lenzites trabea*（Pers.）Fr.）的真菌腐朽过的红松木块制成毒饵，用以防治白蚁，并取得了良好的效果。近年来，在中国科学院上海昆虫研究所夏凯龄教授的具体指导下，国内不少单位在应用毒饵防治白蚁方面取得了成绩。例如，浙江省临安县白蚁防治站汪一安等研制采用名叫菝葜 *Smilax china* L. 和蕨 *Pteridium aquilinum*（L.）Kuhn 的野生植物经晒干粉碎后加入70%的灭蚁灵粉、食糖（三者的质量比为6:1:1）制成的诱杀包防治林地土栖白蚁，取得了明显成效；重庆市白蚁防治研究所史文鹏等研制成的"灭蚁膏剂"（以甘蔗渣粉加纤维素粉和70%的灭蚁灵粉，用蜂蜜调制而成）对园林绿化的乳白蚁 *Coptotermes*、网蠊 *Reticulitermes* 和土蠊 *Odontotermes* 的防治均取得了令人满意的效果。

本试验研制了白蚁毒饵的另一种剂型——胶冻剂。配方中使用了对白蚁诱集力较强的两种真菌木屑原种（或栽培种，或采收后的废弃培养基），同时，将该胶冻存放在牙膏管中，便于携带，使用安全、简便，便于推广，且不会污染环境。

一、材料与方法

（一）材料

（1）杀虫成分：70%的灭蚁灵粉。

（2）引诱成分：A、T两种真菌木屑原种，或木屑栽培种，或上述两种真菌栽培采收后的废弃培养基。

（3）填充成分：甘蔗渣粉。

（4）凝固成分：琼脂。

（二）胶冻剂毒饵制作方法

引诱成分在60℃恒温烘箱内烘干，研细，过120目筛；填充成分亦需在60℃恒温烘箱中烘干，研细，过120目筛。与70%的灭蚁灵粉拌和制成混合粉，其配比是：A菌种1份，T菌种1份，甘蔗渣粉1份，灭蚁灵粉2份。

15 g 琼脂中加水 500 mL，加热溶化成黏稠液体，加入上述混合粉 40 g，搅拌均匀，稍冷却后即分装于50个塑料牙膏管中，完全冷却后密封待用。

（三）试验现场

分别在江苏南京、宜兴，辽宁大连，重庆，广西玉林进行试验。

1. 选择场合

（1）城市园林绿化：江苏省南京市中山陵墓道两侧绿化树木。

（2）人工林地：江苏省宜兴县林场杉树林。

（3）城市住宅：江苏省南京市、江宁县，广西玉林市，重庆市，辽宁大连市的建筑物木构件及宅旁树。

2. 试验所涉及的白蚁种类

（1）乳白蚁属 *Coptotermes* sp.。

（2）网蠊：圆唇网蠊 *R. labralis* Hsia et Fan、黄胸网蠊 *R. flaviceps*（Oshima）、栖北网蠊 *R. speratus*（Kolbe）、肖若网蠊 *R. affinis* Hsia et Fan。

（3）土白蚁属：囟土白蚁 Odontotermes fontanellus Kemner、土白蚁 Odontotermes sp.。

（4）大白蚁属：Macrotermes barneyi Light。

3. 施药方式

蚁患处直接施药（包括白蚁取食点施药）及引诱坑施药。施药时用刀剪去牙膏管口，将胶冻挤入施药处即可。

二、试验结果

试验结果详见表1。

表1 毒饵法灭治白蚁试验结果

试验地点*	白蚁种类	施药时间	投药部位及方式	药量	检查时间	效果
江苏省南京市吉祥庵3号	圆唇网白蚁	1983年11月30日	诱集坑施药	1支	1984年6月23日	室内无白蚁活动，诱集坑内见白蚁头壳。
江苏省南京市四条巷8号：1，2，3	圆唇网白蚁	1983年11月11日	门、窗框白蚁活动处，计11处	4支	1984年4月2日	施药处饵料均被取食，极少残存，无活白蚁。
江苏省南京市四条巷33号	黄胸网白蚁	1984年5月31日	门框脚两处	1支	1984年6月25日	施药处无白蚁活动，见兵蚁头壳。
江苏省南京市颐和路某大院	乳白蚁	1984年5月28日	雪松树干内	1支	1984年8月6日	巢内白蚁死亡。
江苏省南京市江宁县医院旧址（东山镇）	乳白蚁	1984年5月30日	屋架蚁路宅房杉树	2.5支	1984年7月30日	室内无白蚁活动，树巢白蚁死亡。
江苏省宜兴县林场杉树林	黄胸网白蚁	1983年10月25日	两杉树伐口白蚁活动处	1支	1984年5月9日	见投药处无白蚁活动。
江苏省宜兴县林场杉树林	囟土白蚁 黄翅大白蚁	1983年11月25日 11月26日	在泥被泥线下方地面通道口投药，范围7亩	2.5支	1984年5月9日	未见白蚁上树危害新迹，见一处炭角菌萌出。
					1984年5月25日	施药处未见新的泥被泥线。林地内有6个炭角菌群。
					1984年6月5日	施药范围的林地内发现9个大炭角菌群和1个较小炭角菌群。
					1984年7月12日	从一个炭角菌群向下开挖获一死亡主巢（80 cm×70 cm）深87 cm。仍能发现炭角菌残迹，还能发现相邻3株杉树有活动泥被，补药0.5支。
广西壮族自治区玉林地委	土白蚁	1983年7月22日	泥被泥线下	1/5支	1983年8月21日	泥被已干燥，无白蚁活动。
广西壮族自治区玉林市玉林县农机厂	土白蚁	1983年9月15日	取食点施药	1支	1983年10月25日	有大量兵蚁头壳，无活白蚁。
广西壮族自治区贵县港务所250、258、259号船	肖若网白蚁 乳白蚁	1983年11月11日	蚁路及取食点、活动处	10支	1983年12月15日	网白蚁2群，乳白蚁6巢均已死亡。

* 辽宁省大连市两处试验点灭治散白蚁的效果均很好，因篇幅所限，具体略。

三、讨论

（1）只要使用得当，胶冻剂诱饵可以灭治乳白蚁属、网白蚁属、大白蚁属和土白蚁属的一些白蚁种类，从而保护特定的对象，以避免损失。在房屋建筑、水库土坝、园林树木、人工营造的用材林等均可采用胶冻诱饵灭治白蚁。

（2）胶冻剂的各种成分原料来源易得。甘蔗渣在南方是易取的，引诱成分的T、A两种食用真菌木屑原种、栽培种则在一般食用菌生产单位即可购得，且还可用栽培采收后的废弃培养基代替。琼脂亦易购得，在批量生产中还可以石花菜代替，降低成本。

（3）胶冻剂使用方便。通常在白蚁防治单位，用剧毒水、粉剂灭治的专业操作人员均需经过培训,并用专用器械操作,不便于推广。使用胶冻剂灭治白蚁,一学就会,可以普及推广。

(4) 使用安全,对操作者健康有利。虽然灭蚁灵粉毒性较低,对雄性大鼠口服致死中量(LD_{50})为(306 ± 71)mg/kg。但如直接使用喷粉灭治,施工操作人员势必吸入含有该毒剂的粉尘,对操作施工人员的健康会有所损害。而胶冻剂使用时不产生粉尘和气雾,故可避免呼吸道的吸入。

(5) 有利于环境保护。虽然水、粉剂灭治白蚁使用得当可获令人满意的效果,但是却有过多的杀虫剂没有发挥其杀虫作用而残留于环境中,污染了环境。使用胶冻剂诱饵,因其能诱致白蚁取食而大大减少了残留于环境中的无效药量,有利于环境保护。

(6) 鉴于在用胶冻剂诱饵杀灭的土栖白蚁巢群上方能长出一种真菌指示物炭角菌 Xylaria spp.,所以对于水库土坝白蚁的治理更具有特殊的意义:一是可杀灭堤坝中的土栖白蚁;二是可根据炭角菌生长的位置,确定灌浆锥探的位置,以利于泥浆充填白蚁在土坝中所筑的蚁路和空腔等,确保土坝安全。

(7) 根据室内外试验,A、T 真菌原种,栽培种及废弃培养基对网䗴、乳䗴、土䗴和大䗴的一些白蚁种类均有强烈的引诱作用。对于这些材料中的活性成分有待于进一步探讨。

(8) 在本试验中用于林地土栖白蚁诱杀的现场检查中,在死亡土栖白蚁巢群上方地表长出的指示真菌——炭角菌,发现其具有几种完全不同的形态,似应分属各不同种。究竟有哪几种,尚需与真菌分类学家进一步探讨。

(9) 胶冻剂中的杀虫成分除灭蚁灵粉外,还可筛选其他虫剂来代替。

(10) 该胶冻剂对蟑螂、黑蚂蚁、黄蚂蚁也有较强的诱杀作用。故本胶冻剂除可用于白蚁的防治外,还可用于诱杀蟑螂、黑蚂蚁、黄蚂蚁等家庭卫生害虫。

原文刊登在《住宅科技》,1985,2:26,32-33

28 白蚁防卫化学研究概况

简志刚[1]，高道蓉[2]

([1]华中师范大学化学系；[2]南京市白蚁防治研究所)

摘要：本文按化合物类型对白蚁兵蚁防卫化学研究状况进行了介绍，其中包括各类化合物在白蚁兵蚁防卫化学中的作用，某些二萜可能的生源合成关系，这些化合物在白蚁化学分类和白蚁进化问题上的潜在意义以及某些白蚁工蚁对同种兵蚁防卫物质的解毒机制。

Abstract: Chemical substances from frontal gland secretions of termite soldiers and roles of these substances in chemical defense are reviewed. Potential uses of the diterpenes from termite soldiers in chemotaxonomy and phylogenesis, possible biosynthetic interrelations of some of these diterpenes, and chemical self-defense by termite workers are also discussed.

白蚁是一类古老的社群性昆虫，有二亿五千多万年的历史，其独特的防卫能力是白蚁在自然界长期生存竞争中得以保存的一个重要原因。白蚁进行防卫主要依靠兵蚁的上颚及其化学防卫物质。Quennedey 对白蚁防卫能力的研究表明，白蚁主要有以下三种防卫方式：(1)咬：用上颚咬住进攻的外敌，并同时从额腺分泌出有毒或有刺激性的化学物质；(2)涂：用上唇将有毒物质涂抹到外敌身上；(3)喷：将额腺分泌物喷射到 10 cm 范围内的外敌身上。在所有三种防卫方式中都有化学物质从额腺中分泌出来，对外敌形成一道坚强的"化学防线"。对兵蚁额腺分泌物的研究表明，白蚁防卫物质的成分主要有烃类及其衍生物、甾族化合物、萜类、醌类和蛋白质。不同种白蚁，其额腺分泌物不同，有些同种白蚁不同群体额腺分泌物的化学成分也有差别。Prestwich 等认为，这些化学成分上的差别与不同种白蚁的进化程度有关。一般来说，进化程度越高，其兵蚁防卫物质的反应活性和毒性越大。

现按化合物类型对白蚁防卫化学研究摘要介绍如下。

一、烃类及其衍生物

在白蚁中以烃类作为防卫物质是少见的，大白蚁 Macrotermes subhyalinus 是个例外，其兵蚁主要以第一种方式进行防卫，同时将其额腺分泌物分泌到外敌的创口上。这种分泌物的主要成分为 n-二十三烷、n-二十五烷、5-甲基二十七烷和(Z)-9-二十九碳烯。这些烃类化合物虽然基本上无反应活性并且无毒，但却能阻止外敌创口的愈合，加强了这种白蚁的防卫效能。烃类衍生物，特别是 α, β-不饱和醛、酮、硝基取代烯和 β-酮、醛却广泛地被多种以第二种方式进行防卫的白蚁兵蚁用作化学自卫物质。从两种长鼻白蚁 Schedorhinotermes 兵蚁的额腺分泌物鉴定出乙烯基酮(1)和二烯酮(2)，从一种原鼻白蚁 Prorhinotermes simplex 中鉴定出硝基取代烯(3)。这些化合物在进入白蚁外敌体内层后与半胱氨酰巯基起 Michael 加成反应，产生毒性效应。

$$R-\overset{O}{\underset{}{C}}-CH=CH_2 + HSR \longrightarrow [R-\overset{O^-}{\underset{}{C}}=CH-CH_2^{HSR}] \longrightarrow R-\overset{O}{\underset{}{C}}-CH_2-CH_2SR$$

从鼻白蚁(Rhinotermes hispidus)中鉴定出 β-酮醛(4)和(5)，从 Acorhinotermes subfusciceps 中鉴定出(6)。(4)、(5)、(6)也会产生与(1)、(2)、(3)类似的毒性效应。

$$R-\overset{O}{\underset{}{C}}-CH_2-CHO \rightleftharpoons R-\overset{O}{\underset{}{C}}-CH=CH-OH + HSR' \longrightarrow [R-\overset{O^-}{\underset{}{C}}=CH-CH-OH]^{HSR'} \longrightarrow R-\overset{O}{\underset{}{C}}-CH=CHSR'$$

这些烃类衍生物分子中的长脂链提高了额腺分泌物的脂溶性，使这些分泌物容易穿过外敌的表皮,进入外敌体内。因此,发挥毒性效能并不需要在外敌表皮上咬开一个创口。

二、萜类化合物

从天然产物化学的观点来看,在以第三种方式进行防卫的白蚁的防卫物质中得到了一些特别有趣的结果。从这些白蚁兵蚁的额腺分泌物中不仅得到了一些常见的单萜类化合物,也得到了一些以前从未发现过的生源上可能与 cembrene 有关的三环和四环二萜。Cembrene 衍生物广泛地存在于多种陆上和海洋生物中,可能是多种其他类型生源合成的前体。这些化合物的发现不仅具有生源合成上的意义,在白蚁的化学分类学和白蚁种类进化史上也具有潜在的意义。

1968 年,Moor 首先对这类白蚁的防卫物质进行了分析,他分析了两种澳洲产白蚁 *Drepanotermes rubriceps* 和 *Amitermes herbertensis* 兵蚁的头腺,从中发现了苧烯(7)和萜品油烯(8),并认为这两种单萜具有警报信息素作用。后来,陆续从多种白蚁兵蚁的额腺中鉴定出大量的单萜,除以上两种化合物以外,还有 α-、β-蒎烯(9)、(10),茨烯(11),香叶烯(12),α-水芹烯(13),α-萜品烯(14),γ-萜品烯(15),莰烯(16),β-罗勒烯(17),对-缴花-8-醇(18)等化合物。并且发现这些单萜类化合物除了具有警报信息素作用外,还能阻止外敌的进攻,是防卫分泌物中主要的刺激素和毒性成分。

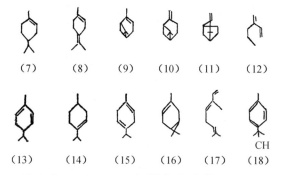

1973 年,Vrkoc Jan 在研究象白蚁 *Nasutitermes rippertii* 兵蚁的防卫分泌物时,发现在该分泌物的单萜类成分中还溶解着另外四种化合物,他当时不很确定地将这些化合物鉴定为三环二萜。几乎与此同时,国际昆虫生理生态中心(International Centre of Insect Physiology and Ecology)的 Prestwich 等人在对 *Trinervitermes bettonianus* 和 *T. gratiosus* 的研究中也发现在这两种兵蚁的单萜类成分中溶解着二萜类化合物。这些化合物的结构测定相当困难,直到 1976 年,他们才与 Iowa 州立大学的 Clardy 小组一起确定这些化合物为一组结构新颖的三环二萜(19—24),并将其命名为 Trinervitenes。这之后,各地的研究小组从多种白蚁中分离出大量 Trinervitenes 二萜衍生物,并先后从象白蚁(*Nasutitermes kempae*)中分离出结构与 Trinervitenes 系列的二萜极为相似的四环二萜 Kempenes(25—26),从 *Cubitermes umbratus* 中分离出 cubitene(27)和 cembrene A(28)以及 3-z-cembreneA(29)。到目前为止,从白蚁防卫物质中发现的二萜大都是 Trinervitenes 和 Kempenes 系列的多环二萜,这是白蚁防卫化学的一大特点。

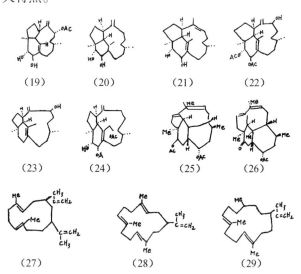

Cubitene(27)是一个首次从自然界得到的具有一个十二元环的不规则二萜。由它的结构式可以观察到,其分子中有一个异戊二烯单位不规则地与其他三个异戊二烯单位相连。从结构上来看,cubitene 可能与 cembrene 类型的二萜有生源合成上的前体关系。以前曾有人从烟草植物中得到过一个 cembrene 的二醇衍生物(30)和其开环产物(31)。(31)分子中的 C-1 与 C-12 的连接就会产生一个 cubitene 骨架。而且从同种白蚁兵蚁额腺分泌物中也得到 cembrene A(28)和 3-z-cembrene A(29),这也间接支持这种假设。

另一种可能的生物合成途径是焦磷酸法尼酯在生物亲核试剂的存在下首先与焦甲酸二甲基烯丙酯缩合,生成一个不规则的开环二萜,这个二萜的环合就产生 cubitene。

Trinervitenes 和 Kempenes 与 cembrene 的骨架结构极为相似，它们之间也可能存在生源上的前体关系。Cembrene 型二萜首先发生分子内环合，然后在不同碳上的烃基化就会产生 Kempenes 和 Trinervitenes 系列的二萜。

Trinervitenes 和 Kempenes 类二萜化合物能增强和延长单萜烯对外敌的刺激性和毒性，而且防卫分泌物中这类环型分子的浓度很高，能有效地防止单萜烯的挥发，使整个分泌物形成一种黏稠的胶状物质，以限制外敌的运动。

在白蚁兵蚁防卫分泌物中也发现了一些倍半萜，其中有些是新化合物，如 Ancistrodial（32）和 Ancistrofuran（33）、法呢醛等，但这些化合物在防卫化学中的作用尚未见报道。

昆虫化学防卫物质的来源有两种：一种是直接从食物摄取，另一种靠昆虫本身合成。Prestwich 等人的标记化合物实验证明，白蚁兵蚁额腺中的特征二萜是兵蚁本身合成的。一般说来，同一种生物的进化程度基本上是一致的，体内的生物合成酶也基本上是一致的。这样，各种不同白蚁防卫分泌物中的特征二萜似乎可用作化学分类学的依据。早期对白蚁防卫化学的研究都表明，不同种白蚁有不同的特征化学防卫物质，但未注意到不同群体的同种白蚁化学防卫物质在成分上的差别。后来，Prestwich 对生长在不同地区的东非食草白蚁 Trinervitermes gratiosus 进行了研究，发现即使不同群体的同种白蚁的化学防卫物质也有十分明显的差别。实验室内对不同群体的 T. gratiosus 喂饲没有 T. gratiosus 活动地区采集到的干草，然后对存活下来的群体尽早进行 GLC 分析，发现特征二萜的分布与食源无关，说明只有生物合成酶的类型对这些特征二萜的合成起决定作用。House 等人认为产生这种种内化学成分差别的原因与不同地区的外敌种类有关，生成在不同地区的同种白蚁，遇到的外敌不同，需要用不同的化学物质进行防卫。这种种内成分的差别给白蚁的化学分类学带来了困难，或许在利用化学物质作为分类学基础时，并不需要考虑所有的化学成分，只需要识别一些关键性的成分就行了。这方面问题尚待进一步研究。但是这类特征二萜至少在白蚁进化问题研究上有一定价值。人们原来认为，象白蚁亚科的 Subulitermes 属和 Nasutitermes 属是发生二元进化的。但是对这两属白蚁中多种兵蚁防卫分泌物的研究发现，这两属的白蚁大都含有结构非常相似甚至完全相同的 Trinervitenes 和 Kempenes 二萜，表明这两属白蚁有共同的祖先，发生单元进化，在进化过程中产生形态上的差别。

三、其他类型化合物

除了烃类及其衍生物、萜类化合物以外，被白蚁用作化学防卫物质的还有蛋白质、甾体以及醌类。事实上报道得最早的白蚁化学防卫物质就是 24-五台基胆甾醇。多种白蚁兵蚁的防卫分泌物中含有苯醌和甲苯醌。蛋白质作为化学防卫物质也有报道，醌类和某些蛋白质的毒性是大家比较熟悉的，但将胆甾醇衍生物作为防卫物质似乎还不多见。

白蚁的防卫物质属于不同的化学类型，通常贮存于额腺中，其中有些并非有毒，有些却有很强的刺激性或毒性。问题在于一种生命系统怎么能生产和贮存这么多的毒物而本身不受其害。一种可能是有毒物质生物合成的最后步骤是以空间隔离的形式完成的。对白蚁兵蚁来说，就是在额腺中完成最后的生物合成步骤。Spanton 等人对两种白蚁（原鼻白蚁 Prorhinotermes simplex 和长鼻白蚁 Schedorhinotermes lamanianus）工蚁的研究表明，兵蚁释放的防卫分泌物对同种工蚁也只显示极低的毒性效应，而对非同种工蚁却显示很强的毒性效应，这两种白蚁兵蚁的防卫物质主要是硝基取代烯（3）（P. simplex）和共轭烯酮（2，$h=9$）。一般昆虫对这类物质的解毒作用主要靠谷胱甘肽或巯基尿酸与分子中的共轭双键发生加成作用。但标记化合物实验证明，这两种白蚁工蚁对同种兵蚁防卫物质的解毒作用都与谷胱甘肽或巯基尿酸无关。在这些工蚁体内都存在同种而异的同种基质（Substrate-specific）烯还原酶，在还原核苷酸辅酶的存在下，这些还原酶选择性地催化缺电子双键的还原，发生解毒作用。被还原解毒的饱和物质经过分解代谢转变为乙酸酯，重新进入循环（图1）。像这种起始还原解毒作用是极少见的。

原鼻白蚁 Prorhinotermes simplex：

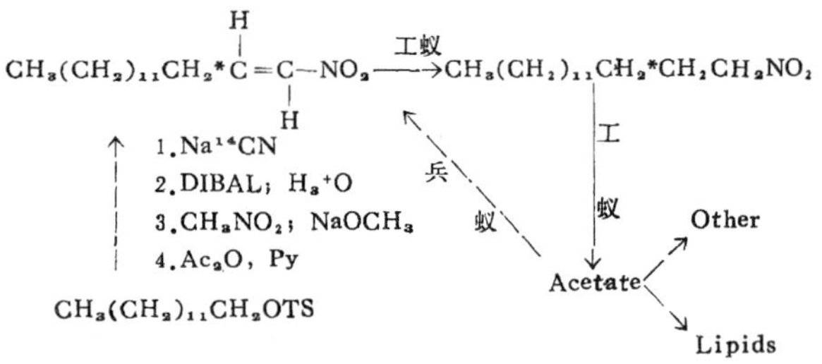

$$CH_3(CH_2)_{11}CH_2\overset{H}{\underset{H}{*C}}=C-NO_2 \xrightarrow{\text{工蚁}} CH_3(CH_2)_{11}CH_2*CH_2CH_2NO_2$$

1. $Na^{14}CN$
2. $DIBAL; H_3^+O$
3. $CH_3NO_2; NaOCH_3$
4. Ac_2O, Py

$CH_3(CH_2)_{11}CH_2OTS$

→ 兵蚁 → Acetate → Other / Lipids (工蚁)

长鼻白蚁 *Schedorhinotermes lamanianus*：

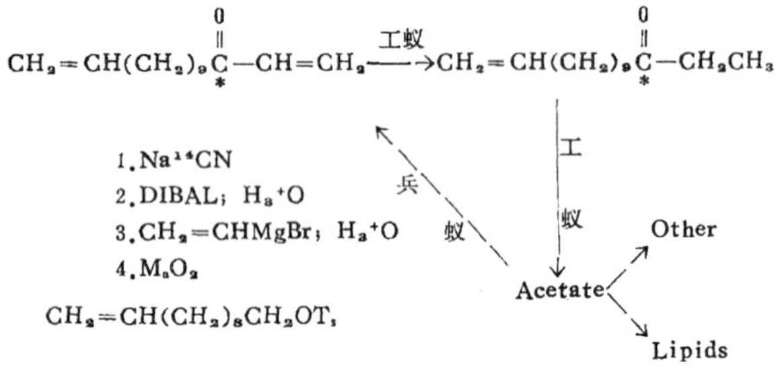

$$CH_2=CH(CH_2)_9\overset{O}{\underset{*}{C}}-CH=CH_2 \xrightarrow{\text{工蚁}} CH_2=CH(CH_2)_9\overset{O}{C}-CH_2CH_3$$

1. $Na^{14}CN$
2. $DIBAL; H_3^+O$
3. $CH_2=CHMgBr; H_3^+O$
4. M_nO_2

$CH_2=CH(CH_2)_8CH_2OT_s$

→ 兵蚁 → Acetate → Other / Lipids (工蚁)

图1 放射活性标记兵蚁防卫分泌物的合成和解毒过程

总之,对白蚁防卫化学的研究在白蚁的化学生态学、白蚁的化学分类学、白蚁种类进化、天然产物的研究等方面都有很大意义。另外,用常规杀虫剂控制昆虫的困难和弊病已被人们广泛认识,人们越来越将着眼点转向生物防治技术,包括利用昆虫的激素、信息素及其类似物。对白蚁防卫化学的研究对人们解决这方面问题也有很大启发,因为白蚁本身具有的防卫物质就是对其他昆虫的天然抑制剂。目前,我国已有人对白蚁工蚁的跟踪信息素进行了一些研究,希望找到一些活性强的跟踪物质用于白蚁的防治,但对白蚁的防卫化学还未涉及。相信随着我国对白蚁研究的深入,这方面的工作一定会逐步开展起来。

（参考文献略）

原文刊登在《白蚁科技通讯》,1985,2(1):21-28

29 亮䴙属一新种记述

高道蓉[1]，龚安虎[2]，夏凯龄[3]

([1]南京市白蚁防治研究所；[2]成都市白蚁防治研究所；[3]中国科学院上海昆虫研究所)

关键词：等翅目；䴙科；亮䴙属

亮䴙属 *Euhamitermes* 是东洋区的特有属。我国南方已知在浙江、云南、贵州、四川、广东等省均有分布。作者在整理该属的标本时，除多毛亮䴙 *Euhamitermes hamatus* (Holmgren)外，尚有一新种，现报告如下。

贵州亮䴙 *Euhamitermes guizhouensis* Gao et Gong, 新种

兵䴙(图1)：

头部黄色，额区色稍浅；上颚色稍深于头部；上颚端部，近端部外边缘、近端内侧大部(包括齿区)赤褐色；触角浅黄色，上唇近于头色；前胸背板淡黄色，中、后胸背板较前胸背板色淡；足淡黄；腹白色。

头部短毛较多，且散生一些稍长毛，后头区中部毛稍少；唇基有些短毛，上唇被毛适度；后颏前部有少许毛；前胸背板毛较头部少，腹部毛稍密。

头背面观近似长方形，头最宽在触角窝处，向后微窄，后端最狭；额区微凹，"Y"缝隐约可见，囟小点状，明显，约位于头近端部1/3处，前唇基梯形，上唇宽大于长，前缘略平，中央略凹。上颚结构粗壮，基部阔，顶端尖，内弯；左、右上颚几对称，约近颚端1/3处各有缘齿一枚，其后边缘远大于前边缘，另左上颚中、后部有一明显小齿。后颏略显粗长，基部1/3处最窄；触角14节，第2节稍长于第3节，更近似等于第4节。前胸背板呈典型的马鞍形，前部斜翘起，前部长不大于后部长，前缘凸出，后缘宽圆，中央具不明显的凹刻，侧叶较为明显。

2头兵䴙的量度结果见表1。

表1　2头兵䴙的量度(单位：mm)

项目	正模	副模	项目	正模	副模
头长连上颚	2.475	2.48	头长至上颚基	1.675	1.74
头在上颚基宽	1.250	1.21	头在触角脊后处宽	1.325	1.28
头中间宽	1.275	1.26	左上颚长	0.950	0.90
左上颚齿至端齿距	0.275	0.25	后颏长	1.125	1.05
后颏最宽	0.425	0.43	后颏最窄	0.300	0.30
前胸背板中长	0.438	0.39	前胸背板最宽	0.738	0.74

比较：本新种明显大于多毛亮䴙 *E. hamatus* (Holmgren)。采自罗甸县的6头多毛亮䴙 *E. hamatus* 的量度(单位：mm)如下：头长(连上颚)1.93~1.98，平均为1.95；头长(至上颚基)1.40~1.46，平均为1.43；头宽(在上颚基)1.00~1.04，平均为1.02；头在触角脊后处宽1.05~1.10，平均为1.07；头中间宽1.04~1.09，平均为1.06；左上颚长0.70~0.72，平均为0.71；左上颚第1缘齿至端齿长0.22~0.24，平均为0.23；后颏长0.87~0.97，平均为0.93；后颏最宽0.35~0.40，平均为0.38，后颏最窄0.30~0.35，平均0.32；前胸背板长0.35~0.41，平均0.39；前胸背板宽0.60~0.65，平均0.63。且本新种的囟孔明显可见。

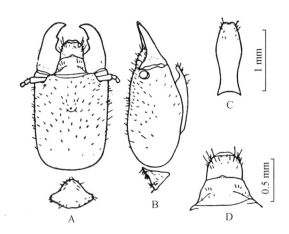

图 1　贵州亮白蚁 *Euhamitermes guizhouensis*，新种
兵蚁：A. 头及前胸背板正面；B. 头及前胸背板侧面；C. 后颏；D. 上唇。

模式产地：贵州省册亨县。兵蚁（正模、副模）、工蚁；1981-Ⅷ-13。采集人：高道蓉、邓宇民。采自土中，同时同处采得的尚有大白蚁属 *Macrotermes*、土白蚁属 *Odontotermes*、网白蚁属 *Reticulitermes* 的标本。

正模标本（兵蚁）保存于中国科学院上海昆虫研究所，副模标本（兵蚁、工蚁）分别保存于上海昆虫研究所和南京市白蚁防治研究所。

Notes on a new species of the genus *Euhamitermes* from Guizhou, China

Gao Daorong[1], Gong Anhu[2], Xia Kailing[3]

([1]Nanjing Institute of Termite Control; [2]Chengdu Institute of Termite Control;
[3]Shanghai Institute of Entomology, Academia Sinica)

Euhamitermes is exclusively oriental. In China, there are two known species, *Euhamitermes hamatus* (Holmgren) occurring in Yunnan and Guangdong Provinces and *Euhamitermes zhejiangensis* He et Xia, occurring in Zhejiang Province. The present species is considered as new to science.

***Euhamitermes guizhouensis* Gao et Gong, sp. nov.**

The soldier of this new species differs from that of *E. hamatus* (Holmgren) by larger in size [range of measurements of six soldiers of *E. hamatus*, collected by Gao Daorong etc., Aug. 19,1981, in Luodian, Guizhou: length of head to tip of mandibles 1.93 ~ 1.98 (1.95); length of head to side base of mandibles 1.40 ~ 1.46 (1.43); width of head at side base of mandibles 1.00 ~ 1.04 (1.02); width of head at posterolateral ends of antennal carinae 1.05 ~ 1.10 (1.07); median width of head 1.04 ~ 1.09 (1.06); length of left mandible 0.70 ~ 0.72 (0.71); length from tip of apical tooth to the base of first marginal tooth of left mandible 0.22 ~ 0.24 (0.23); length of postmentum 0.87 ~ 0.97 (0.93); maximum width of postmentum 0.35 ~ 0.40 (0.38); minimum width of postmentum 0.30 ~ 0.35 (0.32); length of pronotum 0.35 ~ 0.41 (0.39); width of pronotum 0.60 ~ 0.65 (0.63)] and fontanelle distinct.

Type locality: Ceheng, Guizhou Province, soldiers (holotype and paratype) and workers, collected from soil by Gao Daorong, Deng Yumin and others, August 13, 1981; termites of *Macrotermes*, *Odontotermes* and *Reticulitermes* are collected together.

Holotype: Soldier is deposited in Shanghai Institute of Entomology, Academia Sinica.

Paratype: Soldier and workers are deposited separately in Nanjing Institute of Termite Control and Shanghai Institute of Entomology, Academia Sinica.

Key words: Isoptera; Termitidae; *Euhamitermes*

土白蚁属一新种(等翅目:白蚁科:大白蚁亚科)

高道蓉,朱本忠
(南京市白蚁防治研究所)

作者从所获的一批浙江省的白蚁标本中整理鉴定出一土白蚁属 Odontotermes 新种。现将该新种描述如下。

富阳土白蚁,新种 Odontotermes fuyangensis sp. nov.

兵蚁形态(图1)描述如下:

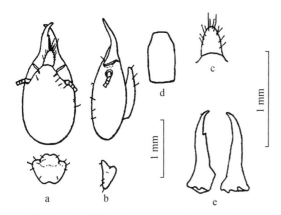

图1 富阳土白蚁,新种 Odontotermes fuyangensis sp. nov.
a. 头和前胸背板背面观(head and pronotum from above);b. 头和前胸背板侧面观(head and pronotum from side);c. 上唇背面观(labrum from above);d. 后颏仰视(postmentum from below);e. 上颚(mandibles)。

体小型。头呈土黄色,额区色稍淡,有的乙醇浸渍标本头色变为淡赤褐色;上唇及后颏较头色为深,呈棕黄色;上颚深赤褐色,颚基部色较淡,近似棕黄色;触角、前胸背板较头色浅,呈淡黄色。

头被稀疏毛;上唇两侧有两列长毛,端有2枚长毛;后颏前半有数枚毛;前胸背板侧缘及面上有散生毛;腹部毛较密。

头为长卵形,触角窝处向前头宽狭窄,两侧缘近乎平行,头最宽在中部稍后处,后侧角宽圆,后缘宽圆弧形。上唇瘦长,舌状,长大于宽,约伸达上颚中点,顶端钝圆。上颚镰刀状,左上颚在端部1/3处有一枚稍斜向的缘齿;颚体稍细,左上颚齿前颚体较细长,端钩弯;右上颚相应处有一微齿。后颏中度弓出,其长约为宽的1.7倍。触角15节,第2~5节中,第3节最为短小,第5节大于第3节而小于其他各节;端节纺锤状。前胸背板前部窄于后部,前部稍为翘起,前缘中央具明显缺刻,后缘稍平直,中央具不明显缺刻。

3头兵蚁各体部量度结果见表1。

表1 3头兵蚁各体部量度(单位:mm)

项目	范围	平均	项目	范围	平均
头长至上颚基侧	1.37~1.40	1.38	左上颚长	0.78~0.80	0.79
头宽(上颚基侧处)	0.68~0.72	0.70	左齿距	0.23~0.24	0.23
头在触角脊后侧宽	0.96~0.98	0.97	后颏中长	0.82~0.91	0.87
头最宽	1.08~1.10	1.09	后颏最宽	0.51~0.53	0.51
头高(不连后颏)	0.71~0.75	0.73	前胸背板最长	0.46~0.47	0.47
头高(连后颏)	0.86~0.87	0.86	前胸背板宽	0.70~0.71	0.70
上唇长	0.30	0.30	后足胫节长	0.92~0.98	0.95
上唇宽	0.23~0.25	0.24			

比较:本新种以兵蚁头呈长卵形,量度较小,且左上颚稍细,上唇瘦长舌状和后颏亦较为细长,可

与黑翅土白蚁 Odontotermes formosanus (Shiraki) 相区别。

正模、副模:浙江省富阳县。兵蚁、工蚁。1982-X-22,高道蓉、朱越林采自香樟 Cinnamomum camphora (L.) Sieb. 树干泥线中;1982-X-24,高道蓉、唐泉富采自香樟树干泥线中。

分布:浙江金华。

正模标本保存于中国科学院上海昆虫研究所,副模标本分别保存于上海昆虫研究所和南京市白蚁防治研究所。

(标本采集承浦江县房地局朱越林、中国林科院亚热带林业科学研究所唐泉富协助。本文承中国科学院上海昆虫研究所夏凯龄老师审定,插图由徐仁娣绘制,谨此致以谢忱。)

A new species of *Odontotermes* from China
(Isoptera: Termitidae: Macrotermitinae)

Gao Daorong, Zhu Benzhong

(Nanjing Institute of Termite Control)

***Odontotermes fuyangensis* sp. nov.**

Soldier

Bodysmall. Head long oval. Labrum thin and long, tongue-shaped, with a round top. Mandibles thin, and the left mandible thinner and longer. Postmentum about 1.7 times as long as wide.

Measurements (in millimeter) of 3 soldiers of *Odontotermes fuyangensis* sp. nov. as follows:

	Ranges	Average
Length of head to side base of mandibles	1.37 ~ 1.40	1.38
Width of head at side base of mandibles	0.68 ~ 0.72	0.70
Width of head at posterolateral ends of antennal carinae	0.96 ~ 0.98	0.97
Maximum width of head	1.08 ~ 1.10	1.09
Height of head (without postmentum)	0.71 ~ 0.75	0.73
Height of head (including postmentum)	0.86 ~ 0.87	0.86
Length of labrum	0.30	0.30
Width of labrum	0.23 ~ 0.25	0.24
Length of left mandible	0.78 ~ 0.80	0.79
Tooth of left mandible from tip	0.23 ~ 0.24	0.23
Median length of postmentum	0.82 ~ 0.91	0.87
Maximum width of postmentum	0.51 ~ 0.53	0.51
Maximum length of pronotum	0.46 ~ 0.47	0.47
Width of pronotum	0.70 ~ 0.71	0.70
Length of hind tibia	0.92 ~ 0.98	0.95

Comparisons: This new species can be distinguished from *Odontotermes formosanus* (Shiraki) by following characters: its size smaller, head long oval, left mandible thinner, labrum thin, long and tongue-shaped, and postmentum also thinner and longer.

Holotype and paratypes: Fuyang County (30°4′N, 119°56′E), Zhejiang Province, soldiers and workers, collected by Gao Daorong and Zhu Yuelin, 1982-X-22, in termites' runways on a stem of *Cinnamomum camphora* (L.) Sieb. And Gao Daorong and Tang Quanfu, 1982-X-24, in termites' runways on a stem of *C. camphora*.

Holotype deposited in Shanghai Institute of Entomology, Academia Sinica. Paratypes deposited separately in Shanghai Institute of Entomology, Academia Sinica and Nanjing Institute of Termite Control.

原文刊登在《动物分类学报》,1986,11(1):97-99

31 浙江省西天目山螱类（等翅目）考察

高道蓉

（南京市白蚁防治研究所）

西天目山为我国重点自然保护区之一，位于杭州以西约94 km处，主体在浙江省临安县境内，其主峰高度为海拔1507 m；雨量充沛，气候温和，土质肥沃。西天目山有许多珍稀动、植物存在，如"活化石"天目银杏，被子植物中最原始的类群以及夏蜡梅的发现等。由于浙江西天目山在生物物种保存方面有这些特点，作为昆虫纲中较为古老的一类昆虫——螱类（白蚁），在西天目山的存在必然有其特点，有些独特的种类也应该保存下来。

在中国科学院上海昆虫研究所夏凯龄教授和中国白蚁科技协作中心秘书长林树青同志的支持下，作者于1986年4月21—24日，带领中国白蚁科技协作中心第三期培训班学员对西天目山螱类（等翅目）进行了一次考察，考察重点在南坡向阳面，收获颇丰。

多年来，作者的母校复旦大学生物学系昆虫专业也以西天目山为教学实习基地，作者于1961年随复旦大学生物学系苏德明老师曾到此实习，可以说作者对昆虫纲中许多目昆虫的感性认识是从西天目山开始的。现特撰写此文，献给我的母校以及教导我的老师们。

本文研究所用的标本除分别保存在中国科学院上海昆虫研究所和南京市白蚁防治研究所外，还将送往上海复旦大学生物学系昆虫标本馆保存。

许多白蚁学研究者对天目山等翅目昆虫的分布、种类表示了他们的兴趣，多年来进行过多次采集，收集到了一些白蚁标本。

蔡邦华、陈宁生（1964）在《中国经济昆虫志·第八册·等翅目——白蚁》一书中记载天目山有尖鼻象白蚁（螱）*Nasutitermes gardneri* Snyder 分布；蔡邦华、黄复生（1980）在《中国白蚁》一书中列天目山产尖鼻针白蚁（螱）*Aciculitermes*（?）*gardneri*（Snyder），同时又列为尖鼻象白蚁（螱）*Nasutitermes gardneri* Snyder。

目前，资料最全的是张贞华等（1986）报道的西天目山计有2科5属7种。

鼻白蚁（螱）科 Rhinotermitidae

1. 黄胸散白蚁（网螱）*Reticulitermes flaviceps*（Oshima）
2. 黑胸散白蚁（网螱）*R. chinensis* Snyder

白蚁（螱）科 Termitidae

3. 黑翅土白蚁（螱）*Odontotermes formosanus*（Shiraki）
4. 黄翅大白蚁（螱）*Macrotermes barneyi* Light
5. 歪白蚁（螱）*Capritermes nitobei*（Shiraki）
6. 尖鼻象白蚁（螱）*Nasutitermes gardneri* Snyder
7. 小象白蚁（螱）*N. parvonasutus*（Shiraki）

作者对此次所采集的螱类标本进行了初步鉴定，对照张贞华等（1986）所载西天目山白蚁名录，本次采集除未获黄翅大螱和尖鼻象螱外，其他五种均已采到。黄翅大螱在西天目山存在我们并不怀疑。在采集过程中曾多次发现黄翅大螱的危害状，惜未采到该种标本。至于尖鼻针白蚁（螱）*Aciculitermes*（?）*gardneri*（Snyder），蔡邦华、黄复生（1980）在《中国白蚁》一书中对该种归入针白蚁（螱）属 *Aciculitermes* 也持怀疑态度。故在针白蚁（螱）后加了一个"（?）"；张贞华等（1986）也未将尖鼻针白蚁（螱）列入西天目山白蚁名录中。按蔡邦华、陈宁生（1964）在《中国经济昆虫志·第八册·等翅目——白蚁》一书中描述的该种特征，实与针白蚁（螱）属 *Aciculitermes* 相距甚远，故作者认为，至今为止我国还未有针螱属的种类。按蔡、陈（1964）所描述的尖鼻象白蚁（螱）*Nasutitermes gardneri* Snyder，似也不应该放入象白蚁（螱）属 *Nasutitermes* 中。此次采集中，虽采到大批属于象鼻螱亚科 Nasutitermitinae 种类的标本，但没有一管标本与蔡、陈（1964）所描述的该种螱类相似。在象螱亚科 Nasutitermitinae 种类的标本中，经初步鉴定，除小象螱 *Nasutitermes parvonasutus* (Shiraki) 外，尚有新属，即奇象螱属 *Mironasutitermes* 和天目山新记录属钝齿螱属 *Ahmaditermes*。关于 *Ahmaditermes*，我国学者以往习惯的中文名称为钝颚螱（白蚁）属，但此属螱类的上颚齿钝而并非上颚钝，故此次拟改为钝齿螱属。有新种天目钝齿螱 *Ahmaditermes tianmuensis*、凹额钝齿螱 *Ahmaditermes foveafrons*、天目奇象螱 *Mironasutitermes tianmuensis* 和异齿奇象螱 *Mironasutitermes heterodon*。有关新属、新种的资料，将另做报道。至于歪螱属 *Capritermes* 的种类，暂归于近扭螱属 *Pericapritermes* 中。本次还采集到原归于原歪螱属 *Procapritermes* 的种类，现暂归于基扭螱属 *Coxocapritermes* Ahmad et Akhtar (1981)。

综上所述，本次采集的螱类标本计有 2 科 7 属 10 种，现列表如下：

一、鼻螱科 Rhinotermitidae

（一）网螱属 *Reticulitermes*
1. 黄胸网螱 *Reticulitermes flaviceps* (Oshima)
2. 圆唇网螱 *Reticulitermes labralis* Hsia et Fan

二、螱科 Termitidae

（二）土螱属 *Odontotermes*
3. 黑翅土螱 *Odontotermes formosanus* (Shiraki)

（三）近扭螱属 *Pericapritermes*
4. 扬子江近扭螱 *Pericapritermes jangtsekiangensis* (Kemner)

（四）基扭螱属 *Coxocapritermes* Ahmad et Akhtar (1981)
5. 基扭螱 *Coxocapritermes* sp.

（五）象螱属 *Nasutitermes*
6. 小象螱 *Nasutitermes parvonasutus* (Shiraki)

（六）奇象螱属 *Mironasutitermes*
7. 天目奇象螱 *Mironasutitermes tianmuensis*
8. 异齿奇象螱 *Mironasutitermes heterodon*

（七）钝齿螱属 *Ahmaditermes*
9. 天目钝齿螱 *Ahmaditermes tianmuensis*
10. 凹额钝齿螱 *Ahmaditermes foveafrons*

（在此次考察中，表现突出的有江苏省无锡市白蚁防治所夏亚忠、唐秀贵、杨志刚；江苏省淮安县白蚁防治站吴一多和江西省南昌市白蚁防治研究所袁莲英、马丽萍等同志。）

原文刊登在《白蚁科技》，1986，3(3)：9-11

32 引诱白蚁的食用菌腐朽物的筛选

高道蓉[1]，朱本忠[1]，王立中[2]，薛贻琛[2]
([1]南京市白蚁防治研究所；[2]江苏省植物研究所)

摘要：作者在实验室内用6种白蚁：栖北网蠊 *Reticulitermes speratus*（Kolbe）、黄胸网蠊 *R. flaviceps*（Oshima）、圆唇网蠊 *R. labralis* Hsia et Fan、尖唇网蠊 *R. aculabialis* Tsai et Huang、普见乳蠊 *Coptotermes communis* Hsia et He 和卤土蠊 *Odontotermes fontanellus* Kemner 对5种真菌的腐朽木屑进行了单纯选择和复合选择的生测试验。这5种真菌中，一种是木腐菌，即密黏褶菌 *Gloeophyllum trabeum*（Pers. ex Fr.）Murr.，另外4种均为木腐性食用真菌：银耳 *Tremella fuciformis*、黑木耳 *Auricularia auricula*、猴头菌 *Hericium erinaceus* 和香菇 *Lentinus edodes*。生测结果表明，上述4种木腐性食用真菌中除猴头菌对白蚁引诱力极微外，其余3种木腐性食用真菌和密黏褶菌对供试的多种白蚁均具有引诱力。其中以银耳腐木屑的引诱力最强而持久，黑木耳次之，密黏褶菌、香菇再次之。有关银耳和黑木耳腐朽木屑中对白蚁具引诱力的活性物质的化学成分和结构尚需进一步研究。

关键词：引诱；银耳；黑木耳；密黏褶菌

一、引言

美国、加拿大、澳大利亚等国所用白蚁引诱材料一般都是利用一种木腐菌——密黏褶菌 *Gloeophyllum trabeum*（Pers. ex Fr.）Murr.（以前曾称为 *Lenzites trabea*（Pers, ex Fr.）Fr.），腐朽的松木块。韩美贞等（1980）报道，密褐褶孔菌的腐木粗提液具有较强的引诱活性，且较稳定，云芝（*Polystictus versicolor* L. ex Fr.）的腐木粗提液次之，茯苓（*Poria cocos* Schw. ex Wolf）的腐木粗提液虽有一定的引诱活性，但不稳定。在野外，我们观察到一些白蚁种类嗜食培育食用真菌的段木，或在某些有白蚁的树木和伐桩上着生某些食用菌子实体。为此，本试验试图在实验室中从一些食用真菌中筛选出对白蚁引诱力强、来源广泛的木腐性食用真菌，以便利用栽培食用菌后废弃的木屑培养基，配以其他成分制成更为理想的毒饵，用于白蚁防治。

二、材料与方法

(一) 木腐性真菌木屑的制备

(1) 供试菌种名称及来源：见表1。

表1　待选木腐性真菌种类名称及来源

编号	真菌种类名称			菌种来源
	科	属	种	
1	Polyporaceae	*Gloeophyllum*	*Gloeophyllum trabeum*	中国科学院微生物研究所
2	Auriculariaceae	*Auricularia*	*Auricularia auricula*	南京市人防食用菌研究所
3	Tremellaceae	*Tremella*	*Tremella fuciformis*	南京市人防食用菌研究所
4	Hydnaceae	*Hericium*	*Hericium erinaceus*	南京市人防食用菌研究所
5	Pleurotaceae	*Lentinus*	*Lentinus edodes*	南京市人防食用菌研究所

(2) 木屑培养基配方：木屑78%，米糠（新鲜）20%，蔗糖1%，石膏粉（硫酸钙）1%。

将上述5种木腐性真菌孢子分别接种在无菌且含水率达60%左右的木屑培养基上，在25℃恒温条件下培养。约 50 d 后,菌丝布满木屑培养基。而后,通过高压灭菌消毒 20 min,杀死真菌后待用。

(二)供试白蚁

供试白蚁种类名称及来源见表 2。

表 2　供试白蚁种类名称及采集地

编号	供试白蚁种类			采集地
	科	属	种	
1	Rhinotermitidae	*Reticulitermes*	*Reticulitermes speratus*	Dalian Liaoning 辽宁省大连市
2			*Reticulitermes flaviceps*	Nanjing Jiangsu 江苏省南京市
3			*Reticulitermes labralis*	Nanjing Jiangsu 江苏省南京市
4			*Reticulitermes aculabialis*	Nanjing Jiangsu 江苏省南京市
5		*Coptotermes*	*Coptotermes communis*	Nanjing Jiangsu 江苏省南京市
6	Termitidae	*Odontotermes*	*Odontotermes fontanellus*	Nanjing Jiangsu 江苏省南京市

上述 6 种白蚁分离后,分别放入培养皿中,滤纸放在培养皿底部,用蒸馏水润湿,置于 25℃恒温培养箱 24 h,待用。

(三)测试方法

(1)单纯选食生测:将长满上述 5 种木腐性真菌菌丝的木屑培养基及对照(即未接种任何一种真菌孢子、含水 60%左右的木屑培养基)各称取 10 g,放入直径为 3 cm 的测试圈中。将各种含菌丝的木屑培养基测试圈分别与对照测试圈按距离 25 cm 放置于铺有无菌薄层黄沙的瓷盘上(瓷盘的规格为 40 cm×30 cm),在薄层黄沙上均匀滴入蒸馏水,以保持湿度(图 1)。

另将 100 头供试成龄工蚁放置在瓷盘中含菌丝木屑培养基和对照的测试圈中点处的空测试圈内。然后加盖平板玻璃,将测试瓷盘置于恒温培养箱中。温度控制在 25℃。24 h 后记录被测试菌种木屑培养基测试圈下和对照测试圈下的白蚁头数。

供试白蚁种类是黄胸网白蚁、普见乳白蚁、卤土白蚁。每种重复测试三次。如果被测菌种培养基与对照相比能吸引显著多数的白蚁,则该种真菌腐木屑即被认为是对白蚁有引诱力的,并被选作复合选择生测试验的候选对象。

(2)复合选择生测:测试瓷盘,测试圈的规格和制作同单纯选食生测试验。

将经过单纯选食生测试验中有引诱白蚁能力的各候选真菌种的木屑培养基,各称取 10 g,放置测试圈中,测试圈则照直径 25 cm 圆周的等弧度放置在测试瓷盘中。另外,将 100 头供试白蚁的成龄工蚁放入上述圆周的圆心处的空测试圈内(图 2)。瓷盘加盖后置于恒温培养箱中,温度保持在 25℃。

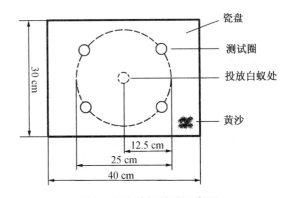

图 2　复合选择试验示意图

供试蚁种:栖北网白蚁、黄胸网白蚁、圆唇网白蚁、尖唇网白蚁、普见乳白蚁和卤土白蚁。每种白蚁重复测试三次。每日观察记录一次各被测测试圈内的工蚁头数,连续观察记录 3 d。

三、结果

单纯选食生测试验表明,猴头菌腐木屑对黄胸网白蚁和普见乳白蚁没有引诱力,对卤土白蚁仅有微弱的引诱力。密黏褶菌、银耳、黑木耳和香菇四种真菌的腐木屑对黄胸网白蚁、普见乳白蚁和卤土白蚁均有引诱力(表 3)。由于用相同的木屑培养基作为对照,而排除了木屑本身对白蚁的引诱作用。

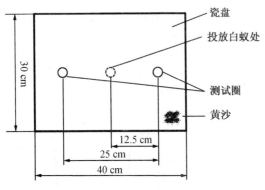

图 1　单纯选食生测示意图

表 3 单纯选食生测试验结果*

供试菌种 \ 白蚁头数 供试	R. flaviceps	C. communis	O. fontanellus
1. *Gloeophyllum trabeum*	290	293	286
对　照	0	4	1
2. *Auricularia auricula*	286	291	270
对　照	3	0	8
3. *Tremella fuciformis*	283	295	290
对　照	0	0	2
4. *Hericium erinaceus*	133	140	162
对　照	164	157	125
5. *Lentinus edodes*	295	296	268
对　照	1	3	2

* 未进入测试圈内及死亡的白蚁头数不计在内,表内数字为 3 次的总和。

当供试白蚁在密黏褶菌、银耳、黑木耳和香菇的腐木屑中间进行复合选择生测试验时,银耳的腐木屑诱集了较多的白蚁,而香菇的腐木屑诱集白蚁效果较差。其余两种真菌的腐木屑对白蚁均具有不同程度的引诱活性(表 4)。

表 4 复合选择生测结果*

	R. labralis			R. speratus			R. flaviceps		
	24 h	48 h	72 h	24 h	48 h	72 h	24 h	48 h	72 h
密黏褶(头)	3	2	3	78	63	57	99	104	27
菌腐木屑(%)	1.00	0.67	1.00	26.00	21.00	19.00	33.00	34.67	9.00
银耳(头)	267	289	283	136	142	169	114	95	174
腐木屑(%)	89.00	96.33	94.33	45.33	47.33	56.33	38.00	31.67	58.00
黑木耳(头)	2	3	3	84	91	70	86	89	98
腐木屑(%)	0.67	1.00	1.00	28.00	30.33	23.33	28.67	29.67	32.67
香菇(头)	1	0	1	2	1	1	1	11	0
腐木屑(%)	0.33	0.00	0.33	0.67	0.33	0.33	0.33	3.67	0.00
小计(头)	273	297	290	300	297	296	300	299	299

	R. aculabialis			C. communis			O. fontanellus		
	24 h	48 h	72 h	24 h	48 h	72 h	24 h	48 h	72 h
密黏褶(头)	161	172	10	24	8	7	38	42	36
菌腐木屑(%)	53.67	57.33	3.33	8.00	2.67	2.33	12.67	14.00	12.00
银耳(头)	91	98	207	130	189	163	203	198	211
腐木屑(%)	30.33	32.67	69.00	43.33	63.00	54.33	67.67	66.00	70.33
黑木耳(头)	48	21	83	53	43	29	54	52	43
腐木屑(%)	16.00	7.00	27.67	17.33	14.33	9.67	18.00	17.33	14.33
香菇(头)	0	2	0	12	8	12	3	5	5
腐木屑(%)	0.00	0.67	0.00	4.00	2.67	4.00	1.00	1.67	1.67
小计(头)	300	293	300	218	248	211	298	293	295

* 未计不在测试圈内及死亡的白蚁头数及百分率。表内白蚁头数是 3 次的总和。

从表 4 可以看出:(1)几种真菌腐木屑对黄胸网蚀、栖北网蚀、普见乳蚀和囟土蚀的诱集率大小的顺序是:银耳腐木屑 > 黑木耳腐木屑 > 密黏褶菌腐木屑 > 香菇腐木屑;对圆唇网蚀的诱集率大小依次为:银耳腐木屑>黑木耳腐木屑=密黏褶菌腐木屑>香菇腐木屑;对尖唇网蠡的诱集率的大小顺序依次为:银耳腐木屑>密黏褶菌腐木屑≈黑木耳腐木屑>香菇腐木屑。(2)在6种供试白蚁中,银耳腐木屑对圆唇网蠡的诱集率最高(平均达93.22%),囟土蠡次之(平均为68.00%)。其余依次为普见乳蠡(平均53.55%)、栖北网蠡(平均49.67%)、尖唇网蠡(平均44.22%)和黄胸网蠡(平均42.56%)。(3)银耳腐木屑对供试的6种白蚁的诱集率在72 h后仍保持在最高的诱集水平,而密黏褶菌腐木屑对各种供试白蚁的诱集率均显示出随着时间的推移而逐渐下降的趋势。其中尤以黄胸网蠡、尖唇网蠡和普见乳蠡为甚。

四、讨论

本试验在测试盘中进行,供试工蚁除取食被测物之外,构筑蚁路所用材料中亦含有被测物质。此外,由于在瓷盘中铺有薄层黄沙而使被测物下黏着数量不等的沙粒。所以,无法测定出各种白蚁对各种供试真菌腐木屑饵料的取食量。

银耳和黑木耳的腐朽物是优于密黏褶菌寄生腐朽物的两种对多种白蚁引诱力很强的引诱材料。由此可以预见,利用栽培这两种食用菌后废弃的木屑培养基制作白蚁毒饵,用于防除白蚁具有较好的前景。

有关银耳和黑木耳腐木屑(培养基)中对白蚁有较强诱集力的活性物质的化学成分及其结构,需进一步研究。

参考文献

[1] 韩美贞,严峰. 白蚁跟踪信息素及其类似物的活性比较试验初报[J]. 昆虫学报,1980,23(3):260-264.

[2] Amburgey TL, Johnson GN, Etheridge JL. A method to mass-produce decayed-wood termite bait blocks [J]. Georgia Entomol Soc,1980,16(1):112-115.

[3] Esenther GR, Allen TC, Casida J E, et al. Termite attractant from fungus-infected wood[J]. Science,1961,134(3471):50.

[4] Esenther GR, Beal RH. Attractant-mirex bait suppresses activity of *Reticulitermes* spp. [J]. Econ Entomol,1974,67:8-88.

[5] Esenther GR, Beal RH. Mirex baits suppress termites [J]. Econ Entomol,1978,71:604-607.

[6] French JRJ. Termite-fungi interactions. I. Preliminary laboratory screening of woods decayed blocks to *Coptotermes acinaciformis*, *Mastotermes darwiniensis*, and *Nasutitermes exitiosus* [J]. Material and Organismen, 1978, 13:210-221.

[7] French JRJ, Robinson PJ, Thornton JD, et al. Termite-fungi interactions. II. Response of *Coptotermes acinaciformis* to fungue-decayed softwood blocks [J]. Material and Organismen,1981,16(1):1-14.

[8] Ostaff D, Gray DE. Termite (Isoptera) suppression with toxic bait [J]. Can Ertomol, 1975, 100:827-834.

[9] Smith RE. Large-scale production of fungal bait blocks for the attraction of termites (Isoptera:Rhinotermitidae) [J]. The Great Lakes Entomologist, 1982, 15(1):31-34.

[10] Smythe RV, Coppel HC, Allen TC. The response of *Reticulitermes* spp. and *Zootermopsis angusticollis* (Isoptera) to extracts from woods decayed by various fungi[J]. Ann Entomol Soc, Amer,1967,60:8-9.

[11] Yarma RV. Investigations on the possibility of non-insecticidal control of termites [J]. KFRI (kerala Forest Research Institute) Research Report,1982,11:10-15.

(本研究在中国科学院上海昆虫研究所夏凯龄教授指导下进行,特表感谢。)

Screening selected decayed woodflours by some edible-fungi for the attraction to termites

Gao Daorong[1], Zhu Benzhong[1], Wang Lizhong[2], Xue Yichen[2]

([1]Nanjing Institute of Termite Control; [2]Nanjing Botanical Garden Memorial Sun Yat-Sen)

The experiments of the bio-determinations for the simple and the complex electings were carried out with six species of termites to the sawdust decayed by five species of fungi. These termites are *Reticulitermes speratus* (Kolbe), *R. flaviceps* (Oshima), *R. labralis* Hsia et Fan, *R. aculabialis* Tsai et Huang, *Coptotermes communis* Xia et He and *Odontotermes fontanellus* Kemner. One of the five fungi is a wood-decayed fungus, *Gloeophyllum trabeum* (Pers, ex Fr.) Murr. [*Lenzites trabea* (Pers. ex Fr.) Fr.]. Others are wood-decayed edible-fungi: *Tremella fuciformis* Berk, *Auricularia auricula* (L. ex Hook,) Underw, *Hericium erinaceus* (Bull.) Pers. and

Lentinus edodes (Berk.) Sing. The results of the bio-determinations have been indicated that three species of edible-fungi (*T. fuciformis*, *A. auricula*, and *L. edodes*) and *G. trabeum* have some attraction to termites, with the exception that *H. erinaceus* has little attraction to termites, of which, the attraction of sawdust decayed by *T. fuciformis* is the strongest and longest followed in order by *A. auricula*, *G. trabeum*, and *L. edodes*. The chemical compositions and the construction of the acting substances which have attraction to termites in the sawdust decayed by *T. fuciformis* and *A. auricula* are necessary to be further studied.

Key words：attraction；*Tremella fuciformis*；*Auricularia auricular*；*Gloeophyllum trabeum*

原文刊登在《动物学研究》, 1987, 8(3):303-309

33 中国土螱属一新种

高道蓉[1]，杨礼中[2]

([1]南京市白蚁防治研究所；[2]玉林市白蚁防治研究所)

关键词：土螱属；南方土螱；新种

土螱属 Odontotermes 的一些种类在我国南方危害杉 Cunninghamia lanceolata (Lamb.) Hook.、樟 Cinnamomum camphora (L.) Presl、檫 Sassafras tzumu Hemsl. 等60多种主要用材树种，特别是对树苗以及幼树危害更大，轻则影响幼树生长，形成"小老树"，重则植株枯死。同时，土螱属的种类可在江河堤围和山塘水库的土坝中营巢栖居，所形成的主巢腔、菌圃腔，连接主巢与菌圃、菌圃与菌圃之间的拱形隧道以及群体到背水坡、迎水坡活动所构筑的隧道均构成巨大隐患，可引起漏水，造成塌窝，甚至决堤垮坝。有的种类还可破坏房屋建筑木构件。

在我国，北纬35°以南的江苏、上海、河南、安徽、甘肃、陕西、四川、西藏、云南、贵州、广东、广西、香港、台湾、湖北、湖南、江西、浙江、福建等省、市（区）均有土螱属分布。

中国土螱属，据蔡邦华、陈宁生(1964)统计有6种：暗齿土螱 Odontotermes (Hypotermes) sumatrensis、海南土螱 O. hainanensis、黑翅土螱 O. formosanus、云南土螱 O. yunnanensis、粗颚土螱 O. gravelyi 和细颚土螱 O. angustignathus；蔡邦华、黄复生(1980,1981)将暗齿土螱学名改为暗齿地螱 Hypotermes sumatrensis；黄复生(1980)报道了新记录种阿萨姆土螱 O. assamensis；蔡、黄(1981)发表了新种亚让土螱 O. yarangensis；林善祥(1981)发表了新种龙州土螱 O. longzhouensis 和黔阳土螱 O. qianyangensis；李桂祥、平正明(1982)发表了新种遵义土螱 O. zunyiensis；高道蓉、朱本忠(1982)恢复了囟土螱 O. fontanellus；夏凯龄、范树德(1982)发表了4个新种：锥颚土螱 O. conignathus、鞍胸土螱 O. sellathorax、环角土螱 O. annulicornis 和凹额土螱 O. foveafrons；王治国、李东升(1984)发表了新种洛阳土螱 O. luoyangensis。

近来，作者在整理所藏广西产土螱标本时鉴定了土螱属 Odontotermes 一新种南方土螱 Odontotermes meridionalis sp. nov.。

综上所述，至今为止，我国计有已知土螱17种。其分种检索如下。

中国土螱属 Odontotermes 分种检索表

兵螱

1. 头为长方形或近似长方形 ············· 2
   头为卵形或近似卵形 ················· 6
2. 左上颚齿位于上颚中点附近或中点之后 ··· 3
   左上颚齿位于上颚前端1/3处 ·········· 5
3. 体小，头至上颚基长 1.84~2.12(1.96) mm，头最宽 1.48~1.67(1.57) mm ········ 锥颚土螱 O. conignathus
   体大，头至上颚基长大于 2.17 mm，头最宽大于 1.64 mm ···················· 4
4. 上唇前端有突伸向前的小块 ············ 云南土螱 O. yunnanensis
   上唇前端无突伸向前的小块 ············ 粗额土螱 O. gravelyi
5. 额前端大都有一半圆形浅凹 ············ 凹额土螱 O. foveafrons
   额前端平坦 ·························· 鞍胸土螱 O. sellathorax

6. 左上颚齿位于上颚前端1/2处 ·· 细颚土白蚁 *O. angustignathus*
   左上颚齿位于上颚前端1/4~1/3处 ·· 7
7. 左上颚齿位于上颚前端1/4处 ··· 8
   左上颚齿位于上颚前端1/3处 ··· 9
8. 体小,头长(至上颚基)1.11~1.14 mm,触角14~15节 ··· 亚让土白蚁 *O. yarangensis*
   体大,头长(至上颚基)1.30~1.58 mm,触角以16节为主 ··· 阿萨姆土白蚁 *O. assamensis*
9. 体小,头长(至上颚基)平均值小于1.33 mm ··· 10
   体大、中型,头长(至上颚基)大于1.43 mm ··· 11
10. 头近似梨形,最宽在后部;前足胫节不膨大,后足胫节长于头宽 ··· 环角土白蚁 *O. annulicornis*
    头短卵形,最宽在中部;前足胫节膨大,后足胫节短于头宽 ·· 海南土白蚁 *O. hainanensis*
11. 大型,头长(至上颚基)大于1.80 mm ··· 12
    中型,头长(至上颚基)1.43~1.77 mm ··· 14
12. 右上颚在中点附近有3个小齿 ·· 龙州土白蚁 *O. longzhouensis*
    右上颚在中点附近有1个小齿 ··· 13
13. 头型指数(头最宽/头至上颚基长)较小,按平均值计算为0.784 ·· 遵义土白蚁 *O. zunyiensis*
    头型指数(头最宽/头至上颚基长)较大,0.810~0.896,平均0.849 ·························· 南方土白蚁 *O. meridionalis* sp. nov.
14. 头卵形 ··· 15
    头近似卵形 ··· 16
15. 头长(至上颚基)1.72~1.77 mm;头宽1.27~1.44 mm ·· 囱土白蚁 *O. fontanellus*
    头长(至上颚基)1.43~1.63 mm;头宽1.13~1.26 mm ·· 黑翅土白蚁 *O. formosanus*
16. 头长卵形,后颏长为宽的2倍 ·· 黔阳土白蚁 *O. qianyangensis*
    头长椭圆形,后颏长为宽的1.5倍 ·· 洛阳土白蚁 *O. luoyangensis*

新种描述

南方土白蚁 *Odontotermes meridionalis* sp. nov.

兵白蚁(图1):

体大型。头部为棕黄色,上唇、后颏黄棕色;上颚深褐色,近基部1/4色较淡,为黄棕色;触角、前胸背板、足黄色。头部毛稀少,上唇端毛与侧端毛发达,两侧各有一列毛;后颏前部周缘有一些毛,后部前段有4~5根毛。

头部宽卵形,最宽位于后部,后缘弧形。上唇宽舌形。囱不明显,上颚粗壮,相对头长较短,左上颚缘齿斜向前,约位于前端1/3处,右上颚相应偏后处有一极小而可见的上颚缘齿。触角17节,第2、3、4、5节中,第2节最长,第3节最短小,第4节略大于第5节。后颏长形,前、后缘平直,前部短,后部两侧缘近于平行。前胸背板呈马鞍形,前缘中央具明显缺刻,后缘中央凹入。中胸背板狭于前胸背板,后胸背板与前胸背板几等宽。

8头兵白蚁各体部度量结果见表1。

表1 8头兵白蚁各体部度量(单位:mm)

项目	范围	平均	项目	范围	平均
头长(至上颚侧基)	1.85~2.06	1.98	上唇宽	0.34~0.40	0.38
头宽(在上颚侧基处)	0.95~1.15	1.04	左上颚长	0.99~1.07	1.03
头在触角脊后侧宽	1.38~1.52	1.46	颚齿距顶端	0.29~0.31	0.30
头最宽	1.57~1.81	1.68	后颏中长	1.26~1.40	1.31
头高(不连后颏)	1.05~1.23	1.13	后颏最宽	0.65~0.78	0.72
头高(连后颏)	1.21~1.38	1.29	前胸背板中长	0.60~0.68	0.64
上唇长	0.35~0.50	0.42	前胸背板宽	1.07~1.20	1.14
头型指数(头最宽/头至上颚基长)	0.810~0.896	0.849	后足胫节长	1.46~1.60	1.54

比较:本新种兵白蚁头部明显较遵义土白蚁 *O. zunyiensis* 为大,且其头型指数(头最宽/头至上颚基长)明显较大(新种头型指数为0.810~0.896,平均为0.849,而后者的头型指数按平均值计算为

0.784),可以区别。

模式产地：广西壮族自治区上林县。兵螱（正模和副模）、工螱。杨礼中于1983年5月15日采自泥被中。

正模标本保存在中国科学院上海昆虫研究所，副模标本分别保存在上海昆虫研究所和南京市白蚁防治研究所。

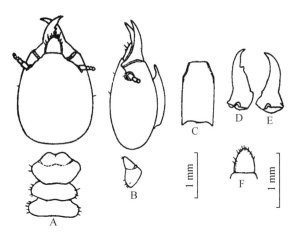

图1 南方土螱 *Odontotermes meridionalis* sp. nov.
A. 头及胸背板正面；B. 头及前胸背板侧面；C. 后颏；D. 左上颚；E. 右上颚；F. 上唇。

（本工作在中国科学院上海昆虫研究所夏凯龄老师指导下进行，特征图由上海昆虫研究所徐仁娣同志绘制，对此特表谢意。）

A new species of the genus *Odontotermes* (Isoptera: Termitidae) in China

Gao Daorong[1], Yang Lizhoug[2]

([1]Nanjing Institute of Termite Control; [2]Yulin Institute of Termite Control)

Abstract: There are seventeen species of *Odontotermes* known in China, This paper reports on a new species which is collected from Guangxi Autonomous Region and named *Odontotermes meridionalis* Gao, sp. nov.

The soldier of this new species resembles that of *O. zunyiensis* but differs in (1) the head-width index is larger (head width / length of head to side base of mandibles), and (2) the head is larger.

Type locality is Shanglin County, Guangxi Autonomous Region. The soldiers (holotype and paratype) and workers were collected by Yang Lizhong from covered galleries on 15th May, 1983.

The soldier specimen of holotype is deposited in Shanghai Institute of Entomology, Academia Sinica.

The soldier specimens of paratype are deposited separately in Shanghai Institute of Entomology, Academia Sinica, and Nanjing Institute of Termite Control.

Key words: *Odontotermes*; *Odontotermes meridionalis*

原文刊登在《南京林业大学学报：自然科学版》，1987(4):113-117

34 钝颚螱属 *Ahmaditermes* 一新种

高道蓉[1],邓宇民[2]

([1]南京市白蚁防治研究所;[2]成都市白蚁防治研究所)

我国产钝颚螱属 *Ahmaditermes* Akhtar 计有七种:(1)粗鼻钝颚螱 *Ahmaditermes crassinasus* Li;(2)角头钝颚螱 *A. deltocephalus*(Tsai et Chen);(3)贵州钝颚螱 *A. guizhouensis* Li et Ping;(4)梨头钝颚螱 *A. pyricephalus* Akhtar;(5)四川钝颚螱 *A. sichuanensis* Xia, Gao et Pan;(6)中国钝颚螱 *A. sinensis* Tsai et Huang;(7)丘额钝颚螱 *A. sinuosus*(Tsai et Chen)。

作者在整理四川省产钝颚螱属标本时,又发现一新种,现介绍如下。

渡口钝颚螱 *A. dukouensis* sp. nov.

兵螱(图1):

头部橙黄色;鼻基部色稍深;象鼻为赤褐色;触角色近似头色;前胸背板前部为浅赤褐色,后部色浅于前部;足及腹部为黄色。

头部毛极稀疏,象鼻有些短毛,端部有数根较长毛,腹部毛较多。

头为稍宽之梨形,最宽处在中部偏后,后缘中凹稍深或平,个体之间差异颇大。象鼻管状,额腺管可见;侧视头顶与象鼻几成直线,象鼻伸向前,似不上翘。上颚前侧端无刺个体属多,但有的个体上颚小尖齿较为明显。触角13节。第2节短于第3节;第4节最短小,其长度约为第3节之半。

前胸背板呈马鞍形,前部翘起,前胸背板宽约为头宽之半。前缘中央凹刻较显。腹部细长。

32 头兵螱各体部量度结果见表1。

表1 32 头兵螱各体部量度(单位: mm)

项目	范围	平均	项目	范围	平均
头长连鼻	1.65~1.80	1.72	前胸背板宽	0.50~0.56	0.54
头长不连鼻	1.00~1.10	1.04	后足胫节长	0.98~1.15	1.09
头宽	0.98~1.10	1.04			

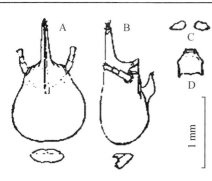

图1 渡口钝颚螱 *A. dukouensis* sp. nov.
兵螱: A. 头及前胸背板正面; B. 头及前胸背板侧面; C. 上颚; D. 后颏。

比较:本新种兵螱近似角头钝颚螱,但本新种头长连鼻较长,鼻长指数明显较大,头背缘侧视较平直,部分个体的头后缘较平直,中央不内凹或仅略微凹以及个别个体上颚的小尖齿较明显,可资区别。

模式产地:四川省渡口市(华地),海拔2200 m,兵螱(正模、副模)、工螱;采集时间:1984-Ⅳ-20;采集人:龚安虎等;寄主:云南松 *Pinus yunnanensis* Franch。正模标本(兵螱)保存于中国科学院上海昆虫研究所(沪昆 No.09010152)。副模标本(兵螱、工螱)分别保存于上海昆虫研究所(沪昆 No.09010152)和南京市白蚁防治研究所(宁 No.3200)。

(本项研究承中国科学院上海昆虫研究所夏凯龄、何秀松同志指导,本文插图由上海昆虫研究所徐仁娣同志绘制,特表感谢。)

参考文献

[1] 蔡邦华,陈宁生.中国南部的白蚁新种[J].昆虫学报,1963,12(2):185-187,192-193.

[2] 蔡邦华,黄复生.中国钝颚白蚁属一新种(白蚁科,象白蚁亚科)[J].动物分类学报,1979,4(4):416-418.

[3] 蔡邦华,黄复生.中国白蚁[M].北京:科学出版社,1980:26.

[4] 李桂祥.中国象白蚁亚科近瓢白蚁新属及钝颚白蚁属的新种(等翅目:白蚁科)[J].动物分类学报,1985,10(1):97-99.

[5] 李桂祥,平正明.贵州省土白蚁和钝颚白蚁属的新种[J].动物学研究,1982,3(增刊):158-160.

[6] 夏凯龄,高道蓉,潘演征,等.钝颚螱属、象螱属和原歪螱属三新种[J].昆虫分类学报,1983,5(2):159-160.

[7] Akhtar MS. Taxonomy and zoogeography of the termites (Isoptera) of Bangladesh[J]. Bull Dept Zool Univ Panjab New Series,1975,7:127-150.

A new species of the genus *Ahmaditermes* (Isoptera: Termitidae) from Sichuan, China

Gao Daorong[1], Deng Yumin[2]

([1] Nanjing Institute of Termite Control; [2] Chengdu Institute of Termite Control)

Ahmaditermes dukouensis sp. nov.

Comparisons:

The new species, soldier of *Ahmaditermes dukouensis*, comes very close to that of *A. deltocephalus* (Tsai *et* Chen), from which it can be distinguished by longer head (with nasus), larger nasul index and dorsum of head seen laterally almost straight, and in some specimens posterior head margin was slightly straight and in a few specimens mandibles with points.

Type locality: Dukou city, Sichuan Province, Soldiers (holotype and paratype) and workers collected by Gong Anhu *et al*., 1984-4-20; Host plant: *Pinus yunnanensis* Franch.

Holotype: Soidier is deposited in Shanghai Institute of Entomology, Academia Sinica.

Paratype: Soldiers and workers are deposited separately in Shanghai Institute of Entomology, Academia Sinica and Nanjing Institute of Termite Control.

原文刊登在《四川动物》,1987,6(3):1-2

35 白蚁的天敌

高道蓉，朱本忠

(南京市白蚁防治研究所)

从一些科学工作者对某些白蚁种类的雌雄两性成虫虫体营养成分的测定结果可知，白蚁是一类能量价值较高的生物体。它们的能量价值约为 (760.5±11.7) cal/100 g 白蚁，其中水分在白蚁体内所占的比例为 49.3%，脂肪占 22.5%，蛋白质占 21.2%，各种无机盐占 5.9%，还有 0.6% 的糖原和其他物质。经进一步分析查明，白蚁体内蛋白质中含有 20 余种氨基酸，它们大多是各种生物体所必需的营养物质。

白蚁由于本身所具有的较高营养价值，从而成为自然界中许多动物争相捕食的对象，这些动物便成了白蚁生存繁殖过程中的天敌。在不同地区、不同季节和不同生态环境中，白蚁的天敌是不同的。在印度的沙漠地带，生态学家观察并解剖分析了两种夜间活动的蝙蝠：鼠尾蝠和埃及皱唇蝠。夏季，这两种蝙蝠的胃内容物中白蚁所占的比例为 20.2%～48.5%，冬季，其胃内容物中则见不到白蚁成分。北美洲卡拉哈里和澳大利亚的沙漠中，有一些称为沙蜥的爬行动物是那里白蚁的天敌。爬行动物中还有一种盲蛇，也是白蚁的一种天敌。在非洲南部纳米比亚的沙漠中，生活着一种土狼，它们喜欢取食某些食草白蚁的兵蚁和工蚁，通过对这种哺乳动物遗留的干粪进行分析发现，白蚁在这些粪便的有机物总数中占 95.9%，而在白蚁成分中，兵蚁又占着相当大的比例，为 53.2%。

旱季的非洲热带稀树草原上，一些啮齿动物——鼠类也成了白蚁的天敌。如塞内加尔的小裸足跳鼠的胃内容物分析结果告诉我们，白蚁是该种鼠在这个季节的主要食物，同时，它们还少量地取食蚂蚁；其次，多乳头鼠和尼罗河鼠在旱季也部分地以白蚁为食。南非的某些草白蚁 Hodotermes 种类的取食活动规律还直接地影响到四条纹草鼠的活动规律，这种鼠同它们的主要捕食对象——某些草白蚁一样，都表现出早晚光线昏暗时进行活动的规律。不仅如此，据科学家研究后发现，这些食草白蚁的活动周期还对四条纹草鼠的生育周期起着重要作用。

在某些热带地区，生活着一些比较低等的哺乳动物——犰狳和食蚁兽，它们尖利而坚硬的趾爪能掘开泥土或坚固的白蚁巢壁，钻进白蚁巢中去大量地取食白蚁。南部非洲的草原上还生活着一种专门大量捕食白蚁，名叫"土豚"的哺乳动物，它们具有细长、灵活而充满黏液的舌头，它们就是用这种特殊功能的舌头从掘开的小洞口伸进白蚁巢居内部，转动灵活的舌头黏取巢居内的白蚁。据报道，它一次捕食能摧毁一个白蚁巢群。另外，白蚁天敌中还有生活在非洲原野上的高等哺乳动物——灵长类中的黑猩猩。它们也非常喜爱吞食白蚁这类富有脂肪和蛋白质的昆虫。为了取食这些美味的白蚁，它们不仅能用上肢抓取白蚁垤巢内或树干泥被下的白蚁，而且还能攀折某些植物的枝条，伸入蚁路或白蚁巢处"钓"取白蚁。

在国内，据张贞华和郦培尧(1982)统计，捕食黑翅土白蚁的天敌计有 21 科 30 种。脊椎动物以蟾蜍、姬蛙、泽蛙等无尾两栖类种类为最多，无脊椎动物则以蜘蛛类最为丰富，已经鉴定出有 19 科 46 种，但其中优势的计有 6 科 12 种，昆虫中的翘尾隐翅虫、步行虫、蚂蚁、蠼螋也是优势种类。

根据国内文献资料综合可知，白蚁的天敌中，小的如蜘蛛、蚂蚁，大的有多种禽类、兽类(如穿山甲等)。许多食虫的鸟类、一些爬行动物、某些两栖动物和蝙蝠等在白蚁离巢群飞的季节中能大量捕食白蚁的长翅成虫和其他品级的白蚁。因而，保护青蛙、蟾蜍、益鸟、蝙蝠和穿山甲等动物对消灭白蚁的繁殖成虫和降低虫口密度，从而抑制白蚁新群体的建立和危害也是具有积极意义的。

原文刊登在《住宅科技》，1987(8)：38-39

36 仓储物资谨防白蚁

高道蓉，朱本忠

（南京市白蚁防治研究所）

在我国，特别是长江流域以南的广大地区，某些白蚁种类已成为房屋建筑木结构的一大危害的事实，大概已被较多的人们了解，而且已越来越引起各方面的重视。然而，在我们的工作中，还不断地发现这些白蚁种类在危害房屋建筑的同时，也严重地危害着许多地方的仓储物资，如：布匹、纸品、书籍、木材等。

长江流域以南广大地区的地理和气候等条件，都十分有利于某些白蚁种类的生存、繁殖和蔓延。所以，只要人们在仓储物资保管转运中不加强白蚁防治措施，就有可能发生白蚁危害的问题。如不加注意，还会日益严重起来。据林树青（1987）报道，白蚁从混凝土结构的福州茶叶仓库和马威办事处码头仓库的地坪裂缝向上蔓延，蛀食了出口茶叶包装箱、电视机壳；在一次杭州的出口丝绸中发现白蚁而被退货；黄岩蜜橘罐头已装箱运到上海，准备出口，因发现包装箱中有白蚁而被退回；白蚁蛀毁而报废了从广州运至武汉的两车厢香烟；白蚁的酸性分泌物腐蚀了某军用仓库中的武器弹药。还有许多珍贵的古籍图书、文物、档案、史料也都曾有过遭受白蚁危害的报道。由此可见，由于人们对仓库白蚁防治的疏忽造成了多么惨重的经济损失！尤其是使国家在对外贸易中造成的信誉损失是无法用金钱的数目来估量的。

对于仓储物资的白蚁预防问题，我们认为有两个方面：一是对仓库建筑物本身；二是对仓储物在贮运保管中应该采取的白蚁防治措施。

确保仓库建筑物不遭受白蚁的危害是保证仓储物资免受白蚁危害的重要因素之一。同其他建筑物防白蚁一样，仓库的防白蚁措施包括新建仓库的预防措施和建成仓库的防治措施。前者要求在仓库的结构设计中和建筑施工中加进预防白蚁的措施。具体措施是：减少木结构的使用和对必须用的木构件进行防白蚁的药物处理；注意建筑施工场地的白蚁清理；并进行地基的防白蚁药物处理，在周围设置混凝土的保护屏障等。而对于已建成的仓库，则要不断地或定期地检查和清除周围环境中存在的白蚁隐患，对仓库的木结构部分更应重点加强白蚁检查和防治处理；对库内则应经常保持通风干燥。

对仓储物资的白蚁防治措施中，尤其应该着重于防的方面，即防止白蚁接近堆放货物的货位。具体措施是：货物切忌直接着地堆放。如果使用货架堆放，应尽量不选用木制架；如果使用木制货架，最好对制作货架木材用防白蚁药剂进行预防处理。对未做预防处理的木货架，不要直接着地放置，应在架脚下垫加适当高度的砖、石或混凝土块，货物和货架都不应贴墙放置或离墙太近，而应当距离墙壁和柱墩有一个适当的距离。留出的高度和距离以便于随时检查货架下和货物周围白蚁蔓延活动等情况为宜，一旦发现，可及时治理，以保证仓储物资不受白蚁侵害。

对于图书馆、档案室、文物库、陈列室等也可参照上述方法酌情预防白蚁的危害。

进行各种药物处理的药剂，目前常用的有1%~2%的氯丹油剂、乳剂以及10%的亚砷酸钠水剂。这些液剂可用于地基的喷洒，防护沟内填土毒化处理，建筑物木构件、木制货架的喷洒、涂刷、浸渍等有效的预防处理。但是，对仓库周围的生活树木等环境绿化植物，切不可将亚砷酸钠水剂或氯丹水乳剂喷洒到植株上，或倾倒残液、喷洒器具清洗液等含毒液体，否则会使植物产生药害，甚至死亡。

原文刊登在《白蚁科技》，1987，4（3）：30

37 中国象白蚁亚科一新属三新种

高道蓉[1]，何秀松[2]

([1]南京市白蚁防治研究所；[2]中国科学院上海昆虫研究所)

关键词：等翅目；白蚁科；象白蚁亚科；奇象白蚁属

作者等在整理中国象白蚁亚科 Nasutitermitinae 标本时发现一新属及三新种，现记述如下。

（一）奇象白蚁属 Mironasutitermes，新属

模式种：异齿奇象白蚁 Mironasutitermes heterodon，新种

兵蚁，二型或三型。

大兵蚁（图1A～D、图2A～D、图3A～D）：头部褐色，杂有黄色。被毛极少，鼻端部毛稍多。头背观近似宽圆形，最宽处位于中部或略偏后，后缘中央凹入。侧观，头背缘后部显著隆起，鼻端略翘，中部较低。上颚具锐齿。触角较长，13节居多，节Ⅲ长为节Ⅱ的二倍。前胸背板呈马鞍形。胫节距式2:2:2；跗节4节。

中兵蚁（图1E～H）：头色略浅于大兵蚁，被毛极少。头部宽圆形，后缘中央稍凹入。侧观头背缘后部略隆起。上颚端齿不明显。触角13节。胫节距式2:2:2；跗节4节。

小兵蚁（图1I～L，图2E～H、图3E～H）：头色较浅，被毛极少，背观宽圆形，后缘中央稍微凹入。上颚齿不明显。触角13节。胫节距式2:2:2；跗节4节。

工蚁，二型或三型。

大工蚁（图1M、图2I、图3I）：头部深黄褐色，背面"T"形缝淡色，触角窝下方近黄色，前胸背板前叶近头色，足黄色。头部宽圆形，最宽处位近前部（自颚基），囟位于"T"形缝交叉点之后。左、右上颚端齿的后缘与第1缘齿的前缘近等长，右上颚第2缘齿的后缘分别较长于端齿及第1缘齿的后缘。触角14节（少数15节）。前胸背板马鞍形。胫节距式2:2:2；跗节4节。

中工蚁（图14）：体色略浅于大工蚁，头形、上颚齿形及囟位均同大工蚁。触角14节。胫节距式2:2:2；跗节4节。

比较与讨论：

本新属较近似于华象白蚁属 Sinonasutitermes Li，其主要区别如下：（1）大兵蚁上颚具锐齿，中兵蚁、小兵蚁上颚齿不明显或缺；（2）兵蚁头部后缘中央凹入，有时中、小兵蚁后缘凹入略不明显；（3）工蚁左、右上颚端齿的后缘与第1缘齿的前缘近等长，右上颚端齿的后缘短于第2缘齿的后缘。

新属与象白蚁属 Nasutitermes 的主要区别为：（1）兵蚁具2型或3型，头后缘中央内凹或略凹；侧观头部背缘的后部隆起，鼻基较低，鼻端略翘。大兵蚁上颚齿明显，而中、小兵蚁上颚几乎无齿。（2）新属工蚁亦具2型或3型，左上颚端齿的后缘与第1缘齿的前缘近等长。

据新属的属征，商城象白蚁 Nasutitermes shangchengensis Wang et Li (1984) 应移至本属内，即为商城奇象白蚁 Mironasutitermes shangchengensis (Wang et Li)。

（二）异齿奇象白蚁 Mironasutitermes heterodon，新种

兵蚁，具三型。

大兵蚁（图1A～D）：头部褐色，鼻深褐色，触角黄褐色，前胸背板前叶深褐色，后叶浅于前叶，中、后胸背板及腹部背板为黄褐色，足淡黄色。头部毛极少，仅鼻端部毛稍多，前胸背板周缘具少许短毛。头部背观近似宽圆形，最宽处位于中部略偏后，后缘中央凹入，侧观头部背缘的后部显著隆起，中部较低，鼻基部略隆起，鼻端翘。上颚齿明显。触角较长，13节居多，偶有14节。为13节时，节Ⅱ细，稍短于节Ⅳ，约为节Ⅲ之半；为14节时，节Ⅱ最短，节Ⅳ稍长于节Ⅱ，节Ⅲ为节Ⅱ的1.5倍。前胸背板呈马鞍形，前叶短于后叶，前缘中央具明显的切刻，后缘中央切刻不明显。腹部明显为橄榄形。后足较长。

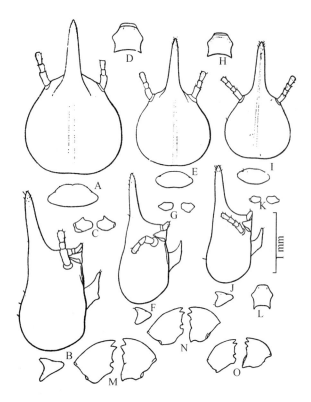

中兵蚁(图1E~H):头部浅褐黄色,鼻浅赤褐色,触角淡褐色,前胸背板前叶淡赤褐色,中、后胸及腹部背板为黄褐色,足淡黄色。毛序同大兵蚁。头部背观为扁圆形,最宽处位近中部,后缘中央微凹入,侧视头部背缘的后部稍隆起,鼻端略翘,中部较低,鼻基微隆。鼻圆锥形,上颚齿不显。触角13节,节Ⅱ稍短于节Ⅳ,甚短于节Ⅲ。前胸背板马鞍形,前、后缘中央切刻均不显。

小兵蚁(图1I~L):头部浅褐黄色,鼻浅赤褐色,触角稍浅于头色,前胸背板前叶近头色,后叶色稍淡,中、后胸及腹部背板淡黄褐色,足淡黄色,毛序酷似中、大兵蚁。头部宽圆形,最宽处位于中点偏后,后缘中央略微内凹,侧观头背缘的后部隆起,鼻端略翘,中部较低,鼻基微隆。鼻圆锥形,较细。上颚齿缺或不明显。触角12节,节Ⅲ显著长,几等于基节,节Ⅱ略短于节Ⅳ,约为节Ⅲ之半。前胸背板马鞍形,前、后缘中央切刻均不显。

三型异齿奇象蚁兵蚁各体部量度结果见表1。

图1 异齿奇象蚁 *Mironasutitermes heterodon.*,新种
A~D. 大兵蚁;E~H. 中兵蚁;I~L. 小兵蚁;M. 大工蚁上颚;N. 中工蚁上颚;O. 小工蚁小颚。
Fig. 1. *Mironasutitermes heterodon* Gao et He, sp. nov.
A~D. Major soldier; E~H. Median soldier; I~L. Minor soldier; M. Mandibles of major worker; N. Mandibles of median worker; D. Mandibles of minor worker.

表1 异齿奇象蚁兵蚁体部量度(单位:mm)
Tab. 1 Body-measurements of soldiers (Unit: mm)

项目 Items	大兵蚁 Major soldiers		中兵蚁 Median soldiers		小兵蚁 Minor soldiers	
	范围 Range	平均 Average	范围 Range	平均 Average	范围 Range	平均 Average
头长(连鼻) Length of head with nasus	2.05~2.24	2.14	1.85~1.90	1.87	1.728~1.752	1.740
头长(不连鼻) Length of head without nasus	1.31~1.37	1.35	1.00~1.07	1.04	0.960~0.960	0.960
头宽 Width of head	1.31~1.41	1.36	1.11~1.20	1.16	1.020~1.044	1.032
头高(连颏) Height of head with postmentum	1.00~1.10	1.06	0.81~0.89	0.85	0.792~0.816	0.804
头高(不连颏) Height of head without postmentum	0.80~0.97	0.85	0.66~0.75	0.72	0.648~0.648	0.648
前胸背板中长 Median length of pronotum	0.29~0.35	0.31	0.20~0.25	0.22	0.200~0.216	0.208
前胸背板宽 Width of pronotum	0.70~0.78	0.74	0.52~0.68	0.59	0.552~0.552	0.552
后足胫节长 Length of hind tibia	1.20~1.65	1.56	1.25~1.32	1.29	1.076~1.076	1.076

工蟋,具三型。

大工蟋(图1M):头部深黄褐色,淡色"T"形缝明显,触角褐黄色,前胸背板前叶略浅于头色,中、后胸及腹部背板浅黄褐色,足淡黄色。头较宽圆,最宽位于中部之前,向后渐窄,后缘圆弧,额部向前下方倾斜,囟位于"T"形缝交叉点之后。左、右上颚端齿的后缘与第1缘齿的前缘近等长,右上颚第1缘齿的后缘常常较短于第2缘齿的后缘。后唇基隆起,宽约为长的3倍。触角14～15节。以14节居多,14节时以节Ⅳ最短,15节时为节Ⅲ最短。前胸背板呈马鞍形,前部大而竖立,前缘中央切刻明显。腹部长大,呈粗橄榄形。

中工蟋(图1N):体色、毛序、头形均近似大工蟋。体型略小于大工蟋,触角仅见14节。

小工蟋(图1O):体型小于中工蟋,触角亦14节。体色、毛序、头形近似中工蟋。

三型异齿奇象蟋工蟋体部量度结果见表2。

比较:本新种兵蟋具三型,大兵蟋体部量度显著较大,头宽为1.31～1.41 mm,后足胫节长1.50～1.65 mm,与本新属兵蟋仅二型种的大兵蟋头宽小于1.25 mm,后足胫节长在1.46 mm以下,可明显区别之。

本新种从体部量度,中兵蟋、小兵蟋分别与天目奇象蟋 Mironasutitermes tianmuensis 的大兵蟋、小兵蟋接近,主要区别为:(1) 前者的中兵蟋上颚齿不显,头长为1.11～1.20 mm,前胸背板中长为0.20～0.25 mm (后者的大兵蟋上颚齿明显,头宽1.05～1.11 mm,前胸背板中长0.24～0.27 mm);(2) 前者小兵蟋的头和前胸背板均较宽(后者小兵蟋的头和前胸背板宽均略小)。

讨论:尖鼻象蟋 Nasutitermes gardneri Tsai et Chen(1963)采自天目山,与本新种的中兵蟋极为相似,但本新种具三型,且大兵蟋显然不同,因此,尖鼻象蟋应系本种内的一个类型。

模式产地:浙江省天目山自然保护区。正模:大兵蟋;副模:大、中、小兵蟋,大、中、小工蟋。1986-Ⅳ-22。高道蓉、夏亚忠等采自活树枯腐部位。

表2 三型异齿奇象蟋工蟋体部量度(单位:mm)
Tab. 2 Body-measurements of workers (Unit: mm)

项目 Items	大工蟋 Major workers		中工蟋 Median workers		小工蟋 Minor workers	
	范围 Range	平均 Average	范围 Range	平均 Average	范围 Range	平均 Average
头长(至唇尖) Length of head to tip of labrum	1.50～1.55	1.53	1.35～1.46	1.42	1.224～1.32	1.28
头宽 Width of head	1.24～1.34	1.27	1.15～1.24	1.20	1.008～1.08	1.032
前胸背板宽 Width of pronotum	0.76～0.85	0.79	0.65～0.72	0.70	0.528～0.60	0.576
后足胫节长 Length of hind tibia	1.22～1.34	1.28	1.05～1.20	1.11	0.96～1.008	0.99

(三) 天目山奇象蟋 Mironasutitermes tianmuensis,新种

兵蟋,二型。

大兵蟋(图2A～D):头部褐色,鼻赤褐色,触角黄褐色,前胸背板前叶为淡赤褐色,中、后胸及腹部背板黄褐色,足为淡黄色。头部毛极少,仅鼻端具少数短毛,头背观为宽圆形,自触角窝向后扩展,最宽处位于中部,后缘中央略凹,侧视头背缘的后部颇为隆起,中央较低,鼻上举,基部略隆,较长,圆柱形。上颚齿明显。触角13节,节Ⅲ最长,节Ⅱ稍长于节Ⅳ。前胸背板呈马鞍形,前叶略短于后叶,前后缘中央不具凹口,腹部呈橄榄形。

小兵蟋(图2E～H)头色较淡,毛序同大兵蟋。头背观近似圆形,后缘中央微凹,侧观头背缘后部隆起,中部较低,鼻上举,基部微隆起,圆柱形,较长。上颚齿不明显。触角13节,节Ⅱ几等于节Ⅳ,节Ⅲ甚长于节Ⅱ。前胸背板呈马鞍形。腹部呈橄榄形。

二型天目山奇象蟋兵蟋体部量度结果见表3。

表3 天目山奇象蟲兵蟲体部量度（单位：mm）
Tab. 3 Body-measurements of soldiers (Unit: mm)

项目 Items	大兵蟲 Major soldiers		小兵蟲 Minor soldiers	
	范围 Range	平均 Average	范围 Range	平均 Average
头长（连鼻）Length of head with nasus	1.85～1.94	1.90	1.70～1.80	1.75
头长（不连鼻）Length of head without nasus	1.01～1.05	1.03	0.85～0.91	0.89
头宽 Width of head	1.05～1.11	1.08	0.93～0.98	0.95
头高（连颏）Height of head with postmentum	0.85～0.91	0.89	0.75～0.89	0.76
头高（不连颏）Height of head without postmentum	0.69～0.75	0.73	0.60～0.65	0.63
前胸背板中长 Median length of pronotum	0.24～0.27	0.26	0.19～0.21	0.20
前胸背板宽 Width of pronotum	0.55～0.64	0.60	0.48～0.51	0.50
后足胫节长 Length of hind tibia	1.15～1.31	1.25	0.96～1.12	1.04

工蟲，二型。

大工蟲（图2I）：头部呈黄褐色，淡色"T"形缝可见，触角淡黄褐色，中、后胸及腹部背板均为淡黄褐色，足淡黄色。头近圆形，两侧略平直，最宽近触角窝，向后渐窄，后缘宽弧形。后唇基隆起，宽约为长的3倍。左上颚端齿的后缘约等于第1缘齿的前缘，右上颚第1缘齿的后缘略长于端齿的后缘，明显短于第2缘齿的后缘。触角14节。前胸背板前缘中央凹刻明显。腹部呈橄榄形。

小工蟲：头色浅于大工蟲，"T"形头缝不明显。头形同大工蟲。触角13节。

二型天目山奇象蟲工蟲体部量度结果见表4。

比较：本新种的大、小兵蟲与商城奇象蟲 *Mironasutitermes shangchengensis* 较为近似，但本新种大、小兵蟲的鼻较长，基部较为隆起，可区别之。

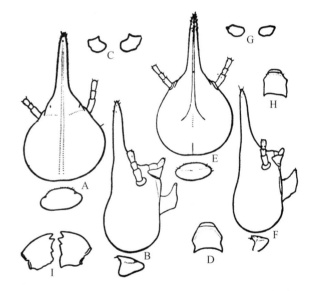

图2 天目奇象蟲 *Mironasutitermes tianmuensis*，新种
A～D. 大兵蟲；E～H. 小兵蟲；I. 大工蟲上颚。
Fig. 2. *Mironasutitermes tianmuensis* Gao et He, sp. nov.
A～D. Major soldier; E～H. Minor soldier; I. Mandibles of major worker.

表4 天目山奇象蟲工蟲体部量度（单位：mm）
Tab. 4 Body-measurements of workers (Unit: mm)

项目 Items	大工蟲 Major Workers		小工蟲 Minor Workers	
	范围 Range	平均 Average	范围 Range	平均 Average
头长（至唇尖）Length of head to tip of labrum	1.26～1.35	1.32	1.15～1.21	1.180
头宽 Width of head	1.10～1.12	1.11	0.97～0.99	0.980
前胸背板宽 Width of pronotum	0.62～0.64	0.63	0.54～0.55	0.545
后足胫节长 Length of hind tibia	1.01～1.10	1.06	0.84～0.85	0.845

模式产地：浙江省天目山自然保护区。正模：大兵蟲；副模：大、小兵蟲，大、小工蟲。1986-Ⅳ-22。高道蓉、唐秀贵等采自伐根。

(四)长宁奇象螱 Mironasutitermes changningensis,新种

兵螱,二型。

大兵螱(图3A~D):头部呈褐色,稍杂深黄色,鼻近头色,触角浅黄褐色,前胸背板黄褐色,前叶稍深,后叶较浅,中、后胸及腹部背板浅黄褐色,足淡黄色。头部毛极稀少,鼻端部具短毛,胸部背面仅沿周缘具毛,腹部背板被毛较密。头部背观宽圆形,最宽处位近中部,后缘中央略凹入,侧观头背缘后部隆起,中部较低,鼻端略翘,基部较平,圆锥形,较粗。上颚齿明显。触角13节,节Ⅲ最长,节Ⅱ与节Ⅳ近等长。前胸背板马鞍形,前缘中央微凹入,后缘中央不凹。腹部橄榄形。

小兵螱(图3E~H):头色浅于大兵螱,毛极少,余同大兵螱。头背观为宽圆形,最宽处位于中部,侧观头背缘后部隆起,中部稍低,鼻略翘起,基部较平或微隆起,细长,圆锥形。上颚齿不明显。触角13节,节Ⅲ最长,节Ⅳ最小。前胸背板马鞍形,前缘中央微凹入。腹部为橄榄形。

长宁奇象螱兵螱体部量度结果见表5。

工螱,二型。

大工螱(图3I):头部为黄褐色,淡色"T"形缝可见,触角淡黄色,胸、腹部背板为淡褐色,足淡黄色。头近圆形,最宽处近触角窝,后唇基隆起。触角14节。左、右上颚端齿的后缘约等于或略长于第1缘齿的前缘;右上颚第1缘齿的后缘较短于第2缘齿的后缘。前胸背板马鞍形,前缘中央凹刻明显。腹部为橄榄形。

小工螱(图3J):头色较浅于大工螱,"T"形缝不明显。毛序和头形同大工螱。触角13节。

长宁奇象螱工螱体部量度结果见表6。

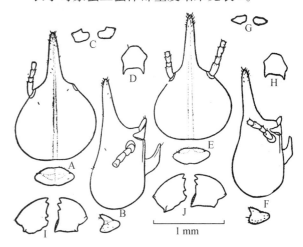

图3 长宁奇象螱 Mironasutitermes changningensis
A~D.大兵螱;E~H.小兵螱;I.大工螱上颚;J.小工螱上颚。
Fig. 3 Mironasutitermes changningensis Gao et He, sp. nov.
A~D. Major soldier; E~H. Minor soldier; I. Mandibles of major worker; J. Mandibles of minor worker.

表5 长宁奇象螱兵螱各体部量度(单位:mm)
Tab. 5 Body-measurements of soldiers (Unit:mm)

项目 Items	大兵螱 Major soldiers	小兵螱 Minor soldiers	
		范围 Range	平均 Average
头长(连鼻) Length of head with nasus	1.96	1.75~1.81	1.77
头长(不连鼻) Length of head without nasus	1.128	0.90~1.01	0.96
头宽 Width of head	1.248	1.05~1.12	1.08
头高(连颔) Height of head with postmentum	0.96	0.80~0.86	0.84
头高(不连颔) Height of head without postmentum	0.792	0.67~0.70	0.69
前胸背板中长 Median length of pronotum	0.264	0.19~0.20	0.20
前胸背板宽 Width of pronotum	0.62	0.46~0.55	0.50
后足胫节长 Length of hind tibia	1.32	1.18~1.22	1.20

表6 工螱体部量度(单位:mm)
Tab. 6 Body-measurements of workers (Unit:mm)

项目 Items	大工螱 Major workers		小工螱 Minor workers	
	范围 Range	平均 Average	范围 Range	平均 Average
头长(至唇尖) Length of head to tip of labrum	1.31~1.41	1.36	1.15~1.21	1.19
头宽 Width of head	1.10~1.16	1.13	1.00~1.01	1.01
前胸背板宽 Width of pronotum	0.65~0.70	0.68	0.55~0.60	0.59
后足胫节长 Length of hind tibia	1.00~1.15	1.07	0.82~0.97	0.91

比较:本新种大兵螱和小兵螱头部的量度均较大,且前胸背板的前缘中央都凹入或微凹入,工螱右上颚端齿的后缘略长于第1缘齿的前缘,可区别于天目奇象螱 Mironasutitermes tianmuensis Gao et He。

模式产地:四川省长宁县;正模:大兵螱;副模:小兵螱,大、小工螱。1984-Ⅵ-20,田海明采自伐根。

模式标本保存于中国科学院上海昆虫研究所,部分副模标本保存于南京市白蚁防治研究所。

Three new species of the new genus *Mironasutitermes* from China (Isoptera: Termitidae: Nasutitermitinae)

Gao Daorong[1], He Xiusong[2]

([1]Nanjing Institute of Termite Control; [2]Shanghai Institute of Entomology, Academia Sinica)

The present paper describes three new species, belonging to new genus *Mironasutitermes*, collected from Zhejiang and Sichuan Province of China. All holotype specimens are preserved in the collection of Shanghai Institute of Entomology, Academia Sinica. Paratype specimens are preserved separately in Nanjing Institute of Termite Control and Shanghai Institute of Entomology, Academia Sinica.

***Mironasutitermes* Gao *et* He, gen. nov.**

Type species: ***Mironasutitermes heterodon* Gao *et* He, sp. nov.**

Diagnosis: Soldier: Dimorphic or trimorphic.

Major soldier: Head very scantily hairy, rostrum with many short hairs at tip. Head seen from above somewhat pear shaped, broadest in basal half, posterior margin slightly emarginate in middle; dorsal profile depressed at middle, nasal hump indicated, nasus elongate, slightly raised. Mandibles with distinct apical tooth. Antennae most with 13 articles. Pronotum saddle-shaped. Tibial spurs 2:2:2. Tarsi four-jointed.

Median soldier: Head without nasus, pear-shaped, posterior margin slightly depressed in middle. Mandibles without apical tooth or indistinct. Antennae with 13 articles. Pronotum saddle-shaped. Tibial spurs 2:2:2. Tarsi four-jointed.

Minor soldier: Head with posterior margin somewhat emarginate in middle. Mandibles without apical tooth. Antennae with 13 articles. Pronotum saddle-shaped. Tibial spurs 2:2:2.

Worker: Dimorphic or trimorphic. Head sparsely hairy, broadest before the middle. Left and right mandibles both with posterior margin of apical teeth as long as or slightly shorter than anterior margin of first marginal teeth, right mandible with the posterior margin of first marginal tooth distinctly shorter than posterior margin of second marginal tooth. Postclypeus swollen. Antennae with 14~15 articles, generally with 14 articles. Pronotum saddle-shaped, anterior margin distinctly emarginate in middle. Tibial spurs 2:2:2, Tarsi four-jointed.

Comparisons: The soldier of *Mironasutitermes*, new genus, resembles that of *Sinonasutitermes* Li, but differs as follows: (1) Mandibles of major soldier with conspicuous apical teeth and of median and minor soldier without or with indistinct apical teeth. (2) Head of soldier with posterior margin emarginate in middle. (3) Left and right mandibles of worker with posterior margin of apical teeth as long as anterior margin of the first marginal teeth, right mandible with posterior margin of apical tooth shorter than posterior margin of the second marginal tooth.

The soldier of *Mironasutitermes*, new genus, also closely to that of *Nasutitermes* Dudley, can be separated from: (1) Soldier dimorphic of trimorphic, posterior margin of head more or less emarginate in middle, dorsal profile depressed in middle, mandibles of median and minor soldier without or with indistinct apical tooth. (2) Worker dimorphic or trimorphic, left mandible with posterior margin of apical tooth as long as or slightly shorter than anterior margin of the first marginal tooth.

Remarks: *Nasutitermes shangchengensis* Wang *et* Li being transferred to the genus *Mironasutitermes*, as its soldier dimorphic, posterior margin of head emarginate in middle, mandible of major soldier with a apical tooth and of minor soldier without apical tooth.

***Mironasutitermes heterodon* Gao *et* He., sp. nov. (Fig. 1)**

Comparisons: The new species can be easily distinguished from all known species of *Mironasutitermes* with trimorphic soldiers and by major soldier larger size.

Remarks: *Nasutitermes gardneri* Tsai *et* Chen (nec Snyder), collected from Tianmushan, Zhejiang Province, with the soldier has head shaped similarly to the median soldier of *Mironasutitermes heterodon*.

Type locality: Zhejiang Province, Tianmushan; major, median and minor soldiers, workers; collected by Gao Daorong and Xia Yazhong, 1986-IV-22, from a dead portion of living tree.

Mironasutitermes tianmuensis Gao et He, sp. nov. (Fig. 2)

This new species resembles very closely *Mironasutitermes shangchengensis* (Wang et Li), but differs as follows: Head with dorsal margin in profile depressed in middle and with a low hump at base of rostrum, nasus comparatively longer.

Type locality: Zhejiang Province, Tianmushan; Major and minor soldiers, workers, collected by Gao Daorong and Tang Xiugui, 1986-IV-22.

Mironasutitermes changningensis Gao et He, sp. nov. (Fig. 3)

The major and minor soldiers of *Mironasutitermes changningensis*, new species, resembles separately that of *Mironasutitermes tianmuensis*, but differs in having the body size larger, pronotum with anterior margin emarginate in middle, right mandible of worker with posterior margin of apical tooth slightly longer than anterior margin of first marginal tooth.

Type locality: Changning County, Sichuan Province; Major and minor soldiers, workers, collected by Tian Haiming, 1984-VI-20 from dead stump.

Key words: Isoptera; Nasutitermes; *Mironasutitermes*

原文刊登在《昆虫学研究集刊》, 1988(8):179-188

38 中国龙王山奇象白蚁属一新种

高道蓉

(南京市白蚁防治研究所)

关键词:等翅目;白蚁科;象白蚁亚科;奇象白蚁属

1987年10月8—16日,浙江省湖州市白蚁防治协会郭建强(德清县白蚁防治研究所)、张往子(湖州市白蚁防治所)、周鸣浩(湖州市水利局)和张选民(安吉县水利局)赴浙江省龙王山自然保护区(地理位置:北纬30°23′,东经119°23′,位于浙江省的安吉、临安和安徽省的宁国三县交界处;境内年平均温度8.9℃,年降雨量1651.9 mm)进行了一次白蚁调查,共采集到白蚁标本11组。

其中有一象白蚁亚科 Nasutitermitinae 标本,其兵白蚁二型;大兵白蚁的上颚齿明显,小兵白蚁的上颚齿不显;大兵白蚁头部后缘中央稍内凹等诸特征符合奇象白蚁属 Mironasutitermes 的属征,故应归入奇象白蚁属。经鉴定为奇象白蚁属一新种。这样迄今为止,我国奇象白蚁属共有5种,其名录如下:异齿奇象白蚁 M. heterodon Gao et He、天目奇象白蚁 M. tianmuensis Gao et He、长宁奇象白蚁 M. changningensis Gao et He、商城奇象白蚁 M. shangchengensis (Wang et Li)和龙王山奇象白蚁 M. longwangshanensis 新种。

一、中国奇象白蚁属 Mironasutitermes 分种检索表

1. 兵白蚁三型 ·· 异齿奇象白蚁 M. heterodon
   兵白蚁二型 ·· 2
2. 鼻较长,大兵鼻长指数(鼻长/头长连鼻)在0.45以上,小兵鼻长指数在0.48以上 ········· 天目奇象白蚁 M. tianmuensis
   鼻较短,大兵鼻长指数在0.45以下,小兵鼻长指数在0.48以下 ··· 3
3. 大兵鼻长指数在0.42以下,小兵鼻长指数在0.45以下;小兵触角为12节 ········· 商城奇象白蚁 M. shangchengensis
   大兵鼻长指数大于0.42,小兵鼻长指数大于0.45;小兵触角为13节 ·················· 4
4. 大兵触角为13~14节;前胸背板较宽,大兵为0.65~0.74 mm(0.70 mm),小兵为0.52~0.56 mm(0.54 mm)
   ·· 龙王山奇象白蚁 M. longwangshanensis
   大兵触角为13节;前胸背板较窄,大兵为0.62 mm,小兵为0.46~0.55 mm(0.50 mm)
   ·· 长宁奇象白蚁 M. changningensis

二、新种描述

龙王山奇象白蚁 Mironasutitermes longwangshanensis sp. nov.

大兵白蚁(图1):

头部褐色,象鼻基约2/3较深,为深褐色,近端部1/3色渐淡,近似头色;每节触角节后3/4较前1/4色深,为黄褐色,前胸背板呈前叶色深,近似深褐色,后叶浅于前叶,近似头色;中、后胸背板及腹部背板为黄褐色;足淡黄色。

头部毛稀疏,有些短毛及数枚较长毛,鼻端部毛较多;前胸背板周缘有些短毛。

头部近似扁圆形,自触角窝向后急速扩展,最宽处位于中部稍后,后缘中央稍内凹;侧视头背缘后部较为隆起,中部较低而鼻基部稍微隆起,鼻斜上翘。上颚齿较显。触角较长,13~14节,以13节为多;13节时,节Ⅱ最为细短,节Ⅳ稍长于节Ⅱ,节Ⅲ长约为节Ⅱ与节Ⅳ之和;14节时,节Ⅳ稍短于节Ⅱ,节Ⅲ长度小于节Ⅱ与节Ⅳ长度之和。前胸背板呈马鞍形,前缘中央具稍为明显的切刻,后缘中央切

刻不显。腹部为较长,长橄榄形。后足较长。

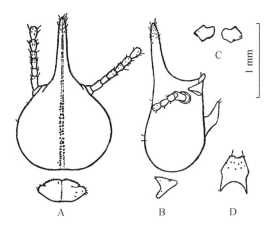

图1 龙王山奇象螱 *Mironasutitermes longwangshanensis* sp. nov. 大兵螱

A. 头及前胸背板正面;B. 头及前胸背板侧面;C. 左、右上颚;D. 后颏。

小兵螱(图2):

头部浅褐黄色,近触角窝处色稍浅;鼻浅赤褐色;触角近似头色;前胸背板前叶为浅赤褐色,后叶色较浅,近似头色;中、后胸背板淡黄褐色;腹背板为黄褐色;足淡黄色,毛序近似大兵螱。

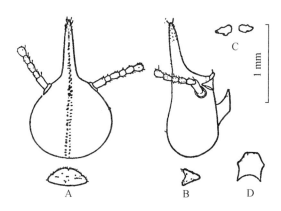

图2 龙王山奇象螱 *Mironasutitermes longwangshanensis* sp. nov. 小兵螱

A. 头及前胸背板正面;B. 头及前胸背板侧面;C. 左右上颚;D. 后颏。

头部为宽圆形,最宽处位于中后部,头后缘宽弧形;侧视头背缘的后部隆起不显,鼻基部微隆起,鼻端略翘;鼻圆锥形,内中额腺管隐约可见;上颚齿不显。触角13节,节Ⅱ与节Ⅳ几等长,或节Ⅱ稍长于节Ⅳ,节Ⅲ较长于节Ⅱ或节Ⅳ。前胸背板马鞍形,后缘中央切刻不甚明显。

奇象螱兵螱体部量度结果见表1。

表1 奇象螱兵螱体部量度(单位:mm)

项目	大兵螱		小兵螱	
	范围	平均	范围	平均
头长(连鼻)	1.91~2.06	2.01	1.65~1.81	1.72
头长(不连鼻)	1.10~1.20	1.14	0.90~0.96	0.93
头宽	1.19~1.29	1.25	1.05~1.11	1.07
头高(连颏)	0.94~1.02	0.97	0.75~0.85	0.798
头高(不连颏)	0.75~0.83	0.79	0.64~0.71	0.66
前胸背板中长	0.27~0.30	0.28	0.195~0.21	0.202
前胸背板宽	0.65~0.74	0.70	0.52~0.56	0.54
后足胫节长	1.32~1.52	1.46	1.06~1.15	1.11

大工螱(图3):

头部呈黄褐色,淡色"T"形缝十分明显,触角黄色;前胸背板前叶略浅于头色,为浅黄褐色,后叶色较前叶为浅,与中、后胸背板色相近;腹背板浅黄褐色;足淡黄色。

头近宽圆,最宽处位于中部稍前,后缘宽弧出。左上颚端齿的后缘与第1缘齿的前缘几等长或稍短;右上颚端齿的后缘稍长于第1缘齿的前缘而短于第1缘齿后缘。后唇基隆起。触角14节,节Ⅳ最短,节Ⅱ与节Ⅲ几等长。前胸背板呈马鞍形,前缘中央凹刻明显。腹部相当长大,粗橄榄形。

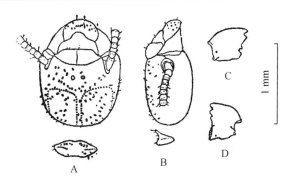

图3 龙王山奇象螱 *Mironasutitermes longwangshanensis* sp. nov. 大工螱

A. 头及前胸背板正面;B. 头及前胸背板侧面;C. 左上颚;D. 右上颚。

小工蚁(图4):

体色明显浅于大工蚁。毛序、头形近似大工蚁。体型明显小于大工蚁。触角13节。腹部呈橄榄形,可见肠内含物。

奇象白蚁工蚁体部量度结果见表2。

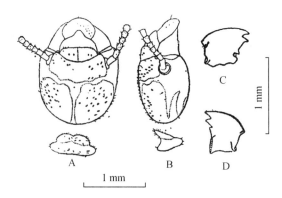

图4 龙王山奇象白蚁 *Mironasutitermes longwangshanensis* sp. nov. 小工蚁
A. 头及前胸背板正面;B. 头及前胸背板侧面;C. 左上颚;D. 右上颚。

表2 奇象白蚁工蚁体部量度(单位:mm)

项目	大工蚁		小工蚁	
	范围	平均	范围	平均
头长(至唇尖)	1.40～1.50	1.475	0.96～1.25	1.09
头宽	1.16～1.25	1.198	0.85～1.05	0.93
前胸背板宽	0.70～0.80	0.738	0.48～0.55	0.51
后足胫节长	1.02～1.25	1.140	0.75～0.92	0.82

习性:

本种白蚁在树干上做扁球形蚁巢。主要蛀食活树的枯死部位,已见寄主树种名录如下:

三尖杉 *Cephalotaxus fortunei* Hook,

柏木 *Cupressus funebris* Endl,

榕树 *Ficus* sp.,

山刺柏 *Juniperus formosana* Hayata,

青钱柳 *Pterocarya paliurus* Batalin,

檫树 *Sassafras tsumu* (Hemsl.) Hemsl.

比较:

本新种与异齿奇象白蚁 *Mironasutitermes heterodon* 较为近似,但具有以下特点:(1)本新种兵蚁为二型;(2)大兵蚁明显较小,头长连鼻为1.91～2.06 mm,平均2.01 mm;(3)大兵蚁略大于对比种的中兵蚁,但有较显的上颚齿(对比种特点为:①兵蚁为三型;②大兵蚁较大,头长连鼻为2.05～2.24 mm,平均为2.14 mm;③中兵蚁上颚齿不显)。可与之区别。

模式产地:

浙江省龙王山自然保护区。正模:大兵蚁,副模:大、小兵蚁,大、小工蚁,1987-X-18,郭建强、张选民等采自枯死树头。

正模标本保存于中国科学院上海昆虫研究所,副模标本分别保存于上海昆虫研究所和南京市白蚁防治研究所。

(本研究工作在夏凯龄教授指导下进行,插图由徐仁娣同志绘制,白蚁标本及习性等资料由郭建强、鄂德宝和贾阿良提供,谨此致谢。)

A new species of *Mironasutitermes* from Mt. Longwang, China (Isoptera: Termitidae, Nasutitermitinae)

Gao Daorong

(Nanjing Institute of Termite Control)

There are five species of Genus *Mironasutitermes* discovered from China:

1. *M. heterodon* Gao et He, 1987, Zhejiang;
2. *M. tianmuensis* Gao et He, 1987, Zhejiang;
3. *M. changningensis* Gao et He, 1987, Sichuan;
4. *M. shangchengensis* (Wang et Li), 1984, Henan;
5. *M. longwangshanensis* sp. nov.

They are summarized in the following key:

Key to species of the genus *Mironasutitermes* (Soldiers)

1. Soldier trimorphic ··· *M. heterodon*
   Soldier dimorphic ·· 2
2. Nasus longer; Major soldier: nasus-length index(nasus length/head length with nasus) more than 0.45;
   minor soldier: nasus-length index more than 0.48 ·· *M. tianmuensis*
   Nasus shorter; Major soldier: nasus-length index less than 0.45; minor soldier: nasus-length index less than 0.48 ········· 3
3. Major soldier: nasus-length index less than 0.42; minor soldier: nasus-length index less than 0.45,
   antennae with 12 articles ·· *M. shangchengensis*
   Major soldier: nasus-length index more than 0.42; minor soldier: nasus length index more than 0.45,
   antennae with 13 articles ·· 4
4. Major soldier: antennae with 13 ~ 14 articles; pronotum width broader, pronotum width 0.65 ~ 0.74 mm(0.70 mm); minor soldier: pronotum width 0.52 ~ 0.56 mm (0.54 mm) ·· *M. longwangshanensis* sp. nov.
   Major soldier: antennae with 13 articles; pronotum width narrower, pronotum width 0.62 mm; minor soldier: pronotum width 0.46 ~ 0.55 mm(0.50 mm) ··· *M. changningensis*

This paper also reports on a new species collected in Mt. Longwang, Zhejiang Province which is named *Mironasutitermes longwangshanensis* Gao et Lin, sp. nov.

This new species can be distinguished from *Mironasutitermes heterodon* Gao et He by following characters: (1) its soldier dimorphic (vs. trimorphic); (2) major soldier much small size, head length with nasus 1.91 ~ 2.06 mm (2.01 mm) (vs. major soldier much larger size, head length with nasus 2.05 ~ 2.24 mm (2.14 mm)); (3) major soldier slightly more than median soldier of vs. and mandibles with distinct apical tooth (vs. median soldier: mandibles without distinct apical tooth).

Its nests, constructed on stems of forests trees, are oval and may reach up to about 25 cm × 17.5 cm in diameter.

Its host plants are Chinese plum yew (*Cephalotaxus fortunei* Hook.); diskfruit winghut (*Pterocarya paliurus* Batal.); common sassafras (*Sassafras tsumu* (Hemsl.) Hemsl.); *Ficus* sp.; Chinese weeping cypress (*Cupressus funebris* Endl.) and Taiwan juniper (*Juniperus formosana* Hayata).

Type locality: Mt. Longwang, Zhejiang Province; major soldiers (holotype, paratypes), minor soldiers (morphotype, paramorphotypes), worker, collected by Guo Jiangxiang, Zhang Xuanmin and Zhang Wangzi, 1987-X-18, from dead stump.

Holotype deposited in Shanghai Institute of Entomology, Academia Sinica.

Paratypes deposited separately in Nanjing Institute of Termite Control and Shanghai Institute of Entomology, Academia Sinica.

Key words: Isoptera; Termitidae; Nasutitermitinae; *Mironasutitermes*

39 中国天目山钝颚螱属 Ahmaditermes 二新种

高道蓉

(南京市白蚁防治研究所)

天目山位于浙江西部,与安徽省相邻,为浙江最高山区之一,海拔约 1500 m。山麓夏季高温多雨,7 月份平均气温为 28℃;冬季气温不低,也不缺雨水,1 月份平均气温为 2.2℃。年降雨量在 1500 mm 以上。具有副热带季风型气候的特点。由于山区地形变化大,海拔高低不一,局部气候变化大,其土壤和植物也有相应的变化。天目山具有优越的森林气候条件,植物的生长很繁茂,林木葱郁,物种异常丰富,相应的昆虫种类也异常丰富,为理想的植物学和昆虫学的实习场所。我国的白蚁学研究者过去也曾在天目山进行多次采集,但是可能因时间限制,采集的地点主要以交通较为方便的大路附近为主,故采集到的等翅目种类不多。1986 年 4 月,作者带领参加中国白蚁科技协作中心举办的白蚁培训班的部分学员深入人迹罕至的密林深处采集等翅目标本,所获颇丰。本文将在浙江天目山所采的钝颚螱属 Ahmaditermes Akhtar 两新种报道如下。

一、天目钝颚螱 Ahmaditermes tianmuensis, 新种

兵螱(图 1A~C):

头为黄褐色;额部色稍淡;象鼻赤褐色,基部色稍浅;触角为淡黄褐色;前胸背板前半部近似头色;中后胸背板、腹及足较触角色淡,为棕黄色。

头部被毛稀,鼻端部有些短毛。

头部为宽梨形,最宽在头后部,头后缘中凹可见,鼻管状,内额腺管可见,侧视稍翘起,基部稍隆起。头顶部鼓起不甚显著。上颚端齿多数不显,触角大多数为 13 节,偶有 14 节。13 节时,节Ⅵ最短,节Ⅲ长于节Ⅱ。

前胸背板前部直立。前缘中央凹刻稍显,后缘中部稍平、微凹。腹部为橄榄形。

11 头天目钝颚螱兵螱量度结果见表 1。

表 1　11 头兵螱量度(单位:mm)

项目	范围	平均	项目	范围	平均
头长连鼻	1.560~1.584	1.572	前胸背板宽	0.432~0.458	0.44
头长不连鼻	0.984~1.008	0.989	后足胫节长	1.080~1.105	1.09
头宽	0.870~0.950	0.912			

大工螱(图 1D):

头部为淡黄棕色;触角近似头色;腹部及足为黄色。

头部近似圆形。后唇基隆起,长度不及宽度之半。头背面可见淡色"T"形头缝。触角 14 节,节Ⅳ最短小,节Ⅱ比节Ⅲ稍粗长。腹部为粗橄榄形。

8 头大工螱量度结果见表 2。

表 2　8 头大工螱量度(单位:mm)

项目	范围	平均	项目	范围	平均
头长至上唇尖	1.20~1.35	1.260	前胸背板宽	0.56~0.64	0.607
头宽	1.00~1.08	1.035	后足胫节长	1.04~1.20	1.144

小工螱:

头部近似扁圆形。色较大工螱略淡,毛序同大工螱。触角 14 节。节Ⅱ较节Ⅲ、节Ⅳ粗长。其长度约等于节Ⅲ与节Ⅳ之和;节Ⅲ稍长于节Ⅳ。

2 头小工蟹的量度结果见表3。

表3 2头小工蟹的量度（单位：mm）

项目	量度		项目	量度	
头长至上唇尖	1.14	1.11	前胸背板宽	0.53	0.51
头宽	0.96	0.95	后足胫节长	0.92	1.00

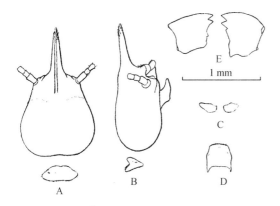

图1 天目钝颚蟹 *Ahmaditermes tianmuensis* sp. nov.
兵蟹（soldier）：A. 头及前胸背板正面（head and pronotum from above）；B. 头及前胸背板侧面（head and pronotum from side）；C. 左、右上颚（mandibles）；D. 后颚（postmentum from below）
工蟹（worker）：E. 左、右上颚（mandibles）。

比较：本新种较接近四川钝颚蟹 *A. sichuanensis*，其主要区别在于：(1) 鼻较粗短，鼻长仅稍大于头壳长之半；(2) 头壳较狭长，长为0.984~1.008 mm，其长大于头宽；(3) 后足胫节明显较长，为1.08~1.105 mm。对比种的特点是：(1) 鼻较细长，其长大于头壳长之半；(2) 头壳长为0.91~0.97 mm，仅略大于头宽；(3) 后足胫节较短，为0.87~0.97 mm。

本新种兵蟹单型，与屏南钝颚蟹 *A. pingnanensis* 的小兵蟹较为近似，但新种兵蟹的体躯量度明显较大，头长（连鼻）1.560~1.584 mm，前胸背板较狭窄，宽为0.432~0.458 mm，约为头宽之半。这些特征可明显与之区别。

模式产地：

浙江省天目山自然保护区。兵蟹（正模、副模），大、小工蟹，1986-Ⅳ-22，高道蓉、夏亚忠等采自活树枯腐部位。正模标本（兵蟹）保存于中国科学院上海昆虫研究所，副模标本（兵蟹、大、小工蟹）分别保存于上海昆虫研究所和南京市白蚁防治研究所。

二、凹额钝颚蟹 *Ahmaditermes foveafrons*，新种

大兵蟹（图2）：

头部为淡褐黄色，前部稍淡；鼻为赤褐色，鼻基部稍淡；触角色较头色为浅。前胸背板前部近似头色，后部色浅。中、后胸背板，腹部以及足为淡黄色。

头部近裸，鼻端部有数枚短毛。

头近似葫芦形，后部甚宽，后缘中部稍凹入。鼻上举，内中额腺管可见；鼻基部隆起不显，额部稍凹，头顶部稍鼓起。上颚端齿不显。触角13节，节Ⅳ最短小，节Ⅲ稍长于节Ⅱ。

前胸背板前部直立，前部短于后部，前缘中央似稍凹，后缘中部近平直。腹部为橄榄形。

16头大兵蟹量度结果见表4。

表4 16头大兵蟹量度（单位：mm）

项目	范围	平均	项目	范围	平均
头长连鼻	1.606~1.68	1.64	前胸背板宽	0.516~0.552	0.534
头长不连鼻	1.02~1.08	1.05	后足胫节长	1.01~1.18	1.08
头宽	0.95~1.02	0.975			

小兵蟹（图3）：

体色与毛序同大兵蟹。

头为梨形，头部后缘中部凹入稍显，象鼻稍翘，内额腺管明显。触角13节。

前胸背板前、后缘中央凹入不显。腹部为细橄榄形。

8头小兵蟹量度结果见表5。

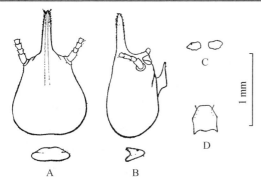

图2 凹额钝颚蟹 *Ahmaditermes foveafrons* sp. nov.
大兵蟹（major soldier）：A. 头及前胸背板正面（head and pronotum from above）；B. 头及前胸背板侧面（head and pronotum from side）；C. 左、右上颚（mandibles）；D. 后颚（postmentum from below）。

表5　8头小兵蚁量度（单位：mm）

项目	范围	平均	项目	范围	平均
头长连鼻	1.49~1.606	1.545	前胸背板宽	0.45~0.49	0.463
头长不连鼻	0.948~1.02	0.984	后足胫节长	0.92~0.99	0.96
头宽	0.85~0.90	0.873			

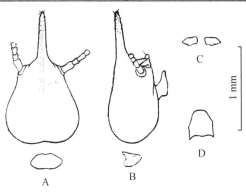

图3　凹额钝颚螱 *Ahmaditermes foveafrons* sp. nov.

小兵蚁（minor soldier）：A. 头及前胸背板正面（head and pronotum from above）；B. 头及前胸背板侧面（head and pronotum from side）；C. 左、右上颚（mandibles）；D. 后颏（postmentum from below）。

大工螱（图4A）：

头为淡黄棕色。腹部和足为黄色。

头为圆形带方，触角后头宽为头最宽。后唇基隆起，长度不及宽度的1/2。头背面淡色"T"形头缝可见。触角14节，节Ⅳ最短小，节Ⅱ略长于节Ⅲ。腹部为粗橄榄形。6头大工螱量度结果见表6。

表6　6头大工螱量度（单位：mm）

项目	范围	平均	项目	范围	平均
头长至上唇尖	1.31~1.35	1.34	前胸背板宽	0.65~0.69	0.66
头宽	1.09~1.10	1.095	后足胫节长	1.20~1.25	1.22

小工螱（图4B）：

颜色较大工螱浅淡。

头较大工螱圆些，余基本与大工螱相似。2头小工螱量度结果见表7。

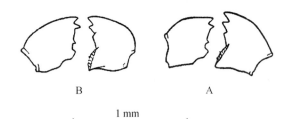

图4　凹额钝颚螱 *Ahmaditermes foveafrons* sp. nov.

A. 大工螱（major worker）左、右上颚（mandibles）；
B. 小工螱（minor worker）左、右上颚（mandibles）。

表7　2头小工螱量度（单位：mm）

项目	量度	项目	量度
头长至上唇尖	1.24, 1.20	前胸背板宽	0.61, 0.63
头宽	1.02, 1.04	后足胫节长	1.06, 1.00

比较：

本新种与黎平钝颚螱 *A. lipingensis* 较近似。但本新种具有以下特征：(1)小兵蚁的触节为13节；(2)体躯各部位量度明显较大，但鼻较短，长为0.552~0.576 mm，仅略大于头长之半；(3)大兵蚁的前胸背板较宽，宽度为0.516~0.552 mm，且大于头宽之半，可与之区别。对比种具有以下特征：(1)小兵蚁的触角12节；(2)体躯各部位的量度较小，但鼻较长，其长为0.57~0.65 mm，显著大于头壳长之半；(3)大兵蚁的前胸背板较狭，宽度为0.44~0.48 mm，并小于头宽之半。

本新种与屏南钝颚螱 *A. pingnanensis* 的区别在于本新种兵蚁的头长连鼻较长（小兵蚁1.490~1.606 mm，大兵蚁1.606~1.680 mm），以及鼻较细长（小兵蚁的鼻长0.552~0.576 mm，大兵蚁的鼻长为0.576~0.600 mm），均大于头宽之半。

模式产地：浙江省天目山自然保护区。

正模：大兵蚁；副模：大、小兵蚁，大、小工螱，

1986-Ⅳ-22,高道蓉、吴一多等采自活树枯腐部位。

(本项研究在中国科学院上海昆虫研究所夏凯龄、何秀松老师指导下进行,本文插图由上海昆虫研究所徐仁娣同志编制,特表感谢。)

Two new species of the genus *Ahmaditermes* (Isoptera: Termitidae) From Mount Tianmu, China

Gao Daorong

(Nanjing Institute of Termite Control)

In April 1986, a great of termites were collected in Mt. Tianmu, China. Among them two species of the Genus *Ahmaditermes* are new to science.

1. *Ahmaditermes tianmuensis* sp. nov.

The new species resemble closely *A. sichuanensis* but differs as follows:

(1) Nasus thicker and shorter, nasus length slightly more than half length of head without nasus (vs. nasus thinner and longer, nasus length more than half length of head without nasus);

(2) Head without nasus narrower and longer, head length without nasus 0.984~1.008 mm, more than head width (vs. head length without nasus 0.91~0.97 mm, slightly more than head width);

(3) Length of hind tibia longer, 1.08~1.105 mm (vs. length of hind tibia slightly shorter, 0.87~0.97 mm).

The soldier of *Ahmaditermes tianmuensis*, new species, resembles that of the minor soldier of *A. pingnanensis*, but differs in the following ways: is of larger size (length of head with nasus, 1.56~1.584 mm) and has narrower pronotum (width of pronotum, 0.432~0.458 mm).

Type locality: Mt. Tianmu, Zhejiang province; soldiers (holotype, paratype), workers, collected by Gao Daorong and Xia Yazhong, 22 April, 1988, from deal stump.

2. *Ahmaditermes foveafrons* sp. nov.

Ahmaditermes foveafrons, new species, comes closest to *A. lipingensis* but differs as follows: the minor soldier has antennae with 13 articles (12 articles in *A. lipingensis*); is of larger size but nasus length is shorter, 0.552~0.576 mm (vs. is of smaller size but nasus length is longer, 0.57~0.65 mm); the major soldier has broader pronotum (width of pronotum, 0.516~0.552 mm) (vs. has narrower pronotum, 0.44~0.48 mm).

The soldiers of *Ahmaditermes foveafrons*, new species, differ from those of *A. pingnanensis* in having larger size (minor soldier: length of head with nasus 1.490~1.606 mm; nasus length, 0.552~0.576 mm; major soldier: length of head with nasus, 1.606~1.680 mm; nasus length 0.576~0.60 mm) and nasus length more than half of head width.

Type locality: Mt. Tianmu, Zhejiang Province; major soldiers (holotype, paratypes), minor soldiers (morphotype, paramorphotypes), workers, collected by Gao Daorong and Wu Yiduo, 1986-Ⅳ-22, from dead stump.

All holotype specimens are preserved in the collection of Shanghai Institute of Entomology, Academia Sinica. Paratype specimens are preserved separately in Nanjing Institute of Termite Control and Shanghai Institute of Entomology, Academia Sinica.

原文刊登在《白蚁科技》,1988,5(2):9-15.

40 中国钝颚螱属 Ahmaditermes 及一新种记述（等翅目：白蚁科）

高道蓉[1]，龚安虎[2]

（[1]南京市白蚁防治研究所；[2]成都市白蚁防治研究所）

在我国南方，钝颚螱属 Ahmaditermes Akhtar 分布较广，云南、贵州、四川、浙江、福建、湖南、广东、广西和西藏等省（区）均有分布。

据蔡邦华和黄复生（1980）统计，我国计有钝颚螱属 Ahmaditermes 4 种：中国钝颚螱 Ahmaditermes sinensis Tsai et Huang、丘额钝颚螱 A. sinuosus（Tsai et Chen）、角头钝颚螱 A. deltocephalus（Tsai et Chen）和梨头钝颚螱 A. pyricephalus Akhtar。随后，李桂祥和平正明（1982）发表了贵州钝颚螱 A. guizhouensis；夏凯龄和高道蓉等（1983）发表了四川钝颚螱 A. sichuanensis Xia，Gao et Pan；李桂祥（1985）发表了粗鼻钝颚螱 A. crassinasus Li。作者在整理云南产钝颚螱属 Ahmaditermes 标本时又发现一新种：祥云钝颚螱 A. xiangyunensis。

至今为止，我国钝颚螱属计有 8 种，其分种检索如下。

一、中国产钝颚螱属 Ahmaditermes 分种检索表

兵 螱

1. 鼻较长，鼻长指数（鼻长/头全长）在 0.35 以上 ········· 2
   鼻较短，鼻长指数在 0.35 以下 ········· 5
2. 两型兵 ········· 3
   单型兵 ········· 4
3. 小兵较小于大兵；前胸背板宽接近头宽之半 ········· 中国钝颚螱 A. sinensis Tsai et Huang
   小兵仅略小于大兵；前胸背板宽大于头宽之半 ········· 祥云钝颚螱 A. xiangyunensis sp. nov.
4. 兵蚁体较小，头长连鼻 1.25~1.39 mm ········· 丘额钝颚螱 A. sinuosus（Tsai et Chen）
   兵蚁体较大，头长连鼻 1.52~1.62 mm ········· 四川钝颚螱 A. sichuanensis Xia，Gao et Pan
5. 鼻粗厚 ········· 粗鼻钝颚螱 A. crassinasus Li
   鼻一般 ········· 6
6. 兵两型 ········· 梨头钝颚螱 A. pyricephalus Akhtar
   兵一型 ········· 7
7. 体较小，后胫长 0.89~0.97 mm ········· 贵州钝颚螱 A. guizhouensis Li et Ping
   体较大，后胫长 1.03~1.08 mm ········· 角头钝颚螱 A. deltocephalus（Tsai et Chen）

二、新种描述

祥云钝螱 A. xiangyunensis sp. nov.

大兵螱（图1）：头部、触角赤黄色；鼻赤褐色，基部为淡赤褐色；前胸背板前部为赤褐色，后部色稍浅，为赤黄色；足及腹部为黄色。头部毛稀疏，杂有数枚长毛。鼻端部毛稍密。腹部毛多。头背面观近似梨形。最宽处位于后部，后缘中部凹入稍显。鼻管状，额腺管可见，侧视鼻伸向前方，稍翘起。颚齿不显，触角 13 节，第 2、3、4 节中等长，第 3 节最长，第 2 节次之，第 4 节最短。前胸背板呈马鞍形，前部翘起。前胸背板宽大于头宽之半。前缘中凹稍显。

小兵螱（图1）：体各部颜色及毛序分布基本同大兵螱。头部形状与大兵螱相近，但较大兵螱狭

小,头后缘中凹较浅。触角12～13节。为12节时,第3节细长,较长于第2节,等长或稍短于第4节。

14头大兵蚁和4头小兵蚁的量度结果分别见表1、表2。

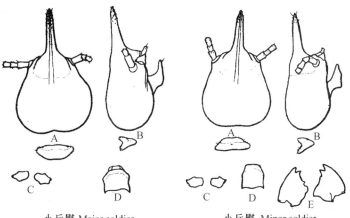

图1 祥云钝颚蚁 A. xiangyunensis sp. nov.
A. 头及前胸背板背面 Head and pronotum in dorsal view; B. 头及前胸背板侧面 Head and pronotum in lateral view; C. 上颚 Mandibles; D. 后颏 Postmentum in posterior view; E. 工蚁上颚 Mandibles of worker。

表1 14头大兵蚁量度（单位: mm）

项目	范围	平均	项目	范围	平均
头长(连鼻)	1.72～1.84	1.76	前胸背板宽	0.51～0.56	0.55
头长(不连鼻)	1.01～1.10	1.07	后足胫节长	1.03～1.14	1.08
头宽	0.95～1.05	0.99			

表2 4头小兵蚁量度（单位: mm）

项目	范围	平均	项目	范围	平均
头长(连鼻)	1.56～1.65	1.61	前胸背板宽	0.45～0.51	0.48
头长(不连鼻)	0.95～1.00	0.98	后足胫节长	1.00～1.08	1.03
头宽	0.86～0.95	0.9			

本新种与中国钝颚蚁 A. sinensis Tsai et Huang (1979) 和梨头钝颚蚁 A. pyricephalus Akhtar (1975) 较近,三者之间的区别如表3所示。

表3 三种钝颚蚁的特征比较

祥云钝颚蚁	中国钝颚蚁	梨头钝颚蚁
鼻长指数为0.35～0.40	鼻长指数0.45以上	鼻长指数0.30
小兵蚁仅略小于大兵蚁	小兵蚁小于大兵蚁	小兵蚁明显小于大兵蚁
前胸背板宽大于头宽之半	前胸背板接近头宽之半	前胸背板明显小于头宽之半
鼻基部略隆起	鼻基背缘略凹	鼻基背缘隆起

模式产地:云南省祥云县,海拔2500 m。兵蚁(正模、副模)、工蚁;1984-Ⅳ-20;采集人:龚安虎等。寄主:大叶桉 Eucalyptus amplifolia Naudin。正模标本(兵蚁)保存于中国科学院上海昆虫研究所,副模标本(兵蚁、工蚁)分别保存于上海昆虫研究所和南京市白蚁防治研究所。

（本研究工作在中国科学院上海昆虫研究所夏凯龄、何秀松老师指导下完成,本文插图由上海昆虫研究所徐仁娣同志绘制,特表谢忱!）

Notes on the genus *Ahmaditermes* from China, with description of a new species (Isoptera, Termitidae: Nasutitermitinae)

Gao Daorong[1], Gong Anhu[2]

([1] Nanjing Institute of Termite Control; [2] Chengdu Institute of Termite Control)

In some provinces of Southern China, Yunnan, Guizhou, Sichuan, Zhejiang, Fujian, Hunan, Guangdong, Guangxi and Xizang, seven species of the genus *Ahmaditermes* are known: *A. crassinasus* Li, *A. deltocephalus* (Tsai et Chen), *A. guizhouensis* Li et Ping, *A. pyricephalus* Akhtar, *A. sichuanensis* Xia, Gao et Pan, *A. sinensis* Tsai et Huang and *A. sinuosus* (Tsai et Chen). This paper deals with another new species of the genus from Yunnan. They are summarized in the following key.

Key to species of the genus *Ahmaditermes*
(Soldiers)

1. Nasus long, nasal index (nasus length/head length with nasus) more than 0.35 2
   Nasus short, nasal index less than 0.35 5
2. Soldier dimorphic 3
   Soldier monomorphic 4
3. Minor soldier smaller than major soldier; pronotum as broad as half of head .... *A. sinensis* Tsai et Huang
   Minor soldiers a little smaller than major soldier; pronotum more than half of head .... *A. xiangyunensis* sp. nov.
4. Smaller species; length of head with nasus 1.25~1.39 mm; dorsum of head distinctly raised at base of nasus .... *A. sinuosus* (Tsai et Chen)
   Larger species; length of head with nasus 1.52~1.62 mm; dorsum of head slightly raised at base of nasus .... *A. sichuanensis* Xia, Gao et Pan
5. Nasus strongly thickened .... *A. crassinasus* Li
   Nasus not thickened 6
6. Soldier dimorphic .... *A. pyricephalus* Akhtar
   Soldier monomorphic 7
7. Smaller species, length of hind tibia 0.89~0.97 mm .... *A. guizhouensis* Li et Ping
   Larger species, length of hind tibia 1.03~1.08 mm .... *A. deltocephalus* (Tsai et Chen)

Comparisons: The soldier of *Ahmaditermes xiangyunensis*, new spescis, resembles closely that of *A. sinensis* Tsai et Huang and that of *A. pyricephalus* Akhtar. They are different in the follows.

A. xiangyunensis	*A. sinensis*	*A. pyricephalus*
Nasul index 0.35~0.40	Nasul index 0.45	Nasul index 0.30
Minor soldier a little smaller than major soldier	Minor soldier smaller than major soldier	Minor soldier much smaller than major soldier
Pronotum broader than half of head	Pronotum as broad as half of head	Pronotum distinctly narrower than half of head
Dorsum of head slightly raised at base of nasus	Dorsum of head slightly depressed at base of nasus	Dorsum of head raised at base of nasus

All the type specimens are collected from Xiangyun County, Yunnan. The major soldiers (holotype and paratypes) and minor soldiers were collected 20 April, 1984 by Gong Anhu et al. from a gum tree, *Eucalyptus amplifolia* Naudin.

The holotypes (soldiers) are kept in Shanghai Institute of Entomology, Academia Sinica. The paratypes: (major and minor soldiers) are deposited separately in Shanghai Institute of Entomology, Academia Sinica and Nanjing Institute of Termite Control.

原文刊登在《昆虫分类学报》,1989,11(4):249-252

41 华扭白蚁属 Sinocapritermes 一新种（等翅目：白蚁科）

高道蓉

（南京市白蚁防治研究所）

关键词：等翅目；白蚁科；华扭白蚁属；新种

1986年4月，作者在浙江省天目山自然保护区采集的一种扭白蚁属 Capritermitini 标本，原拟归入基扭白蚁属 Coxocapritermes Akhtar，现见平正明和徐月莉（1986）发表的华扭白蚁属新属 Sinocapritermes，其属征如下：

（1）兵蚁：头壳被毛适度至较密。头长方形，无额脊。两上颚不对称，左上颚中段适度扭曲，颚端弯钩状，钩后膨扩；右上颚刀剑状，颚端稍呈弯钩形。触角14节。上唇长而狭，前缘凹入，前侧角尖出。胫距式2:2:2。

（2）翅蚁：头壳被毛较密。额腺孔小而狭，椭圆形。后唇基长不及宽之半，具中缝。右上颚端齿和第1缘齿间距稍大于第1和第2缘齿间距。触角15节。胫距式2:2:2。

该扭白蚁属标本符合上述华扭白蚁属的属征，故应归入华扭白蚁属。经鉴定为华扭白蚁属一新种，至今中国产华扭白蚁属共有11种，其名录如下：

1. 白翅华扭白蚁 Sinocapritermes albipennis (Tsai et Chen)；
2. 闽华扭白蚁 S. fujianensis Ping et Xu；
3. 桂华扭白蚁 S. guangxiensis Ping et Xu；
4. 大华扭白蚁 S. magnus Ping et Xu；
5. 台华扭白蚁 S. mushae (Oshima et Maki)；
6. 小华扭白蚁 S. parvulus (Yu et Ping)；
7. 平额华扭白蚁 S. planifrons Ping et Xu；
8. 华扭白蚁 S. sinensis Ping et Xu；
9. 天目华扭白蚁 S. tianmuensis sp. nov.；
10. 川华扭白蚁 S. vicinus (Xia, Gao et Tang)；
11. 滇华扭白蚁 S. yunnanensis Ping et Xu。

一、中国产华扭白蚁属分种检索表

（据平和徐1986年资料补充制成）

兵 蚁

1. 头宽通常大于1.19 mm ··· 2
   头宽通常小于1.19 mm ··· 7
2. 头型较短，头阔指数0.66～0.75 ··· 3
   头型稍长，头阔指数0.61～0.65 ··· 5
3. 后颏宽不及腰宽的2倍 ··· 华扭白蚁 S. sinensis
   后颏宽大于或等于其腰宽的2倍 ··· 4
4. 头宽1.58～1.65 mm ··· 白翅华扭白蚁 S. albipennis
   头宽1.28～1.50 mm ··· 大华扭白蚁 S. magnus
5. 前胸背板前缘具一明显的中切 ··· 桂华扭白蚁 S. guangxiensis
   前胸背板前缘缺明显的中切 ··· 6
6. 头壳长1.96～2.06 mm ··· 川华扭白蚁 S. vicinus
   头壳长2.17～2.32 mm ··· 平额华扭白蚁 S. planifrons
7. 左上颚长于右上颚 ··· 8
   左上颚和右上颚近等长 ··· 9

8. 头顶平直,头宽 0.80～0.84 mm ·· 小华扭白蚁 *S. parvulus*
   头顶拱起,头宽 0.94～0.99 mm ·· 闽华扭白蚁 *S. fujianensis*
9. 头顶平直,头中缝约为头壳长的一半 ·· 台华扭白蚁 *S. mushae*
   头顶拱起或微呈弧形,头中缝约为头壳长的 1/3 ·· 10
10. 额高于头顶 ·· 滇华扭白蚁 *S. yunnanensis*
    头顶高于额 ·· 天目华扭白蚁 *S. tianmuensis* sp. nov.

二、新种描述

天目华扭白蚁 *Sinocapritermes tianmuensis* sp. nov.

翅白蚁(图1):

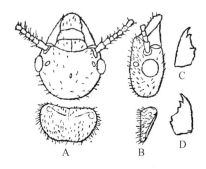

图1 天目华扭白蚁 *Sinocapritermes tianmuensis* sp. nov.
翅白蚁(Imago):A.头及前胸背板正面(Head and pronotum, dorsal view);B.头及前胸背板侧面(Head and pronotum, lateral view);C.左上颚(Left mandible);D.右上颚(Right mandible)。

头深褐色;后唇基褐色,上唇为淡黄褐色;触角为褐色;前胸背板为稍浅之深褐色;足为黄褐色。

头及前胸背板被密短毛。

头为卵圆形。圆形复眼甚为突出。单眼卵圆形。单复眼距小于单眼长度,稍大于单眼宽度。后唇基隆起,中缝可见,长不及宽之半。触角15节,节Ⅲ最短小,节Ⅳ短于节Ⅴ或约相等,节Ⅵ以上渐增大。前胸背板似肾形,前缘稍平直,前部稍翘起,后缘中部稍凹入,前、后缘中部均无明显缺刻。前翅鳞大于后翅鳞,前翅 M 脉自肩缝处紧靠 Rs 脉独立伸出,整个 M 脉与 Cu 脉较近,近翅端部约有少数分支;Cu 脉约有 7 个分支。后翅 M 脉于肩缝处与 Rs 脉聚合生出,后分离,其余同前翅。足胫距式为 2:2:2。

5 头翅白蚁的量度结果见表1。

表1 5头翅白蚁量度(单位:mm)

项目	范围	平均	项目	范围	平均
体长不连翅	6.52～7.12	6.92	单眼长径	0.08～0.09	0.086
前翅长	10.31～11.16	10.70	单眼短径	0.055～0.070	0.063
前翅宽	2.98～3.24	3.11	单复眼距	0.06～0.08	0.069
头长至上唇端	1.25～1.30	1.28	复眼距头下缘	0.080～0.095	0.087
头宽连复眼	1.12～1.15	1.13	前胸背板长	0.46～0.50	0.482
头宽不连复眼	0.85～0.94	0.898	前胸背板宽	0.90～0.95	0.932
复眼长径	0.26～0.27	0.264	后足胫节长	1.10～1.16	1.135
复眼短径	0.245～0.260	0.251			

兵白蚁(图2):

头部黄褐色,上颚黑褐色;触角、上唇为淡黄褐色;胸、腹部和足为黄白色。

头部、上唇、胸部、腹部均有较密的毛。

头部两侧近平行,中部向后渐窄,近后端最窄,后缘稍平直,中部内凹明显。头缝明显,自头后端未伸达头的中点,为头壳长的 1/3～2/5。头中后部中缝两侧各有一条短纵纹。侧视头背缘稍呈弧形。额腺孔位于头前端 1/5 处。上唇长条形,两前侧角尖突伸向前,上唇前缘稍内凹。左、右上颚几等长,不对称。左上颚端钩状,右上颚端稍具钩

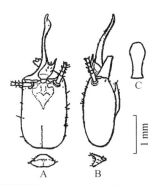

图2 天目华扭白蚁 *Sinocapritermes tianmuensis* sp. nov.
兵白蚁(Soldier):A.头及前胸背板正面(Head and pronotum, dorsal view);B.头及前胸背板侧面(Head and pronotum, lateral view);C.后颏(Postmentum)。

形。触角14节,节Ⅲ长于节Ⅱ或节Ⅳ,节Ⅳ稍长于节Ⅱ。后颏纺锤状,突出于头的腹面。后颏最宽为最狭的2倍。

前胸背板呈马鞍形,前部直立,前、后缘中央凹刻不显。足胫距式2:2:2。跗节4节。

5头兵蚁量度结果见表2。

表2 5头兵蚁量度(单位:mm)

项目	范围	平均	项目	范围	平均
头长连上颚	3.40~3.50	3.44	后颏最宽	0.39~0.44	0.406
头长不连上颚	1.60~1.80	1.72	后颏最窄	0.20~0.22	0.21
头宽	1.12~1.20	1.16	前胸背板宽	0.65~0.71	0.68
头高连后颏	0.91~0.99	0.95	后足胫节长	1.08~1.15	1.12

工蚁:

头部淡棕黄色;触角近似头色;前、中、后胸背板色稍浅于头色;腹部色更淡。

头部被稍密之短毛。头部稍呈圆形,最宽处位于中部,两侧缘自中部起向后稍窄,后缘宽弧形。侧视头顶部平。"T"形头缝可见。后唇基隆起,触角14节,其中节Ⅱ稍长于节Ⅲ或几相等,节Ⅳ最短小。

前胸背板呈马鞍形。腹部为橄榄形,可见肠内容物。

8头工蚁量度结果见表3。

表3 8头工蚁量度(单位:mm)

项目	范围	平均	项目	范围	平均
头长至上唇尖	1.16~1.31	1.205	前胸背板宽	0.54~0.59	0.57
头宽	0.95~1.02	0.99	后足胫节长	0.84~0.92	0.88

比较:

本新种兵蚁量度小于川华扭白蚁 S. vicinus,稍大于台华扭白蚁 S. mushae,且后颏腰宽大于0.21 mm,可与之区别。

本新种翅蚁体部量度明显较大,可与川华扭白蚁 S. vicinus 和台华扭白蚁 S. mushae 相区别。

模式产地:浙江省天目山自然保护区。兵蚁(正模、副模)、翅蚁(正态模、副态模)和工蚁。1986年4月22日由高道蓉、吴一多等采自大石下。

正模标本保存在中国科学院上海昆虫研究所。副模标本分别保存在南京市白蚁防治研究所和中国科学院上海昆虫研究所。

(本研究得到了中国科学院上海昆虫研究所夏凯龄教授和何秀松同志的指导,插图由徐仁娣同志绘制,特表感谢。)

参考文献

[1] 高道蓉.浙江省西天目山白蚁类(等翅目)考察[J].白蚁科技,1986,3(3):9-11.

[2] 平正明,徐月莉.中国钩扭白蚁属、马扭白蚁属和华扭白蚁属新属白蚁记述(等翅目:白蚁科)[J].武夷科学,1986,6:1-13.

[3] 夏凯龄,高道蓉,潘演征,等.钝颚白蚁属、象白蚁属和原歪白蚁属三新种[J].昆虫分类学报,1983,5(2):159-163.

A new species of *Sinocapritermes* from Mt. Tinmu, China (Isoptera:Termitidae)

Gao Daorong

(Nanjing Institute of Termite Control)

There are eleven of Genus *Sinocapritermes* discovered from China:

1. *S. albipennis* (Tsai *et* Chen)

2. *S. fujianensis* Ping *et* Xu

3. *S. guangxiensis* Ping *et* Xu

4. *S. magnus* Ping *et* Xu,
5. *S. mushae* (Oshima *et* Maki)
6. *S. parvulus* (Yu *et* Ping)
7. *S. planifrons* Ping *et* Xu
8. *S. sinensis* Ping *et* Xu
9. *S. tianmuensis* sp. nov.
10. *S. vicinus* (Xia, Gao *et* Tang)
11. *S. yunnanensis* Ping *et* Xu.

Key to species of the Genus *Sinocapritermes*
(Soldiers)

1. Width of head generally greater than 1.19 mm ··· (2)
   Width of head generally less than 1.19 mm ·· (7)
2. Head-capsule shorter, head width index 0.66~0.75 ·· (3)
   Head-capsule longer, head width index 0.61~0.65 ··· (5)
3. Minimum width of postmentum more than half its maximum width ·· *S. sinensis*
   Minimum width of postmentum less than or almost equal to half its maximum width ································· (4)
4. Width of head 1.58~1.65 mm ··· *S. albipennis*
   Width of head 1.28~1.50 mm ·· *S. magnus*
5. Anterior margin of pronotum with a deep median notch ·· *S. guangxiensis*
   Anterior margin of pronotum without a deep median notch ··· (6)
6. Length of head-capsule 1.96~2.06 mm ··· *S. vicinus*
   Length of head-capsule 2.17~2.32 mm ·· *S. planifrons*
7. Length of left mandible longer than right mandible ··· (8)
   Length of left mandible nearly equal to right mandible ··· (9)
8. Vertex flat. Width of head 0.80~0.84 mm ·· *S. parvulus*
   Vertex raised. Width of head 0.94~0.99 mm ·· *S. fujianensis*
9. Vertex flat. Median suture of head as long as half the length of head ··· *S. mushae*
   Vertex raised or slightly raised. Median suture of head one third the length of head ····························· (10)
10. Frontal area raised above the level of vertex, lateral view ··· *S. yunnanensis*
    Vertex above the level of front, lateral view ··· *S. tianmuensis* sp. nov.

This paper also reports on a new species collected in Mt. Tinmu, Zhejiang Province, which is named *Sinocapritermes tianmuensis* sp. nov.

Comparison:

The soldier of *S. tianmuensis* may be distinguished from *S. vicinus* by its narrowest width of postmentum 0.20~0.22 mm and its smaller dimensions. The soldier of *S. tianmuensis* may be separated from *S. mushae* by its larger dimensions and its narrowest width of postmentum 0.20~0.22 mm.

The imago of *S. tianmuensis* may be separated from *S. vicinus* and *S. mushae* by its largess dimensions.

Type locality: Mt. Tinmu (30.4°N, 119.5°E), Zhejiang Province; soldiers (holotype, paratype), imago (holomorphotype, paramorphotype) and workers, collected by Gao Daorong and Wu Yiduo, April 22, 1986, under a stone. Holotype deposited in Shanghai Institute of Entomology, Academia Sinica. Paratypes deposited separately in Nanjing Institute of Termite Control and Shanghai Institute of Entomology, Academia Sinica.

Key words: Isoptera; Termitidae; *Sinocapritermes*; new species

42 四川象白蚁属二新种（等翅目：白蚁科）

高道蓉[1]，田海明[2]

（[1]南京市白蚁防治研究所；[2]泸州市白蚁防治研究所）

关键词：白蚁科；分类学；象白蚁属；新种

最近，作者在整理四川省象白蚁亚科 Nasutitermitinae 标本时，发现象白蚁属 Nasutitermes Dudley 二新种，现记述如下。

（一）中华象白蚁 Nasutitermes sinensis，新种

兵蚁（图1）：

头部橙黄色；象鼻淡赤褐色，基部色较淡；触角色浅于头色，为黄褐色；前胸背板前半部较后部为深，近褐黄色；腹部和足为淡黄色。头部毛极稀疏，后部有两根较长毛；象鼻有数根较长毛，端部有较密短毛；前胸背板前缘有短毛；腹部毛较多。头部近似梨形，长大于宽，两侧向后渐扩，最宽处位于后部，后缘中央凹入较显，象鼻管状，自端向后渐粗，额腺管可见；侧观头部背缘的后部显著隆起，鼻基部微隆起，象鼻略微上翘。上颚端具细尖刺。触角12~13节。为12节时，第2节最短；为13节时，第4节最短。前胸背板呈马鞍形，前、后缘中央均微凹入。腹部呈橄榄形。

5头兵蚁的量度结果见表1。

表1　5头兵蚁的量度（单位：mm）

项目	范围	平均	项目	范围	平均
头长连鼻	1.55~1.79	1.67	头高不连后颏	0.50~0.65	0.58
头长不连鼻	0.91~1.00	0.95	前胸背板中长	0.15~0.19	0.16
头宽	0.85~0.96	0.91	前胸背板宽	0.41~0.49	0.46
头高连后颏	0.71~0.76	0.74	后足胫节长	0.95~1.03	0.98

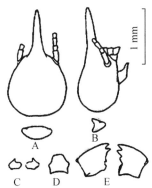 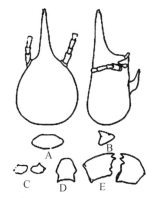

图1　中华象白蚁 Nasutitermes sinensis sp. nov.　　图2　合江象白蚁 Nasutitermes hejiangensis sp. nov.

兵蚁（Soldier）：A. 头及前胸背板正面观（Head and pronotum from above）；B. 头及前胸背板侧面观（Head and pronotum from side）；C. 左、右上颚（Mandibles）；D. 后颏（Postmentum from below）；E. 工蚁左、右上颚（Mandibles of worker）。

工蚁（图1E）：

头部黄棕色，淡色"T"形缝可见；触角和前胸背板色稍淡，为淡黄褐色；中、后胸背板及腹部背板和足均为黄色。头部有少许短毛，腹部毛密。头部近

似圆形,最宽处为触角窝稍后处,后缘宽弧形。后唇基隆起。左上颚第1缘齿的前缘约与端齿的后缘等长;右上颚第1缘齿的前缘稍小于端齿的后缘,较小于第2缘齿后缘。触角14节,第4节最短小。前胸背板呈马鞍形。前部直立,其前缘中央凹刻明显。腹部为瘦长橄榄形,可见肠内容物。

4头工蟹的量度结果见表2。

表2 4头工蟹的量度(单位:mm)

项目	范围	平均	项目	范围	平均
头长至上唇尖	1.31~1.40	1.365	前胸背板宽	0.58~0.66	0.62
头宽	1.06~1.15	1.095	后足胫节长	1.04~1.10	1.07

本新种兵蟹在度量上与小象蟹 Nasutitermes parvonasutus (Shiraki) 相似,但从头部最宽处位于中部偏后,且后缘中部突出的中央向内凹可以区别。

正模:兵蟹;副模:兵蟹、工蟹;四川省合江县,1985-X-24,田海明采。正模保存于中国科学院上海昆虫研究所,副模分别保存于上海昆虫研究所和南京市白蚁防治研究所。

(二)合江象蟹 Nasutitermes hejiangensis,新种

兵蟹(图2A~D):

头部橙黄色;象鼻赤褐色,近基部1/3处开始渐淡,基部色略淡于头色;触角色近似头色;前胸背板前半部色较后部色深,为淡褐色;腹部和足淡黄色。头部近裸,象鼻端有些细毛,杂有数根较长毛;前胸背板前缘有较多短毛。头正面为宽梨形,头最宽在后部,两后侧角宽圆,后缘中央略凹入。象鼻管状,端部细,基部稍粗,内中额腺管可见;侧观头部背缘的后部稍隆,象鼻上举。上颚有尖刺。触角13~14节。为13节时,第4节最短,第2节次之;为14节时,第3节最短小。前胸背板呈马鞍形,宽为长的2倍;前、后缘中央稍凹陷,腹部呈橄榄形。

9头兵蟹的量度结果见表3。

表3 9头兵蟹的量度(单位:mm)

项目	范围	平均	项目	范围	平均
头长连鼻	1.82~1.96	1.89	头高不连后颏	0.65~0.71	0.68
头长不连鼻	1.01~1.11	1.06	前胸背板中长	0.19~0.25	0.20
头宽	1.03~1.10	1.07	前胸背板宽	0.46~0.54	0.50
头高连后颏	0.80~0.85	0.82	后足胫节长	1.05~1.25	1.14

工蟹(图2E):

头部黄褐色,背面"T"形头缝明显可见。触角、胸部背板、腹部背板和足淡黄褐色。头部稍宽,近似圆形,最宽处位于中部,后缘为宽弧形。左上颚端齿后缘稍短于第1缘齿前缘;右上颚第1缘齿前缘明显短于第2缘齿后缘。触角15~16节。为15节时,第3节最细短。为16节时,第3节短于第4节,与第2节等长。前胸背板呈马鞍形,前部直立,其前缘中央凹刻明显。腹部为稍粗之橄榄形,可见肠内容物。

4头工蟹的量度结果见表4。

表4 4头工蟹的量度(单位:mm)

项目	范围	平均	项目	范围	平均
头长至上唇尖	1.50~1.55	1.52	前胸背板宽	0.66~0.78	0.73
头宽	1.23~1.31	1.27	后足胫节长	1.10~1.30	1.21

本新种兵蟹近似印度象蟹 Nasutitermes moratus (Silvestri),但头为宽梨形,最宽处位于两侧中点偏后,且后缘中部突出的中央向内凹入,可以区别。与贵州象蟹 N. guizhouensis Ping et Xu 的区别在于,本新种兵蟹头后缘中央向内凹入(对比种头后缘稍圆出),且头顶稍隆起,象鼻端和头顶间的连接线几近平直(对比种连接线在鼻基后明显凹下)。

正模:兵蟹;副模:兵蟹、工蟹;四川省合江县,1984-V-26,田海明采集。正模保存于上海昆虫研究所,副模分别保存于上海昆虫研究所和南京市白蚁防治研究所。

(本项研究得到中国科学院上海昆虫研究所夏凯龄、何

秀松老师指导,徐仁娣同志绘图,特表谢意。)

参考文献

[1] 蔡邦华,陈宁生.中国经济昆虫志·第八册·等翅目(白蚁)[M].北京:科学出版社,1964:119-120,125-126.

[2] 徐春贵,龚才,平正明.贵州的等翅目[J].贵州林业科技,1986(54):76-77,106.

[3] 名和梅吉.台湾产二种の白蚁にふまこ[J].昆虫世界,1911,15:414.

[4] Silvestri F. Zoological results of the Abor Expedition 1911-12. XXXⅢ. Termitidae [J]. *Rec Ind Mus*, Calcutta, 1914,8(5):431.

Two new species of the genus *Nasutitermes* (Isoptera: Termitidae: Nasutitermitinae) from Sichuan, China

Gao Daorong[1], Tian Haiming[2]

([1]Nanjing Institute of Termite Control; [2]Luzhou Institute of Termite Control)

In 1984—1985, a great number of termites were collected from Hejiang County, Sichuan Province. Among them two species of the genus *Nasutitermes* are new to science.

1. *Nasutitermes sinensis* sp. nov. (Fig. 1)

The soldier of the new species comes very close to that of *N. parvonasutus* (Shiraki) in size, but the maximum head width lies behind middle and posterior margin slightly depressed in middle.

Type locality: Hejiang County, Sichuan Province; soldiers (holotype, paratypes), workers, collected by Tian Haiming, Oct. 24, 1985, from dead stumps.

2. *Nasutitermes hejiangensis* sp. nov. (Fig. 2)

The soldier of this new species comes close to that of *N. moratus* (Silvestri), but the head wider and pear-shaped, maximum width behind middle, and posterior margin slightly depressed in middle.

It is also similar to that of *N. guizhouensis* Ping et Xu in the size of head, but its posterior margin slightly depressed in middle (vs. slightly rounded in middle), and dorsal profile almost straight (vs. concave).

Type locality: Hejiang County, Sichuan Province; soldiers (holotype, paratypes), workers, collected by Tian Haiming, May 26, 1984, from a dead stump.

All the holotypes and some paratypes are preserved in Shanghai Institute of Entomology, Some paratypes are preserved in Nanjing Institute of Termite Control.

Key words: Termitidae; taxonomy; *Nasutitermes*; new species

原文刊登在《昆虫分类学报》,1990,12(2):115-118

43 近扭颚螱属 *Pericapritermes* 一新种

高道蓉[1]，杨礼中[2]
([1]南京市白蚁防治研究所；[2]玉林市民政白蚁所)

关键词：等翅目；螱科；近扭颚螱属

我国已知近扭颚螱属 *Pericapritermes* Silvestri 计有 11 种，其名录如下：

1. 背崩近扭颚螱 *P. beibengensis* Huang et Han
2. 灰胫近扭颚螱 *P. fuscotibialis* (Light)
3. 古田近扭颚螱 *P. gutianensis* Li et Ma
4. 扬子江近扭颚螱 *P. jangtsekiangensis* (Kemner)
5. 左斜近扭颚螱 *P. laevulobliquus* Zhu et Chen
6. 多毛近扭颚螱 *P. latignathus* (Holmgren)
7. 近扭颚螱 *P. nitobei* (Shiraki)
8. 平扁近扭颚螱 *P. planiusculus* Ping et Xu
9. 三宝近扭颚螱 *P. semarangi* (Holmgren)
10. 大近扭颚螱 *P. tetraphilus* Silvestri
11. 五指山近扭颚螱 *P. wuzhishanensis* (Li)

作者最近在整理广西产螱类标本时发现一新种：合浦近扭颚螱 *P. hepuensis* sp. nov.，现介绍如下。

合浦近扭颚螱 *Pericapritermes hepuensis* sp. nov.

兵螱(图1)：

头部棕褐色；触角窝周围色稍深；上颚深赤褐色；触角色浅于头色，每节基部似比端部色深，前胸背板为浅棕黄色；中、后胸背板，腹和足为黄色。

头部仅有少数较长毛，上唇端部有数枚短毛。

头背面观为长方形，自中部起向后逐渐稍有缩狭，两后侧缘宽弧形；头纵缝明显可见，由后向前伸达头长(不连上颚)的2/3；囟小点状，明显可见，位于头前端的1/3处；囟前额面稍有倾斜，囟前至唇基有一浅洼。左上颚曲度大，端部前缘近端处强烈向右弯，弯端平指向内侧，且后切缘稍有内凹，顶端呈钝状较突出；右上颚曲度小，比左上颚短。上唇近似方形，斜外向右方，前缘稍向内凹，中央较平，两侧角向前突出。触角13～14节，以14节居多；第1触角节基部明显有一圈淡色膜质环状物。触角有14节时，节Ⅳ最短，节Ⅱ与节Ⅲ几相等，仅稍长于节Ⅳ；触角有13节时，节Ⅱ与节Ⅲ近相等，最短；节Ⅳ最长，略短于节Ⅱ与节Ⅲ之和。

前胸背板呈马鞍形，短、宽，其宽约为头宽的3/4；前、后缘中央均略凹入。

12头兵螱的量度结果见表1。

表1　12头兵螱的量度(单位：mm)

项目	范围	平均
头长连上颚 (Length of head with mandibles)	3.60～3.90	3.76
头长至上颚基 (Length of head to side base of mandibles)	2.21～2.37	2.29
头宽 (Width of head)	1.11～1.16	1.13
头高不连后颏 (Height of head without postmentum)	0.94～0.96	0.95
头高连后颏 (Height of head with postmentum)	0.99～1.03	1.01
后颏最宽 (Maximum width of postmentum)	0.39～0.41	0.40
后颏最窄 (Minimum width of postmentum)	0.19～0.20	0.195
后颏中长 (Length of postmentum)	1.37～1.50	1.44
前胸背板宽 (Width of pronotum)	0.70～0.76	0.74
前胸背板中长 (Length of pronotum)	0.29～0.30	0.30
后足胫节长 (Length of hind tibia)	0.95～1.01	0.97

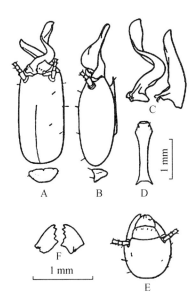

图1 合浦近扭颚白蚁 *Pericapritermes hepuensis* sp. nov.
兵蚁 Soldier: A. 头及前胸背板正面 Head and pronotum from above; B. 头及前胸背板侧面 Head and pronotum from side; C. 上颚 Mandibles; D. 后颏 Postmentum from below。
工蚁 Worker: E. 头背面 Head from above; F. 上颚 Mandibles。

比较:

本新种兵蚁与近扭颚白蚁 *Pericapritermes nitobei* (Shiraki)较近似,但有以下三点可以区别:(1)本新种左上颚明显较长,约1.40 mm,明显大于头宽和大于头长之半;而近扭颚白蚁,左上颚较短,与头宽相仿,是头长之半。(2)本新种前胸背板较宽,其宽约为头宽的3/4;对比种前胸背板较狭,其宽为头宽之半。(3)本新种前胸背板前、后缘中央略凹入;对比种前胸背板前缘凹入,后缘突出,中央不凹。

模式产地:广西合浦市。兵蚁(正模、副模)、工蚁,采集时间:1986-Ⅲ-29。采集人:杨礼耕、陈明豪。从地下挖出。

正模标本(兵蚁)保存于中国科学院上海昆虫研究所。副模标本(兵蚁、工蚁)分别保存于上海昆虫研究所和南京市白蚁防治研究所。

(本项研究得到中国科学院上海昆虫研究所夏凯龄、何秀松老师指导,插图由上海昆虫研究所徐仁娣同志绘制,特表感谢。)

A new species of the genus *Pericapritermes* (Isoptera: Termitidae) from Guangxi, China

Gao Daorong[1], Yang Lizhong[2]

([1]Nanjing Institute of Termite Control; [2]Yulin Institute of Termite Control)

In some provinces of southern China, eleven species of genus *Pericapritermes* are known:

1. *P. beibengensis* Huang *et* Han
2. *P. fuscotibialis* (Light)
3. *P. gutianensis* Li *et* Ma
4. *P. jangtsekiangensis* (Kemner)
5. *P. laevulobliquus* Zhu *et* Chen
6. *P. latignathus* (Holmgren)
7. *P. nitobei* (Shiraki)
8. *P. planiusculus* Ping *et* Xu
9. *P. semarangi* (Holmgren)
10. *P. tetraphilus* Silvestri
11. *P. wuzhishanensis* (Li)

This paper reports a new termite *Pericapritermes hepuensis* sp. nov. collected from Guangxi Autonomous Region, China.

Pericapritermes hepuensis sp. nov.

Comparisons: The soldier of *Pericapritermes hepuensis*, new species, comes closest to that of *P. nitobei* (Shiraki) but differs as follows:

(1) Length of left mandible longer, about 1.40 mm, distinctly more than width of head and more than half length of head without mandible (vs. length of left mandible shorter, almost as long as width of head and as long as half the length of head without mandible);

(2) Width of pronotum broader, as broad as 3/4 head width (vs. width of pronotum narrower, as broad as half head width);

(3) Pronotum with anterior and posterior margins slightly emarginate in middle (vs. pronotum with anterior margin slightly notched in middle, posterior margin convex not depressed in middle).

Type locality: Hepu city, Guangxi Autonomous Region, soldiers (holotype, paratypes) and workers, collected by Yang Ligeng and Chen Minghao, Mar. 29, 1986, dug out from ground.

Holotype: soldier is deposited in Shanghai Institute of Entomology, Academia Sinica.

Paratype: soldiers and workers are deposited in Shanghai Institute of Entomology, Academia Sinica and workers are deposited in Shanghai Institute Entomology, Academia Sinica and Nanjing Institute of Termite Control.

Key words: Isoptera; Termitidae; *Pericapritermes*

原文刊登在《白蚁科技》，1990，7(1):1-5

44 中国破坏建筑物木构件和建材的白蚁（螱）名录

高道蓉[1]，林群声[2]

(1.南京市白蚁防治研究所；2.香港中文大学生物系)

白蚁（螱）可对国民经济很多部门造成损失，在房地产业方面也不例外。对白蚁（螱）破坏建筑物木构件造成的损失做一大致的统计是很困难的。林树青(1986)据1984年对中国23个城市的调查，仅房屋建筑一项受白蚁危害的面积达2220万平方米，直接损失达人民币8亿元（按每平方米维修费人民币36元计算）。至于其他人单凭猜估所得出来的数字恐怕准确性、可靠性就差得多了。

中国破坏建筑物以及建材的白蚁（螱）种类还未见全面报道，仅散见于不少作者的论文中，还有不少仅存于各人所记载的采集记录中，不为人知。为此，作者做了一次尝试，试图尽可能较全面地统计出危害的种类，当然是相对而言。在工作中得到夏凯龄、何秀松和平正明诸位学者的支持，提供了不少采集记录。经统计，计有70种，分别归于4科（木螱科 Kalotermitidae、原螱科 Termopsidae、犀螱科 Rhinotermitidae 和螱科 Termitidae）、12属（砂螱属 Cryptotermes、树螱属 Glyptotermes、楹螱属 Incisitermes、原螱属 Hodotermopsis、乳螱属 Coptotermes、网螱属 Reticulitermes、大螱属 Macrotermes、土螱属 Odontotermes、弯颚螱属 Ancistrotermes、锯螱属 Microcerotermes、象螱属 Nasutitermes 和夏氏螱属 Xiaitermes)。现列表报道如下。

中国危害建筑物木构件和建材的等翅目种类、分布和危害情况

种类	危害情况	分布	资料来源
狭背砂螱 Cryptotermes angustinotus	建筑物木构件、建材	四川	高道蓉等，1982—1983
麻头砂螱 Cryptotermes brevis	建材	香港[①]	蔡邦华等，1964；高道蓉等，1987
铲头砂螱 Cryptotermes declivis	建筑物木构件	广东、广西、海南、福建	蔡邦华等，1963；蔡邦华等，1964
截头砂螱 Cryptotermes domesticus	建筑物木构件	云南、广东、台湾、海南	蔡邦华等，1964
长颚砂螱 Cryptotermes dudleyi	建材	海南	上海昆虫所采集记录
叶额砂螱 Cryptotermes havilandi	建材	海南	上海昆虫所采集记录
罗甸砂螱 Cryptotermes luodianis	房屋木构件、建材	贵州	夏凯龄等，1983
平阳砂螱 Cryptotermes pingyangensis	房屋木构件	浙江	何秀松等，1982—1983
陇南树螱 Glyptotermes longnanensis	房屋木构件	四川、甘肃	高道蓉等，1984；范树德等，1986
侧角楹螱 Incisitermes laterangularis	房屋木构件	浙江	韩美贞，1982—1983
小楹螱 Incisitermes minor	房屋木构件	浙江、上海、江苏	高道蓉等，1982a、b；韩美贞，1982—1983
东方原螱 Hodotermopsis orientalis	山区简易房屋、建材	浙江	李参，1982
山林原螱 Hodotermopsis sjöstedti	建材	贵州、云南、四川、湖南、广西	高道蓉采集记录
尤氏原螱 Hodotermopsis yui	贮木场木料	广东	李参等，1988

续表

种类	危害情况	分布	资料来源
版纳乳白蚁 Coptotermes bannaensis	房屋建筑木构件	云南	何秀松等采集记录
巢县乳白蚁 Coptotermes chaoxianensis	建筑物木构件	安徽	高道蓉等采集记录
普见乳白蚁 Coptotermes communis	建筑物木构件、建材	浙江、上海、江苏、江西、湖北、福建、广东、四川	何秀松等采集记录
长泰乳白蚁 Coptotermes changtaiensis	建筑物木构件、建材	福建	何秀松等采集记录
台湾乳白蚁 Coptotermes formosanus	建筑物木构件、建材	台湾、贵州、云南、四川、福建、湖南、广东、香港、广西、湖北、	何秀松等采集记录
大头乳白蚁 Coptotermes grandis	仓库木构件	福建	蔡邦华等，1985
广东乳白蚁 Coptotermes guangdongensis	建筑物木构件	广东	平正明，1985
广州乳白蚁 Coptotermes guangzhouensis	建筑物木构件	广东	平正明，1985
异型乳白蚁 Coptotermes heteromorphus	建筑物木构件	广东	平正明，1985
嘉兴乳白蚁 Coptotermes jiaxingensis	房屋木构件	浙江	何秀松等采集记录
长带乳白蚁 Coptotermes longistriatus	建筑物木构件	浙江	蔡邦华等，1985；董兆梁，1989
小头乳白蚁 Coptotermes minutus	建筑物木构件	广东	蔡邦华等，1985
斜孔乳白蚁 Coptotermes obliquus	建筑物木构件	海南	何秀松等采集记录
赭黄乳白蚁 Coptotermes ochraceus	房屋木构件	贵州	丘启胜，1987
直孔乳白蚁 Coptotermes rectangularis	建材	贵州	丘启胜，1987
上海乳白蚁 Coptotermes shanghaiensis	建筑物木构件	上海、浙江	何秀松等采集记录
苏州乳白蚁 Coptotermes suzhouensis	建筑物木构件	江苏	何秀松等采集记录
异头乳白蚁 Coptotermes varicapitatus	建筑物木构件	海南	蔡邦华等，1985
镇远乳白蚁 Coptotermes zhenyuanensis	建筑物木构件	贵州	丘启胜，1987、1988
尖唇网白蚁 Reticulitermes aculabialis	建筑物木构件、建材	云南、贵州、四川、湖南、湖北、广东、广西、福建、江西、江苏、浙江、安徽、陕西、甘肃	夏凯龄等，1965；各地采集记录
肖若网白蚁 Reticulitermes affinis	建筑物木构件	浙江、福建、江苏、安徽、云南、贵州、四川、湖南、广东、广西	上海昆虫所采集记录；李参，1979
中华（黑胸）网白蚁 Reticulitermes chinensis	房屋木构件	四川、江苏、安徽	高道蓉等采集记录
弯颚网白蚁 Reticulitermes curvatus	近地面建筑物木构件	浙江	李参
黄胸网白蚁 Reticulitermes flaviceps	建筑物木构件	浙江、江苏、江西、云南、贵州、四川、湖南、湖北、福建、广东、广西、台湾	夏凯龄等，1965
福建网白蚁 Reticulitermes fukienensis	建筑物木构件	福建	夏凯龄等，1965
广州网白蚁 Reticulitermes guangzhouensis	建筑物木构件	广东	平正明，1985
古蔺网白蚁 Reticulitermes gulinensis	建筑物木构件、建材	四川、贵州	丘启胜，1989
海南网白蚁 Reticulitermes hainanensis	房屋木构件、建材	湖南、贵州、海南、广东、广西、福建、江西	丘启胜，1989
湖南网白蚁 Reticulitermes hunanensis	房屋木构件、建材	湖南、贵州	丘启胜，1989
圆唇网白蚁 Reticulitermes labralis	房屋木构件	江苏、安徽、浙江、江西、四川、湖北、湖南、陕西、山东、山西、北京、天津、河北	夏凯龄等，1965
大型网白蚁 Reticulitermes largus	山区房屋木构件	福建	李桂祥等，1984
细颚网白蚁 Reticulitermes leptomandibularis	房屋木构件	江苏、河南、福建、广东、广西、浙江、四川、贵州	上海昆虫所采集记录；李参，1979

续表

种类	危害情况	分布	资料来源
罗浮网白蚁 Reticulitermes luofunicus	木材	广东、贵州	丘启胜,1987
狭颏网白蚁 Reticulitermes perangustus	房屋木构件	四川	高道蓉等采集记录
近暗网白蚁 Reticulitermes perilucifugus	房屋木构件	广东	平正明,1985
拟尖唇网白蚁 Reticulitermes pseudaculabialis	房屋木构件	四川	高道蓉等采集记录
青岛网白蚁 Reticulitermes qingdaoensis	仓库木构件	山东	李桂祥等,1987
清江网白蚁 Reticulitermes qingjiangensis	房屋木构件	江苏、贵州	高道蓉等,1982
直缘网白蚁 Reticulitermes rectis	寺庙建筑木构件	安徽、湖南	陈铸尧,1984
栖北网白蚁 Reticulitermes speratus	建筑物木构件	辽宁、河北、山东、天津、北京	高道蓉等采集记录
龟唇网白蚁 Reticulitermes testudineus	建筑物木构件	安徽、福建	杨兆芬等,1985
兴义网白蚁 Reticulitermes xingyiensis	房屋木构件	贵州	丘启胜,1987
云寺网白蚁 Reticulitermes yunsiensis	寺庙建筑栋梁	福建	李桂祥等,1986
黄翅大白蚁 Macrotermes barneyi	林地附近房屋	广东、香港、广西、海南、福建、江苏、安徽、河南、江西、浙江、湖南、贵州	唐觉等,1959;李参,1979
三型大白蚁 Macrotermes trimorphus	建材	贵州、广西	丘启胜,1987
细颚土白蚁 Odontotermes angustignathus	木柱近地面部分	云南	蔡邦华等,1964
囟土白蚁 Odontotermes fontanellus	建筑物立柱近地面部分	安徽、江苏	杨成根,1985
黑翅土白蚁 Odontotermes formosanus	林地附近及近郊房屋	云南、贵州、四川、台湾、福建、浙江、江西、广东、广西、湖南、湖北、河南、陕西、甘肃	唐觉等,1959
粗颚土白蚁 Odontotermes graveli	木柱近地面部分	云南	蔡邦华等,1964
海南土白蚁 Odontotermes hainanensis	林地附近及近郊房屋、木柱	海南、广东、广西、云南	蔡邦华等,1964
云南土白蚁 Odontotermes yunnanensis	木柱靠近地面部分	云南	蔡邦华等,1964
小头弯颚白蚁 Ancistrotermes dimorphus	接触地面的木柱	云南、广西	蔡邦华等,1964
天涯锯白蚁 Microcerotermes remotus	房屋、仓库的木材、栅栏	海南	平正明等,1984
小象白蚁 Nasutitermes parvonasutus	建筑物木构件	浙江、江西、台湾、福建、广东、广西	唐觉等,1959
天台夏氏白蚁 Xiaitermes tiantaiensis	建筑物木构件	浙江	何秀松等,待发表
鄞县夏氏白蚁 Xiaitermes yinxianensis	建筑物木构件	浙江	何秀松等,待发表

①仅见报道;从香港开出的船木材中有该虫。

参考文献

[1] 蔡邦华,陈宁生.中国南部的白蚁新种[J].昆虫学报,1963,12(2):167-198.

[2] 蔡邦华,陈宁生.中国经济昆虫志·第八册·等翅目(白蚁)[M].北京:科学出版社,1964.

[3] 蔡邦华,等.中国家白蚁属的新种和新亚种描述(等翅目:鼻白蚁科:家白蚁亚科)[J].动物学研究集刊,1985,3:101-116.

[4] 董兆梁.长带家白蚁生物特性的探讨[J].白蚁科技,1989,6(1):23-25.

[5] 范树德,彭心赋.树白蚁危害建筑物[J].昆虫学研究集刊,1986,6:271-272.

[6] 高道蓉,等.江苏省的白蚁类[J].江苏省林业科技,1982,(3):26-27.

[7] 高道蓉,等.江苏省白蚁类调查及网白蚁属新种记述[J].动物学研究,1982,3(增刊):137-143.

[8] 高道蓉,等.四川省白蚁类两新种(等翅目)[J].昆虫学研究集刊,1982/1983,3:193-197.

[9] 高道蓉,林群声.香港白蚁类名录[J].昆虫分类学报,1985,7(2):118.

[10] 韩美贞.楹白蚁属一新种记述(等翅目:木白蚁科)[J].昆虫学研究集刊,1982/1983,3:199-204.

[11] 何秀松,高道蓉(待发表).中国象白蚁亚科危害建筑物的一新属两新种(等翅目:白蚁科).

[12] 李桂祥,马兴国.福建省梅花山散白蚁属二新种(等翅目:鼻白蚁科)[J].武夷科学,1984,4:163-166.

[13] 李桂祥,黄复生.福建省白蚁八新种描述(等翅目)

[J]. 武夷科学,1986,6:21-33.
[14] 李桂祥,马兴国. 中国散白蚁属二新种(等翅目:鼻白蚁科)[J]. 昆虫学报,1987,30(1):80-84.
[15] 李参. 浙江省白蚁种类调查及三个新种描述[J]. 浙江农业大学学报,1979,5(1):63-72.
[16] 李参. 山林原白蚁栖息地及各品级记述[J]. 昆虫学报,1982,25(3):311-314.
[17] 李参,平正明. 中国原白蚁属及两新种记述(等翅目:原白蚁科)[J]. 昆虫学报,1988,31(3):300-305.
[18] 林树青. 中国家白蚁属(*Coptotermes* Wasman)及其防治现状[J]. 白蚁科技,1986,3(2):1-8.
[19] 平正明. 广东省乳白蚁属和网白蚁属八新种(等翅目犀白蚁科)[J]. 昆虫分类学报,1985,7(4):317-328.
[20] 平正明,徐月莉. 锯白蚁属四新种(等翅目:白蚁科)[J]. 昆虫分类学报,1984,6(1):43-53.
[21] 丘启胜. 贵州省等翅目及其分布调查[J]. 白蚁科技,1987,4(3):24-29.
[22] 丘启胜. 家白蚁在贵州省的地理分布与气候关系的探讨[J]. 白蚁科技,1988,5(4):23-25.
[23] 丘启胜. 贵州省散白蚁分布及危害调查[J]. 白蚁科技,1989,6(2):14-15.
[24] 唐觉,李参. 杭州的白蚁(上)、(下)[J]. 昆虫知识,1959(9):277-280;(10):318-320.
[25] 夏凯龄,范树德. 中国网白蚁属记述(等翅目:犀白蚁科)[J]. 昆虫学报,1965,14(4):360-382.
[26] 夏凯龄等. 堆砂白蚁属一新种记述[J]. 昆虫分类学报,1983,5(3):247-249.
[27] 陈铸尧. 九华山白蚁种类及其危害情况调查[J]. 白蚁科技,1984,1(7/8):8-9.
[28] 杨兆芬,冯绍周. 大别山白蚁区系及其危害初步研究[J]. 安徽大学学报:自然科学版,1985(3):48-54.
[29] 杨成根. 天柱山白蚁种类及危害情况调查[J]. 白蚁科技,1985,2(2):28.

(本文根据1990年6月中国昆虫学会第二届城市昆虫学术讨论会摘要修改而成。)

原文刊登在《白蚁科技》,1991,8(1):21-26

金霉素和灭蚁灵的几种合剂对五种常见白蚁的毒力对比

高道蓉，朱本忠，范寿祥，侯玉明

（南京市白蚁防治研究所）

通过三种抗生素对几种常见白蚁毒力的实验室生物测定发现，盐酸金霉素对白蚁肠内原生动物的毒力相对较优，可以用作杀白蚁剂配方中的有效组成成分。本试验的目的在于从一些金霉素和灭蚁灵的合剂中选择可用于防治白蚁的含抗生素成分的最佳有效配方。

一、材料与方法

（一）供试材料

各种杀白蚁合剂配方组成详见表1。

表1 含盐酸金霉素和（或）灭蚁灵的13个混合粉剂的配方

	1号	2号	3号	4号	5号	6号	7号	8号	9号	10号	11号	12号	13号
盐酸金霉素粉（万单位）	85.5	81	76.5	72	85.5	81	76.5	72					90
98%灭蚁灵粉（mg）					50	100	150	200	50	100	150	200	
滑石粉（mg）	50	100	150	200					950	900	850	800	

（二）供试白蚁种类及群体组成

采用危害房屋建筑及木材的五种常见低等白蚁：黄胸散白蚁 *Reticulitermes flaviceps*、黑胸散白蚁 *R. chinensis*、圆唇散白蚁 *R. labralis*、尖唇散白蚁 *R. aculabialis*（采自南京市东郊中山陵园风景区），和普见家白蚁 *C. communis*（采自南京市雨花台区螺丝桥一宅院内的伐树根中取回的白蚁巢中诱集所得）。

将采回的各种供试白蚁按自然群体分别分离饲养。尖唇散白蚁 *R. aculabialis* 和普见家白蚁 *C. communis* 的供试群体由工蚁50头和兵蚁2头组成。其余供试群体均由工蚁50头和兵蚁1头组成。

（三）方法

以 $\Phi 9$ cm 的平底玻璃培养皿为饲养和试验容器。以1/4的 $\Phi 9$ cm 定量滤纸一片为白蚁取食的饲料，并用橡胶头玻璃吸管给水5滴润湿滤纸。将按比例组成的供试白蚁群体投放入含一份湿饲料的培养皿内，常规饲养24 h。然后向饲养容器内撒施混合粉剂0.002 g。从施药后的第2日起定时进行观察，记录其取食动态与死亡情况，设对照和重复均为3个。在整个试验过程中，为了顺应白蚁的负趋光生活习性而在培养皿上覆盖一层黑布遮光。整个试验过程均在实验室常温下进行。同时，注意饲料滤纸的保湿。另外，当饲料滤纸被白蚁食耗约达4/5时，即添换饲料滤纸一份，并给水润湿。

二、结果和讨论

试验结果见表2。试验中由于采用了撒粉的给药方法，所以供试白蚁个体主要是通过相互舐吮和交哺的途径使药物经口器摄入体内而发挥作用。

表2 5种白蚁对13个不同药剂配方的平均死亡天数*（单位:d）

供试虫种	1号	2号	3号	4号	5号	6号	7号	8号	9号	10号	11号	12号	13号	对照
R. flaviceps	15	16	15	17	6	6	6	6	9	8	8	7	15	正常
R. chinensis	12	11	12	10	7	6	6	5	8	7	7	6	12	正常
R. labralis	20	14	16	17	12	12	11	10	13	12	11	11	21	正常
R. aculabialis	17	25	23	23	13	12	12	10	15	13	12	11	20	正常
C. communis	12	13	12	13	5	5	5	5	7	6	6	6	13	正常

*由于白蚁是群居性生物，故本试验采用90%死亡天数（ELT_{90}）；表内死亡天数为三个重复的平均值。

凡撒施含盐酸金霉素的1—4号和13号粉剂的,可先见到白蚁个体出现活动减弱,渐次出现腹部干瘪的饥饿状态,活动微弱,爬行时易翻倒,直至死亡;凡撒施含灭蚁灵粉的9—12号粉剂的,则可先见到白蚁个体排出液滴状排泄物,继而液滴状排泄物黏在腹部末端,甚至使腹部末端同培养皿底粘连在一起,不能爬行,以至死亡。但死亡虫体不干瘪,而容易糜烂生霉;凡撒施同时含抗生素和灭蚁灵的5—8号粉剂的,则白蚁个体同时出现行动迟缓、腹部干瘪和排出液滴状排泄物粘连在腹部末端甚至粘连于培养皿底的现象。供试白蚁群体的死亡时间是含盐酸金霉素的1—4号和13号较长(10~23 d);含灭蚁灵粉的9—12号次之(6~15 d);而同时含抗生素和灭蚁灵的5—8号的死亡时间最短,为5~13 d。

施用5—8号粉剂的供试白蚁中毒死亡状况和死亡时间较短的事实说明,在这几种配方的试验中,由于抗生素的作用去除了白蚁肠道内的共生原生动物而使其对灭蚁灵的毒性更为敏感而加速了白蚁群体的死亡。

试验过程中还观察到,在供试白蚁群体中,施药后最初死亡的白蚁个体有被分食而剩下头壳等残尸或被掩埋的现象,这是供试白蚁个体传递了毒性的缘故。

(本文经中国科学院上海昆虫研究所夏凯龄教授审阅,特致谢意。)

原文刊登在《四川动物》,1992,11(1):36-37

46 中国象白蚁亚科一新种

高道蓉[1]，陈政[2]
([1]南京市白蚁防治研究所；[2]芜湖市白蚁防治所)

摘要：报道中国象白蚁亚科一新种，黄山奇象白蚁，新种 *Mironasutitermes huangshanensis* sp. nov.，标本采自安徽黄山，模式标本保存于中国科学院上海昆虫研究所。

关键词：等翅目；白蚁科；象白蚁亚科；新种

作者在整理芜湖白蚁防治所历年来所采集的白蚁类标本时，发现一新种：黄山奇象白蚁 *Mironasutitermes huangshanensis*，现介绍如下。

黄山奇象白蚁 *Mironasutitermes huangshanensis* sp. nov.

大兵蚁（图1A）：头部褐色，近鼻基部色较深，鼻为赤褐色；额腺管可见，前胸背板前叶为浅赤褐色；后叶同头色。足为黄色。

头部毛极稀疏，仅具数根稍长毛，鼻端部有数根长毛。

头背面观为横宽圆形，最宽处位于中部附近，后缘微向内凹。侧视头顶部稍鼓起，鼻基部微隆起。触角稍长，13~14节，以13节居多。13节时，节Ⅱ、Ⅲ、Ⅳ中，以节Ⅲ最长。上颚端齿较显。

前胸背板呈马鞍形。前叶短于后叶，前缘中央凹刻明显，后缘中央内凹亦显。后足较长。

腹部为明显橄榄形。

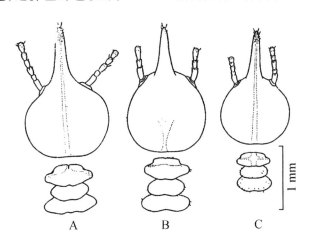

图1 黄山奇象白蚁 *Mironasutitermes huangshanensis* Gao et Chen
A. 大兵蚁：头及前、中、后胸背板背面观；B. 中兵蚁：头及前、中、后胸背板背面观；
C. 小兵蚁：头及前、中、后胸背板背面观。

中兵蚁（图1B）：体各部色稍浅于大兵蚁。

毛序同大兵蚁。

头背面观为宽梨形，最宽处为中部稍后，头部后缘平，中央稍凹。侧视象鼻略翘，鼻基部微隆，顶部稍鼓出。鼻呈圆锥形。上颚端齿不显居多。触角13节，节Ⅱ、Ⅲ、Ⅳ中，以节Ⅲ最长。

前胸背板呈马鞍形，前缘中央凹刻稍显，后缘中央略内凹。

小兵蚁（图1C）：体各部颜色稍浅于大、中兵蚁。

毛序同大、中兵蚁。

头背面观近似圆形，最宽处为中部偏后，后缘中央似凹。侧视鼻上举,顶部稍平。触角 12～13 节,上颚端齿不显。

前胸背板呈马鞍形。前、后缘中央凹刻不显。黄山奇象螱兵螱体部量度结果见表1。

表1 黄山奇象螱兵螱体部量度(单位:mm)

项目	大兵螱	中兵螱	小兵螱
头长连鼻	2.20 (1.95～2.06)	1.88 (1.80～1.99)	1.75 (1.74～1.76)
头长不连鼻	1.02 (0.99～1.07)	1.03 (0.95～1.09)	0.93 (0.90～0.95)
头宽	1.34 (1.30～1.38)	1.19 (1.16～1.24)	1.10 (1.09～1.12)
头高(不连颏)	0.82 (0.75～0.87)	0.70 (0.62～0.77)	0.69 (0.68～0.70)
前胸背板宽	0.79 (0.76～0.80)	0.71 (0.69～0.73)	0.54 (0.52～0.56)
后足胫节长	1.42 (1.35～1.50)	1.24 (1.20～1.30)	1.18 (1.10～1.25)

比较:本新种与异齿奇象螱 M. heterodon Gao et Chen 相近似,但本新种有以下特征:(1)大兵近似横宽圆形,鼻长约为头长之半,头部量度较小(对比种:宽圆形,鼻长短于头长之半,头部量度较大);(2)中兵前胸背板前缘凹刻稍显(对比种不显);(3)小兵近似圆形(对比种为宽圆形),头宽略宽。根据上述特征可与之区别。

模式产地:安徽黄山。正模:大兵螱;副模:大、小兵螱。1987-Ⅺ-18,陈政、汪亚明等采自伐根。

正模、副模:标本保存在中国科学院上海昆虫研究所;部分副模标本保存在南京市白蚁防治研究所。

(本项研究承中国科学院上海昆虫研究所夏凯龄老师指导,插图由上海昆虫研究所徐仁娣女士绘制,特表感谢。)

参考文献

[1] 高道蓉,何秀松. 中国象螱亚科一新属三新种[J]. 昆虫学研究集刊,1988,8:179-188.

A new species of *Mironasutitermes* from Mt. Huang, China (Isoptera:Termitidae:Nasutitermitinae)

Gao Daorong[1], Chen Zheng[2]

([1]Nanjing Institute of Termite Control;[2]Wuhu Institute of Termite Control)

Comparisons: The major, median and minor soldiers of new species, *Mironasutitermes huangshanensis*, resemble that of *M. heterodon* but differ as follows: (1) Major soldier: head capsule without rostrum oblate, rostrum length approximately equals a half of head length including rostrum and with smaller head size (vs. wider pear-shaped head, rostrum length is less than a half of head length including rostrum and with larger head size); (2) Median soldier: pronotum with anterior margin emargination in the middle (vs. pronotum without anterior margin emargination in the middle); (3) Minor soldier: almost round-shaped head and the head width broader (vs. head pear-shaped and head width narrower).

Holotype and paratypes: The major, median and minor soldiers of the new species were collected in Mt. Huang (30°0′N, 118°1′E), Anhui Province by Chen Zheng and Wang Yamin, Sep. 18, 1987, from a dead stump.

Holotype is deposited in Shanghai Institute of Entomology, Academia Sinica. Paratypes are deposited separately in Shanghai Institute of Entomology, Academia Sinica and Nanjing Institute of Termite Control.

Key words: Isoptera; Termitidae; *Mironasutitermes*; Chinese new species

原文刊登在《四川动物》,1992,11(3):6-8

47 安徽省等翅目种类和象螱亚科一新种

高道蓉[1]，陈铸尧[2]
（[1]南京市白蚁防治研究所；[2]安徽农学院）

关键词：等翅目；象螱亚科；奇象螱属；新种

一、安徽省等翅目种类

安徽省位于我国华东区的西北部（东经114°54′~119°37′，北纬29°41′~34°38′），兼跨长江、淮河流域，气候温和湿润，四季分明。年气温从北往南由14℃递增到16℃以上。降雨以南部较多，皖南黄山一带达2000 mm以上。皖南山区植被丰富。综上因子，安徽全省的等翅目种类也有一个由北向南递增的趋势，以皖南山区种类最为丰富。安徽省等翅目区系：淮河以北属古北区，江淮之间为古北区和东洋区之间的过渡地带，而长江以南则属于东洋区。

关于安徽省的螱类种类，蔡邦华和陈宁生（1964）记载有黑胸网螱 Reticulitermes chinensis（怀远、合肥）、台湾乳螱 Coptotermes formosanus（巢县、芜湖）和黑翅土螱 Odontotermes formosanus（巢县、芜湖）；夏凯龄和范树德（1965）记载有中华网螱 R. chinensis 和圆唇网螱 R. labralis。

近年来，不少研究者对安徽省的螱类（等翅目）种类和区系调查做了大量工作，取得了显著成绩，现列举如下：

（1）安徽省安庆市白蚁防治协会、安庆市白蚁防治所（1984）报道了危害九华山寺庙的白蚁种类主要是直缘网螱 R. rectis 和尖唇网螱 R. aculabialis，也有少量的土栖白蚁（上禅林的佛架即受此类白蚁危害）。对林木的危害主要是黑翅土白蚁。另外，在甘露寺旁的竹林中还发现象白蚁 Nasutitermes sp.。

（2）陈铸尧（1984）报道九华山的白蚁种类为普见乳螱 C. communis、尖唇网螱、黄翅大螱 Macrotermes barneyi、土螱 Odontotermes sp.、扬子江近扭螱 Pericapritermes jangtsekiangensis、原扭螱 Procapritermes sp. 和象螱 Nasutitermes sp.。

（3）姚力群等（1984）报道，在合肥市中国科技大学采集到乳螱活体标本，为普见乳螱。

（4）黄复生和李桂祥鉴定了巢县乳螱 C. chaoxianensis Huang et Li（蔡邦华等，1985）。

（5）杨成根（1985）列出安徽省潜山县境内西北部的国家重点风景名胜区之一天柱山螱类种类名录：尖唇网螱、栖北网螱 R. speratus、网螱 Reticulitermes sp.、凶土螱 O. fotanellus 和黄翅大螱。凶土螱亦危害野寨中学校舍内旧凉亭立柱接近地面部分。

（6）杨兆芬等（1985）列出大别山螱类名录为黑胸网螱、栖北网螱、尖唇网螱、圆唇网螱、黄胸网螱 R. flaviceps、龟唇网螱 R. testudineus、网螱 Reticulitermes sp.、普见乳螱、遵义土螱 O. zunyiensis、凶土螱、大螱 Macrotermes sp. 和扬子江近扭螱。

（7）姚力群（1988）对安徽省螱类做了详细的研究，列出安徽省螱类种类计2科7属22种（截至1988年10月）：普见乳螱、巢县乳螱、台湾乳螱、庞格乳螱 C. pergrandis、尖唇网螱、肖若网螱 R. affinis、黑胸网螱、黄胸网螱、圆唇网螱、直缘网螱、栖北网螱、龟唇网螱、网螱（大别山、天柱山）、华扭螱 Sinocapritermes sp.（九华山、大别山）、扬子江近扭螱、黄翅大螱、大螱 Macrotermes sp.（大别山）、凶土螱、黑翅土螱、浦江土螱 O. pujiangensis、遵义土螱和象螱 Nasutitermes sp.（九华山）。

（8）陈政和徐勇（1989）报道，危害芜湖市园林的螱类计有黑翅土螱、遵义土螱、黔阳土螱 O. qianyangensis、普见乳螱、台湾乳螱、黑胸网螱、圆唇网螱、直缘网螱、尖唇网螱、弯颚网螱 R. curvatus 和栖北网螱。

（9）高道蓉和陈政（待发表）鉴定了黄山采集

到的象白蚁亚科(Nasutitermitinae)的一种蚁类,定名为黄山奇象白蚁 Mironasutitermes huangshanensis。

(10) 高道蓉和陈铸尧在本文中发表了在安徽省祁门所采集的象白蚁亚科一种蚁类,定名为祁门奇象白蚁 Mironasutitermes qimenensis。

综合上述各位研究者的研究报告,特别是重点参考了姚力群(1988)的研究报告,对安徽省等翅目的名录作了一些增补,共有下列2科8属28种。

(一) 鼻白蚁科 Rhinotermitidae

1. 乳白蚁属 Coptotermes Wasmann

(1) 长泰乳白蚁 C. changtaiensis Xia et He
(2) 巢县乳白蚁 C. chaoxianensis Huang et Li
(3) 普见乳白蚁 C. communis Xia et He
(4) 台湾乳白蚁 C. formosanus Shiraki
(5) 嘉兴乳白蚁 C. jiaxingensis Xia et He

2. 网白蚁属 Reticulitermes Holmgren

(6) 尖唇网白蚁 R. aculabialis Tsai et Huang
(7) 肖若网白蚁 R. affinis Hsia et Fan
(8) 黑胸网白蚁 R. chinensis Snyder
(9) 弯颚网白蚁 R. curvatus Hsia et Fan
(10) 黄胸网白蚁 R. flaviceps (Oshima)
(11) 圆唇网白蚁 R. labralis Hsia et Fan
(12) 清江网白蚁 R. qingjiangensis Gao et Wang
(13) 直缘网白蚁 R. rectis Xia et Fan
(14) 栖北网白蚁 R. speratus (Kolbe)
(15) 龟唇网白蚁 R. testudineus Li et Ping
(16) 网白蚁 Reticulitermes sp. (大别山、天柱山)

(二) 白蚁科 Termitidae

3. 近扭白蚁属 Pericapritermes Silvestri

(17) 扬子江近扭白蚁 P. jangtsekiangensis (Kemner)

4. 华扭白蚁属 Sinocapritermes Ping et Xu

(18) 华扭白蚁 Sinocapritermes sp. (九华山、大别山)

5. 大白蚁属 Macrotermes Holmgren

(19) 黄翅大白蚁 M. barneyi Light
(20) 大白蚁 Macrotermes sp. (大别山)

6. 土白蚁属 Odontotermes Holmgren

(21) 囟土白蚁 O. fontanellus Kemner
(22) 黑翅土白蚁 O. formosanus (Shiraki)
(23) 浦江土白蚁 O. pujiangensis Fan
(24) 黔阳土白蚁 O. qianyangensis Lin
(25) 遵义土白蚁 O. zunyiensis Li et Ping

7. 象白蚁属 Nasutitermes Dudley

(26) 象白蚁 Nasutitermes sp. (九华山)

8. 奇象白蚁属 Mironasutitermes Gao et He

(27) 黄山奇象白蚁 M. huangshanensis Gao et Chen
(28) 祁门奇象白蚁 M. qimenensis Gao et Chen

二、新种形态描述

作者对在安徽各地采集和收集到的象白蚁亚科标本进行了初步鉴定,发现有一新种,现报告如下。

祁门奇象白蚁 *Mironasutitermes qimenensis* Gao et Chen, sp. nov.

兵蚁二型。

大兵蚁(图1):

头部赤褐色,近鼻基部色稍深,象鼻深赤褐色;触角及附肢浅于头色;前胸背板近前缘深于头色,余同头色。

头部几乎光裸,仅后头区有2枚长毛,近鼻端部有明显可见的多数短毛。前胸背板几乎无毛;腹背板密布短茸毛。

头部不连象鼻,背观呈扁圆形,"Y"缝中臂可见,头后缘中部略为内凹,头宽略长于其头长;侧视象鼻斜翘起,鼻基微隆,头顶部鼓起;鼻管状,额腺管明显。上颚端齿明显。触角13节,第2、3、4节中,第3节最长,约等于第2节和第4节之和。前胸背板呈马鞍形,前部短于后部,前缘中央似有小缺刻,后缘中央稍平。

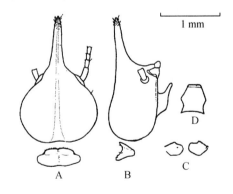

图1 祁门奇象白蚁 *M. qimenensis* Gao et Chen 大兵蚁
A. 头及前胸背板正面(Head and pronotum, dorsal view); B. 头及前胸背板侧面(Head and pronotum, lateral view); C. 左、右上颚(Mandibles); D. 后颏(Postmentum)。

大兵蚁各体部测量结果见表1。

表 1 祁门奇象螱大兵螱各体部量度(单位：mm)

项目	范围	平均	项目	范围	平均
头长连鼻	2.00 ~ 2.04	2.02	头高(不连后颏)	0.81	0.81
头长不连鼻	1.17 ~ 1.25	1.21	前胸背板宽	0.70 ~ 0.74	0.72
头宽	1.30 ~ 1.32	1.31	后足胫节长	1.55	1.55

小兵螱(图2)：

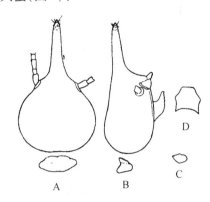

图2　祁门奇象螱 *M. qimenensis* Gao et Chen 小兵螱
A.头及前胸背板正面(Head and pronotum, dorsal)；B.头及前胸背板侧面(Head and pronotum, lateral view)；C.上颚(Mandible)；D.后颏(Postmentum)。

头色较大兵螱为浅，呈棕黄色，鼻自基部向前加深，为浅赤褐色；触角稍浅于头色；前胸背板前缘深于头色，余为较深之黄色；足为黄色。

头部几乎光裸；余同大兵螱。

头部不连象鼻背面观近圆形，头后缘略平，头宽大于头长。侧视象鼻略翘起，象鼻基较大兵螱隆起，但头顶部则不如大兵螱鼓起，鼻管状，额腺管不显，上颚端齿不显。触角13节，第2、3、4节中，第2节最短，第4节稍长，第3节最长。

祁门奇象螱小兵螱各体部测量结果见表2。

表 2 祁门奇象螱小兵螱各体部量度(单位：mm)

项目	范围	平均	项目	范围	平均
头长连鼻	1.84 ~ 1.88	1.86	头高(不连后颏)	0.60 ~ 0.70	0.67
头长不连鼻	1.00 ~ 1.05	1.02	前胸背板宽	0.57 ~ 0.60	0.59
头宽	1.04 ~ 1.14	1.12	后足胫节长	1.15 ~ 1.30	1.23

比较：本新种与商城奇象螱 *M. shangchengensis* (Wang et Li)近似。与它的区别在于：(1)本新种大、小兵螱的头宽和前胸背板宽皆较宽；(2)本新种小兵螱触角为13节(商城奇象螱小兵触角为12节)。

模式标本：大兵螱(正模、副模)、小兵螱(正态模、副态模)、工螱。

模式产地：安徽省祁门(海拔760 m)。1984-Ⅶ-10。采集人：李振智、丁玉洲。

正模、正态模保存在中国科学院上海昆虫研究所；副模、副态模分别保存在中国科学院上海昆虫研究所和南京市白蚁防治研究所。

(本项研究承中国科学院上海昆虫研究所夏凯龄教授指导，插图由上海昆虫研究所徐仁娣绘制，深表感谢。)

参考文献

[1] 安庆市白蚁防治协会,安庆市白蚁防治所.九华山寺庙建筑物的蚁害调查[J].白蚁科技,1984,1(3):140.

[2] 蔡邦华,陈宁生.中国经济昆虫志·第八册·等翅目(白蚁)[M].北京:科学出版社,1964.

[3] 蔡邦华,黄复生,李桂祥.中国家白蚁属的新种新亚种描述(等翅目:鼻白蚁科:家白蚁亚科)[J].动物学集刊,1985,3:110-112.

[4] 陈镈尧.九华山白蚁种类及其危害情况调查[J].白蚁科技,1984,1(7/8):8-9.

[5] 高道蓉,何秀松.中国象螱亚科一新属三新种[J].昆虫学研究集刊,1988,8:179-188.

[6] 夏凯龄,范树德.中国网螱属记述(等翅目:犀螱科)[J].昆虫学报,1965,14(4):360-382.

[7] 王治国,李东升.河南省螱类调查及新种记述[J].河南省科学院学报,1984,1:79-80.

[8] 杨成根.天柱山白蚁种类及危害情况调查[J].白蚁科技,1985,2(2):280.

[9] 杨兆芬,冯绍周.大别山白蚁区系及其危害初步研究[J].安徽大学学报:自然科学版,1985,3:48-54.

[10] 姚力群.安徽省白蚁种类及其区系分布特征[J].白蚁科技,1988,5(1):17-21.

[11] 姚力群,庞孝林.家白蚁属在安徽合肥初次发现[J].白蚁科技,1984,1(5):4.

Survey of Isoptera in the regions of Anhui Province with description of a new species (Isoptera: Termitidae, Nasutitermitinae, *Mironasutitermes*)

Gao Daorong[1], Chen Boyao[2]

([1]Nanjing Institute of Termite Control; [2]Agricultural College of Anhui)

Twenty-eight species of Isoptera have been recorded from Anhui (114°54′~119°37′E, 29°41′~34°38′N), China. They were *Coptotermes changtaiensis* Xia et He, *C. chaoxianensis* Huang et Li, *C. communis* Xia et He, *C. formosanus* Shiraki, *C. jiaxingensis* Xia et He, *Reticulitermes aculabialis* Tsai et Huang, *R. affinis* Hsia et Fan, *R. chinensis* Snyder, *R. curvatus* Hsia et Fan, *R. flaviceps* (Oshima), *R. labralis* Hsia et Fan, *R. qingjiangensis* Gao et Wang, *R. rectis* Xia et Fan, *R. speratus* (Kolbe), *R. testudineus* Li et ping, *Reticulitermes* sp. (Mt. Dabie & Mt. Tianzhu), *Pericapritermes jangtsekiangensis* (Kemner), *Sinocapritermes* sp. (Mt. Jiuhua & Mt. Dabie), *Macrotermes barneyi* Light, *Macrotermes* sp. (Mt. Dabie), *Odontotermes fontanellus* Kemner, *O. formosanus* (Shiraki), *O. pujiangensis* Fan, *O. qianyangensis* Lin, *O. zunyiensis* Li et Ping, *Nasutitermes* sp. (Mt. Jiuhua), *Mironasutitermes huangshanensis* Gao et Chen and *M. qimenensis* Gao et Chen.

Mironasutitermes qimenensis sp. nov.

Comparison:

The major soldier and minor soldier of *M. qimenensis*, new species, closely resembles that of *M. shangchengensis* (Wang et Li), but differs as follows: the width of head and pronotum is wider and antennae of minor soldier with 13-segments (vs. 12-segments).

Type locality: Qimen (760 metres above sea level), Anhui Province, major and minor soldiers, major and minor workers, collected by Li Zhenzhi and Ding Yuzhou, July 10, 1984.

All holotype specimens are preserved in the collection of Shanghai Institute of Entomology, Academia Sinica.

Paratype specimens are preserved separately in Nanjing Institute of Termite Control and Shanghai Institute of Entomology, Academia Sinica.

Key words: Isoptera; Nasutitermitinae; *Mironasutitermes*; new species

原文刊登在《白蚁科技》,1992,9(1):1-6

48 几种抗生素对白蚁的实验室毒力测定

高道蓉，朱本忠

（南京市白蚁防治研究所）

摘要：本试验利用金霉素、四环素、土霉素 3 种抗生素对南京地区 5 种低等白蚁进行实验室毒力测定。采用强迫取食和暂时强迫取食两种方法，以各供试白蚁种对 3 种抗生素的每个含药梯度进行毒力测定。结果表明，盐酸金霉素对各供试白蚁肠内原生动物的毒力最强，盐酸四环素次之，盐酸土霉素最差。因而认为盐酸金霉素可在杀白蚁剂中用作配方的有效成分。

关键词：低等白蚁；抗生素；毒力测定

众所周知，对房屋建筑木结构构件及建筑木材破坏性很大的低等白蚁自身缺乏消化纤维素和木质素的能力，需依赖共生于其消化道内的大量原生动物的分解作用，方能从中吸取所需之营养而延续其生命。某些抗生素对低等白蚁体内的原生动物有不同程度的杀伤力。Mauldin 等（1980）从不同的抗生素中筛选出最佳的抗生素用以处理木块，消灭了北美散白蚁 Reticulitermes havipes 体内的原生动物。本试验的目的在于用几种常见的危害房屋建筑木构件及建筑木材的低等白蚁对金霉素、四环素和土霉素的盐酸盐的毒力作用进行实验室生物测定，以期筛选出对我国几种常见低等白蚁肠内原生动物毒力较强的抗生素。

一、材料与方法

（一）材料

1. 供筛选的抗生素：①盐酸金霉素，每 1 g 效价为 90 万单位，由福州制药厂生产；②盐酸四环素，每 1 g 效价为 90 万单位，由无锡第二制药厂生产；③盐酸土霉素，每 1 g 效价为 85 万单位，亦由无锡第二制药厂生产。

2. 供试白蚁种类：①黄胸散白蚁 *Reticulitermes flaviceps* (Oshima)；②黑胸散白蚁 *R. chinensis* Snyder；③圆唇散白蚁 *R. labralis* Hsia et Fan；④尖唇散白蚁 *R. aculabialis* Tsai et Huang；⑤普见家白蚁 *Coptotermes communis* Xia et He。以上 5 种供试白蚁均系南京本地产的白蚁种类。4 种散白蚁属 *Reticulitermes* 的白蚁均采自南京东郊中山陵风景区内，普见家白蚁 *C. communis* 则是从南京雨花台区螺丝桥一宅院内取回的伐树根巢中诱集所得。在实验室内将采回的上述各种白蚁按自然群体分别分离，并在室温下进行常规饲养，待用。

（二）方法

1. 含药饲料的制备：用 Φ9 cm 的定量滤纸浸于不同含药量的药液中，制成不同含药梯度的滤纸，取出晾干，四等份切开，待用。1/4Φ9 cm 滤纸为一份饲料。

2. 含药梯度：每种抗生素均分为三个梯度等级：①盐酸金霉素的三个梯度级分别为 3.75 万单位、1.875 万单位和 0.9375 万单位；②盐酸四环素的三个梯度级分别为 3.75 万单位、1.875 万单位和 0.9375 万单位；③盐酸土霉素的三个梯度级分别为 3.5375 万单位、1.7688 万单位和 0.88 万单位。

3. 供试群体的组合：供试组合群体均由工蚁和兵蚁组成。工蚁数为每个群体 100 头；兵蚁数，每种供试散白蚁属 *Reticulitermes* 白蚁的每个群体加入 2 头，普见家白蚁 *C. communis* 的每个群体中加入 4 头。

4. 毒力测定方法：整个试验用强迫取食和暂时强迫取食两种方法以各供试白蚁种对各种抗生素的每个含药梯度进行毒力测定。每种均设 3 个重复。按供试虫种设对照 3 个。

①强迫取食。各种供试白蚁组合群体先经 24 h 的饥饿培养，然后投以含抗生素的饲料（1/4Φ9 cm 的浸药处理过的定量滤纸）一份，用橡皮头吸管给

水5滴,使饲料润湿。不放其他任何食物,以强迫供试虫取食该处理过的滤纸。自投药饲料后,次日起定时观察其取食情况、活动状态及死亡情况,并做扼要记录。同时注意保持饲料润湿,必要时加水保湿。

②暂时强迫取食。组合好的各种供试白蚁群体先经24 h的饥饿培养,然后投放含抗生素的饲料(1/4Φ9 cm 浸药处理过的定量滤纸)一份,给水5滴,使饲料滤纸润湿,强迫供试白蚁取食此处理过的滤纸48 h。然后用同样大小的未处理滤纸将原投放的含抗生素滤纸换出,同法润湿滤纸。在强迫取食的48 h内密切注意观察供试白蚁的取食情况。在其后的常规饲养阶段,进一步观察供试虫的活动状态及死亡情况,并做扼要记录。试验过程中注意饲料的保湿。

以上两种试验均在实验室内常温条件下进行。

二、结果

强迫取食试验的实验室毒力测定结果见图1。在暂时强迫取食试验中,对供试群体所做的毒力生物测定结果见图2。

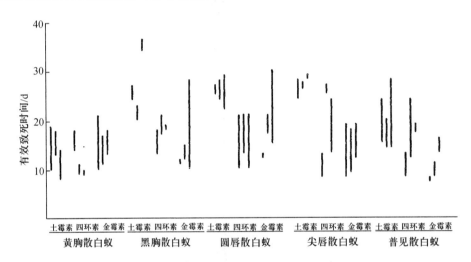

图1　5种白蚁在强迫取食试验中供试群体90%死亡的天数(ELT90)
图中所示土霉素的浓度梯度依次为3.54、1.77和0.88万单位;四环素的浓度梯度依次为3.75、1.88和0.94万单位;金霉素的浓度梯度依次为3.75、1.88和0.94万单位。由于白蚁是群居性昆虫,所以本试验采用90%的有效死亡天数。对照组活动正常。

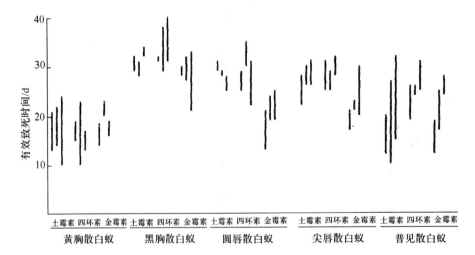

图2　5种白蚁在暂时强迫取食试验中供试群体90%死亡的天数(ELT90)
图中所示土霉素的浓度梯度依次为3.54、1.77和0.88万单位;四环素的浓度梯度依次为3.75、1.88和0.94万单位;金霉素的浓度梯度依次为3.75、1.88和0.94万单位。由于白蚁是群居性昆虫,所以本试验采用90%的有效死亡天数。对照组活动正常。

三、讨论

各种供试白蚁在强迫取食和暂时强迫取食试验中,中毒的白蚁个体先是活动迟缓,继而出现腹部干瘪直至死亡的情况,正说明抗生素是通过大量杀伤白蚁体内的共生原生动物而使白蚁机体得不到正常的营养补给而出现饥饿死亡的事实。

各种供试白蚁在强迫和暂时强迫取食的两种试验中的存活时间同对照相比较,都明显地缩短(对照群体在整个试验中始终活动正常),而强迫取食试验比相应种类在暂时强迫试验中存活的时间还要短。前者的存活时间为 12～30 d,后者的存活时间为 23～42 d。

从图 1 和图 2 中可看出,黄胸散白蚁 *R. flaviceps* 对盐酸四环素比对盐酸金霉素和盐酸土霉素等敏感。

在暂时强迫取食试验中,白蚁的死亡状况同其在 48 h 的强迫取食阶段对用药物处理过的滤纸的摄食多少有密切关系。摄食量大,致死时间短;摄食量少,则致死时间较长。

从图 1 和图 2 中可以看出,盐酸金霉素对大多数供试白蚁种类的致死时间均较其余两种抗生素为短。由此可认为,盐酸金霉素在这三种抗生素中对各种供试白蚁肠内原生动物的毒力最强,盐酸四环素次之,盐酸土霉素最差。

综上所述,能有效杀死供试白蚁肠内原生动物的三种抗生素中,特别是对各种供试白蚁表现较强毒性的盐酸金霉素,可在杀白蚁剂中用作配方的有效成分。

(本文蒙中国科学院上海昆虫研究所夏凯龄教授审阅,特此致谢。)

The toxic determination to termites with several antibiotics in laboratory

Gao Daorong, Zhu Benzhong

(Nanjing Institute of Termite Control)

Abstract: In this test, the authors carried out toxic determination to lower termites by means of compelled feeding and temporary compelled feeding with three antibiotics, e. g. aureomycin, tetracycline and terramycin. The result indicated that among these three antibiotics the toxic of aureomycin was the strongest to the lower termites. Therefore, it is considered that aureomycin can be used as an effective composition to make up prescription of the termiticides.

Key words: toxic determination; antibiotics; lower termites

原文刊登在《华东昆虫学报》,1992,1(2):64-67

49 中国等翅目的区系划分

高道蓉,朱本忠

(南京市白蚁防治研究所)

摘要:回顾了自20世纪50年代以来中国学者对中国等翅目区系划分的研究,然后以中国动物地理区划的系统为依据,参考尤其伟、平正明(1964)提出的《中国等翅目区系划分(草案)》,综合蔡邦华、陈宁生(1964)对中国等翅目(白蚁)区划的主张,黄复生等(1989)的中国白蚁的区系划分,以及我们目前所掌握的等翅目的分布资料,考虑到植被和地质变迁史等因素,提出了一个新的区系划分。

关键词:中国等翅目;区系划分

幅员辽阔的中国是亚洲面积最大的国家,也是世界上国土面积最大的国家之一。中国地处亚洲东部,濒临世界上最大的水域——太平洋;中国地形多样,是个多山的国家,山地、高原和丘陵的面积总和约占全国国土总面积的2/3;地势西高东低,西藏的中尼边界上矗立着海拔8848 m的世界最高峰——珠穆朗玛峰,西部的青藏高原平均海拔高达4000 m以上,而东部的沿海平原平均海拔高度不足50 m。中国自南往北地跨热带、亚热带、暖温带和温带,在气候上南北温差很大,东西湿度悬殊。气温和湿度直接影响着中国等翅目的分布。在中国,等翅目昆虫除了黑龙江、吉林、内蒙古、宁夏、青海、新疆六省(自治区)外,其余各省、市、自治区均有分布。

一、中国等翅目昆虫资源调查和分类

等翅目的昆虫资源调查和分类学研究是研究等翅目昆虫区系的基础。对中国等翅目的研究,在20世纪50年代以前,只有为数不多的几名外国学者进行的相当有限的工作。至20世纪40年代末,中国已知的等翅目仅有26种,分属于4科13属。进入20世纪50年代后,尤其伟、平正明等率先在我国南方的两广、云南开展了等翅目昆虫资源调查,使中国等翅目的已知种类增至4科18属46种。在此基础上,尤其伟、平正明(1957)对中国南部(两广、云南)的等翅目区划进行了探索性研究。其区划方法是以主要地区的种属组成为依据,较明确地显示了我国中、南部地区等翅目的广布种和地区特有的分布状态,较详尽地阐述了中国热带地区等翅目分布的类群。但这显然受到了当时中国等翅目的已知种类、数量和地区分布的局限。中国等翅目的分类研究在20世纪60年代有了进展(蔡邦华、陈宁生,1963、1964;尤其伟、平正明,1966;夏凯龄、范树德,1965),使已知种类增加到70余种。同时,尤其伟、平正明(1964)和蔡邦华、陈宁生(1964)分别对中国等翅目的区划进行了全面研究,各自提出了对中国等翅目分布区划的不同意见。前者在《中国南部(两广、云南)白蚁区系划分初步意见》的基础上,按不同地区间科、属名录差异及其有些数量较多、分布较广且有经济重要性的种类为重点,使用系统等级划分中国等翅目昆虫区系,反映了在一定空间的不同范围内,等翅目昆虫在空间分布上存在的物种形式、数量和环境的综合关系的异同。后者则根据在中国分布较广的四个等翅目类群[网蟳属(散白蚁属)*Reticulitermes*、土蟳属(土白蚁属)*Odontotermes*、乳蟳属(家白蚁属)*Coptotermes*、砂蟳属(堆砂白蚁属)*Cryptotermes*]和筑垅类型[球蟳属(球白蚁属)*Globitermes*、锯蟳属(锯白蚁属)*Microcerotermes*、大蟳属(大白蚁属)*Macrotermes*以及土蟳属(土白蚁属)*Odontotermes*]为代表,以其分布北界划分中国等翅目的分布区为五区。五区划分法对中国等翅目广布种、属的北界的划定比较明确，并显示出中国等翅目在生态地理方面的系统概念。至20世纪80年代末，中国等翅目的新属、新种不断被发现，已知种数目增至379种2亚种，属的数目也增加到42属。一些地区的等翅目昆虫资源调查的成果促进了区域等翅目区系的研究（李参，1979；高道蓉、朱本忠、王新，1981，1982；林树青，1983；王治国、李东升，1984；杨兆芬、冯绍周，1985；张贞华、毛节荣、汪一安、贾阿良，1986；徐春贵、龚才、平正明，1986；刘源智、潘演征、唐国清、唐太英，1986；丘启胜，1986，1987；李桂祥，1987；姚力群，1988）。在此基础上，黄复生、李桂祥、朱世模（1989）又以中国综合自然区划为依据，考虑到各地区的等翅目类群、数量及其经济重要性以及影响其分布的气候、土壤、植被和部分人类活动的因素，提出了中国等翅目分布的以气候植被命名的6区19亚区的区划系统。

二、中国等翅目区系划分

从目前已掌握的中国等翅目昆虫资源调查的资料来看，等翅目在中国的分布北界就是网䗴属 *Reticulitermes* 在中国的分布北界。该界线的走向约为东北-西南走向，即在东部纬度较高而偏北，西部纬度较低而偏南。具体位置是：东起辽宁丹东沿北纬40°线，跨渤海，经北京，向西沿太行山、吕梁山东南坡斜折向西南延伸，再经山西介林（北纬37.0°），入陕西，沿黄土高原南缘的韩城（北纬35.4°）、铜川（北纬35.0°）、凤翔（北纬34.5°），转入甘肃，经两当（北纬33.9°）、文县（北纬33.0°）入四川，在四川境内沿川西高原东缘继续向南偏西方向延伸，再经云南的丽江（北纬28.4°）、下关（北纬25.5°）向西至中缅边界；另外，在西藏境内还有一个与前不连续的等翅目分布区，即察隅（北纬28.6°）、墨脱（北纬29.2°）、错那（北纬27.9°）一线以南；介于东海和南海之间的台湾也是中国等翅目分布区的一个重要组成部分；等翅目在中国分布的最南点是海南的西沙群岛（北纬17.5°）。在上述范围以外的辽阔的高、寒、旱地区迄今仍未发现等翅目分布的踪迹。中国等翅目分布区的陆地总面积约为我国国土总面积的30%。

区系研究以分类学为基础，从种系发生和进化规律，结合生物学、生态学、地理、地质变迁史等进行综合分析，才能客观地寻求区系分布的规律。对等翅目的区系研究也应遵循这样的原则。20世纪70年代后期和80年代对等翅目的昆虫资源调查和分类研究，使中国等翅目已知种达到了80年代末的4科42属379种2亚种。这些就是研究等翅目区系的基础。根据不同地区等翅目类群的差异及以该地区内所具有的数量较多、分布较广且具经济重要性的类群为重点，讨论其地理分布、科属组成和经济意义。我们拟以中国动物地理区划的系统为依据，参考尤其伟、平正明（1964）提出的《中国等翅目区系划分（草案）》，综合蔡邦华、陈宁生（1964）主张的中国等翅目（白蚁）区划，黄复生、李桂祥、朱世模（1989）提出的"中国白蚁的区系划分"和我们目前所掌握的中国等翅目分布的资料，考虑到植被（即生态学方面）和地质变迁史等因素，提出中国等翅目的区系划分如下（图1）：

中国等翅目界
 古北亚界
  东北区
   东北亚区
    辽东半岛带
   华北亚区
    北华北带
    南华北带
 东洋亚界
  中印区
   华中亚区
    东南丘陵带
     北部平原丘陵亚带
     南部低山丘陵亚带
    西部山地高原带
     山丘盆地亚带
     高原山地亚带
   华南亚区
    华南带
    海南带
    台湾带
   西南亚区
    藏东南带

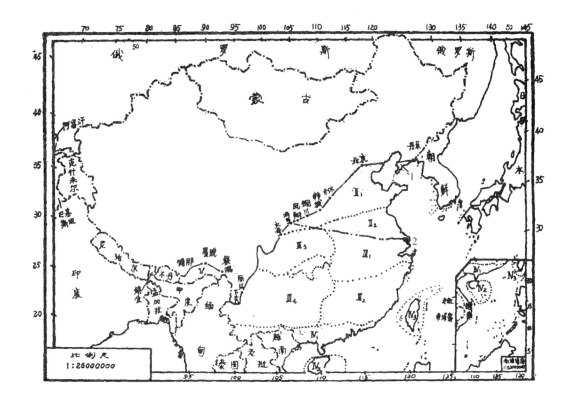

图1 中国等翅目分布区系划分

1. 等翅目分布区界线;2. 古北、东洋两亚界分界。古北亚界·东北区:Ⅰ东北亚区:辽东半岛带;Ⅱ华北亚区:Ⅱ$_1$北华北带;Ⅱ$_2$南华北带。东洋亚界·中印区:Ⅲ华中亚区:东南丘陵带:Ⅲ$_1$北部平原丘陵亚带;Ⅲ$_2$南部低山丘陵亚带;西部山地高原带:Ⅲ$_3$山丘盆地亚带,Ⅲ$_4$高原山地亚带;Ⅳ华南亚区:Ⅳ$_1$华南带,Ⅳ$_2$海南带,Ⅳ$_3$台湾带;Ⅴ西南亚区:藏东南带。

三、中国等翅目区系

按照中国动物地理区划,在中国等翅目分布区范围内,也可以长江东段、淮河和秦岭一线为界,把中国等翅目分布区(即中国等翅目)划分为北、南两个亚界:北部的古北亚界和南部的东洋亚界。

(一)古北亚界·东北区

中国等翅目古北界在地质变迁史上是由华北陆台和扬子陆块拼合而成的。在中国动物地理区划中,它属"东北亚界"的一部分,在此称为东北区。包括了陕西渭河平原,河南豫西山地北部和黄淮平原,山西晋中盆地和晋东山地南部,河北平原(包括北京、天津)、山东、安徽和江苏的北部,以及辽东半岛。属暖温带气候。植被以暖温性针叶树(如松属 Pinus)和落叶阔叶树(如栎属 Quercus 等)为主。等翅目类群简单,以较能耐寒的网蠕属 Reticulitermes 中的暖温带广布种类为主,在偏南地带可偶见少数亚热带广布类群。总之,该区范围内,等翅目种群密度小,经济重要性相对较小。中国动物地理区划将"东北亚界"划分为东北区和华北区。因本区范围有一小部分在其东北区,而其余在华北区内,故亦遵循此法而将本区划成两个亚区:东北亚区和华北亚区。

1. 东北亚区·辽东半岛带

该带仅包括属于华北陆台的辽东半岛北纬40°以南的部分。本带植物种系组成与日本、朝鲜的植物有较密切的关系,以暖温性针叶树及落叶阔叶植物构成的混交植物群为主。等翅目种类迄今仅知单一的一个网蠕属 Reticulitermes 种,即栖北网蠕 R. speratus,其种群密度小,仅对城乡的房屋底层木构件有危害,偶及室内其他物品。室内的供暖设施给该种昆虫提供了优越的越冬场所,因而其危害特点是室内重于室外,南部和沿海大于北部和内陆。其危害和分布区有可能因人为因素而扩大和北移。故应引起有关方面的注意,加强预防,杜绝扩散。

2. 华北亚区

华北亚区是指除辽东半岛外的古北亚界所有其他范围,由华北陆台和扬子陆块拼合而成。最近,已发现了两陆块的碰撞带就在本亚区范围内。该带西起四川的青川,向东先与秦岭重合而横穿陕西,经河南而止于山东日照。等翅目类群上,在该带南北有显著差异。因而,进一步以该碰撞带为界划分为北、南两带:北华北带和南华北带。

(1) 北华北带:属华北陆台,包括河北平原(含北京、天津)、山东大部、河南北部及陕西渭河平原。暖温带气候。以暖温性针叶树及落叶阔叶植物群为主要植被成分。等翅目的分布迄今仅知一个类群:网蠊属 Reticulitermes,且只有少数几个广布种,其中以栖北网蠊 R. speratus 的分布较广,其次是黑胸网蠊 R. chinensis、黄胸网蠊 R. flaviceps 等。另外,还有一个狭布种——青岛网蠊 R. qingdaoensis,目前仅知在青岛有分布。

(2) 南华北带(扬子陆块北部):包括河南黄淮间、山东南部、江苏和安徽的北部。属暖温带向北亚热带过渡的气候。植被组成亦呈由暖温带向北亚热带过渡的特征,常绿植物自北向南逐渐增多。等翅目分布上也出现了相应的变化。出现的类群虽仍以温带的网蠊属 Reticulitermes 为主,在偏南地带已有亚热带类群(如:土蠊属 Odontotermes 和乳蠊属 Coptotermes)种类分布。本带有该两属的分布最北点:河南洛阳的龙门(北纬 34.3°)是土蠊属 Odontotermes 在中国分布的最北点(洛阳土蠊 O. luoyangensis);江苏建湖(北纬 33.4°)则为乳蠊属 Coptotermes 在我国分布的最北点,且该属在中国分布北界中亦有一段位于本带南缘,即仪征至南京(江浦、六合),至安徽合肥。

(二) 东洋亚界·中印区

在地质上该区包括扬子陆块大部、华夏陆块和印度次大陆块一角。地理上在秦岭、淮河和长江东段一线以南,包括江苏、安徽、河南的南部、陕西秦岭以南、甘肃南部、四川盆地、湖北、湖南、江西、浙江、福建、广东、广西、贵州、云南大部、台湾、西藏东南部、海南至西沙群岛。属中国动物地理区划中的"中印亚界"的一部分,在此称为中印区;地跨亚热带和热带;其植被组成亦显示这一过渡特点。该区是中国等翅目的重要分布区,占已知种总数的99%以上的种分布于此。无论是类群、种群密度、数量和分布上的复杂性都显示由北向南递增的变化趋势。按其分布特点,本区可进一步划分成三个亚区:华中亚区、华南亚区和西南亚区。

1. 华中亚区

此系中国动物地理区划中"华中区"的一部分,包括上海、苏南、皖南、河南南部、陕西秦岭以南、甘肃西部、四川盆地、湖北、湖南、江西、浙江、福建、贵州,以及广东、广西、云南三省(区)北回归线以北部分。依据该亚区内等翅目分布特点,可进一步划分为两个带:东南丘陵带和西部山地高原带。

(1) 东南丘陵带:包括上海、苏南、皖南、河南南部、湖北和湖南东部、江西、浙江、福建、广东北部、广西东北部。这是由大别山、黄山、天目山、幕阜山、井冈山、武夷山和南岭山脉等组成的一个低山丘陵地带,其中也包含着一些平原和盆地,如:江汉平原、长江三角洲、钱塘江三角洲、赣中盆地等富饶的农业区。江、河、湖泊密集,在丘陵山区还有众多的用于蓄洪、灌溉的大小水库。北部沿江的平原丘陵地带和南部低山丘陵地带在气候、植被以至等翅目分布上均有一定差异。故而进一步划分其为南、北两亚带:北部平原丘陵亚带和南部低山丘陵亚带。

① 北部平原丘陵亚带包括湖北江汉平原、湖南洞庭湖区、江西北部的鄱阳湖区、长江三角洲、钱塘江三角洲以北的东洋亚界。其中含有若干低山丘陵地带,如:大别山、黄山等构成的豫南、皖南低山丘陵,天目山及其余脉:宜溧山地和宁镇丘陵。这里是刚从暖温带进入北亚热带,气候宜人,还包括著名长江流域的几个"火炉":武汉、九江、南京等地。由于受季风影响,因而一年中季节变化明显;江、河、湖泊密集而大气湿度较大,雨量充足而相对较为集中。植被显示从暖温带到北亚热带过渡的特点,常绿阔叶树逐渐增多,但仍以落叶阔叶树种占优势,喜暖湿的针叶树种替代了多数暖温性针叶树种。等翅目分布类群仍较简单,但亚热带成分明显增多。在古北亚界中占优势的网蠊属 Reticulitermes 中那些群体小而危害分散且较耐寒的种类虽仍有分布,但已下降至次要地位,已相应地退向海拔较高的山林中。该属中群体较大、危害较烈(近似于乳蠊属 Coptotermes)的"尖唇类型"(有人将其归入异蠊属 Heterotermes)的种类已明显增多,并成为房屋建筑木构件的较为重要的害虫。在本亚带内,乳蠊属 Coptotermes 是危害房屋建筑木构件的重要害虫,偶有发生因其严重危害而致建筑物倾塌的事件。该属在中国的分布北界大部分就在此亚带内,该属北界东起上海,经苏州、无锡、镇江,跨长江后再经仪征、南京(六合、浦口、江浦)至合肥(江北段在古北亚界内),后重返本带,再经湖北荆门,至本亚带西界之宜昌,向西则属西部山地高原带,将在下文中详述。土蠊属 Odontotermes 在此亚带内也有广泛分布,是丘陵山区危害人工营造森林树木和威胁水利土质堤坝安全的重要经济类群之

一。本亚带较南地带分布的大螱属 Macrotermes 也是丘陵山区危害林木和土坝的有害类群。该属在中国分布北界本亚带内是宜溧山地南部、皖南山区、湖北的武昌、枝江一线以南。无害的食腐类群——近扭螱属 Pericapritermes 在本亚带中分布较广,江苏镇江(北纬 32.2°),即东洋亚界的北缘是其分布的北限。奇象螱属 Mironasutitermes 是象螱亚科 Nasutitermitinae 中分布较北的类群,商城奇象螱 M. shangchengensis 是该属中分布最北的种,其产地河南商城县(北纬 31.7°)是目前所知该属分布的北限。从已有的调查采集记录分析,本亚带的大别山、黄山、天目山地区似为该属的演化发展和分布的中心之一。

②南部低山丘陵亚带在前一亚带以南,包括浙闽山地(雁荡山、武夷山)、赣南山地(井冈山、怀玉山、雩山)、湘赣间山地(幕阜山、九岭山、武当山),以及横亘在湘、赣、粤、桂之间的南岭山脉,其中还包容了赣中盆地。地处亚热带中南部,呈亚热带向热带过渡的气候特征和植被的过渡特征。更喜暖的针叶树种逐渐替代着所有暖温性针叶树,小叶型落叶树种已不见,落叶阔叶林中常绿树成分有明显增多。等翅目的热带类群已进入本亚带范围。例如,砂螱属 Cryptotermes 的平阳砂螱 C. pingyangensis 在浙江平阳(北纬 27.6°)的分布即为该属中国东部分布的最北点。新螱属 Neotermes 中亦有多个种在此亚带出现。亚热带高山类群原螱属 Hodotermopsis 通常生存于海拔千米以上的活树中,其分布北界的一部分落在本亚带内:浙江龙泉(北纬 28.0°)、湖南武冈(北纬 26.7°)一线。在树干内或树杈上筑球形"千层纸"巢居且加害生活树木的象螱亚科 Nasutitermitinae 在我国迄今已知分布 10 属,在本亚带已有 8 属:象螱属 Nasutitermes、钝颚螱属 Ahmaditermes、华象螱属 Sinonasutitermes、歧颚螱属 Havilanditermes、葫螱属 Cucurbitermes、近瓢螱属 Peribulbitermes、奇象螱属 Mironasutitermes 和弧螱属 Arcotermes,占 80%。因此,可以认为本亚带是中国产象螱亚科 Nasutitermitinae 在东部的一个昆虫资源中心。亮螱属 Euhamitermes 是热带分布的地栖类群,浙江亮螱 E. zhejianensis 的分布地浙江开化(北纬 29.1°)、衢州(北纬 28.9°)即该属在中国东部的分布北界。亚热带地栖型食腐类群中,迄今已知有多个属:近扭螱属 Pericapritermes、华扭螱属 Sinocapritermes、钩扭螱属 Pseudocapritermes 等的种类在本亚带亦有散在性分布,但不构成任何危害。鼻螱科 Rhinotermitidae 中的乳螱属 Coptotermes 和网螱属 Reticulitermes 的种类在此亚带有较广的分布。尤其前者,依然是本亚带城乡房屋建筑木构件的最主要破坏者之一。土螱属 Odontotermes 在本亚带也有广泛的分布,山林树木和堤圩土坝深受其害。

(2) 西部山地高原带:包括甘肃南部、陕西秦岭以南、鄂西和湘西山地、四川盆地、云贵高原和广西北部山区,南抵北回归线,跨越整个亚热带气候区。主要受印度洋来的西南季风影响而气温较高,湿度也较大。其影响沿横断山谷和嘉陵江可直达陕甘南部。植被丰富,以落叶阔叶和常绿植物为主,在山区,植物和气候则由上而下呈温带到亚热带垂直变化。等翅目分布亦呈现这样的变化特征。由于本带南北跨度大,地形变化复杂,植被丰富,且有许多未经开发的原始山林和著名的自然保护区和风景名胜。等翅目类群亦较丰富复杂。故以四川盆地南缘为界,将本带划分为两亚带:北部的山丘盆地亚带和南边的高原山地亚带。

①山丘盆地亚带即四川盆地及其以北的甘肃、陕西南部和鄂西山地。由于南方高原和山脉的层层阻隔,到达此亚带的印度洋西南季风的影响已大大削弱。然而又因北方天山、阿尔金山、祁连山、西方昆仑山等高大山脉的屏障作用,寒冷的西北气流不能直达此间。因此,这里的气候较为温暖,尤其是四川盆地,更是冬暖夏热。丰富的植被又以鄂西大神农架自然保护区为甚,其组成以落叶阔叶和常绿阔叶混交林为主。由于在甘肃南部的文县碧口镇和陕西南部的白河先后发现了树螱属 Glyptotermes 的两个种:陇南树螱 G. longnanensis(高道蓉等,1980)和陕西树螱 G. shaanxiensis(黄复生等,1986),因此该属北界北移至陕、甘南部(北纬 32.8°)。热带干木类群砂螱属 Cryptotermes 的种类狭背砂螱 C. angustinotus 已在本亚带南缘四川宜宾江安(北纬 28.7°)被发现(高道蓉等 1982~1983),因此该属的北界在我国西部也超越了原来的北限(北纬 25.0°)(尤其伟、平正明,1964;蔡邦华、陈宁生,1964)而向北进入四川盆地。树螱属 Glyptotermes 和鼻螱科 Rhinotermitidae 中的杆螱属 Stylotermes 在本亚带中种类丰富,分布广泛,成为本亚带等翅目分布上的一个特色,也说明了这两个等翅目类群在此间得到了充分的演化和发展。乳螱属 Coptotermes 北界的西段自湖北宜昌往西便进入本亚带,而在其沿长江伸入川后的分布仅局限于长江和嘉陵江沿岸地区:奉节、万县、丰都、长寿,最北至南

充而止于宜宾(长江航运的西端终点)的狭窄范围内。该类群入川后沿江狭布的事实,说明了该属并非四川原产,而是由于人类的活动通过长江水道从境外携入后扩散发展起来的。另外,网白蚁属 Reticulitermes 和土白蚁属 Odontotermes 也是此间广为分布的两个类群,大白蚁属 Macrotermes 则仅次于以上两类的又一广布类群,分布偏南。象白蚁亚科 Nasutitermitinae 和地栖食腐的白蚁亚科 Termitinae 的种类在此间亦有相当多的分布。

②高原山地亚带包括四川盆地以南的山地、湖南湘西山地、云贵高原和广西西北山区。由于受印度洋暖湿气流的影响,湿度较高,冬季亦较温暖。尤其云贵高原,四季如春,鲜花常开。在海拔较高的山区,气候自下而上呈由热变冷的垂直变化:低海拔的山谷常为亚热带气候,落叶阔叶和常绿阔叶混交林茂盛;而高海拔处往往相当寒冷,由落叶阔叶林转成以针叶树为主的耐寒植物群,甚至成为高山草甸植物;在极高处还可能出现终年积雪不化的高山冻土带。复杂的地形导致了复杂多变的气候带,同时造就了复杂而丰富多样的植被,反映在等翅目分布上的复杂多样。有亚热带和热带分布类群的水平分布,也有随山地海拔高度的上升,植被、气候的相应垂直变化而出现等翅目组成中古北温带成分逐渐增多的垂直分布,甚至当海拔高度上升至 2000 多米的高山地带出现无等翅目分布的空白区。四川米易(北纬 26.8°)是高山分布的湿木类群原白蚁属 Hodotermopsis 在中国西部的分布北限。网白蚁属 Reticulitermes 在海拔较高处有较广的分布,种类亦很丰富,甚至还有我国北方优势的栖北网白蚁 R. speratus 的踪迹。此外,与其同时出现的是土白蚁属 Odontotermes,分布稍低于栖北网白蚁 R. speratus,向下依次出现了大白蚁属 Macrotermes 的种类。在低海拔处则有树白蚁属 Glyptotermes、砂白蚁属 Cryptotermes 的种类。在这里分布最北的是罗甸砂白蚁 C. luodianis,其分布也越过了北纬 25.0°,到达了北纬 25.4°处的贵州罗甸,此间还分布有华白蚁属 Sinotermes、印白蚁属 Indotermes、亮白蚁属 Euhamitermes 等印度-马来亚成分。白蚁亚科 Termitinae 和象白蚁亚科 Nasutitermitinae 也有一些属出现在此间的低海拔地带。

2. 华南亚区

华南亚区包括广东、广西和云南三省(区)北回归线以南部分及海南和台湾。除台湾中北部外,其余在地理上已全部属热带范围,在气候上则大部分仍属南亚热带或亚热带向热带气候过渡的情况,只有在两广沿海、云南南部边陲地区、海南和台湾南部才真正属热带气候。此间植物以南亚热常绿阔叶林为主,在热带气候区则为热带稀树草原和热带雨林。等翅目以热带分布型为主。在热带气候区中极具代表性的筑垅类型的种类分布,地表高低不一的垅巢成为一种典型的热带景观。在台湾、海南岛、西沙群岛还分布有典型的海岛分布类群原鼻白蚁 Prorhinotermes 的种类。由于地理上的不连续性及其等翅目分布特点,将本亚区划分为三个带:华南带、海南带和台湾带。

(1)华南带:包括两广和云南三省(区)的北回归线以南的范围。因受太平洋和印度洋两大季风气候的影响,热量来源丰富,雨水亦很丰沛。以南亚热带和热带气候为主。一年分雨季和旱季两季,旱季时间短。以南亚热带常绿阔叶林、热带雨林和热带稀树灌木草原等为主要植被组成。等翅目类群十分丰富,以热带分布型为主。在热带雨林和热带稀树灌木草原地带的筑垅类群:云南土白蚁 Odontotermes yunnanensis、土垅大白蚁 Macrotermes annandalei、黄球白蚁 Globitermes sulphureus 及数种锯白蚁属 Microcerotermes 的分布,其在地表构筑的高低不等耸立地表的土垅巢居,构成了那里的特色热带景观。热带分布的干木类群,砂白蚁属 Cryptotermes 是此间的一个危害房屋木构件和其他木制品的重要经济类群,有较广的分布。广西、云南南部热带雨林和热带稀树草原地带中等翅目类群与印度-马来亚类群有较密切的关系。此间分布有印白蚁属 Indotermes、钳白蚁属 Termes、稀白蚁属 Speculitermes、亮白蚁属 Euhamitermes、马扭白蚁属 Malasiocapritermes、长鼻白蚁属 Schedorhinotermes、突扭白蚁属 Dicuspiditermes、瘤白蚁属 Mirocapritermes、近扭白蚁属 Pericapritermes、须白蚁属 Hospitalitermes、近瓢白蚁属 Peribulbitermes、钝颚白蚁属 Ahmaditermes、歧颚白蚁属 Havilanditermes、近针白蚁属 Periaciculitermes 等印度-马来亚的等翅目成分。乳白蚁属 Coptotermes 在本带亦有较广的分布,种类亦比较丰富,是此间房屋建筑木构件的一个破坏性极大的重要经济类群。网白蚁属 Reticulitermes 也有多种在本带分布。从等翅目类群的数量和种群密度分析,此间似为我国等翅目的一个分布中心。

(2)海南带:包括海南岛和南海诸岛。本带是典型的热带海岛气候,受太平洋季风影响强烈,还是一个台风影响频繁的海岛区。气温暖热,雨量丰足,常绿阔叶树遍布全带,或覆以常绿阔叶树为主的热带雨林。等翅目以热带类型为主。已知本带分布的等翅目昆虫有砂螱属 Cryptotermes、新螱属 Neotermes、树螱属 Glyptotermes、印螱属 Indotermes、华螱属 Sinotermes、亮螱属 Euhamitermes、突扭螱属 Dicuspiditermes、马扭螱属 Malasiocapritermes、华扭螱属 Sinocapritermes、钝颚螱属 Ahmaditermes、华象螱属 Sinonasutitermes。亚热带的乳螱属 Coptotermes 的踪迹直抵西沙群岛（珊瑚岛）。此间还分布有杆螱属 Stylotermes、土螱属 Odontotermes、近扭螱属 Pericapritermes、大螱属 Macrotermes，甚至还可见网螱属 Reticulitermes 的分布踪迹。在西沙群岛还分布有海岛特有的原鼻螱属 Prorhinotermes 的种类：西沙原鼻螱 P. xishaensis。西沙群岛（北纬17.5°）也正是迄今已知的中国等翅目的分布南限。

（3）台湾带：包括台湾、澎湖及其周围的岛屿。北回归线横穿台湾南部。台湾中、北部为南亚热带，南部则属热带，受太平洋季风气候控制，5—11月份受台风影响频繁，冬季气温高，雨水丰富，年降水量为1500～2000 mm。中、北部为南亚热带，常绿阔叶植物为主，南部为热带雨林地带。就目前所知，本带等翅目共计4科12属16种。木螱属 Kalotermes 种类（台湾木螱 K. inamurae）和新螱属 Neotermes 的种类（恒春新螱 N. koshunensis）为本带中有广泛分布的代表种类。偏北地带分布有网螱属 Reticulitermes 种类（黄胸网螱 R. flaviceps 等）。台湾乳螱 Coptotermes formosanus 系台湾原产，在本带有广泛分布，早就是当地危害建筑物的重要害虫，自16世纪始，由于人类的活动而将其携出台湾传至日本，后又继续人为传播并扩散至巴基斯坦、斯里兰卡、南非、夏威夷，甚至美国本土，且至今已成为传入地房屋建筑的重要害虫。黑翅土螱 Odontotermes formosanus 亦为本带原产，并在全带有广泛分布。由于地质上台湾与大陆曾长期相连，故该种在我国大陆的东南沿海亦有广泛分布，在福建、广东等地都有危害林木和破坏堤防土坝成灾的报道。树螱属 Glyptotermes、象螱属 Nasutitermes 在此间也有若干种类分布。海岛特有的原鼻螱属 Prorhinotermes 在这里亦有其特有的分布种，台湾原鼻螱 P. japonicus 估计在台湾南部热带雨林地带还可能有某些筑垅类等翅目的存在，但由于海峡两岸在等翅目研究的学术交流缺乏，资料匮乏，故无从对本带的等翅目分布做出更详尽的讨论，留待日后更正和补充。

3. 西南亚区·藏东南带

本带仅包括西藏东南部的察隅、墨脱、错那一线以南的狭小地带。仅为中国动物地理区划中"西南区"的极小一部分。在地质史上则为印度次大陆块上喜马拉雅山的一小部分。该地区在地理上是同中国等翅目分布区不连续的一个特殊地带。该地带完全受印度洋季风气候影响。在气候和植被上同相邻的印度北方邦的气候和植被十分相近。由于地质历史和气候、植被之间的密切相关性，该地带分布的等翅目种系同印度北方的等翅目区系关系更密切，同中国其他地区等翅目类群的种系联系较少。其分布种类或为印度原产，或系印度种类的近缘和狭布的特有种。如网螱属 Reticulitermes 在此间的两个种中，一个为原产印度的突额网螱 R. assamensis，另一个为与其近缘的狭布特有种察隅网螱 R. chayuensis；此间分布的两个已知土螱属 Odontotermes 种中，一个为原产于印度的阿萨姆土螱 O. assamensis，另一个为狭布特有种亚让土螱 O. yarangensis，且与印度产阿萨姆土螱 O. assamensis 和吉陵土螱 O. giriensis 近缘。在此间分布的其他几个属（棒鼻螱属 Parrhinotermes、近扭螱属 Pericapritermes、象螱属 Nasutitermes、钝颚螱属 Ahmaditermes）的几个种类的情况亦如此。

参考文献

[1] 尤其伟,平正明.中国南部(两广、云南)白蚁区系划分的初步意见[J].热带作物研究通讯,1957(3):1-9.

[2] 尤其伟,平正明.中国等翅目区系划分的探讨[J].昆虫学报,1964,13(1):10-24.

[3] 刘源智,潘演征,唐国清,等.四川省白蚁区划[J].白蚁科技,1986,3(3):13-19.

[4] 李桂祥.中国白蚁的种类及分布[J].白蚁科技,1987,4(1):1-4.

[5] 李参.浙江省白蚁种类调查及三个新种描述[J].浙江农业大学学报,1979,5(1):63-72.

[6] 丘启胜.贵阳地区白蚁种类及垂直分布[J].白蚁科技,1986,3(4):10-11.

[7] 丘启胜.贵州省等翅目及其分布调查[J].白蚁科技,1987,4(3):24-29.

[8] 张贞华,毛节荣,汪一安,等.西天目山自然保护区的白蚁区系及其对林木的影响[J].白蚁科技,1986,3(1):14-16.

[9] 林树青.论白蚁在浙江的生存与分布[J].住宅科技,1983(10):36-38.

[10] 徐春贵,龚才,平正明.贵州的等翅目[J].贵州林业科技,1986(2):1-124.

[11] 姚力群.安徽省白蚁种类及其区系分布特征[J].白蚁科技,1988,7(2):10-11.

[12] 高道蓉,朱本忠,刘发友,等.陕、甘南部地区白蚁调查

[13] 高道蓉,朱本忠,王鑫.江苏省的蠊类[J].江苏林业科技,1982(3):26-27.
[14] 高道蓉,朱本忠,王新.江苏省蠊类调查及网蠊属新种记述[J].动物学研究,1982,3(增刊):137-143.
[15] 高道蓉,彭心赋,夏凯龄.四川蠊类两新种(等翅目)[J].昆虫学研究集刊,1982/1983,3:193-197.
[16] 夏凯龄,范树德.中国网蠊属记述[J].昆虫学报,1965,14(4):360-384.
[17] 黄复生,张英俊,张志端.陕西省白蚁的分布及其新种记述[J].昆虫分类学报,1986,8(3):215-219.
[18] 黄复生,李桂祥,朱世模.中国白蚁分类及生物学(等翅目)[M].西安:天则出版社,1989.
[19] 蔡邦华,陈宁生.中国南部的白蚁新种[J].昆虫学报,1963,12(2):167-198.
[20] 蔡邦华,陈宁生.中国白蚁分类和区系问题[J].昆虫学报,1964,13(1):25-37.
[21] 蔡邦华,陈宁生.中国经济昆虫志·第八册·等翅目(白蚁)[M].北京:科学出版社,1964.
[22] 蔡邦华,黄复生.中国白蚁[M].北京:科学出版社,1980.
[23] 蔡邦华,黄复生.等翅目:鼻白蚁科、白蚁科.西藏昆虫(第一册)[M].北京:科学出版社,1980:113-120.
[24] Krishna K, Meesner FM. Biology of Termites Vol. II [M]. New York and London: Academic Press,1970.

The faunal regions of Isoptera in China

Gao Daorong, Zhu Benzhong

(Nanjing Institute of Termite Control)

Abstract: This paper has reviewed that since 1950s, the Chinese professors studied on the faunal regions of Isoptera in China. Then, authors of this paper have been according to the system of the zoogeographic fauna in China, and referred to *The Faunal Regions of Isoptera in China*(*Draft*) which given by Yu and Ping(1964), and synthesized the proposition of Tsai and Chen (1964) on the faunal regions of Isoptera (termite) in China, and the *Divisions of Termite Fauna in China* which given by Huang et al (1989), and recently hold data of distributions of Isoptera from China, and same time considered factors of the vegetation and the history of the geological vicissitude etc., and then, have recommended a new faunal regions of Isoptera in China.

Key words: Isoptera from China; divisions of faunal regions

原文刊登在《白蚁科技》,1993,10(1):1-10

50 地质变迁与中国等翅目分布起源

朱本忠,高道蓉,姜克毅
(南京市白蚁防治研究所)

摘要:蔡邦华、黄复生(1982)曾经以棒鼻螱属 *Parrhinotermes* 的已知种的分布为例,阐述了其与大陆漂移的关系。黄复生等(1987)又从等翅目化石种类、数量及其被保存的地质时代等方面,进一步讨论了大陆漂移与等翅目起源和分布的关系。黄复生(1981),朱世模、黄复生(1989)先后分别就西藏及云南的区域地质变迁探讨了西藏的昆虫区系及云南等翅目的发生。作者在本文中试图用中国陆地的地质变迁来探讨近年中国等翅目昆虫资源调查中发现的某些等翅目类群在地理上出现偏北分布和狭隘而孤立分布的成因起源。

关键词:地质变迁;中国等翅目;分布起源

近年,已有一些研究等翅目的昆虫学者开始论及等翅目的发生及某些类群的分布现状,与大陆漂移等地质变迁之间存在不可分割的密切关系。例如,蔡邦华、黄复生(1982)以现今已知的棒鼻螱属 *Parrhinotermes* 的7个种的分布为例,阐述了该属的7个种的分布现状与大陆漂移的关系。黄复生等(1987)曾以已知的世界等翅目的化石种类、数量及其被保存处的地层地质时代,进一步讨论了等翅目的起源、分布与大陆漂移之间的关系。黄复生(1981)、朱世模等(1989)先后分别就西藏和云南的区域地质变迁探讨了西藏昆虫区系和云南等翅目的发生。作者最近在整理所搜集到的我国等翅目的昆虫资源调查资料,并研究其分布规律时,对其中出现的某些比较特殊的分布现象,诸如树螱属 *Glyptotermes* 中某些种类(陇南树螱 *G. longnanensis* 和陕西树螱 *G. shaanxiensis*)的偏北地理分布(甘肃南部文县碧口镇,陕西南部白河县,北纬32.8°);奇象螱属 *Mironasutitermes* 种类(商城奇象螱 *M. shangchengensis*)的偏北地理分布(河南商城县,北纬31.7°);以及西藏东南部孤立分布区(察隅、墨脱、错那一线以南)中等翅目类群与印度北部等翅目区系之间存在的亲缘关系,从地质变迁的角度进行了探讨。

一、世界等翅目的发生与发展

在昆虫纲中,等翅目昆虫是比较古老而原始的一个类群。从已经发掘到的等翅目化石考证其出现的最早地质时代来推算,等翅目在地球上的存在迄今至少已有二亿五千万年的历史。在地质年代上约相当于晚古生代的石炭纪至二叠纪。虽然等翅目昆虫的生理特点不利于它在地层中形成化石保存下来,以致至今尚未能发掘到保存于更早的地质地层中的等翅目化石,然而根据已知的等翅目与蜚蠊目之间同源起源的亲缘关系,等翅目在地球上的出现,虽不能确切指明,但肯定比上述年代更早。就依上述所推算出的等翅目出现的地质时代——晚古生代的石炭纪至二叠纪而言,根据奥地利科学家 Wegener 于1920年依据大量的地质学和生物学资料所提出的:在中生代(距今235±10百万年)以前,世界上所有的大陆都联系在一起构成一个被古太平洋所包围的巨大古陆——联合古陆(pangaea)的结论(目前已被世界公认),等翅目的原始祖先在地球上出现时,世界各大洲大陆还联合在一起尚没有分离。此时,地球气候十分湿热,陆地上植物茂盛,高大的树蕨、柯达树、银杏树等木本植物随处可见。也就是说,以纤维为食的等翅目就是出现在食源极其丰富的生态环境中,气候适宜,对其繁衍、扩散极为有利。Emerson(1952)认为,当今世界上生存的所有等翅目各科在中生代晚期的白垩纪,即距今(137±5)百万年至(67±3)百万年时就已经分布到世界主要的热带地区了。在地质上,从二叠纪末至白垩纪末之间约一亿七千万年的漫长时间里,联合古陆由于受到了向西的或向赤道的,或同时来自两个方向上的力的作用,开始分裂。至三叠纪末期(距今约二亿年前),位于北部的裂谷逐渐张开,印度洋和大西洋开始出现,联合古陆分裂成南、北两大部分,在北半球的称劳亚古陆(Laurasia),而在南半球的称冈瓦纳古陆(Gondwanaland)。劳亚古陆包含了除印度次大陆外的欧亚大陆和北美洲;而冈瓦纳古陆则包括南美洲、非洲、印度次大陆、澳洲和南极洲。位于南部的裂谷随之使冈瓦纳古陆进一步分裂成两个大陆块:南美-非洲大陆块和南极洲-澳洲-印度次大陆大陆块。接着,印度次大陆同南极洲-澳洲大陆块分离,并迅速向北漂移。至侏罗纪,即距今(195±5)百万年至(137±5)百万年,大陆继续漂移,大西洋、印度洋进一步扩大,北美大陆向西北方漂移,北美与格陵兰岛间拉布拉他海形成,古地中海周缘山脉产生。至侏罗纪末,南美和非洲开始滑离。至白垩纪末期(距今约七千万年前),非洲和南美完全分离,非洲向北漂移约10度,马达加斯加与非洲大陆分开,形成岛屿。南极洲则继续向西缓慢移动。至此,除格陵兰岛与北欧大陆、澳洲与南极洲之间尚保持连接外,现今的各大陆已具雏形。等翅目各科的分化就是在联合古陆解体、大陆不断漂移的过程中进行的。至白垩纪末,等翅目各科除南极洲之外在其他各大洲大陆的热带地区已经充分地发展起来了。同时,Emerson还指出,等翅目的亚科和属的分化是在中生代末和第三纪,即距今(67±3)百万年至(1.5±0.5)百万年时期进行的。地质上,进入新生代,各大陆继续漂移,至第四纪初才漂离成现今的状态。印度次大陆在与南极洲大陆分离后,向东北方漂移,与亚洲大陆碰撞,喜马拉雅山形成。至第三纪时,欧洲、北美洲大陆已漂离成现今的状态。就是说,等翅目的现存各科在各大陆历经长时间的漂移,至白垩纪末已具现今状态的雏形时,已经分布于各大陆的主要热带地区了。而在各大陆进一步漂移的过程中,等翅目各亚科和属的分化亦同时进行着。至其分化基本完成之后,世界各大陆才漂离成现今的状态。从等翅目在地球上出现至进入科、亚科、属的相继分化过程中,地球气候正好处在三叠纪至第三纪的大间冰期。整个中生代时期,地球气候都是温暖的,平均气温在两极附近为8℃～18℃,赤道气温为25℃～30℃。至老第三纪,全球气候更趋暖化,亚热带和温带的分界比现在更向北。三叠纪时北半球为干燥气候,至侏罗纪时则变得普遍湿热,而以后又出现干燥带,

白垩纪时干燥气候继续发展,至白垩纪末,干旱程度达到最大。气候的变迁决定了等翅目的某些类群或进化成适应干旱气候的新的类群,或因气候不适应被自然界淘汰而灭绝。大陆的漂移和一系列的造山运动等的地质变迁,产生了种种阻隔,从而促进了等翅目类群的分化。

二、中国等翅目的发生与发展

同世界等翅目的发生与发展一样,中国等翅目区系的发生和发展同中国大地构造的基本格局和地质变迁有着密切的关系。

早在震旦纪(距今约20亿年以前),在我国东部就存在着一个广大的陆台区,而西部和西南部则为广大的地槽带。至震旦纪初期,及经过古生代的加里东造山运动,古老的中国陆台分裂成三个陆台:华北陆台(或称华北板块)、扬子陆台(或称扬子板块)和华夏陆台。以后,三个陆台各自经历了不相同的地质演化历史。其中,华北陆台在中国大地的演化过程中起重要作用,而扬子陆台和华夏陆台的构造比较复杂,在地质演化中比较活跃,地盾、地槽或凹陷相间,随着地壳的运动,时而海浸,时而海退。从中生代的侏罗纪起至新生代前的燕山运动中,除喜马拉雅山和台湾山地外,我国所有山脉基本形成,中国大地的构造轮廓已基本定型。进入新生代,至第三纪中期开始,由于印度次大陆向北漂移,与亚洲大陆相撞所引起的世界上最大的也是距今最近的一次喜马拉雅造山运动,原位于印度板块上的喜马拉雅山脉急剧抬升,成为如今的世界屋脊,同时青藏高原隆起,古地中海最终消失,原为地盾的横断山脉被进一步挤压而抬升。同时,由于印度板块与亚洲大陆相撞,亚洲大陆与太平洋板块之间受到挤压,台湾山脉形成。台湾和海南岛以及整个南海原本就是华夏陆台的组成部分,也就是在喜马拉雅运动中,发生地壳差异性断陷,并且不断加深,形成台湾海峡和琼州海峡,以及形成具海底隆起的南海盆地。至此,台湾和海南岛与中国大陆分离成为两大海岛,而所有南海诸岛一直延续至第四纪以后才陆续形成。从新生代的上新世晚期至更新世初期,渤海海峡也发生陷落,从而使辽东半岛和山东半岛分离。

除了中国大地构造的地质变迁和其基本格局直接影响了中国等翅目的当今分布外,气候的变化也是影响中国等翅目分布的一个非常重要的因素。根据地质材料说明,地球气候史中有三个大冰期和

三个大间冰期,对中国等翅目分布最有意义的是三叠纪至第三纪的大间冰期和第四纪大冰期,因为这时期正是等翅目出现后各科、亚科和属发展演化的关键时期。整个中生代时期,气候都是温暖的,到了第三纪,气候更趋暖化,亚热带和温带的分界比现在更北,当时我国华北和东北都处在亚热带和暖温带笼罩下。由此可以推断,等翅目在我国的分布会遍及整个华北和东北,它在我国的分布北限比现在更北得多。那时气温虽然较为温暖,但湿度却有波动变化。由于等翅目生存需要一定的湿度条件,因此,湿度的变化波动肯定会影响等翅目的分布。三叠纪时,我国西部、西北部为干燥气候。侏罗纪时则全国普遍湿热,而该纪后期欧亚大陆出现干燥带。干燥气候在白垩纪时继续发展,至该纪末达最大程度。在我国西起新疆喀什噶尔河流域,经天山,向东南至阿尔金山、甘肃龙首山,又向南伸至峨眉山、大渡河下游直到江西南部曾有一明显的干燥带。至早第三纪,长江流域稳定的东北信风盛行,而我国西北地区常年高温少雨,从而具有亚热带稀树草原和荒漠的景观,而这一带的南北则干湿交替。在第三纪中-晚期发生的强烈的喜马拉雅造山运动,古地中海消失,西部高原、高山隆升,东部地势逐级下降等,引起我国或东亚气候的深刻变化:建立了季风环流系统和相应的气候变化。我国东南半部的东南太平洋和西南印度洋季风区潮湿多雨,而西北内陆则大陆性气候增强,成为干旱的荒漠和半荒漠,导致等翅目的分布足迹从西北内陆干旱的荒漠、半荒漠地区退出。同时,还加强了南北方向温差的变化:北方温差大,南方温差小。横断山脉青藏高原东缘正是东南和西南季风的交汇地带,西南季风沿横断山脉深入高原东部,使这一地带具复杂而独特的气候和生境。到晚第三纪时温度普遍降低,并旱化加强,促使等翅目在中国的分布区向南缩小。第四纪大冰期时,寒冷的冰期和温暖的间冰期交替,冰期时气温较今平均低 8℃~12℃,间冰期时,冰盖退缩或消失,气温较今高:北极平均高 10℃以上,低纬度地带平均高 5℃~6℃,热带和温带界线相应北移。第四纪冰期在北半球的最大冰盖主要在以北欧和格陵兰为中心的大西洋两岸,太平洋周围冰盖较小。我国处在大陆冰川的外围,没有受到大陆冰川的直接破坏,但气候仍受到当时世界气候总趋势的影响,与欧洲、北美一样也相应出现过 3~4 个冰期和间冰期。其中以中更新世初期的那次大姑冰期的规模和影响最大,在我国西部东北和东部山地高原或山地冰川普遍发育,甚至抵达广西。其他各期的冰川规模和影响较小,而且一般南方不甚显著。间冰期的气候比现在温暖,南方湿热,北方干燥。因此,经历了第四纪大冰期之后,在我国南方和一些山谷地带仍保存了大量的第三纪古热带的残遗生境。等翅目的类群和分布区系亦相应地奠定了现今的分布格局。

三、中国的等翅目区系划分

中国的等翅目昆虫祖先在中国大地一开始就是在三个相互隔离的陆块上及各自独立的生态环境中平行地进行着自然适应性的进化。

（1）华北陆块在地史演化过程中相对比较稳定,所以当第四纪大冰期来临时,它所受的影响较大。在低温和干旱气候的影响下,华北陆块上等翅目的分布范围不断缩小。那些不能耐低温和干旱的热带和亚热带类群因不适应低温和干旱而一一灭绝。最终在华北陆块上只剩下较能耐旱寒的唯一的一个类群——网蠊属 *Reticulitermes* 继续繁衍保存至今。

（2）界于秦岭与长江之间的扬子陆块位置偏南,在第四纪大冰期中所受影响较小,陆地冰川仅出现于海拔较高的山地和高原地带。扬子陆块上的等翅目除少数高海拔地带的类群因受高山冰川的影响而不能继续繁衍,或产生适应性分化或被淘汰灭绝外,大部分平原、盆地、谷地的等翅目仍得以繁衍发展。例如,土蠊属 *Odontotermes*、树蠊属 *Glyptotermes* 等亚热带类群曾在扬子陆块上广泛分布繁衍。所以,当扬子陆块与华北陆块相撞重新契合时,随着一部分扬子陆块突入古北界范围而把亚热带类群中的土蠊属 *Odontotermes* 种类（囟土蠊 *O. fontanellus*、洛阳土蠊 *O. luoyangensis* 等）带进了古北界。尤其是后者,其踪迹分布至河南洛阳（龙门,北纬 34.3°）,这也是迄今所知该属在中国分布的最北点。这同样造成了另一个现今亦已深入古北界的亚热带类群,乳蠊属 *Coptotermes* 的个别种类,普见乳蠊 *C. communis* 在古北界东部南缘,长江的北岸（江苏省的仪征、六合、江浦、浦口等）继续繁衍着。其最北分布则已达江苏建湖（北纬 33.4°）。同时,因扬子陆块与华北陆块相碰而使更喜暖的亚热带类群中的树蠊属 *Glyptotermes* 种类的分布推进至北纬 32.8°。陕西树蠊 *G. shaanxiensis*（陕西白河）和陇南树蠊 *G. longnanensis*（甘肃文县碧口镇）至今仍能繁衍发展,还由于北面的天山、阿尔金山、祁连山、秦岭及西面的昆仑山脉等崇山峻岭对北方寒冷气流的层层阻隔,而来自南中国海和印度洋的西南暖湿气流却又得以沿南北走向的横断山脉的山谷,沿长江之支流,直抵汉水上游流域,陕西南部的白河和嘉陵江上游之白龙江流域,甘肃南部的文县碧口镇。因此,这两个纬度较高地区(北纬32.8°)具备使亚热带分布类群(树白蚁属 *Glyptotermes*)的个别种类分别在两地同时长期保存、演化发展,成为两个单独的种(陇南树白蚁 *G. longnanensis*、陕西树白蚁 *G. shaanxiensis*),而繁衍至今成为不同于周围和其他同纬度地区的特殊的亚热带小生境。

(3) 杆白蚁属 *Stylotermes* 是犀白蚁科 Rhinotermitidae 中一个颇为特殊的类群。一般危害活的阔叶树干。迄今仅知其分布于中国、印度和孟加拉国,分布只限于北纬10°~32°间,最高分布至海拔1300 m以下。我国目前已知有33种。从目前已被发现的唯一的已灭绝的近缘化石属古杆白蚁属 *Parastylotermes* 的分布(新北区的美国和古北区的波罗的海安贝尔)来看,其形成应在联合古陆解体之前,且其分布当时可能相当广泛。但是在经历了全球性气候变迁的过程中,原来广阔的分布范围逐渐缩小,许多种类不堪干旱和寒冷的环境而一一灭绝,最终仅遗存于东洋区局部气候条件仍较适宜的地区内,并继续演化繁衍至今,从而形成了在我国西南(四川、云南、贵州)、南方(两广、湖南和福建南部及海南)以及印度和孟加拉国北部分布较为集中的格局。

(4) 在第三纪中期之前,台湾、海南岛,甚至整个南中国海都还是与中国大陆连成一片的华夏陆块的一部分。其时,多种等翅目昆虫,诸如台湾乳白蚁 *Coptotermes formosanus*、恒春新白蚁 *Neotermes koshunensis*、黑树白蚁 *Glyptotermes fuscus*、截头砂白蚁 *Cryptotermes domesticus*、台湾土白蚁 *Odontotermes formosanus* 等,早就是广大的华夏陆块上广泛分布的常见种类了。至第三纪中期,当喜马拉雅造山运动发生,台湾海峡和琼州海峡断陷,南海海盆陷落,台湾、海南和南海诸岛遂成为与中国大陆分离的大小海岛。故台湾、海南的等翅目区系与中国大陆东南沿海的闽、浙、两广地区的等翅目区系有着广泛的联系。另外,海岛特有的分布类群,犀白蚁科 Rhinotermitidae 的原鼻白蚁属 *Prorhinotermes* 在台湾、海南和西沙群岛的存在,则又说明了这两个地区等翅目分布上的特殊性。

(5) 正是由于华夏陆块在地质演化史上曾有过与南洋群岛(菲律宾、印度尼西亚等)和印度支那半岛之间紧密相连的漫长时期,才使得诸多的典型印度-马来亚分布的类群现今存在于中国南方的等翅目区系中。例如,钝颚白蚁属 *Ahmaditermes* 在云南、广西、广东、海南岛、福建有分布,云南南部则有多种须白蚁属 *Hospitalitermes* 的存在,马扭白蚁属 *Malaysiocapritermes* 的种类在云南、广西和海南也有分布。

(6) 高等等翅目中的亮白蚁属 *Euhamitermes* 是一个出现较晚的类群,也是一个属于印度-马来亚分布的热带和亚热带土栖食腐类群。迄今,我国已记录的有14种,绝大多数种类发生在长江以南,尤以云、贵及两广南部较为集中。亦发现个别种产于较北的浙江中部(北纬29.1°),在西部还有个别种超越了长江天堑,分布到四川米易(北纬26.8°)。其所以如此,一方面同华夏陆块在第三纪中期前曾是一片与南洋和印支紧密相连的陆地的地质史实有关(使许多这类印-马分布类群广泛扩展到中国大陆);另一方面,浙江省的地形、山脉均为东北—西南走向,从西北往东南有天目山、四明山、仙霞岭、括苍山、雁荡山,围成了浙江中部的金衢盆地。这些高山峻岭阻挡了来自西伯利亚的寒气流,却又可以允许西南暖湿气流北上沿山谷进入盆地,形成了适于此类生存繁衍的南亚热带湿热的气候区。浙江亮白蚁 *E. zhejianensis* 就产于该盆地中的衢县(北纬28.9°)、开化(北纬29.1°)。这里也成了该类等翅目在我国分布的最北点。

(7) 象白蚁亚科 Nasutitermitinae 中的奇象白蚁属 *Mironasutitermes* 是一个更为进化的高等等翅目类群,它的出现也比较晚。从现今已知种的分布来看,该类群在中国大陆上出现于扬子、华夏两陆块合并之后。其发源地可能就是现今已有多种分布的鄂、豫、皖三省交界处的大别山、川鄂边界大巴山和皖浙间的天目山系。其中商城奇象白蚁 *M. shangchengensis* 是该类群中目前已知分布最北的种类,河南商城县(北纬31.7°)则为该类群分布的最北点。

(8) 在三叠纪末,印度次大陆同南半球冈瓦纳古陆分离后,迅速向北漂移。至第三纪中期,与亚欧大陆板块碰撞相接,并向亚欧大陆下俯冲,从而导致世界地质史上最剧烈,也是距今时间最近的一次大规模的地壳运动,即喜马拉雅造山运动。印度次大陆上的喜马拉雅山急剧抬升,成为如今地球上大陆海拔最高的"世界屋脊"。属于喜马拉雅一部分的察隅-墨脱-错那地区嵌入被抬升的西藏高原东南部。所以,实际上该区域的等翅目应该是印度次大陆等翅目区系中的一部分。只是在地壳变化中被同印度隔开且在长期的演化过程中又分化出更适应当地环境的新的种类。所以从区系特点上看，西藏东南部的等翅目与印度北部等翅目区系有近缘和亲缘关系。

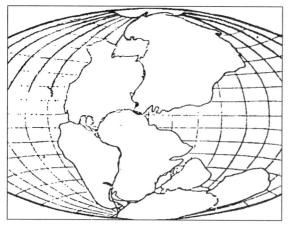

A. 两亿年前的统一古陆块（联合古陆）

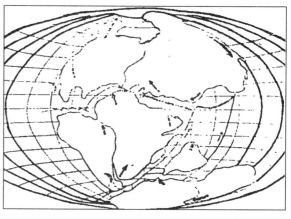

B. 一亿八千万年前的三叠纪末期

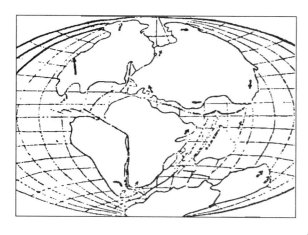

C. 一亿三千五百万年前的侏罗纪末期

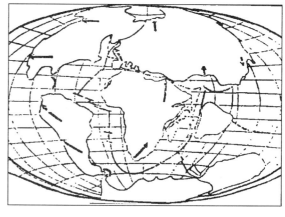

D. 六千五百万年前的白垩纪末期

E. 新生代时期

图1 不同地质时期的海陆复原图（转自中国科学院《中国自然地理》编辑委员会，1983）
（引自罗伯特·迪茨，约翰·霍尔登，1970）

图例：1. 裂谷；2. 板块边界；3. 海沟；4. 大陆运动的方向；5. 板块滑动的方向；6. 现代地理参考点。

参考文献

[1] 王治国,李东升.河南省蠊类调查及新种记述[J].河南科学院学报,1984(1):67-81.

[2] 中国科学院《中国自然地理》编辑委员会.中国自然地理——植物地理(上册)[M].北京:科学出版社,1983:1-29.

[3] 朱世模,黄复生.地质变迁与云南白蚁的发生[J].动物学研究,1989,10(1):1-8.

[4] 高道蓉,朱本忠,刘发友,等.陕、甘南部地区白蚁调查及一新种记述[J].昆虫分类学报,1980,2(1):69-74.

[5] 高道蓉,朱本忠.中国等翅目的区系划分[J].白蚁科技,1993,10(1):1-10.

[6] 黄复生.西藏高原的隆起和昆虫区系.西藏昆虫(第一册)[M].北京:科学出版社,1981:1-34.

[7] 黄复生,朱世模,李桂祥.大陆漂移与白蚁的系统发育[J].动物学研究,1987,8(1):55-59.

[8] 黄复生,李桂祥,朱世模.中国白蚁分类及生物学(等翅目)[M].西安:天则出版社,1989.

[9] 黄复生,张英俊,张志端.陕西省白蚁的分布及其新种记述[J].昆虫分类学报,1986,8(3):215-219.

[10] 蔡邦华,黄复生.棒鼻白蚁的分布及其新亚种(等翅目:白蚁科)[J].昆虫学报,1982,25(3):306-310.

[11] 赵铁桥.历史生物地理学进展[J].昆虫分类学报,1992,14(1):35-47.

[12] 王钰,金玉玕,戎嘉余.古生物学——古无脊椎动物与古植物[M].北京:科学出版社,1982.

Effect of geological vicissitude on origination of Isoptera from China

Zhu Benzhong, Gao Daorong, Jiang Keyi

(Nanjing Institute of Termite Control, Jiangsu, China)

Abstract: Prof. Tsai Panghua and Huang Fusheng (1982) gave an example with known species of the genus *Parrhinotermes* and explained the relation between their distribution and continental drift, Prof. Huang Fusheng *et al*. (1987) further discussed the relations between continental drift and the origination and the distributions of Isoptera on their fossil species, count and the geologic periods kept them. Prof. Huang Fusheng (1981), Prof. Zhu Shimo and Huang Fusheng (1989) separately approached the emtomo-fauna in Xizang (Tibet), China and the origination of Isoptera in Yunnan, China. Authors have been according to the regional geological vicissitude to discuss the origination of formed causes on the northerly distributions of some groups of Isoptera, which discovered in the investigations of emtomo-resources for Isoptera from China latest years and their narrow and isolated distributions geographically.

Key words: geological vicissitude; Isoptera from China; origination of distribution

原文刊登在《白蚁科技》,1993,10(3):3-23

51 溴氰菊酯防治房屋建筑白蚁应用效果试验初报

李小鹰[1]，高道蓉[2]，夏亚忠[1]

（[1]无锡市白蚁防治所；[2]南京市白蚁防治研究所）

摘要：用 2.5% 溴氰菊酯 25×10^{-6}、125×10^{-6}、250×10^{-6} 对房屋建筑白蚁进行防治应用试验，结果显示灭治 3 年后 125×10^{-6} 仍然有效，预防试验 4 年后仍然无白蚁出现及危害活动。

关键词：白蚁；房屋建筑；防治；溴氰菊酯

在白蚁防治方法中，房屋建筑白蚁的灭治和预防是两个有区别的概念，对其所达到的结果要求也不尽相同。就药剂的持效来说，前者可以稍短些，而后者一定要长。为加快防治房屋建筑白蚁新药物的开发，对一种新的供选药物可先确定其灭治房屋建筑白蚁的效果，同时通过追踪观察，进一步确定其在房屋建筑白蚁预防中的效果。

溴氰菊酯是拟除虫菊酯类杀虫剂，其作为防治白蚁的药物曾见推荐（李桂祥等，1989；《GBJ5—88 木结构设计规范》），但其针对我国房屋建筑白蚁防治的试验未见正式报道。因此，为确定其在防治房屋建筑白蚁中的效果，我们自 1990 年开始，在房屋建筑白蚁的防治过程中，根据我们对溴氰菊酯的毒力测定结果、溴氰菊酯处理木材防治散白蚁 Reticulitermes sp. 实验室研究初步结果、溴氰菊酯土壤处理防治白蚁研究初步结果及溴氰菊酯处理木材防治木材野外试验初步结果（这些结果另文发表），在无锡地区应用溴氰菊酯进行了防治试验，以便确定它在本地区对白蚁的效果、使用浓度、有效时间。现将应用试验结果初步报告如下。

一、应用试验方法

（一）药剂及浓度

2.5% 溴氰菊酯（敌杀死）由法国罗素-优克福公司生产，法国（日本）罗素-优克福公司南京技术服务处提供。根据毒力测定及各项初步测定结果，试验浓度采用 25×10^{-6}、125×10^{-6}、250×10^{-6}。

（二）应用试验现场选择

随机选择当年发生白蚁危害的房屋建筑，进行灭治处理。施工前先进行现场勘查，采集白蚁标本，观察白蚁危害程度，或与过去曾采集到的该地区白蚁标本资料对照，确定蚁害情况。结合房屋新建或重建，有针对性地选择危害白蚁种类多且严重的地区的房屋建筑，进行预防处理。

（三）主要危害白蚁种类

试验现场共采集白蚁 2 科 3 属 11 种，其名录如下：

1. 苏州家白蚁 *Coptotermes suzhouensis* Xia et He, 1986
2. 大头家白蚁 *C. grandis* Li et Huang, 1985
3. 厚头家白蚁 *C. crassus* Ping, 1985
4. 普见家白蚁 *C. communis* Xia et He, 1986
5. 嘉兴家白蚁 *C. jiaxingensis* Xia et He, 1986
6. 栖北散白蚁 *Reticulitermes flaviceps* (Oshima)[*]
8. 圆唇散白蚁 *R. labralis* Hsia et Fan
9. 尖唇散白蚁 *R. aculabialis* Tsai et Hwang
10. 褐缘散白蚁 *R. fulvmarginalis* Wang et Li, 1984
11. 囟土白蚁 *Odontotermes fontanellus* Kemner[*]

（四）施药方法

施药方法采用蔡邦华、陈宁生（1964），南京市房地产管理局白蚁防治所（1977），蔡邦华、黄复生（1980），李桂祥、戴自荣、李栋（1989），林树青、高道蓉（1990）所示灭蚁水剂喷洒法。药物喷洒器械采用本

---

[*] 原文如此，拉丁学名为黄胸散白蚁。

所自制电动喷药机和55-2丙型手动压缩喷雾器。

（五）施药效果检查方法

施药后30 d检查一次，以后每年检查一次。检查时逐一走访住户或单位，询问并查看白蚁死亡及重复出现情况、白蚁继续分飞情况等。施药后第三年检查时对施药现场做局部小范围破坏性检查：适当撬起小块地板，撬开柱脚和门框边的墙面、砖块或局部木质，主要是原白蚁危害处，检查是否仍有白蚁继续进行危害活动。对实施预防的房屋建筑，则每年一次全面检查，并与周围环境白蚁活动相对照，看是否有白蚁危害活动迹象。

二、结果与讨论

（一）灭治结果

2.5%溴氰菊酯 25×10^{-6}、125×10^{-6}、250×10^{-6} 灭治房屋建筑白蚁现场共设置31处。施药面积2289 m^2，其具体情况及检查结果见表1。表1显示，使用浓度 25×10^{-6} 的现场，100%仍有白蚁危害；而使用浓度为 125×10^{-6}、250×10^{-6} 的防治现场，其灭治效果3年后仍达100%。显然，用2.5%溴氰菊酯 125×10^{-6} 灭治房屋建筑白蚁即可取得防治效果。其单位耗药量平均为：木地板1.3L/m^2，门、窗框1.75L/个，木柱3.3L/根。

（二）预防结果

应用试验共选择有代表性的预防现场2处，其基本处理情况及4年后结果如下：

1. 无锡市崇宁路小学多功能活动用房。多功能活动用房为砖混结构，新建房屋。该校是大头家白蚁 C. (P.) grandis 危害活动地，1979年800余平方米砖木结构校舍因其危害被迫拆除。1988年在该校检查时，又发现两间教室因白蚁危害致险，两榀"人"字屋架及墙内木柱均已被白蚁蛀食一空。该校1988年新建砖混结构教育用房，第二年即发现遭受大头家白蚁等白蚁严重危害。因蚁害严重，1990年该校在新建砖混结构多功能活动用房时要求进行预防处理。活动用房建筑总面积500 m^2，一层内铺设木板。试验时，在房屋主体工程完工，地垄铺设完毕，铺地板前用2.5%溴氰菊酯 125×10^{-6} 水溶液对地面及木地楞进行喷洒处理，每平方米耗药量2.068 L。到第4年，未发现家白蚁属及散白蚁属白蚁的危害。

2. 锡惠公园老爷殿重建工程。锡惠公园老爷殿建筑面积300多平方米，因白蚁危害及年久失修被迫拆除重建。该殿在重建过程中，结合工程进度对所有木柱、木屋架、望板、椽子等木构件及地面用2.5%溴氰菊酯 125×10^{-6} 做了预防白蚁试验，耗药量为700余升。施药至今4年未发现白蚁危害。

表1　溴氰菊酯灭治房屋建筑白蚁情况表

序号	试验场地	处理项目	面积（m^2）	浓度（$\times 10^{-6}$）	1年后结果	2年后结果	3年后结果
1	无锡市橡胶二厂军嶂分厂	覆壁板、踢脚板	30	25	+	+	+
2	无锡市国棉一厂	覆壁板、地板	260	25	+	+	+
3	无锡市崇安区少年宫	地板	90	125	−	−	−
4	无锡市郊区人武部	地板、门框	80	125	−	−	−
5	无锡市民俗博物馆	地板、门框、木柱	170	125	−	−	−
6	无锡市西河头19号	地板	20	125	−	−	−
7	89001部队	覆壁板、门框	110	125	−	−	−
8	无锡市北惠营28号102室	门框	70	125	−	−	−
9	无锡市北惠营18号103室	门框	80	125	−	−	−
10	无锡市北惠营14号105室	门框	70	125	−	−	−
11	无锡市北惠营14号106室	门框	80	125	−	−	−
12	无锡市北惠营10号103室	门框	70	125	−	−	−
13	无锡市北惠营10号104室	门框	80	125	−	−	−
14	无锡市新生弄9号	地板	10	125	−	−	−
15	无锡市北头巷21-1号	门框、覆壁板、壁橱	30	125	−	−	−
16	无锡市胜利新村67号101室	门框	80	125	−	−	−
17	无锡市胜利新村67号102室	门框	70	125	−	−	−
18	无锡市第四人民医院	门框	90	125	−	−	−
19	无锡市大庄里287号104室	门框	60	125	−	−	−
20	无锡市大庄里259号104室	门框	60	125	−	−	−
21	无锡市水沟头三弄47号	门、窗框	35	125	−	−	−
22	无锡市李家浜北23号3幢101室	门框	60	125	−	−	−

续表

序号	试验场地	处理项目	面积（m²）	浓度（×10⁻⁶）	1年后结果	2年后结果	3年后结果
23	无锡市自来水公司	门框	190	125	-	-	-
24	无锡市夏家边29号	木柱	56	125	-	-	-
25	无锡市扬名路9号	木柱	20	125	-	-	-
26	无锡市南阳新村17号101室	墙缝	60	125	-	-	-
27	无锡市广瑞路92-2-102室	门框	50	125	-	-	-
28	无锡市青松幼儿园	地板	40	250	-	-	-
29	无锡市苏纺饭店	地板	16	250	-	-	-
30	无锡市崇宁路28-1号	木柱、楼板	90	250	-	-	-
31	无锡县计量所	门框	70	250	-	-	-
合计			2289				

+：检查时有白蚁活动危害；-：检查时无白蚁活动危害。

参考文献

[1] 蔡邦华,陈宁生.中国经济昆虫志·第八册·等翅目（白蚁）[M].北京:科学出版社,1964.

[2] 南京市房地产管理局白蚁防治所.白蚁防治知识[M].南京:江苏人民出版社,1977.

[3] 蔡邦华,黄复生.中国白蚁[M].北京:科学出版社,1980.

[4] 李桂祥,戴自荣,李栋.中国白蚁与防治方法[M].北京:科学出版社,1989.

[5] 林树青,高道蓉.中国等翅目及其主要危害种类的治理[M].天津:天津科技出版社,1990.

原文刊登在《白蚁科技》,1994,11(2):24-26

52 象白蚁属一新种（等翅目：白蚁科：象白蚁亚科）

高道蓉[1]，郭建强[2]

（[1]南京市白蚁防治研究所；[2]浙江省德清县白蚁防治研究所）

摘要：本文记述我国浙江省龙王山自然保护区等翅目象白蚁属一新种——安吉象白蚁 *Nasutitermes anjiensis* sp. nov.。

关键词：等翅目；白蚁科；象白蚁属；新种

作者对浙江省湖州市白蚁防治协会在安吉县龙王山自然保护区所采集的白蚁标本进行鉴定，发现象白蚁属 *Nasutitermes* 一新种，现记述如下。

安吉象白蚁 *Nasutitermes anjiensis* sp. nov.,新种

大兵（图1）：

头部近裸黄褐色，有少量不明显短毛，另有数根较长毛，鼻近端部毛稍密。象鼻赤褐色。触角淡黄褐色。前胸背板前叶色较后叶为深，近似头色。足黄色。

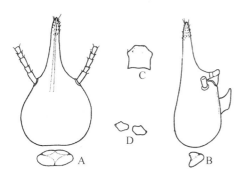

图1 安吉象白蚁 *Nasutitermes anjiensis* sp. nov. 大兵

A. 头和前胸背板背面观（head and pronotum from above）；B. 头和前胸背板侧面观（head and pronotum from side）；C. 后颏仰视（postmentum from below）；D. 左、右上颚（left mandible and right mandible）。

头背面观近似宽梨形，头最宽处位于中部稍后，后缘平且稍内凹。侧视象鼻与头顶的连接近于直线，头顶部鼓起甚微。上颚端齿秃钝。触角13节。第2、3、4节中，第3节最长。

前胸背板呈马鞍形。前端直立，前部长度短于后部。前、后缘中部缺刻不显。腹部为橄榄形。

小兵（图2）：

体色较大兵为淡。毛序同大兵。

从背面观，头前端较窄，向后逐渐扩展，头最宽在中部之后，后缘圆弧出。侧视头顶部稍鼓出。上颚端齿尖锐。触角12～13节。为13节时，第2、3、4节中第4节最短，第3节长于或略等于第2节。

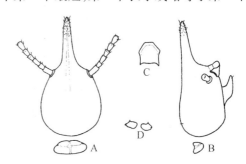

图2 安吉象白蚁 *Nasutitermes anjiensis* sp. nov. 小兵

A. 头和前胸背板背面观（head and pronotum from above）；B. 头和前胸背板侧面观（head and pronotum from side）；C. 后颏仰视（postmentum from below）；D. 左、右上颚（left mandible and right mandible）。

前胸背板呈马鞍形，前部稍短于后部。前、后缘未见明显缺刻。腹部为瘦橄榄形。

安吉象白蚁3头大兵和5头小兵各体部量度结果见表1。

大工（图3A）：

头淡褐黄色。背面有淡色"T"形缝。全身被较密之短毛。

头近似圆形，头最宽处在触角后。后唇基隆起，长度不及宽度之半。上颚齿见图3A。触角14节，其中第4节最短，第2节与第3节略等长。前胸背板呈马鞍形。腹部为橄榄形。

小工(图3B):
头为黄色。毛序同大工。

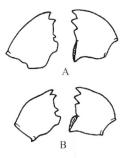

图3 安吉象白蚁 Nasutitermes anjiensis sp. nov. 工蚁
A. 大工蚁左、右上颚(major worker: left mandible and right mandible); B. 小工蚁左、右上颚(minor worker: left mandible and right mandible)。

头圆形带方。后唇基隆起,长度亦不及宽度之半。上颚齿见图3B。触角13~14节。为13节时,第3节显著长于第2节和第4节。为14节时,第3节略长于第2节或约相等,第4节稍短。前胸背板呈马鞍形。腹部为橄榄形。

安吉象白蚁大、小工蚁各3头量度结果见表2。

比较:本新种与小象白蚁 N. parvonasutus (Shiraki)的区别在于具二型兵且量度较大以及头型为宽梨形。

正模,副模,浙江省安吉县龙王山自然保护区,海拔700~800 m,大、小兵蚁,大、小工蚁。1990-VI-10,郭建强、鄂德宝采自青冈 Cyclobalanopsis glauca (Thunb.) Oerst. 树干白蚁蚁路中。模式标本保存于中国科学院上海昆虫研究所,副模分别保存于上海昆虫研究所和南京市白蚁防治研究所。

表1 安吉象白蚁3头大兵和5头小兵量度(单位:mm)

项目	大兵		小兵	
	范围	平均	范围	平均
头长连鼻	1.75~1.77	1.76	1.62~1.70	1.66
头长不连鼻	0.84~0.85	0.85	0.78~0.82	0.80
头宽	0.96~0.99	0.98	0.87~0.95	0.91
头高(连后颏)	0.77~0.78	0.78	0.75~0.80	0.77
前胸背板宽	0.51~0.53	0.52	0.46~0.48	0.47
后足胫节长	1.08~1.10	1.09	0.95~1.05	1.00

表2 安吉象白蚁大、小工蚁各3头量度(单位:mm)

项目	大兵		小兵	
	范围	平均	范围	平均
头长至上唇尖	1.34~1.46	1.40	1.25~1.30	1.28
头宽	1.10~1.11	1.11	1.01~1.06	1.04
前胸背板宽	0.65~0.71	0.70	0.55~0.61	0.59
后足胫节长	1.00~1.10	1.05	0.90~0.96	0.94

(本项研究承中国科学院上海昆虫研究所夏凯龄老师指导,图由上海昆虫研究所徐仁娣绘制,特表谢意。)

参考文献

[1] 李参.浙江省白蚁种类调查及三个新种描述[J].浙江农业大学学报,1979,5(1):63-72.

[2] 徐春贵,龚才,平正明.贵州的等翅目[J].贵州林业科技,1986,54:82-83,110.

[3] 黄复生,李桂祥,朱世模.中国白蚁分类及生物学(等翅目)[M].西安:天则出版社,1989:570-571.

[4] 蔡邦华,陈宁生.中国经济昆虫志·第八册·等翅目(白蚁)[M].北京:科学出版社,1964:119-120.

[5] 名和梅吉.台湾产二种の白蚁にふまこ[J].昆虫世界,1911,15:414-415.

[6] Gao Daorong, Lam Paul KS. Notes on the termites (Isoptera) of Hong Kong, including description of a new species and a checklist of Chinese species[J]. Mem Hong Kong Nat Hist Soc,1986,17:67-83.

A new species of *Nasutitermes* from China (Isoptera: Termitidae: Nasutitermitinae)

Gao Daorong[1], Guo Jianqiang[2]

([1]Nanjing Institute of Termite Control; [2]Deqing Institute of Termite Control)

Nasutitermes anjiensis sp. nov.

Comparisons: The soldiers of *Nasutitermes anjiensis* sp. nov. can be distinguished from *N. parvonasutus* by its dimorphic, larger head size and wider pear-shaped head.

Holotype and paratypes, Mt. Longwang (30.3°N, 119.4°E), Anji County, Zhejiang Province, major and minor soldiers and major and minor workers collected by Guo Jianqiang and E Debao, 1990-Ⅵ-10, in termites' runways on a stem of *Cyclobalanopsis glauca* (Thunb.) Oerst.

Holotype deposited in Shanghai Institute of Entomology, Academia Sinica. Paratypes deposited separately in Shanghai Institute of Entomology, Academia Sinica and Nanjing Institute of Termite Control.

Key words: Isoptera; Termitidae; *Nasutitermes*; new species

原文刊登在《动物分类学报》,1995,20(2):207-210

53 香港的乳螱属 Coptotermes 研究（等翅目：鼻螱科）

高道蓉[1]，刘绍基[2]，何秀松[3]

([1]南京市白蚁防治研究所；[2]香港大龙农场；[3]上海昆虫研究所)

关键词：等翅目；乳螱属；新记录种；新种；香港

关于香港的乳螱 Coptotermes，1914年日本学者 Oshima M. 定名一新种：香港乳螱 C. hongkongensis Oshima。直至1949年，美国昆虫学家 Snyder 认为它就是台湾乳螱 C. formosanus Shiraki 的同物异名。之后，Harris（1963），Hill，Hore and Thornton（1982）均沿用。Gao and Lam（1986）鉴定当时香港采集到的乳螱 Coptotermes 后认为，除台湾乳螱 C. formosanus 外，还有普见乳螱 C. communis Xia et He。近年来（1991年10月—1994年10月）我们采集了大量的乳螱 Coptotermes 标本。经初步鉴定，认为由 Oshima M. 所定名的香港乳螱 C. hongkongensis 确实存在，它和台湾乳螱 C. formosanus 有明显的差异。以形态来说，香港乳螱 C. hongkongensis 的头部明显短，而且是椭圆形；而台湾乳螱 C. formosanus 兵螱的头部为梨形且长。此外，香港乳螱 C. hongkongensis 兵螱的前胸背板狭长；而台湾乳螱 C. formosanus 的前胸背板短宽。所以，香港乳螱 C. hongkongensis 的名字应该恢复。此外，还鉴定了角囟乳螱 C.（Polycrinitermes）anglefontanalis sp. n.、黑带乳螱 C.（P.）melanoistriatus sp. n.、桉树乳螱 C.（P.）eucalyptus Ping、海南乳螱 C.（P.）hainanensis Li et Hung、广州乳螱 C.（P.）guangzhouensis Ping 和圆头乳螱 C.（P.）cyclocoryphus Zhu et al.。其中，前两种为新种，后四种为香港的新记录种。

在香港，乳螱 Coptotermes 分布广泛，且可造成较严重的经济损失。它主要危害房屋建筑木构件，包括室内地板及多种室内装饰、室内储藏物品及室内的电线和电话线。它亦危及多种生活树木（如：花旗松和小叶榕等），还对不少船只（包括游艇）构成破坏。

根据现有的采集记录，对建筑物木构件等造成破坏的种类计有普见乳螱 C. communis Xia et He、圆头乳螱 C. cyclocoryphus Zhu、台湾乳螱 C. formosanus Shiraki、广州乳螱 C. guangzhouensis Ping、香港乳螱 C. hongkongensis Oshima；对生活树木等造成损害或在野外采集到的计有下列六种：角囟乳螱 C. anglefontanalis、桉树乳螱 C. eucalyptus、圆头乳螱 C. cyclocoryphus、海南乳螱 C. hainanensis、香港乳螱 C. hongkongensis 和黑带乳螱 C. melanoistriatus。

香港地区九种乳螱 Coptotermes 的分种检索表如表1所示。

表1 香港地区的乳螱 Coptotermes 分种检索表
Table 1. A key to the 9 species of Coptotermes in Hong Kong

1. 头部最宽处位于两侧自触角窝至后缘的中点之后，呈前狭后宽的梨形 ········· 2
1. 头部最宽处位于两侧中部，呈椭圆形 ········· 5
2. 囟孔顶端呈角状，孔口呈三角形 ········· 3
2. 囟孔顶端非角状，孔口近乎圆形 ········· 桉树乳螱 C.（P.）eucalyptus Ping
3. 后颏最狭处位于最宽至后缘的中点之后；触角 14~15 节 ········· 4
3. 后颏最狭处位于最宽至后缘的中部；触角 15~16 节 ········· 海南乳螱 C.（P.）hainanensis Li et Hung
4. 体型较大，头长至颚基 1.50~1.68 mm，头宽 1.10~1.25 mm，前胸背板宽 0.80~0.94 mm，触角 15 节 ········· 台湾乳螱 C.（P.）formosanus Shiraki
4. 体型较小，头长至颚基 1.28~1.48 mm，头宽 0.99~1.12 mm，前胸背板宽 0.67~0.79 mm，触角 14 节 ·········

...... 广州乳白蚁 *C.* (*P.*) *guangzhouensis* Ping

5. 囟孔顶端宽非角状,孔口圆形或椭圆形 7
5. 囟孔顶端狭呈角状,孔口三角形 6
6. 体型较大,头宽1.272~1.344 mm,头较狭长,其宽与长(至颚基)之比为0.791~0.835;前胸背板宽0.96~1.032 mm,宽与长之比为0.558~0.609;触角15~17节;后颏长与最宽之比为0.5~0.4 ...... 角囟乳白蚁 *C.* (*P.*) *anglefontanalis* Gao, Lau et He
6. 体型小,头宽1.08~1.152 mm,其宽与长之比为0.81~0.836。前胸背板宽0.72~0.768 mm,宽与长之比为0.53~0.58;后颏较狭长,其宽与长之比为0.38~0.425 ...... 香港乳白蚁 *C.* (*P.*) *hongkongensis* Oshima
7. 后颏最狭处位于最宽至后缘近中部 8
7. 后颏最狭处位于最宽至后缘的中部之后 ...... 普见乳白蚁 *C.* (*P.*) *communis* Xia et He
8. 头形为单型;头长至颚基1.56~1.584 mm,宽1.248~1.296 mm,宽与长之比为0.8~0.818;背纵线两侧具两条由黑点连成的色带 ...... 黑带乳白蚁 *C.* (*P.*) *melanoistriatus*
8. 头形为两型;头长至颚基1.39~1.46 mm,宽1.22 mm,宽与长之比为0.792~0.798 ...... 圆头乳白蚁 *C.* (*P.*) *cyclocoryphus* Zhu et al.

新种描述

(一) 角囟乳白蚁 *Coptotermes* (*P.*) *anglefontanalis* sp. nov.

兵蚁(图1):

头部为黄色。触角和前胸背板稍浅于头色。中后胸、腹部及足均为浅黄色。上颚深褐杂赤色。

头部和前胸背板背部被毛稀少,囟孔两侧各具两枚毛,囟孔与触角窝之间各具一枚毛,上唇具端毛一对,亚端毛一对,中区毛一对。

体型稍大,头部近长方形,最宽位于两侧中部,后缘平直,囟孔为三角形,孔口上方或多或少呈角状;上唇狭长,枪矛状,端部透明区尖,上颚较细长,颚端略内弯;触角15~17节,节Ⅲ小于节Ⅳ,节Ⅳ小于节Ⅱ;后颏略宽短,长为最宽的两倍,背面中部区球面隆起,具横条形皱纹,两侧最宽至前缘缩狭,斜边略凹弧,腰部位于后部;前胸背板稍狭长,其长与宽之比,指数为0.575~0.58;前缘中部宽弧突出,中央凹口明显,宽而较深,后缘中央凹口狭而稍浅,后足胫节长为1.152~1.20 mm,距式3:2:2。

角囟乳白蚁兵蚁体部量度结果见表2。

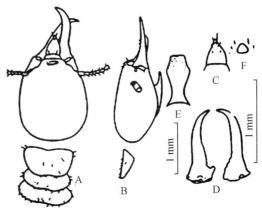

图1 角囟乳白蚁 *Coptotermes* (*P.*) *anglefontanalis* sp. n. 兵蚁

Fig. 1 Soldier of *Coptotermes* (*P.*) *anglefontanalis*, New species
A. 头及前、中、后胸背板正面观(Head, pronotum, mesonotum and metanotum from above); B. 头及前胸背板侧面观(Head and pronotum from side); C. 上唇(Labrum from above); D. 上颚(Mandibles); E. 后颏(Postnotum from below); F. 囟孔(Fontanelle)。

表2 角囟乳白蚁 *C.* (*P.*) *anglefontanalis* 兵蚁体部量度(单位: mm)
Table 2 Measurements (in Millimeters) of soldiers of *C.* (*P.*) *anglefontanalis* (Unit: mm)

项目	范围	项目	范围
体(全长) Length of body	6.52	后颏长 Length of postmentum	0.880~0.960
头长(至颚基) Length of head to side base of mandible	1.608~1.632	后颏最大宽 Maximum width of postmentum	0.456~0.480
头宽 Width of head	1.272~1.344	后颏最小宽 Minimum width of postmentum	0.264~0.276
上颚长 Length mandible	1.008~1.032	前胸背板宽 Width of pronotum	0.960~1.032
上唇长 Length of labrum	0.396~0.432	前胸背板长 Length of pronotum	0.552~0.600
上唇宽 Width of labrum	0.300~0.324	后足胫节长 Length of hind tibia	1.152~1.200

比较:本新种与苏州乳螱 C. (P.) suzhouensis Xia et He 较为近似,区别点如下:(1)新种兵螱的囟孔孔口呈三角形(后者囟孔口呈圆拱形);(2)新种兵螱后颏腰部最狭处位于后部,长 0.88 ~ 0.96 mm(后者后颏腰部最狭处位于中部,长 0.975 ~ 1.088 mm);(3)新种兵螱前胸背板较宽,宽度为 0.960 ~ 1.032 mm(后者前胸背板较狭,宽度为 0.875 ~ 0.975 mm)。

模式标本:兵螱和工螱,高道蓉和刘绍基于1992 年 9 月 10 日在香港新界雷公田采自腐木段。

(二) 黑带乳螱 Coptotermes melanoistriatus sp. nov.

兵螱(图 2):

头深黄色,胸、腹部颜色均稍浅于头色,足浅黄色,触角暗黄色,腹背中线两侧具两条黑带。

头部和胸部背面被毛稀少,囟孔两侧各具 2 枚毛。囟孔与触角窝之间各具 1 枚毛,上唇端部具 1 对端毛和 1 对亚端毛,中区具 1 对毛,腹部背缘散布少许短毛。

体型略小,头为宽卵形,两侧及后缘中部均较平直,最宽与头长(至颚基)相比较宽,囟孔近圆形,上唇较狭长,透明端钝角状突出,上颚细长,端部较内弯。触角 15 节,节 II 大于节 III,节 III 小于节 IV。后颏表面具凹凸不平的横条状皱纹,最宽区微隆起,最宽至前缘两侧斜边近后部略凹,最狭处位于近中部稍后,后颏长稍大于最宽的两倍;前胸背板长与宽之比,指数为 0.55 ~ 0.57,前缘中部较突出,中央凹口稍浅而狭,后缘中央凹口宽而浅;后足胫节长为 1.15 ~ 1.20 mm。距式 3:2:2。

黑带乳螱兵螱体部量度结果见表 3。

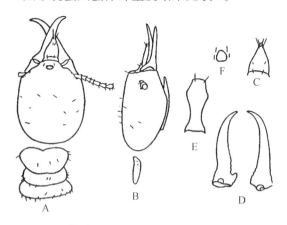

图 2 黑带乳螱 Coptotermes (P.) melanoistriatus Gao, Lau et He (新种)兵螱

Fig. 2 Soldier of Coptotermes (P.) melanoistriatus sp. nov.

A. 头及前、中、后胸背板正面观(Head, pronotum, mesonotum and metanotum from above);B. 头及前胸背板侧面观(Head and pronotum from side);C. 上唇(Labrum from above);D. 上颚(Mandibles);E. 后颏(Postnotum from below);F. 囟孔(Fontanelle)。

比较:本新种与长带乳螱 C. (P.) longistriatus 十分近似:兵螱腹部背纵线两侧均各具一条黑点色带;但新种的兵螱体型显著较小,头宽为 1.248 ~ 1.296 mm,前胸背板宽为 0.864 ~ 0.888 mm,头呈宽卵形,且最宽处位于两侧中部;囟孔口近乎圆形。而后者体型显著较大,头宽为 1.36 ~ 1.39 mm,前胸背板宽为 0.96 ~ 1.02 mm,头形为前狭后宽的卵形,囟孔口呈三角形。两者区别明显。

表3 黑带乳螱 C. (P.) melanoistriatus 兵螱体部量度(单位:mm)

Table 3 Measurements (in Millimeters) of soldiers of C. (P.) melanoistriatus (Unit:mm)

项目	范围	项目	范围
体(全长) Length of body	5.24	后颏长 Length of postmentum	0.960 ~ 0.984
头长(至颚基) Length of head to side base of mandible	1.560 ~ 1.584	后颏最大宽 Maximum width of postmentum	0.408 ~ 0.432
头宽 Width of head	1.248 ~ 1.296	后颏最小宽 Minimum width of postmentum	0.240 ~ 0.264
上颚长 Length of mandible	0.984 ~ 1.008	前胸背板宽 width of pronotum	0.864 ~ 0.888
上唇长 Length of labrum	0.384 ~ 0.408	前胸背板长 Length of pronotum	0.480 ~ 0.504
上唇宽 Width of labrum	0.264 ~ 0.288	后足胫节长 Length of hind tibia	1.152 ~ 1.200

模式标本:兵螱和工螱,高道蓉和刘绍基于1992 年 9 月 17 日采于香港新界粉岭金钱村风水地,寄主:马尾松 Pinus massoniana 枯干。

上述两新种的正模标本保存在中国科学院上海昆虫研究所;副模标本分别保存在南京市白蚁防治研究所、香港政府渔农处大龙农场和上海昆虫研究所。

(本文承中国科学院上海昆虫研究所夏凯龄老师指导,插图由徐仁娣女士绘制,特表感谢。)

Study on the genus *Coptotermes* from Hong Kong
(Isoptera: Rhinotermitedae)

Gao Daorong[1], Lau Siuki, Clive[2], He Xiusong[3]

([1]Nanjing Institute of Termite Control; [2]Tai Lung Farm, Hong Kong;
[3]Shanghai Institute of Entomology, Academia Sinica)

The present paper deals with the genus *Copotermes* of Hong Kong. There are nine species altogether, among them four species (*Copotermes cyclocoryphus* Zhu et al., *C. encalyptus* Ping, *C. Guangzhouensis* Ping and *C. hainanensis* Li et Tsai) are described as new record species, two species (*C. anglefontanalis* and *C. melanositriatus*) are described as new to science and three species (*C. communis* Xia et, *C. formosanus* Shiraki and *C. hongkongensis* Oshima) are already known. The key to species is given. All holotype specimens are preserved in the collection of Shanghai Institute of Entomology, Academia Sinica. Paratype specimens are preserved separately in Nanjing Institute of Termite Control, Shanghai Institute of Entomology, Academis Sinica and Tai Lung Farm, Agriculture and Fisheries Department, Hong Kong.

Comparisions:

1. The soldier of *Copotermes anglefontanalis*, new species, closely resembles that of *C. suzhouensis* Xia *et* He, but differs as follows: (1) Fontanelle with distinct triangular opening (VS. opening of fontanlle archshaped); (2) Minimum width of postmentum nearer to posterior margin than to widest point, length of postmentum 0.88 ~ 0.96 mm (VS. min. with of postmentum nearer to mid way between posterior margin and widest point, length of postmentum 0.975 ~ 1.088 mm); (3) Pronotum broader, width of pronotum 0.96 ~ 1.032 mm (VS. pronotum narrower, width of pronotum 0.875 ~ 0.975 mm).

Type locality: Lui Kung Tin, New Territories, Hong Kong; Soldiers and workers, collected by Gao Daorong and C. K. S. Lau, September 10, 1992, from a decaying wood log.

2. The soldier of *Copotermes melanoistriatus*, new species, resembles that of *C. longistriatus* Li et Huang in having a longitudinal whitish stripe along the dorsal side of abdomen, both sides of the stripe brownish-blackish in color. but it differs as follows: its much smaller size, width of head 1.248 ~ 1.296 mm, width of pronotum 0.864 ~ 0.888 mm, head broadly oval, widest in middle, opening of fontanelle almost circular shaped (VS. larger size, width of head 1.36 ~ 1.39 mm., width of pronotum 0.96 ~ 1.02 mm, head oval, narrowed anteriorly and broaded posteriorly, opening of fontanelle triangular shaped).

Type locality: Kam Tsin Chuen-Fung Shui Ground, Fanling, New Territories, Hong Kong; Soldiers and workers, collected by Gao Daorong and C. K. S. Lau, September 17, 1992, from a decaying wood log of *Pinus massoniana*.

Key words: Ispotera; Rihinotermitidae; *Coptotermes*; new record; new species; Hong Kong

原文刊登在《白蚁科技》, 1995, 12(3): 1-5

54 香港的土白蚁属 Odontotermes 研究（等翅目：白蚁科）

高道蓉

（南京市白蚁防治研究所）

关键词：等翅目；白蚁科；土白蚁属；新记录种；香港

香港的土白蚁属 Odontotermes 种类分布十分普通，遍及港岛、九龙、新界和离岛。

它的种类在 Harris（1963）的报道中仅有黑翅土白蚁 O. formosanus (Shiraki)。高和林（1986）的名录中除了黑翅土白蚁外，还有一种尚待定名。近年来，作者在香港各地进行了较为详细的蚁类调查，采集到大量的土白蚁属标本。作者等对所有收藏的土白蚁属标本进行了较为仔细的鉴定，除以前报道过的黑翅土白蚁 O. formosanus (Shiraki) 外，还有平行土白蚁 O. parallelus Li、浦江土白蚁 O. pujiangensis Fan、黔阳土白蚁 O. qiangyangensis Lin、上林土白蚁 O. shanglingensis Li 和遵义土白蚁 O. zunyiensis Li et Ping，此 5 种皆为香港的新记录种。

上述六种香港土白蚁属种类的分种检索表如下：

土白蚁属 Odontotermes 分种检索表（香港）

兵 蚁

1. 大型种，头宽在 1.38 mm 以上 ·· 2
   较小，头宽在 1.36 mm 以下 ··· 5
2. 体型特大，头宽 1.60～1.79 mm，前胸背板宽 1.08～1.21（1.14）mm（工蚁明显大小二型）
   ·· 上林土白蚁 O. shanglingensis Li
   体型稍小，头宽在 1.56 mm 以下（工蚁单型） ··· 3
3. 头后部略宽于前部，两侧较平直 ································· 浦江土白蚁 O. pujiangensis Fan
   头部明显前窄后宽 ··· 4
4. 后颏最宽 0.60～0.77（0.70）mm，后颏最狭 0.41～0.57（0.50）mm，头宽 1.41～1.56（1.49）mm ···············
   ·· 遵义土白蚁 O. zunyiensis Lin
   后颏最宽 0.56～0.62（0.58）mm，后颏最狭 0.32～0.42（0.37）mm，头宽 1.38～1.56（1.47）mm，头有三条平行纵线伸至头后缘 ·· 黔阳土白蚁 O. qiangyangensis Lin
5. 头部两侧平行 ··· 平行土白蚁 O. parallelus Li
   头部卵形，两侧不平行 ··· 黑翅土白蚁 O. formosanus (Shiraki)

在香港，土白蚁属种类的经济重要性总体说来不算重要，仅在于它对苗圃中的幼苗和幼树可造成危害。虽在成年树的树杆外常有它的泥被，而成年树被蛀食死亡的事例并不多，但亦有发现。例如，太平山可见黔阳土白蚁蛀食楝 Melia azedarach 致死的事例。在新界和离岛，建筑在山中的村屋和寺庙的木构件下部常常被它破坏。在山区，简易的通讯杆及地下电缆均有被破坏的事例。

由于香港新机场所在地赤鱲角（Chek Lap Kok）附近大屿山东涌（Tung Chung in Lantau Island）就有平行土白蚁、黔阳土白蚁和遵义土白蚁的分布，它们可构成潜在威胁。所以，新机场的地下电缆等需考虑预防白蚁问题。

通常，土白蚁是当年羽化、当年分飞。香港土白蚁分飞约在 4 月中下旬至 5 月上旬。分飞通常发生在傍晚 7:00 前后，以雨后、闷热天气多见。作者在 1994 年 5 月 3 日上午 9:35 记录到土白蚁分飞的现象，当时天空阴云密布，一片黑暗，如同傍晚。

参考文献

[1] Gao DR, Lam PKS. Notes on the termites (Isoptera) of Hong Kong, including description of a new species and a checklist of Chinese species[J]. Mem Hong Kong Nat Hist Soc,1986,17:67-83.

[2] Harris WV. The termite of Hong Kong[J]. Mem Hong Kong Nat Hist Soc,1963,6:8-9.

[3] 李桂祥. 广西土白蚁一新种[J]. 昆虫学报,1986,29(2):194-195.

[4] 李桂祥. 中国土白蚁属二新种(等翅目:白蚁科)[J]. 动物分类学报,1986,11(3):330-331.

[5] 李桂祥,平正明. 贵州省土白蚁和钝颚白蚁属的新种(等翅目)[J]. 动物学研究,1982,3(增刊):157-158.

[6] 林善祥. 中国土白蚁属两新种记述(等翅目:白蚁科)[J]. 动物分类学报,1981,6(4):426-427.

[7] 范树德. 浙江省土蟙属一新种(等翅目:蟙科)[J]. 昆虫学研究集刊,1987,7:165-168.

Study on the genus *Odontotermes* from Hong Kong (Isoptera: Termitidae)

Gao Daorong

(Nanjing Institute of Termite Control)

The present paper deals six species of the genus *Odontotermes* from Hong Kong, in which five species are new record. The Key to species is given.

All specimens are preserved separately in Nanjing Institute of Termite Control, Shanghai Institute of Entomology, Academia Sinica and Tai Lung Experimental Station, Agriculture and Fisheries Department, Hong Kong.

Key words: Isoptera; Termitidae; *Odontotermes*; new record species; Hong Kong

原文刊登在《白蚁科技》,1995,12(3):17-18

55 香港经济重要的白蚁和防治

高道蓉
(南京市白蚁防治研究所)

一、香港白蚁的种类

香港白蚁在 20 世纪初曾有学者 Oshima（1914）与 Light（1924、1929）对其进行过一些研究。Harris（1963）对香港白蚁种类以及防治做过报道，记载有下列 7 种白蚁：麻头堆砂白蚁 *Cryptotermes brevis*、台湾乳白蚁 *Coptotermes formosanus*、福建散白蚁 *Reticulitermes fukienensis*、灰胫歪白蚁 *Capritermes fuscotibialis*、圆囟原歪白蚁 *Procapritermes sowerbyi*、黄翅大白蚁 *Macrotermes barneyi* Light 和黑翅土白蚁 *Odontotermes formosanus*（Shiraki）。Hill、Hore 和 Thornton（1982）在《香港昆虫》一书中提及香港有肖若散白蚁 *R. affinis* 和圆唇散白蚁 *R. labralis*。高和 Lam（1986）根据当时所得标本提出了一份香港白蚁的名录，计有 3 科 9 属 16 种。

Ⅰ. Kalotermitidae 木白蚁科

1. *Cryptotermes* 堆砂白蚁属
（1）*C. brevis*（Walker, 1853）麻头堆砂白蚁
2. *Neotermes*
（2）*N.* sp. 新白蚁

Ⅱ. Rhinotermitidae 鼻白蚁科

3. *Coptotermes* 乳白蚁属
（3）*C. communis* Xia et He（1986）普见乳白蚁
（4）*C. formosanus* Shiraki（1909）台湾乳白蚁
4. *Reticulitermes* 散白蚁属
（5）*R. affinis* Hsia et Fan（1965）肖若散白蚁
（6）*R. fukienensis* Light 福建散白蚁
（7）*R. labralis* Hsia et Fan 圆唇散白蚁
（8）*R. speratus yaeyamanus* Morimoto（1968）八重山散白蚁

Ⅲ. Termitidae 白蚁科

5. *Procapritermes* 原歪白蚁属
（9）*P. sowerbyi*（Light）圆囟原歪白蚁
（10）*P.* sp. 原歪白蚁
6. *Pericapritermes* 近歪白蚁属
（11）*P. nitobei* Shiraki（1909）近歪白蚁
（12）*P. fuscotibialis* Light（1931）灰胫近歪白蚁
7. *Odontotermes* 土白蚁属
（13）*O. formosanus* Shiraki（1909）黑翅土白蚁
（14）*O.* sp. 土白蚁
8. *Macrotermes* 大白蚁属
（15）*M. barneyi* Light（1924）黄翅大白蚁
9. *Nasutitermes* 象白蚁属
（16）*N. dudgeoni* Gao et Lam（1986）香港象白蚁

1986 年，Thrower（1986）报道了香港的一个新记录种小锯白蚁 *Microcerotermes minutus* 之后，平和唐等（1989）发表了两个新种：周氏象白蚁 *Nasutitermes choui* 和周氏钝颚白蚁 *Ahmaditermes choui*。

自 1992 年至 1994 年，作者在香港各地（香港岛、九龙、新界和离岛）采集到大量的白蚁标本，经初步鉴定，提出下列名录：

Ⅰ. Kalotermitidae

1. *Cryptotermes* Banks, 1906
（1）*C. brevis*（Walker, 1853）[= *C. piceatus* Snyder, 1922]
（2）*C.* sp. 堆砂白蚁
2. *Neotermes* Holmgren, 1911
（3）*Neotermes* sp. 新白蚁
（4）*Neotermes longiceps* Xu et Han（1985?）长头新白蚁
（5）*Neotermes undulatus* Xu et Han（1985?）波颚新白蚁

Ⅱ. Rhinotermitidae

3. *Reticulitermes* (Holmgren, 1920)

(6) *R.* (*Frontotermes*) *affinis* Hsia et Fan (1965) 肖若散白蚁

(7) *R.* (*F.*) *dinghuensis* Ping, Zhu et Li (1980) 鼎湖散白蚁

(8) *R.* (*F.*) *fukienensis* Light (1924)

(9) *R.* (*F.*) *guaugzhouensis* Ping (1985) 广州散白蚁

(10) *R.* (*F.*) *microcephalus* Zhu (1984) 小头散白蚁

(11) *R.* (*F.*) *parvus* Li (1979?) 小散白蚁

(12) *R.* (*F.*) *pingjiangensis* Tsai et Peng, (1983) 平江散白蚁

(13) *R.* (*F.*) *yaeyamanus* Morimoto, 1968

(14) *R.* (*F.*) *yizhangensis* Huang et Tang (1980) 宜章散白蚁

4. *Coptotermes* Holmgren, 1910

(15) *C.* (*Polycrinitermes*) *anglefontanalis* sp. nov. 角囟乳白蚁

(16) *C.* (*P.*) *communis* Xia et He (1986) 普见乳白蚁

(17) *C.* (*P.*) *cyclocoryphus* Zhu, Li et Ma (1984) 圆头乳白蚁

(18) *C.* (*P.*) *eucalyptus* Ping (1984) 桉树乳白蚁

(19) *C.* (*P.*) *formosanus* Shiraki (1909) 台湾乳白蚁

(20) *C.* (*P.*) *guangzhouensis* Ping (1985) 广州乳白蚁

(21) *C.* (*P.*) *hainanensis* Li et Tsai (1985) 海南乳白蚁

(22) *C.* (*P.*) *hongkongensis* Oshima (1914) 香港乳白蚁

(23) *C.* (*P.*) *melanoistriatus* sp. nov. 黑带乳白蚁

Ⅲ. Termitidae

5. *Microcerotermes*

(24) *M. minutus* Ahmad 小锯白蚁

6. *Macrotermes* Holmgren

(25) *M. barneyi* Light (1924) 黄翅大白蚁

(26) *M. longiceps* Li et Ping (1983) 长头大白蚁

(27) *M. luokengensis* Liu et Shi (1982) 罗坑大白蚁

(28) *M. planicapitatus* sp. n. 平头大白蚁

7. *Odontotermes* Holmgren, 1912

(29) *O. formosanus* (Shiraki, 1909) 黑翅土白蚁

(30) *O. parallelus* Li (1986) 平行土白蚁

(31) *O. pujiangensis* Xia et Fan (1987) 浦江土白蚁

(32) *O. qiangyangensis* Lin (1981) 黔阳土白蚁

(33) *O. shanglingensis* Li (1986) 上林土白蚁

(34) *O. zunyiensis* Li et Ping (1982) 遵义土白蚁

8. *Pericapritermes* Silvestri, 1914—1915

(35) *P. nitobei* (Shiraki, 1909) 近歪白蚁

(36) *P. fuscotibialis* Light (1931) 灰胫近歪白蚁

9. *Pseudocapritermes* Kemner, 1934

(37) *P. sowerbyi* (Light, 1924) [= *Procapritermes sowerbyi* Harria, 1963] 圆囟钩扭白蚁

10. *Nasutitermes* Dudley, 1890

(38) *N. choui* Ping et Xu (1989) 周氏象白蚁

(39) *N. dudgeoni* Gao et Lam (1986) 香港象白蚁

11. *Ahmaditermes* Akhtar (1975)

(40) *A.* ? *choui* Ping et Tong (1989) 周氏钝颚白蚁

其中有六点说明如下:

1. 在我采集的大量散白蚁属 *Reticulitermes* 标本中，全都属于额白蚁亚属 *Frontotermes*，并没有平额白蚁亚属 *Planifrontotermes*。所以，我们暂时将圆唇散白蚁 *R.* (*P.*) *labralis* 从该名录中取消。

2. 经鉴定认为, Oshima M. 所定名的香港乳白蚁 *C. hongkongensis* 确实存在，它和台湾乳白蚁 *C. formosanus* 在形态上有明显的差异(见表1)。所以本文中恢复了香港乳白蚁 *C. hongkongensis* Oshima 的地位。

表1　香港乳白蚁 *C. hongkongensis* 和台湾乳白蚁 *C. formosanus* 在形态上的差异(兵蚁)

Table 1　Morphological difference between soldiers of *Coptotermes hongkongensis* and *C. formosanus*

香港乳白蚁 *C. hongkongensis*	台湾乳白蚁 *C. formosanus*
① 头部明显较短且呈椭圆形	① 头部呈梨形，且较长
② 前胸背板狭长	② 前胸背板短宽

3. 平等在贵州省等翅目一文中 *N. dolichorhinos* 的分布地有香港，经核对应为印刷时的错误，所以本文不考虑把此种放入。

4. 平和唐等 (1989) 所发表的周氏钝颚白蚁 *A. choui*，经我们再次鉴定，认为该种是否应归于钝颚

白蚁属 Ahmaditermes 还值得商榷,现暂归于此,故以"?"示之。

5. 小散白蚁 R. parvus 的后面加上"?"是因为该标本经初步鉴定暂时归于该种,是否恰当还需进一步鉴定。

6. 长头新白蚁 Neotermes longiceps 和波颚新白蚁 N. undulatus 的后面加上"?"也表示该标本需进一步详细鉴定,暂归于此。

二、香港经济重要的白蚁

在香港,乳白蚁 Coptotermes 分布广泛,且可造成严重的经济损失。它们主要破坏房屋建筑木构件,包括室内地板、木家具、踢脚板、地毯下的压线木条、壁柜、门框,还有室内储藏物品以及室内电线和电话线等。它还会危及多种生活树木,对不少船只(包括游艇)亦有破坏。它对钢筋混凝土结构的建筑物来说虽不至于造成楼房倒塌,但由于香港地区经济发达,所以一旦发现白蚁,要求治理的希望十分殷切,这是香港害虫防治(包括白蚁防治)事业兴旺的原因之一。至于木屋区的木屋,如果其关键的承重部位被白蚁蛀食,极有可能造成倒塌。

按照现有采集记录,在香港对建筑物木构件造成破坏的种类计有普见乳白蚁 C. communis、圆头乳白蚁 C. cyclocoryphus、台湾乳白蚁 C. formosanus、广州乳白蚁 C. guangzhouensis 和香港乳白蚁 C. hongkongensis。而散白蚁属 Reticulitermes 对此的破坏则极为罕见。据对几家灭治白蚁业务较多的公司调查,每年仅 1~2 单。在木屋区或远离市区的寺庙等的木结构还会被土白蚁属种类 Odontotermes spp. 和大白蚁属种类 Macrotermes spp. 破坏。

在香港各地,白蚁对房屋建筑的危害率还是很高的。以沙田第一城为例,共计有 52 座楼,据 1993 年度的统计,有新旧蚁患的达 16 座。以座别计,危害率达 30.77%。此外,在停车场、商场或其他公用设施,都有大量白蚁破坏产生。其他大型屋邨的情况亦大多相似。

香港建筑物中乳白蚁 Coptotermes 危害的一个重要特点是高空侵害的比例相当高。据主要治理白蚁公司的统计,1992 年 8 月至 1994 年 8 月高空侵害的比例最高达 36.84%,最低的亦有 25%。这主要是因为香港的建筑物往往依山而筑,长翅成虫更易藉风力到达建筑物高层。

对树木造成损害的乳白蚁(Coptotermes)计有角囟乳白蚁 C. anglefontanalis、圆头乳白蚁 C. cyclocoryphus、桉树乳蟹 C. eucalyptus、海南乳白蚁 C. hainanensis、香港乳白蚁 C. hongkongensis 和黑带乳白蚁 C. melanoistriatus,轻则影响植物生长,重则使整个植株死亡。例如,在元朗就有数株 Araucaria heterophylla 被圆头乳白蚁 C. cyclocoryphus 危害致死。

大白蚁属种类(Macrotermes spp.)和土白蚁属种类(Odontotermes spp.)对植株的危害则较普及,但一般并不严重。此外,在马草垅村还有花旗松被香港象白蚁 Nasutitermes dudgeoni 危害致死的事例;新白蚁 Neotermes spp. 危害果树、枇杷树和杧果树时有发生。

三、香港白蚁防治情况

在香港,基本上没有采取对建筑物进行白蚁预防的措施。而在灭治方面,则采用粉状杀虫剂,这些与中国大陆完全相同。在香港经注册的灭白蚁药粉为灭蚁灵(Mirex),但是由于商业原因,很多杀虫公司仍然继续使用在香港禁用的以三氧化二砷(砒霜)为主的粉剂。此外,乳剂喷射、灌注灭治白蚁亦有采用。所用的多为拟除虫菊酯类杀虫剂,如:二氯苯醚菊酯和溴氰菊酯,此外还有毒死蜱。

四、香港新机场应该进行白蚁预防的建议

香港地处中国大陆南部。前已提及,香港计有白蚁 40 种,根据它们的栖居习性,可分为以下三大类:

1. 木栖性白蚁:主要破坏建材和危害树木。

2. 土、木两栖性白蚁:可危害树木,破坏房屋建筑物木构件、地下电缆和仓储物资等。

3. 土栖性白蚁:除了其中 4 种不造成经济损失外,其余的主要危害树木和地下电缆等,少有破坏建筑物木构件。

在香港,已多次发现室内电线、电话线等设施被香港乳白蚁 C. hongkongensis 蛀蚀的现象。也发现在野外高速公路旁紧急求救电话亭的地下电缆护套被大白蚁 Macrotermes sp. 蛀蚀的现象,所以我们认为,在香港新机场工程中必须考虑预防白蚁的措施。

在新机场所在地赤腊角邻近的大屿山东涌一带所采集到的白蚁,经鉴定计有下列 8 种:遵义土白蚁 Odontotermes zunyiensis、平行土白蚁 O. parallelus、黔阳土白蚁 O. qianyangensis、长头大白蚁 Macrot-

ermes longiceps、平江散白蚁 *R. pingjiangensis*、宜章散白蚁 *R. yizhangensis*、普见乳白蚁 *Coptotermes communis* 和圆头乳白蚁 *C. cyclocoryphus*。上述白蚁完全有可能在赤腊角生存。

有鉴于此,作为香港的新机场来说,要考虑下述三方面白蚁有可能危害的因素:

(1)其主体建筑物应考虑做适当预防白蚁处理,以避免白蚁对内部木构件以及内装饰、室内的一些通信设施,包括室内的电线、电话线的取食和(或)蛀蚀,当然还包括对储存物品的保护。

(2)大量的埋地通信设施,如:各类地下电缆等,必须做防白蚁处理(一是电缆本身的防白蚁处理,二是电缆周围土壤的预防白蚁处理),否则其后果不堪设想。

(3)飞机跑道的混凝土厚度是否足以忽视土栖白蚁在其下方可能形成空洞的影响。否则,就要考虑进行适当的土壤毒化处理。

至于杀虫剂的选择,考虑到香港已禁止使用氯丹,其他杀虫剂,如:毒死蜱、二氯苯醚菊酯、和溴氰菊酯,都有较长的预防白蚁效果,均可选择。

(本文为参加1994年XII届国际社会昆虫学大会的论文发言稿的后半部分。)

参考文献

[1] Gao DR, Lam PKS. Notes on the termites (Isoptera) of Hong Kong, including description of a new species and a chacklist of Chinese Species[J]. Mem Hong Kong Nat Hist Soc,1986,17:67-83.

[2] Gao DR, Lam PKS, Owen PT. The taxonomy, ecology and management of economical important termites in China[J]. Mem Hong Kong Nat Hist Soc,1992,19:15-50.

[3] Harris WV. The termite of Hong Kong[J]. Mem Hong Kong Nat Hist Soc,1963,6:1-9.

[4] Hill DS, Hore P, Thornton IWB. Insects of Hong Kong [M]. Hong Kong: Hong Kong University Press,1982.

[5] Light SF. The termites (white ants) of China, with descriptions of six new species[J]. Chinese Journal of Science and Arts, 1924,2:140-142.

[6] Light SF. Present status of our knowledge of the termites of China[J]. Lingnan Journal of Science, 1929,7:581-600.

[7] Oshima M. Notes on a collection of termites from East Indian Archipelago[J]. Anroot Zool Jap,1914,8:553-583.

[8] Ping ZM, Tong, Xu YL. Two new species of termites from Hong Kong (Ispoter: Termitidae: Nasutitermitinae)[J]. Entrmotaxonomia,1989,11(3):185-189.

[9] Thrower SL. A termite species new to Hong Kong[J]. Mem Hong Kong Nat Hist Soc,1986,17:11.

Economic important termites of Hong Kong and its control

Gao Daorong

(Nanjing Institute of Termite Control)

Abstract: In Hong Kong, damage to wooden structures is almost exclusively caused by *Coptotermes* spp. In some rare incidents, *Reticulitermes*, *Odontotermes* and *Macrotermes* are also found to be the destructors. One major difference in damages to buildings between Hong Kong and the Southern part of China is that the occurrence of air-invasion by *Coptotermes* spp. are far more prevalent in Hong Kong. In Hong Kong, prophylactic measures against termites through soil treatment is rarely carried out. Remedial measures to treat *Coptotermes*-infested wooden structures in buildings is by injecting pesticide powder into termite galleries or other active areas such as termite tracks, nest and flight holes. Commonly used insecticides in Hong Kong are arsenous acid powder and dustable powder of mirex. Drilling and injection of aqueous forms of insecticides (e.g. chlorpyrifos, deltamethrin and cypermethrin) are sometimes adopted in termite control and are more often performed in Hong Kong than in China. However this method is less effective than powder treatment.

原文刊登在《白蚁科技》,1995,12(1):1-5

56 香港大蟸属 *Macrotermes* 的研究（等翅目：蟸科）

高道蓉[1]，刘绍基[2]

（[1]南京市白蚁防治研究所；[2]香港大龙试验站）

关键词：等翅目；蟸科；大蟸属；新记录种；新种；香港

大蟸属 *Macrotermes* 广泛分布于香港各地（港岛、九龙、新界和离岛）。它对各种生活树木构成轻度危害，对果树等可造成轻微经济损失和对幼苗的成活率颇有影响。在新界和离岛发现，它对较偏僻的寺庙建筑物和民居的木构件造成了破坏。在沙田还发现，它蛀坏了公路边的紧急求救电话箱内和下方埋在土内的电缆护套。该属种类有可能对新机场区内的地下电缆等构成潜在威胁。

关于香港的大白蚁。以前的学者（Light，1924，1929；Harris，1963；Hill，Hore et Thornton，1982；Gao et Lam，1984，1985，1986）均记载为黄翅大蟸 *M. barneyi* Light。我们经过两年多（1992年8月至1995年1月）的广泛采集，采集到大量的大蟸属标本。经初步鉴定，认为除了黄翅大蟸外，至少还有以下三种：长头大蟸 *M. longiceps* Li et Ping、罗坑大蟸 *M. luokengensis* Lin et Shi 和平头大蟸 *M. planicapitatus* sp. nov.，前两种为香港的新记录种，第三种为新种。

现将香港地区四种大蟸属种类的分种检索表介绍如下。

大蟸属 *Macrotermes* 分种检索表（香港）（大兵）

1. 头前狭后宽，背面观形似等腰梯形 ………………………………… 长头大蟸 *M. longiceps* Li et Ping
   头背面观不呈等腰梯形 ………………………………………………………………………………… 2
2. 头在触角窝之后两侧较平行，似长方形 …………………………… 平头大蟸 *M. planicapitatus* sp. nov.
   头不呈长方形，多数前部稍窄 ………………………………………………………………………… 3
3. 头较长，头长（不连上颚）3.90～4.40 mm，后颏腰部较宽，为 0.54～0.61 mm，头宽 2.60～3.00 mm，前胸背板宽 1.90～2.19 mm ………………………………………………………… 罗坑大蟸 *M. luokengensis* Lin et Shi
   头稍短，头长（不连上颚）3.41～3.67 mm，后颏腰部较狭，为 0.50～0.54 mm，头宽 2.82～3.18 mm，前胸背板宽 1.88～2.05 mm ……………………………………………………………… 黄翅大蟸 *M. barneyi* Light

新种描述

平头大蟸 *Macrotermes planicapitatus* sp. nov.

大兵蟸（图1）：

头部棕色；胸、腹部杂深棕色，比头色稍深；上颚近黑色；触角基节和第2节略浅于头色，第3节之后各节均稍深于头色，呈褐色；足深黄色。

头、胸背部被毛稀疏，腹背诸节沿后缘具一排毛，间距疏松，中部被少许短毛。

头部触角窝至颚基略缩狭，触角窝之后两侧较平行，后侧角略圆弧，后缘较平直，侧观可见背部平坦，颏中段之后较弓出；上颚粗壮，端部内弯，左上颚

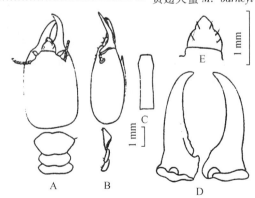

图1 平头大蟸 *M. planicapitatus* 大兵蟸
A.头及前、中、后胸背板正面观；B.头及前、中、后胸背板侧面观；C.后颏；D.左、右上颚；E.上唇。

内切缘中点之后具数枚小齿,中点之前具几个极不明显的齿痕;上唇狭长,两侧近中部略宽弧,端部狭,透明区明显,两侧后半部平行,前半部呈角状突出;囟呈点状,位于头背中点之前;触角 17 节,节Ⅲ明显狭长,其长度长于节Ⅳ,节Ⅱ长于节Ⅳ,短于节Ⅴ;眼点位于触角窝两侧后下方;后颏长条形,腰部不明显,于最宽处后部略收缩;前胸背板前片略短于后片,前缘突出部略上翘,中央凹口浅,后缘较宽,中央凹口略深,前、后胸两侧呈钝角状,突出,中胸两侧圆角状;后足胫节较短,其长 2.4~2.496 mm,略小于头宽。

小兵蚁(图2):

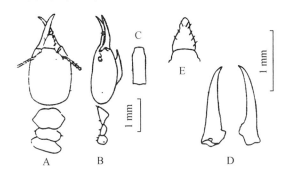

图 2　平头大白蚁 *M. planicapitatus* 小兵蚁
A. 头及前、中、后胸背板正面观;B. 头及前、中、后胸背板侧面观;C. 后颏;D. 左、右上颚;E. 上唇。

体色均比大兵蚁稍浅,毛被与大兵蚁相仿。

头部两侧近平行,仅中部略宽弧,后缘平直,近长方形,侧观后颏中点之后较弓出;上颚细长,较直,端部略弯,上唇狭长,透明端呈角状突出;囟位于头背部中央;触角 17 节,节Ⅱ大于节Ⅲ,节Ⅲ小于或大于节Ⅳ,节Ⅳ小于节Ⅱ;后颏呈长方形,两侧平行,仅前端略缩狭,无腰区;前胸背板前缘中央突出部较狭,凹口浅,后缘宽阔,中央凹口明显,前、后胸两侧呈圆角状突出;后足胫节长略大于头宽。

平头大白蚁大、小兵蚁体部量度结果见表1。

大工蚁(图3):

头部暗棕色,触角深棕色,均比大兵蚁的色深,胸腹部和足部的颜色明显浅于头色,呈淡黄色。

体躯被毛稀疏,仅腹背部被有分散的短毛。

头部最宽处位于两侧近触角窝,向后圆弧缩狭,后缘狭圆弧形;囟位于背中点稍后方,上唇宽舌状,后唇基略隆起、横条状,纵缝线明显;触角 17 节,节Ⅲ小于或稍大于节Ⅱ,小于或等于节Ⅳ;前胸背板明显分为前、后两叶,前叶稍长于后叶,并竖起,与后叶呈直角,前缘突出部较宽阔,中央微凹,后缘中部宽弧突出,中央凹口较深。

表 1　平头大白蚁大、小兵蚁体部量度(单位:mm)

项目	2 头大兵		小兵(范围)	项目	2 头大兵		小兵(范围)
头长(至颚基)	3.540	3.864	1.728~1.824	后颏最小处宽	0.528	0.556	
头宽(最大宽)	2.592	2.832	1.392~1.512	前胸背板宽	1.920	2.064	1.008~1.080
上颚长	1.825	1.920	1.248~1.320	前胸背板长	1.104	1.200	0.678~0.720
上唇长	0.864	0.864	0.528~0.624	中胸背板宽	1.448	1.584	0.840~0.888
上唇宽	0.672	0.720	0.384~0.432	后胸背板宽	1.584	1.824	0.984~1.032
后颏长	2.400	2.680	0.960~1.200	后足胫节长	2.400	2.496	1.680~1.680
后颏最大处宽	0.768	0.816	0.456~0.480				

小工蚁(图4):

体色、毛被与大工蚁相仿,体型显著小于大工蚁。除头部近圆形之外,其他与大工蚁十分相似。

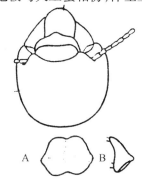

图 3　平头大白蚁 *M. planicapitatus* 大工蚁
A. 头及前胸背板正面观;B. 前胸背板侧面观。

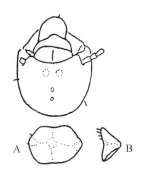

图 4　平头大白蚁 *M. planicapitatus* 小工蚁
A. 头及前胸背板正面观;B. 前胸背板侧面观。

平头大螱大、小工螱体部量度结果见表2。

表2 平头大螱大、小工螱体部量度（单位：mm）

项目	大工螱（范围）	小工螱（范围）
头长至唇端	2.040 ~ 2.204	1.440 ~ 1.488
头最大宽	1.680 ~ 1.824	1.128 ~ 1.176
前胸背板宽	0.888 ~ 0.984	0.768 ~ 0.768
前胸背板长	0.600 ~ 0.672	0.504 ~ 0.504
后足胫节长	1.560 ~ 1.632	1.320 ~ 1.416

比较：

本新种较近似细齿大螱 *M. denticulatus* Li et Ping，其主要区别点如下：(1)新种的大兵螱头较狭长，两侧平行（vs. 头略短宽，两侧多少有点波状）；(2)前胸背板较宽阔，其宽为1.92 ~ 2.112 mm（vs. 前胸背板较狭长，其宽1.82 ~ 1.86 mm）；(3)小兵螱体部量度明显较小，头宽1.39 ~ 1.512 mm，前胸背板宽1.008 ~ 1.08 mm（vs. 较大，头宽1.65 ~ 1.83 mm，前胸宽为1.11 ~ 1.20 mm）。

与黄翅大螱的明显区别在于本新种各类型（大、小兵螱和大、小工螱）的体部量度均较小；前胸背板较狭，其宽度与长度比较，指数较小。

模式标本：大兵螱、小兵螱、大工螱和小工螱，高道蓉和P. W. Chan 于1992年9月17日在香港新界上水大龙村采自腐木段中。

正模标本保存于中国科学院上海昆虫研究所，副模标本分别保存于南京市白蚁防治研究所、香港渔农处大龙试验站和上海昆虫研究所。

（本文承中国科学院上海昆虫研究所夏凯龄老师指导，插图由徐仁娣女士绘制，特表感谢。）

参考文献

[1] 高道蓉,林群声.香港危害建筑物和农林作物的白蚁名录[J].住宅科技,1984,5:34.

[2] 高道蓉,林群声.香港等翅目名录[J].昆虫分类学报,1985,7(2):118.

[3] 李桂祥,平正明.华南大白蚁属四新种[J].动物分类学报,1983,8(2):191-194.

[4] 林善祥,石锦祥.大白蚁属一新种（等翅目：白蚁科）[J].动物分类学报,1982,7(3):317-320.

[5] Gao DR, Lam PKS. Notes on the termites (Isoptera) of Hong Kong, including description of a new species and a checklist of Chinese Species[J]. Men Hong Kong Nat Hist Soc,1986,17:67-83.

[6] Harris WV. The termite of Hong Kong[J]. Mem Hong Kong Nat hist Soc,1963,6:1-9.

[7] Hill DS, Hore P, Thornton IWB. Insects of Hong Kong [M]. Hong Kong: Hong Kong University Press,1982.

[8] Light SF. The termites (white ants) of China, with descriptions of six new species[J]. Chinese Journal of Science and Arts,1924,2:140-142.

[9] Light SF. Present status of our knowledge of the termites of China[J]. Lingnan Journal of Science,1929,7:581-600.

原文刊登在《白蚁科技》,1996,13(1):1-4

57 香港网蠊属 *Reticulitermes* 的研究（等翅目：鼻蠊科）

高道蓉

（南京市白蚁防治研究所）

关键词：等翅目；鼻蠊科；网蠊属；新记录种；香港

在香港各地（香港岛、九龙、新界和离岛），网蠊属 *Reticulitermes* 的种类在野外分布较为广泛，常见于伐后树桩和枯枝落叶下部。

关于它的种类，Light（1924，1929）曾记载有福建网蠊 *R. fukienensis*，Light、Harris（1963）亦做了同样的记载。之后，Hill、Hore 和 Thornton（1982）认为香港还有圆唇网蠊 *R. labralis* Hsia et Fan 和肖若网蠊 *R. affinis* Hsia et Fan。高和林（1986）所列名录为肖若网蠊、圆唇网蠊、八重山网蠊 *R. speratus yaeyamanus* Morimoto。

近年来，作者在香港各地采集到大量网蠊属标本，进行初步鉴定后认为，香港网蠊属的种类应该为肖若网蠊、鼎湖网蠊 *R. dinghuensis* Ping, Zhu et Li、福建网蠊、广州网蠊 *R. guangzhouensis* Ping、圆唇网蠊、小头网蠊 *R. microcephalus* Zhu、小网蠊 *R. parvus* Li、平江网蠊 *R. pingjiangensis* Tsai et Peng、八重山网蠊和宜章网蠊 *R. yizhangensis* Huang et Tong。其中鼎湖网蠊、广州网蠊、小头网蠊、小网蠊、平江网蠊和宜章网蠊为香港的新记录种。

现将香港网蠊属种类的分种检索表介绍如下：

香港网蠊属（*Reticulitermes*）的分种检索表
（兵蠊）

1. 头部额区隆起为额峰，额峰显著高出于头后水平 ··· 2
   头部额区平或微隆起，大致与头后水平相等 ·· 圆唇网蠊 *R. labralis* Hsia et Fan
2. 头较长，头长至颚基约为宽的 2 倍或 2 倍以上 ····························· 鼎湖网蠊 *R. dinghuensis* Ping, Zhu et Li
   头长至颚基小于头宽的 2 倍 ·· 3
3. 头短，头长至颚基 1.30～1.51 mm ·· 小头网蠊 *R. microcephalus* Zhu
   头长至颚基 1.51～2.00 mm ·· 4
4. 头宽均值小于 1.02 mm ·· 5
   头宽均值 1.04～1.29 mm ··· 7
5. 头近基部 1/3 处至后端略收缩 ·· 小网蠊 *R. parvus* Li
   头后部不收缩 ··· 6
6. 头部中段两侧稍收缩，头长至颚基 1.82～1.93 mm，头宽 0.89～1.04（均值 1.00）mm ··
   ·· 宜章网蠊 *R. yizhangensis* Huang et Tong
   头部中段两侧不收缩，头长至颚基 1.54～1.83 mm，头宽 0.95～1.07（1.02）mm ······ 广州网蠊 *R. guangzhouensis* Ping
7. 体较小，头宽均值 1.04～1.18 mm ··· 8
   体较大，头宽均值 1.21～1.29 mm ··· 肖若网蠊 *R. affinis* Hsia et Fan
8. 头后部略收缩 ··· 平江网蠊 *R. pingjiangensis* Tsai et Peng
   头后部略平 ··· 9
9. 头部两侧十分平行（长翅成虫前胸背板具淡褐色斑纹），头宽 0.99～1.11（1.07）mm ····· 福建网蠊 *R. fukienensis* Light
   头部两侧后部稍拱出 ·· 八重山网蠊 *R. yaeyamanus* Morimoto

在香港，网蠊在野外起着分解纤维素的有益作用。与中国大多数地方（特别是长江流域及其以北地区）不同的是,它的经济重要性不大,对房屋建筑底层木构件（木地板、踢脚板和地毯的压条木）造成破坏的现象虽有,但极为罕见。室外的木栅栏、绿篱灌木（如：朱槿 Hibiscus rosa-sinensis L.）根部和观赏花木（如：杜鹃花 Rhododendron sp.）的根部则时可见到它的危害。

关于它们的分群情况,知之甚少,作者在香港岛于1994年4月29日下午14:35记录到一次八重山网蠊分群。

参考文献

[1] 夏凯龄,范树德. 中国网蠊属记述（等翅目：犀蠊科）[J]. 昆虫学报,1965,14(4):367-370.

[2] 李参. 浙江省白蚁种类调查及三新种描述[J]. 浙江农业大学学报,1979,5(1):66.

[3] 平正明,朱检林,李桂祥. 鼎湖山散白蚁属一新种（等翅目：犀白蚁科）[J]. 昆虫分类学报,1980,2(1):65-68.

[4] 平正明. 广东省乳蠊属八新种（等翅目：犀蠊科）[J]. 昆虫分类学报,1985,7(4):321-323.

[5] 蔡邦华,黄复生,等. 湖南的散白蚁及其新种[J]. 昆虫学报,1980,23(3):299-301.

[6] 蔡邦华,黄复生,等. 散白蚁两新种[J]. 昆虫学报,1983,26(1):80-81.

[7] 朱俭林. 散白蚁属两新种（等翅目：鼻白蚁科）[J]. 昆虫学报,1984,27(1):108-110.

[8] Gao DR, Lam PKS. Notes on the termites (Isoptera) of Hong kong, including description of a new species and a checklist of Chinese species[J]. Mem Hong Kong Nat Hist Soc,1986,17:67-69.

[9] Harris WV. The termites of Hong Kong[J]. Mem Hong Kong Nat Hist Soc,1963,6:4-5.

[10] Hill DS, Hore PS, Thornton IWB. Insect of Hong Kong[M]. Hong Kong: Hong Kong University Press,1982.

[11] Light SF. The termites (white ants) of China, with description of six new species[J]. China J Sci & Arts,1924,2(1-4):52-53,142.

Study on the genus *Reticulitermes* from Hong Kong (Isoptera: Rhinotermitidae)

Gao Daorong

(Nanjing Institute of Termite Control)

The present paper deals nine species of the genus *Reticulitermes* from Hong Kong, in which six species are new record. The key to species is given.

All specimens are preserved separately in Nanjing Institute of Termite Control, Shanghai Institute of Entomology, Academia Sinica and Tai Lung Experimental Station, Agriculture and Fisheries Department, Hong Kong.

Key words: Isoptera; Rhinotermitidae; *Reticulitermes*; new record species; Hong Kong

原文刊登在《白蚁科技》,1996,13(2):1-3

香港新螱属 Neotermes 的研究（等翅目：木螱科）

高道蓉

（南京市白蚁防治研究所）

关键词：等翅目；木螱科；新螱属；新记录种；香港

至今，香港的新螱属 Neotermes 标本仅在香港岛多处发现。作者和林群声博士在 1985 年鉴定香港大学动物学系所收藏的等翅目标本时，发现灯诱标本中有新螱的长翅成虫（采集时间为 1983 年 5 月 31 日）。所以，作者和林（1986）首次报道香港存在新螱属。近年来，作者在香港进行等翅目标本专题采集时又多次采集到新螱属标本。同时，在检查香港政府渔农处所收藏的等翅目标本时发现，有一管标本（标本编号为 76-83A）为 1976 年 8 月 12 日由香港当时的政府昆虫学家 R. Winney 在香港总督府内荷花玉兰（Magnolia grandiflora L.）枯树干中所采集到的新螱脱翅成虫，该管标本曾送交英国大英博物馆经英国学者 S. Bacchus 鉴定为新螱 Neotermes sp.（鉴定编号为 A9278）。对所有新螱属标本进行鉴定后发现，香港的新螱属计有长颚新螱 N. dolichognathus Xu et Han、长头新螱 N. longiceps Xu et Han 和波颚新螱 N. undulatus Xu et Han。上述三种新螱均为香港的新记录种。现将香港新螱属分种检索表介绍如下。

香港新螱（Neotermes）分种检索表
（兵 螱）

1. 体大，头长（至上颚基）大于 3.00 mm ·· 2
   体小，头长（至上颚基）小于 3.00 mm ································ 长颚新螱 N. dolichognathus Xu et Han
2. 后颏前宽区侧缘中央凹入 ··· 长头新螱 N. longiceps Xu et Han
   后颏前宽区侧缘中央平圆 ··· 波颚新螱 N. undulatus Xu et Han

在香港，新螱可危害多种材质硬软不同的树木，如：杧果 Mangifera indica L.、枇杷 Eriobotrya japonica (Thunb.) Lindl、荷花玉兰和台湾相思 Acacia confusa Merr.。它们往往通过侵入主干，在树干中挖掘一个扩展的大型纵向白蚁隧道系统而使树木死亡。据统计，一处杧果树林受新螱危害的比率高达 50%。所以，在香港它是值得引起重视的对林木有害的等翅目种类之一。可惜的是，至今还没有有效的防治方法。

在被害树干某些部位膨胀起来而开裂形成的溃疡伤口处常布满极潮湿的泥状物质，同时，被害树干的树皮上有不少呈圆点状的小孔（直径为 2.5~2.8 mm），它内连隧道腔。据上述两点，极易发现新螱的存在。

在木质部内的隧道呈不规则的扁平腔室。拟工螱一边挖掘取食，一边构筑隧道腔。它排泄出来的砂状粪粒则堆积在后方。近暗褐色粪粒的形态似圆柱体（长 1.0~1.15 mm，直径 0.6~0.75 mm）。在此等有白蚁个体活动的腔室内，白蚁个体数目不等，少则数头，多则 50 多头。个体数多的稍大腔室则有不同龄期的拟工螱、不同龄期的具翅芽若螱、1~2 头兵螱和少量长翅成虫聚集。废弃的隧道内则充满粪粒和其他木质的混合物。

其品级包括兵螱、长翅成虫和拟工螱。它没有专门的"王室"，"王"和"后"位于较大的腔室中。在采集时均征得树木所有人同意，锯下被害树段，然后运回室内仔细解剖树段，据此发现一个群体中只有一头"王"和一头"后"。

在一处杧果树林，有多株被长头新螱危害的树木，还将一段被害木（约 1 m 长，直径约 11 cm）取回,分锯成两段约 50 cm 长的木段,外面分别包以白色透明塑料袋,放在搪瓷盘上。经观察发现,长头新蠊分群的时间大约在 5 月下旬至 12 月下旬。分飞时刻为晚上 8:00 以后。分飞个体数量不多,每次都在十头以下。有时可连续数日,相隔数日至 1 个月以上出飞。经 2 年多的室内观察,2 年均有分飞。分群前,拟工蠊在树皮上构筑宽条状、较潮湿、稍隆起的泥质分飞孔。其内拟工蠊、兵蠊和待飞的长翅成虫活动频繁。分飞时,拟工蠊咬开分飞孔,长翅成虫一只接一只爬出,然后振翅高飞。

参考文献

[1] 徐月莉,韩美贞. 中国新蠊属新种记述(等翅目:木蠊科)[J]. 昆虫学研究集刊,1985,5:225-234.

[2] Gao DR, Lam PKS. Notes on the termites (Isoptera) of Hong Kong, including description of a new Species and a checklist of Chinese species[J]. Men Hong Kong Nat Hist Soc,1986,17:67,69.

Study on the genus *Neotermes* from Hong Kong (Isoptera: Kalotermitidae)

Gao Daorong

(Nanjing Institute of Termite Control)

The present paper deals with three species of the genus *Neotermes* from Hong Kong. They were found causing damage to living trees of Common Mango (*Mangifera indica* L.), Loquat (*Eriobotrya japonica*) (Thunb.) Lindl., Rich Acacia (*Acacia confusa* Merr. = *A. richii* A. Gray) and Southern Magnolia (*Magnolia grandiflora* L.). The key to species is given.

All specimens are preserved separately in Nanjing Institute of Termite control, Shanghai Institute of Entomology, Academia Sinica and Tai Lung Experimental Station, Agriculture and Fisheries Department, Hong Kong.

Key words: Isoptera; Kalotermitidae; *Neotermes*; new record species; Hong Kong

原文刊登在《白蚁科技》,1996,13(3):5-6

59 特征分析和等翅目的分类系统

黄复生[1]，朱世模[2]，高道蓉[3]，刘发友[3]，李桂祥[4]，肖维良[4]，何秀松[5]

([1]中国科学院动物研究所；[2]中国科学院昆明动物研究所；[3]南京市白蚁防治研究所；[4]广东省昆虫研究所；[5]中国科学院上海昆虫研究所)

摘要：本文对有关昆虫特征的类型和应用做了初步分析，将特征归纳为"独自性"和"系统性"两大类。指出祖征的拥有存在着三个方面的不均衡。一个类群拥有比较多而典型的祖征，属于接近祖先的类群；反之，拥有较少而变型的祖征，则属于后起的类群。一般说来，同级阶元非独立拥有的特征不宜作为系统依据。在研究白蚁形态"原始型"和"蜕变型"的基础上，强调了"蜕变型"作为衍征在研究等翅目各科系统关系的意义。

关键词：等翅目；独自性特征；系统性特征；原始型；蜕变型

等翅目 Isoptera 隶属于原始的社会性有翅昆虫，在讨论等翅目昆虫进化和分类系统的同时，必须分析其特征，以及与其周围类群的关系，方能进一步阐明其起源、进化途径和分类系统，本文试就特征分析、等翅目的分类地位和历史渊源、等翅目的各科系统关系等问题进行探讨。

一、特征分析

每一个生物类群的特征是多种多样的。特征的客观意义是通过对比而被发现的。在众多特征中，有一类是个体独自拥有的"独自性特征"，这类特征在同种的不同种类间或个体间一般是不重复出现的、不稳定的，仅仅存在于个体之间的区别和差异。同种生物体的不同个体各自拥有独自性特征。这些个体拥有独自性特征往往因掌握材料不够系统、不够全面，常常误导人们做出错误判断，把同种的不同个体鉴定为不同种类。这种情况有时是不可避免的。因此，在深入研究的基础上应调整其分类地位，消除同物异名。

另一类特征即"系统性特征"，也就是不同阶元的分类特征。这类特征一般是重复出现的、稳定的。通过系统性特征的分析，可探索各个类群的亲缘关系。系统性特征代表生物不同类群的发育阶段和进化水平。种征代表物种的共同起源和进化水平，以及与同属中不同种的亲缘关系；属征代表该属的共同起源和进化水平，以及与同科中不同属的亲缘关系。因此，不同阶元的分类特征分别代表着各个阶元的共同起源和进化水平，以及与其他类群的亲缘关系。

以往分类学家又将"系统性特征"分为祖征和衍征。祖征即原始的、从祖先遗留下来的特征；衍征也可称为"离征""新征"，即随着新类群形成而产生的新的特征。每一个物种都有自己的种征，即衍征，而每一个物种除了具备种征外，还拥有属征、科征等一系列上级阶元的特征，这些上级阶元特征都是该物种的祖征。因此，祖征是类群进化历史进程的反映，衍征则标志着类群的分离程度和进化趋势。

祖征和衍征是相对的、有条件的，也就是说，系统性特征具有两重性。一个类群的同一个分类特征，对于上级阶元来说是衍征，而对于下级阶元则属于祖征。昆虫体躯可分头、胸、腹，胸部具6足，这些特征对于整个昆虫纲而言是祖征，但对于节肢动物门的其他类群而言则成了衍征。这就是祖征和衍征的相对意义。

虽然祖征是下级阶元共同拥有的特征，但因下级阶元的各个类群所处的条件不同，所经历的进化道路各异，其共同拥有的祖征是不均衡的。这种不均衡表现在以下三个方面：(1)不同类群拥有的祖征数量有多有少。(2)不同类群拥有的祖征不尽雷同。某些类群拥有这些祖征，而另一些类群则拥有另一些祖征。(3)拥有典型的祖征，还是拥有变型的祖征。一般说来，拥有较多的祖征，而且大都属于典型的祖征，这样的类群较为原始，是接近祖先的类群；反之，拥有较少的祖征，而且祖征不典型，甚至是有很大变型的祖征，这样的类群属于后起类型，是比较远离祖先的类群。分类学家可以根据这些原则，研究和推测各个类群之间的亲缘关系，借以建立符合客观的进化系统。

在特征分析中，还需要注意到特征的平行发展，即平行进化的问题。两个类群，从总体的特征分析似无直接的亲缘关系，甚至相距甚远，可是由于种种原因，它们有着共同的某些特征，这些共同特征的产生应归结为平行进化的结果。等翅目昆虫鼻白蚁科 Rhinotermitidae 和白蚁科 Termitidae 都有跗节4节和跗节3节两种形态特征，跗节4节是祖征，3节是衍征，虽然跗节3节是由跗节4节进化而来的结果，但两个科的跗节3节有关类群却没有共同的历史渊源和亲缘关系，所以鼻白蚁科杆白蚁属 *Stylotermes* 的跗节3节与白蚁科印白蚁属 *Indotermes* 的跗节3节是来自不同的祖先。两者是不同科的衍征，是平行进化的结果。这样，相同的衍征并无亲缘关系，因此不能将等翅目昆虫跗节3节的不同类群进行合并，组合为单一类群。

等翅目昆虫的跗节3节分别为鼻白蚁科和白蚁科的衍征。这一衍征分别在两个科内都十分稳定。且各自拥有一定数量的种类。为此，有的学者主张另外设立两个科，将鼻白蚁科的杆白蚁属提升为杆白蚁科 Stylotermitidae (Chatterjee & Sarma 1964)，将白蚁科的印白蚁属提升为印白蚁科 Indotermitidae (Roonwal & Sen-Sarma 1960)。但设立任何一个阶元必须考虑以下三个方面：（1）该阶元拥有的衍征；（2）这一阶元的进化历史；（3）该阶元和其他同级阶元的亲缘关系和特征的相关性。因此，要设立一个阶元，特别是设立一个较高级阶元，必须全面分析其特征，并对总体特征进行评价，从而确定其客观的实际意义。等翅目昆虫如以跗节3节的衍征作为科级阶元的特征，是难以被人接受的。因为这一特征不是独立拥有的特征，在同类中属于相互抵触的特征。为此，我们不采用含有杆白蚁科和印白蚁科的分类系统。

二、等翅目的分类地位和历史渊源

关于等翅目的分类地位，诸多昆虫分类学家均有评述，认为蜚蠊目 Blattaria、螳螂目 Mantodea、等翅目 Isoptera 和缺翅目 Zoraptera 是比较接近的类群，它们有许多共同的相似形态。在这4个目中，蜚蠊目、螳螂目和等翅目的亲缘关系及其历史渊源更为接近。现以等翅目各科的成虫为主，结合螳螂目和蜚蠊目成虫，分析其有关特征（表1）。

表1 螳螂目、蜚蠊目和等翅目各科成虫的比较

项目	螳螂	蜚蠊	等翅目各科					
			澳白蚁科	草白蚁科	木白蚁科	鼻白蚁科	齿白蚁科	白蚁科
头形	三角形	近三角形	圆形	圆形	圆形	近圆形	近圆形	近圆形
囟孔	无	无	无	无	无	有	有	有
触角节数	>40	>40	30	26	<21	<20	<20	<20
前胸背板宽比头宽	小	大	大	几相等	大	小	小	小
后翅臀域	大	大	大	无	无	无	无	无
跗节	5	5	5	背4腹5	4	4与3	4	4与3
尾须节数	>10	>10	5	3~8	2	2	2	1~2
品级分化	无	无	无工蚁	无工蚁	无工蚁	完全	完全	完全
雌虫产卵器	有	有	有	退化	退化	退化	退化	退化
产卵习性	卵囊	卵鞘	卵鞘	无卵鞘	无卵鞘	无卵鞘	无卵鞘	无卵鞘
卵形	香蕉形	香蕉形	香蕉形	椭圆形	椭圆形	椭圆形	椭圆形	椭圆形
种群关系	分散	集群	群居	群居	群居	群居	群居	群居

表1中列出12个分析对比的主要特征。虽然各个类群在进化道路上都有自己新的特征，即衍征，充分显示出各个类群沿着各自的进化道路上有了很大发展，但在进一步分析祖征后发现，它们均表现出有许多共同的特性。这些共同特性说明了这些类群起源于共同的祖先。这个祖先的成虫应

该有以下原始特征:口器咀嚼式;无囟孔;复眼大;触角各节相似,呈线状,节数超过40节;前胸背板宽大于头;双翅静止时与腹部末端平,或稍越过腹末,后翅臀域大;跗节5节;尾须短,但节数超过10节;雌虫有退化的产卵器,产卵具卵鞘,卵呈香蕉形。虽有穴居的可能,但不会有品级分化的现象。据认为,这些性状是3个类群共同祖先的特征。目前已掌握的化石材料和地质历史显示,蜚蠊目在古生代就已经出现了,并且一直非常繁盛。白蚁最早发现的化石时间为中生代的白垩纪,而螳螂目最早发现化石的时间为新生代第三纪的古新世。但从上述分析中可以肯定,它们实际生存的地质时期要早于目前发现的化石地质时期。

作者认为,等翅目或螳螂目很可能出现在古生代末期或中生代早期。在蜚蠊目鼎盛期,其祖先一支系适于穴居,取食木材,并适于在木材内筑巢生活,渐渐产生品级的分化,有了简单的分工;随之不断进化,直至多形态结构完整的社会性昆虫;而蜚蠊祖先的另一支系在晚些时期,由于适应于灌丛的捕食习性,前足特化为捕捉足,前胸变得十分狭长,以利于发挥前足的捕捉性能,所以演化成为一支非常特化的类群。中生代时期,裸子植物逐渐衰退,被子植物开始兴起,这对当时昆虫区系的组成产生了巨大影响,森林内昆虫区系成分更加复杂,种类更加丰富。此时,蜚蠊类祖先沿着多方位进化,由单一类群向多极化发展,形成接近于目前生存的蜚蠊目、等翅目和螳螂目的祖先类群。

根据形态学上的比较和目前所掌握化石材料认为,蜚蠊目是最原始的一类,它最早出现在地球上,随后出现等翅目和螳螂目,三者之间的关系设想见图1。

三、等翅目的各科系统关系

等翅目昆虫在整个有翅昆虫亚纲内的地位比较明确,属于变态简单、形态原始、营巢居生活的社会性昆虫,所以等翅目形成了一个自然类群。该目属于多品级的社会性昆虫。整个巢群除了蚁王、蚁后外,还有有翅成虫、幼蚁、工蚁和兵蚁等品级,甚至有的品级又有不同类型的变化。所以,等翅目目下各类群的形态千差万别,极其复杂。

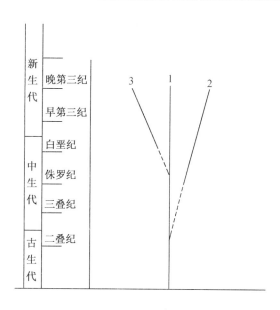

图1 蜚蠊目、等翅目、螳螂目系统发育图式
Fig.1 The Phylogram of Blattaria, Isoptera and Mantodea
1. 蜚蠊目(Blattaria); 2. 等翅目(Isoptera); 3. 螳螂目(Mantodea)。

各科的分类地位及其历史渊源存在不少问题。以下就主要形态特征的分析和系统关系两个问题做初步探讨。

(一)主要形态特征的分析

关于等翅目的形态特征变异问题,黄复生、朱世模、李桂祥(1988)已做了比较详细的阐述,并且针对多形态的变化,提出原始型和蜕变型在研究等翅目分类及其亲缘关系中的重要意义。下面以蜕变型为主,分析比较等翅目各科兵蚁的主要特征(见表2)。

等翅目昆虫兵蚁形态变化很大,且十分奇特,所以被称为"蜕变型"。有的上颚发达,或呈军刀状、锯形、钩状、锥形等,这类兵蚁被称为"上颚兵";有的上颚退化,而额部却十分发达,并且向前伸突,形成象鼻状,被称为"象鼻兵";有的介乎两者之间,上颚不退化,象鼻也很发达。这些蜕变型结构在各个类群中十分稳定。这充分说明了每一类型的形态变化绝非偶然发生,更不是突变畸形。这些类型分别代表了各个类群系统发育的历史阶段和进化水平。研究这些类型的形态变化,对于探索等翅目昆虫目下各科的历史渊源,以及它们彼此间的亲缘关系具有重要意义。依循这些类型的形态变化,可以进一步探寻等翅目各科的进化历史和发展趋势。

表2 等翅目各科兵蚁主要特征的比较

项目	澳白蚁科	草白蚁科	木白蚁科	鼻白蚁科	齿白蚁科	白蚁科
头形	近原始型	近原始型	变形	变形	变形	变形
囟孔	无	无	无	有	有	有
上唇形	近成虫	近成虫	近成虫	变形	变形	变形
触角节数	21	21~24	<20	<20	<20	<20
上颚形	近成虫	近成虫	略长于成虫	变形	变形	变形
右上颚大齿	有	有	有	无	无	无
前胸背板宽比头宽	略小	略小	大	显小	显小	显小
前胸背板	扁平	扁平	扁平	扁平	扁平	马鞍形
跗节	5	背4腹5	4	4与3	4	4与3
尾须节数	5	3~8	2	2	2	1~2

表2列出了10个分析的主要特征,各个类群均具有各自的衍征,也都有自身独特的性状。但分析其祖征,亦表现出许多共同的特征。这些共同的特征说明了各个类群起源于共同的祖先。原始蜕变型的形态特征应该和原始型形态特征相接近。其原始特征表现为:头近圆形,额部正常,不向前伸突;无囟;上颚粗壮,适应于格斗、撕咬,左右上颚均有大尖齿;触角节数超过20节;前胸背板扁平,宽于头;跗节5节;尾须5节或更多。现在生存的等翅目蜕变型的各种形态均由此演变进化而成,即由原始的蜕变型渐渐演化为不同类型的蜕变型(图2)。

白蚁科近缘,故将木白蚁科列为仅次于澳白蚁科的一个原始类群,并且认为它们有着共同的起源。因木白蚁科前胸背板比头宽,成虫和兵蚁上颚缘齿多而复杂等原始特征,以上设想是有一定道理的。但全面分析其他特征,草白蚁科 Hodotermitidae 有许多特征更接近原始型,其蜕变型所表现出的原始特征更接近祖先类型。很可能这些类群分别起源于不同的原始祖先。鼻白蚁科某些类群和木白蚁科某些类群的蜕变型的头形、触角等特征更为接近。齿白蚁科 Serritermitidae 和白蚁科的蜕变型特征和习性都表现出是二支特化的类群。为此,等翅目各科的系统关系设想如图3所示。

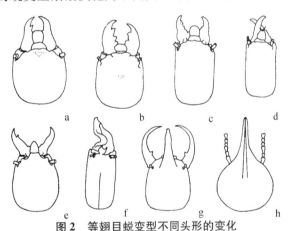

图2 等翅目蜕变型不同头形的变化

Fig. 2 The Head Variance of "Transmuted Type" of Isoptera

a. *Mastotermes darwiniensis* (from Hill, 1942); b. *Hodotermopsis sjöstedti* (from Tsai, 1980); c. *Glyptotermes chinpingensis* (from Tsai, 1964); d. *Reticulitermes* (*F.*) *affinis* (from Hsia, 1965); e. *Odontotermes formosanus* (from Tsai, 1980); f. *Capritermes nitobei* (from Tsai, 1980); g. *Armitermes* sp. (from Prestwich, 1983); h. *Nasutitermes subtibetanus* (from Tsai, 1979).

(二)系统关系

根据对等翅目原始型和蜕变型特征的分析,澳白蚁科 Mastotermitidae 无疑是最原始的一个类群。Krishna(1970)认为,木白蚁科 Kalotermitidae 与澳

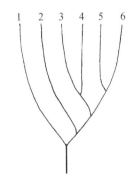

图3 等翅目各科系统发育图式

Fig. 3 The Phylogram of Families of Isoptera

1. 澳白蚁科 Mastotermitidae; 2. 草白蚁科 Hodotermitidae;
3. 木白蚁科 Kalotermitidae; 4. 鼻白蚁科 Rhinotermitidae;
5. 齿白蚁科 Serritermitidae; 6. 白蚁科 Termitidae。

参考文献

[1] 任东,卢立伍,郭子光,等.北京与邻区侏罗-白垩纪动物群[M].北京:地震出版社,1995:56-61.

[2] 陈世骧.进化论与分类学[M].北京:科学出版社,1978.

[3] 张俊峰.山旺昆虫化石[M].济南:山东科学技术出版社,1989:52-53.

[4] 张俊峰,孙博,张希雨. 山东山旺中新世昆虫与蜘蛛[M]. 北京:科学出版社,1994:48-53.

[5] 洪友崇. 酒泉盆地昆虫化石[M]. 北京:地质出版社,1982:70-71.

[6] 黄复生,朱世模,李桂祥. 大陆漂移与白蚁的系统发育[J]. 动物学研究,1987,8(1):55-59.

[7] 黄复生,朱世模,李桂祥. 白蚁的外部形态和分类系统[J]. 动物学研究,1988,9(3):301-307.

[8] 黄复生,李桂祥,朱世模. 中国白蚁分类及生物学[M]. 西安:天则出版社,1989.

[9] 蔡邦华,陈宁生. 中国白蚁分类和区系问题[J]. 昆虫学报,1964,13(1):25-37.

[10] Emerson AE, Krishna K. The termite family Serritermitidae (Isoptera)[J]. Amer Mus Novit,1975,2750:1-31.

Characteristic analyse and taxonomic system on Isoptera

Huang Fusheng[1], Zhu Shimo[2], Gao Daorong[3], Liu Fayou[3], Li Guixiang[4], Xiao Weiliang[4], He Xiusong[5]

([1]Institute of Zoology, Academia Sinica; [2]Kunming Institute of Zoology, Academia Sinica; [3]Nanjing Institute of Termite Control; [4]Guangdong Institute of Entomology; [5]Shanghai Institute of Entomology, Academia Sinica)

This paper deals with the analyses about the types and application of the characters concerning the taxonomic systems of Isoptera. There are two kinds of characteristic morphologic structures in insects: "Unique characters" and "Systematic characters". It is considered that there are three unequal characters upon the plesiomorphy. The more typical plesiomorphic characters of one group possessed, the more closely related to the ancestral group it is. If one group possesses only a few and aberrant plesiomorphic characters, it might belong to the evolutionary and present group. According to the fossil geologic period and morphological structures, the authors inquire into the relationship among the order Blattaria, Isoptera and Mantodea. On the basic study of the "Primary type" and "Transmuted type" characters of termite, we point out emphatically that the "Transmuted type" as apomorphy is very important to discover the relationships between the termite families.

In brief, the certain characters of termite could not be used as evidences to identify for appraisement if these characters in the same taxonomic category are not independent. The authors put forward a tentative scheme on the relationships among the termite families on the basis of the action of "Primary type" and "Transmuted type" characters.

Key words: Isoptera; unique character; systematic character; primary type; transmuted type

原文刊登在《昆虫分类学报》,1998,20(1):14-20.

60. 美国的白蚁及其防治概况

李小鹰[1]，高道蓉[2]，徐卫英[3]

([1] 无锡市白蚁防治所；[2] 南京市白蚁防治研究所；[3] 浙江省白蚁防治所)

摘要：本文根据在美国的实地考察，介绍了美国的白蚁及其危害；病虫害综合管理（IPM）和无公害少污染防治技术、防治药物、管理法规、美国国家害虫防治协会（NPCA）及其工作。

中国白蚁防治研究会组织江苏、浙江等九省（市）部分常务理事、理事18人组成的白蚁防治技术交流考察团，于1997年9至10月对美国进行了为期15天的考察交流，期间访问了纽约州害虫防治协会、美国国家害虫防治协会（NPCA）、加利福尼亚州害虫防治委员会和加州西部白蚁和害虫防治公司，并就纽约州的白蚁及纽约州高层建筑的白蚁防治方法与技术、美国白蚁防治产业的管理法规、美国新的白蚁防治方法与技术、人员培训、白蚁防治的营销与管理、防治白蚁的药物和器械、虫害防治的研究与进展等问题进行了深入广泛的交流与讨论。代表团还实地参观了防治现场，观看了各种防治药物和器具。

一、美国的白蚁及其危害

在美国，除阿拉斯加以外，其余各州均有白蚁危害，且相当普遍和严重。在南方，白蚁的问题更多。白蚁造成的损失，根据Lund(1967)、Ebeling(1968)、Anonymous(1974、1981a)、Williams和Smythe(1978)、Pinto(1981)、Mautdin(1982)、Beal等(1983)、Hamer(1985)、Edwards和Mill(1986)的资料为1亿至34亿美元；西加州白蚁及害虫防治公司市场营销部主任John North先生介绍的加州大学在1996年的统计测算，全美每年因白蚁等各种蛀木害虫造成的损失为50亿美元，至少有200万幢房屋遭受白蚁严重危害，其中加州和夏威夷的损失约为10亿美元。以城市计，洛杉矶的白蚁危害处于全国第二位，迈阿密为第一位。在美国东南部地区，白蚁造成的危害是任何一种农产品害虫的2至10倍。因此，他们都认为白蚁是一种比火灾和恶劣的气候更为严重的危害。全美每年发生火灾的房屋约为38万幢；风暴造成的损失约为3.5亿美元。由于白蚁危害隐蔽，不像突发的火灾或飓风那么引人注目，但最终会造成楼板下沉、灰泥开裂、装饰装修损坏等各种破坏。

（一）主要白蚁种类

到目前为止，根据Kofoid（1934）、Snyder（1954）、Weesner（1965）以及Edwards和Mill（1986）的资料，美国已发现白蚁4科17属45种，其名录如下。

美国的白蚁种类

Ⅰ. 草白蚁科 Hodotermitidae

1. 动白蚁属 *Zootermopsis*

（1）北美动白蚁 *Z. angusticollis*（Hagen）

（2）宽头动白蚁 *Z. laticeps*（Banks）

（3）内华达动白蚁 *Z. nevadensis*（Hagen）

Ⅱ. 木白蚁科 Kalotermitidae

2. 距白蚁属 *Calcaritermes*

（4）新北距白蚁 *C. nearcticus*（Snyder）

3. 砂白蚁属 *Cryptotermes*

（5）麻头砂白蚁 *C. brevis*（Walker）

（6）穴额砂白蚁 *C. cavifrons* Banks

4. 楹白蚁属 *Incisitermes*

（7）亚利桑那楹白蚁 *I. arizonensis*（Snyder）

（8）班氏楹白蚁 *I. banksi*（Snyder）

（9）*I. fruticavus* Rust

（10）泛美楹白蚁 *I. immigrans*（Snyder）

（11）米勒氏楹白蚁 *I. milleri*（Emerson）

（12）小楹白蚁 *I. minor*（Hagen）

（13）斯氏楹白蚁 *I. snyderi*（Light）

(14) 施氏楹白蚁 *I. schwarzi*（Banks）

5. 木白蚁属 *Kalotermes*

(15) 相似木白蚁 *K. approximatus* Snyder

6. 边白蚁属 *Marginitermes*

(16) 胡氏边白蚁 *M. hubbardi*（Banks）

7. 新白蚁属 *Neotermes*

(17) 栗色新白蚁 *N. castaneus*（Burmeister）

(18) *N. connexus* Snyder

(19) 黑眼新白蚁 *N. jouteli*（Banks）

(20) *N. luykxi* Nickle et Collins

8. 类新白蚁属 *Paraneotermes*

(21) *P. simplicicornis*（Banks）

9. 翅白蚁属 *Pterotermes*

(22) 西方翅白蚁 *P. occidentis*（Walker）

Ⅲ. 鼻白蚁科 Rhinotermitidae

10. 家白蚁属 *Coptotermes*

(23) 台湾家白蚁 *C. formosanus* Shiraki

11. 异白蚁属 *Heterotermes*

(24) 金色异白蚁 *H. aureus*（Snyder）

12. 原鼻白蚁属 *Prorhinotermes*

(25) 简单原鼻白蚁 *P. simplex*（Hagen）

13. 散白蚁属 *Reticulitermes*

(26) 沙蜀散白蚁 *R. arenincola* Goellner

(27) 北美散白蚁 *R. flavipes*（Kollar）

(28) 哈根氏散白蚁 *R. hageni* Banks

(29) 西方散白蚁 *R. hesperus* Banks

(30) 美黑胫散白蚁 *R. tibialis* Banks

(31) 弗吉尼亚散白蚁 *R. virginicus* Banks

Ⅳ. 白蚁科 Termitidae

14. 解甲白蚁属 *Anoplotermes*

(32) 烟色解甲白蚁 *A. fumosus*（Hagen）

15. 丫白蚁属 *Amitermes*

(33) *A. coachellae* Light

(34) 埃默森氏丫白蚁 *A. emersoni* Light

(35) 佛罗里达丫白蚁 *A. floridensis* Scheffrahn et al.

(36) 微丫白蚁 *A. minimus* Light

(37) 淡白丫白蚁 *A. pallidus* Light

(38) 小丫白蚁 *A. parvulus* Light

(39) 斯氏丫白蚁 *A. snyderi* Light

(40) *A. silvestrianus* Light

(41) 惠勒氏丫白蚁 *A. wheeleri*（Desneux）

16. *Gnathamitermes*

(42) *G. perplexus*（Banks）

(43) *G. tubiformans*（Buckley）

17. *Tenuirostritermes*

(44) *T. tenuirostris*（Desneux）

(45) *T. cinereus*（Buckley）

在45种白蚁中，5种白蚁（麻头砂白蚁 *Cryptotermes brevis*、小楹白蚁 *Incisitermes minor*、台湾家白蚁 *Coptotermes formosanus*、北美散白蚁 *Reticulitermes flavipes* 和西方散白蚁 *R. hesperus*）为严重危害种；此外还有4种白蚁，即斯氏楹白蚁 *I. snyderi*、胡氏边白蚁 *Marginitermes hubbardi*、金色异白蚁 *Heterotermes aureus* 和美黑胫散白蚁 *R. tibialis* 的危害也比较严重。

（二）生物学特性

根据白蚁对生活环境的选择、群体的定居场所和危害特点，在美国通常把白蚁分成湿木白蚁、干木白蚁、地栖性白蚁三大类，它们有不同的生物学特性。

1. 湿木白蚁

湿木白蚁主要包括原白蚁科 Termopsidae、木白蚁科 Kalotermitidae 和鼻白蚁科 Rhinotermitidae 中的一些种类，它们将巢体定居于湿的、有时是腐朽的木头中，三个科中的代表性种类都有与其他种不同的、独特的生活习性。这些白蚁的外表在科与科之间不同，但几乎所有的种类都比地栖性白蚁类群大（若虫体长达20 mm，有翅成虫连翅达25 mm），它们发生在太平洋沿岸和毗连各州、沙漠或半干旱的西南部和佛罗里达的南部。其代表种有原白蚁科中的北美动白蚁 *Zootermopsis angusticollis*（Hagen）和内华达动白蚁 *Z. nevadensis*（Hagen），木白蚁科中分布于沙漠和半干旱的西南部地区的类新白蚁属的 *Paraneotermes simplicicornis*（Banks）及分布于佛罗里达南部的栗色新白蚁 *Neotermes castaneus*（Burmeister）和黑眼新白蚁 *N. jouteli*（Banks），鼻白蚁科中分布于佛罗里达南部的简单原鼻白蚁 *Prorhinotermes simplex*（Hagen）。

湿木白蚁横向切割并取食谷物，吃木料的春材和秋材部分，在进行取食的时候，它们形成一连串通过通道连接起来的小室和坑道，连接的通道如用砂纸极精细地打磨过般光滑。坑道里没有泥土，但如果环境非常潮湿，排泄物的颗粒将黏附在坑道壁上，但在简单原鼻白蚁 *P. simplex* 中没有这样的颗粒。如果环境是干燥的，排泄物的颗粒将被堆积在坑道的尽头或像干木白蚁一样被排放出去。它们利用它们的排泄物封闭坑道或木料，其情形与地下白蚁用泥土所做的相似。除了沙漠湿木白蚁类新白蚁 Paraneotermes simplicicornis 和简单原鼻白蚁 P. simplex 外,湿木白蚁不是地栖性的,它们不需要与潮湿的土壤接触,但需要水分含量高的木料,与土壤接触的木料或与一个稳定的潮湿环境接触的木料。湿木白蚁直接危害木料,通常不在土壤中挖通道。比较典型的是能在原木、树桩和枯树上被发现,但是有个别种(至少有一个种)能在活树的枯枝上发现。从这些地方,它们爬进建筑物,特别是在木料与地面接触的地方或者能提供稳定水分的地方(如:漏水管道边)。北美动白蚁 Z. angusticollis 通常在森林中被发现,在死树、原木或树桩中建立有几千个个体的群体,但当它们侵入建筑物时,能造成相当大的危害。栗色新白蚁 N. castaneus、黑眼新白蚁 N. jouteli 和简单原鼻白蚁 P. simplex 也偶然被发现在建筑物内十分潮湿的木构件内,如:渗漏的屋顶、洗涤槽或浴室。

2. 干木白蚁

干木白蚁可分为以下三类:

(1) 砂白蚁或家具白蚁。其名称来自于这些白蚁产生的排泄物颗粒和它们通常危害家具的木料。其代表种为木白蚁科砂白蚁属 Cryptotermes 的种类。砂白蚁会危害相对比较干燥的木料,其含水率为 12% 或更少,不需与土壤接触,只需要所侵害木料中的水分,主要在潮湿的海岸地区被发现,如:美国的佛罗里达、格尔夫和大西洋海岸的南部以及夏威夷。这类白蚁经常通过人类活动的传播而形成分布,典型的是麻头砂白蚁 C. brevis,它已在贝尔维尔、安大略、加拿大等北部地区和加利福尼亚的洛杉矶等西部地区被发现,但在那儿,它未能建立生活的群体存活下来,在建筑物上和户外还没有被发现。

(2) 东南部干木白蚁。其代表种主要是木白蚁科的斯氏楹白蚁 Incisitermes snyderi (Light),它主要分布在美国的东南部,生活在含水量很低(12% 或更少)的木料中。在巴哈马和百慕大也有发现。通过已受危害的家具、画框等,它能很容易地被传到这些地区以外。但在通常的东南部和大多数的海岸地区以外,它们没能真正定居下来。在美国东南部,它的问题与西部相应种小楹白蚁 Incisitermes minor (Hagen) 相似。

(3) 西部干木白蚁。其代表种主要为木白蚁科中的小楹白蚁 Incisitermes minor (Hagen),主要分布在美国的西部,占西部干木白蚁危害的多数,生活在相对湿度很低(12% 或更少)的木材中。它在美国的西南部和墨西哥的西北部被发现,并已在佛罗里达州的一些地区永久性地定居下来。它也容易通过受侵染的家具、画框、木料等传播到这些地区以外的地方。它在圣乔治、犹他、密尔活基(威斯康星州)、威斯康星、克利夫兰、俄亥俄、尼亚加拉瀑布城和纽约等都已被发现,但是,在这些通常的南部以外的地区和大多数的海岸地区范围外,它没有能真正定居下来。它的一个群体包含约 2000 只个体,通常危害的木制品比麻头堆砂白蚁 C. brevis 栖居的大,群体发展缓慢,严重的结构性破坏可能由复合群体危害所致。

3. 地栖性白蚁

地栖性白蚁可分成以下四类:

(1) 沙漠地下白蚁。代表种为金色异白蚁 Heterotermes aureus (Snyder)。"沙漠地下白蚁"这一俗名反映出此类白蚁在美国西南部的分布,它的分布几乎完全被限制在从亚利桑那州和加利福尼亚州的科罗拉多和希拉沙漠到下加利福尼亚州(墨西哥)。它们生活在沙漠植物中,包括死的仙人掌和仙人球中,但是能严重地毁坏木柱、各种用途的木杆和房屋的木构件,只是由于它的分布范围不广,因此就整个美国来说它不很重要。与其他地栖性白蚁相比,这类白蚁对水分和腐朽的依赖明显要少,它很容易直接危害干燥的、完好的木料。侵害的典型标记是从天花板、平顶的橡子、石膏板、塑料板上悬挂的液滴似的管状物和(或)排泄物堵塞的小孔的存在。并且,它们的泥管状通道的颜色很淡(淡黄色到棕黄色),横断面几乎呈圆形。在西南部沙漠,沙漠地下白蚁中的 Gnathamitermes spp. 的种类,当它们用泥被紧贴树干、围栏和干枯落叶层的时候,在雨季可造成电话响铃。

(2) 东部地下白蚁。代表种为北美散白蚁 Reticulitermes flavipes (Kollar)。由于北美散白蚁的分布广泛,它已成为美国最具经济重要性的白蚁种类。据 1983 年统计,在美国东南部 9 个州用于这种白蚁的防治费估计为 4.7 亿美元(Su 等,1990)。即使在美国北部,北美散白蚁也是最普通并广泛分布的白蚁。它存活带的北面,那儿的年平均最低温度为 −33℃,这包括南安大略、加拿大,往南通过美国东部进入得克萨斯。它们多半取食春材,留下不能有效消化的含有木质素的夏材,所以,受到危害的木材呈分层状。木材中的白蚁坑道内一般能看到泥土。北美散白蚁构筑地下巢,群体较大,每个群体可能包含约 20 万头白蚁(Howard 等,1982)。

（3）台湾地下白蚁。代表种为台湾家白蚁 Coptotermes formosanus Shiraki。台湾家白蚁在夏威夷成为害虫已经很久了。1896年，它在夏威夷第一次被采集到，但直到1905年才被正确鉴定。1956年它在南卡罗来纳的查尔斯顿被发现，1965年在得克萨斯州的休斯敦被发现，1966年在加尔维斯顿被发现。在路易斯安娜南部，已有几个地区发现了其踪迹。在密西西比州，1984年在默里迪恩、1985年在比洛克西—格尔夫波特被发现。1985年在亚拉巴马州的莫比尔被发现。在南佛罗里达并进入北迈阿密滩，而后在奥兰多（1983）、要塞沃尔顿滩（1984）、彭萨科拉（1985）被发现。1984年，在田纳西的孟菲斯被发现。1992年，在北卡罗来纳的霍尔登、南卡罗来纳的佛洛伦斯、佐治亚的坦帕和加利福尼亚的圣迭戈的危害被证实。1996年，在北卡罗来纳的斯平代尔证实有危害，该地区位于北卡罗来纳的西北部。Su等（1990）认为，美国农业部的报告估计，在夏威夷火奴鲁鲁台湾家白蚁每年造成约300百万美元的损失（Anonymous 1966），这一数字在10年内每年增加了千万美元（Fujii 1975，Lai 1977，Higa 1981）。根据夏威夷杀白蚁剂销售商的统计，夏威夷1984年的防治费用为5000万美元，1985年约为6000万美元（Su等，1990）。1983年，路易斯安那州400万美元、佛罗里达州为100万美元（Hamer，1985）。在地栖性白蚁中，台湾家白蚁的一个独特特点是它形成空中侵害，即具有一种与地面没有任何接触和联系的建筑物结构的侵害能力。当然，这种空中侵害与干木白蚁的不同。在佛罗里达州东南部，台湾家白蚁造成的空中侵害约占结构性侵害的25%（Su和Scheffrahn，1986a），在夏威夷火奴鲁鲁的超高层建筑中超过50%（Tamashiro等，1987）。

一个由约350000只工蚁组成的台湾家白蚁的成熟群体每天可以或可能取食约31g的食物，按此速率推算，这样的一个群体一年能完全消耗 $5.08 \times 10.16 \times 430 (cm^3)$ 的松材（约为$0.022 m^3$）。而来自最近的取食研究的计算显示，300万个个体的一个白蚁群体每天能消耗360g，一年能消耗 $5.08 \times 10.16 \times 5090.16 (cm^3)$ 的松材（约为$0.2627 m^3$）。因此，上述350000只个体的白蚁群体应耗约 $5.08 \times 10.16 \times 594.36 (cm^3)$ 的松材（约为$0.03 m^3$），而不是$0.022 m^3$。在美国，一个已建立起来的并已成熟的台湾家白蚁群体在3个月这样短的时间里就能对建筑结构造成严重的危害。因此，美国害虫防治业人士及专家认为，预先通知未来的房屋购买者、使用人，对这类白蚁必须及早防治，这极为重要。当然，首先是要进行鉴别！

（4）西部地下白蚁。代表种为西方散白蚁 Reticulitermes hesperus Banks。该类白蚁的分布被限制在西部各州，范围从不列颠哥伦比亚（加拿大）的南部到墨西哥西部，往东到爱达荷（州）和内华达（州）。与东部地下白蚁一样，它们几乎只取食春材，留下无法有效利用的夏材，因此，受其危害的木材分层，在坑道里一般能发现泥土。群体通常生活在土壤中，生活的位置通常在冻土层以下、地下水位和岩石层以上。它们构筑蚁道通过食物源和巢体之间对生存有害的地方。它们能通过小于1~2mm宽的裂缝进入建筑物内。但是如果具有稳定的水源（如：在破裂的管道边），群体能在地上生活而不与土壤接触。

二、病虫害综合管理（IPM）和无公害少污染防治技术

美国的虫害防治业环保意识十分强，这主要表现在他们提倡虫害的综合防治。积极采用无公害防治技术和少污染的白蚁防治药物。这不仅提高了白蚁防治的综合效益，而且加快了全美白蚁及虫害防治业新技术及新药物的开发、引进和应用。法规及公众舆论的监督也很严格，这无疑对他们也是一种推动。

（一）病虫害综合管理（IPM）

在美国，对于越来越多的人，病虫害综合管理（integrated pest management，IPM）正在变成建筑物虫害防治选择的方法。在住宅、学校、公共建筑、办公综合楼和购物中心，人们正在放弃传统的虫害防治策略。传统的策略强调系统地、有规则地应用杀虫药物，其目的或是因为存在虫害，或是作为制止虫害的一种预防手段。今天，人们更意识到检查虫害的实际危害情况，了解危害造成的原因，通过降低或限制危害的可能性来制止虫害危害的重要性和优越性。因此，在今天，传统杀虫剂的作用已经常常被弱化。害虫综合管理是一种系统的虫害管理方法，是一种对所采用方法的系统决策。它通过结合多种方法来预测和预防害虫的活动和侵袭，以达到长期解决虫害危害的目的。IPM是改革和创新，或是需要想象力的虫害管理，并要求综合所有的方案。对于危害建筑物的白蚁及其他害虫的防治，IPM主要包括与用户交流、检查、虫害种类和危害的

鉴别、虫害管理方法的应用、跟踪检查评价效果、环境卫生六个步骤。防治公司对用户均介绍这样的概念和方法。

（二）无公害少污染防治技术

对不同类群的白蚁，应采用不同的白蚁防治方法，但其原则是贯彻 IPM 策略，尽可能无公害、少污染。

1. 湿木白蚁的防治

湿木白蚁的防治方法包括消除水源、消除所有木结构与土壤的接触、更换受侵害的木料、对受侵害的木料进行注射处理。注射处理能使白蚁危害得到最快的防治。此外，用防治药物做土壤的局部处理和木料的处理也是很重要的。

2. 干木白蚁的防治

干木白蚁由于不经过土壤而直接侵害木材，所以最成功的防治方法是熏蒸或者做危害部位的局部处理，或者更换已受危害的木料。如果危害范围很广和（或）进入受危害的场所很困难，一般推荐用熏蒸的方法。反之，当危害仅仅是局部的，或危害的场所很容易接近，药物或其他处理方法更经济。局部的危害可以通过把杀虫药物灌入坑道内或表面处理的方法来进行防治。对于无法移动的受害物品，如：各种包装箱、仓库内堆放的有白蚁危害的货物，由于还没有完全可靠的方法去探测白蚁的确切位置，也常常采用熏蒸的方法进行防治处理，以减少搬动。在熏蒸防治中，只有两种熏蒸剂被允许使用：硫酰氟（vikane）和溴甲代烷（methyl bromide）。硫酰氟不产生气味，标签建议剂量约为 6 mL/L，在 27℃ 条件下处理 20 h；溴甲代烷由于含有硫化物，会产生严重且滞留的气味，可以用 16～24 mL/L 的剂量处理 12～24 h。木材防腐防虫的工艺仍主要推荐使用经药物加压处理过的木材，虽价格较贵，但防治白蚁的效果显著。

由于公众对环境的日益关注，针对干木白蚁的各种非化学防治方法也正不断出现，主要有以下几种方法：

（1）热处理。使用一种称为"热力害虫根除"的整套设备，对干木白蚁进行防治，这是一种对整幢房屋进行熏蒸处理的唯一替代方法。它是由 Ebeling 的工作研究出的一种方法，从 1989 年以来已用此法处理过上千幢楼宇。用一种帐篷似的专用布将整幢房屋罩起来，通过吹入丙烷来产生热，可同时在一两个房间内进行。这项技术已向加州西部白蚁和虫害防治公司提供了 3 年。在最初进行的 10 项工程的施工中，有 3 项工程发现白蚁存活，为此，该公司把 Ebeling 确定的 120℃ 35 min 提高到 130℃ 1 h，此后，只有两次失败，其失败的次数远远少于用熏蒸的方法。现在，他们正在使用其专有的加州热工艺（CALHEAT process），该工艺是具美国专利的"热力害虫根除法（U. S. Patented Thermal Pest Eradication）"，符合所有建筑物法典的安全标准。工艺装置主要包括加州加热器、风扇、数显温度计、管子、丙烷罐和覆盖用的专用布。该方法的费用和效果与熏蒸相同。加州西部白蚁和虫害防治公司自豪地认为，他们正在用这一方法走在无化学防治的前面。

（2）冷冻处理。利用液态氮杀死房屋内的白蚁。液态氮能使处理部位的温度达到 -20℃，引起处理部位结冰。

对于受危害的建筑物、木构件、家具、画框等，除了做热或冷的处理外，其他可能的方法还包括使用微波、电子枪产生的电子流（高功率、低安培）对危害部位做微波或电击处理等。产生高能电流的干木白蚁防治仪器或电枪，1983 年已报道市场有销售。

1996 年 2 月，加利福尼亚建筑害虫防治委员会完成了一项无化学防治的专项研究，这项研究包括加利福尼亚大学的 Vernard R. Lewis 和美国农业部的 Michael I. Haverty 对上述四种取代熏蒸防治干木白蚁方法效果的一项长期研究。熏蒸整幢房屋的热处理和高剂量使用液态氮杀死了所有的白蚁或实际上是所有的白蚁；使用小剂量液态氮时白蚁的死亡率仅为 75%，因此无效。微波处理时白蚁死亡率为 92%，电击处理时白蚁死亡率为 82%。在部位处理中，高剂量的液态氮和通过钻孔探针技术和长时间的电击，有效率达 90%。当然，在这些研究中，特别是对其微波或电击处理，研究者知道白蚁存在的准确位置。在普遍存在白蚁的房屋中，部位处理只有在确定了每个白蚁群体或甲虫存在的位置之后才是有效的。

因此，虽然热处理、冷冻处理、微波处理、电子流击杀处理在理论上可以消除普遍存在的白蚁危害，但到目前为止，它们可能还不是完全实用的。

3. 地栖性白蚁的防治

地栖性白蚁的防治方法包括设置化学屏障或在白蚁群体和建筑物木料之间设置土壤中的环形监视诱饵系统。另外，应该限制所有木料与土壤，固定的泡沫、塑料或橡胶的板或壳与地面的接触，必须清除所有木料碎片,木料的含水率应降至20%以下。对白蚁有可能作为水源的潮湿地带,进行干燥处理调整湿度来控制白蚁再生和空中群体(aerial colonies)。当需要迅速限制这类白蚁重复侵染的时候,把具有标签的防治药物注入木材内部的白蚁坑道或处理木材的表面即能达到目的。此外,白蚁饵料的地上系统,即把诱饵直接放置在受白蚁侵害的木材上,也是有效的。

利用饵料或毒饵观察白蚁危害、监控白蚁、诱杀白蚁是防治机构普遍采用的方法。毒饵技术中大大低于土壤及其他杀白蚁处理中的杀虫剂含量对环境的保护作用,使这种方法得到了社会的普遍关注。特别是,这些饵料、毒饵和进行诱集的器具很多均已商品化,可以在商店内买到,这无疑大大推动了诱杀法的市场化和普遍应用。Dow Elanco就是被白蚁防治公司普遍应用的一种。它是一种大的塑料空心螺丝似的管状物,可插入土内,可以放入饵料或毒饵。将它按一定的间隔埋设在房屋四周的土壤内,将白蚁诱来后再投入药物或利用饵料中的慢性杀虫剂消灭白蚁。

第一线白蚁诱饵(Firstlinet™ Termite Bait)是美国 FMC 公司开发的产品,其他商品名:氟虫胺白蚁诱饵(Sulfluramid Termite Bait),其他名称:FMC 66898;GX071;N-ethyl perfluorooctane sulfonamide; IUPAC:N-ethyl perfluorooctane-1-sulfonamide。它使用简单,其内装有含 100 ppm 氟虫胺的纤维素物质(cellulosic matrix)。该诱饵的使用,抑制或控制了白蚁的侵害,控制时间需 1~4 个月,或更长一些的时间,主要依据白蚁的种类、湿度、季节、气候等条件。允许使用的范围包括工业建筑、住宅、公寓、实验室、非储藏食品的地方、货栈、仓库、学校、幼儿园、医院、旅馆、教堂、食品制造和加工服务企业。该诱饵对家白蚁属、异白蚁属和散白蚁属白蚁是有效的。在住宅内或外部周围使用,一般每个单位间或建筑物用 3~14 个。在商业或院校机构等房屋使用时,则根据需要设置诱饵数量。为了观察、检查或控制白蚁,可以通过使用第一线白蚁诱饵建立"第一线白蚁诱饵系统站",可放置大量的这种管状系统站进行观测、检查或控制。诱饵可插入土壤、林地覆盖物、树桩、被危害的树木及构件内。为取得好的效果,对怀疑有白蚁的关键部位可以放置两个或更多的诱饵。在林地覆盖物或其他关键性区域插入覆盖物或土壤内的诱饵,相互间的间隔不要大于 61 cm。对受白蚁侵害的木构件或树木放置诱饵可采用钻孔的方法。在有白蚁危害的林地,诱饵应被放入树木附近的土壤内。有大量蚁道分布的危害现场,放置在中心区域。防治人员必须每隔 2~4 周对诱饵系统进行检查,对于被白蚁有效取食(至少被食 50%)的诱饵,要重新更换。检查频率应根据白蚁的种类、寻找食物的强度、气候条件进行调整,在取食活动停止后的 12 个月内或以后每年,应每隔 2~4 个月做一次检查。

利用沙粒进行地栖性白蚁防治的物理方法最近已被重新发现和确认。这是一项经同意使用的技术。用一层 10~16 cm 厚的白蚁不能在其中构筑蚁道的沙粒保护基础是简单的。这项技术的原理是这样的:沙粒的尺寸要小到使白蚁不能在其间运动,但也要足够大,使白蚁无法使用或搬运。所需沙粒的大小范围显然应依据需防治的目标白蚁上颚和头壳的大小进行设计。防治西部地下白蚁中的西方散白蚁 Reticulitermes hesperus Banks 的沙粒,其直径范围为 1.2~1.7 mm,东部地下白蚁中的北美散白蚁 R. flavipes (Kollar) 为 1.7~2.8 mm,台湾家白蚁中的 Coptotermes formosanus Shiraki 为 1.7~2.4 mm。这项技术的应用设置主要在施工前,它的应用正在公众中增加,特别是在夏威夷。这一方法是根据加利福尼亚大学昆虫学教授 Walter Ebeling 1950 年的构想设置的。Ebeling 和 Pence (1957) 用实验证明,10~16 目的细沙砾可防治西方散白蚁 R. hesperus 的入侵。Tamashiro 等 (1987) 的研究则证实了阻隔台湾家白蚁的沙粒的大小。加利福尼亚伯克利的虫害防治人员 Doug Carver 在加利福尼亚对 100 幢房屋使用了这一方法。经 Doug Carver 处理过的房屋仅有少数有白蚁出现,通常是在当有污物进入的时候。整理的方法也很简单,设法取出污物,放回沙子即可。

其他物理防治方法还包括设置金属的白蚁防护屏障,它可以是金属的盾形物、防护板、罩等,放置于新房屋的底梁下。

熏蒸处理的方法也被用于已造成大范围空中侵害的大型建筑物中。防治台湾家白蚁的硫酰氟的使用剂量应是干木白蚁剂量的 4 倍,在 27℃ 条件下约为 24 mL/L,处理 20 h。这是因为蚁路中高的湿度能够对疏水的熏蒸剂形成阻碍。

三、主要白蚁防治药物

防治白蚁危害的措施中,白蚁预防必不可少,而且是最有效的措施,无论是从防治药物广告用语

"给你的房屋建造一个保护岛",还是从防治人员所介绍的经验中,都能看到这一点。即使是对现代建筑或高层建筑中高空白蚁群体的危害,也认为预防是一种很有效的措施。通过化学药物处理土壤、各种木结构和容易滋生白蚁的部位,可有效地防治白蚁对房屋建筑造成危害。例如,在建造建筑物时,土地一经平整,就喷洒或使用化学药剂。美国已废弃了有机氯等对环境污染大的药物,开发、引进和应用了不污染或对环境影响小的药物。

(一) 土壤及木材处理药物

根据美国国家害虫防治协会提供的《经批准的地下白蚁防治参照程序(Approved Reference Procedures For Subterranean Termite Control)》(ARP)(1991)中《注册白蚁防治药物对照表》的白蚁防治药物和该程序中由密西西比格尔波特实验室提供的至1990年的土壤检验数据等资料,用于土壤处理的杀白蚁药物主要有下列几种。

1. 毒死蜱(Chlorpyrifos [Dow])

毒死蜱的商品名为 Dursban®TC。它对白蚁高效,是一种能预防地下白蚁的基本无残留的杀白蚁剂,已被广泛应用和推荐。自1967年起,该药已在密西西比开始用于试验,试验点位于密西西比的格尔夫波特,1.0%浓度的水泥平板试验已显示24年以上的防治效果,该项工作是由USDA森林站依据修正后的土壤平板试验法做的。自1971年起则同时在密西西比、亚利桑那、佛罗里达、南卡罗来纳开始进行白蚁防治的野外试验。常用浓度为1.0%,一般用于土壤和木材处理防治白蚁。

2. 氯氰菊酯(cypermethrin [ICI Americas])

其商品名为 Demon®TC(Zeneca)、Prevail (FMC),可用于土壤、木材处理防治白蚁。常用浓度:Demon TC 为 0.25%、1%,Prevail 为 0.3%、0.6%。该药于1982年开始用于试验,试验点在亚利桑那、佛罗里达,1%浓度,水泥平板法测试,有效期为8年;Prevail是FMC登记的一种新的用于预防处理的白蚁防治剂,登记注明的是0.3%~0.6%的稀溶液。

3. 氰戊菊酯(Fenvalerate [Velsicol])

其商品名为 Tribute,可用于土壤、木材处理防治白蚁,有效成分每加仑0.9kg,常用浓度为0.5%、1.0%。自1978年开始试验,一般采用0.5%或1.0%的浓度。Dragnet®FT 自1978年开始用于试验,试验点在亚利桑那,水泥平板法测试0.5%和1.0%都显示12年的有效期。

4. 氯菊酯(permethrin [ICI Americas、FMC])

其商品名为 Torpedo、Dragnet®FT、Dragnet 380EC,可用于土壤和木材的处理,但要选用不同的产品,一般采用0.5%或1.0%的浓度。Dragnet®FT 自1978年开始用于试验,试验点为亚利桑那、佛罗里达,1.0%浓度,12年有效,其中在亚利桑那0.5%的浓度也显示了12年的有效期。Torpedo(Totorpedo TC)于1980年开始用于试验,试验点在亚里桑那、佛罗里达,1%的浓度,有效期10年,其中在亚里桑那0.5%的浓度显示10年有效。在最近的观察中,上述两地的防治仍然有效。印度尼西亚茂物农业大学林业系木材保护试验室的 Nandiba,D.(1993)在印度尼西亚进行的 Dragnet 380EC 的一系列实验室试验证明,其对地栖性白蚁中的大家白蚁 *Coptotermes curvignathus*,干木白蚁中的丘额砂白蚁 *Cryptotermes cynocephalus* 及其他主要蛀木害虫有效。Dragnet®FT 和 Dragnet 380EC 均可用于家白蚁属、异白蚁属、散白蚁属、动白蚁属白蚁的防治。Dragnet 380EC 用于加工过的木材处理:防治地下白蚁中的大家白蚁 *Coptotermes curvignathus*,浓度0.5%,每平方米木材表面涂刷150~200 mL。防治干木白蚁中的丘额砂白蚁 *Cryptotermes cynocephalus*,涂刷,浓度0.25%,每平方米木材表面150~200 mL;浓度0.125%,在条件为60 cm汞柱、10个大气压下,熏蒸30 min,每立方米保留8.78kg药物。土壤处理防治地栖性白蚁 *Coptotermes curvignathus*,浓度为0.5%。

5. 联苯菊酯(Bifenthrin [FMC])

其商品名为 Biflex 240EC,可防治各种白蚁,浓度0.06%时有效期为8年。Biflex 240EC 是一种低使用量、具有长期防治效果的防治药物,用于加工好的木料、胶合板、藤条。在印度尼西亚已进行了一系列的试验,以评价 Biflex 作为木材防护剂控制各种蛀木害虫的有效性(Nandika, D. 1993)。同样的试验用 Biflex 及其有效成分联苯菊酯(bifenthrin)在澳大利亚进行(Creffield JW, Chew N 1989; Creffield JW, Johnson GC, Chew N, Tighe M A, 1991)。这些试验都已显示 Biflex 和联苯菊酯是木材非常有效的防治白蚁和蛀木害虫的药物,它们的有效使用浓度比传统的木材防护剂低,可用于家白蚁属、异白蚁属、散白蚁属和动白蚁属白蚁的防治。用于加工过的木料处理:防治地栖性白蚁中的大家白蚁 *Coptotermes curvignathus*,浓度0.06%,每平方米木材表面涂刷150~200 mL 稀释液。防治干木白蚁中的丘额砂白蚁 Cryptotermes cynocephalus，用0.03%的浓度涂刷，每平方米木材表面150~200 mL；浓度0.015%，在60 cm汞柱、10个大气压下真空熏蒸处理30 min，每立方米保留2.38 kg药物。防治白蚁土壤处理对大家白蚁 Coptotermes curvignathus 浓度为0.06%~0.12%。

6. 异柳磷（isofenphos [Mobay]）

商品名为Pryfon。用于土壤处理，但不可进行木材或已受白蚁危害木材的处理，常用浓度为0.75%。该药于1974年开始用于试验，试验点在佛罗里达，浓度为1.0%，水泥平板法测试有效期为14年。

在美国应用的主要土壤杀白蚁药物及其他有关性能的比较见表1。该表作为"执行报告"，由美国国家害虫防治协会（1997）提供。

表1 土壤杀白蚁剂性能比较（1997）

杀白蚁剂	Dursban TC	Equity	Demon TC	Prevaid FT	Tribute
制造厂	Dow Elanco	Dow Elanco	Zeneca	FMC	Agr Evo
有效成分	毒死碑	毒死碑	氯氰菊酯	氯氰菊酯	氰戊菊酯
类型	有机磷酸酯	有机磷酸酯	拟除虫菊酯	拟除虫菊酯	拟除虫菊酯
活性物/加仑	4桶/磅	2桶/磅	2桶/磅	2桶/磅	2桶/磅
有效成分含量	42.80%	22.00%	25.30%	24.80%	24.50%
信号字[①]	WARNING	CAUTION	WARNING	CAUTION	CAUTION
鼠急性口服 LD50	226 mg/kg（雄性）	623 mg/kg（雄性）	173 mg/kg	1085 mg/kg	1051 mg/kg（混合组）
兔皮肤 LD50	930 mg/kg（雄性）	>2000 mg/kg	>2100 mg/kg	>2000 mg/kg	>2000 mg/kg
燃烧性	易燃（全美防火协会Ⅱ级）	易燃（全美防火协会Ⅰ级）	易燃	轻微易燃	轻微易燃
闪点（或燃点）	122℉（50℃）	239℉（155℃）	117℉（47.2℃）	240℉（115℃）	>200℉
最低储藏温度	40℉	40℉	无	40℉	无
标签容积不同	是	是	是	是	是
应用比例	0.5%、1.0%、2.0%	0.5%~2.0%	0.25%~0.5%	0.25%、0.5%、1.0%	0.5%~1.0%
混合比	2/95（1.0%）	3/94（0.75%）	1/99（0.25%）	1/96（0.25%）	2/98（0.5%）
浓缩物加仑/水加仑	4/93（2.0）	4/93（1.0%） 8/89（2.0%）	2/98（0.5%）	2/95（0.5%） 4/93（1.0%）	4/96（1.0%）
混合容易性	轻微搅动	剧烈搅动	适度搅动	适度搅动	适度搅动
气味[②]	中等到强二甲苯味	中等	轻微、易变	轻微的肥皂味	轻微
溢出物	0.25 gal	0.50 gal	无	无	无
价格	$113~125/2 gal	$70~75/2 gal	$110~115/gal	$101~106/gal	$113~125/gal
单位成品价格	$1.16~1.29（1.0%）	$1.08~1.16（0.75%）	$1.10~1.15（0.25%）	$1.04~1.09（0.25%）	$1.13~1.25（0.5%）
加仑价格[③]	$2.32~2.60（2.0%）	$1.44~1.55（1.0%） $2.88~3.09（2.0%）	$2.20~2.30（0.5%）	$2.08~2.18（0.5%） $4.16~4.36（1.0%）	$2.26~2.50（1.0%）

杀白蚁剂	Dragnet FT	Prelude	Biflex™	Premise75
制造厂	FMC	Zeneca	FMC	Bayer
有效成分	苄氯菊酯	苄氯菊酯	联苯菊酯	mtidacloprid
类型	拟除虫菊酯	拟除虫菊酯	拟除虫菊酯	氯化烟酰
活性物/加仑	3.2桶/磅	2桶/磅	2桶/磅	水可溶性装
有效成分含量	36.80%	25.60%	25.10%	75%
信号字[①]	CAUTION	WARNING	WARNING	CAUTION
鼠急性口服 LD50	998 mg/kg	2305 mg/kg（雌性）	152 mg/kg	1858 mg/kg（雌性）
兔皮肤 LD50	>2000 mg/kg	>2000 mg/kg	>2000 mg/kg	>2000 mg/kg
燃烧性	中等易燃	中等易燃以下	中等易燃	不易燃
闪点（或燃点）	108℉（42.2℃）	212℉（100℃）	108℉（42.2℃）	不能达到
最低储藏温度	40℉	无	40℉	32℉

续表

杀白蚁剂	Dragnet FT	Prelude	Biflex™	Premise75
标签容积不同	是	是	是	是
应用比例	0.5%~1.0%	0.5%~2.0%	0.06%~0.12%	0.05%~0.1%
混合比	1.25/94.75(0.5%)	2/98(0.5%)	0.25/99.75(0.06%)	4袋/100(0.05%)
浓缩物加仑/水加仑	2.50/93.50(1.0%) 5/91(2.0%)	4/98(1.0%) 8/98(2.0%)	0.50/99.50(0.12%)	8袋/100(0.1%)
混合容易性	轻微搅动	轻微搅动	适度搅动	适度搅动
气味[②]	轻微	轻微芳香	轻微至中等二甲苯味	无
溢出物	无	无	无	无
价格	$119~127/1.25 gal	$120~126/2 gal	$120~125/夸脱	$410~420/case(4cnv/case)
单位成品价格	$1.24~1.32(0.5%)	$1.20~1.26(0.5%)	$1.20~1.25(0.06%)	$1.03~1.05(0.05%)
加仑价格[③]	$2.48~2.64(1.0%) $4.96~5.29(2.0%)	$2.40~2.52(1.0%) $4.80~5.04(2.0%)	$2.40~2.50(0.12%)	$2.06~2.10(0.1%)

①每种杀虫剂的标签都必须有一个信号字(Signal Word),以表明杀虫剂产品对人的毒性如何。口服150磅使成人致死:DANGER-ROISON 高毒,一点至一茶匙;WARNING 中毒,一茶匙至一汤匙;CAUTION 轻毒,一盎司至一品脱。②可能存在的杀白蚁剂气味是易变的,这一特征的判断是主观的。③通过调查杀白蚁剂供应厂商,然后计算出单位成品价格,加仑价格依据标签规定的混合比决定。

格尔波特实验室还正在测试新的拟除虫菊酯类杀虫剂和最近登记注册的产品的配方。当进行产品登记时,对于白蚁防治,该实验室的测试结果将是可以应用的。

此外,换置用硼酸处理过的木料或用硼酸处理过的木料进行改造,也是一种防治白蚁的方法。

用硼酸处理过的木料能抵抗所有的白蚁、其他蛀木甲虫和木匠蚁的危害。但对已有白蚁危害的地方,硼酸防治白蚁的作用不明显。目前,美国许多公司都在应用亚溴酸盐(bromite),它可以形成一种保护网,对白蚁起阻隔作用。

(二)配制毒饵的药物

作为可代替灭蚁灵在配制毒饵中发挥杀虫剂作用的药物主要有下列3种。

1. 氟虫胺

英文通用名称:sulfluramid(BSI, ISO-E draft);商品名称:Finitron;其他名称:GX 071。本品为有机氟杀虫剂,可用于防治蚂蚁、蜚蠊和白蚁,是FMC第一线白蚁诱饵的杀虫成分。该杀虫剂于1989年由Griffin公司在美国投产,获有一专利:US 3380943(1968),DE 2015332(1970)。

2. 伏蚁腙

英文通用名称:hydramethylnon(BSI, ANSI, ISO-E draft),hydramethylnone(ISO-F draft);商品名称:Amdro, Combat(家庭用), Maxforce(专业用途), Marox, Wipeout;其他名称:AC217300, CL 217300。本品为试验性杀虫剂,具有胃毒作用,在环境中无生物累积作用。主要用于牧场、草地、草坪和非作物区防治火蚁,也可用于防治蜚蠊和白蚁。该杀虫剂由 J. B. Lovell 报道,美国 Cyanamid 公司开发,获有专利:USP 4087525(1978), 4152436, 4163102(1979); FR 2402410(1979), 2422646(1980)。Su等(1987)的室内研究认为,根据设置的慢性杀白蚁剂的标准,该药物属慢性杀白蚁剂。

3. 伏蚁灵

英文通用名称:nifluridide(BSI, ANSI, ISO draft);商品名称:Bant;其他名称:EL-468, Lilly L-27, EL-968。本品试用于防治火蚁和白蚁。该杀虫剂由 Eli-Lilly 公司和 Elanco 产品公司开发,获有专利:US 3989840(1977), AT 341507(1978), FR 2320087(1978), NL 75-08283(1977), IL47555(1980), GB 2091096(1982)。

(三)生物杀白蚁剂

生物杀白蚁剂及其防治方法也是研究及防治人员关注的目标(Smythe 和 Coppel, 1965; Bao 和 Yendol, 1971; Fujii, 1975; Lai, 1977; Lai 等, 1982; Kramm 等, 1982; Hanel 和 Watson, 1983; Mix, 1985; Su 等, 1990)。活跃在加利福尼亚和佛罗里达的塔隆白蚁和害虫防治公司使用线虫和蠕虫防治白蚁,他们把线虫和蠕虫放入蚁道,然后这些线虫和蠕虫进入白蚁体内。该方法在加利福尼亚的北部和南部非常成功,但他们在佛罗里达不使用这种方法,因为那儿的白蚁群体太大。该公司对他们防治的保证期为两年,费用为900~1500美元。但是有一家在伯克利的跟踪和公布低毒虫害防治方法的非营利性机构生物综合资源中心认为,线虫(一种试验性的防治)和在最好环境中生活的蠕虫,它们都将在不超过两年的时间内死亡。虽然新线虫 Neoaplectana carpocapsae 在美国已注册作为一种生物杀白蚁剂,但由美国农业部林业试验站 Gulfport 实验室进行的野外试验认为,它防治白蚁野外群体几乎无效(Su 等,1990)。

四、白蚁防治的管理法规

在美国,害虫防治业和防治受严格的管理法规控制和管理,这些法规由联邦政府和各州政府分别制定。由于市场经济已十分完整和成熟,所以美国的管理法规体系完整,实施主体和客体与我们也有一定的区别,它更注重保护房屋使用者、购买者等的利益。法规的执行由政府不同的部门分别负责。在与白蚁防治有关的法规中,联邦政府最重要的法规有两个:《联邦杀虫剂、杀真菌剂和杀鼠剂条例》(FIFRA)和《职业安全和健康条例》(OSHA)。在房屋交换、买卖中也有相应的防治和预防规定。

(一)《联邦杀虫剂、杀真菌剂和杀鼠剂条例》

《联邦杀虫剂、杀真菌剂和杀鼠剂条例》(FIFRA)于1947年由美国国会通过,当时,它只是对各类防治剂的制造和销售进行管理。该条例规定,通过州边境的防治剂必须有在联邦政府登记注册的标签,出售未经登记注册和掺假的防治药物是违法的。但是,1947年的法规还未涉及防治药物的实际使用;自那时以来,国会对FIFRA已进行了若干次的修改,其覆盖的范围已包括所有防治药物的登记注册和管理,同时还包括在一个州内的销售和(或)出售。更为重要的是,条例现在对防治剂的施用做出了明确的规定,这意味着已管理到每个防治人员的行为。它规定滥用杀虫剂是违法的。该法规最大的修改是在1996年。1996年的修改对农药在州政府的注册有很大影响,有许多在防治上很有效的白蚁防治药物被取消使用。该条例规定,农药有风险杯,超过杯子,由于环境等风险因素,产品就不能使用。该条例还规定了对防治人员的最低限度的培训。联邦政府环境保护署(EPA)对所有防治药物产品的使用划分等级。等级分一般使用(general use)和限制使用(restricted use)两类,以对某些防治药物的使用做出限制。条例规定,购买或使用限制性防治药物的人员必须是取得证书的,或必须在具有证书的操作人员直接监督下进行使用。而对一般使用的杀虫药剂则无此规定。

证书(certification)的取得每个州有它自己的规定。在一些州,证书可以通过获取执照取得。在多数州,商业性害虫防治操作人员必须通过考试才能取得证书。各州通常指定一个机构负责证书工作,一般为农业部或环境部。但在有些州,证书由几个机构负责,分别对不同种类的杀虫剂或工作承担责任,例如公共卫生、农业或建筑物害虫防治。考试的内容是每个使用杀虫剂的人必须知道和掌握的内容,包括标签、安全、环境、常见的虫害、杀虫剂、应用的设备和技术、涉及的法律和规定。多数州办理证书需要交费。联邦规定中包括杀虫剂使用的十个类别,大多数建筑物害虫防治人员属于类别七:与工业、公共机构和设施、建筑物以及卫生有关的害虫的防治,有些州稍有不同。

FIFRA对防治药物的标签(label)做出了严格的规定,标签就是法律。防治药物的生产者或销售商必须对他们的产品清楚地用标签标明。标签内容必须包括成分、允许使用的场所、有效时间、产品的最短防治有效期、最小应用浓度、使用的限制、个人防护措施、有关毒性的资料及注意事项、预防措施、对环境毒害情况的说明、保管和防治处理使用的方法等详细资料。在保管和防治处理作用的方法中应有发现白蚁后的重新处理、药物混用说明、房屋建造前白蚁预防的处理、房屋建造后的土壤处理、孔洞的处理、泡沫处理并(或)贮水器周围的处理、施药后施药孔的堵塞、处理过土壤的覆盖、对建筑物施工人员接触药物后的情况资料、各种使用浓度、家白蚁属的白蚁防治、强制通风的设计等多项资料。

有关杀虫剂及防治药物管理规定的执行,一般由环境保护署、消费者安全办公室或监督员执行。州的法律通常规定,使用者必须允许州检查机构检查、取样和观察某种防治药物的使用。同时,根据要求,使用者必须做好州政府制定的统一记录。剧毒物资(包括某些种类的防治药物)的运输由美国运输部(DOT)管理。

(二)《职业安全和健康条例》

《职业安全和健康条例》(OSHA)于1970年通过,由设在劳动部(DOL)中的职业安全健康署(OSHA)执行。这项法律规定,大部分虫害防治公司必须保存好他们的记录,填写报告,工作场所必须符合一定的标准,并有一个传送雇员安全资料、事故的联络程序。制定OSHA标准的目的是:(1)提供关于使用产品的毒害和特性;(2)制定个人防护措施,以保护你自己。特殊的标准及其使用并可作为工作以后账户的结算。

（三）房屋交换、买卖中的规定

对房屋交换、购买过程中白蚁的检查和防治，通过消费者权益的保护和政府、银行等投资者对投资效益的关注，已成为房屋贷款、投资中一项必不可少的程序。本着谁投资谁提要求的原则，投资人必然会要求建筑开发商对白蚁进行预防处理及做出无危害的保证。政府投资，政府必然会提出这方面的要求；银行投资，银行必然会提出要求，否则不予贷款或投资。贷款买房时，尤其是联邦政府资助购房，银行规定一定要做预防。在美国，很多人都拥有自己的房屋，这样就可以很好地保护这些人的利益。美国国家害虫防治协会根据法律与政府共同制定了专用的表格式报告书《木材蛀虫危害检查报告》(Wood Destroying Insect Infestation Inspection Report)。该表提出的结果作为投资者的依据文件之一。所有害虫防治公司面临的任务，第一是白蚁防治，第二是房地产检查。通常，如有房屋买卖，防治公司会按规定对买卖的房屋进行检查并提出报告书，然后银行才给予贷款。房屋拥有者检查后如果再发现有白蚁，可由法院来判定是谁的责任。

美国国家害虫防治协会还与政府房屋和城市发展局、退伍军人管理局和全国建筑商协会协商，根据各方面的需要共同制订了《新建筑物地栖性白蚁土壤处理记录》(New Construction Subterranean Termite Soil Treatment Record)（NPCA-99b）、《地栖性白蚁土壤处理者的保证》(Subterranean Termite Soil Treatment Builder's Guarantee)（NPCA-99a）等表格式报告书，并做出严格规定：表格必须长期保存；表格的形式不允许更改和替换；房屋与城市发展局（HUD）将调查表上的声明和说明，如果证明有违法行为或有罪，将招致刑事或民事处罚。表格上将告知房屋购买者，建筑商根据房屋和城市发展局的要求提供保证的类型和得到许可的虫害防治公司完成的实际工作情况，购买者可以此做出判断，这些实际已完成的工作是否能减少地栖性白蚁的危害。这个表格为政府保证（FHA 和 VA）方案中的所有预防处理使用。绝大多数抵押公司也要求有 NPCA-99a 和 NPCA-99b 两个表格。自1997年11月1日起，必须包括新建筑物处理有效的所有事情，必须用 NPCA-99a 和 NPCA-99b 这两张表，原房屋和城市发展局的表格（HUD92052）《白蚁土壤处理保证书》(Termite Soil Treatment Guarantee) 将不再有效。经过登记注册的虫害防治公司必须完整地填写 NPCA-99b，它必须作为送交建筑商的 NPCA-99a 的附件。房屋和城市发展局已发布了上述各项规定。在加州，州法律规定，房屋销售时，所有者必须保证建筑物无白蚁等蛀木害虫的危害。

（四）其他有关法规

某些联邦法律限制了防治药物在食品周围的使用。在货栈、仓库或牲畜屠宰加工厂、食品加工厂应用防治药物必须熟悉《联邦食品、药物和化妆品条例》和《食用肉类和家禽条例》。前者由食品药物署执行，后者由美国农业部（USDA）执行。

美国鱼类和野生动物机构（U. S. Fish and Wildlife Service）负责确定受农药危害或威胁的动物和植物，负责确定哪些杀虫剂可以对这些动物和植物造成危险。同样，EPA 承担保护这些动物和它们栖息地的责任。受威胁种类的名录在州与州、县与县之间不同。根据法律，了解每一保护区域和限制规定是杀虫剂使用人员的责任。杀虫剂供应商或县发展机构（extension service）能够提供这方面的资料。

五、美国国家害虫防治协会及其工作

美国国家害虫防治协会（National Pest Control Association，简称 NPCA）是1933年在美国首都华盛顿的一次会议上诞生的。在这次会议上，代表200家公司的害虫防治工作者成立了全国害虫扑灭者与熏蒸人员联合会（National Association of Exterminators and Fumigators），在1937年的全国会议上采用了现在的名称"美国国家害虫防治协会"，协会会员公司已由过去的1000个扩展到5000余个，其中增长最快的是国际会员公司。其成员包括害虫防治公司4000余家、供应商200余家、批发商40余家，此外还有有关州政府、保险公司、咨询公司及分布于世界各地的国际会员。总部地址：8100 Oak Street, Dunn Loring, Virginia 22027；电话：703573-8330；传真：703573-4116；Internet：www.pestworld.org。美国国家害虫防治协会现有专职工作人员15人，经费通过成员单位自愿评估出资筹集，以及在向州协会提供服务时分享收入。教育、研究等机构承担的会费小，一般为几十美金，防治机构及厂商会费高，可达两万美金。协会的宗旨是服务，为全美所有的虫害防治人员服务，其工作紧紧围绕市

场,主要包括以下六个方面:

(1) 向协会成员和社会公众提供各种信息,使协会成为提供信息的中心。这项工作主要由协会的工程技术人员和专家部完成,信息中心被设计成能回答协会成员和社会公众提出的各种技术问题,它通过免费电话使成员在每周工作日的上班时间都可进入一个专家技术部,了解问题。提供的信息包括成员单位或社会公众遇到的这是什么虫、什么虫害、应用什么化学药物进行防治、化学药品的性质、供应以及一般性的与实际操作有关的问题。协会一天可接到用户电话 80~100 个。

(2) 在立法和制定法律条款方面协助联邦及州政府做大量的工作。参与立法和法律条款的制定有着重要的意义,协会通过这一工作架起了政府和行业之间沟通的桥梁,以使行业和虫害防治的工作能向更有利于社会和公众利益的方向发展的同时,为成员单位提供大量的法律事务服务,帮助成员回答政府、新闻媒体、公众的问题,防止行业受不必要和难以负担的法律和规章的影响等。

(3) 通过杂志汇总信息,构成 NPCA 资源中心。资源中心是一个训练和教育的资料源,它涉及建筑物虫害 NPCA 工作范围指南、从建筑物害虫到白蚁和蠹螂的指导(电脑用自我练习程序)、职业政策和操作手册、经批准的地栖性白蚁防治参考程序、NPCA 建筑物害虫全书(这是集 NPCA25 年时间发展形成的技术和经营管理资料的最新修订本)及大批其他方面的资料。它向成员单位提供《NPCA 虫害控制丛书》。丛书包括《营业操作》《害虫的综合防治》《杀虫剂(农药)》《熏蒸防治》《有害脊椎动物防治》《鸟类及鸟类防治》,由协会在 1996 年创刊,每年一卷的《害虫管理(Pest Management)》杂志作为供成员单位交流使用的工具,记有每年行业发生的重要事件和教育培训计划安排。

(4) 向各防治公司提供管理工具。最近,协会向会员单位提供的是信息网络,建立 Internet 网站,该网站每天能接受 1000 个以上的访问者,帮助行业的管理跨入 21 世纪。

(5) 支持并组织开展科研和对科研成果进行评价也是协会工作的一个主要方面。协会是科研的强有力支持者,通过从政府争取经费开展科研和从私立机构募捐开展科学研究的经费,每年组织近 10 名研究人员开展有关白蚁的研究,包括最新文献的研究、白蚁生物学及防治的研究。现在所有的药物实验都在南加州的森林研究所进行,对他们及其他有关机构的研究成果,协会越来越多地参与评价和审核。站在国家害虫防治机构的立场上来阐明观点。NPCA 认为,他们所阐明的观点,立场是公正的,能代表多数虫害防治公司和成员单位。

(6) 组织广告宣传,这是协会公共关系中的一个极重要的方面。白蚁及虫害防治是一个很特殊的行业,由于职业的专业性和局限性,对于该行业中的大多数机构来说,他们在经济、技术等方面都很难直接面对公众及新闻媒体。对他们来说,只有很少的公司能像加州西部白蚁及害虫防治公司那样每年投入总收入的 5%~6%(50 万至 60 万美元)进行黄页广告、电视广告等宣传,其广告宣传投入费用的控制额为总收入的 10%。因此,只有通过协会与各成员公司的结合,用集体的力量来完成广告宣传的任务。通过宣传让公众意识到害虫防治人员在做什么,意识到害虫防治人员的服务能给他们带来什么,同时,回答对行业不利、不理解的舆论报道和宣传。协会每年投入广告宣传的费用为 1000 万至 1500 万美元。

近年,美国的害虫防治市场也是很萧条的,接受害虫防治服务的仅占房屋拥有人的 17%。全美害虫防治公司服务的年总销售额约为 50 亿美元,其中各厂商提供的产品为 3.75 亿美元,直接用于白蚁防治的可达总销售额的 50%。金额中各部分所占比例约为:人力 50%,化学药物 7%,其他费用(保险、设备、人员培训、税收等)33%,净利润 10%。当然,人力费用由于高科技的发展有下降的趋势。为此,美国国家害虫防治协会明确表示,他们工作的目标和作用就是要联合和协调全国行业共同发展和启动美国的害虫防治市场。协会制订了一个充满雄心、大胆的全国销售发展计划,其内容主要是为害虫防治服务管理人员开发、提供一个全面的综合市场,其目标包括尽快地提高接受害虫服务的房屋拥有人的比例(达 27%),提高年总销售额及利润,这必将成为推动全美建筑物害虫防治业发展的一条主线。

参考文献(42 篇)略。

Survey of American termites and corresponding measures for prevention and treatment

Li Xiaoying[1], Gao Daorong[2], Xu Weiying[3]

([1]Wuxi Institute of termite Control; [2]Nanjing Institute of Termite Control; [3]Zhejiang Institute of Termite Control)

Abstract: This article deals with American termites and their damage, Integrated Pest Management (IMP) and prevention and control technology without any environmental pollution main, pesticides allowed to be used in the control of termites, law and regulations for termite control, National Pest Control Association (NPCA) and its functions.

原文刊登在《白蚁科技》,1998,15(1):1-17

61 溴氰菊酯处理木材防治散白蚁 Reticulitermes 实验室研究结果的报告

李小鹰[1]，高道蓉[2]，夏亚忠[1]
([1]无锡市白蚁防治所；[2]南京市白蚁防治研究所)

一、材料与方法

(一) 材料

1. 白蚁

测定用黄胸散白蚁 Reticulitermes flaviceps 和褐缘散白蚁 R. fulvimarginalis Wang et Li 采自无锡市鼋头渚树桩内。试验前将桩从野外取回，从中分离出白蚁，置于培养皿中饲养待用。测试前取工蚁60头，置光电分析天平上称重。黄胸散白蚁 R. flaviceps 平均每头工蚁 1.955 mg，每克白蚁约 512 只。褐缘散白蚁平均每头工蚁 1.575 mg，每克白蚁约 635 只。

2. 药剂及浓度

2.5%的溴氰菊酯乳油(敌杀死)由法国(日本)罗素-优克福公司南京技术服务处提供。处理木材浓度为 25×10^{-6}、125×10^{-6}、250×10^{-6}。

(二) 处理方法

将 20 cm × 6 cm × 3 cm 的木块置于 105℃ 的烘箱中 6 h，取出，称重。然后置于不同浓度的药液中浸泡 24 h，取出，晾干，再称重。得出平均每块木材含药量。在 25×10^{-6}、125×10^{-6}、250×10^{-6} 溴氰菊酯药液中浸泡后平均每一木块含 2.5% 溴氰菊酯分别为 0.0225 g、0.1125 g、0.225 g。将经不同浓度药液处理的木材进行不同环境物理因子(温度、光照、水)处理，然后放入白蚁，观察死亡率和击倒中时 (KT_{50})：

1. 温度

将用不同浓度药剂浸泡晾干后的木材分别置于 50℃、100℃、150℃ 的烘箱内 24 h。

2. 光照

将木材置于紫外线光照箱内进行光照。紫外线光照箱长 90 cm，宽 40 cm，高 44 cm，内设 40 W 紫外灯管两支。处理分连续照射 84 h、168 h 两种。

3. 水洗

将经过药物处理后的木块直接置于水流下冲洗，冲洗时间分 48 h、96 h 两种。

4. 自然环境下放置

将用不同浓度药剂浸泡后晾干的木材直接置于自然环境下，不再做温度、光照、水洗等处理，以便于比较。

5. 测定

将经不同浓度药液、不同环境物理因子处理过的 20 cm × 6 cm × 3 cm 的木块一锯为三。将 6.667 cm × 6 cm × 3 cm 的木块平放入白搪瓷器中，白搪瓷器直径 14 cm，高 8.5 cm，木块上放置直径 4 cm、高 4 cm 的玻璃圈，玻璃圈内投入白蚁工蚁 20 头，定时观察记录白蚁被击倒及死亡的情况。在测试过程中，为防止白蚁由玻璃圈与木块之间的缝隙内钻出，可在玻璃圈与试块四周填满洗净的细沙。

二、结果与讨论

(一) 未经不同环境物理因子处理的防治效果

经不同浓度溴氰菊酯处理后的木材未经各种不同环境物理因子处理，经 120 min 的观察，其对散白蚁的防治效果见表1、2。

表1 溴氰菊酯处理木材对散白蚁的防治效果测定(死亡率,%)

处理浓度	黄胸散白蚁		褐缘散白蚁	
	1 个月	36 个月	1 个月	36 个月
250×10^{-6}	100	100	100	100
125×10^{-6}	100	98.33	100	100
25×10^{-6}	100	96.67	100	100
ck	0	0	0	0

表 2　溴氰菊酯处理木材对散白蚁的防治效果测定（KT_{50}, min）

处理浓度	黄胸散白蚁		褐缘散白蚁	
	1 个月	36 个月	1 个月	36 个月
250×10^{-6}	<30	<30	20	30
125×10^{-6}	<30	<30	25	35
25×10^{-6}	45	<30	30	60
ck	>255	>255	>255	>255

表 1、2 显示，不同浓度溴氰菊酯处理的木材，未经不同环境物理因子处理对两种有代表性的散白蚁均有较好的效果。测试中最低浓度溴氰菊酯 25×10^{-6} 处理过的木材 36 个月以后，黄胸散白蚁和褐缘散白蚁的死亡率仍达 96% 以上；击倒中时 ≤60 min。对照组死亡率为零，255 min 后仍无击倒效果。

（二）温度对防治效果的影响

不同浓度溴氰菊酯处理的木材经 50℃、100℃、150℃ 三种不同温度处理后，与自然条件下存放的试材进行散白蚁防治效果比较，结果见表 3、4。其对黄胸散白蚁 R. flaviceps 24 h 死亡率的影响见表 5。

表 3　不同温度对处理木材防治褐缘散白蚁 R. fulvimarginalis 效果（KT_{50}, min）的影响

处理浓度	自然存放		50℃		100℃		150℃	
	1 个月	36 个月	1 个月	36 个月	1 个月	36 个月	1 个月	36 个月
250×10^{-6}	20	30	20	30	40	30	70	>255
125×10^{-6}	25	35	25	30	25	40	105	>255
25×10^{-6}	25	45	35	45	45	45	120	>255
ck	>255	>255	>255	>255	>255	>255	>255	>255

表 4　不同温度对处理木材防治黄胸散白蚁 R. flaviceps 效果（KT_{50}, min）的影响

处理浓度	自然存放		50℃		100℃		150℃	
	1 个月	36 个月	1 个月	36 个月	1 个月	36 个月	1 个月	36 个月
250×10^{-6}	30	30	30	35	30	45	60	>255
125×10^{-6}	30	40	30	40	30	45	90	>255
25×10^{-6}	40	45	40	55	30	60	180	>255
ck	>255	>255	>255	>255	>255	>255	>255	>255

表 5　不同温度对处理木材防治黄胸散白蚁 R. flaviceps 死亡率（%）的影响

处理浓度	自然存放		50℃		100℃		150℃	
	1 个月	36 个月	1 个月	36 个月	1 个月	36 个月	1 个月	36 个月
250×10^{-6}	100	100	100	100	100	100	100	100
125×10^{-6}	100	100	100	100	100	100	100	98.3
25×10^{-6}	100	100	100	100	100	100	100	88.3
ck	0	0	0	0	0	0	0	0

表 3、4、5 显示，在室内条件下，溴氰菊酯木材的防治效果不会受 50℃ 和 100℃ 温度的影响。而 150℃ 的温度处理，总使处理木块在 36 个月后的 KT_{50} 值超过 255 min，但其在 24 h 内的死亡率仍在 85% 以上，达到 88.3%。

（三）光照对防治效果的影响

不同浓度溴氰菊酯处理的木材经 84 h、168 h 紫外线光照，处理后与自然条件下存放的试材进行效果比较，结果见表 6、7、8。

表 6　不同光照对处理木材防治褐缘散白蚁 R. fulvimarginalis KT_{50} 的影响

处理浓度	自然存放		光照 84 h		光照 168 h	
	1 个月	36 个月	1 个月	36 个月	1 个月	36 个月
250×10^{-6}	20	30	165	40	175	50
125×10^{-6}	25	35	180	45	195	105
25×10^{-6}	25	45	195	105	205	105
ck	>255	>255	>255	>255	>255	>255

表 7 不同光照对处理木材防治黄胸散白蚁 R. flaviceps KT_{50} (min) 的影响

处理浓度	自然存放		光照 84 h		光照 168 h	
	1 个月	36 个月	1 个月	36 个月	1 个月	36 个月
250×10^{-6}	<30	30	170	60	185	60
125×10^{-6}	30	30	205	90	210	60
25×10^{-6}	30	30	225	180	245	90
ck	>255	>255	>255	>255	>255	>255

表 8 不同光照对处理木材防治黄胸散白蚁 R. flaviceps 死亡率 (%) 的影响 (24 h 的观察)

处理浓度	自然存放		光照 84 h		光照 168 h	
	1 个月	36 个月	1 个月	36 个月	1 个月	36 个月
250×10^{-6}	100	100	100	100	98.3	100
125×10^{-6}	100	100	93.3	100	98.3	100
25×10^{-6}	100	100	91.67	98.30	83.3	100
ck	0	0	0	0	0	0

表 6、7、8 显示，溴氰菊酯处理木材防治散白蚁的 KT_{50} 值在自然光条件下稳定，而在强紫外线灯照射下出现波动，KT_{50} 虽仍小于对照组，但比自然条件下延长。死亡率在自然条件下稳定，36 个月仍达 100%，在强紫外线灯照射下虽出现波动，但仍在 90% 以上。25×10^{-6} 浓度光照 168 h 死亡率低于 85%。

（四）水洗对防治效果的影响

不同浓度溴氰菊酯处理的木材经 48 h、96 h 水洗处理后与自然条件下存放的试材进行散白蚁防治效果比较，结果见表 9、10、11。

表 9 水洗对处理木材防治褐缘散白蚁 R. fulvimarginalis KT_{50} (min) 的影响

处理浓度	自然存放		水洗 48 h		水洗 96 h	
	1 个月	36 个月	1 个月	36 个月	1 个月	36 个月
250×10^{-6}	20	30	25	45	35	35
125×10^{-6}	25	35	40	45	50	40
25×10^{-6}	25	45	45	50	65	60
ck	>255	>255	>255	>255	>255	>255

表 10 水洗对处理木材防治黄胸散白蚁 R. flaviceps KT_{50} (min) 的影响

处理浓度	自然存放		水洗 48 h		水洗 96 h	
	1 个月	36 个月	1 个月	36 个月	1 个月	36 个月
250×10^{-6}	30	35	30	25	45	35
125×10^{-6}	30	40	45	40	55	45
25×10^{-6}	40	55	70	55	75	65
ck	>255	>255	>255	>255	>255	>255

表 11 水洗对处理木材防治黄胸散白蚁 R. flaviceps 死亡率 (%) 的影响 (24 h 观察)

处理浓度	自然存放		水洗 48 h		水洗 96 h	
	1 个月	36 个月	1 个月	36 个月	1 个月	36 个月
250×10^{-6}	100	100	100	100	100	100
125×10^{-6}	100	100	100	100	100	100
25×10^{-6}	100	100	100	100	95	100
ck	0	0	0	0	0	0

表 9、10、11 显示，用溴氰菊酯处理的木材在水洗条件下十分稳定，其预防效果与在自然条件下一致。

结论：用浓度为 125×10^{-6} 的溴氰菊酯处理的木材在各种不同的物理因子条件下可稳定预防白蚁效果达 36 个月以上。

原文刊登在《白蚁科技》，1998, 15(3): 21-24

62 溴氰菊酯对散白蚁 Reticulitermes sp. 毒力测定结果初报

李小鹰[1]，高道蓉[2]，夏亚忠[1]

（[1]无锡市白蚁防治所；[2]南京市白蚁防治研究所）

杀虫药剂的毒力测定是在特定条件下衡量某种杀虫剂对某种生物毒力程度的一种方法。测定待选杀虫药剂对特定白蚁种类的毒力是筛选防治白蚁杀虫药剂的基础工作。为筛选新的防治白蚁药物，近几年来，高道蓉（1992）用二碘甲对甲苯砜对尖唇散白蚁 Reticulitermes aculabialis 的毒性、陈驹（1988）用二氯苯醚菊酯对散白蚁的毒性、Nan-Yao Su（1988）用二卤烷基芳基砜（A-9248）对台湾家白蚁 Coptotermes formosanus 的毒性进行了测定。我们用溴氰菊酯对无锡市房屋建筑散白蚁的优势种散白蚁 Reticulitermes sp. 的毒性也进行了测定，以判断溴氰菊酯对其毒性影响情况，现将初步测定结果报道如下。

一、材料与方法

（一）材料

1. 供试白蚁

散白蚁 Reticulitermes sp. 采自无锡市鼋头渚马尾松枯死木内。将马尾松枯死木从野外取回，取出白蚁，放于培养皿内饲养待用。试验前取工蚁60头，置光电分析天平上称重。该散白蚁 Reticulitermes sp. 群体每头工蚁平均质量为 1.63 mg，每克白蚁约613头。

2. 供试药物

敌杀死（2.5%溴氰菊酯乳油）法国罗素·优克福公司产品，由法国（日本）罗素·优克福公司南京技术服务处提供。

（二）测试方法

选用健康成熟的工蚁20头，放入培养皿（直径10.0 cm，高1.5 cm）中，用乙醚麻醉90 s，待工蚁昏迷不动后，用 0.5 μL 微量进样器（上海安亭微量进样器厂（89）量制沪字 02220136 号）微滴处理工蚁腹部，每头工蚁 0.5 μL，然后移至另一干净培养皿内，进行观察。干净培养皿内放置二层去离子水湿润的滤纸（直径 9 cm）。在 5 h 内定时记录死亡白蚁数。处理浓度为 0.0，0.25，0.5，0.75，1.0，1.25，1.5，1.75，2.0，2.25（$\times 10^{-6}$），每 0.25×10^{-6} 为一增量。受药量每头工蚁为 0，0.000 125，0.000 25，0.000 375，0.000 5，0.000 625，0.000 75，0.000 875，0.001 和 0.001 125 μg。该受药量用平均工蚁质量换算为剂量（μg/g）。每处理重复3次。试验温度为 (25±1)℃。

数据分析：按郭郛、忻介六主编（1988）的《昆虫学实验技术》第十二章昆虫毒理学的实验技术用计算机处理观察数据，求出药物对该散白蚁的 LD_{50}、LD_{95}、LC_{50}、LC_{95}。

二、结果与讨论

（一）结果

1. 中毒症状

工蚁腹部受药后，首先出现兴奋期。兴奋期时工蚁快速地在培养皿内爬行，足、触角不停地颤动。兴奋期时间的长短随剂量的增加而缩短。兴奋期过后，白蚁被击倒，击倒时，白蚁腹面朝上，足剧烈地蠕动，随之工蚁腹部流出乳白色的液体，足开始抽搐，逐渐死亡。

2. 毒力测定结果

溴氰菊酯对散白蚁 Reticulitermes sp. 的毒力测定结果见表1。

表1 溴氰菊酯对散白蚁 Reticulitermes sp. 毒力测定结果

浓度	0.1%	0.01%	0.009%	0.008%	0.007%	0.006%	0.005%
供试虫数/只	60	60	60	60	60	60	60
死亡数/只	60	60	52	43	38	36	34
供试虫数/只	60	60	60	60	60	60	60
死亡数/只	28	20	13	11	1	0	0

测定结果经计算机处理得溴氰菊酯对散白蚁 R. sp. 毒力回归线 LD-p 线：$Y = 8.7359 + 1.6040X$，$\chi^2 = 3.0166 < 7.82$，表明测得数据具有同质性。由此得溴氰菊酯对散白蚁 R. sp. 的 $LD_{50} = 0.00058575$ μg/头（0.36 μg/g）；LD_{50} 95% 置信限：$0.000435 \sim 0.00078875$ μg/头（$0.27 \sim 0.48$ μg/g）；$LD_{95} = 0.0062125$ μg/头（$3.808 \sim 2625$ μg/g）；LD_{95} 95% 置信限为 $0.0019088 \sim 0.0202194$ μg/头（$1.170101 \sim 12.39450753$ μg/g）；$LC_{50} = 1.1715 \times 10^{-6}$；$LC_{95}$ 95% 置信限为 $(0.87 \sim 1.5775) \times 10^{-6}$；$LC_{95} = 12.4250 \times 10^{-6}$；$LC_{95}$ 95% 置信限为 $(3.8175 \sim 40.43885) \times 10^{-6}$。

（二）讨论

与陈驹（1988）、高道蓉（1992）、Nao-Yao Su（1988）所进行的毒力测定数据进行比较（表2），认为溴氰菊酯对散白蚁有极高的生物活性，可以用于白蚁防治。其有效浓度应在 3.8×10^{-6} 以上。

表2 毒力测定数据比较

供试药物	溴氰菊酯	二氯苯醚菊酯	二碘甲对甲苯砜 A-9248	
供试虫种	R. sp.	R. speratus	R. aculabialis	C. formosanus
LD-P 线	$Y = 8.7359 + 1.6040X$	—	—	—
LD_{50}（μg/g）	0.36	—	115	141.7
LD_{50} 95% 置信限（μg/g）	$0.27 \sim 0.48$	—	$102.6 \sim 129.0$	$110.4 \sim 168.3$
LD_{95}（μg/g）	3.8082625	—	—	—
LD_{95} 95% 置信限（μg/g）	$1.170101 \sim 12.39450753$	—	—	—
LC_{50}（$\times 10^{-6}$）	1.1715	1.2	—	—
LC_{50} 95% 置信限（$\times 10^{-6}$）	$0.87 \sim 1.5775$	$0.28 \sim 5.18$	—	—
LC_{95}（$\times 10^{-6}$）	12.425	—	—	—
LC_{95} 95% 置信限（$\times 10^{-6}$）	$3.8175 \sim 40.43885$	—	—	—

参考文献

[1] 陈驹. 二氯苯醚菊酯（氯菊酯）点滴法对散白蚁药效观察试验[J]. 白蚁科技, 1988, 5(2): 19-22.

[2] GAO Dao-rong, et al. Toxicity of Mucal 48 (Diiodomethylp-tolyl sulfone) against the Reticulitermes aculabialis (Isoptera: Rhinotermitidae)[C]. 第19届国际昆虫学大会论文摘要集, 1992: 247.

[3] Su NY, Scheffrahn RH. Toxicity and feeding deterrence of a dihaloalkyl arylsulfone biocide, A-9248 against the Formosan subterranean termite (Isoptera: Rhinotermitidae)[J]. J Econ Entomol, 1988, 81: 850-854.

原文刊登在《白蚁科技》, 1998, 15(2): 8-9

63 溴氰菊酯处理木材防治白蚁野外试验研究结果

李小鹰[1]，高道蓉[2]，夏亚忠[1]

（[1]无锡市白蚁防治所；[2]南京市白蚁防治研究所）

为分析了解经一定化学物质处理过的木材或各种材料是否具有抗白蚁蛀蚀的能力，将各种待测定材料直接埋设于有白蚁危害活动的现场进行定期观察，是一种较为直接的观察方法。为了解溴氰菊酯处理木材的防白蚁性能，我们将木材用溴氰菊酯处理后直接埋设于野外有白蚁危害处，现将4年的观察结果报告如下。

一、材料与方法

（一）药剂及浓度

2.5%溴氰菊酯乳油（敌杀死）由法国（日本）罗素·优克福公司南京技术服务处提供。处理木材浓度为2.5、25、125、250（$\times 10^{-6}$）。

（二）木材处理方法

将20 cm×6 cm×3 cm大小的木块置于105℃的烘箱中6 h，取出，称重。然后置于不同浓度的药液中浸泡24 h，取出，晾干，再称重，得出平均每块木材含药量。将经不同浓度药液处理的木材再做不同环境物理因子自然（温度、光照、水）处理，然后放置待用。

1. 温度

将不同浓度药剂浸泡并晾干后的木材分别置于50℃、100℃、150℃的烘箱内24 h。

2. 光照

将不同浓度药剂浸泡并晾干后的木材置于紫外线光照箱内。紫外线光照箱长90 cm，宽40 cm，高44 cm，内设40W紫外灯管两支。处理分连续照射84 h、168 h两种。

3. 水洗

将不同浓度药剂浸泡并晾干后的木材直接置于水流下冲洗，冲洗时间分48 h、96 h两种。

4. 自然环境下存放

将不同浓度药剂浸泡并晾干后的木材直接置于自然环境下，不再做温度、光照、水洗等处理，以便于比较。

（三）野外埋设地自然条件及白蚁危害情况

我们共选择白蚁危害严重的2个地方，做野外埋设观察。第一观察点为中国船舶科学研究中心1室。中国船舶科学研究中心1室坐落于无锡市珲嶂山，建于20世纪60年代，为钢混结构建筑。该建筑及四周绿化地一直遭受苏州家白蚁 *Coptotermes suzhouensis*、褐缘散白蚁 *Reticulitermes fulvimarginalis* 等严重危害，建筑物内木门窗框、地板、办公实验用品、电缆线均遭白蚁严重危害。建筑物四周绿化地绿化树木也遭受白蚁严重危害。两棵直径30 cm、树高7 m以上的雪松内至今仍有苏州家白蚁的巢。木材埋设现场设在该室庭园内的绿化地。

第二观察点是江苏省太湖工人疗养院。太湖工人疗养院坐落于无锡市鼋头渚中犊山，木材埋设现场设在疗养院的马尾松林地内。林地面向东南，地面植被丰富，枯枝落叶层厚。林地内马尾松及林地四周疗养院的房屋遭受嘉兴家白蚁 *Coptotermes jiaxingensis*、苏州家白蚁 *C. suzhouensis*、黄胸散白蚁 *Reticulitermes flaviceps*、黑胸散白蚁 *R. chinensis*、圆唇散白蚁 *R. labralis*、尖唇散白蚁 *R. aculabialis*、褐缘散白蚁 *R. fulvimarginalis*、囟土白蚁 *Odontotermes fontanellus* 等多种白蚁的严重危害。

二、木材埋设及观察

（一）随机地面铺放

将经过处理的木块随机放置在有白蚁危害活动的林地地面，盖上枯枝落叶。或在有白蚁危害的树木四周，整齐、随机地将木块排列一圈。

（二）诱集箱方法

将经过处理的木块按一定顺序排放入木箱内。

木箱大小为 25 cm×15 cm。将木箱埋设入林地内挖好的土坑中,盖上塑料纸,再用土覆上。

对埋设的木材做定期观察,记录白蚁危害等级。

白蚁危害等级分以下四等:

（−）供试松木未受白蚁危害;

（+）表面受害;

（++）受害达 1/3,不足 2/3,或白蚁已侵入木材内部;

（+++）受害超过 2/3,因而试材被取走。

我们共放置木块 204 块,回收 204 块,回收率为 100%。

三、结果与讨论

当年与第三年观察结果见表 1。

表 1 显示,用溴氰菊酯 $250×10^{-6}$、$125×10^{-6}$ 水溶液处理木材,经不同物理因子处理,在野外第三年仍有良好的抗白蚁效果。用 $25×10^{-6}$ 溴氰菊酯处理的木材,经自然条件下存放或水洗,84 h 紫外线照射,在野外第三年仍具抗白蚁效果;而经温度或 168 h 紫外线照射的木材在第三年失去抗白蚁效果。用 $2.5×10^{-6}$ 溴氰菊酯处理过的木材及对照组木材于当年即被白蚁蛀食。结果显示,用 $125×10^{-6}$ 溴氰菊酯处理木材,可获得 3 年以上的防白蚁效果。因此认为,溴氰菊酯可以作为木材防护剂。

表 1　溴氰菊酯处理木材的抗白蚁效果

处理浓度	自然存放		温度150℃		温度100℃		温度50℃		光照84 h		光照168 h		水洗48 h		水洗96 h	
	当年	第3年	当年	第3年	当年	第3年	当年	第3年	当年	第3年	当年	第3年	当年	第3年	当年	第3年
$250×10^{-6}$	−	−	−	−	−	−	−	−	−	−	−	−	−	−	−	−
$125×10^{-6}$	−	−	−	−	−	−	−	−	−	−	−	−	−	−	−	−
$25×10^{-6}$	−	−	−	++	−	++	−	++	−	−	−	++	−	−	−	−
$2.5×10^{-6}$	+	+++														
CK	+++															

原文刊登在《白蚁科技》,1999,16(1):15-16

64 溴氰菊酯土壤处理防治白蚁研究结果的报告

李小鹰[1]，高道蓉[2]，夏亚忠[1]
（[1]无锡市白蚁防治所；[2]南京市白蚁防治研究所）

用杀虫药剂处理土壤，形成毒土层，在土壤中构起一道防治白蚁的连续屏障，是预防和灭治土木两栖类白蚁和土栖类白蚁的主要方法之一。而供筛选杀虫剂在土壤中是否具有杀白蚁活性以及这种活性是否有较长的持续时间，就成为判断待选药防治白蚁能力的标准。杀虫剂在土壤中杀白蚁活性的持续时间，一般认为决定于药物本身在土壤中的低迁移性、低水溶性，并不易为土壤环境所分解。而其应保持的杀白蚁活性持续时间的长短，要求并不一致。在美国，要求在 5 年以上。在我国，江苏省各防治部门在房屋建筑白蚁灭治中一般规定为 1～3 年。据《江苏化工(法国罗素·优克福公司产品敌杀死和凯素灵专辑)1984》记载，溴氰菊酯具有低水溶性、在土壤上的吸附力强、难以被地下水沥滤冲走、在厌氧环境中能较长期存在(半衰期为 260 d)和环境污染小等特点。然而，其在土壤中的防治白蚁效果却未见详细报道，因此，我们对其进行了初步研究，以确定其在土壤中的杀白蚁活性和施入土壤中 3 年后的杀白蚁效果。

一、材料和方法

（一）供试药剂

2.5%溴氰菊酯乳油(敌杀死)由法国罗素·优克福公司生产，法国(日本)罗素·优克福公司南京技术服务处提供。

（二）室内生物测定

1. 供试白蚁

供试白蚁为家白蚁 Coptotermes sp.，取自无锡市鼋头渚太湖工人疗养院房屋四周松林中的马尾松枯死木中，测定前从马尾松枯死木中分离出家白蚁工蚁，放入培养皿内饲养待用。

2. 供试土壤

供室内生物测定用的土壤直接取自白蚁防治现场。具体方法为：在经药物毒土处理后的防治现场按五点取样法采取土样。每取样点分土壤表层和土壤表层下 10 cm 深处分别取样，各取样 ±50 cm^3(5 cm ×5 cm ×2 cm)。将所采集的土样分别装入无毒塑料袋中待用。白蚁防治现场为无锡市崇宁路小学新建的砖混结构多功能活动室，面积为 27.80 m ×17.75 m。该活动室在房屋建成后铺设木地板前用 125×10^{-6}的溴氰菊酯水溶液对土壤进行喷洒处理。喷洒结束后采集土样。喷洒溶液量为每平方米 2.868 L。喷洒工具为本所自制电动灭蚁喷药机。

3. 测定方法

将取回的 10 个土样各称 30 g，铺放于培养皿(直径 10 cm，高 1.5 cm)中，每培养皿中投入健康成熟的家白蚁 Coptotermes sp. 工蚁 20 头。处理当年和第 4 年两次做定时观察，测 KT_{50} 和 24 h 白蚁死亡率。KT_{50} 测定重复 2 次，其值取 5 个样点 2 次观察的平均值。测定环境温度为(25 ±1)℃。

（三）野外现场试验

1. 供试现场及其自然环境

供试现场设在无锡市鼋头渚中犊山太湖工人疗养院的马尾松林地内。林地面向东南，地面植被丰富，枯枝落叶层厚。林地内马尾松及林地四周疗养院的房屋遭多种白蚁严重危害。主要白蚁种类如下：

嘉兴家白蚁 Coptotermes jiaxingensis Xia et He
苏州家白蚁 C. suzhouensis Xia et He
黄胸散白蚁 Reticulitermes flaviceps (Oshima)
黑胸散白蚁 R. chinensis Snyder
圆唇散白蚁 R. labralis Hsia et Fan
尖唇散白蚁 R. aculabialis Tsai et Hwang
褐缘散白蚁 R. fulvimarginalis Wang et Li
囟土白蚁 Odontotermes fontanellus Kemner

2. 样地设置

林地内设 1 m^2(1 m ×1 m) 样地 7 块。先去除

样地上的枯死落叶，露出处理土壤表层，分别喷洒不同浓度溴氰菊酯溶液 4 L。然后在土壤表层放未经药物处理的 3 cm×6 cm×20 cm 松木块三块，并将枯枝落叶重新覆盖于样地及木块上。溴氰菊酯处理样地的浓度为 $2.5×10^{-6}$、$25×10^{-6}$、$125×10^{-6}$。每一浓度重复 2 次。设一对照。处理当年及处理后第 3 年观察样地内木块遭受白蚁危害的情况。

二、结果与讨论

（一）室内生物测定结果

室内生物测定结果见表 1 至表 3。表中显示，经溴氰菊酯处理后的土壤，家白蚁 Coptotermes sp. 在其表层的 KT_{50} 值，当年平均为 55 min，3 年后为 75 min，均低于 GB 2951.38—86 的 KT_{50} 比较值（255 min）。表层对家白蚁 Coptotermes sp. 的毒杀效果也十分明显，处理当年 24 h 死亡率达 100%，处理 3 年后仍达 92%。处理土壤表层下 10 cm 则无任何防白蚁效果。显然，喷洒在土壤上的溴氰菊酯能有效地固着在土壤表层，并在处理后的第 3 年仍具有较强的杀白蚁活性。

表 1 处理土壤表层对家白蚁 Coptotermes sp. 的 KT_{50} 值（min）

测试	处理当年	处理后第 3 年
1	50	60
2	60	90
平均	55	75

表 2 处理土壤 10 cm 深处对家白蚁 Coptotermes sp. 防治的 KT_{50} 值（min）

测试	处理当年	处理后第 3 年
1	>255	>255
2	>255	>255
平均	>255	>255

表 3 溴氰菊酯处理的土壤对家白蚁 Coptotermes sp. 24 h 的毒杀效果

土壤深度	当年死亡率（%）	3 年后死亡率（%）
表层	100	92
10 cm 处	0	0

（二）野外现场测定结果

野外现场测定结果见表 4。表 4 显示，对照处理在 1 个月后，放置的木材遭受白蚁危害严重，半年后，试材失重 39%。$2.5×10^{-6}$ 溴氰菊酯处理，半年后放置的木材也遭受白蚁危害。而 $25×10^{-6}$、$125×10^{-6}$ 处理土壤，形成毒土层，第 3 年仍有阻止白蚁危害的效果。

表 4 溴氰菊酯处理土壤上的木块受白蚁危害情况

处理浓度（×10^{-6}）	样地号	处理后的观察时间（月）				
		1	6	12	24	36
125	1	−	−	−	−	−
	2	−	−	−	−	−
25	3	−	−	−	−	−
	4	−	−	−	−	−
2.5	5	−	−	+	+	+
	6	−	+	+	+	+
CK	7	+	+	+	+	+

− 供试松木未受白蚁危害；+ 表面受害；+ + 受害达 1/3，不足 2/3，或白蚁已侵入木材内部危害；+ + + 受害超过 2/3，因而试材被取走。

溴氰菊酯不仅可取代目前使用的砷、有机氯制剂，直接应用于房屋建筑的白蚁防治（李小鹰等，1994），它还可以应用于预防白蚁。虽然它的有效期仅为 4 年左右，但多次施药可以解决更长时间预防白蚁的目的，即每隔 3～5 年钻孔灌药一次。这样做，克服了砷、有机氯制剂对环境和人的不利影响，安全有效，对环境较少污染。同时其经济性优于砷和有机氯制剂。现将溴氰菊酯与目前在白蚁防治中普遍使用的亚砷酸钠、氯丹两种最常见防治药物进行比较，结果见表 5。

表 5 溴氰菊酯与几种常见治理白蚁药物成本比较

药物种类	价格	使用浓度	每平方米施药 2.5L 单位价格	每升药液价格
2.5% 溴氰菊酯	60 元/kg	$125×10^{-6}$（1:200）	0.75 元/m²	0.30 元
亚砷酸钠	8 元/kg	5%（1:20）	1.00 元/m²	0.40 元
50% 氯丹乳剂	30 元/kg	1%（1:50）	1.50 元/m²	0.60 元

表 5 显示，在目前已达的 4 年有效防治期内，使用溴氰菊酯防治房屋建筑白蚁的经济性优于砷和有机氯制剂。使用溴氰菊酯每平方米施药价格比亚砷酸钠减低 0.25 元，比 50% 氯丹乳剂低 0.75 元；每升药液价格比亚砷酸钠低 0.10 元，比 50% 氯丹乳剂低 0.30 元。即使用溴氰菊酯比使用亚砷酸钠可降低成本 25%，比使用氯丹降低成本 50%。

原文刊登在《白蚁科技》，1999，16(2)：11-13

65 硫氟酰胺对白蚁的药效研究

郑剑[1]，钱万红[1]，张应阔[1]，高道蓉[2]，朱本忠[2]
（[1]南京军区军事医学研究所；[2]南京市白蚁防治研究所）

摘要：采用胺化和电解氟化法制备硫氟酰胺；采用接触毒性试验和强迫取食试验对三种散白蚁进行药效测定。结果表明，实验室制备的杀灭白蚁新药硫氟酰胺对散白蚁最低致死浓度为 20×10^{-6}，引起供试群体95%死亡的最低致死浓度为 40×10^{-6}。硫氟酰胺对白蚁有慢性胃毒作用，无驱避性，对哺乳动物低毒，可作为灭蚁灵的替代物。

关键词：杀虫剂；散白蚁；硫氟酰胺；药效

多年来，我国灭治白蚁均采用化学杀虫剂，使用的白蚁防治药剂比较落后，主要有氯丹乳剂、亚砷酸钠水剂和粉剂、灭蚁灵粉剂和灭蚁灵系列毒饵剂等。众所周知，亚砷酸钠是剧毒药物，生产和使用时对操作人员的身体健康会造成严重侵害。氯丹和灭蚁灵是有机氯类杀虫剂，虽不属于剧毒农药，但对人畜具有致畸、致癌、致突变的特异毒性和累积毒性，且化学性质稳定，不易分解，长期、大量使用对环境有一定的污染，灭蚁灵在一些发达国家已禁用，有些发展中国家也开始禁用。

目前，筛选可取代有机氯农药和剧毒无机砷制剂的防治白蚁新药已成为广大白蚁防治研究工作者的一项迫切任务。近年来，我们参照有关文献，通过大量实验研究，合成出一种有机氟化物 N-正丁基全氟辛烷磺酰胺。经研究发现，该化合物对白蚁有良好的慢性胃毒作用，且对人畜低毒，大白鼠急性经口 $LD_{50} > 2350$ mg/kg，可以用来取代灭蚁灵。现将硫氟酰胺的制备方法及杀灭白蚁药效测试结果报告如下。

一、硫氟酰胺的制备

采用胺化和电解氟化法由辛烷磺酰氟制备硫氟酰胺[1]。粗品为黄棕色固体，含量67.7%，粗品用氯仿重结晶数次得纯品。熔点 75.5℃～76.0℃；经南京大学现代分析中心鉴定，硫氟酰胺的分子式为 $C_8F_{17}SO_2NHC_4H_9$。

二、灭治白蚁药效实验[2]

（一）供试材料

1. 供试药物

用丙酮（分析纯）将硫氟酰胺药样稀释并制成 0、10、20、30、40、50、100、150、200、250、500（$\times 10^{-6}$）共11个供试浓度，备用。

2. 供试白蚁

本试验中所用供试白蚁采自南京市东郊中山陵园风景区和无锡市鼋头渚伐树桩的自然白蚁群体。采回后留下供分类鉴定用的一定数量的白蚁标本，其余按自然群体分离，待用。

对所采回供试白蚁进行种类鉴定后认为是下列三种散白蚁 Reticulitermes：尖唇散白蚁 R. aculabialis Tsai et Hwang、近圆唇散白蚁 R. perilabralis Ping、黄胸散白蚁 R. flaviceps（Kolbe）。

供试群体组成：白蚁工蚁30头，另加1头兵蚁。按分离培养的自然群体组建，同种不同群白蚁不相互混入，以避免不同群白蚁个体之间发生咬斗造成伤亡而影响试验效果。

（二）方法

1. 接触毒性试验

用药液微滴直接接种于白蚁个体腹部表面进行药物对供试白蚁接触毒性的毒力测定。

给药前，先用乙醚对供试白蚁群体做麻醉处理，时间约为40 s。待白蚁昏迷后，用 0.5 μL 微量进样器吸取药液，将 0.5 μL 药液微滴涂于1头白蚁虫体腹部表面，并将受药个体移至另一经灭菌消毒的含有 1/4ϕ9 cm 定量滤纸一层（用灭菌水润湿）的干净培养皿内，继续按常规培养。

对施药后的白蚁先以 1 h 的时间间隔连续定时观察 5 次，然后以 24 h 的时间间隔，每天观察 1 次。观察供试虫对药物的种种反应，记录观察所见的情况，记录每次观察到的死亡虫数。每一供试浓度设 3 个重复。

2. 强迫取食试验

供试白蚁群体先饥饿培养（只供水，不供食），24 h 后，向每一个供试白蚁群体提供一份用药液充分浸泡过的 1/4φ9 cm 定量滤纸作为食物（用灭菌水润湿），以强迫饥饿的供试白蚁取食该含毒食物。每一浓度设 3 个重复，其中浓度 0 为对照。

供食后先连续观察 5 次，时间间隔为 1 h，以后每隔 24 h 观察 1 次。观察供试白蚁取食后的种种反应，记录下死亡白蚁数。

（三）试验结果

硫氟酰胺对 3 种供试白蚁的接触毒性测定结果见表 1。硫氟酰胺对 3 种供试白蚁强迫取食毒力测定结果见表 2。

表 1　硫氟酰胺对三种白蚁的实验室接触毒性测定结果

试虫种类		不同交付剂量（μg）的 LT_{50} 及 LT_{95} 值（d）										
		0	0.004	0.008	0.012	0.016	0.02	0.04	0.06	0.08	0.1	0.2
近圆唇散白蚁	LT_{50}	-	-	26.5	23.7	20.3	17.7	14.9	9.3	13.8	9.3	7.3
	LT_{95}	-	-	-	-	25.8	26.3	23.9	23.7	19.7	15.7	14.8
尖唇散白蚁	LT_{50}	-	-	24.5	21.3	19.7	17.3	14.7	13.3	12.3	8.7	6.9
	LT_{95}	-	-	-	27.4	25.7	24.2	23.7	23.3	20.7	14.7	13.1
黄胸散白蚁	LT_{50}	-	-	26.8	24.3	21.3	16.7	15.7	15.3	13.7	8.9	8.3
	LT_{95}	-	-	-	-	27.1	26.8	24.3	20.7	18.3	15.3	15.3

实验在室内恒温 25℃ 条件下进行，表中数值为 3 次重复测定结果的平均值。
"-" 表示整个试验过程中供试虫无死亡，或未达死亡半数，或未达到 95% 有效死亡数。

表 2　硫氟酰胺对三种白蚁实验室强迫取食毒力测定结果

试虫种类		不同浓度（$\times 10^{-6}$）的 LT_{50} 及 LT_{95} 值（d）										
		0	10	20	30	40	50	100	150	200	250	500
近圆唇散白蚁	LT_{50}	-	-	24.9	23.3	19.7	17.3	14.9	14.9	13.7	8.8	6.9
	LT_{95}	-	-	-	-	26.8	26.3	24.7	22.8	18.9	14.9	13.8
尖唇散白蚁	LT_{50}	-	-	23.8	21.7	19.3	16.9	14.3	12.7	11.8	8.3	6.3
	LT_{95}	-	-	-	26.9	25.3	24.7	23.3	22.9	19.8	14.3	12.7
黄胸散白蚁	LT_{50}	-	-	27.4	23.3	20.9	16.4	16.5	15.3	12.7	9.3	7.5
	LT_{95}	-	-	-	-	27.2	27.1	26.7	20.3	17.5	15.3	13.8

实验在室内恒温 25℃ 条件下进行，表中数值为 3 次重复测定结果的平均值。
"-" 表示整个试验过程中供试虫无死亡，或未达死亡半数，或未达到 95% 有效死亡数。

三、讨论

硫氟酰胺是一种作用机制独特的慢性胃毒型杀虫剂。白蚁摄入该药剂后一般不会很快出现中毒症状，而是缓慢地昏睡，不能爬行，逐渐死亡。此药不会产生同类惊厥，应用于白蚁防治，可以摧毁蚁穴中的整个种群。在强迫取食试验中，硫氟酰胺对供试的 3 种散白蚁 Reticultermes spp. 无论是纯品还是工业品均无驱避现象。硫氟酰胺的最低致死浓度为 20×10^{-6}，引起供试群体 95% 死亡的最低有效致死浓度为 40×10^{-6}。从以上试验结果看，硫氟酰胺可取代灭蚁灵作为新型杀白蚁剂。

参考文献

[1] 郑剑,张应阔,钱万红,等. N-正丁基全氟辛烷磺酰胺的合成及灭蟑药效[J]. 中国媒介生物学及控制杂志, 1997,8(3):192-193. [http://www.bmsw.net.cn/CN/abstract/abstract10141.shtml]

[2] Hamilton EW, Kieckhefer RW. Toxicity of malathion and parathion to predators of the English grain aphid[J]. J Econ Entomol,1969,62(5):1190-1192.

[3] Robert KVM, Lofgren CS, Williams DF. Fluorinated sulfonamides—A new class of delayed-action toxicants for fire ant control [M]//Baker D, et al. Synthesis and Chemistry of Agrochemicals. Washington DC: ACS Symposium Series, American Chemical Society, 1987: 226-240. [http://cdn-pubs.acs.org/doi/pdfplus/10.1021/bk-1987-0355.ch021]

Efficacy of N-butyl perfluorooctane sulfonamide against termites

Zheng Jian[1], Qian Wanhong[1], Zhang Yingkuo[1], Gao Daorong[2], Zhu Benzhong[2]

([1]Military Medical Institute of Nanjing Command; [2]Nanjing Institute of Termite Control)

Abstract: Purpose To develop a new type of termiticide which has high performance and low mammalian toxicity. **Method** According to relative references, N-butyl perfluorooctane sulfonamide was prepared from octane sulfonyl fluoride by amination and electro chemical fluoronation. Its efficacy was determined against three kinds of *Reticulitermes* by topical and oral application. **Result** Efficacy test of N-butyl perfiuorooctane sulfonamide in laboratory showed that its minimum LC_{50} against *Reticulitermes* was 20×10^{-6} and minimum LC_{95} was 40×10^{-6}. **Conclusion** N-butyl perfluorooctane sulfonamide is a delayed action stomach toxicant for control of termites, it has no repellency and low toxicity to mammalian, it can be regarded as an alternative toxicant of mirex.

Key words: termiticide; *Reticulitermes*; N-Butyl perfuluorooctane sulfonamide; efficacy

原文刊登在《农药》,1999,38(10):31-32

66 人工合成新药硫氟酰胺防治白蚁的室内试验

高道蓉[1]，朱本忠[1]，李小鹰[2]，郑剑[3]

（[1]南京市白蚁防治研究所；[2]无锡市白蚁防治所；[3]南京军区军事医学研究所）

摘要：硫氟酰胺防治尖唇散白蚁 Reticulitermes aculabialis 的局部致死中量（LD_{50}）估计为 13.45 μg/g，防治近圆唇散白蚁 R. perilabralis 的局部 LD_{50} 为 22.30 μg/g 和防治黄胸散白蚁 R. flaviceps 的 LD_{50} 为 46.89 μg/g。它们的 95% 置信限分别为 11.68~15.40 μg/g、20.01~24.84 μg/g 和 42.62~51.00 μg/g。

关键词：杀白蚁剂；硫氟酰胺

最近，我们从南京军区军事医学研究所的科研人员那里获得了他们新近合成的一种新型杀虫剂硫氟酰胺。它对某些家庭卫生害虫的慢性毒理作用，使我们产生了用它进行防治白蚁的实验室生物测定的兴趣。该药是毒效作用缓慢的能量合成阻断剂，害虫食药后数小时一般不会很快出现中毒症状，而是缓慢地昏睡和逐渐死亡。该药可抑制昆虫体内细胞中用以产生基本化学能量分子 ATP 的线粒体质子流。当这种质子流被抑制和破坏后，贮存能量被耗尽，害虫就会死亡。因为杀虫剂的慢性毒理作用正适用防治白蚁这类隐居的建筑物木构件害虫，有利于杀虫毒力在白蚁群体内传递，从而杀灭整个白蚁群体。如果它对白蚁毒力测定显示出较好效果的话，将使我们又获得一种有利于保护环境的新型药物，有可能替代现用的防治白蚁的剧毒砷制剂和有机氯类杀虫剂。

一、材料和方法

（一）供试材料

1. 供试药物

硫氟酰胺的分子式为 $C_8F_{17}SO_2NHC_2H_5$，熔点为 75.5℃~76.0℃。它是由南京军区军事医学研究所的科研人员新近合成的一种有机氟农药。我们室内试验所用的硫氟酰胺样品为他们合成的有效成分为 99.9% 的纯品。

2. 供试白蚁

本试验中所用供试白蚁采自南京市东郊中山陵园风景区林区和游览区的伐树桩的自然白蚁群体。采回后留下一定数量的白蚁标本供分类鉴定用，其余按自然群体分别分离，待用。

对所采回的供试白蚁进行种类鉴定后认定有下列 3 种散白蚁 Reticulitermes：尖唇散白蚁 R. aculabialis Tsai et Hwang、近圆唇散白蚁 R. perilabralis Ping 和黄胸散白蚁 R. flaviceps（Kolbe）。上述 3 种散白蚁经称重，平均每头工蚁质量分别为 5.1 mg、3.0 mg 和 1.5 mg。

供试群体组成：白蚁工蚁 30 头，另加 1 头兵蚁。按分离培养的自然群体组建，同种不同群白蚁不相互混入，以避免不同群白蚁个体之间发生咬斗造成伤亡从而影响试验效果。

（二）方法

1. 接触毒性实验

用药液微滴直接接种于白蚁个体腹部表面进行药物对供试白蚁接触毒性的毒力测定。

用丙酮（分析纯）将药样稀释并制成 0、50×10^{-6}、100×10^{-6}、150×10^{-6}、200×10^{-6}、250×10^{-6}、500×10^{-6} 共 6 个供试质量分数。

给药前先用乙醚对供试白蚁群体做麻醉处理，时间约为 40 s。待白蚁昏迷后，用 0.5 μL 微量进样器吸取药液，将 0.5 μL 药液微滴涂于 1 头白蚁虫体腹部表面，并将受药个体移至另一经灭菌消毒的含有 1/4φ9 cm 定量滤纸一层（用灭菌水润湿）的干净培养皿内，继续按常规培养。每头白蚁总的受药量为 0、0.025、0.05、0.075、0.1、0.125、0.25 μg。

观察反应的方法是：先以 1 h 的时间间隔继续定时观察 5 次；然后以 24 h 的时间间隔，每天观察一次,共计观察记录 14 d。观察供试虫对药物的种种反应,写出观察所见情况,记录下每次观察到的死虫数。每一供试质量分数都设 3 个重复。

按照唐振华和黎云根(1988)《杀虫药剂的毒力测定》进行数据分析,得出毒力回归线、LD_{50} 和 LD_{50} 95% 置信限。

2. 强迫取食试验

供试白蚁群体先饥饿培养(只供水,不供食)24 h,然后向每一供试白蚁群体提供一份滴加 0.5 mL 不同质量分数药液的 1/4φ9 cm 定量滤纸作为食物(用灭菌水润湿),以强迫饥饿的供试白蚁取食该含毒食物达 24 h。共有 $5×10^{-6}$、$10×10^{-6}$、$15×10^{-6}$、$20×10^{-6}$、$25×10^{-6}$ 和 $30×10^{-6}$ 共 6 个质量分数。每一质量分数设 3 个重复,其中丙酮作为对照。

供食后先连续观察 5 次,时间间隔为 1 h,以后则每间隔 24 h 观察 1 次,连续观察 14 d。观察并记录供试白蚁取食后的种种反应,记录下死亡白蚁数。数据处理同上。

二、试验结果

硫氟酰胺对供试白蚁接触毒性结果见表 1。硫氟酰胺对 3 种供试白蚁在实验室强迫取食所做的生物毒力测定结果见表 2。

表 1　硫酸酰胺对 3 种散白蚁接触毒性实验室测定结果(恒温 25℃±1℃)

白蚁种类	毒力回归线	LD_{50} (μg/g)	LD_{50} 95% 置信限 (μg/g)
尖唇散白蚁 R. aculabialis	Y = 2.8728 + 1.87x	13.45	11.68 ~ 15.40
近圆唇散白蚁 R. perilabralis	Y = 2.1716 + 2.51x	22.3	20.01 ~ 24.84
黄胸散白蚁 R. flaviceps	Y = 1.7267 + 2.85x	46.89	42.62 ~ 51.55

表 2　硫酸酰胺对 3 种散白蚁实验室强迫取食毒力测定结果

白蚁种类	毒力回归线	LD_{50} ($×10^{-6}$)	LD_{50} 95% 置信限 ($×10^{-6}$)
尖唇散白蚁 R. aculabialis	Y = 0.5096 + 3.59x	17.82	16.48 ~ 19.27
近圆唇散白蚁 R. perilabralis	Y = 1.4546 + 2.79x	18.65	16.93 ~ 20.55
黄胸散白蚁 R. flaviceps	Y = 0.4741 + 3.56x	18.68	14.58 ~ 23.93

三、讨论

在用药液微滴处理供试白蚁测定接触毒性的试验中,都出现供试虫排泄和分泌增加的现象,而且与药液浓度成正相关,即药液浓度越大,供试虫排泄和分泌增加的现象越明显。因排泄物和分泌物是黏液状而使供试白蚁与培养皿发生粘连而不能爬动,还有个体间头尾、头头、尾尾相互粘连的现象。

硫氟酰胺对 3 种供试散白蚁 Reticulitermes spp. 的强迫取食试验中,无论是工业品还是纯品,都没有驱避现象。

从室内试验结果看来,硫氟酰胺是一种迟效的能量合成阻断剂,可取代灭蚁灵作为新的杀白蚁剂。例如,可制成粉剂和作为诱饵中的杀白蚁成分。

经试验发现,该硫氟酰胺还可有效杀灭蟑螂和有害蚂蚁。

The toxic determination to termites with N-butyl perfluorooctane sulfonamide in laboratory

Gao Daorong[1], Zhu Benzhong[1], Li Xiaoying[2], Zheng Jian[3]

([1]Nanjing Institute of Termite Control; [2]Wuxi Institute of Termite Control; [3]Military Medical Institute of Nanjing Command)

Abstract: The topical LD_{50} of N-butyl perfluorooctane sulfonamide against the subterranean termites, *Reticulitermes aculabialis* Tsia et Hwang, was estimated at 13.45μg/g with 95% fiducial limit of 11.68 ~ 15.40μg/g; *R. perilabralis* Ping, was estimated at 22.30μg/g with 95% fiducial limit of 20.01 ~ 24.84μg/g; and *R. flaviceps* (Kolbe), was estimated at 46.89μg/g with 95% fiducial limits of 42.62 ~ 51.55μg/g. This termiticide showed protracted activity against these subterranean termites.

Key words: termiticide; N-butyl perfluorooctane sulfonamide

67 特密得(Termidor)——一种新的杀白蚁药剂

高道蓉[1],张锡良[1],吴建国[2],朱本忠[1]
([1]南京市白蚁防治研究所；[2]常州市白蚁防治研究所)

摘要：本文介绍了含氟虫腈活性成分的杀白蚁药剂——特密得。

关键词：氟虫腈（锐劲特）；特密得；杀白蚁剂

在世纪更替的年代,过去白蚁防治使用的杀虫剂(如有机氯系杀虫剂)由于环保方面的原因面临禁用的命运。我国不少人寄厚望于替代产品——有机磷系杀虫剂毒死蜱。而该杀虫剂在美国也面临着被限制使用和2004年被禁用的境地。一些有识之士提出在白蚁防治使用药剂方面应直追最新型药剂。近年来,在白蚁防治方面,新的、超高效、对环境相容性更高的新杀白蚁剂(如:锐劲特、吡虫啉)问世,标志着白蚁防治药剂新时代的开始。下面介绍罗纳普朗克公司(现合并重组为安万特公司)开发的含有氟虫腈(锐劲特)活性成分的建筑白蚁防治和灭治专门药剂——特密得(Termidor 25EC)。

一、特密得活性成分氟虫腈

氟虫腈的英文通用名称：fipronil；其他中文名称：氟苯唑、锐劲特、威灭；其他英文名称：Combat F、MB46030、Regent。它是苯基吡唑类杀虫剂。化学名称为(RS)-5-氨基-1-(2,6-二氯-4-三氟甲基苯基)-4-三氟甲基亚磺酰基吡唑-3-腈。分子式为 $C_{12}H_4Cl_2F_6N_4OS$。大白鼠急性经口 LD_{50} 为97 mg/kg。大白鼠急性经皮 LD_{50} 大于2000 mg/kg。对兔眼和皮肤均无刺激作用。大白鼠急性吸入 LC_{50}(4h)为0.682 mg/L。具触杀、胃毒、内吸作用,杀虫谱广。特密得作用于白蚁的神经系统,有接触和胃毒活性。对于散白蚁 *Reticulitermes* sp.,每头白蚁致死中量0.15ng时已显示出极端的活性。有趣的是,氟虫腈对白蚁而言似乎接触活性更大于胃毒活性,这与其对其他害虫的活性作用正好相反。可能的理由是白蚁与其他昆虫相比,其柔弱的表皮有相对可渗透且亲脂性较强的特性。

二、氟虫腈和特密得25EC防治白蚁药效情况

(1)朱勇(1999)用点滴法测定了氟虫腈对乳白蚁的接触毒性。在试验中,点滴法得到氟虫腈对乳白蚁的 $LD_{50}=0.0162$ μg/头, LD_{50} 95%置信限 0.01300～0.02084 μg/头,说明氟虫腈对乳白蚁有强烈的触杀作用。同时,从驱避作用测定结果可以看出,氟虫腈对乳白蚁具有很强的驱避作用(据国外资料报道,特密得是非忌避性的——作者注)。当土壤中氟虫腈的浓度大于 10×10^{-6} 时,就能安全阻止白蚁穿透。

(2)戴自荣等(2000)用特密得25EC做了室内外试验。室内试验表明,白蚁虽然不同程度地进入试管的处理土层,但接触药剂后白蚁死亡率很高。浓度为 45×10^{-6} 和 90×10^{-6} 时,白蚁死亡率达100%;浓度为 30×10^{-6} 时,存活白蚁只剩下3.30%。野外试验表明,除30 mL/m² 和60 mL/m² 剂量的一条试验木条轻微受蛀外,其余木条全部保护完好,与此同时,对照组受蛀率达60%,说明该药剂较低剂量已有良好的预防白蚁效果。从室内外试验结果综合分析,认为使用此药的浓度不低于 30×10^{-6},即相当于野外120 mL/m² 的剂量较为适宜。

(3)美国联邦农业部林业局所做氟虫腈杀白蚁剂野外试验结果见表1。

表 1　美国农业部林业局氟虫腈野外试验结果

设置方法	防治白蚁效果(%)											
	亚利桑那州			佛罗里达州			密西西比州			南卡罗来纳州		
有效成分 (1994年设置)	1997年	1998年	1999年	1997年	1998年	1999年	1997年	1998年	1999年	1997年	1998年	1999年
0.0625% 水泥平板	100	100	100	100	100	100	100	100	100	100	100	100
0.125% 水泥平板	100	100	100	100	100	100	100	100	100	100	100	100
0.25% 水泥平板	100	100	100	100	100	100	100	100	100	100	100	100
0.25% 地面板 (1996年补充设置)	100	100	100	100	100	100	100	100	100	100	100	100
0.0625% 地面板	100	100	100	100	100	100	100	100	100	100	100	100
0.125% 地面板	100	100	100	100	100	100	100	100	100	100	100	100

（4）在日本，类似于上述的试验表明，用特密得处理过的试点中连续6年之后100%无台湾乳白蚁 Coptotermes formosanus。

（5）在泰国和菲律宾，白蚁十分严重的地方所做的类似试验表明，0.06%的有效成分已经显示4年有效。

三、氟虫腈和特密得 25EC 和其他杀白蚁剂的比较

（1）美国农业林业局的几种杀白蚁剂比较资料见表2。

表 2　美国农业部林业局几种杀白蚁剂对比资料*

杀白蚁剂	有效成分	100%效果的年数			
		亚利桑那州	佛罗里达州	密西西比州	南卡罗来纳州
毒死蜱	0.50%	3	3	2	6
氯菊酯	0.50%	4	4	1	1
吡虫啉	0.10%	3	2	2	2
氟虫腈	0.06%**	5	5	5	5

* 资料来源：Pest Control, 1998, 66(2):42-44; 66(4):64-65(105)。** 1999年资料。

从表1和表2可以看出，在上述试验中，每地块地面板和水泥平板在5年之后对白蚁100%有效。0.06%氟虫腈和其他三种杀白蚁剂(0.50% 毒死蜱、0.50%氯菊酯和0.10%吡虫啉)在试点范围内比较，特别是在地面板的试验中效果最为显著。

（2）泰国林业部进行的几种杀白蚁剂野外对比试验结果见表3。

在上述试验中，0.06%的比例已经显示达到4年有效，而且胜过了顺式氯氰菊酯和1%毒死蜱。

（3）朱勇(1999)用两种杀白蚁剂(氟虫腈和氯丹)做了室内点滴法测定和驱避作用测定的对比试验，结果见表4和表5。

从表4可以看出，氟虫腈比氯丹具有更强的触杀作用。从表5可以看出，当浓度为1×10^{-6}时，从二者平均被穿透距离的差异可说明氟虫腈的抗穿透性优于氯丹。

表 3　泰国林业部进行的杀白蚁药剂野外试验结果

处理	比例(%)	木材损坏率(%)				
		6个月	1年	2年	3年	4年
桩试验法						
特密得	0.06					3.5
特密得	0.09					
毒死蜱	1.0					25
顺式氯氰菊酯	0.025			2.5	25	75
对照		6.25	10	10	75	100
改良地面板法						
特密得	0.06					
特密得	0.09					1.25
毒死蜱	1.0				1.25	1.25
顺式氯氰菊酯	0.025					1.25
对照		6.25	37.5	44	47.5	70

注：空白处表明野外试验中木块未受破坏。

表4 两种杀白蚁剂对台湾乳白蚁 Coptotermes formosanus Shiraki 毒力测定结果

杀白蚁剂	毒力回归式	相关系数(r)	LD_{50}(μg/头)	LD_{50} 95%置信限(μg/头)
氟虫腈	$Y = 5.2257 - 1.3605X$	0.9730	0.01692	0.01300~0.02084
氯丹	$Y = 0.7947 + 2.7574X$	0.9892	0.03350	0.02860~0.03840

表5 两种杀白蚁剂对台湾乳白蚁(Coptotermes formosanus Shiraki)的驱避作用测定结果

药剂	浓度($\times 10^{-6}$)	供试虫数(头)	平均死亡率(%)	平均穿透距离(cm)
氟虫腈	1	162	37.5±2.5	0.80±0.05
	10	162	100.0	0.00
	100	162	100.0	0.00
	1000	162	100.0	0.00
氯丹	1	162	23.5±1.3	2.46±0.35
	10	162	73.8±4.8	0.00
	100	162	100.0	0.00
	1000	162	100.0	0.00
CK	—	162	4.0	5.00

四、特密得在防治建筑白蚁中的使用情况

特密得首先于1996年在欧洲开始用于建筑物防治白蚁，至今已经处理了20000多处房屋，没有一处返工。后来，1998至1999年度在美国自纽约和俄克拉荷马至佛罗里达和夏威夷超过100幢单独的家庭住宅和公寓套间用特密得进行处理。这些住宅的规模、结构和所处气候带和土壤类型都各不相同，而大多数处理是在外部。在所有的情况下，在施药后3个月内经检验，白蚁防治效果达100%。

五、在防治建筑物白蚁中使用特密得的优点

特密得与有机磷系杀虫剂、拟除虫菊酯类杀虫剂和其他一些非忌避性杀虫剂相比较有许多优点。

（1）特密得与有机磷杀白蚁剂不同。尽管有的有机磷杀白蚁剂可能有效对抗白蚁入侵，但应用有机磷杀白蚁剂需要高剂量，而特密得的剂量比例仅为0.06%（对照为1.0%），这符合目前提倡的低剂量方式。此外，特密得在全世界范围的野外试验中就防治和保护的时间而言，比有机磷杀白蚁剂的有效期长。

（2）特密得与拟除虫菊酯类杀白蚁剂不同。因为拟除虫菊酯类杀白蚁剂作为驱避性化学药剂，可阻止白蚁进入处理过的土壤。在新建房屋土壤处理中使用驱避性杀白蚁剂要达到100%的效果，就必须进行一个连续的无间隙或断层的屏障，实际上这是很难做到的事。最初被拟除虫菊酯类杀白蚁剂排斥的白蚁能保持活下来并积极地寻找处理间隙。一旦发现一个间隙，白蚁便会穿过处理层的间隙而进入结构。相反，特密得杀死所有进入处理区域的白蚁而不是排斥它们，白蚁没有检出特密得毒素的能力而不断进入处理过的泥土，连续不断地接受致死剂量并传给群体的其他个体，而并不去强迫它们寻找间隙。

（3）特密得与其他非忌避性杀白蚁剂（如：吡虫啉）的主要作用方式有差异。首先，所有特密得均表现出接触和胃毒两种作用，而吡虫啉则只有胃毒方面的作用。其次，经消化系统摄入或直接接触到特密得的白蚁能够将毒素传给群体的大部分白蚁成员。这种辅助的杀灭作用，在所用许多其他杀白蚁剂时并未见到。特密得用推荐比例时比吡虫啉的推荐比例所提供的保护时间长些。

（4）特密得与诱饵系统的不同在于它不需要任何专用设备，不需要应用大量观察站的诱饵系统使用的昆虫生长调节剂。同时，特密得还具作用快速（3个月内）的优点，毒素作用十分缓慢。

综上所述，作为杀白蚁剂，特密得的优点可以简单概括如下：① 包含新的化学成分，具有一种独特的同其他杀白蚁剂无关的作用方式；② 具有两种作用方式：接触和胃毒；③ 是非忌避性杀虫剂，所以白蚁并不觉察它的致死作用；④ 延迟了它的作用，有利于它从一头白蚁向另一头白蚁的传递，从而对白蚁群体自身的生存产生一种全面的相反作用，增加对白蚁群体的进一步威胁；⑤ 它比诸如诱饵的其他传递系统要快；⑥ 为了适于今天的环境需要，它

利用低剂量的活性成分;⑦ 因为特密得与泥土的紧密黏结,所以不易淋溶或进入地下水中;⑧ 已经在世界范围内的野外试验中证实特密得在种种不同的条件下残留活性和保护作用比其他替代的杀白蚁剂优越。

（安万特公司南京办事处程心智先生和香港政府渔农自然护理署刘绍基高级主任提供有关资料,特表感谢。）

参考文献

[1] 朱勇.锐劲特对家白蚁(*Coptotemes formosanus* Shiraki)的室内毒力测定[J].白蚁科技,1999,16(3):8-10.

[2] 戴自荣,黄珍友,夏传国,等. Termidor 25EC 防治白蚁药效试验报告[J].白蚁防治,2000,(3):15-17.

[3] Kard Brad. Termiticide field tests continue to move forward[J]. Pest Control,1998,66(2):42-44.

[4] Kard Brad. Premise termiticide field test results[J]. Pest Control,1998,66(4):64-65.

Termidor—a new termiticide

Gao Daorong[1], Zhang Xiliang[1], Wu Jianguo[2], Zhu Benzhong[1]

([1]Nanjing Institute of Termite Control;[2]Changzhou Institute of Termite Control)

Abstract: Termidor is a new termiticide that is summarized in this paper. The active ingredient in Termidor is a relatively new active ingredient called fipronil(Regent).

Key words: fipronil(Reagent); Termidor; termiticide

原文刊登在《白蚁科技》, 2000, 17(4):5-9

68 江苏省的白蚁及其防治概况

高道蓉,朱本忠

(南京市白蚁防治研究所)

摘要:本文概述了江苏省白蚁的种类、分布、危害及其防治现状。江苏省的白蚁种类已由1982年的3科6属19种增加到目前的23种。本文列出了23种江苏白蚁的名录及其分种检索表。江苏白蚁无论就已知种的数量、种群密度,还是其危害程度而言,均以长江沿岸及苏南地区城乡为主,苏北地区较轻,特别是淮河以北的不少地区十分轻微。本文还报道了可全面取代原有防治药物的低残留、污染小或几无污染的新药的研究动态。

关键词:江苏省;白蚁;防治

江苏省东滨黄海,西邻安徽,南连上海、浙江,北接山东,介于东经116°46′~121°55′、北纬30°46′~35°07′之间(单树模、王维屏、王庭槐,1980),处于中国东部长江下游地区。全省地势低平,绝大部分地区海拔高度不超过50 m。北部的黄淮平原和南部的长江三角洲相连,形成辽阔的冲积平原。山东南部的低山丘陵向南延续的侵蚀残丘构成了北部的苏北丘陵,浙江天目山系北伸的一个残支形成了西南部的宜溧山地及沿江的宁镇丘陵。太湖、洪泽湖等200多个大小湖泊遍布江苏全省。长江、淮河和沂沭河三大水系加上沟通南北交通的京杭大运河,使境内河道纵横交错,形成稠密的河网。江苏省处于暖温带向亚热带过渡的气候地带,气候温和,四季分明,雨量适中。江苏城乡人口稠密,工业发达,交通便利;平原地区河道纵横、灌溉方便,水利设施较为完备,农林业比较发达。全省土地垦殖指数高达60%;丘陵山区林业生产发展迅速,大片山丘被开辟为人工营林基地。江苏省可谓几乎已无未被开垦的土地了。即使还有零星无法垦殖的山间谷地,也都生长着以落叶阔叶植物为主的茂密的次生薪柴杂树。

由此可见,相对丰富的植被资源和适宜的地理气候条件适合于多类白蚁在江苏境内生存、繁衍。

一、江苏省的白蚁种类

至1982年,江苏省已知白蚁计有3科6属19种。其名录如下。

(一)木白蚁科 Kalotermitidae

1. *Incisitermes* sp.(曾从国外随木料传入,现已被消灭)

(二)鼻白蚁科 Rhinotermitidae

2. 普见乳白蚁 *Coptotermes communis* Hsia et He
3. 直颚乳白蚁 *C. orthognathus* Hsia et He
4. 庞格乳白蚁 *C. pargrandis* Hsia et He
5. 苏州乳白蚁 *C. suzhouensis* Hsia et He
6. *Coptotermes* sp.
7. 肖若散白蚁 *Reticulitermes* (F.) *affinis* Hsia et Fan
8. 黄胸散白蚁 *R.* (F.) *flaviceps* (Oshima)
9. 福建散白蚁 *R.* (F.) *fukienensis* Light
10. 丹徒散白蚁 *R.* (F.) *dantuensis* Gao et Zhu
11. 尖唇散白蚁 *R.* (P.) *aculabialis* Tsai et Hwan
12. 黑胸散白蚁 *R.* (P.) *chinensis* Snyder
13. 圆唇散白蚁 *R.* (P.) *labralis* Hsia et Fan
14. 细颚散白蚁 *R.* (P.) *leptomandibularis* Hsia et Fan
15. 清江散白蚁 *R.* (P.) *qingjiangensis* Gao et Wang

(三)白蚁科 Termitidae

16. 黄翅大白蚁 *Macrotermes barneyi* Light
17. 卤土白蚁 *Odontotermes fontanellus* Kemner
18. *Odontotermes* sp.

19. 扬子江歪螱 *Capritermes jangtsekiangensis* Kemner

K. Krishna 于 1985 年把原产于印度-马来亚地区的歪白蚁属 *Capritermes* 中的许多种类重新组成一个新的白蚁属——近扭白蚁属 *Pericapritermes*。据此,江苏产的扬子江歪白蚁 *Capritermes jangtsekiangensis* Kemner 订正为扬子江近扭白蚁 *Pericapritermes jangtsekiangensis*(Kemner)。李小鹰等(1994)在防治房屋建筑白蚁的论文中列有 3 个新纪录种:大头乳螱 *Coptotermes grandis* Li et Huang、厚头乳螱 *C. crassus* Ping 和褐缘网螱 *Reticulitermes fulvimarginalis* Wang et Li。在徐州地区的白蚁调查中,发现了栖北散白蚁 *R. speratus*(Kolbe)的存在(王兴华,王向阳,1997)。作者在整理南京的白蚁标本时又鉴定出 1 个新纪录种:近圆唇散白蚁 *R. perilabralis* Ping et Xu。这样,江苏省的白蚁已知种迄今为止已达 23 种,它们分属于 3 科 6 属。其名录如下。

(一) 木螱科 Kalotermitidae

Ⅰ. *Incisitermes* 楹螱属

1. 小楹螱 *Incisitermes minor*(Hagen)
(曾从国外随木料传入,现已被消灭)

(二) 鼻螱科 Rhinotermitidae

Ⅱ. 乳螱属 *Coptotermes*

2. 普见乳螱 *Coptotermes communis* Hsia et He
3. 厚头乳螱 *Coptotermes crassus* Ping
4. 大头乳螱 *Coptotermes grandis* Li et He
5. 嘉兴乳螱 *Coptoterdes jiaxingensis* Xia et He
6. 上海乳螱 *Coptotermes shanghaiensis* Xia et He
7. 苏州乳螱 *Coptotermes suzhouensis* Hsia et He

Ⅲ. 网螱属 *Reticulitermes*

8. 肖若网螱 *Reticulitermes affinis* Hsia et Fan
9. 丹徒网螱 *R. dantuensis* Gao et Zhu
10. 黄胸网螱 *R. flaviceps*(Oshima)
11. 福建网螱 *R. fukienensis* Light
12. 褐缘网螱 *R. fulvimarginalis* Wang et Li
13. 栖北网螱 *R. speratus*(Kolbe)
14. 尖唇网螱 *R.*(*P.*)*aculabialis* Tsai et Hwan
15. 黑胸网螱 *R. chinensis* Snyder
16. 圆唇网螱 *R. labralis* Hsia et Fan
17. 细颚网螱 *R. leptomandibularis* Hsia et Fan
18. 近圆唇散白蚁 *R. perilabualis* Ping et Xu
19. 清江网螱 *R. qingjiangensis* Gao et Wang

(三) 螱科 Termitidae

Ⅳ. 大螱属 *Macrotermes*

20. 黄翅大螱 *Macrotermes barneyi* Light

Ⅴ. 土螱属 *Odontotermes*

21. 囟土螱 *Odontotermes fontanellus* Kemner
22. 浦江土白蚁 *Odontotermes pujiangensis* Fan

Ⅵ. 近扭螱属 *Pericapritermes*

23. 扬子江歪螱 *Pericapritermes jangtsekiangensis* Kemne

为了鉴别江苏省各地的白蚁种类,特编制检索表如下。

江苏省白蚁种类检索表(兵蚁)

1. 头部无囟,尾须短、2 节;触角 10 ~ 19 节(木螱科) ············ 小楹螱*
   头部有囟 ············ 2
2. 前胸背板扁平,无前叶(前缘部翘起) ············ 3
   前胸背板马鞍状,有前叶(前缘向上翘起) ············ 20
3. 头长形,两侧几乎平行 ············ 4
   头卵形,前段明显变狭 ············ 15
4. 额峰隆起,显著高出于头后面,前胸背板被毛较多 ············ 5
   额峰微隆起或不显,大致与头后水平相等。前胸背板被毛较少 ············ 10
5. 头大且长,头长连上颚超过 3.07 mm ············ 肖若网螱
   头短小,头长连上颚部超过 3.00 mm ············ 6
6. 上唇端三角形狭尖出 ············ 7
   上唇端舌状宽圆出 ············ 丹徒网螱
7. 前胸背板中区毛稀疏,多在 20 根以下 ············ 8
   前胸背板中区毛较丰,多在 20 根以上 ············ 9
8. 前胸背板中区毛约 6 根 ············ 栖北网螱

	前胸背板中区毛约 15 根 ··· 褐缘网白蚁
9.	前胸背板中区毛约 30 根 ··· 黄胸网白蚁
	前胸背板中区毛 40 根以上 ··· 福建网白蚁
10.	上唇矛状,端部透明区无尖状突出 ·· 11
	上唇略较宽,端部透明区的顶端狭锐 ·· 13
11.	上唇端钝圆 ··· 12
	上唇端尖圆 ··· 黑胸网白蚁
12.	头壳色淡,骨化弱。上颚端尖而较直,右上颚具中齿迹 ··············· 圆唇网白蚁
	头壳色较深,骨化较强。上颚端较粗而弯,右上颚缺中齿迹 ········· 近圆唇网白蚁
13.	头部两侧平行 ··· 清江网白蚁
	头中后部略宽 ··· 14
14.	头宽大,头宽大于 1.22 mm,上颚较粗壮,但较内弯 ··············· 尖唇网白蚁
	头较狭,头宽小于 1.22 mm,上颚较细狭,端部不甚弯 ············· 细颚网白蚁
15.	乳孔口内缘呈三角形,上端形成狭角状 ····································· 16
	乳孔口非三角形,上端圆拱或近乎圆形 ····································· 18
16.	后颏腰部最狭处位于后端或中部的偏后方;前胸背板较狭,其宽小于 1.02,后颏最狭处宽 0.213 ~ 0.282 mm ··· 17
	后颏腰部最狭处位于中部;前胸背板较宽,其宽为 1.024 ~ 1.114 mm,后颏最狭处宽 0.294 ~ 0.307 mm ··· 嘉兴乳白蚁
17.	体大型,头较宽厚,头宽 1.35 ~ 1.38 mm,头高 1.02 ~ 1.04 mm ········· 厚头乳白蚁
	体较小,头较狭,头宽 1.025 ~ 1.25 mm,头高 0.756 ~ 0.792 mm ······· 上海乳白蚁
18.	体中型,前胸背板宽 0.775 ~ 0.875 mm,其宽较大于中胸背板宽;后颏腰部最狭处位于后部 ··· 普见乳白蚁
	体型较大,前胸背板宽大于 0.875,其宽与中胸背板宽近等宽,后颏腰部最狭处位于近中部 ····· 19
19.	头呈前狭后宽卵形,最宽处位于后部,后缘几近平直 ··············· 大头乳白蚁
	头呈椭圆形,最宽处位于中部,后缘中部较拱 ··················· 苏州乳白蚁
20.	上颚左右明显不对称,左上颚强烈弯曲,左上颚比右上颚宽广 ········· 扬子江近扭白蚁
	上颚左右对称 ··· 21
21.	上唇端部有透明块,中、后胸背板两侧极度扩展 ··················· 黄翅大白蚁
	上唇端部无透明块,中、后胸背板两侧不很扩展 ··························· 22
22.	体型明显较大,上颚端部较弯 ····································· 浦江土白蚁
	体型较小,上颚端部稍直 ··· 囟土白蚁

* 曾从国外随木料传入,现已被消灭。

二、江苏省白蚁的分布

在中国等翅目 Isoptera 区划中,江苏省处于古北和东洋两亚界分界线东段的南北两侧(高道蓉、朱本忠,1993)。即长江以北广阔的苏北平原和苏北丘陵属古北亚界,而苏南地区则属东洋亚界。因此,江苏省白蚁的种类及其分布正好体现了这一特点。江苏省白蚁分布现今格局的形成还与地质变迁有着十分密切的联系。长江还是扬子陆台与华夏陆台的分界(中国科学院《中国自然地理》编辑委员会,1983;朱本忠、高道蓉、姜克毅,1993)。所以,江苏又由分别处于扬子陆台和华夏陆台上的苏北和苏南两部分组成。因而,江苏省白蚁的自然分布还体现了两个陆台上的白蚁成分。

据调查(高道蓉、朱本忠、王新,1982),江苏省除苏北的少数盐碱地带和沿海滩涂外,白蚁的踪迹几乎遍布全省各地。江苏省的白蚁分布中以鼻白蚁科 Rhinotermitidae 中的网白蚁属 *Reticulitermes* 占优势。尽管这类白蚁几乎遍布全省平原和山丘,但其分布无论在种数、种群密度,还是所造成的危害程度上,均以长江沿岸及苏南地区为主,苏北地区较轻,特别在淮河以北大部分地区已十分轻微。该属在江苏省分布的白蚁种类,迄今已知的有12种,以其中的尖唇网螱 R. aculabialis、黑胸网螱 R. chinensis、圆唇网螱 R. labralis、清江网螱 R. qingjiangensis、黄胸网螱 R. flaviceps 5种最为常见。在危害房屋建筑的白蚁中,仅居其次的是乳螱属 Coptotermes。该类白蚁在中国分布北界的东段就在江苏省境内。其位置几乎与长江或古北、东洋两亚界东段重合:自东向西由上海市进入江苏省,经苏州、无锡、常州、镇江至南京。不过,以镇江为界,其东在长江以南,而其西已跨越了天崭长江达长江北岸,亦即古北亚界南缘:仪征、六合、浦口、江浦沿江一带。这可能与长江在其历史上的改道有关。该属白蚁在江苏已知的有6种,大多分布在环太湖丘陵和宁镇丘陵地带。其中在江苏省最常见的是普见乳螱 C. communis、苏州乳螱 C. suzhouensis。在苏州、无锡一带,上海乳螱 C. shanghaiensis 也常能遇到。江苏的白蚁科白蚁都属土栖类型。只见到土白蚁属的白蚁偶然对房屋建筑底部的木构件有所破坏,但对林木和绿化植物的危害在丘陵山区比较严重。另外,大白蚁属白蚁的分布仅局限于江苏南部的宜溧山地南部。近扭白蚁属的白蚁只在苏南丘陵山区有散在性分布,又因其以腐殖质为食而几乎不造成危害(高道蓉、朱本忠、王新,1982;高道蓉、朱本忠,1993;朱本忠、高道蓉、姜克毅,1993)。唯一的一种干木白蚁,小楹白蚁曾在南京市区的建筑物内零星发现。这很可能是一种人为携入的外来白蚁。但其在被害建筑物的木构件(楼地板、窗框等)内已生存多年,且已发生过长翅成虫的分飞。所幸在发现后已及时进行了防治处理,有效地控制了该种白蚁的危害和扩散。此外,值得一提的是,在江苏白蚁的调查过程中,省内一些市、县(南京、泰州、张家港等)曾多次发现或了解到从我国南方(主要是江西、福建等木材产地)随调入木材和从国外(美国、马来西亚等)进口木材中带入外来白蚁的情况(高道蓉、朱本忠、王新,1982;张绍红、陈建东、杜国兴,1992;张绍红,陈建东,1993)。检出的白蚁中有我国南方产的象螱亚科 Nasutitermitinae 的白蚁种类、美国产的北美动螱 Zootermopsis angusticollis (Hagen)、东南亚产的弯颚乳螱 C. curvignathus Holmgren 和婆罗乳螱 C. borneensis 等,还有从香港中转的集装箱带入普见乳螱 C. communis(吴建国、杨建平、徐国兴,1997)。它们虽然都被及时发现并进行了有效灭治,但有的种类具有较强适应能力,如稍有疏忽,就可能成为新的危害。

现将江苏各地发现的境外白蚁列入表1。

表1 江苏各地发现境外入境的白蚁情况*

白蚁种类	产地	查获地	资料来源
北美动螱 Zootermopsis angusticollis (Hagen)	美国	南京	高道蓉等,1982
高山原螱 Hodotermopsis sjöstedti Holmgren	不详	南京	转引自陈寿铃,1994
小楹螱 Incisitermes minor (Hagen)	不详	南京	高道蓉,1982
胡氏缘木螱 Marginitermes hubbardi (Banks)	美国	江阴	朱明道,1996
小锯螱 Microcerotermes bugnioni Holmgren	斐济	南通	冉俊祥,1999
哈氏象螱 Nasutitermes havilandi (Desneux)	马来西亚	南通	张明等,1998
婆罗乳螱 Coptotermes borneensis Oshima	马来西亚	张家港	张绍红等,1993
普见乳螱 C. communis Xia et He	香港中转	武进(张家港入境)	吴建国等,1999
曲额乳螱 C. curvignathus Holmgren	马来西亚	张家港	张绍红等,1992
曲颚乳螱 C. curvignathus Holmgren	马来西亚	南京	转引自陈寿铃,1994
曲颚乳螱 C. curvignathus Holmgren	柬埔寨	南通	张明等,1996
曲颚乳螱 C. curvignathus Holmgren	马来西亚	常熟	杜国兴等,1998
哈氏乳螱 C. havilandi Holmgren	印尼中转	常州(上海入境)	吴建国等,1999
南美乳螱 C. testaceus (L.)	苏里南	张家港	张绍红等,1996

* 各地仅记录到一次一种白蚁入侵。

三、江苏省白蚁的危害

江苏省白蚁的危害对象主要包括房屋建筑、林木绿化及堤坝等。

(一) 白蚁对房屋建筑的危害

江苏省白蚁对房屋建筑的危害在长江流域较为严重,而苏南地区各城市尤为突出。

1. 白蚁对现有房屋的危害

这类房屋大多属砖木结构和木结构,也有采用砖混结构的。凡建成年代较早、木构件较多的房屋,白蚁危害也比较严重。特别是分散在全省各地的古建筑,白蚁危害更为突出。如苏州市,自1959—1968年的10年间,对全市房屋进行了5次分项调查,结果75%的房屋有不同程度的白蚁危害。其中,小学校舍的被害率达55%~84%,幼儿园为39.13%。无锡市在1979—1982年间,发现单位自管房和私房中,因蚁害造成的危房有40处;1978—1982年间,白蚁危害房屋普查统计资料显示,部分地区白蚁危害按户计达72.4%,严重地区的白蚁危害率高达94%。南通市自1978年以来,每年发生白蚁危害而报治的居民有900户;常州市和泰州市则分别有745户和300户。在过去的40年中,因为白蚁严重危害而致房屋倒塌甚至造成人员伤亡的惨剧,在南京、苏州、无锡、常州、镇江等地都发生过。各地对古建筑白蚁危害的调查表明,白蚁危害十分严重。例如,苏州市被列入文物保护单位的252处古建筑中,被害率达80%;镇江市的寺庙类古建筑中,白蚁危害率高达93.3%;在被调查过的5处无锡市古建筑中,均发现了白蚁危害(林树青,1976);南京市古建筑的白蚁危害也达100%(刘发友、朱本忠,1994)。常州市区内有省、市两级文物保护单位共21处(省级7处,市级21处),1985年的调查表明,有白蚁危害的共17处,占80%;而省级文物保护单位中,5处有白蚁危害,占71%(尹兵、吴建国,1997)。但是,近年来随着经济建设步伐的加快,城镇居民住宅建设也在旧城改造的基础上加速发展着。因而,陈旧房屋的范围和数量在日趋减少,白蚁危害率也逐年下降。例如,南京市区的白蚁危害已从1958年的55%下降至70年代初的15%以下。

2. 新建成房屋中的白蚁危害

此类房屋建筑大多有抵御强烈地震能力,为坚固的砖混或钢混结构的多层乃至高层房屋建筑。它们建成于20世纪70年代后期至20世纪90年代初。由于此类建筑中木构件已大为减少,白蚁危害除发生在木质门窗框外,还常涉及室内装饰、家具及各种存放物等。最近的一项统计显示,仅南京、苏州、无锡、常州、镇江、扬州、南通等城市,在居民住宅内出现的白蚁危害所造成的直接经济损失每年可高达人民币3000万元以上。在这些新建成的砖混、钢混结构的住宅内,白蚁的危害呈现上升的趋势。例如,至1992年为止南京市已发现了500多幢近年建成的高楼大厦内有白蚁危害,其中400多幢在1987年前建成启用,包括宾馆、医院、学校等各种公共建筑。南京市纺织科研所的8层钢混结构楼宇近几年来每年都发生白蚁危害,至1994年,白蚁危害已蔓延至6楼的天花板。据苏州市对近年建成的砖混和钢混结构住宅白蚁危害的调查,按幢数计已有2/3遭到了白蚁的侵害。无锡市截至1992年5月底为止的不完全统计,已有54个新建居民新村发现了不同程度的白蚁危害;还有不少80年代新建的公共建筑、厂房等白蚁危害也很严重。在常州市,1982年建成并被评为全优工程的市政府1号楼,在1989年就出现了白蚁危害;钢混结构的常州市江南地下商场建成后数年就发生了白蚁危害。在镇江市新建成的邮电综合大楼(14层)中,白蚁不仅危害了房屋中的木构件,还破坏了其中的通讯电缆。

(二) 白蚁对林木和绿化植物的危害

白蚁对林木和绿化植物的危害,具体反映在两个方面:其一,在丘陵山区的人工营造林地,白蚁对植株的危害率很高,影响幼树的存活和生长。例如,江苏宜兴林场的136块杉木标准林地里共计13618株标准植株,平均白蚁侵害率达58%,最严重地块高达98%(干保荣、贺顺松、袁绍西,1983)。土栖白蚁对杉木林的危害,尤其是幼杉的危害更大,轻则影响植株生长发育,形成"小老树",重则致其死亡(高道蓉、朱本忠、周孝宽,1985)。其二,在城市的园林绿化植物中,遭白蚁危害的树种十分广泛,特别是已被列入重点保护的古树名木,白蚁危害相当严重。例如,南京梅园新村纪念馆里两株由周恩来同志当年亲手栽种的柏树 *Sabna chinensis* 中的一株,其根系遭一种网蠊 *Reticulitermes* sp. 严重危害而濒临死亡。淮安周恩来同志故居也曾发生过 *Reticulitermes* sp. 危害日本友人所赠的樱花树 *Prunus serrulata* 而导致植株死亡(吴一多,1991)。又如,扬州市回回堂内一株800多年前由一位古阿拉伯王子普哈丁所栽的银杏 *Ginkgo biloba*,树身高大粗壮,白蚁危害却已高3m以上,后经反复多次诱杀才控制住白蚁危害,保住了植株。还有苏州吴县的司徒庙有4株被清乾隆皇帝赐名"清、奇、古、怪"的千年古柏,也遭到了白蚁危害。苏州市拙政园内由明吴门才子文徵明手植的紫藤 *Wistaria sinensis*,其树干、树根均已遭白蚁严重蛀食(刘发友,1996)。这些古树名木一旦死亡,将会影响整个景点而带来巨大的经济损失。

(三) 白蚁对水利设施的危害

据江苏省水利厅的调查统计,江苏省淮河以南的776座水库中已有358座遭受了土螱 Odontotermes sp. 的危害,占46.1%。其中大、中型水库31座中,有23座已遭白蚁危害,占70%以上。长江、滁河、太湖等圩堤中遭受白蚁危害的圩堤总长已达167.12 km(朱德伦、朱家年,1993)。南京市从20世纪50年代起至70年代中期兴建的354座中、小型水库中,初步查明有145座有白蚁危害,占40.96%。六合县境内483.61 km堤防中,有45 km已遭白蚁危害(陆辉,1986)。滁河大堤南京江浦段,在114.8 km的堤防(含圩堤)中,当水位上升至+12 m(吴淞基面)以上时,出现漏洞678处,天洞(吊顶)18个。其中大斗门段仅69 m多的堤防上,漏洞就有40多个,并有白蚁和菌圃随水流冲出(孙永庆,1984;朱德伦、朱家年,1993)。1998年7月的汛期中,南京市八卦洲江堤和高淳固城湖、溧水石臼湖的圩堤都曾发生了因白蚁危害而出现的险情。盱眙县境内的水库土坝中,白蚁危害率高达90%左右;在溧阳、金坛、宜兴等丘陵山区的水库土坝,白蚁危害也十分严重(孙永庆,1984)。土栖白蚁对堤坝的危害除了白蚁在堤坝内构筑贯穿内、外堤坡的白蚁路而致洪汛期间出现漏洞外,堤身内白蚁群体多、密度大而使堤千疮百孔,是堤坝在洪水和汛期屡现险情的重要原因之一。例如,南京六合县大泉水库在1983年的白蚁治理过程中,经追挖出的白蚁巢穴有17个;金牛山水库在1984年3—4月间,追挖到的白蚁巢多达55个,获白蚁王55头、白蚁后91头。溧水中山水库于1981年5月也在土坝中挖出白蚁巢55个,获白蚁王、后50对(陆辉,1986)。总之,白蚁对堤坝的危害非同小可,已严重影响到江苏淮河以南水利工程和防汛抗洪的安全和堤坝本身的综合效益。

除此之外,白蚁的危害还涉及储运物品、家具、衣服、棉被、书籍、文书档案,各种纸制品、棉、麻、丝织品及其制成品,各类含纤维的建筑装饰材料及构件,甚至武器、弹药的货架、包装箱、木制部件和软塑料包装,电线电缆和通讯光缆的橡胶或塑料护套等。此外,还有农作物及其产成品、食品,也常遭白蚁危害而造成经济损失。总之,白蚁的危害遍及国民经济的很多方面。

四、江苏省白蚁防治概况

(一) 江苏省房屋白蚁防治概况

江苏省房屋白蚁防治工作开始于1958年,迄今已有40年的发展历程了。苏州市和南京市是江苏省内最早开展房屋白蚁防治并设立专业防治职能机构的城市。

1. 江苏省的白蚁预防

江苏省的白蚁预防工作在1992年以前只是根据建设方的要求,针对一些有必要进行白蚁预防的工程。例如,南京市五台山万人体育馆的主赛场木地坪、南京电影制片厂的摄影棚木地坪等,做了局部预防白蚁的处理,而处理过的部位至今(20余年)仍未发生白蚁危害。从目前情况来看,江苏省白蚁危害严重地区房屋建筑的白蚁预防措施应该包括如下几个方面:

(1) 建房场地的白蚁情况勘查和清理。无论是新建,还是翻建、改建、扩建工程,对已确定的建设场地及一定范围环境内的白蚁及其危害情况,应先做详细勘查。一旦查出白蚁,应先予杀灭,然后清除掉场地内的枯树死根、残桩埋木、垃圾和弃物。其目的是在建筑施工开始前消灭掉建设场地内可能存在的白蚁虫源,清除掉可以提供白蚁隐藏和取食的场所。另外,在建筑施工期间所产生的木工作业的废弃物(如:锯木屑、砍渣、刨花、小木头等)和某些建材包装(水泥纸袋、纸、木板箱、草绳等)应及时清理干净,做到日产日清,决不可就地掩埋或混入回填渣土,以免成为日后隐患。

(2) 基础及房地基的土壤毒化处理:对白蚁危害严重地区的一些重要建筑物,可将对预防白蚁有特效的化学杀虫剂施于房地基、墙基、室内地坪、室外散水坡等范围的土壤,使其在土壤中形成一个连续而均匀的含毒防护层,成为抵挡白蚁由地下入侵的屏障。处理还应包括对基础地坪、散水坡的回填土和碎砖、砾石垫层的毒化处理;也可以在混凝土中掺拌一定量的白蚁预防药剂,制成含毒混凝土,浇灌或砌筑基础墙体、地坪、地梁等。

(3) 木构件的白蚁预防处理。为了增加房屋建筑中木构件预防白蚁危害的保险系数,必须对房屋建筑中底层和低层的木构件用有特效预防白蚁作用的化学药剂做表面毒化处理,在木构件(尤其是贴地靠墙、入地部分)表面形成一个连续而均匀的毒化保护层,以防止白蚁的入侵。有浸渍、喷洒、涂刷、压注等处理方法。江苏省最常用的是喷洒和涂刷两种方法。

为了加强城市房屋的白蚁防治管理,控制白蚁危害,保证城市房屋的住用安全,建设部令第72号《城市房屋白蚁防治管理规定》于1999年10月15

日发布,1999年11月1日起执行。其中明确规定,凡白蚁危害地区的新建、改建、扩建、装饰装修的房屋必须实施白蚁预防处理。

为此,当务之急是寻求新的药剂来代替原有用药并探索和改进防治技术;另一个是必须对"白蚁预防处理包15年"的观念进行更新,即将"一次处理包15年"改为"每间隔一定时间进行一次处理",同样可以达到长时间预防白蚁的目的。

2. 江苏省房屋建筑白蚁的灭治

在江苏,房屋建筑危害白蚁的主要灭治对象是网蚀属 Reticulitermes。现在,乳白蚁属 Coptotermes 白蚁在江苏南部城乡房屋建筑中的危害已得到了有效的控制。但这类白蚁群体大,危害迅速,烈度也大,故仍不可忽视。土白蚁属 Odontotermes 对房屋建筑极少危害,但在丘陵山区也能见到它对房屋底部木构件(门槛、柱脚、地板下的支撑木、垫木、阁栅等)造成危害的情形。至于木白蚁,小楹属 Incisitermes minor 仅南京市区曾有零星危害,现已得到有效控制(刘发友、朱本忠,1994)。所以,后两类不是江苏房屋白蚁的主要危害对象。

检查发现,白蚁在房屋建筑白蚁灭治中是关键,往往会直接影响房屋白蚁灭治效果。南京市白蚁防治人员在这方面积累了不少经验,而且已总结出一套"问、看、听、探、撬"的"五字"检查法(南京市房地产管理局白蚁防治所,1977)。实际上这是灭治白蚁中通过一系列可行的调查,结合灭治人员自身所掌握的有关知识和当地白蚁的活动规律,综合判断,发现白蚁,并立即施药消灭白蚁的全过程。几十年的应用和实施证明,这个方法是有效的。房屋建筑中白蚁的灭治方法,目前在江苏省主要有液剂(水剂、乳剂、油剂)法、粉剂法、诱杀法。

(1)液剂法。用喷雾器将液态杀白蚁药剂喷洒在有白蚁危害的地方。不管喷洒哪一种灭治白蚁的液剂,都要求喷洒全面而深透,否则会影响灭治效果。

(2)粉剂法。用专用的喷粉器将胶囊内的杀白蚁粉剂喷入有白蚁活动的白蚁道内。喷施粉剂灭治白蚁时,要求做到以下几点:①见白蚁施药,即要将药粉尽可能多地直接喷到活动白蚁身上;②要喷得深、匀、散,即要求将药粉喷入被害木构件的深处,上、下、左、右各个方向都要喷施均匀,分散而不堆聚一处,以免阻塞白蚁通行;③所撬开的木材表面的检查和喷药口要小,施药结束后尽量使其闭合复原;④在木材表面要多选点施药,以便使更多的白蚁道内有药粉,致使白蚁有更多接触和携带药粉的机会,以利于灭白蚁药粉的广泛传播。另外,要注意的是喷粉器胶囊内的药粉不要装得太多,尤忌装满,以免影响粉的喷出,通常以不超过一半为宜。喷粉时操作者应处于上风位置,并注意操作安全。

(3)诱杀法。诱杀法是将白蚁诱出来后予以消灭,或者将杀白蚁的药剂与诱白蚁的诱饵混合在一起,制成毒饵,投放于有白蚁活动的地方,让白蚁在摄食饵料时,也摄食了杀白蚁药物而中毒,随着毒药被食和毒物在白蚁群体内的传递而使白蚁群体死亡。诱杀法和毒饵诱杀均可大大减少杀白蚁药剂的用量,从而有利于保护环境。这是防治方法上的一大进步。诱杀法中的饵料通常为白蚁喜食的食物,如:松木(木块、木屑、木片)、甘蔗渣(或其粉)等。用设坑、箱、堆、桩等形式把白蚁诱出来,然后杀灭。在20世纪80年代,南京市白蚁防治研究所曾以食用真菌(银耳和黑木耳等)的腐朽物作为诱饵研制成毒饵胶冻剂来诱杀白蚁(高道蓉、朱本忠、范寿祥,1985;高道蓉、朱本忠、于保荣、贺顺松、袁绍西,1985;高道蓉、朱本忠、王立中、薛贻深,1987),取得了可喜成果。

(二)江苏省堤坝白蚁防治概况

江苏省水利厅历来重视堤坝白蚁防治工作,在这方面做了大量有成效的工作,取得了很大成绩。

1. 堤坝白蚁预防措施

下面简要介绍一套切实有效的预防堤坝白蚁的措施。

(1)做好坝基与环境的清理。新建土坝时,在施工前必须对土坝的坝址认真进行检查,查明有无白蚁活动迹象,判别是否是土白蚁属或大白蚁属的种类。如是,则要进行除治,特别是所选坝址上的一些小山丘,更要认真、反复查找,务必清除隐藏其内的土白蚁和大白蚁群体。同时,必须对其形成的空腔、空洞、白蚁路进行填实,切不可留下隐患。

对土坝附近的山坡及树林中的上述两属白蚁,在土坝建造前就需要进行治理;土坝建成后也要逐年进行治理,以降低土坝附近上述两属白蚁种群密度,减少长翅成虫数量,减少蔓延的虫源。

(2)改变堤坝表层理化性质,建立防白蚁层。据李栋等(1984)的室内外试验,10%生石灰加90%黄黏土、粗砂、粗炉煤渣都可阻抗黑翅土白蚁创建新群体。用10%的石灰土壤和30%的食盐土壤,或者将这两种土壤的浓度降低一半混合起来,配对的脱翅成虫在上面爬行时会全部死于土表，不能入土建巢。另外，在堤坝表面铺设 10 cm 厚的粗沙砾或粗煤渣也可防止脱翅虫入土建巢。

据姚达长（1985）报道，广东省高州县良德水库大坝上游面砌石垫层和下游坝面砂壳构成了有效的防白蚁层。1959 年大坝竣工，至 1982 年检查尚未发现白蚁患情。因其可阻止脱翅成虫入内建巢。

2. 堤坝白蚁的治理方法

过去通常通过查找白蚁活动的地表特征：泥被、泥线、鸡枞菌或分群孔追踪白蚁路直至挖到白蚁主巢或者通过挖探测沟、设置引诱物和锥探白蚁洞挖到主巢。上述方法由于费时费工，同时对坝体的整体性有所影响，目前大多不采取。此外，烟剂毒杀法也不大采用。

目前使用最多的是诱饵剂，它杀灭堤坝白蚁（大白蚁属和土蚁属）的效果尤佳。由于诱饵剂中所含杀虫剂剂量很少，因而对环境几乎不造成污染。

3. 白蚁所致隐患的处理

杀灭堤坝内的白蚁群体后，白蚁群体活动所形成白蚁路（隧道）以及空腔等仍在堤坝内存在，这是堤坝的极大隐患。要消除这些隐患，应灌浆治理被害的堤坝。

五、白蚁新药简介

鉴于过去白蚁预防和灭治用药（砷制剂和有机氯类农药）属剧毒或强污染环境的杀虫剂，因此，寻求低毒、高效、低残留的新农药替代药剂的工作显得尤为迫切。李小鹰、高道蓉、夏亚忠（1994；1998）进行了试用第三代农药——合成除虫菊酯类杀虫剂溴氰菊酯防治房屋建筑白蚁危害的实验室毒力测定和应用效果的试验研究。结果表明，溴氰菊酯完全可以代替亚砷酸钠和氯丹两种液剂防治白蚁。现对有关白蚁新药做一简单介绍。

（一）预防和灭治白蚁的新药

1. L·X 混配制剂

该制剂为氯菊酯（L）和辛硫磷（X）复配制剂，是杭州市白蚁防治研究所研制成功的预防和灭治白蚁用药。L·X 属低毒类复配农药，其大白鼠经口 LD_{50} 为 926 mg/kg。经杭州市白蚁防治研究所的室外灭白蚁试验表明，用 2500×10^{-6} 的 L·X 灭治黄胸散白蚁效果平均有效户率在 85% 以上；用相同浓度处理木块对黄胸散白蚁、黑胸散白蚁和乳白蚁具有良好的预防作用。常州市白蚁防治研究所和武进市白蚁防治所使用江苏省武进市泰村洗涤剂厂试制的同类产品也取得了良好效果。

2. 锐劲特（fipronil）

锐劲特为苯基吡唑类杀虫剂，由原罗纳普朗克公司生产。其商品名为 Termidor 25 EC（W/V），分子式为 $C_{12}H_4Cl_2F_6N_4OS$，低毒，大白鼠经口 $LD_{50} >$ 2000 mg/kg。我国广东省昆虫研究所戴自荣等（1999）做了 Termidor 25 试验。室内试验表明，白蚁虽然不同程度地进入试管的处理土层，但接触药剂后白蚁死亡率很高，浓度为 45×10^{-6} 和 90×10^{-6} 时白蚁死亡率达 100%，30×10^{-6} 时的存活白蚁只剩下 3.3%。从室内外实验结合综合分析，认为使用此药的浓度不低于 30×10^{-6}，即相当于野外 120 mL/m² 的剂量较为适宜。而常州市白蚁防治研究所使用国产的该药亦得出类似的试验结果（吴建国等，待发表）。

3. 溴氰菊酯

其商品名为 Decamethrin、Decis、K-othrin、FMC45498、Kordon^R 250TC，化学名称为（S）-α-氰基-苯氧基苄基（1R,3R）-3-（2,2-二溴乙烯）-2,2-二甲基环丙烷羧酸酯，分子式为 $C_{22}H_{19}Br_2NO_3$，熔点为 98℃~101℃。它在水悬液中对大白鼠急性口服 $LD_{50} > 5000$ mg/kg，可用于土壤防治白蚁。

对散白蚁 Reticulitermes sp. 室内毒力测定，其 LD_{50} 为 0.36 μg/g，LD_{50} 95% 置信限为 0.27 μg/g~0.48 μg/g；LD_{95} 为 3.808 μg/g，LD_{50} 95% 置信限为 1.17~12.395 μg/g；LC_{50} 为 1.1715×10^{-6}，LC_{50} 95% 置信限为 0.087×10^{-6}~1.5775×10^{-6}；LC_{95} 为 12.42510^{-6}，LC_{95} 95% 置信限为 $(3.818~40.439) \times 10^{-6}$（李小鹰等，1998）。用 25×10^{-6} 和 125×10^{-6} 的溴氰菊酯处理土壤，形成毒土层，第 3 年仍有阻止白蚁危害的效果（李小鹰等，1999）。用 125×10^{-6} 的溴氰菊酯灭治房屋建筑白蚁也可取得很好的治理效果。其单位耗药量平均为：木地板 1.3 L/m²，每个门、窗框 1.75 L，每根木柱 3.3 L（李小鹰等，1994）。在白蚁危害严重的无锡市崇宁路小学新建活动用房和锡惠公园老爷殿重建工程中，用 125×10^{-6} 的溴氰菊酯喷洒地面及其他木构件 4 年后仍未发现白蚁危害（李小鹰等，1994）。用 125×10^{-6} 的溴氰菊酯处理木材经不同物理因子处理，在野外第 3 年仍有良好的抗白蚁效果，因而溴氰菊酯可以作为木材防护剂（李小鹰等，1999）。使用艾格福公司生产的杀白蚁剂 Kordon^R 250TC 灭治房屋建筑散白蚁 Reticulitermes spp. 效果很好（高道蓉等，待发表）。

4. 联苯菊酯（Bifenthrin [FMC]）

其商品名为 Biflex^R 240EC,对大白鼠口服 LD$_{50}$ 为 54 mg/kg。可用于防治各种白蚁,浓度 0.06% 时有效期为 8 年。Biflex^R 240EC 是一种低使用量、具有长期防治效果的防治药物,用于加工好的木材、胶合板、藤条。在印度尼西亚已进行了一系列的试验,以评价 Biflex 作为木材防护剂控制各种蛀木害虫的有效性(Nandika D.,1993)。在澳大利亚,用 Biflex 及其有效成分联苯菊酯(Bifenthrin)进行过同样的试验(Creffield J. W. 和 Chew N.,1989;Creffield J. W.、Johnson G. C.、Chew N. 和 Tithe M. A.,1991)。这些试验都显示,Biflex 和联苯菊酯是对木材非常有效的白蚁和蛀木害虫防治药物,它们的有效使用浓度比传统的木材防护剂低,可用于乳白蚁属 Coptotermes、异白蚁属 Heterotermes、散白蚁属 Reticulitermes 和动白蚁属 Zootermopsis 白蚁的防治。用于加工过的木料处理:防治地下白蚁中的曲颚乳白蚁 C. curvignathus,浓度 0.06%,涂刷每平方米木材表面 150~200 mL 稀释液。防治干木白蚁中的丘额砂白蚁 Cryptotermes cynocephalus,用 0.03% 涂刷,每平方米木材表面 150~200 mL;浓度 0.015%,在 60 cm Hg、10 个大气压下真空熏蒸处理 30 min,每立方米保留 2.3 kg 药物。防治白蚁土壤处理对曲颚乳白蚁 C. curvignathus 浓度为 0.06%~0.12%。无锡市白蚁防治所使用 FMC 生产的 Biflex^R 240EC 防治白蚁效果很好(李小鹰等,待发表)。

5. 氯氰菊酯(Cypermetrin[ICI Americas])

其商品名为 Demon^R TC、Prevail,化学名称为(RS)α-氰基-3-苯氧基苄基(IRS)顺,反 3-(2,2-二氯乙烯基)-2,2-二甲基环丙烷羧酸酯,分子式为 $C_{22}H_{19}Cl_2NO_3$;对小白鼠口服 LD$_{50}$ 为 138 mg/kg(有的资料为 250~400 mg/kg),对大白鼠口服 LD$_{50}$ 为 251 mg/kg。可用于土壤、木材处理防治白蚁。常用浓度:Demon^R TC 为 0.25%、0.01%,Prevail 为 0.3%、0.6%。该药于 1982 年开始试验,试验点在美国亚利桑那州、佛罗里达州,10% 浓度,水泥平板法测试,有效期为 8 年。Prevail 是 FMC 登记的一种新的用于预防处理的白蚁防治剂,登记注明的是 0.3%~0.6% 的稀溶液。

6. 氰戊菊酯(Fenvalerate[Velsicol])

其商品名为 Tribute,化学名称为(R,S)-α-氰基-3-苯氧基苄基(R,S)-2-(4-氯苯基)-3-甲基-丁酸酯,分子式为 $C_{25}H_{22}Cl_2NO_3$;对雄性小白鼠急性口服 LD$_{50}$ 为 200~300 mg/kg,对白鼠急性口服 LD$_{50}$ 为 451 mg/kg。可用于土壤、木材处理防治白蚁,有效成分每加仑 0.9 kg,常用浓度为 0.5%、1.0%。1978 年开始试验,试验点在美国亚利桑那州,水泥平板测试 0.5% 和 0.1% 都显示 12 年有效期。

7. 异柳磷(Isofenphos[Mobay])

其商品名为 Pryfon。对大白鼠口服 LD$_{50}$ 为 28~38 mg/kg,用于土壤处理,但不可进行木材或已受白蚁危害木材的处理,常用浓度为 0.75%。该药 1974 年开始试验,试验点在美国佛罗里达州,浓度 1.0%,水泥平板法测试,有效期 14 年。

8. 氯菊酯(Permethrin[ICI Americas、FMC])

其商品名为 Torpedo、Dragnet^R FT、Dragnet 380EC,化学名称为(3-苯氧基苄基)-(±)顺,反-2,2-二甲基-3-(2,2-二氯乙烯基)环丙烷羧酸酯,分子式为 $C_{21}H_{20}Cl_2NO_3$,熔点约为 35℃(分析规格);对雄性小白鼠急性口服 LD$_{50}$ 为 650 mg/kg,对大白鼠急性口服 LD$_{50}$ 为 1200 mg/kg,对大白鼠急性经皮 LD$_{50}$ > 2500 mg/kg,对大白鼠急性吸入毒性 LD$_{50}$(4h) > 23.5 mg/L。可用于土壤和木材处理,但要选用不同的产品,一般采用 0.5% 或 1.0% 的浓度。Dragnet^R FT 于 1978 年开始试验,试验点为美国亚利桑那州、佛罗里达州,1.0% 的浓度显示 12 年有效,其中在亚利桑那州 0.5% 的浓度也显示了 12 年的有效期。Torpedo(Totorpedo TC)于 1980 年开始试验,试验点在亚利桑那州、佛罗里达州,1% 的浓度有效期为 10 年,其中在亚利桑那州 0.5% 的浓度也显示 10 年有效。在最近所做的观察中,上述两地的防治仍然有效。印度尼西亚茂物农业大学林业系木材保护试验室的 Nandiba(1993)在印度尼西亚进行的 Dragnet 380EC 的一系列实验室试验证明其对地栖性白蚁曲颚乳白蚁 Coptotermes curvignathus、干木白蚁丘额砂白蚁 Cryptotermes cynocephalus 及其他主要蛀木害虫有效。Dragnet^R FT 和 Dragnet 380EC 均可用于乳白蚁属 Coptotermes、异白蚁属 Heterotermes、散白蚁属 Reticulitermes、动白蚁属 Zootermopsis 白蚁的防治。Dragnet 380EC 用于加工过的木材处理:防治地下白蚁曲颚乳白蚁 C. curvignathus,浓度 0.5%,涂刷每平方米木材表面 150~200 mL;防治干木白蚁丘额砂白蚁 Cryptotermes cynocephalus,涂刷,浓度 0.25%,每平方米木材表面 150~200 mL;浓度 0.125%,在条件为 60 cm Hg、10 个大气压下,熏蒸 30 min。每平方米保留 8.78 kg 药物,土壤处理防治地栖性曲颚乳白蚁 C. curvignathus,浓度为 0.5%。

9. 硅白灵

它是一种新型的硅烷类化学物,化学名称为 4-

乙氧苯基[3-(4-氟-3-苯氧苯基)丙基]二甲基硅烷,分子式为 $C_{25}H_{29}FO_2Si$;大白鼠急性经口毒性 $LD_{50} > 5000$ mg/kg,商品名为 Silonen 乳剂,由日本除虫菊株式会社开发,含5%的硅白灵有效成分。据介绍,它在日本从1991年开始应用于白蚁防治的土壤处理,常用浓度为0.10%,用量为 $3 \sim 5$ L/m²。在我国试验结果相似,经0.10%以上浓度处理过的土壤对乳白蚁 Coptotermes sp. 的预防作用较明显,经0.05%以上浓度处理过的土壤对土白蚁 Odontotermes sp. 和散白蚁 Reticulitermes sp. 具有一定的预防作用,且预防作用与浓度成正相关关系(宋晓钢等,1996)。在野外试验两年半后(1992年12月至1995年7月)的结果表明,硅白灵处理土壤对白蚁有良好的驱避作用,白蚁不进入0.1%以上浓度处理过的土壤区域。与对照组比较,效果明显。同时,硅白灵处理木材有防白蚁作用,0.25%以上浓度浸渍的木块一年后仍能有效地预防白蚁蛀蚀(戴自荣等,1997)。

10. 高效氰戊菊酯

国内称之为白蚁灵(Sumialfa 5FL)。白蚁灵为5%悬浮剂,住友化学产品,拟除虫菊酯类杀虫剂。外观乳白色,比重为1.2(20℃),pH为6~8,对哺乳动物的毒性较低,大白鼠急性口服 LD_{50} 为690 mg/kg。在我国经室内外试验结果认为,在广州地区用0.8%以上浓度处理具有实用意义(戴自荣等,1997)。

该药剂对白蚁具有很好的驱避作用,土壤中药剂浓度为 62.5×10^{-6} 即能有效地防止乳白蚁 Coptotermes sp. 和黄胸散白蚁 Reticulitermes flaviceps 穿过直径为 5 cm 的土壤柱。而且对含该药剂的土壤进行风化处理,其防止白蚁穿过的能力并没有明显下降。因此,该药剂作为土壤处理剂具有很好的防治白蚁的效果,完全可以期待进入实用化,替代有机氯农药(张方耀等,1995)。

(二)毒饵中新的杀白蚁剂

作为可代替灭蚁灵在配制毒饵中发挥杀虫剂作用的药物主要有下列8种。

1. 氟虫胺

英文通用名称:sulfluramid (BSI, ISO-Edraft)。商品名称:Finitron。其他名称:GX071。为有机氟杀虫剂,其分子式为 $C_{10}H_6F_{17}NSO_2$,对大白鼠急性口服 $LD_{50} > 2296$ mg/kg。可用于防治蚂蚁、蜚蠊和白蚁,特许 FMC 用于制作白蚁诱饵。该杀虫剂 1989 年由 Griffin 公司在美国投产,获有专利 US 3380943(1968)、DE2015332 (1970)。氟虫胺防治台湾乳白蚁 Coptotermes formosanus 局部致死中量(LD_{50})估计为9.94 μg/g 以及防治北美散白蚁 Reticulitermes flavipes 的局部 LD_{50} 为 68.61 μg/g。在强迫取食条件下,台湾乳白蚁 C. formosanus 对氟虫胺较为敏感(致死中浓度 LC_{50} 为 4.22×10^{-6}),比北美散白蚁 R. flavipes (LC_{50} 为 13.6×10^6)要敏感约3倍。当局部施药时,90%北美散白蚁 R. flavipes 死亡之前经过 5~15d(对应的剂量范围 100~200 μg/g),而对于台湾乳白蚁 C. formosanus 在低剂量(14.0~37.5μg/g)作用 2~7d 后记录到相似的死亡率。在用氟虫胺强迫取食后 3~12d,这两种白蚁被杀死90%,但是对于台湾乳白蚁 C. formosanus,仅在低浓度时如此(Nan-Yao Su 等,1988)。用南京军区联勤部军事医学研究所试制的同类产品硫氟酰胺进行的试验得到相似的结果,防治尖唇散白蚁 R. aculabialis 的局部致死中量(LD_{50})估计为 13.45 μg/g,防治近圆唇散白蚁 R. perilabralis 局部 LD_{50} 为 22.30 μg/g 和防治圆唇散白蚁 R. labralis 的 LD_{50} 为 46.89 μg/g。它们的 95% 置信限分别为 11.6~15.40 μg/g、20.0~24.84 μg/g 和 42.62~51.00 μg/g(高道蓉等,2000)。武进市白蚁防治所和常州市白蚁防治研究所用国产氟虫胺亦取得了良好的灭白蚁效果(吴建国等,待发表)。

2. 伏蚁腙

英文通用名称:hydramethylnon [BSI, ANSI, ISO-E draft, hydramethylnone(ISO-F draft)]。商品名称:Amdro、Combat(家庭用)、Maxforce(专用用途)、Marox、Wipeout。其他名称:AC 217300、CL217300。本品为试验性杀虫剂,对大白鼠口服 $LD_{50} > 1100$ mg/kg。具有胃毒作用,在环境中无生物累积作用。主要用于牧场、草地、草坪和非作物区防治火蚁,也可防治蜚蠊和白蚁。它的分子式为 $N_4F_6C_{25}H_{24}$,分子量为494.5,为黄色结晶固体,无气味。熔点为178℃~185℃,在25℃的水中溶解度为 5~7 μg/g,溶于丙酮、甲醇、乙醇、异丙醇、氯仿等有机溶剂。它的毒性很低,对雄鼠的口服致死中量为 1131 mg/kg,雌鼠为 1300 mg/kg,对兔的急性表皮致死中量(雌、雄性)大于 5000 mg/kg。该杀虫剂由 J. B. Lovell 报道,美国 Cyanamid 公司开发,获有专利 US 4087525(1978)、4152436(1979)、FR2402410(1979)、2422646(1980)。(1)美国农业部密西西比州的高尔夫林业试验站用伏蚁腙防治散白蚁 Reticulitermes sp.,在密褶褐腐菌感染过的木块中加入

0.25%~0.5%的上述药剂进行诱杀试验,播饵6d后白蚁开始死亡,并且证实诱木对散白蚁 Reticulitermes sp. 无驱避作用。(2)澳大利亚墨尔本化学和木材工艺研究所的 French 等用伏蚁腙粉剂在室内做毒效材料,并与三氧化二砷粉剂相互比较,结果证实三氧化二砷杀死白蚁的速度比伏蚁腙快,而后者对哺乳动物的毒性远比砒霜低。(3)美国路易斯安那和夏威夷大学曾用伏蚁腙对乳白蚁做试验,他们用药剂处理 25 cm×26 cm 大小的纸,在夏威夷野外诱杀白蚁。浓度为 180 μg/g 时,播饵一月后无效;采用较高浓度(>6400 μg/g)时,饵料初时被食,一星期后白蚁盖住饵料并避开;用 15000 μg/g 的毒饵抑制了一个群体的活动,但对另一个群体没有作用。

3. 伏蚁灵

英文通用名称:niflufidide (BSI, ANSI, ISO draft)。商品名称:Bant。其他名称:FL-468、Lilly L-27、EL-968。对大白鼠口服 LD_{50} 为 48 mg/kg。本品试用于防治火蚁和白蚁。该杀虫剂由 Eil-Lilly 公司和 Elanco 公司开发,获有专利 US 3989840 (1977)、AT 341507 (1978)、FR 2320087 (1978)、NL 75-08283 (1977)、IL 47555 (1980)、GB 2091096 (1982)。

4. 钼、钨化合物

由该化合物制成的钼钨诱饵剂由中国科学院动物研究所和大日本除虫菊株式会社中央研究所提供,含5%钼酸盐和3%钨酸盐,诱饵形状为直径约 5 cm、厚 1.5 cm 的圆形和 5 cm×3.5 cm×1.2 cm 的长方形两种,它的杀虫机制是通过其过氧化物在虫体内,特别是脂肪体的沉积,破坏白蚁的生理活动来实现的,因而白蚁死亡相当缓慢。室内强迫取食的白蚁死亡速度为 12~13d,野外乳白蚁 Coptotermes sp. 群体死亡需 6~12 个月。经室内外试验,认为投饵的成败和白蚁死亡速度与投放诱饵的剂量和白蚁对诱饵的取食率有密切关系,而取食率则由白蚁对诱饵配方的嗜食程度决定。各种白蚁的食性有所不同,因而应形成针对各种白蚁的系列诱饵剂,最大限度地提高白蚁的取食率,加快白蚁的死亡速度(戴自荣等,1997)。

5. 氟铃脲

氟铃脲是一种几丁质合成抑制剂,对白蚁的作用与其他害虫一样,主要是抑制其蜕皮,导致白蚁死亡。它对大白鼠口服 LD_{50} >5000 mg/kg。在美国,Su 等(1993)对氟铃脲诱饵剂对北美散白蚁 R. flavipes 和台湾乳白蚁 C. formosanus 的作用做了室内测定。结果发现,氟铃脲对台湾乳白蚁 C. formosanus 和北美散白蚁 R. flavipes 取食产生阻止作用的浓度分别为 >15.6 μg/g 和 >2 μg/g,9 周内对该两种白蚁产生 90% 以上死亡的浓度分别为 >15.6 μg/g 和 >2 μg/g。Su(1994)用氟铃脲控制北美散白蚁 R. flavipes 和台湾乳白蚁 C. formosanus 田间群体取得了成功。采用监测和诱杀相结合,并在诱饵管中引入媒介白蚁的方法来防治白蚁,即在白蚁活动区设木桩监测,被侵染的木柱用由塑料圆筒包围的木块组成的监测站代替,并在监测站周围土壤中打入由两块云杉板捆扎而成的木桩。一旦发现木桩被白蚁蛀食,就拔出木桩,插入诱饵管。诱饵管管壁预先钻孔,并装入饵料(以木屑和琼脂作为基质),诱管的上端开口处留出一小段空间。松开木桩,把其上的白蚁赶入诱管,盖上管盖,并用土覆盖。这种方法由于采用了从同一群体诱集的白蚁作为媒介白蚁放入诱管,而后媒介白蚁又可以从诱管壁上的开孔进入土中,引诱白蚁群体其他个体前来取食,从而大大提高了诱杀效果。研究表明,氟铃脲的 4 种浓度(500、1000、2500、5000 μg/g)对白蚁的诱杀作用无显著性差异,并且用最高浓度也不对白蚁产生拒食作用。要减少白蚁 90%~100% 的取食种群,需用氟铃脲 4~1500 mg。

6. 卡死克

5%卡死克乳油(英国壳片公司生产)是一种昆虫几丁质合成抑制剂,这种抑制剂对高等动物较安全,对环境污染小,并在我国农业害虫防治中取得了良好的效果。它对大白鼠口服 LD_{50} >3000 mg/kg。该药对害虫有明显的胃毒和触杀作用。卡死克以 327.36 μmol/L 处理台湾乳白蚁 C. formosanus 效果最为理想,处理 3d 后的防治效果即达 97% 以上(见表2)(雷朝亮等,1996)。

表2 卡死克对台湾乳白蚁 C. formosanus 的毒杀效果

(仿雷朝亮等,1996)

浓度(μmol/L)	校正死亡率(%)		
	1d	3d	5d
40.92	7.78	19.32	19.76
81.84	17.78	23.87	29.63
163.68	27.78	37.50	46.91
327.36	92.22	97.73	100.00
409.20	97.78	100.00	100.00

从卡死克不同时间对台湾乳白蚁 C. formosanus

致死浓度(表3)可以看出,卡死克在使用浓度时的主要作用方式为胃毒作用,但在使用浓度较高时表现出较明显的触杀作用(雷朝亮等,1996)。台湾乳白蚁 C. formosanus 对卡死克无驱避作用(表4)(雷朝亮等,1996)。

表3 卡死克对台湾乳白蚁 C. formosanus 的毒力　　(仿雷朝亮等,1996)

时间(h)	毒力回归线	相关系数	LC_{50}(umol/L)
24	$Y = -2.411 + 3.455X$	0.944	139.64
48	$Y = -3.542 + 4.227X$	0.876	104.95
72	$Y = -3.630 + 4.321X$	0.888	99.31

表4 卡死克对台湾乳白蚁 C. formosanus 忌避作用的定性观察　　(仿雷朝亮等,1996)

试验处理	不同时间白蚁进入各处理区次数								合计
	12 h	24 h	36 h	48 h	60 h	72 h	84 h	96 h	
卡死克	4	6	4	4	4	5	2	2	31
清水对照	5	5	5	5	4	5	4	5	38

卢川川等(1997)用卡死克和灭蚁灵对台湾乳白蚁 C. formosanus 做毒效试验,试验结果见表5。从表5可以看出,白蚁在卡死克和灭蚁灵各浓度的试验中全部死亡,但死亡的时间有明显差别。浓度越高,白蚁取食后的死亡时间越短。卡死克和灭蚁灵100 μg/g的浓度相比,用灭蚁灵的死亡速度要快1～2 d,说明卡死克的毒效比灭蚁灵稍慢。

卢川川等(1997)还对卡死克和灭蚁灵的残效作用进行了测定,结果见表6。卡死克和灭蚁灵同浓度处理的滤纸片,新配药液的杀白蚁效果好,全部死亡时间短,而在室内存放55 d后的灭蚁灵旧滤纸片仍有很强的毒杀作用,其白蚁全部死亡时间仅比新配药液处理的死亡时间迟2 d。卡死克存放55 d后的药效明显降低,虽然供试的白蚁全部死亡,但死亡时间比新配的药延长了10 d。说明卡死克的残效期比灭蚁灵短,在用卡死克做白蚁毒饵时,应予以考虑。

表5 卡死克和灭蚁灵对台湾乳白蚁 C. formosanus 的毒效试验　　(仿卢川川等,1997)

药名	浓度(μg/g)	50%死亡时间(d)	全部死亡时间(d)	死亡率(%)
卡死克	25	18	25	100
	50	15	24	100
	75	10	23	100
	100	8	10	100
	125	7	8	100
	200	4	6	100
灭蚁灵	100	6	9	100
	1000		3	100
空白对照				1.3

表6 卡死克和灭蚁灵对台湾乳白蚁 C. formosanus 的残效作用试验　　(仿卢川川等,1997)

药名	浓度	累计死亡率(%)							
		1～3d	4d	5d	6d	7d	8d	9d	10～15d
新配卡死克	200	1.96	1.96	2.94	100.00				
旧配卡死克	200	1.96	1.96	1.96	1.96	2.94	5.88	100	
新配的灭蚁灵	100	0.00	28.43	64.70	98.03	100.00			
旧配的灭蚁灵	100	0.00	8.88	21.57	41.18	69.61	88.82	100.00	
对照	0	0.00	0.00	0.00	0.00	0.00	0.00	0.00	0.00

7. 爱力螨克

1.8%爱力螨克乳油（美国默沙东公司生产）。分子式为：(1) $C_{48}H_{72}O_{14}$，(2) $C_{47}H_{70}O_{14}$。原药对大白鼠口服 LD_{50} 为 10 mg/kg，而 1.8% 乳油为 650 mg/kg。台湾乳白蚁 C. formosanus 对爱力螨克极为敏感，使用浓度 2.3 μmol/L 以上时，处理 3 d 后的死亡率可达 90% 以上，爱力螨克的使用浓度以 9.2 μmol/L 为合适，用药 3 d 后死亡率即达 95% 以上（见表 7）（雷朝亮等，1996）。

从爱力螨克不同时间对台湾乳白蚁的致死浓度（表 8）可以看出，爱力螨克 24 h 的 LC_{50} 极高，说明它对台湾乳白蚁的主要作用方式是胃毒作用。从对白蚁诱杀剂杀虫成分的要求看，爱力螨克是一种较为理想的白蚁诱杀剂（雷朝亮等，1996）。

表 7　爱力螨克对台湾乳白蚁 C. formosanus 的毒杀效果　　（仿雷朝亮等，1996）

浓度(μmol/L)	校正死亡率(%)		
	1d	3d	5d
2.30	7.78	92.04	100
4.6	10.00	92.04	100
9.20	13.33	94.45	100
19.40	6.67	100.00	100
23.00	16.67	100.00	100

表 8　爱力螨克对台湾乳白蚁 C. formosanus 的毒力　　（仿雷朝亮等，1996）

时间(h)	毒力回归线	相关系数	LC_{50}(μmol/L)
24	$Y = 3.549 + 0.212X$	0.415	6.98
48	$Y = 4.2000 + 3.193X$	0.913	1.78
72	$Y = 4.966 + 2.615X$	0.882	1.03

据雷朝亮等（1996）实验结果，爱力螨克对台湾乳白蚁 C. formosanus 无明显驱避作用（表 9）。

表 9　爱力螨克对台湾乳白蚁 C. formosanus 的忌避作用的定性观察　　（仿雷朝亮等，1996）

试验处理	不同时间白蚁进入各处理区次数								合计
	12 h	24 h	36 h	48 h	60 h	72 h	84 h	96 h	
爱力螨克	4	1	1	2	3	2	0	0	13
清水对照	5	5	5	5	4	5	4	5	38

8. 阿维菌素（Avermectin）

在我国，阿维菌素由浙江德清拜克生物有限公司生产。经德清县白蚁防治研究所室内外试验，阿维菌素对常见的黑翅土白蚁、黄胸散白蚁、乳白蚁具有极高的生物活性，与有机氯（氯丹）、有机磷（毒死蜱）等药物相比，其 LD_{50} 明显低，在杀灭效果和使用方法上都可以直接取代有机氯、有机磷杀虫剂（郭建强等，1999）。

参考文献

[1] 干保荣,贺顺松,袁绍西.灭蚁灵防治林地白蚁初试[J].江苏林业科技,1983,(4):22-23.

[2] 高道蓉,朱本忠.中国等翅目的区系划分[J].白蚁科技,1985,10(1):1-10.

[3] 高道蓉,朱本忠,范寿祥.毒饵法灭治白蚁[J].住宅科技,1985,(2):32-33.

[4] 高道蓉,朱本忠,干保荣,等.新型毒饵灭治林地白蚁（蟹）[J].南京林业学院学报,1985,(3):128-131.

[5] 高道蓉,朱本忠,王立中,等.引诱白蚁的食用菌腐朽物筛选[J].动物学研究,1987,8(3):303-309.

[6] 高道蓉,朱本忠,王新.江苏省蟹类调查及网蟹属新种记述[J].动物学研究,1982,3(增刊):127-144.

[7] 高道蓉,朱本忠,周孝宽.杉木林地的白蚁防治[J].江苏林业科技,1985,(4):32-33.

[8] 高道蓉,朱本忠,李小鹰,等.人工合成新药硫氟酰胺防治白蚁的室内试验[J].白蚁科技,2000,17(1):6-8.

[9] 郭建强,雷阿桂,陈新年.微菌素诱饵剂防治白蚁室内毒效试验[J].白蚁科技,1999,16(1):17-21(30).

[10] 李小鹰,高道蓉,夏亚忠.溴氰菊酯防治房屋建筑白蚁应用效果试验初报[J].白蚁科技,1994,11(2):29-33.

[11] 李小鹰,高道蓉,夏亚忠.溴氰菊酯对散白蚁 Reticulitermes sp. 毒力测定结果初报[J].白蚁科技,1998,15(2):8-9.

[12] 林树青.我国白蚁危害与防治情况综述[J].住宅科技,1986,11(2):39-40.

[13] 刘发友.园林古建筑庙宇白蚁危害及其防治探讨[J].白蚁科技,1996,13(3):22-26.

[14] 刘发友,朱本忠.南京市的白蚁及其防治概况[J].白

科技,1994,11(2):19-23.
- [15] 卢川川,钟浩泉.卡死克和灭蚁灵对家白蚁的毒效试验[J].白蚁研究,1997(1):1-7.
- [16] 卢川川,韦昌华,陈国强,等.吡虫啉对台湾乳白蚁的毒效试验[J].白蚁科技,1999,16(3):1-4.
- [17] 陆辉.南京地区水库土坝土栖白蚁的防治[J].白蚁科技,1986,3(2):14-18.
- [18] 南京市房地产管理局白蚁防治所.白蚁防治知识[M].南京:江苏人民出版社,1977.
- [19] 单树模,王维屏,王庭槐.江苏地理[M].南京:江苏人民出版社,1980.
- [20] 孙永庆.白蚁对堤坝的危害及其防治措施[J].江苏水利科技,1984,(3):77-84.
- [21] 王兴华,王向阳.白蚁危害调查及其防治[J].江苏住宅科技,1997,(1):51-52.
- [22] 吴建国,杨建平,徐国兴.武进市发现首例境外白蚁入侵[J].白蚁科技,1997,14(2):25-29.
- [23] 吴建国,高道蓉,杨建平,等.江苏白蚁及其防治[M].南京:河海大学出版社,1999.
- [24] 张绍红,张建东.从马来西亚木材上截获到婆罗乳白蚁[J].植物检疫,1993,7(6):454-455.
- [25] 张绍红,张建东,杜国兴.在进口马来西亚柳桉上发现曲颚乳白蚁[J].植物检疫,1992,6(6):127.
- [26] 张绍红.从苏里南木材截获南美乳白蚁[J].植物检疫,1996,10(6):362.
- [27] 中国科学院《中国自然地理》编委会.中国自然地理.植物地理(上册)[M].北京:科学出版社,1983.
- [28] 朱本忠,高道蓉,姜克毅.地址变迁与中国等翅目分布起源[J].白蚁科技,1993,16(3):3-9.
- [29] 朱德伦,朱家年.江苏省堤坝白蚁防治技术综述[J].江苏水利科技,1993,(4):21-26.

The termites from Jiangsu and their control

Gao Daorong, Zhu Benzhong

(Nanjing Institute of Termite Control)

Abstract: This paper had discussed summarily the termites from Jiangsu with their species, distribution, damaging and their control. The number of termite species from Jiangsu had been increased from 19 up to 23, and they belong to 3 families and 6 genera separately. A list for these termites from Jiangsu and their key had been given in this paper. The termites from Jiangsu, however, either for their known species number or for density of their population, and or for degree of their damages are main in the south regions of Jiangsu, and bands along the Yangtze River, and lighter in the north regions of Jiangsu, particularly very light in the most region forwards north of the Huaihe River.

Key words: Jiangsu; termites; control

(原文刊登在《纪念六足学会创建八十周年、江苏省昆虫学会四十周年论文集粹》,2000:95-108;《中国白蚁学论文选(2000-2004)上册》选录该文时进行了较大幅度的修改。)

69 防治城市害虫的新药——氟虫胺和氟虫胺制剂

高道蓉[1]，傅碧峰[2]，周留坤[3]，周晔[3]，李国亮[4]，曹霞[5]
([1]南京市白蚁防治研究所；[2]南宁市白蚁防治所；[3]武进市泰村消毒洗涤剂厂；
[4]珠海市白蚁防治技术推广站；[5]深圳市方园宁白蚁防治有限公司)

在长期从事白蚁和城市害虫的防治工作中,我们得到的经验是:用于灭治有害蚂蚁毒饵中的杀虫成分可用于灭治白蚁,同时还可灭治蟑螂。比如,国外用于灭治火蚁(一种蚂蚁)的灭蚁灵(Mirex),在我国曾用于灭治其他有害蚂蚁、白蚁和蟑螂。我们在开发有机氯系列杀白蚁剂(氯丹和灭蚁灵)的替代产品——氟虫胺及其混配制剂(8%居宁丹乳油)的过程中,还延伸开发了氟虫胺灭蟑和灭有害蚂蚁的产品——毙蟑蚁。现介绍这几种新药的有关资料。

一、药物

(一) 氟虫胺原药

氟虫胺原药为有机氟杀虫剂,英文通用名称为sulfluramid,化学名称为N-乙基全氟辛烷-1-磺酰胺,化学式为$CF_3(CF_2)_7SO_2NHCH_2CH_3$,分子式为$C_{10}H_6F_{17}O_2S$。该杀虫剂于1989年由Griffin Corp.在美国投产。我国江苏武进市泰村消毒洗涤剂厂于1999年生产了该类杀虫剂,可用于白蚁、有害蚂蚁和蟑螂的杀灭。经测定,雌、雄大白鼠经口LD_{50}值均为0.68 g/kg体重,雌、雄大白鼠经皮LD_{50}值均大于2.15 g/kg体重,均属低毒级。家兔急性皮肤刺激性试验结果显示为轻度刺激性,家兔急性眼刺激性试验结果为无刺激性。

(二) 8%居宁丹(氟虫胺+氰戊菊酯)

8%居宁丹乳油由氟虫胺和氰戊菊酯混配而成,其中还添加了增效剂和稳定剂。泰村消毒洗涤剂厂生产的该产品可以用于白蚁预防和杀灭。雌、雄大白鼠急性经口LD_{50}值分别为1.26 g/kg和0.68 g/kg体重,雌雄大白鼠急性经皮LD_{50}值均大于2.15 g/kg体重,上述二项均属于低毒级。家兔急性皮肤刺激试验结果显示为轻度刺激性,家兔急性眼刺激性试验结果显示为无刺激性。

(三) 1%毙蟑蚁诱饵(胶饵制剂)

1%毙蟑蚁诱饵(胶饵制剂)的有效杀虫成分为氟虫胺,其他成分有引诱剂、防霉剂、稳定剂及填料等。泰村消毒洗涤剂厂生产的该产品可用于杀灭蟑螂和有害蚂蚁。雌雄大白鼠急性经口LD_{50}值均大于5000mg/kg体重,属低毒级。

(四) 1%毙蟑蚁诱饵(粉状或颗粒状制剂)

1%毙蟑蚁诱饵(粉状或颗粒状制剂)的有效杀虫成分为氟虫胺,其他成分有引诱剂、防霉剂、稳定剂及填料等。泰村消毒洗涤剂厂生产的该产品可用于灭治蟑螂和有害蚂蚁。雌、雄大白鼠经口LD_{50}值均大于5000 mg/kg体重,属低毒级。

二、试验结果

(一) 氟虫胺对台湾乳白蚁 Coptotermes formosanus Shiraki 的药效

1. 氟虫胺对台湾乳白蚁的击倒速度

氟虫胺对台湾乳白蚁的击倒速度较慢,药效也较慢。随着氟虫胺浓度的增加(由100×10^{-6}增至10000×10^{-6}),台湾乳白蚁的击倒时间KT_{50}、KT_{90}和全部白蚁死亡时间缩短:KT_{50}由620.0 min ± 17.3 min缩短至175.0 min ± 17.3 min,KT_{90}由775.0 min ± 8.7 min缩短至275.0 min ± 8.7 min,全部白蚁死亡时间由1980.0 min ± 15.0 min缩短至925.0 min ± 17.3 min。

2. 台湾乳白蚁对氟虫胺的传毒能力

台湾乳白蚁工蚁对氟虫胺具有传毒能力,且传毒速度较慢。随着氟虫胺浓度的增加,带药工蚁对台湾乳白蚁群体的传毒能力增强。

3. 氟虫胺对台湾乳白蚁群体的毒杀能力

氟虫胺对台湾乳白蚁群体具有较强的毒杀能力。随着氟虫胺浓度的增加,台湾乳白蚁群体的死亡时间缩短:由 186.7 h ± 4.6 h 缩短为 82.7 h ± 4.6 h。

4. 氟虫胺对台湾乳白蚁巢的灭治效果

模拟现场试验结果表明,氟虫胺对野外台湾乳白蚁巢的灭治效果较好,施用 500×10^{-6}、1000×10^{-6} 和 5000×10^{-6} 氟虫胺 15 d 后台湾乳白蚁群体全部死亡。

(二) 居宁丹对白蚁的药效

1. 居宁丹对白蚁的击倒速度

居宁丹对台湾乳白蚁和尖唇散白蚁的击倒速度均较快,药效也较快。随着居宁丹浓度的增加,上述两种白蚁的击倒时间 KT_{50}、KT_{90} 和全部灭亡时间有缩短的趋势。

2. 台湾乳白蚁穿越居宁丹处理土壤的能力

穿越土壤能力测定结果表明,台湾乳白蚁不能穿越经居宁丹 400×10^{-6}、800×10^{-6}、1600×10^{-6} 处理过的土壤,居宁丹 200×10^{-6} 处理的土壤有部分台湾乳白蚁进入土层,但未穿透土层。

3. 居宁丹对白蚁群体的毒杀能力

两种白蚁毒杀试验结果表明,居宁丹对两种白蚁群体具有较强的毒杀能力。随着居宁丹浓度的增加,两种白蚁群体死亡时间缩短。

4. 老化试验

该试验是依据农业部农药检定所规定的农药贮存试验方法进行的,试验方法规定农药储放在 (54 ± 1)℃下存放 7d 代表 1 年。试验结果表明,居宁丹在土壤中的消失趋势与氯丹几乎相同;试验结果也表明,居宁丹在土壤中防治白蚁的效果可达 15 年。

(三) 1% 毙蟑蚁诱饵胶饵制剂和 1% 毙蟑蚁诱饵粉状或颗粒状制剂对小黄家蚁 Monomorium pharaonis 的药效

1. 毙蟑蚁诱饵对小黄家蚁实验群体的致死效果

室内试验投放 1% 毙蟑蚁诱饵颗粒制剂和 1% 毙蟑蚁胶饵制剂后,小黄家蚁的平均死亡率在 24 h 分别为 94.7% ± 1.8%、85.7% ± 2.8%;在 48h 均为 100%。其药效达到国家标准 GB/T 17322.8—1998 中对蚂蚁毒饵 A 级的药效要求(投饵后第 7d 试虫死亡率为 100%)。

2. 毙蟑蚁诱饵对小黄家蚁野外群体的杀灭效果

野外模拟试验结果表明,投放 1% 毙蟑蚁诱饵颗粒制剂或 1% 毙蟑蚁诱饵胶饵制剂 7d 后,所有小黄家蚁野外群体均 100% 死亡。

(四) 1% 毙蟑蚁诱饵胶饵制剂对德国小蠊 Blattella germanica 的药效

1. 1% 毙蟑蚁诱饵对德国小蠊的试验室杀灭效果

室内试验结果显示,LT_{50} 为 1.30 d,4d 死亡率达 100%。模拟现场试验结果显示,LT_{50} 为 2.21 d,6d 死亡率达 100%。

2. 1% 毙蟑蚁诱饵对德国小蠊的现场杀灭效果

据楼文军(2001)报导,用卜弋 1% 毙蟑蚁胶饵对饭店、医院等进行现场杀灭德国小蠊,现场施药前德国小蠊密度平均为 200.6 只/15 min,施药后 1d、3d、5d 的杀灭率分别为 89.8%、97.6% 和 99.9%,德国小蠊的死亡高峰在投药后的前 3d 分别占德国小蠊死亡总数的 44.9%、24.5% 和 13.4%。使用后德国小蠊得到有效控制。

(五) 1% 毙蟑蚁诱饵胶饵制剂对美洲大蠊 Periplaneta americana 的杀灭效果

1. 室内试验结果

LT_{50} 为 3.65d,4d 死亡率为 47%,9d 死亡率达 100%。

2. 模拟现场试验结果

LT_{50} 为 2.30d,4d 死亡率为 58%,9d 死亡率达 100%。

(六) 1% 毙蟑蚁诱饵粉状或颗粒状制剂对美洲大蠊的杀灭效果

1. 实验室测试

$LT_{50} > 2d$,12d 死亡率达 100%。

2. 模拟现场测试

24 h 死亡率达 100%,48 h 死亡率为 100%,72 h 死亡率为 100%。

三、结论

综合室内试验和野外试用的结果显示,氟虫胺和氟虫胺制剂均可以有效防治诸如白蚁、有害蚂蚁和蟑螂等城市害虫。

(一) 8% 居宁丹乳油(氟虫胺 + 氰戊菊酯)

国家经贸委 1999 年第 6 号令,在规定期限内停止使用氯丹等落后产品。而 8% 居宁丹乳油是一种在白蚁防治中替代有机氯杀白蚁剂(氯丹)的产品,同时由于美国限制使用毒死蜱,2004 年将完全禁用,毒死蜱 TC 在我国白蚁防治中的前景并不乐观。所以 8% 居宁丹乳油在白蚁预防和灭治中是有前途的药剂之一。

(二) 氟虫胺

由于已列入持久性有机污染物(POPs)公约的化学品和农药中有灭蚁灵,且我国已签署该条约,所以在我国禁用灭蚁灵势在必行。而氟虫胺是一种在白蚁防治中替代有机氯杀白蚁剂(灭蚁灵)的理想产品,它是白蚁诱饵中的一种很好的杀白蚁成分。相对于灭蚁灵,它的环保效果显著,值得推荐。

(三) 1% 毙蟑蚁诱饵

由于防治有害蚂蚁和蟑螂诱饵中杀虫成分不应该是灭蚁灵,而 1% 毙蟑蚁中的杀虫成分——氟虫胺符合环保要求,且此诱饵可有效防治对拟除虫菊酯类、氨基甲酸酯类杀虫剂已产生抗性的各种蟑螂。特别要指出的是,它对德国小蠊有特效。

参考文献

[1] 高道蓉,周振荣,朱本忠. 建筑白蚁毒饵灭治药剂介绍[C]. 物业管理论坛——白蚁防治论文汇编,2000:114-118.

[2] 楼文军,哈年柱,等. 卜弋 1% 毙蟑蚁胶饵现场杀灭德国小蠊效果观察[J]. 中华卫生杀虫药械,2001,7(1):30-32.

[3] 周留坤,周晔. 居宁丹——一种新的白蚁药剂[J]. 白蚁科技,2000,17(4):20.

原文刊登在《中华卫生杀虫药械》,2001,7(3):56-58

70. 锐劲特用于防治房屋建筑白蚁的研究

吴建国[1]，高道蓉[2]，尹兵[1]，王秀梅[1]
（[1]常州市白蚁防治研究所；[2]南京市白蚁防治研究所）

摘要：目的 筛选用于防治房屋建筑白蚁的最佳药物。**方法** 毒力测定、传毒能力测定、模拟现场实验等。**结果** 锐劲特 100×10^{-6} 即可作为防治白蚁的有效浓度。**结论** 锐劲特对房屋建筑白蚁具有较强的触杀活性，毒杀能力强，击倒速度快，经济、社会效益显著，可以作为替代型白蚁防治药物。

关键词： 锐劲特；房屋建筑；白蚁防治；药物筛选

自氯丹等药剂被禁用后，国内外有关机构相继开展了筛选白蚁防治替代药剂的研究。浙江省白蚁防治所曾筛选出有机磷类药物毒死蜱 TC，在国内也进行了推广应用。但有资料显示，毒死蜱对人畜的毒性较高，对试验动物眼睛有轻度刺激性，对皮肤有明显刺激性，长时间多次接触会产生灼伤，特别是对神经系统的毒害较重。美国环保官员 C. M. Browner 已于2000年6月8日宣布在美国将全面禁止使用毒死蜱用于房屋建筑白蚁的决定。同时，有资料显示，氯菊酯在欧洲已被禁用。虽然这些药物曾作为替代有机氯、砷制剂的白蚁防治药物为白蚁防治事业做出了一定的贡献，但随之显现出来的不足也注定其在我国的使用期不会太长。这样，筛选高效、低毒、有利于环保的新型白蚁防治药剂的形势更加紧迫。

锐劲特属于苯基吡唑类杀虫剂，大白鼠口服 LD_{50} 为 97 mg/kg，急性经皮 LD_{50} 大于 2000 mg/kg，急性吸入 LC_{50}（4 h）为 0.682 mg/L。对兔眼和皮肤均无刺激作用，具有触杀、胃毒、内吸作用，杀虫谱广。有资料显示，它对农业害虫的使用效果较好。同时，金坛市激素研究所曾做了锐劲特对蟑螂的药效试验，发现效果很好。而白蚁与蟑螂的亲缘关系较近，因此，我们设想其应用于白蚁防治的效果应该也较明显。为此，开展了锐劲特用于白蚁防治的研究。

一、材料与方法

（一）材料

1. 药物

毒力测定试验、土壤中消失趋势试验及应用效果试验的供试药物为锐劲特 5% 悬浮剂；击倒速度、传毒能力、群体毒杀、模拟现场试验的供试药物为含 80% 锐劲特原药，均由罗纳普朗克农化公司生产。

2. 白蚁

毒力测定试验对象为褐缘散白蚁 R. fulvimarginalis Wang et Li，2000年5月采自常州市烈士陵园一枯树根内，室内培养数日；其他室内药效试验对象为台湾乳白蚁 Coptotermes formosanus Shiraki，采自广州中山大学校园内的南洋杉树下，供试前室内培养1周以上。防治现场的供试白蚁有褐缘散白蚁 Reticulitermes fulvimarginalis Wang et Li、圆唇散白蚁 R. labralis Hsia et Fan、黄胸散白蚁 R. flaviceps Oshima、尖唇散白蚁 R. aculabialis Tsai et Hwang。

（二）方法

毒力测定中将锐劲特 5% 悬浮剂按 20、25、50、72（$\times 10^{-6}$）的有效成分分别配制锐劲特的丙酮药液，设丙酮为对照。在击倒速度、传毒能力、群体毒杀试验中，用乙醚作为溶剂，将锐劲特原药稀释成 100、500、1000、5000、10000（$\times 10^{-6}$）的药液，设对照，处理后，在温度为（27±1）℃、相对湿度为 70%~75% 的培养箱内培养。模拟现场试验中将锐劲特原药加入滑石粉配制成 100、500、1000（$\times 10^{-6}$）浓度粉剂。以上试验每个浓度处理设 3 个重复。

1. 毒力测定

采用的测定方法为微量点滴法，即用微量点滴仪，按不同有效成分，点滴经乙醚麻醉过的白蚁背腹部，每头 0.5 μL 药液；每个浓度重复 3 次，每次重复取白蚁工蚁 20 只于一有滤纸保湿的培养皿中，并设丙酮为对照。培养皿经处理后，置于(25±2)℃的培养箱中，24 h 后检查记录白蚁死亡数。根据实验数据，求出供试白蚁的局部 LD_{50} 和 LD_{50} 的 95% 置信限。

2. 击倒速度测定

在直径为 9 cm 的培养皿中放入同样大小的滤纸后，滴加 1 mL 药液，待乙醚挥发完后，每张滤纸滴加 1 mL 蒸馏水。然后，每皿中放入台湾乳白蚁工蚁 30 只，每隔 15 min 观察记录一次击倒白蚁数，直至所有白蚁全部死亡为止。

3. 传毒能力测定

在直径为 9 cm 的培养皿中放入同样大小的滤纸后，滴加 1 mL 药液，待乙醚挥发完后，每张滤纸滴加 1 mL 蒸馏水。然后，每皿中放入台湾乳白蚁工蚁 30 只。4 h 后随机挑取 1 只能自由活动的中毒白蚁，放入直径为 15 cm、皿底铺有一张同样直径的湿滤纸、已有 100 只工蚁的培养皿中，用湿滤纸作食料。每隔 1 h 观察记录一次击倒白蚁数，直至所有白蚁全部死亡为止。

4. 群体毒杀试验

将大小为 2 cm×2 cm×2 cm 的松木块，分别放入上述浓度的药液中浸泡 4 h 后取出，晾至乙醚挥发完。然后分别置于装有 150 g 干河沙、直径 9 cm、高 7 cm 的塑料杯中，每杯一块，并滴加 27 mL 蒸馏水。每杯中放入台湾乳白蚁 10 只。每隔 8 h 观察记录白蚁群体活动情况一次，直到白蚁全部死亡为止。

5. 模拟现场实验

选择有台湾乳白蚁巢的野外绿化树，在树根部挖土埋设松木板引诱坑。引诱 1 个月后检查诱集到的白蚁数量。选择诱集量大的引诱坑，向松木板喷粉剂 10 g，然后回填土。喷粉 15 d 后检查蚁巢中白蚁死亡情况。每个浓度重复 3 次，设对照。

6. 老化试验

根据农业部农药检定所规定的农药储藏试验的实验条件：在 54℃±1℃下 7 d(24 h)代表 1 年的规定下进行的，分别计算锐劲特和氯丹在土壤中的消失率，并做比较分析。

7. 应用效果试验

随机选择当年发生白蚁危害的房屋建筑，进行灭治处理；有针对性地选择白蚁危害严重地区的新房屋建筑，进行预防处理。施工前先进行现场勘查，采集标本，确定蚁害情况。施药后定期检查蚁害情况，确定防治效果。

二、结果

(一) 毒力测定

用计算机处理观察数据，锐劲特对褐缘散白蚁 LD_{50} 为 8.89992 μg/g，LD_{50} 95% 置信限为 6.838～10.96184 μg/g。可见锐劲特对散白蚁具有较强的触杀作用。

(二) 击倒速度

击倒速度测定结果(表 1)表明，锐劲特对台湾乳白蚁工蚁的击倒速度较快，药效也较快。随着锐劲特浓度的增加，台湾乳白蚁工蚁的击倒时间 KT_{50}、KT_{90} 和全部白蚁死亡时间缩短。

(三) 台湾乳白蚁对锐劲特的传毒能力

传毒能力测定结果(表 2)表明，台湾乳白蚁工蚁对锐劲特具有传毒能力，且传毒速度较快。随着锐劲特浓度的增加，带药工蚁对台湾乳白蚁群体的传毒能力增强。

表 1　锐劲特对台湾乳白蚁工蚁的击倒速度

浓度($\times 10^{-6}$)	KT_{50}(min)	KT_{90}(min)	全部死亡时间(min)
100	155.0±8.7	205.0±8.7	915.0±15.0
500	125.0±8.7	200.0±8.7	725.0±8.7
1000	100.0±8.7	175.0±8.7	595.0±8.7
5000	80.0±8.7	160.0±8.7	465.0±15.0
10000	65.0±8.7	140.0±8.7	315.0±15.0

表 2　台湾乳白蚁对锐劲特的传毒能力

浓度($\times 10^{-6}$)	KT_{50}(min)	KT_{90}(min)	全部死亡时间(min)
100	235.0±8.7	345.0±15.0	990.0±15.0
500	205.0±8.7	315.0±15.0	795.0±15.0
1000	175.0±8.7	265.0±8.7	675.0±8.7
5000	140.0±8.7	230.0±8.7	520.0±8.7
10000	110.0±8.7	205.0±8.7	405.0±15.0

(四) 锐劲特对台湾乳白蚁群体的毒杀能力

群体毒杀试验结果(表 3)表明，锐劲特对台湾乳白蚁群体具有较强的毒杀能力。随着锐劲特浓度的增加，台湾乳白蚁群体死亡时间缩短。

表 3　锐劲特对台湾乳白蚁群体的毒杀能力

浓度($\times 10^{-6}$)	白蚁群体死亡时间(h)
100	50.7±4.6
500	42.6±4.6
1000	37.3±4.6
5000	29.3±4.6
10000	21.3±4.6
对照	白蚁活动正常

(五) 锐劲特对台湾乳白蚁巢的灭治效果

模拟现场试验结果(表 4)表明，锐劲特对野外台湾乳白蚁的灭治效果较好，100、500、1000($\times 10^{-6}$)浓度锐劲特喷粉 15d 后台湾乳白蚁群体全部死亡。

表4 锐劲特对台湾乳白蚁巢的灭治效果

浓度($\times 10^{-6}$)	喷粉15 d后白蚁群体活动情况
100	3个巢白蚁100%死亡
500	3个巢白蚁100%死亡
1000	3个巢白蚁100%死亡
对照	白蚁活动正常

（六）老化试验

本试验中锐劲特和氯丹的实验条件完全相同。据国内外资料报道，锐劲特在土壤中的保留时间较长，而且锐劲特一旦进入水、土、植物中，被代谢为四种代谢物，即硫醚（MB45950）、砜（MB46136）、胺类（MB45513）和酰胺（RPA200766）。实验数据中第8年的结果比原始量大，可能的原因是本实验中锐劲特加水拌入土壤后即被转化成胺类（MB45513）。因此，本实验结果中计算消失率不是以原始量计算的，而是以第8年土壤中最高含量作为原始量进行计算的（表5）。

表5 土壤中消失趋势分析试验

	锐劲特		氯丹	
	土壤中含量($\times 10^{-6}$)	消失率(%)	土壤中含量($\times 10^{-6}$)	消失率(%)
原始量(年)	340		3503	
1	365		3475	
2	296		3876	
3	361		3221	
4	—		3131	
5	367		2350	
6	302		1925	
7	422		2082	
8	475		2192	
9	455		2592	
10	435		2404	
11	384		2762	
12	443		2991	
13	297		2492	
14	377		2901	
15	368	22.53	2813	19.7
16	345		2376	
17	334		2556	
18	244		2433	
19	354			
20	371	21.89		
22	—			
24	272			
26	350			
28	338			
30	272	42.74		
32	290			

（七）实际应用效果

经在武警常州支队、常州教育学院等应用后发现，锐劲特的实际应用效果与药效试验结果相符，效果明显。经复查和用户反映，用后未发现白蚁再度危害。

三、讨论

（一）药物效果

试验结果表明，锐劲特对房屋建筑白蚁具有较强的触杀活性、毒杀能力、驱避作用和较快的击倒速度；同时，房屋建筑白蚁对锐劲特具有传毒能力，传毒速度较快，且随用药浓度和施药量的增加，这些作用越明显。

（二）理想的预防白蚁药物

锐劲特对房屋建筑白蚁的有效使用浓度仅为100×10^{-6}，使用量低，防治效果好；同时，在土壤中的持效期长，有望成为较理想的白蚁预防药物。

（三）经济效益明显，可大大降低防治成本

系列试验表明，用量为100×10^{-6}（即有效质量分数为100×10^{-6}）时，可收到100%的防治效果，而氯丹的用量一般为0.5%～2.5%，是它的50～250倍；而锐劲特5%悬浮剂的市场售价仅为氯丹乳剂的1.5倍左右，因此，锐劲特的性能价格比相对较高。

（四）社会效益显著

锐劲特克服了砷、有机氯制剂对环境和人的不利影响，对人、畜较安全，在土壤中易被代谢为四种活性代谢物。且因其具有高效，在环境中的投放量也较少，因此，在环境中的残留量较少，有利于环境保护。

（五）可作为房屋建筑白蚁防治的替代药物

根据室内试验和野外应用研究结果，初步认为锐劲特可作为房屋建筑白蚁防治的替代药物。对其他白蚁是否表现出同样的特点，以及在使用中可能出现的其他实际问题，还需要扩大试验的覆盖面做进一步的探讨。

（本试验过程中，得到了广东省昆虫研究所和中科院上海昆虫研究所农药残留研究开发中心的大力支持和帮助，在此表示衷心的感谢！）

Research on fipronilfor termite control in building construction

Wu Jianguo[1], Gao Daorong[2], Yin Bing[1], Wang Xiumei[1]

([1]Institute of Termite Control in Changzhou; [2]Nanjing Institute of Termite Control)

Abstract: **Objective**　To screen an ideal insecticide for control of termites in building construction. **Methods**　Toxicity test, capability of transferring toxicity test, analogous field test *et* al. **Results**　Fipronil 100×10^{-6} concentration was effective in termite control. **Conclusion**　Fipronil has good killing activity and strong toxicity against termites and can replace other insecticides to control termites.

Key words: fipronil; building construction; termite control; insecticides screening

71 中国白蚁防治药剂研究与应用概况

高道蓉[1]，周道坤[2]，周晔[2]
（[1]南京市白蚁防治研究所；[2]武进市泰村消毒洗涤剂厂）

一、中国白蚁的分布和种类

中国白蚁分布较广，除吉林、黑龙江、内蒙古、青海、宁夏和新疆等省（自治区）至今未发现白蚁之外，北自辽宁丹东、大连，南至海南省的西、南、中沙群岛，东自台湾，西至西藏，均有白蚁分布。

其种类分布密度和危害性等均有一个自北向南递增的趋势。据2000年出版的《中国动物志·昆虫纲·第十七卷·等翅目》一书中记载，中国计有白蚁476种，分属于草白蚁科Hodotermitidae、木白蚁科Kalotermitidae、鼻白蚁科Rhinotermitidae和白蚁科Termitidae。在这476种白蚁中，并非所有的种类都是对国民经济起破坏作用的，其中只有约十分之一的种类可以起破坏作用，破坏房屋建筑木构件的有乳白蚁属Coptotermes、散白蚁属Reticulitermes和砂白蚁属Cryptotermes。此外，还有土白蚁属Odontotermes和大白蚁属Macrotermes的种类。破坏水库土坝和江河堤坝的则首推土白蚁属和大白蚁属的种类。

二、白蚁化学防治概况

20世纪中期，随着有机氯系杀白蚁剂艾氏剂、狄氏剂、氯丹和灭蚁灵的出现，我国的杀白蚁剂除砷制剂之外，氯丹和灭蚁灵得到了广泛的应用。但是20世纪80年代中期之后，由于环保的原因，在国际上氯丹和灭蚁灵逐步退出了白蚁防治的历史舞台。当时，替代氯丹的首选杀白蚁剂是有机磷类的毒死蜱。之后一些拟除虫菊酯类的杀白蚁剂Kordon®（溴氯菊酯）、Biflex®TC（联苯菊酯）、Dragnet®TC（氯菊酯）、Preranl®FT（氯氰菊酯）、Sumialfa®FL（S-氰戊菊酯）和Silonen（氟硅菊酯）陆续登上白蚁防治的舞台。20世纪90年代中期之后，在白蚁防治方面，新的超高效、对环境相容性更高的新杀白蚁剂（如：吡虫啉和锐劲特）问世，标志着白蚁防治药剂新时代的开始。在这杀白蚁剂更新换代的过程中，我国白蚁防治药剂正逐步向国际接轨。1999年，国家经贸委第6号令要求在2000年年底之前停止使用氯丹、七氯和砷制剂等落后产品，应用已经按《农药管理条例》规定进行了正式登记的药物。关于禁止持久性有机污染物（其中氯丹、灭蚁灵都榜上有名）使用的国际条约（POPs国际公约）的签署使之成为具有法律效力的国际公约。

下面介绍一些国外的杀白蚁剂以及有关单位根据我国国情研制出的一些复配杀白蚁制剂。根据杀白蚁剂的用途，分别介绍预防用药和灭治用药。由于白蚁和蟑螂在分类系统上比较近缘，同时白蚁和蚂蚁、蟑螂的某些生物学习性较为近似，所以某些白蚁剂还可用于杀蟑螂和蚂蚁，在此一并加以介绍。

（一）白蚁预防用药

1. 8%的居宁丹乳油

8%的居宁丹乳油由氟虫胺和氰戊菊酯混配而成，还加了增效剂和稳定剂。

2. 吡虫啉

防治白蚁的新制剂Premise是一种新型高效、安全的杀白蚁剂。吡虫啉防治白蚁剂Premise在美国已广泛使用于保护建筑物免受白蚁侵害的土壤处理，并在美国环保总局（EPA）登记注册，在市场销售。

在国内，沈阳化工研究院和江苏农药研究所较早进行了这一品种的开发。现在国内已有十多家农药企业获得农业部的原药和制剂登记。如能生产出适用于白蚁预防的剂型，无疑是有前途的。

3. 25%的乐安居乳油

该制剂为氯菊酯和辛硫磷复配制剂,是由杭州市白蚁防治研究所研制成功的预防和灭治白蚁用药,属低毒类复配农药。用 2500×10^{-6} 的浓度处理木块对黄胸散白蚁、黑胸散白蚁和乳白蚁具有良好的预防作用。

4. 毒死蜱

毒死蜱 TC 为陶氏(DOW)公司开发的防治白蚁专用剂型。20 世纪 80 年代,有机氯在西方国家相继禁用以后,毒死蜱 TC 在白蚁预防上一般都作为一种替代药物。在当时,这无疑是正确的选择。至今,由于人们的环保意识逐渐加强,对有机磷的认识也逐渐加深,同时,也由于近年来新的、超高效、对环境相容性更高的杀虫剂(如:吡虫啉、锐劲特等)不断问世,故有人提出在世界范围内全面禁用有机磷杀虫剂。据美国环境保护总署(EPA)的消息,2000 年将全面禁止毒死蜱在室内进行白蚁防治,2004 年年底将全面禁止毒死蜱用于对新建房屋进行白蚁防治。为此,我国白蚁防治界对此应有清醒的认识。

5. 溴氰菊酯

含有溴氰菊酯活性成分的克蚁灵 25% 的悬浮剂(Kordon 250SC(W/V))是预防白蚁的土壤处理药剂。野外试验表明,克蚁灵 25% 的悬浮剂作为土壤防治白蚁的效果是令人满意的,是替代有机氯的理想品种。无锡市白蚁防治所、南京市白蚁防治研究所、常州市白蚁防治研究所和徐州市白蚁防治所施用溴氰菊酯和(或)克蚁灵 25% 的悬浮剂灭治白蚁都取得了很好的效果。

6. 联苯菊酯

Bifle TC 可用于建筑物白蚁的预防处理,还可以用作灭治处理,同时可以有效地控制各种蛀木害虫,是一种很好的木材防护剂。

7. 氯氰菊酯

防治白蚁的专用剂型 Demon TC 可用于土壤、木材的处理,以防治白蚁。

8. 氰戊菊酯

氰戊菊酯可用于土壤、木材处理以防治白蚁。由我国浙江省白蚁防治所、杭州庆丰农化有限公司和杭州市余杭区白蚁防治所合作开发的天鹰杀白蚁乳油(20% 氰戊菊酯乳油),由氰戊菊酯原药、抗氧化剂、稳定剂、增效剂、高效渗透剂及助剂组成。

历经 10 年的研究结果表明,天鹰杀白蚁乳油具有很大的接触毒性和很强的驱避作用,既适合土壤处理,又适合木材处理,具有较好的稳定性和较长的残效期。0.25% 的氰戊菊酯乳油经室内模拟试验,15 年以后土壤中的残留量还有 0.1715%,30 年以后土壤中残留量还有 0.1325%。野外试验表明,0.125% 的氰戊菊酯防治白蚁的八年有效率达 80%,0.25% 的氰戊菊酯防治白蚁的十年有效率达 100%。该药剂作为土壤处理剂具有很好的白蚁防治效果。

9. 氟虫腈(锐劲特)

氟虫腈的英文通用名称:Fipronil;其他中文名称:氯苯唑、锐劲特、威灭;其他英文名称:Combat F、MB46030、Regent;它是苯基吡唑类杀虫剂。

含有氟虫腈(锐劲特)活性成分的建筑白蚁预防和灭治专门剂型——特密得(Termidor 25EC)作用于白蚁的神经系统,有接触和胃毒活性。对于散白蚁 Reticulitermes sp.,每只白蚁致死中量 0.15ng 时已显示出有极端的活性(相当于每兆分之 15 g)。有趣的是,氟虫腈对白蚁而言似乎接触活性更大于胃毒活性,这与其对其他害虫活性作用正好相反。可能的理由是白蚁与其他昆虫相比,其柔弱的表皮有相对渗透且亲脂性较强的特性。

(1) 特密得在防治建筑白蚁中的使用情况:特密得首先于 1996 年在欧洲开始用于建筑物防治白蚁,至今已经处理了 20000 多处房屋,全部没有一处返工。后来,在 1998/1999 年度在美国自纽约和俄克拉荷马至佛罗里达和夏威夷超过 100 幢单独的家庭住宅和公寓套间用特密得进行处理。这些住宅的规模、结构和所处气候带和土壤类型都各不相同,而大多数处理是在外部。在所有的情况下,在施药的 3 个月内白蚁防治效果达 100%。在常州市 11 处白蚁危害现场施药面积达 798 m^2,防治效果达 100%。

(2) 在防治建筑物白蚁中,特密得与有机磷类杀虫剂、拟除虫菊酯类杀虫剂和其他一些非忌避性杀虫剂相比,有许多优点:

①特密得与有机磷杀白蚁剂不同,尽管有的有机磷杀白蚁剂可能有效对抗白蚁入侵,但应用有机磷杀白蚁剂需要高剂量,而特密得的剂量比例仅为 0.06%(对照为 1.0%),这符合目前提倡的低剂量方式。此外,特密得在全世界范围的野外试验中就防治和保护的时间长度而言,比有机磷杀白蚁剂的有效期长。

②特密得与拟除虫菊酯类杀白蚁剂不同。因为拟除虫菊酯类杀白蚁剂作为驱避性化学药剂,可

阻止白蚁进入处理过的土壤。在新建房屋土壤处理中使用驱避性杀白蚁剂要达到100%的效果,就必须形成一个连续的无间隙或断层的屏障,实际上这是很难做到的事。最初被拟除虫菊酯类杀白蚁剂排斥的白蚁能保持活下来并积极地寻找处理间隙,一旦发现一个间隙,白蚁便会穿过处理物的间隙而进入结构。相反,特密得杀死所有进入处理区域的白蚁而不是排斥它们,白蚁因没有检出特密得毒素的能力而不断进入处理过的泥土,连续不断地接受致死剂量并传给群体中的其他个体,而并不去强迫它们寻找间隙。

③特密得与其他非忌避性杀白蚁剂(如:吡虫啉)的主要作用方式有差异。首先,所有特密得均表现出接触和胃毒两种作用,而吡虫啉则只有胃毒方面的作用。其次,经消化系统或接触到特密得的白蚁能够将毒素传给群体的大量其他白蚁成员。这种辅助杀灭作用,在许多其他杀白蚁剂并未见到。特密得用推荐比例要比推荐比例的吡虫啉所提供的保护时间长些。

④特密得与诱饵系统的不同在于它不需要任何专用设备,不需要大量的观察站。同时,特密得还具有作用快速(3个月内)的优点,而应用昆虫生长调节剂的诱饵系统毒素作用十分缓慢。

综上所述,作为杀白蚁剂,特密得的优点可以简单概括如下:包含新的化学成分,具有一种独特的同其他杀白蚁剂无关的作用方式,即具有两种作用方式,即接触和胃毒作用;为非忌避性,所以白蚁并不觉察它的致死作用;延迟了它的作用,有利于它从一只白蚁向另一只白蚁传递,从而对白蚁群体自身的生存产生一种全面的相反作用,减少对白蚁群体的进一步威胁;它比诱饵的其他传递系统要快;为了适于今天的环境需要,它利用低剂量的活性成分;因为特密得与泥土的紧密黏结,因此不易淋溶或进入地下水中;已经在世界范围内的野外试验中证实特密得在种种不同条件下的残留活性和保护作用比其他替代性杀白蚁剂优越。从当前环保角度来看,氟虫腈作为一种防治白蚁的新药,有很大的开发价值。

10. 瑞达乐姆-20

瑞达乐姆Radaleum-20防腐杀虫剂(以下简称R-20)是青岛瑞达模板总公司研制开发的一种防腐杀虫剂。1994年经澳大利亚检疫检测中心(AQIS)批准注册,在世界范围内经销。该药的主要成分是辛硫磷。

11. 硅白灵

它是一种新型的硅烷类化合物。经0.05%以上浓度硅白灵处理过的土壤对乳白蚁或散白蚁具有一定的预防作用,且预防作用的大小与浓度呈正相关。

12. 高效氰戊菊酯

该药剂作为土壤处理剂具有很好的防治白蚁效果,完全可以期待进入实用化,替代有机农药。

13. 氯菊酯

氯菊酯可用于土壤和木材处理。

(二)毒饵的杀白蚁剂

毒饵法灭治建筑白蚁是一种省工、省时、不破坏建筑物和效果很好的方法,值得提倡。随着环保意识的加强,有机氯杀虫剂在我国正式退出白蚁防治行列。2000年,美国环保总署(EPA)限制和计划禁用毒死蜱,推荐了一些替代品农药,其中可作为白蚁防治毒饵中杀白蚁成分的有氟虫胺、氟铃脲、除虫脲和伏蚁腙。

原文刊登在《农药》,2002,41(1):45-46

72 环保型白蚁防治制剂 1% 氟氰苯唑微乳剂的研制及药效

李洁[1]，高道蓉[2]，张锡良[2]

（[1]南京军区军事医学研究所；[2]南京市白蚁防治研究所）

摘要：目的 研制一种新型的环保型白蚁制剂——微乳剂，并观察其对白蚁的实验室药效。**方法** 根据微乳技术原理，筛选研制灭蚁微乳剂的乳化剂和助表面活性剂。通过测定其对白蚁的击倒速度、白蚁穿越微乳剂处理土壤的能力来评价微乳剂对于白蚁的药效。**结果** 所配制的微乳剂对于乳白蚁的击倒速度较快，乳白蚁不能穿越用 0.025%、0.05% 和 0.1% 的氟氰苯唑微乳剂处理过的土壤。**结论** 微乳剂少用有机溶剂，对环境污染小，有利于生产者和使用者的健康，是一种很好的白蚁预防剂型。它用于预防白蚁处理土壤时的浓度为 0.025% ~ 0.05%。

关键词：氟氰苯唑；微乳剂；白蚁；药效

目前，白蚁防治通常使用的剂型是乳油（EC）。由于其中含有大量的二甲苯等有机溶剂，既浪费石油资源，又会造成环境污染，并且因溶剂的可燃性，在运输、贮藏及容器的选择上也受到限制。鉴于此，发达国家从可持续发展的战略出发，限制或禁止大量使用由甲苯、二甲苯配制的农药乳油新品种注册登记，并在农药剂型的研究开发上投入了很大的力量，也取得了较大进展。目前，以高效、安全、经济、方便使用且省力为目标向水性化（又称水基化）剂型及水分散粒剂（WDG）发展。被誉为"绿色农药制剂"的微乳剂（microemulsion, ME）越来越受到人们的重视[1,2]。我国直到 20 世纪 90 年代才真正进入研究和开发微乳剂阶段。

氟氰苯唑是由南京军区军事医学研究所合成的一种新型杂环类杀虫剂，其化学名称为 (RS)-5-氨基-1-(2,6-二氯-4-三氟甲基苯基)-4-三氟甲亚磺酰基吡唑-3-腈，分子式为 $C_{12}H_4Cl_2F_6N_4OS$。国外相似产品已在水稻、蔬菜、卫生害虫上广泛应用[3]，国内尚无其商品化的相似产品。已证实，氟氰苯唑对白蚁有着杰出的药效，美国、澳大利亚等国家已将其相似产品用于房屋建筑的白蚁防治，登记的制剂包括乳油、悬浮剂等，但未见有任何微乳剂剂型在国内外白蚁防治方面的应用。我们将探索具有环保特色的用于白蚁防治的氟氰苯唑微乳剂的研制，并在实验室测定其对白蚁的药效。

一、微乳技术

一般将两种互不相溶的液体在表面活性剂作用下形成的热力学稳定的、各向同性、外观透明或半透明、粒径 1 ~ 100nm 的分散体系，称为微乳液[4]。把制备微乳液的技术相应地称为微乳化技术（ME technology, MET）。自从 20 世纪 80 年代以来，微乳的理论和应用研究获得了迅速的发展，尤其是 90 年代以后，微乳应用研究发展更快。我国的微乳技术研究始于 20 世纪 80 年代初期，在理论和应用研究方面也取得了相当的成果。

微乳剂以水为基质，不用或仅用少量有机溶剂，含适量表面活性剂与其他助剂，为透明单相液体，是一种经时稳定的分散体系。它是将液体或半固体药物有效成分分散在水中而制得，其中的有效成分必须在水中长期稳定。在激烈的搅拌下，借助适当的乳化剂将原药分散于水中，然后加入助剂调制成乳状或透明液体。由于微乳剂颗粒粒径小于 100 nm，一般为 30 ~ 50 nm，属于纳米级技术范畴的新剂型。

有关微乳液的形成机制，Schulman 和 Prince 等提出瞬时负界面张力形成机制[5]。该机制认为，油/水界面张力在表面活性剂存在下将大大降低，但这只能形成普通乳状液。要想形成微乳液，必须加入助表面活性剂，由于产生混合吸附，油/水界面张力迅速降低，甚至瞬时负界面张力 $Y < 0$。但是负

界面张力是不存在的,所以体系将自发扩张界面,表面活性剂和助表面活性剂吸附在油/水界面上,直至界面张力恢复为零或微小的正值,这种瞬时产生的负界面张力使体系形成了微乳液。

二、白蚁专用制剂氟氰苯唑微乳剂的制备

微乳剂是农药的新剂型,其物理稳定性受表面活性剂、助表面活性剂、溶剂、调节剂及水的影响,配制时须精心选择,注意透明温度区域和经时稳定性问题。

(一)氟氰苯唑微乳剂的配制及透明温区的测定

将计算好的原药加入搅拌器中,然后加入规定量的乳化剂,在加热搅拌的情况下,缓慢加入水及助表面活性剂,搅拌至体系呈均匀、透明即可。取上述调制好的微乳剂置于 50 mL 具塞比色管中,插入温度计,放在水浴中缓慢升温,至出现反相混浊时的温度即为透明温区上限。同样,在冰箱中存放,缓慢降温,至出现混浊时的温度即为透明温区下限。

(二)乳化剂的选择

乳化剂是微乳剂的关键组分,是制备微乳剂的先决条件。本实验以混合膜理论为基础,参考了表面活性剂的亲水亲油平衡值(hydrophilic-lipophilic balance)法对乳化剂进行综合选择,将非离子表面活性剂与阴离子表面活性剂进行几十个配方组合、筛选,观察所配微乳剂在不同条件下的外观。

乳化剂最好选用脂肪醇聚氧乙烯类、烷基苯酚聚氧乙烯醚类、磺酸盐类、磺酸酯类、酰胺类、有机硅类等非离子表面活性剂和阴离子表面活性剂的混配剂。其中,非离子表面活性剂可采用农乳 100 号、农乳 300 号、农乳 400 号、农乳 600 号、农乳 700 号、壬基酚聚氧乙烯基醚、苯乙基酚聚氧乙烯基醚、聚氧乙烯乙二醇等试剂中的一种或几种混配而成;阴离子表面活性剂可采用十二烷基苯磺酸钙、十二烷基苯磺酸钠、壬基酚聚氧乙烯基醚磷酸酯钙盐等试剂中的一种或几种混配而成。

经反复试验表明,1% 的氟氰苯唑微乳剂实验配方中,乳化剂占 25% ~30%。

(三)助表面活性剂的选择

根据双重膜理论,含有疏水基和亲水基的小分子助表面活性剂的存在可降低表面张力,增加膜的流动性,因而混合膜易弯曲。当油、水共存时,弯曲即自发形成,从而增强微乳剂的稳定性。

本实验中选择的助表面活性剂支链化混合物,相对分子质量为 150~250。可选用下述天然支链醇、烯、醛类化合物中的一种或几种混配而成。诸如对-孟-1-烯-8-醇、1-对孟烯-4-醇、芳樟醇、香叶醇、橙花醇、萜品醇、苧烯、双戊烯、松油烯、莰烯、α-水芹烯、α-蒎烯、柠檬醛、香茅醛、香叶醛等。

(四)水质的影响

微乳剂为水基化制剂,水质是影响微乳液物理稳定性的要素之一。水中钙、镁离子的浓度将影响体系的亲水、亲油性。水的硬度高时要求选择亲水性强的表面活性剂,否则相反。因此,当一个配方确定后,要求水质稳定,测定该配方适应的水硬度,确定水的来源。最理想的是使用蒸馏水或软化水。本实验中所用水质硬度为 100~200 mg/L 的自来水。

三、白蚁专用制剂氟氰苯唑微乳剂的药效测定

(一)供试药物

1% 的氟氰苯唑微乳剂,试验浓度为 0.01%、0.025%、0.05% 和 0.1%,由南京军区军事医学研究所提供。

(二)供试白蚁

由溧阳市挖取的乳白蚁 Coptotermes sp. 巢于室内培养。在巢外用潮湿滤纸和小块松木引诱获得白蚁,试验前在室内培养 1 周。

(三)试验方法

1. 击倒速度测定

用移液管移取 1 mL 药液均匀滴加在滤纸(φ90 mm)上,自然晾干后放入培养皿(φ90 mm)内,每张滤纸(药膜)滴加 1 mL 蒸馏水,然后每皿投入乳白蚁工蚁 30 只,每隔 15 min 观察记录一次击倒白蚁数,直到所有白蚁全部死亡为止。每个浓度重复 3 次,设对照。试验在温度(26 ± 1)℃、相对湿度 75%~85% 的培养箱内进行。

2. 穿越毒土能力的测定

将过 20 目筛的土壤放入恒温干燥箱,在(40 ± 1)℃条件下保持 48 h,取出。按用药量 25 L/m³(配制成测试浓度的药剂体积与土壤体积之比)计,在烧杯内拌土配制毒土(用土量可按公式 $V_{毒土} = \pi d^2 h/4$ 计算,其中 d 为玻璃管内径,h 为毒土高)。取一根玻璃管(30 mm × 150 mm),从一端依次放入毒土(高 50 mm,位置在玻璃管中央)试纸少许(防止

毒土移动),等长小木片2~3片和试纸少许(作为引诱白蚁取食的食料),加盖橡皮塞。从另一端放入高浓度琼脂〔高浓度琼脂配制方法:100 mL 蒸馏水加入琼脂5 g,搅拌均匀,放入微波炉,加热至沸腾,取出并倒入培养皿(φ150 mm)冷却凝固。用玻璃管(φ30 mm)在放有冷却凝固后的琼脂培养皿(φ150 mm)内垂直插取需要形态的高浓度琼脂块,并放入玻璃管内(30 mm×150 mm)〕(高 20 mm)填充。毒土平面与琼脂平面紧密接触。竖立放置玻璃管,加盖橡皮塞端朝下,从放入琼脂的一端放入工蚁100只,然后用铝箔封口。铝箔上用针扎5个小孔。

按上述4个测定浓度,设空白对照及3个重复。如果空白对照白蚁死亡率超过20%,则应重新进行测试。按天观察并记录白蚁穿越毒土情况及死亡情况。

四、结果

(一)氟氰苯唑微乳剂对乳白蚁的击倒速度

氟氰苯唑微乳剂对乳白蚁的击倒速度较快,药效也较快;随着氟氰苯唑微乳剂浓度的增加,乳白蚁的击倒时间 KT_{50}、KT_{90} 和全部白蚁死亡时间缩短(表1)。

表1 氟氰苯唑微乳剂对乳白蚁工蚁的击倒速度

浓度(%)	KT_{50}(min)	KT_{90}(min)	全部白蚁死亡时间(min)
0.01	170.0±8.7	240.0±8.7	945.0±15.0
0.025	155.0±15.0	235.0±8.7	850.0±8.7
0.05	130.0±15.0	210.0±15.0	765.0±8.7
0.1	105.0±8.7	185.0±8.7	635.0±8.7

(二)白蚁穿越氟氰苯唑微乳剂处理土壤的能力

由表2所示可见,乳白蚁不能穿越0.025%、0.05%和0.1%的氟氰苯唑微乳剂处理过的土壤,0.01%氟氰苯唑微乳剂处理过的土壤有部分乳白蚁进入土层,但未穿透土层。

试验结果表明,氟氰苯唑微乳剂对乳白蚁的击倒速度较快,乳白蚁不能穿越0.025%、0.05%和0.1%的氟氰苯唑微乳剂处理过的土壤。而微乳剂少用有机溶剂,对环境污染小,有利于生产者和使用者的健康,是一种很好的白蚁预防剂型。在预防白蚁处理土壤时使用浓度为0.025%~0.05%。

表2 乳白蚁穿越氟氰苯唑微乳剂处理土壤的能力

浓度(%)	白蚁穿透土层情况	全部白蚁死亡时间(h)
0.01	进入毒土层0.8~2.0 cm	25.7±4.6
0.025	未穿越毒土层	22.7±4.6
0.05	未穿越毒土层	17.3±4.6
0.1	未穿越毒土层	14.7±4.6
对照	穿透土层5 cm	白蚁活动正常

五、应用前景

与传统的乳油、可湿性粉剂等制剂相比,微乳剂药效更高,更具安全性。同时,微乳剂以水取代了有机溶剂,不仅节省了大量有机溶剂,而且大大减轻了对环境的损害,对于维护生态平衡具有重要意义,被誉为环保型农药制剂。

显然,水性化的微乳剂为杀虫剂的高效能化创造了一定的条件,更符合可持续发展的需要,因而越来越受到人们的重视,具有广阔的发展前景。就理论上来看,目前白蚁防治用药中的很大一部分,包括有机磷、氨基甲酸酯、拟除虫菊酯及杂环类的一些化合物都可以配制成水性化的微乳剂。当然,在配制过程中,有时可能会遇到各种困难,但亦可以相信,随着白蚁防治专用剂型的深入研究,技术的不断进步以及农药助剂的迅速发展,许多困难会迎刃而解。

参考文献

[1] 吴秀华,陈蔚林,王飞.农药微乳剂物理稳定性的探讨[J].化学通报,1999,3(3):55-58.
[2] 王红喜.微乳制剂的研究进展[C].西京医院药学论文集,1996:89-92.
[3] 孙晨熹,张咏梅,曹晓梅,等.一种新型杀虫剂对三种昆虫的药效观察[J].卫生杀虫药械,1999,5:30-31.
[4] 鲁莹,刘英.新型药物载体[J].国外医药:合成药、生化药、制剂分册,1999,20:253-256.
[5] 曹宗顺,卢凤琦.微乳及其在药物制剂中的应用[J].国外医药:合成药、生化药、制剂分册,1993,14:289-293.

Study on 1% fluocyanobenpyrazole microemulsion with environmental protection and its termite control effect

Li Jie[1], Gao Daorong[2], Zhang Xiliang[2]

([1]Institute of Military Medicine of Nanjing Command; [2]Nanjing Institute of Termite Control)

Abstract: Objective The issue is to study a new preparation, microemulsion formulation, and to determine its control effect on termites. **Methods** We screening emulsifier and aided-surface active agent according to microemulsion technology. The effect on termites was evaluated by detecting speed of knocking *Coptotermes* sp. down, ability of passing through poison soil with the microemulsion. **Results** The microemulsion knocked *Coptotermes* sp. down quickly, which can't pass through poison soil with 0.025%, 0.05% and 0.1% fluocyanobenpyrazole microemulsion. **Conclusion** Microemulsion is a good termites preventive formulation beneficial to the health of maker and users for little organic solvent and little environmental pollution. Concentration of the microemulsion used in soil is 0.025% ~ 0.05% for termite prevention.

Key words: fluocyanobenpyrazole; microemulsion; termites; control effect

原文刊登在《中国媒介生物学及控制杂志》,2003,14(6):429-431

73 微乳剂在白蚁化学防治中的应用

李洁[1], 姜志宽[1], 高道蓉[2], 夏传国[3]
([1]南京军区军事医学研究所; [2]南京市白蚁防治研究所; [3]广东省昆虫研究所)

一、引言

防治白蚁的方法，依其作用原理及应用技术划分，有生物防治法、物理机械防治法、化学防治法和检疫防治法。其中，化学防治法通过使用药械，以见效快、效率高、使用方法较简便、受区域性限制小等特点见长，具有独特的应用优势。

在农药安全性和环境污染要求日趋严格的今天，以水为基剂的农药新剂型已成为世界农药剂型研究和发展的方向，微乳剂便是其中的一种[1]。借助表面活性剂的作用，将油性农药以超微细状态（粒径 $0.1\sim0.01~\mu m$）均匀分散在水中，形成透明或半透明的均相体，分散度高，具有不燃不爆、贮运安全、渗透性好等优点，是取代农药传统制剂的最佳剂型，近年来备受青睐。

本文将首次探讨新一代的微乳剂作为白蚁专用制剂的应用。

二、白蚁化学防治领域使用的制剂

就近些年来国内外白蚁防治现状来看，通常防治白蚁药剂的使用方法大致有喷粉法、喷液法、压注法、熏蒸法、压烟法、涂刷法、浸渍法、毒饵诱杀法、毒土带预防法等。

而作为白蚁药使用的制剂，目前主要是一些传统剂型，诸如[2]：①粉剂：多用于喷粉或做毒土处理，如70%的灭蚁灵粉剂；②可湿性粉剂：使用时可用水稀释配成药液喷雾、喷射、喷洒等，如25%的西维因可湿性粉剂；③乳剂：乳剂常用水稀释后进行喷雾、喷射、喷洒、压注，如50%的氯丹乳剂；④油剂：将原药直接溶解在油质溶剂中，可以直接喷雾、涂刷；⑤水剂：如亚砷酸钠水剂；⑥片剂（锭剂）：将水剂制成片剂，供喷雾、涂刷，如52%的磷化铝片剂；⑦烟剂：烟剂通常用以防治土栖性白蚁。

总的来说，我国的杀虫剂剂型研究还比较落后。在以上所述的白蚁防治制剂中，老剂型乳油（EC）和可湿性粉剂（WP）两者占总制剂量的70%~80%；而且剂型比较单一，原药与制剂的比例约为1:6，发达国家则高达1:30~1:36，两者相差很远。同时，占总产量50%~60%的乳油每年要耗费大约250000 t、价值7.5亿至9亿元的有机溶剂，造成石油资源的大量浪费，且严重污染环境。显而易见，与发达国家相比，我国杀虫剂剂型存在较大的差距，远不能适应当今白蚁防治工作的需要。

发达国家从可持续发展的战略出发，限制或禁止大量使用由甲苯、二甲苯配制的农药乳油新品种注册登记，同时在农药剂型的研究开发上投入了很大的力量，并取得了较大进展。农药剂型的发展方向应该是固体形式代替液体形式、粒状形式代替粉状形式、水基形式代替油基形式，以包装贮运简易、施用方便、有效成分高分散度、对靶喷洒高沉积量、使用形式及制剂中辅助成分对环境友好为目标。目前，以高效、安全、经济、方便使用且省力为目标向水性化（又称水基化）剂型及水分散粒剂（WDG）发展。

杀虫剂水性化剂型是以水作为分散介质，杀虫剂原药（固体或油状液）借助分散剂或乳化剂及其他助剂的作用，使之悬浮或乳化分散在水中。与乳油相比，减少了大量的有机溶剂；与可湿性粉剂相比，则无粉尘飞散；对人畜的毒性和刺激性都比较低；并能减轻对作物的药害；也不会因有机溶剂而在贮藏运输过程中引起燃烧，安全性较高。

微乳剂作为与环境相容的新一代水性化剂型，日益受到关注。

三、微乳剂的理化特性

微乳剂（microemulsion）是一个由油-水-表面活性剂-助表面活性剂组成的，具有热力稳定和各向同性的多组分散体系[3]。由于微乳液中分散相质点的半径通常在10～100 nm之间，所以，微乳液也称纳米乳液。微乳液的理论、微乳技术和应用在过去的20多年中得到了迅速的发展。20世纪90年代以来，微乳剂的应用已扩展渗透在纳米材料合成、日用化工、精细化工、石油化工、生物技术以及环境科学等各个领域。

微乳剂（纳米乳液）与普通乳液有相似之处，即均有O/W型和W/O型，但也有两点根本的区别[4]：①普通乳液的形成一般需要外界提供能量，如搅拌、超声振荡等处理才能形成；而微乳剂则是自动形成的，无须外界提供能量。②普通乳液是热力学不稳定体系，存放过程中会发生聚结而最终分离成油、水两相；而微乳剂是热力学稳定体系，不会发生聚结，即使在超离心作用下出现暂时分层现象，一旦取消离心力场，分层现象即消失，体系又自动恢复到原来的稳定体系。

关于微乳剂的自发形成，有混合膜理论、增容理论及热力学理论[5]。Sculman和Prince提出了瞬时负界面张力形成机制。该机制认为，油/水界面张力在表面活性剂的存在作用下大大降低，一般为几个毫牛/米，这样的界面张力只能形成普通乳液。但如果在更好的表面活性剂和助表面活性剂作用下，由于产生了混合吸附，界面张力进一步下降至超低水平（油-水-表面活性剂-助表面活性为10^{-3}-10^{-5} mN/m），甚至产生瞬时负界面张力。由于负界面张力是不能稳定存在的，因此，体系将自发扩张界面，使更多的表面活性剂和助表面活性剂吸附于界面而使其体积浓度降低，直至界面张力恢复至零或微小的正值。这种因瞬时负界面张力而导致的体系界面自发扩张的结果就自动形成微乳剂。

随着微乳剂体系类型的变化，体系的一系列物理化学性质均有显著的变化。例如，微乳剂体系中共存的各相的体积分数、油和水的增容量、界面张力、电导率、接触角、黏度等均出现有规律的变化。增溶作用和超低界面张力是微乳剂两个最重要的性质，也正是这两个特性决定了纳米乳液在实际领域中的许多应用。

由于农药制剂中大量使用的有毒有机溶剂已经受到日益严格的限制，部分国家已开始禁用二甲苯，这大大促进了以水部分或全部代替农药乳油中的有机溶剂的农药微乳剂的产生和迅速发展。

农药微乳剂的特点：①高稳定性：由于微乳剂是热力学稳定体系，可以长期放置而不发生相分离。因此，在各种农药剂型中，只有微乳剂才真正解决了稳定性问题。②增效作用：微乳剂施用时喷雾液滴小，含药浓度高，表面张力超低，对植物和昆虫的表面及细胞具有良好的附着、铺展和渗透性，从而提高吸收率，提高药效，降低使用剂量。③减少环境污染：不用或很少量使用有机溶剂，对于减轻对生产者及使用者的毒害、保护生态环境具有重要意义。④安全性：微乳剂没有（大量）的有机溶剂，具有燃点高、不易燃易爆的特点，生产、贮存和使用过程中的安全性大大提高。⑤低成本：微乳剂以水为溶剂，资源丰富，产品成本低，包装费用下降。

国外自20世纪70年代开始有农药微乳剂的研究报道，到80年代，在美国、德国、日本等发达国家，农药微乳剂作为一种新剂型已经开始工业化批量生产。我国自90年代初开始进行农药纳米乳剂的研究开发，到90年代中期已出现部分杀虫剂微乳剂的商品销售，并且发展势头十分看好。目前国内在卫生杀虫剂领域有2.5%的溴氰菊酯缓释型微乳剂[6]、5%的高效氯氰菊酯、0.3%的阿维菌素等杀虫剂微乳剂。但在白蚁防治方面，国内外尚无应用。

四、微乳剂作为白蚁化学防治专用制剂的探索

作为白蚁防治的策略，包括预防处理和灭治处理[7]，两者对药剂的要求并不尽相同。其中，预防处理要求药剂作用快，残效期长。一般的乳油不耐冲刷，易污染水域和地下水，不能作为白蚁预防药剂使用。灭治处理则要求药剂具连锁效应，使白蚁慢性中毒。

微乳剂由于其颗粒粒径小于100 nm，一般在30～50 nm之间，具有超强增容和乳化作用，有效成分散度高，增进了对有害生物体或物体表面的渗透，药力作用迅速，有利于发挥药效。因而，将微乳剂作为预防处理用药剂，比传统制剂（如：乳油、粉剂、可湿性粉剂）的药效更高，更具优势。从理论上看，它显然是更理想的白蚁预防用制剂。

另一方面，微乳剂由于使用一定量的表面活性剂，有些高分子种类的表面活性剂可作为缓释剂控制药物释放速度，因而可用滞留喷洒的方式灭治白蚁[6,8]。微乳剂用于滞留喷洒时，在喷洒界面可形

成一层薄膜,减少了环境中光、氧、水和微生物对杀虫剂的分解,减少了挥发与流失,改变了释放性能,亦使持效性延长。

目前,笔者已对微乳剂用作白蚁专用制剂做了一些探索,将所合成的氟氰苯唑原药经过反复的筛选实验,配制了1%的氟氰苯唑微乳剂。经南京市白蚁防治研究所和广东省昆虫研究所各自的白蚁药效实验证实,氟氰苯唑微乳剂对台湾乳白蚁的击倒速度较快,台湾乳白蚁不能穿越至少0.03%的氟氰苯唑微乳剂处理过的毒土,而且,用氟氰苯唑微乳剂处理木材后,木材对台湾乳白蚁群体具有较强的抗蛀能力。从实验结果上看,氟氰苯唑微乳剂0.03%~0.05%的浓度即可作为预防白蚁的有效浓度。

由上述可见,氟氰苯唑微乳剂用作白蚁专用制剂,其应用优越性无论从理论上、实践上都已得到了有力的证实。

五、微乳剂的应用展望

微乳剂的超低界面张力以及随之产生的超强增容和乳化作用是微乳剂应用的重要基础。作为新一代水基质制剂,不仅其药效高于传统的乳油、粉剂、可湿性粉剂,同时符合环保要求,属绿色农药制剂,已成为世界农药剂型研究和发展的方向。可以预见,在不久的将来,微乳剂将以其众多的优势逐步取代传统的乳油而成为白蚁防治领域中的一种主要剂型。

在过去的十几年中,微乳剂在农药微乳剂、医药微胶囊等领域中的应用已迅速兴起。随着人们对微乳剂愈来愈深入的了解,人们对微乳剂乳化技术在卫生杀虫剂、白蚁防治等各个领域中的应用研究必将有愈来愈广泛、深入和迅速的发展。

参考文献

[1] 吴秀华,陈蔚林,王飞.农药微乳剂物理稳定性的探讨[J].化学通报,1999,3(3):55-58.

[2] 黄远达.中国白蚁学概论[M].武汉:湖北科学技术出版社,1999:764-767.

[3] 王红喜.微乳制剂的研究进展[C].西京医院药学论文集,1996:89-92.

[4] 鲁莹,刘英.新型药物载体[J].国外医药:合成药、生化药、制剂分册,1999,20(4):253-256.

[5] 曹宗顺,卢凤琦.微乳及其在药物制剂中的应用[J].国外医药:合成药、生化药、制剂分册,1993,14(5):289-293.

[6] 邵新尔,黄清臻,周广平.2.5%溴氰菊酯缓释型微乳剂防制卫生害虫的研究[J].中国媒介生物学及控制杂志,2001,12(1):53-55.

[7] 夏传国.社会性昆虫——白蚁的生物学及其防治[J].中华卫生杀虫药械,2003,9(3):50-53.

[8] 李小鹰.我国白蚁防治及药剂应用的现状和发展[J].中华卫生杀虫药械,2003,9(1):47-51.

原文刊登在《中华卫生杀虫药械》,2003,9(4):51-53

74 家装白蚁预防须知

高道蓉

(深圳市白蚁防治管理所)

随着改革开放的深化,社会经济的快速发展和人民生活水平的普遍提高,人们对居住环境的要求越来越高,房屋装饰装修越来越趋复杂。在我国南方,特别是深圳,装饰装修中木、竹材料和其他含纤维素材料的大量使用,为白蚁的生存和繁衍创造了良好的条件。近年来,房屋装修遭受白蚁危害的情况呈现逐年增多的趋势,白蚁的侵蚀造成了很大的经济损失。白蚁危害已成为当前房屋白蚁危害的一个新特点。

为了减少或避免经济损失,越来越多的家庭在房屋装饰装修过程中增加了白蚁预防措施。国家建设部于1999年11月15日发布的72号部长令《城市房屋白蚁防治管理规定》第二条第三款中就有规定:"凡白蚁危害地区的新建、改建、扩建、装饰装修的房屋必须实施白蚁预防处理。"装饰装修的白蚁预防工程看似简单,其实它的处理工艺和施工还是比较复杂的。在深圳市从事白蚁防治工作的企业,除了需具有工商局登记的营业执照外,还必须有深圳市爱卫办核准的白蚁防治资质证书。未获此资质的企业和个人均不能从事装饰装修的白蚁预防工程。有的装修公司的施工队直接购买白蚁药水施工,这是不合法的,也是不可取的。有的甚至在装修预算中做了费用预算,而实际上没有进行白蚁预防,欺骗顾客。还有的将此工程转包给白蚁公司,他们只选择价低而不考虑对方是否有资质或公司的信誉度。目前深圳市有未取得白蚁资质的公司(有的仅有营业执照)在网上发布虚假信息。更为严重的是,有些人私自伪造营业执照和白蚁防治资质证书,蒙蔽物业管理处和业主,从事装饰装修白蚁预防工程。这样,白蚁预防工程的质量就很难得到保证。

装饰装修白蚁预防工程质量还在于使用的药物。只要是"三证"(农业部农药检定所核发的农药登记证、国家经贸委核发的农药生产批准证书、产品企业标准)齐全的白蚁预防专用药物,均可使用。但是有的人为了牟取暴利,在白蚁乳油中私自掺水出售。例如,市场上曾出现过的目前仍在偷偷出售的"蚁X灵"药物,就是这样的伪劣产品。因为将原乳油加水之后出售的乳水液已经水解,完全无效。它不仅败坏了生产厂家的信誉,也欺骗了不少用户(包括购买这些"药"的装修工程队、某些白蚁公司和住户),这是违法行为,由此而产生的不良后果会逐渐显现出来。现市场上还在出售"CCA"(铜铬砷合剂),那仅仅是用于木材处理的药剂,并不适用于其他部位的白蚁预防。

(本文承深圳市白蚁防治管理所林德留所长审改,特此致谢。)

原文刊登在《城市害虫防治》,2003(3):44

75 宜昌市白蚁防治考察报告

谭业钰,梁桂,林德留,高道蓉
(深圳市白蚁防治管理所)

为了借鉴兄弟省市的白蚁防治工作经验,深圳市爱卫办谭主任、梁副主任和林所长于2003年7月10日至11日率团对湖北省宜昌市白蚁防治研究所进行了考察访问,访问中得到宜昌市房地产管理局领导的重视,徐副局长和刘显钧高级工程师介绍了宜昌市白蚁防治研究所的成功防治经验并进行了深入的交流。

宜昌市地处高山和平原接壤的丘陵地带,是长江中下游的分界处,属亚热带季风气候,气候温和(年平均气温16.8℃)、温润(年平均降水量1150mm),地形复杂,植被丰富,生态环境适宜白蚁的生长繁殖。据宜昌历年的调查,宜昌市有白蚁3科7属36种,占湖北省白蚁种类的63%,其种类之多高于同纬度一些地区,是白蚁资源丰富且危害十分严重的地区。

宜昌市白蚁防治研究所的前身宜昌白蚁防治站于1963年成立,1988年由市机构编制委员会批准成立为正科级自收自支的事业单位,隶属于宜昌市房地产管理局,编制为8人,现有职工7人(其中高级工程师1人,中级职称1人,初级职称2人),是湖北省白蚁防治壹级资质单位,湖北省房地产业协会白蚁防治专业委员会的挂靠单位。

宜昌市白蚁防治研究所的主要任务是负责宜昌市白蚁防治工作的管理(白蚁所加挂宜昌市白蚁防治管理办公室的牌子),以白蚁防治工作为主,科研为辅,并适度开拓其他经营业务。经过40年的努力,宜昌市的白蚁危害率由1963年的52.68%控制到现在的10%以下,随机抽查的蚁害率为4.46%(1980年对所有房地产管理局管理的公房普查资料),宜昌市的白蚁危害率控制在沿江同类城市的较低水平。

宜昌市白蚁防治研究所十分重视白蚁研究工作,先后完成了六项科研成果,均获得市级以上奖励,其中《纸质灭蚁灵药饵系列产品》《水库堤坝白蚁防治战略战术研究》《黄胸散白蚁分群活动的若干特点》获宜昌市科技进步三等奖;《家白蚁分群活动若干特点》《AC、YC合剂及其应用》获宜昌市科技进步一等奖;《散白蚁对房屋建筑的危害及防治新方法的研究》获湖北省科技进步二等奖,并被建设部列为重点科技项目向全国推广。《防治白蚁的药物及制备方法》获国家发明专利。这些成果的取得极大地提高了宜昌市的白蚁防治水平。

宜昌市从1989年开始进行全市性的新建房屋白蚁预防工作,从而提高了该所的经济实力。在宜昌市,新建房屋的白蚁防治是高度垄断的,只能由房地产管理局下属的白蚁防治所承担,但白蚁灭治工作是开放的,凡具有白蚁防治资质的单位均可进入。对于新建白蚁预防工作,根据宜昌市城市管理的具体情况,分别予以把关:(1)在城区,新建预防工程收费由建设局发放施工许可证时把关;(2)在经济开发区,由房地产管理局的派出机构房政所发放产权证时把关;(3)在宜昌的葛洲坝集团是国家大型企业,自主权很大,对该企业的白蚁预防工作采取了由企业的房产部门自行把关,委托宜昌市白蚁防治研究所施工,所收的白蚁预防费采取分成管理的方式,即20%的预防后备基金、10%的质量保证金由集团掌握,然后按15年的保质期分年度按比例返还给白蚁防治所,10%的保质金在新建房屋工程竣工验收后返还白蚁防治所,另外付一定的把关手续费。这样做,企业很愿意与白蚁防治所合作。由于分不同的情况采取了不同的把关方式,宜昌市新建房屋白蚁预防的覆盖率非常高,达99%。

关于白蚁防治工作,走向市场是必由之路,问题在于监管。一是行政监管,对从事白蚁防治的企业必须严格资质认证,从事白蚁防治技术的人员必须持有合格的岗位证书,严格后备基金的管理等。二是技术监管,国家或地方政府制定严格的技术操作规范,建立白蚁防治技术检测机构等。

原文刊登在《城市害虫防治》,2003(4):34-34,46

76 15%吡·氯乳油对台湾乳白蚁和黑胸散白蚁的药效研究

李新平[1]，李小鹰[2]，高道蓉[3]，夏传国[4]，周秋君[2]

([1]广西桂林市白蚁防治所；[2]无锡市白蚁防治所；[3]南京市白蚁防治研究所；[4]广东省昆虫研究所)

摘要：目的 研究15%吡·氯乳油对台湾乳白蚁、黑胸散白蚁的共毒系数和防治效果。**方法** 采用毒力测定、击倒法(药膜法)、土壤法和木材试块接触法。**结果** 15%吡·氯乳油对台湾乳白蚁致死有明显的增效作用，共毒系数达216.88，0.15%以上浓度对台湾乳白蚁、黑胸散白蚁的击倒速度很快，台湾乳白蚁、黑胸散白蚁不能穿越用0.15%的浓度处理过的土壤，用0.15%以上的浓度处理过的木材对白蚁有很强的抗蛀能力。**结论** 15%吡·氯乳油对台湾乳白蚁、黑胸散白蚁有很好的防治效果，可在白蚁防治上推广应用。

关键词：15%吡·氯乳油；台湾乳白蚁；黑胸散白蚁；共毒系数；药效

吡虫啉属硝基亚甲基类内吸杀虫剂，是一种高效内吸性广谱型杀虫剂，具有胃毒和触杀作用，持效期长，对环境较安全。其作用机制与传统杀虫剂的作用机制完全不同，与其他农药混配不会产生拮抗性，是一种低毒杀虫剂。氯氰菊酯属拟除虫菊酯类杀虫剂，具有触杀和胃毒作用，杀虫谱广，药效迅速，对光、热稳定。根据两者的生物活性、作用机制及单剂之间的理化性质，广西兴桂农用化工有限公司通过配方筛选试验，复配成了15%吡·氯乳油。为了研究15%吡·氯乳油对白蚁的防治效果，无锡市白蚁防治所、广东省昆虫研究所、桂林市白蚁防治所于2001—2003年进行了该药的药效研究试验。现报道如下。

一、材料和方法

(一) 供试药物

江苏扬农化工集团有限公司生产的吡虫啉原药，含吡虫啉95%；江苏扬农化工集团有限公司生产的氯氰菊酯原药，含氯氰菊酯94%；广西兴桂农用化工有限公司生产的15%吡·氯乳油，含吡虫啉3%，氯氰菊酯12%。

(二) 供试白蚁

供试白蚁种类有台湾乳白蚁 *Coptotermes formosanus* Shiraki、黑胸散白蚁 *Reticulitermes chinensis* Snyder。供试前台湾乳白蚁在室内饲养1周以上，黑胸散白蚁在室内饲养2周以上。

(三) 试验方法

1. 共毒系数测定

取直径90 mm的培养皿，皿底铺一张同样直径的滤纸，滴加1 mL药液在滤纸上。每皿放入台湾乳白蚁工蚁30只，60 min后观察记录死亡白蚁数，每个浓度设3个重复，并设对照。试验在温度(27 ± 1)℃、相对湿度(80 ± 5)%的培养箱内进行。

2. 击倒速度的测定

取直径90 mm的培养皿，皿底铺一张同样直径的滤纸，滴加1 mL药液在滤纸上。每皿放入白蚁工蚁30只，每隔15 min观察记录一次击倒白蚁数，直至所有白蚁全部死亡为止。每个浓度设3个重复，并设对照。试验在温度(27 ± 1)℃、相对湿度(80 ± 5)%的培养箱内进行。

3. 土壤法

在一个直径15 mm、长150 mm的玻璃管中将含药土壤(50 mm厚)夹入4%琼脂(琼脂每端厚10 mm)中间，一端放一条长20 mm的小松木片和2张10 mm×30 mm的滤纸条，另一端放入白蚁工蚁95只和兵蚁5只，两端用塑料薄膜封口，并用大头针在两端塑料薄膜上打孔。按25L/m^3的剂量计算出含药土壤(本试验中含药土壤$V=\pi r^2 h$，其中$r=7.5$ mm，$h=50$ mm)所需的药液量，抽取一定的药液量在烧杯内拌土配制成毒土。每隔12 h观察记录一次白蚁穿越毒土层的距离,直至所有白蚁全部死亡为止。每个浓度设3个重复,并设对照。试验在温度(27±1)℃、相对湿度(80±5)%的培养箱内进行。

4. 处理木材抗蛀试验

(1)接触法:用去离子水配制药液。将松木块(50 mm×50 mm×10 mm)置于恒温干燥箱中,在(60±1)℃下保持24h,取出后称重,将称重后的木块置于不同浓度的药液中浸泡10 min,取出后称重。依据浸泡后木块质量减去浸泡前木块的质量,计算出木块吸药量。被浸泡过的木块在室内自然晾干至平衡含水率后,将木块放入白搪瓷器皿(直径140 mm、高85 mm)中。白搪瓷皿底部放1只玻璃圈,玻璃圈上方放置木块,木块表面再放1只玻璃圈。2只玻璃圈的直径和高均为40 mm。在白搪瓷器皿内加入去离子水,深约5 mm。向木块上方的玻璃圈内投入工蚁30只,设空白对照和3个重复,定时观察工蚁被击倒和死亡的情况。

(2)群体法:取20 mm×20 mm×20 mm大小的松木块,放入干燥箱内(60±1)℃下干燥24h后称重,然后放入药液中浸泡10 min。取直径100 mm、高100 mm的塑料杯,杯内放250 g干河沙,沙面放一块用药液处理过的土块,并滴加45 mL蒸馏水,之后适当滴加蒸馏水,以保持足够的湿度。每杯放入白蚁工蚁、兵蚁10 g(约3600只,兵蚁比例<10%)。接触后,每隔24 h观察记录一次白蚁群体活动情况。每个浓度设3个重复,并设蒸馏水对照,试验在温度(27±1)℃、相对湿度(80±5)%的培养箱内进行。试验结束时,每个木块放入干燥箱内(60±1)℃下干燥24 h后称重。试验期2周。计算木材的质量损失率(%)。

二、结果

(一)15%吡·氯乳油对台湾乳白蚁的共毒系数测定

共毒系数测定结果(表1)表明,15%吡·氯乳油对台湾乳白蚁致死的增效作用是很明显的,共毒系数达216.88。

表1 15%吡·氯乳油对台湾乳白蚁的共毒系数

测试药剂	毒力回归方程式	LC_{50}(mg/L)	r	CTC
15%吡·氯乳油	$y=3.4060+0.9020x$	5.85	0.9894	216.88
氯氰菊酯	$y=3.1470+0.9236x$	10.15	0.9974	—
吡虫啉	$y=3.3086+0.3786x$	2934.35	0.9751	—

(二)15%吡·氯乳油对白蚁的击倒速度

从无锡市白蚁防治所(表2)和广东省昆虫研究所(表3)的测定结果可以看出,15%吡·氯乳油对白蚁的击倒速度很快,药效也很快。随着浓度的增加,击倒时间KT_{50}和全部白蚁死亡时间缩短。

表2 15%吡·氯乳油对白蚁的击倒速度

浓度(%)	台湾乳白蚁			黑胸散白蚁		
	KT_{50}(min)	LT_{50}(min)	死亡率(%)	KT_{50}(min)	LT_{50}(min)	死亡率(%)
0.15	25	280	100	20	370	100
0.03	35	280	100	20	490	100
0.015	35	460	100	20	610	100
0.01	35	460	100	40	610	100
0.0075	35	580	98.3	40	790	100

表3 15%吡·氯乳油对台湾乳白蚁的击倒速度

浓度(%)	毒力回归方程式	KT_{50}(min)	KT_{90}(min)	全部死亡时间(min)
0.3	$y=-3.7687+5.8725x(r=0.9898)$	31	51	110.0±8.7
0.15	$y=-2.9805+5.0298x(r=0.9985)$	39	69	140.0±8.7
0.075	$y=-0.8108+3.5731x(r=0.9944)$	42	97	170.0±8.7

（三）白蚁穿越15%吡·氯乳油处理土壤的能力

无锡市白蚁防治所（表4）和广东省昆虫研究所（表5）测定穿越毒土能力的结果表明，白蚁不能穿越0.15%以上浓度处理过的土壤。

表4　15%吡·氯乳油处理土壤防止白蚁穿越试验结果

浓度 (%)	台湾乳白蚁					黑胸散白蚁				
	1	2	3	平均（cm）	死亡率（%）	1	2	3	平均（cm）	死亡率（%）
0.15	0.5	0.5	0	0.33	100	0	0.1	0	0.03	100
0.03	0.5	0	0.1	0.2	100	0	0	0	0	100
0.015	0	0.5	2	0.8	100	0	0	0	0	100
0.0075	5	0.5	1.8	3.9	100	0	0	0.1	0.03	100
0.0005	5	5	4.5	4.8	100	0.6	0	0.5	0.36	100
对照	5	5	5	5	0	5	5	5	5	0

表5　台湾乳白蚁穿越15%吡·氯乳油处理土壤的能力

浓度（%）	序号	白蚁穿越毒土层情况	全部白蚁死亡时间（h）
0.075	1	进入毒土层0.5 cm	
	2	进入毒土层0.4 cm	156.0±12.0
	3	进入毒土层0.2 cm	
0.15	1	未进入毒土层	
	2	未进入毒土层	140.0±6.9
	3	未进入毒土层	
0.3	1	未进入毒土层	
	2	未进入毒土层	116.0±6.9
	3	未进入毒土层	
对照	1	穿透土层5 cm	
	2	穿透土层5 cm	白蚁活动正常
	3	穿透土层5 cm	

（四）用15%吡·氯乳油处理过的木材对白蚁群体的抗蛀能力

群体试验结果表明，用15%吡·氯乳油处理过的木材对白蚁具有较强的抗蛀能力。无锡市白蚁防治所进行的试验表明，随着浓度的增加，白蚁群体死亡时间缩短（表6）。广东省昆虫研究所进行的试验表明，随着浓度的增加，木材重量损失率减少（表7）。

表6　15%吡·氯乳油处理木块防治白蚁接触法试验结果

浓度（%）	平均吸药量*（g）	台湾乳白蚁			黑胸散白蚁		
		KT_{50}（min）	LT_{50}（min）	死亡率（%）	KT_{50}（min）	LT_{50}（min）	死亡率（%）
0.15	2.94	25	400	100	15	230	100
0.03	3.10	40	530	100	60	290	100
0.015	4.14	40	640	100	40	350	100
0.010	4.00	40	640	100	80	650	100
0.0075	3.26	40	640	100	80	650	100
对照	0	—	—	0	—	—	0

*平均吸药量为3个重复使用木块（50 mm×50 mm×10 mm）的平均吸药量。

表7　15%吡·氯乳油处理木块对台湾乳白蚁群体的抗蛀能力

浓度（%）	白蚁群体死亡时间（h）	接触白蚁14 d后木材的质量损失率（%）
0.3	244.0±13.9	5.13±0.60
0.15	248.0±13.9	6.53±0.35
0.075	288.0±24.0	8.60±0.36
对照	白蚁活动正常	35.17±3.01

三、结论

试验结果表明，15%吡·氯乳油对台湾乳白蚁、黑胸散白蚁的击倒速度很快，台湾乳白蚁、黑胸散白蚁不能穿越用0.15%以上浓度处理过的土壤，用15%吡·氯乳油处理过的木材对台湾乳白蚁、黑胸散白蚁具有较强的抗蛀能力，证明15%吡·氯乳油的药效性能达到白蚁预防药剂的要求，具有较好的推广应用价值。

Efficacy of 15% imidacloprid-cypermethrin solution against *Coptortermes formosanus* Shiraki and *Reticulitermes chinensis* Snyder

Li Xinping[1], Li Xiaoying[2], Gao Daorong[3], Xia Chuanguo[4], Zhou Qiujun[2]

([1] Guilin Institute of Termite Control, Guilin 541001, China; [2] Wuxi Institute of Termite Control, Wuxi 214002, China; [3] Nanjing Institute of Termite Control, Nanjing 210004, China; [4] Guangdong Entomological Institute, Guangzhou 510210, China)

Abstract: Objective To study the efficacy and toxicity of 15% imidacloprid (3%)-cypermethrin (12%) solution against termites. **Methods** Toxicity test, drug membrane, soil method and wood contacting method. **Results** 15% imidacloprid cypermethrin solution had good efficacy against *Coptotermes formosanus* Shiraki. The toxicity coefficient reached 216.88. The insecticide with concentration 15% above could kill *Coptotermes formosanus* Shiraki and *Reticulitermes chinensis* Snyder rapidly. When spraying soil with 15% imidacloprid-cypermethrin solution of 0.15% concentration, termites could not crawl across soil. **Conclusion** 15% imidacloprid-cypermethrin solution had good efficacy against *Coptotermes formosanus* Shiraki and *Reticulitermes chinensis* Snyder. It should be generalized in termite control.

Key words: 15% imidacloprid-cypermethrin solution; *Coptotermes formosanus* Shiraki; *Reticulitermes chinensis* Snyder; toxicity coefficient; efficacy

原文刊登在《中华卫生杀虫药械》，2004，10(5):295-297

77 桂林市白蚁防治考察报告

谭业钰,蓝城添,高道蓉
(深圳市白蚁防治管理所)

为了借鉴兄弟省市白蚁防治工作的经验,深圳市爱卫办谭主任等于 2003 年 12 月 9 日至 12 日对桂林市白蚁防治所进行了考察访问,访问中得到桂林市房产局领导的重视,杨绍武副局长、吴旭荣所长和李新平高级工程师介绍了桂林市白蚁防治所的成功经验并进行了深入的交流。现将考察情况介绍如下。

一、桂林白蚁防治的概况

桂林市白蚁防治所成立于 1964 年,隶属于桂林市房产局,是桂林市唯一一家具有自治区建设厅核准的一级资质白蚁防治单位。该单位是中国物业管理协会白蚁防治专业委员会的会员单位,也是广西白蚁防治专业委员会的主任单位。该单位现有人员 24 名,其中高级工程师 1 名,中级职称人员 5 名,技术员 10 名。下设办公室、灭治科、预防工程科、财务科、质安科、药物检测中心,另外还成立了山鹰杀虫服务部、万洁卫生害虫防治中心、广西兴桂农用化工有限公司等股份制企业,是一个集科研、生产、防治和销售于一体的多功能综合实体。根据桂林市人民政府(1999)第 71 号文《桂林市房屋建筑白蚁防治管理办法》的规定,桂林市白蚁防治所负责整个桂林市区的新建房屋白蚁预防工程、房屋装饰装修白蚁预防工程,现每年承接的新建房屋白蚁预防面积约 150 万平方米,白蚁灭治面积约 20 万平方米。除此之外,它还负责市辖 12 个县及贺州市、梧州市白蚁防治所的业务指导工作,帮助县站培训技术员和开展新建房屋白蚁预防工作。

二、建立白蚁防治试验基地

为深入了解白蚁的生活习性及目前市场上白蚁预防药的药效和有效期限,桂林市白蚁防治所继广东省昆虫研究所、无锡市白蚁防治所、浙江省白蚁防治所和青岛市白蚁防治研究所之后,按照农业部的有关标准和要求,在桂林市龙泉林场建立了一个占地约 10 亩(6.67 公顷)的白蚁防治试验基地。该基地是全国第 5 个白蚁防治试验基地,基地里饲养了不同种类的白蚁,设有 60 多个防治试验坑,不仅承担着广西科技厅、桂林市科委下达的科研项目,还为教学、科研提供了很好的场所。2002 年,全国白蚁防治专业委员会的林树青主任、张锡良秘书长及全国白蚁防治专家高道蓉、李小鹰、姚力群、杨礼中等先后参观了试验基地,对试验基地的规模和生态条件表示赞许。

三、研制白蚁预防新药

1999 年,国家经贸委颁布了第 6 号令,明确规定到 2000 年底全部禁止生产、销售和使用氯丹、砷剂等高残毒、高污染的有机化合物,在这种情况下,桂林市白蚁防治所及时抓住有利时机,在全国著名的白蚁防治专家高道蓉教授的帮助下,争取了广西科技厅、桂林市科委下达的《P·L 防蚁剂(15% 吡·氯乳油)的研制》项目,经过桂林市白蚁防治所科技人员两年的努力,顺利完成了各项科研任务。2003 年 4 月,广西科技厅在桂林主持召开了该项目的成果鉴定会,经中科院上海昆虫研究所、全国著名昆虫学家夏凯龄研究员为主任委员、全国白蚁防治专业委员会林树青主任为副主任委员及全国著名的白蚁防治专家、农药分析专家等组成的专家鉴定,确认该成果达到国内先进水平,产品的各项指标均优于国内同类产品。随后,该所下属的广西兴桂农用化工有限公司及时办理了产品的农药登记证、生产批准证和产品企业标准,并于 10 月份正式投产。目前,该产品(万洁乳油)不仅占据了整个广西白蚁预防药市场,还远销到省外。

四、成立药物检测中心

为加强市场管理,确保白蚁预防工程的质量,桂林市房产局根据国家建设部(1999)第72号令《城市房屋白蚁防治管理规定》、桂林市人民政府(1999)第71号文《桂林市房屋建筑白蚁防治管理办法》及广西建设厅(2000)第28号《关于广西白蚁防治单位资格等级管理有关问题的通知》的有关规定,批准成立了桂林市白蚁防治所药物检测中心,负责承担桂林市辖区内(含12个县)新建房屋白蚁预防工程质量的检验、监测。随后,桂林市白蚁防治所拨出专款30万元,购置了液相色谱仪、气相色谱仪、水分测定仪等设备一批,并按技术监督局的要求,建立了检测室、试验室、天平室、恒温室。对操作人员进行培训之后,申报并获得了广西质量技术监督局颁发的计量认证资格,使药物检测中心出具的报告具有法律效力。

五、管理

桂林市白蚁防治所将白蚁防治纳入执法管理,桂林市把白蚁防治执法管理交由桂林市市容管理局房产城管大队执法,凡未进行新建房屋白蚁预防的单位,发生白蚁而未进行灭治的单位,无证、无资质白蚁防治单位及白蚁防治单位未按建设部、全国专委会要求施工施药的,使用无证药物的,都按建设部72号令处罚条款处罚。城管大队会同市技术监督局对全市无证白蚁药物的销售进行查处。

桂林市白蚁防治所在市房屋安全鉴定处设立房屋装修预防白蚁服务窗口,凡到市房屋安全鉴定处申办装修项目的,都要签订白蚁预防合同,进行白蚁预防处理。并在全市装修材料市场等场所开设装修预防药物销售门市部10个,在各门市部布置白蚁危害照片和宣传广告。

桂林市房产局下文要求所有白蚁防治单位在承接新建房屋白蚁预防工程时,都必须对购进的药物、工地施用的药物及完工后土壤含药量进行抽检,每年年底由桂林市白蚁防治所药物检测中心出具各单位施工质量报告,对不符合质量标准的单位不予以资质年检,要求限期整改。

原文刊登在《城市害虫防治》,2004(1):13-14

78 红火蚁 Solenopsis invicta Buren 及其防治

高道蓉[1,4]，刘瑞桥[2]，高文[3]，冯昌杰[4]

([1] 南京市白蚁防治研究所；[2] 广东省佛山市力锋白蚁防治有限公司；
[3] 湖北省罗田县白蚁防治研究所；[4] 深圳市白蚁防治管理所)

摘要：本文介绍了红火蚁的一般特性、危害性、传入途径、治理方法和值得注意的几个问题。

关键词：红火蚁；危害性；防治

近年来，外来红火蚁入侵我国台湾、广东、香港和澳门等地，来势汹汹。目前，在各地农业部门的领导下，经多方努力，该外来入侵物种蔓延的趋势得到有效遏制。

在广东，最初是在吴川发现红火蚁入侵的事例。这个发现和确认是与广东华南农业大学昆虫生态研究室曾玲教授、梁广文教授的努力分不开的，其间也得到我国著名昆虫分类学家张维球教授的确认，从此得到广东省农业厅和国家农业部的支持，在广东省以至于全国开展了卓有成效的防控措施，其功不可没。

一、红火蚁的一般特性

外来红火蚁 Solenopsis invicta 源于南美洲，它与白蚁一样，亦是社会性昆虫。下面简单介绍红火蚁的一般特性。

(一) 巢

以巢来说，白蚁的巢分为木栖性巢、土栖性巢、土木两栖性巢和寄生巢，而红火蚁巢仅为地栖性巢。它的成熟巢形成蚁丘，高度与大小不等，巢内为蜂窝状结构，仅有纤维和土粒，黏合性较差，巢外壳大多是土粒，有时外壳往往覆盖着细碎的草叶茎。由于红火蚁对水分的需求十分强烈，所以巢底有通往深层土壤的吸水线。在野外工作中，发现红火蚁有并巢现象。

(二) 攻击行为

当红火蚁巢受到外因干扰（如：洒少许诱饵）时，红火蚁即迅速冲出，表现出很强的攻击性，这样会对人造成伤害。

(三) 品级

大多数白蚁都有兵蚁、工蚁、白蚁王、白蚁后、长翅成虫等品级，红火蚁也有大、小工蚁，也有长翅成虫。但是红火蚁有翅雄蚁经婚飞交配后就死亡，它也没有真正的兵蚁品级，仅靠大型工蚁起保卫群体的作用。它们用自己钳子似的强有力上颚将对方撕成碎片。

(四) 红火蚁的栖息地

红火蚁通常栖息在公园绿地、树木、石旁、路边、绿化带中的灌木绿篱、行道树、草坪、足球场、高尔夫球场、苗圃、荔枝林、杜果林中，以及电灯杆、广告牌、示警柱、消防栓等的下方或四周，雨水井、污水井、电缆井盖周围。

(五) 红火蚁的识别

在现场灭治工作中，外来红火蚁易与热带火蚁 Solenopsis germinata 相混淆。热带火蚁也是一种地栖性种类，但是它在土壤表面是较粗颗粒状土粒，形成平缓的堆积，其内绝无蜂窝状；而外来红火蚁的巢如上所述，它的外表颗粒细且有一定的高度，内部有蜂窝状。两者还是有区别的。

二、红火蚁的危害性

红火蚁属于杂食性的蚂蚁。在自然界，它的危害大致可分为以下几种。

(一) 对农林植物的危害

红火蚁可以取食农作物与林木的果实、芽、嫩茎和根系，影响其生长，以致影响其产量。

(二) 对其他动物的危害

红火蚁的攻击性很强。在危害严重的地区，它会叮咬家禽家畜、捕食泥土中的蚯蚓，造成生物多样性贫乏。笔者等曾在东莞解剖红火蚁巢体亲见红火蚁将邻近的黑翅土白蚁菌圃几乎完全取食,仅剩一小块,活体白蚁完全没有,仅见白蚁头壳。

(三) 对公共设施的危害

红火蚁可破坏室外和民居附近的电讯设施。

(四) 对人类的危害

由于红火蚁的存在,它攻击人类,致使城市里的园林绿化受影响,苗圃场工人不能正常作业,农村农民不能正常下田劳作。它还会影响人们到公园等地正常户外休闲。据报载,红火蚁还入侵室内(如:工厂宿舍)叮人致休克的事例,影响人的正常生活。当人被红火蚁叮咬后,被叮咬部位会有持续灼热样疼痛,局部皮肤形成红斑、水疱、硬肿,有痒感,水疱破裂后又常会引起细菌感染。近来,有些地方报纸上刊登消息报道,极少数过敏体质的人被红火蚁叮咬后发生严重的过敏性休克,主要表现为全身过敏反应、呼吸困难,以及面色苍白、四肢厥冷、血压下降等循环衰竭症状。此外,被叮咬的人还会因脑缺氧和脑水肿出现头晕、乏力、烦躁不安、抽搐、大小便失禁等表现。

三、红火蚁的来源

红火蚁无疑是外来的,这一点是无可争议的。红火蚁从境外传至中国大陆大致有两个途径。

(一) 境外物品传入

吴川多处发生红火蚁的地方附近就有许多进口废品堆积。事实上,检疫检验部门在进口集装箱内也曾截获过红火蚁。

(二) 草皮输入

在大陆许多城市内发现的红火蚁大多与草皮有关。是否可以这样认为,输入的草皮也带进了红火蚁,而大陆培育草皮的苗圃地极有可能成为输出红火蚁的再生繁育基地。

有些人认为,香港的红火蚁是从大陆传进的;有的人又持相反的观点,认为大陆红火蚁是从香港传入的。由于香港和广东陆地相连,人员、物质交流十分频繁,也许这两种可能性都存在。总之,红火蚁绝不是香港、广东本土的有害生物。

四、治理方法

红火蚁与一般的农业昆虫、卫生害虫、林虫的生物特性相差很大,所以治理的方法、原理有差异。灭治红火蚁绝不能单独采用灌淋液态杀虫剂的方法,因为大量使用液态杀虫剂可对环境造成相当大的污染,同时也达不到理想的灭治效果。它和白蚁同属社会性昆虫,它们的生活习性有一定的相似性,所以灭治的原理和方法以至药物都较为近似。一般来说,白蚁的治理用毒饵法灭治的效果较好,同样,毒饵法也适用于红火蚁的治理。单纯使用触杀或驱避为主的杀虫剂来治理红火蚁,效果是不会很好的。选用合理的治理方法是决定治理效果好坏的重要因素。当年,美国发生红火蚁入侵,曾经用于灭治的药物是属有机氯的灭蚁灵(Mirex)。后来,中国生产的该药物主要用于灭治白蚁,当时被认为是一种很好的灭白蚁剂,也是治理白蚁很理想的毒饵中的杀白蚁成分。这次在吴川开展治理红火蚁工作时,当地群众也使用了灭白蚁的诱饵用于灭红火蚁,取得了很好的效果,但是由于我国政府也签署了禁止持久性有机污染物的POPs条约,有些药物不能继续使用,其中有灭蚁灵。现在可用于毒饵中的杀白蚁剂替代产品有氟虫胺、氟铃脲、除虫脲和伏蚁腙。同样,它们亦可以作为治理红火蚁毒饵中的杀蚁成分,它们的共同杀虫机制是慢性胃毒作用而不是触杀作用或驱避作用。自2004年年底至今,我们采用了江苏常州晔康化学制品有限公司生产的氟虫胺诱饵治理红火蚁,取得了大面积的防治效果。

五、值得注意的问题

我们在近两年的治理红火蚁的工作中,认识到有一些值得注意的问题。

(一) 是否蚂蚁都要一律消灭

答案当然是否定的。我们的工作是控制外来红火蚁这一种蚂蚁,在开展此项工作之初,有的工作人员分辨不出什么是外来红火蚁,看到蚂蚁就灭,后来经纠正,杜绝了此现象。

(二) 效果的检查方法

我们见有的检查人员将一小段香肠放在治理过红火蚁的区域内15分钟左右,如果有几处诱到蚂蚁,就认为不合格。我们认为,在自然界蚂蚁种类很多,这样诱来的蚂蚁应该经镜检,确认是不是红火蚁。如以此法来检查效果的好坏,那么现在发生以后还会发生大量抛撒灭蚁诱饵,致使在防治红火蚁区域内杀灭所有种类蚂蚁的事例一再发生。我们认为,应该通过确认在防治区域内重复出现蜂窝状红火蚁蚁穴数来验证效果,或者采用诱来蚂蚁后加上镜检的方法。

(三)源头控制不力

我们认为,从源头控制红火蚁的传播是很重要的。但是,2006年度仍确认新植草皮和新补植草皮带来红火蚁,这说明培植草皮基地的红火蚁防控工作还需加强。

(四)盲区仍然存在

在农业部的正确指导下,很多地方外来红火蚁得到了控制,但治理工作还存在盲区,不少工厂、小区等由于责任不明、治理不力,有报道这些地方有人被红火蚁蜇伤的事例。

(五)培训队伍

红火蚁治理队伍中的人员素质、水平参差不齐,有必要加强培训,提高专业防控人员的专业水平,以利于红火蚁的治理。

(六)灭蚁工作的长期性

由于红火蚁具有极强的传播能力和某些独特的生物特性(如:并巢等),所以红火蚁的治理有相当的难度,治理工作具有长期性。

(七)药物费用的问题

关于药物,一般人以价格高低为取舍的重要条件。我们认为,以综合考虑治理效果来衡量使用药物的费用。有的便宜药物适口性差,红火蚁不取食或取食很少,有的遇到雨天或洒水效果极差,有的用几倍的药量才能达到控制红火蚁的效果,再加上多出的人工费用,就远远超过了使用氟虫胺饵剂的费用。

原文刊登在《城市害虫防治》,2007(1):13-15

79 外来红火蚁生物学行为特点

刘瑞桥[1]，刘锦裕[1]，吴兆泰[2]，高道蓉[3]，陆镇明[3]
([1]佛山市力锋白蚁防治有限公司；[2]东莞市高力杀虫有限公司；[3]深圳市白蚁防治管理所)

外来有害生物种群已随着全球商品化的贸易物流业经多渠道频繁的通商运输、传递、转移而产生了异地繁殖、自然扩散传播，并带来了直接的危害和间接的影响。例如，地中海果实蝇、松树线虫、德国小蠊、双钩异翅长蠹、外来红火蚁和热带火蚁等均为外来有害生物。

2003年9月10日，外来红火蚁已发生在我国台湾桃源、台北等市。2004年10月至2005年10月，报纸、新闻网站相继报道我国大陆局部地区也发生外来红火蚁危害的消息。这意味着这种族群个体数量大、集群活动、适应性广、繁殖力强、高度分化并具有叮咬蜇刺攻击行为的有害生物种群已突破了检疫防线进入我国内陆地区繁殖传播，并快速扩散，产生危害。它们不仅直接威胁着发生地人们的正常劳动生活和人体的健康安全，而且严重影响了土著生物生态环境和农林苗木、花卉、禽畜业等产业的商品物流，给防治工作带来了一定的难度，也导致国民经济中人力、财力、物力不同程度的损失。

一、外来红火蚁的生物属性

外来红火蚁在生物学分类上属昆虫纲膜翅目蚂蚁科火蚁属，是社会性昆虫，土栖营巢群居，集群活动，依型分工，取食共生，并有蔓延扩散危害和叮咬蜇刺等多种多样的生活行为特点。

二、红火蚁的鉴别与判断

快速鉴别、判断外来红火蚁，目前除了主要以其群体群居的社会性，成虫个体的外部形态、特征鉴别为基础外，还可结合野外发生地现场突出地表面的土丘巢体外露和土丘巢体内部结构的两大特征，以及巢体一旦受外惊扰，工蚁就出巢主动攻击(叮咬、蜇刺)的行为特点，准确鉴别、判断为外来红火蚁种族群。外来红火蚁与热带火蚁的区别是：外来红火蚁上唇基有中盾齿，而热带火蚁无此特征，但两种个体的外部形态相似。

三、生态

外来红火蚁的发育是完全变态，即由卵、幼虫、蛹、成虫4个分化阶段组成，是一种高度分化的单蚁后型和多蚁后型的种族群。在活巢体解剖观察中，发现活巢体中存在着有翅鳞蚁后、卵、幼虫、蛹、有翅雄蚁、有翅雌蚁和大小型工蚁。但巢群体成员中没有兵蚁的发生。

(一) 品级与作用

根据现场活巢体解剖、观察外来红火蚁巢体的成员个体形态、行为和群体分工可分为4个品级。

1. 有翅鳞蚁后

有翅鳞蚁后完全具有生殖能力，经交配脱翅后，建巢繁殖产卵成为第一代蚁后，体长8~10 mm，头胸部呈褐红色，腹部发达，较大，有4节，呈褐黑色，在巢群内是专职产卵繁衍后代的雌性个体。

2. 有翅型雄蚁

它是在活巢群体内发育成熟、有交配能力的有翅雄性个体。体长7~8 mm，蚁体呈褐黑色，前胸背板明显突起，腹部发达，4节，比雌性腹部略短。在发育成熟后静候离巢分飞，是专事交配的雄性个体。

3. 有翅型雌蚁

它是在活巢群体内发育成熟、有完全生殖能力的有翅雌性个体，体长8~9 mm，头和胸部呈褐红色，腹部发达，有4节，呈褐黑色，前胸背略有突起。在巢群中发育成熟后静候离巢分飞交配，是专事建巢产卵繁衍后代的雌性个体。

4. 工蚁

外来红火蚁巢群中总体数量除了有翅鳞蚁后、

有翅雄蚁、有翅雌蚁的少量个体外,其余的全部是工蚁,但群体的工蚁有幼龄蚁、小工蚁和大工蚁。大小工蚁的生物学行为完全代替了某些社会性昆虫具有的兵蚁行为。

(1) 幼龄蚁(幼童蚁):是刚孵化出来龄期较短的幼小工蚁,体长 1.5～2 mm。幼龄蚁靠工蚁饲喂抚育,不能自行取食。

(2) 小工蚁:为巢群体中龄期稍长的成年蚁。小工蚁体长 2.5～3 mm,呈褐红色,蚁体表面有光泽,个体与常见的蚂蚁近似。但其叮咬、蜇刺、攻击行为能力极强,专事筑巢和在地表土层下 30～100 mm 内挖筑隧道蚁路往外活动,以及地面猎取食源、防卫巢体,攻击外来干扰,在巢群内护卵、蛹,喂饲幼蚁、蚁后。

(3) 大工蚁:为巢群成员中龄期最长的成年蚁。体长 4～5 mm,呈褐红色,蚁体表面有光泽,主要在巢体外巡游防卫,配合有翅雄、雌蚁的分飞活动和配合小工蚁觅食、饲护幼蚁、筑路、防卫蚁巢和攻击外来侵扰。

(二) 分飞

分飞是虫态成熟的表现特征。红火蚁产生分飞是红火蚁扩散传播的重要途径之一,只要红火蚁巢群体内有生殖能力的个体成员存在,在有适当的环境、温度、湿度、食源下,并通过生长周期发育成熟,就会产生数量不等的有翅成虫分飞活动。多蚁后型的成熟巢体一年可产生不定期的分飞活动,红火蚁分飞时间多在 10:30—14:00,温度 21℃ 以上微风的晴天。据室内观察,在室内温度 21℃(巢体温度 19.5℃),时间 10:08—14:00,连续数天发生多次分飞活动(2006 年 3 月 8、9、10、11 日);在野外 2 次现场观察(2005 年 3 月 28 日,2005 年 8 月 30 日)中,分别在上午 10:30 和 10:58,温度 23℃ 和 32℃,晴天,在上午 11:00 发生大量工蚁外出活动,11:30 和 12:10 为分飞活动最高峰,出巢的有翅成虫多达 200 多只,分飞活动持续到中午 13:15 静止。经观察,红火蚁从群体初飞活动到群体归巢静止的整个分飞过程中,未发现有翅成虫远距离和高空飞翔的情况,只发现有翅成虫初飞时是弹跳飞跃形式,短距离分飞落地。但是,不排除分飞时随风向、风速、气流等外界因素的作用,形成有翅成虫高空飞翔和远距离扩散、传播。

四、巢群类型

据现场对外来红火蚁的活巢体解剖观察,结合巢群体内有翅鳞蚁后的数量、发生地面积的巢体密度、不同巢群体的工蚁防卫范围和巢群体蔓延串巢等行为可分为单蚁后型巢和多蚁后型巢。

单蚁后型巢:主要表现为巢体内只有一只有翅鳞生殖型蚁后,巢体发生分布密度稀疏而单一,巢体间距比较大。

多蚁后型巢:主要表现为土丘巢体内有 2～3 个,甚至有 6～8 个以上有翅鳞生殖型蚁后,土丘巢体发生分布密度较高,距离比较短(1～2 m)。而且,发现土丘巢体附近的地面有明显蔓延断续性的活动蚁道,其蚁路蔓延 3 米至数十米不等,短距离发生有大小不一的小土堆状和连体串巢现象。多蚁后型巢成年主巢体都能通过蔓延筑路连续筑巢扩散,甚至有更多的土丘体巢群受干扰后有转移现象;但没有地域性,多蚁后型群体与不同的巢群体混合,有归巢合群现象。而且,下过雨后,是外来红火蚁筑巢活动、觅食特别频繁活跃的时段。其危害的范围和威胁性也较大。

虽然外来红火蚁的种群类型可分为单蚁后型巢和多蚁后型巢,但其生物学行为基本相同,只是在巢群体中的有翅鳞蚁后数量、群体成员数量、巢群体发生密度、活动范围等略存差异。所以,要判别是单蚁后型巢还是多蚁后型巢,可根据外来红火蚁发生地种群蔓延扩散范围、巢群体发生密度、巢体内的有翅鳞生殖型蚁后的数量及不同巢群的工蚁防御活动范围和合群等行为 4 个基本表现特点进行区别确定。

我们在 2004 年 11 月初至 2005 年 10 月中旬,结合局部发生区域和灭治现场的调查观察,分别对发生地的公园、荒地、生态工业园等大面积绿化地、高速公路分隔绿化带、垃圾回填场、建筑物周边等地方,对不同环境的 150 个活巢群体外来红火蚁的发生分布、巢群扩散、相邻间距密度、工蚁防御活动范围、不同巢群体的合群、巢群体有翅鳞生殖型蚁后的数量等进行解剖、混群、观察分析,发现不同活巢群体的工蚁经混群后,大小工蚁产生防御行为不明显,而且,经解剖的活巢群体内发现最少有 2～3 个有翅鳞生殖型蚁后,最多有 12 个有翅鳞生殖型蚁后(脱翅蚁后)。从现场分析认为,目前外来红火蚁发生区域基本是多蚁后型巢。多蚁后型巢的群体繁殖力强,分飞传播、蔓延扩散、转移快,分布密度大。但是,也不排除有单蚁后型巢群体的存在。

五、巢体结构

外来红火蚁的土丘巢体是有翅鳞生殖型蚁后经多次产卵繁殖后不断扩大群体成员活动栖居的产物;是种族群体中工蚁为了筑巢、筑路、扩充巢体空腔和群体地下活动的空间,将地下泥土搬到地面垒堆黏结而成的突出地面的土丘巢体。其突出地面巢体材料均为泥土黏附植草纤维,巢体结构呈蜂窝网状结构。

据野外现场剖析,将突出地面高度 400 mm、直径 430 mm、地面下蚁道深度 1200 mm 的土丘巢体分为 3 个部分:(1)地面上突出 400 mm 的土丘巢体部呈蜂窝网状为活动猎食保护层巢体,是红火蚁工蚁频繁活动、栖息生存、外出觅食、储物、饲喂幼虫、分飞、攻击外来物体干扰的外露防护场所。(2)在地面上突出 400 mm 的土丘巢体下,有众多蚁道通往地下深度 250～300 mm 的蜂窝网状巢体部分为红火蚁主巢体,有很多空腔心室,也是红火蚁的有翅鳞生殖型蚁后建巢产卵、繁殖、饲喂幼虫分化的重要居所,而且,在地面深度 30～100 mm 的主巢体内有水平的活动取食蚁道通向地面,形成断续性隐蔽蔓延数米至数十米外活动觅食和沿路筑巢(串巢)的蚁路。(3)在主巢体底部有 1～2 条直径 2～4 mm 的蚁道垂直向地下深层延伸 1200 mm 左右。分析其蚁道,有可能与外来红火蚁取水供应调节巢体内的温度、湿度,维持群体繁殖等因素有直接关系。

六、因素条件的影响

(一)土壤

土壤是红火蚁筑巢栖息生存、繁衍后代、集群扩大、扩散传播的重要基础。红火蚁对中性和微酸性土壤最适应,特别是回填的黄泥松土,对红火蚁建立巢体有很大的帮助。如果土壤表土疏松、空隙多,有翅鳞生殖型蚁后容易爬进快速建巢,避免天敌捕食。而且,土壤疏松,容易吸水,保持土壤下的湿度,有利于红火蚁种族群体生存。反之,土壤坚实板结的各种因素条件对有翅鳞生殖型蚁后的生存不利。所以,目前外来红火蚁的土丘蚁巢大多发生在土壤疏松潮湿和光照充足的公园、休闲场地、绿化带、马路边、高速公路隔离带和路两侧、空旷草坪、荒地、垃圾堆埋场、高尔夫球场、花卉苗圃、作物地田埂及鱼塘基等地方,甚至在城乡建筑物基础周边缝隙。

(二)温度

温度是影响外来红火蚁外出觅食活动、繁衍群体行为最为敏感的重要因素之一。外来红火蚁喜温畏寒,常在阳光充足的开阔地带筑巢建立群体。红火蚁外出持续觅食的适宜温度在 18℃ 以上,分飞的适宜温度在 21℃ 以上。

(三)湿度

湿度对外来红火蚁取食生活、筑巢行为极其重要。红火蚁喜潮怕旱。巢体的土壤湿度过大和干燥对种族群体繁殖、外出活动觅食的行为均有明显的减退和抑制作用。但为了维系保持和调节土丘巢体内的湿度,以利于巢内群体活动生存繁殖,每个成年土丘蚁巢的底部都有 1～2 条直径 2～4 mm 的垂直蚁道通往地下取水。

(四)水

水是影响外来红火蚁流动转移、扩散传播的最有利因素。当外来红火蚁巢体在遭遇季节性大雨或洪水的淹没冲毁后,外来红火蚁群体成员能迅速结茧成团,随水流漂移,迅速转移扩散;如遇旱季,在巢体外浇灌一定量的水,外来红火蚁外出筑路、筑巢和离巢觅食活动特别活跃。

(五)风

风是明显影响红火蚁有翅成虫快速扩散的主要外界因素。在有翅成虫分飞时,风速气流大有利于有翅成虫借助风向、风速、气流向高空远处飘飞,并迅速向其他地方快速扩散传播。根据现场观察、解剖、了解外来红火蚁生物学的部分特性和活动取食行为特点,结合外来红火蚁发生的环境范围、巢体类型、巢体结构,群体发生密度及临场灭治效果等实际情况,建议合理选用慢性胃毒饵剂杀灭方法,对外来红火蚁进行有效灭治。

原文刊登在《中华卫生杀虫药械》,2007,13(5):315-317

80 中国危害林木的白蚁名录

高道蓉[1]，高文[2]，刘瑞桥[3]

([1] 南京市白蚁防治研究所；[2] 湖北省罗田县白蚁防治研究所；[3] 广东省佛山力锋白蚁防治有限公司)

摘要：本文介绍了中国危害林木的 180 种白蚁名录。

关键词：林木；白蚁；危害

虽然白蚁在自然界总的说来是益大于害的，但是由于人类经济活动逐步加强，白蚁对国民经济很多部门可造成损失。对房屋建筑木构造、建材、农林作物、仓储物资和水利设施造成破坏的有草白蚁科的原白蚁属 *Hodotermopsis*，木白蚁科的楹白蚁属 *Incisitermes*、堆砂白蚁属 *Cryptotermes*、树白蚁属 *Glyptotermes* 和新白蚁属 *Neotermes*，鼻白蚁科的原鼻白蚁属 *Prorhinotermes*、长鼻白蚁属 *Schedorhinotermes*、乳白蚁属 *Coptotermes*、散白蚁属 *Reticulitermes*、蔡白蚁属 *Tsaitermes* 和杆白蚁属 *Stylotermes*，以及白蚁科的锯白蚁属 *Microcerotermes*、土白蚁属 *Odontotermes*、大白蚁属 *Macrotermes*、亮白蚁属 *Euhamitermes*、钩白蚁属 *Ancistrotermes*、马扭白蚁属 *Malaysiocapritermes*、华扭白蚁属 *Sinocapritermes*、近扭白蚁属 *Pericapritermes*、葫白蚁属 *Cucurbitermes*、歧颚白蚁属 *Havilanditermes*、夏氏白蚁属 *Xiaitermes*、象白蚁属 *Nasutitermes*、华象白蚁属 *Sinonasutitermes*、奇象白蚁属 *Mironasutitermes* 和钝颚白蚁属 *Ahmaditermes*（本文中的白蚁名称是根据《中国动物志·昆虫纲·第十七卷·等翅目》所列）。据统计，中国危害林木的白蚁有 180 种（编者注：实有 179 种），归属于 26 属，详见表 1。

表 1 中国危害林木白蚁名录

白蚁属种	危害树种	资料来源
1. 原白蚁属 *Hodotermopsis* (1) 山林原白蚁 *H. sjöstedt*	黄山松、马尾松、雪松、福建柏、杉、柳杉、木荷、米饭花、紫荆、冬青、栲木、板栗、粤松、圆槠、甜槠、中华五加、赤楠、狭叶	李参,1982 尹世才,1982 林日钊等,1994 朱建华等,2004
2. 堆砂白蚁属 *Cryptotermes* (2) 铲头堆砂白蚁 *Cr. declivis* (3) 海南堆砂白蚁 *Cr. hainanensis*	荔枝、龙眼、榕树、紫薇 酸豆树	广东昆虫研究所白蚁研究室,1979 平正明,1987
3. 树白蚁属 *Glyptotermes* (4) 狭胸树白蚁 *G. angustithorax* (5) 花唇树白蚁 *G. baliochilus* (6) 双斑树白蚁 *G. bimaculifrons* (7) 金平树白蚁 *G. chinpingensis* (8) 短头树白蚁 *G. curticeps* (9) 峨眉树白蚁 *G. emei* (10) 宽头树白蚁 *G. euryceps* (11) 榕树树白蚁 *G. ficus* (12) 黑树白蚁 *G. fuscus* (13) 福建树白蚁 *G. fujianensis* (14) 贵州树白蚁 *G. guizhouensis*	橡胶树 酸豆 柳树 活树 林木 川桂 垂柳 榕树 活树、木白杨、杧果、木菠萝、茄冬 锥树 榕树 木荷	平正明等,1986 平正明等,1986 平正明等,1986 林日钊等,1994 朱建华等,2004 高道蓉等,1981 高道蓉等,1981 平正明等,1986 蔡邦华等,1964；林日钊等,1994 平正明,1983；朱建华等,2004 平正明等,1986 高道蓉,1984

续表

白蚁属种	危害树种	资料来源
（15）合江树白蚁 *G. hejiangensis*	垂柳	高道蓉等,1981
（16）川西树白蚁 *G. hesperus*	核桃	高道蓉等,1982
（17）凉山树白蚁 *G. liangshanensis*	槐、垂柳、枫香、枫杨	高道蓉等,1980
（18）陇南树白蚁 *G. longnanensis*	悬铃木	平正明等,1985
（19）大眼树白蚁 *G. magnioculus*	林木	朱建华等,2004
（20）麻额树白蚁 *G. maculifrons*	油楠	平正明等,1986
（21）翘颚树白蚁 *G. mandibulicinus*	橡胶树	平正明,1987
（22）那大树白蚁 *G. nadaensis*	黄葛树	平正明等,1985
（23）直颚树白蚁 *G. orthognathus*	橡胶树、破布木	蔡邦华等,1964
（24）赤树白蚁 *G. satsumensis*	橡胶树和其他阔叶树	林日钊等,1985
（25）陕西树白蚁 *G. shaanxiensis*	洋槐	黄复生等,1986
（26）尤氏树白蚁 *G. yui*	酒饼叶树	平正明等,1986
（27）赵氏树白蚁 *G. zhaoi*	木荷、大叶按、桢楠、槐树	朱建华等,2004
4. 新白蚁属 *Neotermes*		
（28）扁胸新白蚁 *N. brachynotum*	活树	林日钊等,1994
（29）长颚新白蚁 *N. dolichognathus*	台湾相思	高道蓉等,1996
（30）福建新白蚁 *N. fujianensis*	橡胶树、凤凰木	朱建华等,2004
（31）小新白蚁 *N. humilis*	活树	林日钊等,1994
（32）恒春新白蚁 *N. koshunensis*	橡胶树、凤凰木、青檀树	朱建华等,2004；林日钊等,1994
（33）长头新白蚁 *N. longiceps*	杧果	高道蓉等,1996
（34）波颚新白蚁 *N. undulatus*	秋枫、枇杷	高道蓉等,1996
5. 原鼻白蚁属 *Prohinotermes*		
（35）海南原鼻白蚁 *P. hainanensis*	酸豆树、木麻黄、凤凰木、刺桐	平正明等,1989
（36）奇丽原鼻白蚁 *P. spectabilis*	凤凰木	平正明等,1989
（37）西沙原鼻白蚁 *P. xishaensis*	羊角树	李桂祥等,1976
6. 长鼻白蚁属 *Schedorhinotermes*		
（38）橄榄坝长鼻白蚁 *S. ganlanbaensis*	速生桉（尾叶桉、巨尾桉、尾巨桉）	王缉健,2002
7. 乳白蚁属 *Coptotermes*		朱检林等,1984；高道蓉等,1996
（39）圆头乳白蚁 *C. cyclocoryphus*	大叶榕、南洋杉、楠	蔡邦华等,1964；高道蓉等,1996
（40）台湾乳白蚁 *C. formosanus*	杉、格氏栲、桉、松、竹、茶、龙眼、荔枝、番石榴、马尾松咖啡、柑橘、人心果等	朱建华等,2004
（41）大头乳白蚁 *C. grandis*	榕树	李桂祥等,1986
（42）鼓浪屿乳白蚁 *C. gulangyuensis*	台湾相思	平正明等,1986
（43）赭黄乳白蚁 *C. ochraceus*	桃树	
8. 散白蚁属 *Reticulitermes*		
（44）尖唇散白蚁 *R. aculabialis*	杉、檫、马尾松、悬铃木、泡桐、栎、云南松、铁尖松、红栲	林日钊等,1994
（45）黑胸散白蚁 *R. chinensis*	桉、桤、柏、枫杨、枫香、梧桐、泡桐、松、杉、樟	夏凯龄等,1964
（46）短头散白蚁 *R. curticeps*	木荷树	杨兵等,1992
（47）大别山散白蚁 *R. dabieshangensis*	甜槠、松、重阳木	张之华等,2002
（48）丰都散白蚁 *R. fengduensis*	构树	平正明等,1984
（49）海南散白蚁 *R. hainanensis*	杉	林日钊等,1994
（50）湖北散白蚁 *R. hubeiensis*	乌桕树	平正明等,1992
（51）湖南散白蚁 *R. hunanensis*	重阳木	张之华等,2002
（52）圆唇散白蚁 *R. labralis*	茶、重阳木、松、杉多种园林树木	夏凯龄等,1964
（53）雷波散白蚁 *R. leiboensis*	漆树	高道蓉等,1982
（54）细颚散白蚁 *R. leptomandibularis*	杉、松、重阳木、栎	林日钊等,1994
（55）近圆唇散白蚁 *R. perilabralis*	杉	平正明等,1992
（56）近暗散白蚁 *R. perilucifugus*	松	林日钊等,1994

续表

白蚁属种	危害树种	资料来源
（57）拟尖唇散白蚁 R. pseudaculabialis	松、重阳木	高道蓉等，1982；张之华等，2002
（58）清江散白蚁 R. qingjiangensis	荷木	张之华等，2002
（59）直缘散白蚁 R. rectis	红椎树	李桂祥等，1989
（60）刚毛散白蚁 R. setosus	锥栗	李桂祥等，1989
（61）粗颚散白蚁 R. solidimandibulas	大别山松、落羽杉	平正明等，1992
（62）舌唇散白蚁 R. subligulosus	马尾松	平正明等，1992
（63）毛唇散白蚁 R. tricholabralis	麻栎	平正明等，1992
（64）兴山散白蚁 R. xingshanensis	马尾松、楠、樟、杉、竹	朱世模等，1987
（65）尹氏散白蚁 R. yinae	米椎、杉	朱建华等，2004
（66）肖若散白蚁 R. affinis	林木	高道蓉等，1982；林日钊等 1994
（67）高山散白蚁 R. altus	云南松	朱建华等，2004
（68）窄头散白蚁 R. angusticephalus	松树	朱建华等，2004
（69）突额散白蚁 R. assamensis	重阳木、松	蔡邦华等，1977
（70）黄胸散白蚁 R. flaviceps	重阳木、栋、杉、松、樟、竹、果树	夏凯龄等，1964；朱建华等，2004
（71）花胸散白蚁 R. fukienensis	杉、马尾松、火炬松、湿地松、黑松	林日钊等，1994
（72）广州散白蚁 R. guangzhouensis	山槐	林日钊等，1994
（73）桂林散白蚁 R. guilinensis	湿地松	李桂祥等，1989
（74）贵州散白蚁 R. guizhouensis	枫杨	平正明等，1987
（75）古蔺散白蚁 R. gulinensis	青檀	高道蓉等，1982；林日钊等，1994
（76）李氏散白蚁 R. lii	樟	平正明等，1992
（77）长颏散白蚁 R. longigulus	大别山松	平正明等，1992；
（78）长翅散白蚁 R. longipennis	松、杉	张之华等，2002
（79）小头散白蚁 R. microcephalus	马尾松、万年青	朱检林，1984；林日钊等，1994
（80）近黄胸散白蚁 R. periflaviceps	红背椎树	高道蓉等，1996
（81）平江散白蚁 R. pingjiangensis	松、杉	平正明等，1993
（82）栖北散白蚁 R. speratus	松、栎、柳杉、桉、樟、毛竹、柳、柏、泡桐、板栗、果树	张之华等，2004；夏凯龄等，1964；朱建华等 2004
（83）林海散白蚁 R. sylvestris	三尖杉	平正明等，1993
（84）三色散白蚁 R. tricolorus	樟、鸭脚木	林日钊等，1994
（85）武宫散白蚁 R. wugongensis	青桐、三角枫	朱建华等，2004
（86）兴义散白蚁 R. xingyiensis	马尾松	平正明等，1983
（87）赵氏散白蚁 R. zhaoi	华山松、林木	朱建华等，2004
（88）短弯颚散白蚁 R. brevicurvatus	马尾松	平正明等，1983
（89）察隅散白蚁 R. chayuensis	云南松	蔡邦华等，1975
（90）鼎湖散白蚁 R. dinghuensis	马尾松	平正明等，1980
（91）似长头散白蚁 R. sublongicapitatus	银杉	平正明，1986
9. 蔡白蚁属 Tsaitermes		
（92）扩头蔡白蚁 T. ampliceps	杨树、槐树	原萍等，2003
（93）蛋头蔡白蚁 T. oocephalus	杉	朱建华等，2004
（94）英德蔡白蚁 T. yingdeensis	枫香	蔡邦华等，1977
10. 杆白蚁属 Stylotermes		
（95）丘额杆白蚁 S. acrofrons	木棉树	平正明等，1981
（96）细颚杆白蚁 S. angustignathus	蒙自桤木	高道蓉等，1982
（97）长汀杆白蚁 S. changtingensis	枫香	平正明等，1981
（98）成都杆白蚁 S. chengduensis	银杏	高道蓉等，1980
（99）重庆杆白蚁 S. chongqingensis	梧桐	陈芒等，1983
（100）周氏杆白蚁 S. choui	鱼翅木	平正明等，1981
（101）多毛杆白蚁 S. crinis	桤木	高道蓉等，1981
（102）弯颚杆白蚁 S. curvatus	枫香树	平正明等，1984
（103）长卤杆白蚁 S. fontanellus	蒙自桤木	高道蓉等，1982
（104）贵阳杆白蚁 S. guiyangensis	洋槐、白杨、中华柳	平正明等，1984

续表

白蚁属种	危害树种	资料来源
（105）汉源杆白蚁 S. hanyuanicus	油桐树	平正明等,1981
（106）倾头杆白蚁 S. inclinatus	橡胶树	尤其伟等,1964
（107）缙云杆白蚁 S. jinyunicus	木姜子	平正明等,1981
（108）圆唇杆白蚁 S. labralis	桤木	平正明等,1981
（109）阔腿杆白蚁 S. laticrus	栎树	平正明等,1981
（110）宽唇杆白蚁 S. latilabrum	活树	林日钊等,1994
（111）阔颏杆白蚁 S. latipedunculus	柚子	尤其伟等,1964
（112）长颚杆白蚁 S. longignathus	桤木	高道蓉等,1981
（113）长头杆白蚁 S. mecocephalus	活树	林日钊等,1994
（114）直颚杆白蚁 S. orthognathus	枫香	平正明等,1984
（115）平额杆白蚁 S. planifrons	木姜子树	陈芒,1984
（116）宏壮杆白蚁 S. robustus	柳树	平正明等,1981
（117）刚毛杆白蚁 S. setosus	枫香	李桂祥等,1978
（118）中华杆白蚁 S. sinensis	枫香、对叶榕、麻栎、木油桐	尤其伟等,1964;林日钊,1994
（119）苏氏杆白蚁 S. sui	枫香	平正明等,1993
（120）三平杆白蚁 S. triplanus	栎树	平正明等,1981
（121）蔡氏杆白蚁 S. tsaii	楠木	高道蓉等,1982
（122）波颚杆白蚁 S. undulatus	八角	平正明等,1978
（123）短盖杆白蚁 S. valvules	枫香、福建柏、木兰、木莲、荷木	蔡邦华等,1978;林日钊等,1994
（124）武夷杆白蚁 S. wuyinicus	枫香	平正明等,1981
11. 锯白蚁属 Microcerotermes		
（125）海角锯白蚁 M. marilimbus	青梅	平正明等,1984
12. 土白蚁属 Odontotermes		
（126）阿萨姆土白蚁 O. assamensis	桉树、千年桐	林日钊等,1994
（127）囟土白蚁 O. fontanellus	栎树、山槐、松树、杉木、青桐、甜槠	张之华等,2001
（128）黑翅土白蚁 O. formosanus	火炬松、雪松、黑松、柳杉、柏树、槲栎、吊槐、刺槐、臭椿、榉树、山茱萸、朴树、枫香、枫杨、枸树、樱花、漆树、牡荆、肉桂、柿树、香樟、黄连木、银杏、广玉兰、忍冬、女贞、柳树、海棠、梅花、玉兰、紫叶李、乌桕、无患子、桂花、茶树、棕榈、合欢、石榴、鹅掌楸、碧桃、石榴、丁香、化香、池衫、柑橘、杨梅、大叶桉、细叶桉、荔枝	高道蓉等,1996;戴德渭,2000
（129）富阳土白蚁 O. fuyangensis	香樟	高道蓉等,1986
（130）海南土白蚁 O. hainanensis	橡胶树、荔枝、油桐	蔡邦华等,1964;朱建华等,2004
（131）浦江土白蚁 O. pujiangensis	松	张之华等,2002
（132）云南土白蚁 O. yunnanensis	多种林木	蔡邦华等,1964
（133）紫阳土白蚁 O. ziyangensis	柑橘	张英俊等,1992
（134）遵义土白蚁 O. zunyiensis	栋树、杉木	林日钊等,1994
13. 壤白蚁属 Parahypotermes		
（135）暗齿壤白蚁 P. sumatrensis	凤凰木、板栗	林日钊等,1994

续表

白蚁属种	危害树种	资料来源
14. 大白蚁属 Macrotermes		
（136）土垅大白蚁 M. annandalei	松、杉、桉、枫香、木麻黄、板栗	林日钊等,1994
（137）黄翅大白蚁 M. barneyi	马尾松、火炬松、杉木、水杉、池杉、柳杉、柏木、檫、楠、樟、柳、毛竹、泡桐、油桐、南岭黄檀、悬铃木、栗、栎、枫香、桉、乌桕、漆树、黑荆、油茶、茶、甘薯、果树、椰子、假苹婆	高道蓉等,1996 朱建华等,2004
（138）细齿大白蚁 M. denticulatus	杉木	林日钊等,1994
（139）广西大白蚁 M. guangxiensis	桉树	林日钊等,1994
（140）海南大白蚁 M. hainanensis	桉树	朱建华等,2004
（141）景洪大白蚁 M. jinghongensis	橡胶树	平正明等,1985
（142）长头大白蚁 M. longiceps	枇杷、泡桐、罗汉果、松	林日钊等,1994
（143）罗坑大白蚁 M. luokengensis	柑橘	高道蓉等,1996
（144）平头大白蚁 M. planicapitatus	多种树木	高道蓉等,1996
（145）直颚大白蚁 M. orthognathus	杉树、荷木	林日钊等,1994
（146）梯头大白蚁 M. trapezoides	野漆树	林日钊等,1994
（147）三型大白蚁 M. trimorphus	大叶桉、野桉、罗汉果	林日钊等,1994
15. 亮白蚁属 Euhamitermes		
（148）云南亮白蚁 E. yunnanensis	橡胶	林日钊等,1994
16. 钩白蚁属 Ancistrotermes		
（149）小头钩白蚁 A. dimorphus	桉、大叶桉、小叶桉、野桉、圆角桉、窿缘桉、柠檬桉、雪桐、白背桐、千年桐、厚皮楠、板栗、杉、榕、樟、龙眼	林日钊,2004
17. 马扭白蚁属 Malaysiocapritermes		
（150）华南马扭白蚁 M. huananensis	樟树	林日钊等,1994
18. 华扭白蚁属 Sinocapritermes		
（151）闽华扭白蚁 S. fujianensis	杉	朱建华等,2004
（152）桂华扭白蚁 S. guangxiensis	大叶栎、黑荆树	林日钊等,1994
（153）台湾华扭白蚁 S. mushae	杉木	林日钊等,1994
19. 近扭白蚁属 Pericapritermes		
（154）灰胫近扭白蚁 P. fuscotibialis	万年青	高道蓉等,1996
（155）扬子江近扭白蚁 P. jangtsekiangensis	龙眼树、杉	林日钊等,1994
（156）近扭白蚁 P. nitobei	马尾松、杉、香樟、桉、柑橘	林日钊等,1994;朱建华等,2004
（157）大近扭白蚁 P. tetraphilus	桉	朱建华等,2004
20. 钩扭白蚁属 Pseudocapritermes		
（158）圆囟钩扭白蚁 P. sowerbyi	杉、檫、樟、楠	朱建华等,2004
21. 葫白蚁属 Cucurbitermes		
（159）中华葫白蚁 C. sinensis	板栗等壳斗科植物、松	朱建华等,2004
22. 歧颚白蚁属 Havilanditermes		
（160）直鼻歧颚白蚁 H. orthonasus	松、紫树、三合欢、栎、杉木	林日钊等,1994;朱建华等,2004

续表

白蚁属种	危害树种	资料来源
23. 象白蚁属 Nasutitermes （161）周氏象白蚁 N. choui （162）圆头象白蚁 N. communis （163）香港象白蚁 N. dudgeoni （164）大鼻象白蚁 N. grandinasus （165）倾鼻象白蚁 N. inclinasus （166）奇鼻象白蚁 N. mirabilis （167）小象白蚁 N. parvonasutus （168）平圆象白蚁 N. planiusculus （169）高山象白蚁 N. takasagoensis	红胶木 栎、枫香、福建柏 南洋杉 冬瓜木、青钩栲及木兰科植物栎 槐树 栲树等壳科树木 龙眼、米椎、大叶栎、板栗、毛竹、杉、甜槠、青栲、小叶栎 壳斗科树木 生活树木	高道蓉等，1996 朱建华等，2004 高道蓉等，1996 朱建华等，2004 林日钊等，1994 朱建华等，2004；林日钊等，1994 林日钊等，1994 易希陶，1954；杜祖智，1955 林日钊等，1994
24. 华象白蚁属 Sinocapritermes （170）翘鼻华象白蚁 S. erectinasus （171）广西华象白蚁 S. guangxiensis （172）扁头华象白蚁 S. platycephalus	樟树、锥栗 窿缘桉 荷木、假肉桂、栲树	林日钊等，1994 林日钊等，1994 林日钊等，1994
25. 奇象白蚁属 Mironasutitermes （173）巴山奇象白蚁 M. bashanensis （174）龙王山奇象白蚁 M. longwangshanensis （175）祁门奇象白蚁 M. qimenensis	板栗 三尖杉、柏、榕、山刺柏、青钱柳、樟 青冈栎	张英俊等，1993 高道蓉等，1988 高道蓉等，1992；张之华等，2000、2001
26. 钝颚白蚁属 Ahmaditermes （176）周氏钝颚白蚁 A. choui （177）近丘额钝颚白蚁 A. persinuosus （178）丘额钝颚白蚁 A. sinuosus （179）祥云钝颚白蚁 A. xiangyunensis	红胶木 椎树 白背算盘子、薰蒴、杉 杉、松、栎	高道蓉等，1996 李桂样、肖维良，1989 林日钊等，1994；朱建华等，2004 高道蓉等，1989；张之华等，2000、2001

List of termites known to damage forest tree, China

Gao Daorong[1], Gao Wen[2], Liu Ruiqiao[3]

([1]Nanjing Institute of Termite Control; [2]Luotian Institute of Termite Control;
[3]Foshan Lifeng Termite Control Co. Ltd.)

Abstract: This paper reports 179 species of termites on forest trees with distribution and damage.

Key words: forest tree; termite; damage

原文刊登在《城市害虫防治》，2007(4)：7-13

81 外来红火蚁灭治方法与效果的研究

刘瑞桥[1]，刘锦裕[1]，吴兆泰[2]，高道蓉[3]，陆镇明[1]

（[1]佛山市力锋白蚁防治有限公司；[2]东莞市高力杀虫有限公司；[3]深圳市白蚁防治管理所）

外来红火蚁：昆虫纲，膜翅目，蚂蚁科，火蚁属。红火蚁是社会性昆虫。社会性昆虫的生物学行为具有下列特征：成虫照顾幼虫；两个世代或者更多世代的成虫同巢（穴）而居；每一群体的成员分为有生殖能力的"王后级"和无生殖能力的"职虫级"。而且，社会性昆虫具有营巢群居、集群活动、依型分工、取食共生以及蔓延扩散等多种多样的生活行为特点。外来红火蚁具有上述生活行为特点，其群体具有由有翅鳞蚁后、有翅雄蚁、雌蚁、大小工蚁等组成多体型体系，及产生大量群体成员的利他行为的群体生存方式、合群等社会性生物行为。

上述生物学行为是社会性昆虫所具有的行为特点。与其他一般昆虫不同，特别是与农业昆虫的寡食性、栖居、取食活动等行为截然不同。所以，在灭治中选用的治理方法也就不一样。

根据外来红火蚁的生物学行为特性和对发生地的蚁丘巢体扩散分布及不同环境等实际情况的了解，结合长期灭治社会性昆虫的实践经验，选择有效的慢性胃毒饵杀法是目前灭治红火蚁最有效的方法。

一、化学防治

化学防治是灭杀控制有害生物蔓延扩散的重要手段。化学防治主要是化学药剂的触杀法和慢性胃毒饵杀法（毒饵法）。但采用化学防治灭杀红火蚁时，必须了解外来红火蚁生物学食性行为等特点，做到有的放矢，有效防治。

（一）触杀法

触杀法是指采用化学农药制剂，经一定浓度比例稀释灌淋或配制粉剂喷、撒，使药物直接通过害虫各器官、体壁接触或爬行接触，在较短的时间进入害虫体内快速引起中毒而死亡的方法。

外来红火蚁的群体适应能力强，巢体周围深度 30~100 mm 的土层分布蚁道众多，通向远处取食活动的断续隐蔽蚁路较长，而且成熟巢群体内的活动空腔连接通往地下的垂直蚁道较深（视其巢体大小，一般 900~1200 mm 深度）。所以，采用触杀法药剂灌淋灭治外来红火蚁，从客观因素和实际解剖情况分析，药液剂量少，难以渗透巢体内部各部分，难以达到全巢灭杀目的。故此，触杀效果只能对其主巢体 65%~70% 的群体有接触性灭杀作用，然而对未接触药剂的蚁道群体成员，受到药味的刺激而加速逃离扩散或合群扩大巢群。而且，在巢体灌淋触杀药液，也受到发生地的周围环境、范围、土壤条件、水源、人力、交通工具等多种因素条件的限制，使用触杀法难以达到对外来红火蚁整个巢群体成员的灭杀效果和目的。

2005 年 10 月，我们到现场了解一个靠近居民住宅区的建筑工地（占地面积约 10000 m²），发现有大小不一的外来红火蚁巢群体。经当地有关部门采取喷淋药液的触杀方法进行灭治，动用多台大型洒水车（6t/车），以 1500 倍绿福（4.5% 高效氯氰菊酯）和 2000 倍"吡虫啉"混合液喷淋发生地，工作近一天时间，喷淋药液 108 t，施药后几天检查，仍有新的蚁群出现，掘开喷淋药液的巢体，只发现地面表层内的蚁群死亡，深层仍有较多活蚁；随后进行第二次灌淋处理，仍用多台大型洒水车，使用挖掘机挖松地面的石渣和蚁巢，用敌敌畏 1000 kg 分别稀释配液，随即淋灌药液 60 车次；经 2 次处理后，仍不能彻底杀灭，第三次继续进行检查，仍然需灌淋处理发现的蚁患。工地前后灌淋了近 500t 药液，耗费数十万元，才基本把外来的红火蚁控制住，但仍不能保证该范围的蚁源被完全消除。这是使用触杀灌淋方法治理外来红火蚁的典型例子。

使用淋灌触杀法，对外来红火蚁初发期或小面积内发生的巢体，可收到一定的效果。但是，当发生大面积范围蚁情或蚁情发生在城乡住宅小区内、大型生产厂区、休闲活动场、草坪公园、绿化苗圃、鱼塘基、水产场、禽畜养殖场等地方，采用药物灌淋的触杀方法，实施时存在着极大的困难和安全隐患，也很难达到灭治控制的目的。而且，选用触杀法的灭治效果欠佳，耗用大量的药物、人力、物力、财力，同时对生态平衡、环境等造成极大的影响。

因此，根据外来红火蚁巢群体分布、巢体结构、长距离断续隐蔽取食活动蚁道的蔓延扩散等生物行为特点来治理外来红火蚁土丘巢体时，建议避免使用触杀方法，可选用合理、有效的慢性胃毒饵杀法。

（二）胃毒方法

慢性胃毒灭杀法是指选用合适的胃毒杀虫剂（最好是安全、高效、低毒的杀虫剂），选用对生物害虫取食适口性好的新鲜饵料及辅料混配而成的小颗粒，以慢性胃毒为主，使害虫通过行为取食有毒物质，进入体内引起慢性中毒并使整个巢群体死亡的毒饵诱杀方法。实践经验证明，胃毒饵杀法是治理外来红火蚁、热带火蚁等社会性昆虫的最有效方法，而且诱杀灭治效果理想。3种毒饵剂的灭治效果见表1。

表1 投饵后100%巢群体死亡所需天数（2005年佛山市力锋白蚁防治有限公司）

地点	毒饵代号[#]	投药量（克/巢）	活蚁巢数	投饵时间	检查时间	需要天数	解剖检查巢数 有活蚁巢	解剖检查巢数 无活蚁巢	灭治效果(%)
东莞松山湖	3	20~30	10	2005.3.20	2005.3.27	7	3	7	70
东莞松山湖	3	20~30	10	2005.3.20	2005.3.29	9	0	10	100
深圳松岗	3	20~30	10	2005.4.11	2005.4.21	10	0	10	100
东莞石鼓	2	20~30	10	2005.4.26	2005.5.6	10	2	8	80
东莞石鼓	3	20~30	10	2005.4.26	2005.5.6	10	0	10	100
东莞松山湖	2	20~30	10	2005.4.26	2005.5.8	14	2	8	80
东莞石鼓	3	20~30	10	2005.4.26	2005.5.8	14	0	10	100
东莞清溪	1	20~30	160	2005.5.12	2005.5.22	10	6	154	96.25
东莞清溪	3	20~30	231	2005.5.15	2005.5.28	10	0	231	100
番禺南沙	3	20~30	10	2005.5.20	2005.5.30	10	0	10	100
东莞清溪	1	20~30	136	2005.7.26	2005.8.6	10	1	135	99.26
东莞清溪	3	20~30	172	2005.7.26	2005.8.7	11	1	171	99.4
广惠高速	1	20~30	10	2005.9.7	2005.9.16	9	1	9	90
广惠高速	3	20~30	10	2005.9.7	2005.9.16	9	0	10	100

[#] 3表示氟虫胺，2表示氟虫腈，1表示仍在试验中。

我们从2005年3月20日至9月16日先后对不同环境、不同发生地共799巢/处的外来红火蚁活巢群体，选用3种不同的毒饵（代号为3、2、1）进行投饵观察解剖巢体，总结了灭治效果。结果发现，选用1%氟虫胺毒饵投饵5 d后，中毒死亡的蚁尸被活工蚁通过取食活动的蚁道搬运到蚁巢外地面堆放；对10巢/处投饵7 d后进行解剖检查，发现无活蚁巢效果比率达70%；对463巢/处投饵9~14 d后进行解剖检查，发现巢体内大量死亡的蚁尸堆积于地下300~500 mm的巢内空腔和蚁道中，并有腐臭气味。而且，无活蚁巢效果比率达99.78%（表1）。结合深圳市爱卫办、深圳市白蚁防治管理所提供的对深圳市部分灭治解剖检查结果（表2），对60巢/处投饵6~7 d，结果发现，无活蚁巢体比率达75.71%；37巢/处投饵8~10 d后检查，无活蚁巢体比率达100%。从表1、表2和深圳市爱卫办、深圳白蚁防治管理所提供对全市检查发现的25000巢/处的投饵灭杀效果证明，选用1%氟虫胺毒饵采用慢性胃毒饵杀法灭治外来红火蚁，全巢群体死亡时间仅为10 d。

表2 投饵后红火蚁100%死亡所需的天数（2005年深圳提供）

地点	投药时间	解剖巢数和(或)取食点	检查时间	距投饵时间(d)	死亡巢比率(%)	有残存蚁巢比率(%)
丽水路	2005.8.1	20	2005.8.8	7	70	30
丽水路	2005.8.1	7	2005.8.11	10	100	
大沙河公园	2005.7.18	6	2005.7.25	7	100	
夏表路	2005.8.4	13	2005.8.11	7	61.54	38.46
北大	2005.7.21	16	2005.7.27	6	81.25	18.75
留仙大道	2005.7.22	11	2005.7.29	7	81.82	18.18
哈工大	2005.7.20	9	2005.7.28	8	100	
清华足球场	2005.7.19	15	2005.7.29	10	100	

综合分析应用慢性胃毒饵杀法灭治外来红火蚁，经投饵、解剖、检查发现，虽然蚁巢体仍有极少残存的活蚁，但活蚁爬行缓慢，而且没有攻击和叮咬现象，并经5d后再检查，没有发现残存活蚁的个体，以此判断残存蚁的个体有可能随着药效和时间延长而最终死亡。

结果证明，选用合理、有效的慢性胃毒饵杀法效果较好，耗用人力、物力、财力较少，操作方便，而且使用安全、高效、低毒、无污染，对生态环境不造成影响，可推广应用。

（三）投饵方法

（1）使用1%氟虫胺毒饵剂，可灭治外来红火蚁的任何类型土丘巢群体。

（2）使用1%氟虫胺毒饵剂投放量为20~30克/巢，一般按发生地的巢群体大小、发生密度实际情况增减。投饵后9~10 d对主巢体深位灭杀效果进行检查（以地面下300~600 mm深度）。

（3）投饵时间一般选择晴天的早晨和傍晚，最佳投饵时间是雨后，因为雨后红火蚁的外出猎食活动、筑巢筑路最活跃。

（4）在晴天投饵，先用竹枝或其他物件轻拍触动巢体，待工蚁出巢时直接投放饵料，但投饵时千万不要扒开或毁坏巢体。

（5）投放毒饵时，普查核对发生地的土丘蚁巢数量和可疑的蚁情，坚持"一到位、一饱和、三不漏"的原则（"一到位"即饵料要投放到土丘蚁巢部位；"一饱和"即按蚁巢大小增减，投饵量要充足饱和；"三不漏"即不漏蚁巢、不漏检查可疑发生的地块、不漏投饵后效果检查记录）。

二、讨论

随着全球气候的变化和国际贸易物流业的快速发展，异国的有害生物种群随时有可能越洋过海传递转移，并发生危害。然而，鉴于我国陆地面积辽阔及气候、环境等因素极其适应外来红火蚁或其他有害生物种群的生存、栖息，适应外来红火蚁或其他有害生物潜伏繁殖、扩散传播，危害存在着极大的地域空间，给全面防治带来极大的难度。因此，对外来红火蚁或其他有害物种的入侵、扩散传播和所带来的多方面经济影响，应引起主管部门的高度重视，将有可能外来的有害生物列入防治应急机制。以实事求是的科学态度，根据不同种类的有害生物害虫的生物学特性，正确选择合理、有效的灭治方法，并协调组织当地有防治技术经验的专业队伍参与调查和防治，尽可能地将外来红火蚁或其他有害生物种群的扩散速度、发生密度控制和降低到不足为害的程度。

原文刊登在《中华卫生杀虫药械》，2008，14(4)：318-320

82 对房屋建筑木构件等有破坏作用的白蚁

高道蓉[1]，刘瑞桥[2]，高文[3]

（[1]深圳市白蚁防治管理所；[2]广东省佛山力锋白蚁防治有限公司；[3]湖北省罗田县白蚁防治研究所）

虽然白蚁在自然界总的说来是益大于害的，但是由于人类经济活动逐步加强，白蚁对国民经济很多部门可造成损失。对房屋建筑木构件、建材、农林作物、仓储物资和水利设施造成破坏的有草白蚁科的原白蚁属 Hodotermopsis，木白蚁科的楹白蚁属 Incisitermes、堆砂白蚁属 Cryptotermes、树白蚁属 Glyptotermes 和新白蚁属 Neotermes，鼻白蚁科的原鼻白蚁属 Prorhinotermes、长鼻白蚁属 Schedorhinotermes、乳白蚁属 Coptotermes、散白蚁属 Reticulitermes、蔡白蚁属 Tsaitermes、杆白蚁属 Stylotermes 和白蚁科的锯白蚁属 Microcerotermes、土白蚁属 Odontotermes、大白蚁属 Macrotermes、亮白蚁属 Euhamitermes、钩白蚁属 Ancistrotermes、马扭白蚁属 Malaysiocapritermes、华扭白蚁属 Sinocapritermes、近扭白蚁属 Pericapritermes、葫白蚁属 Cucurbitermes、歧颚白蚁属 Havilanditermes、夏氏白蚁属 Xiaitermes、象白蚁属 Nasutitermes、华象白蚁属 Sinonasutitermes、奇象白蚁属 Mironasutitermes 和钝颚白蚁属 Ahmaditermes。下面将中国对房屋建筑木构件、建材、仓储物资等有破坏作用的白蚁做一介绍。

在中国，北自辽宁省丹东、大连，南至海南省的西、南、中沙群岛，东自台湾，西至西藏，凡有白蚁分布的地方，都有可能有白蚁对房屋建筑木构件、建材和仓储物资构成破坏，只不过破坏程度有所差异。一般来说，北部破坏程度较轻，越往南部，破坏程度越重；再有就是白蚁的危害种类也有差异，长江以北主要是散白蚁属的种类，长江以南主要是乳白蚁属的种类，偏南还有堆砂白蚁的种类破坏房屋建筑木构件。高道蓉和林群声（1991）对此曾做过统计，现根据《中国动物志·昆虫纲·第十七卷·等翅目》所列白蚁名录，和这期间新增资料做一增补和修改，计有危害种 69 种，归于 13 属。

一、原白蚁属（1 种）

山林原白蚁 *H. sjöstedti*　危害情况：山区简易房屋、建材。分布：滇、黔、川、甘、湘、桂、粤、琼、浙、赣、闽。资料来源：李参，1982；尹世才，1982。

二、堆砂白蚁属（7 种）

（1）狭背堆砂白蚁 *Cr. angustinotus*　危害情况：建筑物木构件。分布：川。资料来源：高道蓉等，1982—1983。

（2）铲头堆砂白蚁 *Cr. declivis*　危害情况：建筑物木构件。分布：粤、桂、琼、闽。资料来源：蔡邦华等，1963—1964。

（3）截头堆砂白蚁 *Cr. domesticus*　危害情况：建筑物木构件。分布：滇、粤、台、琼。资料来源：蔡邦华等，1964。

（4）长颚堆砂白蚁 *Cr. dudleyi*　危害情况：建材。分布：琼、粤。资料来源：何秀松等。

（5）叶额堆砂白蚁 *Cr. havilandi*　危害情况：建材。分布：琼。资料来源：何秀松等。

（6）罗甸堆砂白蚁 *Cr. luodianis*　危害情况：房屋木构件、建材。分布：黔。资料来源：夏凯龄等，1964。

（7）平阳堆砂白蚁 *Cr. pingyangensis*　危害情况：房屋木构件。分布：浙。资料来源：何秀松等，1982—1983。

三、楹白蚁属（1 种）

小楹白蚁 *I. minor*　危害情况：房屋木构件。分布：沪、苏、浙。资料来源：高道蓉等，1982；韩美贞 1982—1983。

四、树白蚁属（1 种）

陇南树白蚁 *G. longnanensis*　危害情况：房屋

木构件。分布:甘、川、鄂。资料来源:高道蓉等,1984;范树德等,1986。

五、新白蚁属(1种)

恒春新白蚁 N. koshunensis 危害情况:建筑木制构件。分布:桂、台。资料来源:林日钊等,1994。

六、乳白蚁属(12种)

(1) 版纳乳白蚁 C. bannaensis 危害情况:房屋木构件。分布:滇。资料来源:何秀松。

(2) 长泰乳白蚁 C. changtaiensis 危害情况:建筑物木构件、建材。分布:闽、浙、皖、粤。资料来源:何秀松。

(3) 巢县乳白蚁 C. chaoxianensis 危害情况:建筑物木构件。分布:皖。资料来源:高道蓉。

(4) 台湾乳白蚁 C. formosanus 危害情况:建筑物木构件、建材。分布:台、黔、贵、滇、闽、鄂、粤、桂、湘、港、澳。资料来源:蔡邦华等,1964;高道蓉等,1996。

(5) 大头乳白蚁 C. grandis 危害情况:仓库木构件。分布:闽。资料来源:蔡邦华等,1985。

(6) 广东乳白蚁 C. guangdongensis 危害情况:建筑物木构件。分布:粤。资料来源:平正明,1985。

(7) 长带乳白蚁 C. longistriatus 危害情况:建筑物木构件。分布:浙、粤。资料来源:蔡邦华等,1982;董兆梁,1989。

(8) 斜孔乳白蚁 C. obliquus 危害情况:建筑物木构件。分布:琼。资料来源:高道蓉。

(9) 赫黄乳白蚁 C. ochraceus 危害情况:房屋木构件。分布:黔。资料来源:丘启胜,1987。

(10) 上海乳白蚁 C. shanghaiensis 危害情况:建筑物木构件。分布:沪、浙、苏、粤。资料来源:何秀松等。

(11) 苏州乳白蚁 C. suzhouensis 危害情况:建筑物木构件。分布:苏、沪、港。资料来源:何秀松等。

(12) 异头乳白蚁 C. varicapitatus 危害情况:建筑物木构件。分布:琼、桂。资料来源:蔡邦华等,1985。

七、散白蚁属(32种)

(1) 尖唇散白蚁 R. aculabialis 危害情况:建筑物木构件、建材、仓储物资。分布:川、陕、滇、黔、湘、鄂、粤、桂、闽、赣、苏、浙、皖、甘。资料来源:夏凯龄等,1965。

(2) 黑胸散白蚁 R. chinensis 危害情况:建筑物木构件、仓储物资。分布:川、甘、冀、晋、鲁、豫、皖、苏、鄂、湘、浙、滇、赣、闽、桂。资料来源:夏凯龄等,1965。

(3) 大别山散白蚁 R. dabieshanensis 危害情况:建筑物木构件。分布:豫。资料来源:王治国等,1984。

(4) 海南散白蚁 R. hainanensis 危害情况:建筑物木构件、建材。分布:琼、闽、桂、粤、湘、赣。资料来源:丘启胜,1989。

(5) 湖南散白蚁 R. hunanensis 危害情况:建筑物木构件、建材。分布:湘、闽、桂、川。资料来源:丘启胜,1989。

(6) 圆唇散白蚁 R. labralis 危害情况:建筑物木构件。分布:苏、浙、皖、沪。资料来源:夏凯龄等,1965。

(7) 大型散白蚁 R. largus 危害情况:建筑物木构件。分布:闽。资料来源:李桂祥等,1984。

(8) 细颚散白蚁 R. leptomandibularis 危害情况:房屋建筑物木构件。分布:闽、浙、粤、湘、琼。资料来源:夏凯龄等,1965;李参,1979。

(9) 狭颊散白蚁 R. perangustus 危害情况:房屋木构件。分布:渝。资料来源:高道蓉等,1984。

(10) 近暗散白蚁 R. perilucifugus 危害情况:房屋建筑物木构件。分布:粤。资料来源:平正明等,1985。

(11) 拟尖唇散白蚁 R. pseudaculabialis 危害情况:房屋建筑物木构件。分布:川、皖。资料来源:高道蓉等,1982。

(12) 清江散白蚁 R. qingjiangensis 危害情况:房屋建筑物木构件。分布:苏、豫、皖、浙。资料来源:高道蓉等,1982。

(13) 直缘散白蚁 R. rectis 危害情况:房屋建筑物木构件。分布:湘、皖。资料来源:夏凯龄等,1981。

(14) 云寺散白蚁 R. yunsiensis 危害情况:寺庙建筑物木构件。分布:闽。资料来源:李桂祥等,1986。

(15) 肖若散白蚁 R. affinis 危害情况:建筑物木构件。分布:闽、浙、湘、粤、港、台。资料来源:夏凯龄等,1965;高道蓉等,1996。

(16) 窄头散白蚁 R. angusticephalus 危害情况:房屋。分布:闽、湘。资料来源:刘自力等,2004。

(17) 黄胸散白蚁 R. flaviceps 危害情况:房屋建筑物木构件。分布:台、闽、浙、苏、赣、湘、粤、琼、澳。资料来源:夏凯龄等,1965。

(18) 花胸散白蚁 R. fukienensis 危害情况：房屋建筑物木构件。分布：闽、浙、港、粤。资料来源：夏凯龄等,1965。

(19) 褐缘散白蚁 R. fulvimarginalis 危害情况：房屋。分布：豫、皖、苏、湘。资料来源：刘自力等,2004。

(20) 广州散白蚁 R. guangzhouensis 危害情况：建筑物木构件。分布：粤。资料来源：平正明等,1985。

(21) 古蔺散白蚁 R. gulinensis 危害情况：建筑物木构件、建材。分布：川、黔、桂。资料来源：高道蓉等,1982；丘启胜,1989。

(22) 高额散白蚁 R. hypsofrons 危害情况：房屋。分布：闽、湘。资料来源：刘自力等,2004。

(23) 长颏散白蚁 R. longigulus 危害情况：房屋。分布：鄂、湘。资料来源：刘自力等,2004。

(24) 近黄胸散白蚁 R. periflaviceps 危害情况：房屋。分布：粤、湘。资料来源：刘自力等,2004。

(25) 平江散白蚁 R. pingjiangensis 危害情况：房屋。分布：湘。资料来源：刘自力等,2004。

(26) 栖北散白蚁 R. speratus 危害情况：建筑物木构件。分布：辽、冀、京、津。资料来源：夏凯龄等,1965。

(27) 武宫散白蚁 R. wugongensis 危害情况：房屋。分布：闽、湘。资料来源：刘自力等,2004。

(28) 兴义散白蚁 R. xingyiensis 危害情况：房屋木构件。分布：黔。资料来源：丘启胜,1987。

(29) 宜章散白蚁 R. yizhangensis 危害情况：房屋。分布：湘。资料来源：刘自力等,2004。

(30) 弯颚散白蚁 R. curvatus 危害情况：房屋木构件。分布：浙、皖、桂。资料来源：李参,1979。

(31) 青岛散白蚁 R. qingdaoensis 危害情况：仓库木构件。分布：鲁。资料来源：李桂祥等,1987。

(32) 龟唇散白蚁 R. testudineus 危害情况：建筑物木构件。分布：闽、皖。资料来源：杨兆芬等,1985；朱建华等,2004。

八、锯白蚁属(2 种)

(1) 海角锯白蚁 M. marilimbus 危害情况：茅草房木柱。分布：琼。资料来源：平正明等,1984。

(2) 天涯锯白蚁 M. remotus 危害情况：居室、仓库的木材。分布：琼。资料来源：平正明等,1984。

九、土白蚁属(6 种)

(1) 细颚土白蚁 O. angustignathus 危害情况：木柱靠地面部分。分布：滇、琼。资料来源：蔡邦华等,1964。

(2) 囟土白蚁 O. fontanellus 危害情况：建筑物立柱近地面部分。分布：皖、苏、滇。资料来源：杨成根,1985。

(3) 黑翅土白蚁 O. formosanus 危害情况：林地附近及近郊房屋。分布：冀、豫、皖、陕、甘、苏、浙、渝、湘、黔、川、鄂、赣、粤、桂、滇、台、琼、港、澳。资料来源：唐觉等,1959；高道蓉等,1996。

(4) 粗颚土白蚁 O. gravelyi 危害情况：木柱靠地面部分。分布：滇。资料来源：蔡邦华等,1964。

(5) 海南土白蚁 O. hainanensis 危害情况：林地附近及近郊房屋木柱。分布：琼、粤、桂、滇。资料来源：蔡邦华等,1964。

(6) 云南土白蚁 O. yunnanensis 危害情况：木柱靠地面部分。分布：滇。资料来源：蔡邦华等,1964。

十、大白蚁属(2 种)

(1) 黄翅大白蚁 M. barneyi 危害情况：林地附近的房屋建筑。分布：广布于中国南方诸省区。资料来源：唐觉等,1959；高道蓉等,1999。

(2) 三型大白蚁 M. trimorphus 危害情况：建材。分布：桂、滇。资料来源：丘启胜,1987。

十一、钩白蚁属(1 种)

小头钩白蚁 A. dimorphus 危害情况：接触地面的立柱。分布：桂、滇。资料来源：蔡邦华等,1964。

十二、夏氏白蚁属(2 种)

(1) 天台夏氏白蚁 X. tiantaienesis 危害情况：房屋建筑柱子和大梁。分布：浙。资料来源：何秀松等,1992—1993。

(2) 鄞县夏氏白蚁 X. yinxianensis 危害情况：房屋木构件。分布：浙、皖。资料来源：何秀松等,1992—1993。

十三、象白蚁属(1 种)

小象白蚁 N. parvonasutus 危害情况：房屋木构件(如：贴地木柱)。分布：台、闽、浙、赣。资料来源：唐觉等,1959。

原文刊登在《中华卫生杀虫药械》,2008,14(5):400-402

83 氟虫胺饵剂对红火蚁现场灭治效果研究

高道蓉[1], 刘瑞桥[2], 冯昌杰[1], 高文[3], 吴兆泰[4], 陈国来[5], 邓强[6]

([1]深圳市白蚁防治管理所；[2]佛山市力锋白蚁防治有限公司；[3]湖北省罗田县白蚁防治研究所；[4]东莞高力杀虫服务公司；[5]广州荔卫防治白蚁公司；[6]广州番禺东强白蚁防治公司)

摘要：目的 测定氟虫胺饵剂用于公园和公共绿地等对红火蚁的灭治效果。**方法** 现场实验。**结果** 氟虫胺饵剂对红火蚁的杀灭效果达98.26%以上。**结论** 氟虫胺饵剂灭治红火蚁效果极佳，杀灭率高，可有效控制红火蚁的蔓延。

关键词：氟虫胺；饵剂；红火蚁

外来红火蚁 Solenopsis invicta Buren 原产于南美，后传入美国、澳大利亚、新西兰等地，前几年在我国台湾有所发现。据报载，近几年我国香港、澳门及广东省吴川、湛江、深圳、珠海、东莞、中山、番禺、惠州、博罗、顺德等地相继发现了红火蚁。我国农业部十分重视此事，有关地方政府和相关部门采取了有力措施，红火蚁的治理取得了相当大的成效。

红火蚁具有极强的生态适应能力，对其栖居地周围环境的生物攻击性强，可造成当地节肢动物的多样性和丰富度垂直下降。笔者曾在东莞解剖红火蚁巢时发现红火蚁巢下方黑翅土白蚁的菌圃腔内已不存在活体白蚁，腔内仅存一小块菌圃和白蚁头壳残骸。

红火蚁对人类的孳扰也是非常大的。在城市，它会影响到园林绿化、苗圃等工作人员的正常工作，还会影响人们到公园等地正常户外休闲。有的会入侵室内(如：工厂宿舍)，影响人的正常生活。当人被红火蚁叮咬后，被叮咬部位会有持续灼热样疼痛，局部皮肤形成红斑、水疱、硬肿，有痒感，水疱破裂后又常会引起细菌性二次感染。近来，有些地方报纸上刊登消息报道，极少数过敏体质的人被红火蚁叮咬后会发生严重的过敏性休克，主要表现为全身过敏反应、呼吸困难、面色苍白、四肢厥冷、血压下降等循环衰竭症状。此外，被叮咬的人还会因脑缺氧和脑水肿而出现头晕、乏力、烦躁不安、昏迷、抽搐、大小便失禁等表现。

红火蚁和一般的农业、卫生、林业昆虫的生物学特性相差很大，所以治理的方法、原理有差异。它和白蚁同属社会性昆虫，生活习性有一定的相似性，所以灭治的原理和方法以至药物都较为近似。一般来说，白蚁的治理用毒饵法灭治的效果很好，同样毒饵也适用于红火蚁的治理。单纯使用触杀或忌避为主的杀虫剂来治理红火蚁效果是不会很好的。选用恰当的治理方法是决定治理效果好与差的重要因素。当年美国发生红火蚁入侵时，曾经用于灭治的药物是属有机氯的灭蚁灵 Mirex，后来中国生产该药物后主要用于灭治白蚁。当时，灭蚁灵被认为是一种很好的灭白蚁剂，也是治理白蚁毒饵中很理想的杀白蚁成分。但是由于禁止持久性有机污染物的 POPs 公约的签署，有些药物不能继续使用，其中有灭蚁灵。可用于毒饵中的杀白蚁剂替代产品有氟虫胺、氟铃脲、除虫脲和伏蚁腙。同样，它们亦可以作为治理红火蚁毒饵中的杀蚁成分，它们的共同杀虫机制是较为慢性的胃毒作用而不是触杀作用或忌避作用。

氟虫胺为有机氟杀虫剂，大鼠急性经口 LD_{50} 为543 mg/kg，对皮肤无刺激作用，可用于防治白蚁，还可用于防治蟑螂和有害蚂蚁。该杀虫剂1989年由Griffn 公司在美国投产。在我国，常州晔康化学制品有限公司于1999年生产了该杀虫剂。由原药开发出来的系列产品可用于白蚁、蟑螂和有害蚂蚁的防治。其中1%氟虫胺诱饵雌、雄大鼠经口 LD_{50} 值均大于5000 mg/kg，属低毒性。广东昆虫研究所夏传国、戴自荣（2000）用1%氟虫胺诱饵做了防治小黄家蚁 Monomorium pharaonis 试验。室内试验投放1%康星诱饵颗粒剂后，小黄家蚁的平均死亡率和24h死亡率分别为94.7%±1.8%、85.7%±2.8%；48h死亡率为100%。其药效达到国家标准GB/T 1732218—1998中对蚂蚁毒饵A级的药效要求（投饵后第7天试虫死亡率为100%）。

野外模拟试验结果表明，投放1%康星诱饵颗粒剂7 d后，所有小黄家蚁野外群体均100%死亡。笔者等在深圳、佛山、中山、广州等地使用1%康星诱饵防治小黄家蚁均取得了很好的效果。由于小黄家蚁和红火蚁都属蚁科 Formicidae，治理红火蚁的诱饵可以借鉴。

近年，我们按照农业部邀请的专家建议在广东一些地方使用氟虫胺诱饵治理红火蚁，取得了很好的效果，现将结果报告如下。

一、材料和方法

（一）材料

1. 氟虫胺诱饵

选用江苏常州晔康化学制品有限公司生产的1%康星杀虫饵剂（颗粒剂）。

2. 氟虫胺粉剂

选用浙江省诸暨市曙光科技开发服务研究所配制的1%氟虫胺粉剂。

（二）现场选择

分别在广东深圳、东莞、增城、番禺等地进行局部灭治试验。全面治理试验工作在深圳进行。红火蚁发生场地类型有绿化带、公园、足球场、荔枝林和抛荒地等。

（三）方法

1. 饵料的投放

将饵剂均匀洒在巢体和取食点上方和（或）周围。先试投，一经投饵触动，大量红火蚁立即涌出，此时才正式投饵。如无红火蚁涌出，此巢或取食点需进一步确定是否已废弃，如系废弃巢，则不必投饵。投饵15 min左右红火蚁即可将饵料搬完，可酌情再加投饵料。一般特大型蚁巢投饵100~200 g，大型蚁巢投饵30~80 g，中型蚁巢15~30 g，小型蚁巢10~15 g，小的取食点1 g足矣。

2. 粉剂喷施

将粉剂装入白蚁专用的喷粉球中，灌粉至球中1/3~1/2即可，在巢体外不同方位选取喷射点，插入喷管，轻捏3次，将药粉喷出，使药粉弥漫在蜂窝状巢体内。这样，大量红火蚁个体可黏附药粉微粒。

二、结果

（一）氟虫胺饵剂治理红火蚁效果

自2004年12月以来，我们在广东省内（深圳市、东莞市、广州番禺、广州增城）一些发生红火蚁的地方使用1%氟虫胺饵剂进行治理，治理效果见表1。

表1　1%氟虫胺饵剂治理效果（部分，2005—2006年）

地点	治理只数（只）	投饵时间	检查时间	治灭率（%）
东莞1（2005年）2	172	7月26日	8月7日	99.4
	231	5月15日	5月28日	98.26
番禺（2005年）	10	5月20日	5月30日	100
深圳1（2006年）2	3070	2月20—23日	4月25日	98.7
	4120	3月20—30日	4月26日	98.79
增城（2005年）	10	9月7日	9月16日	100

从表1可知，1%氟虫胺饵剂治理效果十分理想，治灭率达98.26%以上。如果治理方法得当，治灭率可达100%。

（二）氟虫胺饵剂和氟虫胺粉剂二次施药治理效果

在灭治过程中，为了减少饵剂的用量，我们还在较大型蚁巢投放1%氟虫胺饵剂5~7 d后再用1%氟虫胺粉剂喷施残余红火蚁群。二次施药试验效果见表2。

表2　1%氟虫胺饵剂和1%氟虫胺粉剂二次施药治理效果*

地点	治理巢数	投饵时间	喷粉时间	检查时间	治灭率（%）
东莞	10	7月26日	8月3日	8月10日	100
深圳	10	5月20日	5月25日	6月1日	100
增城	10	9月7日	9月12日	9月22日	100

* 投饵时间为2005年。

在广东三地的二次施药情况表明,投放1%氟虫胺诱饵后5~7 d再补喷粉剂,残余蚁群可以达到全歼的结果。

(三)不同场地蚁丘的治理方法和效果

使用氟虫胺杀蚁成分的饵剂和粉剂治理不同生境红火蚁丘的效果见表3。

表3 不同生境蚁丘的治理方法和效果调查统计表(2005—2006年)

蚁丘类别	地点	治理方法	投饵时间(2005年)	效果(%)	检查时间(2005年)	复查效果(%)	最近复查时间(2006年)
独立蚁丘	中心公园桉果林	饵剂+氟虫胺粉	5月20日	100	6月1月	100	9月28日
	深绿公司银湖基地	饵剂	5月20日	100	6月1日	100	10月12日
	绿化处第四管理所	饵剂	5月24日	100	6月5日	100	10月11日
草坪中密集蚁丘	大沙河苗圃场	饵剂	5月24日	100	6月5日	100	10月11日
	玉龙坑填埋场	饵剂	5月24日	97.34	6月5日	100	10月10日
草坪中稀疏蚁丘	彩田公园	饵剂	5月22日	100	6月2日	100	10月12日
	荔枝公园	饵剂	5月22日	88.24	6月2日	100	9月12日
灌木丛、乔木或其他立柱周围蚁丘	莲花山公园	饵剂	5月22日	87.4	6月3日	98.5	9月25日
	翠竹公园	饵剂	5月22日	92.86	6月3日	99.2	9月30日
	洪湖公园五桠果	饵剂	5月22日	100	6月4日	100	10月12日
	南头电灯杆	饵剂	5月22日	100	6月4日	100	9月13日
	北大消防栓	饵剂	5月22日	100	6月4日	100	8月14日
	中心公园簕杜鹃	饵剂	5月22日	100	6月4日	100	9月28日

从表3可知,1%氟虫胺杀蚁成分的饵剂和粉剂治理不同生态环境中的红火蚁蚁丘均可获得令人满意的治理效果,至2006年9—10月的复查效果达98.5%以上,多数已达100%。

(四)投饵后蚁丘内红火蚁100%死亡所需时间

投饵后6~10d解剖红火蚁蚁丘,以得出100%红火蚁死亡所需时间,结果见表4。

表4 投饵后100%死亡所需的天数调查统计表(2005年)

单位	投药时间	解剖巢数和(或)取食点	检查时间	距投饵时间(d)	死亡巢比率(%)	有残存巢比率(%)
丽水路	8月1日	20	8月8日	7	70	30
丽水路	8月1日	7	8月11日	10	100	0
大沙河公园	7月18日	6	7月25日	7	100	0
冬和路	8月4日	13	8月11日	7	61.54	38.46
北大	7月21日	16	7月27日	6	81.25	18.75
留仙人道	7月22日	11	7月29日	7	81.82	18.18
哈工大	7月20日	9	7月28日	8	100	0
秋实路	7月26日	15	7月29日	10	100	0

从表4可以看出,投饵后蚁丘内红火蚁100%死亡所需时间为7~10 d。

(五)3种浓度氟虫胺饵剂灭治效果

为了降低使用饵剂的成本,我们请厂方配制了0.8%、0.5%和0.2%氟虫胺饵剂进行试验,结果见表5。

表5 3种氟虫胺饵剂治理红火蚁的效果(2006年)*

饵剂中氟虫胺含量(%)	试验蚁巢	100%死亡巢所需天数(d)
0.2	13	—
0.5	12	15~18(16.5)
0.8	11	8~12(10.4)

*地点:深圳、东莞。

从表5可知,随着饵料中杀虫成分降低,致死时间延长。0.5%氟虫胺饵剂致死全巢红火蚁所需时间为15~18 d(平均16.5 d),0.8%饵剂致死时间为8~12 d(平均10.4 d)。从治理社会性昆虫群体的角度来说,15~18 d(16.5 d)这个时间是恰当的,8~12 d(10.4 d)也是可以接受的。所以,在今后的灭治红火蚁工作中,可以采用0.5%氟虫胺饵剂和(或)0.8%氟虫胺剂。而在我们的试验中,0.2%氟虫胺饵剂在1个月时间内达不到全歼的效果,因而0.2%含量或低于0.2%氟虫胺饵剂不应采用。

三、讨论

在治理红火蚁的工作中,源头的治理是十分重要的。2006年,在新植草皮和补植的草皮中都发现了新带来的红火蚁,还发现挖取未治理好草皮出售的情况。在开展治理工作之初,发生过见蚁就灭的极端情况。在有针对性地灭治外来红火蚁之后,由于热带火蚁和外来红火蚁有一定的相似性,有的地方误把热带火蚁当成灭治对象。

在农业部门的正确指导下,很多地方的外来红火蚁得到了控制,但是治理工作还存在盲区,不少工厂、小区等由于责任不明,治理不力,时有报道被红火蚁蜇伤的事例。灭治红火蚁这一类害虫诱饵的杀虫成分应该具有慢性胃毒作用,但总有人为了商业利益研制出一些以触杀作用为主的"特效灭治红火蚁诱饵",最终效果可想而知。正确的灭蚁措施和好的药物是灭蚁成功与否的关键。提高灭蚁人员专业素质和加强灭蚁人员工作责任心可以提高灭蚁效果。由于外来红火蚁具有极强的传播能力和某些独特的生物学特性(如:并巢等),所以红火蚁的彻底治理工作有相当的难度,是一项长期性工作。

Efficacy of sulfluramid bait against *Solenopsis invicta* Buren

Gao Daorong[1], Liu Ruiqiao[2], Feng Changjie[1], Gao Wen[3],
Wu Zhaotai[4], Chen Guolai[5], Deng Qiang[6]

([1] Shenzhen Institute of Termite Control; [2] Foshan Lifeng Termite Control Co. Ltd.;
[3] Luotian Institute of Termite Control; [4] Dongguan Gaoli Pest Prevention & Cure Service Co. Ltd.;
[5] Guangzhou Liwei Termite Control Co. Ltd.; [6] Panyu Dongqiang Termite Control Co. Ltd.)

Abstract: **Objective** To test the efficacy of sulfluramid bait against *Solenopsis invicta* in gardens and common greenbelt. **Methods** Field experiment. **Results** The killing rate of sulfluramid bait against *Solenopsis invicta*. Buren was above 98.26%. **Conclusion** The sulfluramid bait has good efficacy against *Solenopsis invicta* Buren.

Key words: sulfluramaid; bait; *Solenopsis invicta* Buren

原文刊登在《中华卫生杀虫药械》,2008,14(6):448-451

84 我国白蚁化学防治的研究进展

高道蓉[1,2]，高文[3]，夏建军[3]，吕伟传[2]，杨炳长[3]
（[1]南京市白蚁防治研究所；[2]深圳市有害生物协会；[3]湖北省罗田县白蚁防治研究所）

在我国，白蚁化学防治由于治理效果快、操作方便和经济效益显著等特点一直为人们所重视，在白蚁防治实践应用中占有很大份额。其他防治手段（如：生物防治、物理防治）真正用于白蚁防治实践应该说是很少的，以偏于理论研究为多。白蚁化学防治不论是建立化学土壤屏障、木材处理还是饵剂技术等，都离不开白蚁化学药物，只是用药量多少而异。

一、过去使用的白蚁药物

过去，白蚁预防和灭治用药（砷制剂和有机氯类药物）均为剧毒或强污染环境的杀虫剂。在我国，为了贯彻国家经贸委1999年第6号令，在规定期限内停止使用氯丹、七氯等落后产品。2004年11月11日《关于持久性有机污染物的斯德哥尔摩公约》（即《POPs公约》）正式对中国生效，这标志着中国将正式承担公约下的责任和义务，中国消除和减少持久性有机污染物（POPs）的工作将进入实质性阶段。首批列入公约的持久性有机污染物有12种化学品，其中白蚁防治剂就有氯丹、灭蚁灵、艾氏剂、狄氏剂、异狄氏剂和七氯共6种。

二、现在使用的白蚁防治药剂

（一）白蚁预防用药

国家建设部以建房（1993）166号文发出了《关于认真做好新建房屋白蚁预防工作的通知》，通知规定了蚁害地区所有新建、改建、翻建、扩建房屋都必须进行白蚁预防处理。为了加强城市房屋的白蚁防治管理，控制白蚁危害，保证城市房屋的住用安全，国家建设部于1999年10月15日以建设部令第72号发布《城市房屋白蚁防治管理规定》。2004年7月20日建设部发布关于修改《城市房屋白蚁防治管理规定》的决定。为了做好此项工作，很重要的是使用符合环保要求的白蚁预防用药。我国目前用于白蚁预防的药剂有以下几类：有机磷类、拟除虫菊酯类、氯代烟碱类和苯基吡唑类。

1. 有机磷类

毒死蜱TC的有效成分为O，O-二乙基-O-(3，5，6-三氯-2-吡啶基)硫代磷酸酯，分子式为 $C_9H_{11}Cl_3NO_3PS$，对雄性大白鼠口服致死中量为163 mg/kg。毒死蜱TC为DOW公司开发的防治白蚁专用剂型。在20世纪80年代，有机氯在一些国家相继禁用以后，毒死蜱TC在白蚁预防上一般都是作为一种替代药物。

2000年6月8日，美国环保署根据美国联邦政府有关法令在2004年年底取消毒死蜱在新建住宅和建筑物中作为杀白蚁剂使用。由于毒死蜱对婴幼儿的神经系统和肝脏代谢系统有严重危害，相信不久的将来我国在白蚁防治上也不会允许使用。

2. 拟除虫菊酯类

（1）氰戊菊酯：化学名称为(R，S)-a-氰基-3-苯基苄基(R，S)-2-(4-氯苯基)-3-甲基-丁酸酯，分子式为 $C_{25}H_{22}ClNO_3$，对雄性小白鼠急性口服 LD_{50} 为 200～300 mg/kg。可用于土壤、木材处理防治白蚁。

（2）溴氰菊酯：化学名称为(S)-a-氰基-苯氧基苄基(1R，3R)-3-(2，2-二溴乙烯基)-2，2-二甲基环丙烷羧酸酯，分子式为 $C_{22}H_{19}Br_2NO_3$，在水悬液中对大白鼠急性口服 LD_{50} >5000 mg/kg。以含有溴氰菊酯活性成分的克蚁灵25%悬浮剂作为土壤防白蚁剂的效果是令人满意的，是替代有机氯的理想品种。无锡市白蚁防治所、南京市白蚁防治研究所、常州市白蚁防治研究所和徐州市白蚁防治所施用溴氰菊酯和（或）克蚁灵25%悬浮剂灭治白蚁都取得了很好的效果。

(3) 联苯菊酯(Biflex®TC):是专门用于白蚁预防和治理的灭白蚁剂。它的活性成分为(2-甲基,[1,1,-联苯基]-3基)甲基-3-3-(2-氯-3,3,3-三氯-1-丙烯基)-2,2-二甲基-环丙烷羧酯。它对鱼和水生无脊椎动物有很大的毒性,对大白鼠口服 LD_{50} 为 54 mg/kg。

Biflex®TC 可用于建筑物白蚁的预防处理,还可以用作灭治处理,同时可以有效地控制各种蛀木害虫,是一种很好的木材防护剂。

(4) 氯氰菊酯:化学名称为(R,S)-a-氰基-3-苯氧基苄基(IRS)顺,反3-(2,2-二氯乙烯基)-2,2-二甲基环丙烷羧酸酯,分子式为 $C_{22}H_{19}Cl_2NO_3$,对小白鼠口服 LD_{50} 为 138 mg/kg,对大白鼠口服 LD_{50} 为 251 mg/kg。防治白蚁的专用剂型 Demon® TC 可用于土壤、木材处理防治白蚁。

(5) 氯菊酯:化学名称为(3-苯氧基苄基)-(±)顺,反-2,2-二甲基-3-(2,2-二氯乙烯基)环丙烷羧酸酯,分子式为 $C_{21}H_{20}Cl_2O_3$,对雄性小白鼠急性口服 LD_{50} 为 650 mg/kg,对大白鼠口服 LD_{50} 为 1200 mg/kg,可用于土壤和木材的处理。

3. 氯代烟碱类

吡虫啉(Premise)是一种新型高效安全的杀白蚁剂。化学名称是 1-(6-氯-3-吡啶甲基)-N-硝基咪啉-2-亚胺。它作用于烟碱乙酰胆碱受体,干扰昆虫神经系统的刺激传导,引起神经通路阻塞。这种阻塞造成重要的神经传导物质乙酰胆碱的积累,从而导致麻痹,并最终死亡。它的安全性好,对哺乳动物的毒性较低,无致畸致癌作用,对大鼠口服毒性为中等(急性口服 LD_{50} 为 450 mg/kg),对皮肤毒性很低(急性皮肤毒性 LD_{50} > 5000 mg/kg)。具有胃毒和触杀作用,无论害虫取食或接触都有效。吡虫啉防白蚁剂 Premise 在美国已广泛应用于保护建筑物免受白蚁侵害的土壤处理,并在美国环保局(EPA)登记注册,在市场上销售。

在我国,有不少白蚁研究者用吡虫啉防治台湾乳白蚁和黑翅土白蚁。吡虫啉对台湾乳白蚁的室内外试验结果表明,用 0.05% 吡虫啉溶液处理过的土壤 1 年后仍可有效阻止白蚁穿越(卢川川等,2000);室内试验表明,台湾乳白蚁不能穿透 0.2%、0.1% 和 0.05% 的吡虫啉毒土(陈少波等,2002);室内外试验表明,台湾乳白蚁不能穿透用 0.0125% 吡虫啉溶液处理过的 10 cm 长的沙土,1 年内不能通过用 0.05% 吡虫啉溶液淋浇过的土壤(王问学等,2005);氟虫腈和吡虫啉对黑翅土白蚁的驱避作用和药力传递的比较研究表明,该两种药剂对黑翅土白蚁的毒杀作用均较缓慢,还发现 $50\mu g/mL$ 的氟虫腈对黑翅土白蚁无明显驱避作用,而该浓度的吡虫啉则对黑翅土白蚁具有明显的驱避作用(黄求应等,2005)。毒土接触法、浸药木块法和毒土柱法室内比较研究发现,吡虫啉、啶虫脒对白蚁致死性方面无明显差异;行为观察结果表明,当土壤中的啶虫脒、吡虫啉和氟虫腈浓度达到 8.0 mg/kg 时,台湾乳白蚁在土壤中修筑的蚁路长度只有 (0.00 ± 0.00)cm、(1.17 ± 0.76)cm 和 (3.50 ± 0.00)cm。说明吡虫啉亦是一种较好的白蚁预防药物(宋晓刚等,2006)。

4. 苯基吡唑类

氟虫腈(锐劲特)为苯基吡唑类杀虫剂,分子式为 $C_{12}H_4Cl_2F_6N_4OS$,大鼠经口 LD_{50} > 2000 mg/kg。对含有该药活性成分的白蚁防治药物——特密得所做的室内试验表明,白蚁虽然不同程度地进入试管的处理土层,但接触后白蚁死亡率很高,45 mg/m^3 和 90 mg/m^3 浓度时白蚁死亡率达 100%。30 mg/m^3 浓度时存活白蚁仅剩下 3.3%。从室内外试验结合综合分析,认为使用此药的浓度不低于 30 mg/m^3,即相当于野外 120 mL/m^2 的剂量较为适宜(戴自荣等,2000)。它的杀虫机制是阻碍昆虫 γ-氨基丁酸控制的氯化物代谢。它对白蚁无驱避作用。白蚁虽然可取食药物处理过的木材或经过药物处理带,但无感觉,最后导致整个白蚁群体死亡。试验结果表明,锐劲特比氯丹具有更强的触杀作用,同时锐劲特的抗穿透性优于氯丹。从当前环保角度来看,锐劲特作为一种防治白蚁的药剂,有很大的推广价值(朱勇,2000)。

(二) 白蚁灭治用药

我国目前用于白蚁灭治的药物有有机氟类、昆虫生长调节剂(特异性杀虫剂)和生物类白蚁剂。

1. 有机氟类

(1) 氟虫胺:为有机氟杀虫剂。其英文通用名称为 sulfluramid(BSI, draffE-ISO),商品名称为 Finitron,其他名称为 GX071。其化学名称为 N-乙基全氟辛烷-1-磺酰胺,化学式为 $CF_3(CF_2)_7SO_2NHCH_2CH_3$,分子式为 $C_{10}H_6F_{17}O_2S$。大鼠经口 LD_{50} 为 543 mg/kg,对皮肤无刺激作用。可用于防治白蚁,还可以用于防治蚂蚁和蟑螂。该杀虫剂 1989 年由 Griffin Corp. 在美国投产。在我国江苏省泰村消毒洗涤剂厂(现改名为江苏常州晔康化学制品有限公司)于1999年生产了该种杀虫剂,南京军区军事医学研究所合成了同类产品硫氟酰胺。

氟虫胺防治台湾乳白蚁 Coptotermes formosanus 的局部致死中量(LD_{50})估计为 9.94 μg/g 以及防治北美散白蚁 Reticulitermes flavipes 的局部 LD_{50} 为 68.61 μg/g。在强迫取食条件下,台湾乳白蚁对氟虫胺较为敏感(致死中浓度 LC_{50} 为 4.22×10^{-6}),比北美散白蚁(R. flavipes)(LC_{50} 为 13.6×10^{-6})要敏感约3倍。当局部施药时,90%的北美散白蚁死亡之前经过 5~15 d(对应的剂量范围 100~200 μg/g),而对于台湾乳白蚁在低剂量(14.0~37.5 μg/g)作用 2~7 d 后记录到相似的死亡率。在用氟虫胺强迫取食后 3~12 d,这两种白蚁被杀死90%,但是对于台湾乳白蚁,仅在低浓度时如此(Nan-Yao Su等,1988)。用南京军区军事医学研究所试制的同类产品硫氟酰胺进行的试验得到了相似的结果,防治尖唇散白蚁 Reticulitermes aculabialis 的局部致死中量(LD_{50})估计为 13.45 μg/g,防治近圆唇散白蚁 R. perilabralis 的局部 LD_{50} 为 22.30 μg/g 和防治圆唇散白蚁 R. labralis 的 LD_{50} 为 46.89 μg/g。它们的95%置信限分别为 11.68~15.40 μg/g、20.0~24.84 μg/g 和 42.62~51.00 μg/g(高道蓉等,2000)。氟虫胺毒饵对黄胸散白蚁 R. flaviceps 有较好的毒杀效果。0.05% 和 0.08% 的毒饵在强迫取食条件下对黄胸散白蚁的毒性略有差别,前者致死全部供试白蚁的时间为 13 d,后者为 9 d。同时,0.05% 和 0.08% 氟虫胺毒饵对黄胸散白蚁均有一定的引诱效果,它们对供试白蚁的引诱率均在 20% 以上。取食毒饵的黄胸散白蚁均在 4 d 内死亡。通过比对试验结果,我们认为,在实际生产中配制毒饵时,使用 0.05% 氟虫胺毒饵即可有效地对黄胸散白蚁进行诱杀(董志浩等,2006)。应用含氟虫胺有效成分 0.01% 的诱饵纸片来灭治散白蚁是一种非常成功的灭治手段,散白蚁普遍取食诱饵纸片,诱杀速度较快,灭治效果好(刘自力等,2006)。

(2)伏蚁腙:英文通用名称为 hydramethylnon,其他英文名称为 Amdro、Combat、Maxforce、AC217300、CL217300,化学名称为 5,5-二甲基全氢化嘧啶-2-酮-4-三氟甲基-α-(4-三氟甲基苯乙烯基)肉桂叉腙,分子式为 $C_{25}H_{24}F_6N_4$。大鼠急性经口 LD_{50} 为 1300 mg/kg。主要用于牧场、草场、草坪和非作物区防治火蚁,还可用于防治白蚁和蟑螂。它的作用主要是影响昆虫的呼吸代谢。

美国农业部密西西比州的高尔夫林业试验站用伏蚁腙防治散白蚁 Reticulitermes spp. 时,在密褶褐腐菌感染过的木块中加入 0.25%~0.5% 的上述药剂做诱杀试验,播饵 6 d 后白蚁开始死亡,并且证实诱木对散白蚁无驱避作用。

澳大利亚墨尔本化学和木材工艺研究所 French 等用伏蚁腙粉剂在室内作为毒效材料,并与三氧化二砷粉剂相互比较,结果证实三氧化二砷杀死白蚁的速度比伏蚁腙快,而后者对哺乳动物的毒性远比砒剂为低。

美国路易斯安那和夏威夷大学曾用伏蚁腙对乳白蚁做试验。他们用药剂处理 25 cm×26 cm 大小的纸,在夏威夷野外诱杀白蚁。浓度为 180 μg/g 时,投饵 1 月后无效;采用较高浓度(>6400 μg/g)时,饵料初时被食,一星期后白蚁盖住饵料并避开;用 15000 μg/g 的毒饵抑制了一个群体的活动,但对另一个群体没有作用。

在我国,用伏蚁腙在室内进行了对乳白蚁的药效试验,伏蚁腙的击倒速度缓慢,无驱避性,但传毒效率不高。该药能否应用于白蚁灭杀工作,还需野外试验验证(庞正平等,2005)。

2. 昆虫生长调节剂(特异性杀虫剂)

(1)氟铃脲:是一种几丁质合成抑制剂,对白蚁的作用与对其他害虫一样,主要是抑制其蜕皮,从而导致白蚁死亡。它对大白鼠口服 LD_{50} >5000 mg/kg。在美国,用氟铃脲诱饵剂对北美散白蚁和台湾乳白蚁的作用做了室内测定。氟铃脲对台湾乳白蚁和北美散白蚁取食产生阻止作用的浓度分别为 >15.6 μg/g 和 >2 μg/g(Su等,1993)。用氟铃脲控制田间北美散白蚁和台湾乳白蚁取得了成功。采用监测和诱杀相结合,并在诱饵管中引入媒介白蚁的方法来防治白蚁,即在监测站周围土壤中打入由两块云杉板捆扎而成的木桩,一旦发现被白蚁蛀食,就拔出木桩,插入诱饵管。诱饵管管壁预先钻孔,并装入饵料(用木屑和琼脂作为基质),诱管的上端开口处留出一小段空间。松开木桩,把其上的白蚁赶入诱管,盖上管盖,并用土覆盖。这种方法由于采用了从同一种群体诱集的白蚁作为媒介白蚁放入诱管,而后媒介白蚁又可以从诱管壁上的开孔进入土中的白蚁群体,引诱其他个体前来取食,从而大大提高了诱杀效果。研究表明,氟铃脲的 4 种浓度(500、1000、2500、5000 μg/g)对白蚁的诱杀作用均无显著性差异,并且用最高浓度也不对白蚁产生拒食作用(Su,1994)。要减少白蚁 90%~100% 的取食种群,需用氟铃脲 4~1500 mg。试验证明,以100 g氟铃脲处理散白蚁9~10 d,白蚁死亡率达100%(雷朝亮等,1996)。在我国,有白蚁专家用氟铃脲药饵做灭治台湾乳白蚁野外巢群实验,内置30柱药饵含氟铃脲药剂0.3 g,该药饵适口性较好,30柱药饵全部取食干净。但经24个月仍未能消灭该乳白蚁群体(刘显钧,2007)。野外试验表明,氟铃脲含量为0.25%时对台湾乳白蚁无拒食作用,认为消灭一巢台湾乳白蚁要用150 g饵料(刘自力等,2003)。

苏州市江枫白蚁防治有限公司已生产0.5%氟铃脲饵剂。

(2)除虫脲:英文通用名称为diflubenzuron,其他英文名称有Dimilin、DU112307、PH60-40、PH60-40-I、TH6040。除虫脲是一种脲类杀虫剂,具有胃毒和触杀作用,无内吸活性,化学名称为1-(4-氯苯基)-3-(2,6-二氟苯甲酰)脲,分子式为$C_{14}H_9ClF_2N_2O_2$。大鼠经口LD_{50} > 4640 mg/kg,小鼠经口LD_{50} > 4640 mg/kg,可用于白蚁防治。

较低浓度除虫脲就对台湾乳白蚁产生拒食作用,且最高死亡率只有50%。对北美散白蚁产生拒食作用的浓度 > 31.3×10^{-6},在大于7.8×10^{-6}浓度时,取食后工蚁死亡率达80%。此外,它对印度异白蚁 *Heterotermes indicola* (Wasmann)也有抑制蜕皮作用。

3. 生物类白蚁剂

伊维菌素(Ivermectin):在我国,伊维菌素由浙江升华拜克生物有限公司生产。经德清县白蚁防治研究所室内外试验结果显示,用0.2%克蚁星乳剂稀释1000倍灭治黄胸散白蚁以及2%克蚁星粉剂、药饵剂灭治台湾乳白蚁和黑翅土白蚁都具有很好的效果。

与有机氯(氯丹)、有机磷(毒死牌)等药物相比,其LD_{50}明显低,在杀灭效果和使用方法上都可以直接取代有机氯、有机磷杀虫剂(郭建强等,1999)。

三、白蚁防治药物剂型的改进

白蚁的预防通常使用的剂型是乳油。由于它含有大量的二甲苯等有机溶剂,易造成环境污染;由于溶剂的可燃性,在运输、贮藏,以及容器的选择上也受到限制。农药剂型研究进展迅速,目前以高效、安全、经济、方便使用且省力为目标,向水基化剂型及水分散粒剂发展。与此同步,我国生产和研究的白蚁防治药物剂型:悬浮剂和微乳剂已在开发,有望逐步取代乳油。

(一)微乳剂

微乳剂是一个由油-水-表面活性剂-助表面活性剂组成的、具有热力稳定和各向同性的多组分散体系。由于微乳液中分散相质点的半径通常为10~100 nm,所以,微乳液也称纳米乳液。

微乳剂由于其颗粒粒径小于100 nm,一般为30~50 nm,具有超强增容和乳化作用,有效成分分散度高,增进了对有害生物体或物体表面的渗透,药力作用迅速,有利于发挥药效。因而将微乳剂作为预防处理用药剂,比起传统制剂(如:乳油),其药效更高,更具优势。从理论上看,微乳剂显然为更理想的白蚁预防用制剂。

南京军区军事医学研究所对微乳剂用作白蚁专用制剂做了一些探索。将所合成的氟氰苯唑原药经过反复的筛选实验,配制了1%氟氰苯唑微乳剂。经南京市白蚁防治研究所和广东省昆虫研究所各自的白蚁药效实验证实,氟氰苯唑微乳剂对台湾乳白蚁的击倒速度较快,台湾乳白蚁不能穿越至少0.03%氟氰苯唑微乳剂处理过的毒土,而且氟氰苯唑微乳剂处理木材后对台湾乳白蚁群体具有较强的抗蛀能力。从实验结果上看,氟氰苯唑微乳剂0.03%~0.05%的浓度即可作为预防白蚁的有效浓度(李洁等,2003)。

(二)悬浮剂

悬浮剂是一种将水不溶固体杀虫剂或不混溶液体杀虫剂与各种辅料配合后,在水中经研磨而成悬浮状分散的可流动的液状稳定分散体,可将它稀释后施用。悬浮剂的分散相颗粒(或液滴)直径一般在0.1 μm以上,实际应用中分散相的粒径为0.5~5 μm。

悬浮剂分两大类:一类是固体状有效成分经研磨后变成细小微粒;另一类是将有效成分的固体先溶解在少量溶剂中,然后以细小的液体微粒呈现在水中,现称为水乳剂。

10%凯奇杀白蚁悬浮剂是由江苏南通功成精细化工有限公司研究成功的杀白蚁悬浮剂,它的杀白蚁成分为吡虫啉。试验结果表明,该悬浮剂是一种较好的白蚁预防药物(宋晓钢等,2006)。由于它的环保特性显著,在全国各地得到普遍重视,在深圳受到高端用户的青睐。

2.5%联苯菊酯杀白蚁水乳剂和5%联苯菊酯杀白蚁悬浮剂均由江苏南通功成精细化工有限公司研制开发。5%晔康(联苯菊酯)由江苏常州晔康化学制品有限公司研制开发。

室内土壤及木材处理试验结果表明,5%联苯菊酯悬浮剂对白蚁具有较强的接触毒性及较好的驱避效果,抗白蚁蛀食的能力较强。该药剂可用于处理土壤、木材防治白蚁。经过12个月的野外试验结果表明,经≥250 mg/m³浓度处理过的土壤及木块1年以上对白蚁具有较好的防治效果。因此,用于土壤处理的浓度为250 mg/m³(5 L/m²),用于木材处理的浓度为250 mg/m³(≥14.34 g/m²)。

5%联苯菊酯水乳剂与80%吡虫啉水分散粒剂由江苏苏州江枫白蚁防治有限公司研制开发。

四、白蚁化学防治方法的进展

在白蚁治理过程中,20世纪80年代以来,我国白蚁学研究者和防治工作者结合使用毒(诱)饵法治理多种危害建筑物、林木、水库的白蚁,如:台湾乳白蚁、黑胸散白蚁、黄胸散白蚁、黄翅大白蚁和黑翅土白蚁,是具有省工、省时,耗药量小,破坏性小,效果很好的方法。该方法在国外得到进一步发展,从灭治领域开拓性应用于白蚁预防领域,开发出白蚁监测控制技术。

(一)国外开发的产品

(1)FMC公司开发了以氟虫胺为有效成分的白蚁监测系统,商品名为Firstline。

(2)Ensystex公司开发了以除虫脲为有效成分的白蚁监测系统Exterra™。

(3)陶氏益农公司开发了以氟铃脲为有效成分的白蚁监测系统Sentricon。

(4)BASF公司开发了以伏蚁腙为有效成分的Subterfuge饵剂系统。

(二)国内开发研制的监测控制系统

受国外同行的启示,许多国内有识之士奋起直追,陆续研制了一些监测控制系统。

1. 万宁牌白蚁监测控制装置

该装置由浙江省德清县白蚁防治研究所、全国白蚁防治中心、浙江大学和浙江省白蚁防治所研制。该白蚁监测控制装置由壳体、芯部及顶盖三部分组成,高25 cm,内径9.5 cm,该产品的有效成分是伊维菌素。

2. 江枫饵剂监控系统

该系统由苏州江枫白蚁防治有限公司生产,有效成分为氟铃脲。

3. 百庭宜™白蚁监控诱杀系统

该系统由广东省昆虫研究所和广东科建公司研制,饵剂的有效成分为杀铃脲,分为地上型和地下型2种。

4. 晔康白蚁监测控制系统

该系统由常州市武进区白蚁防治所和常州晔康化学制品有限公司开发研制,饵剂的有效成分为氟虫胺。系统由室内地上饵站和室外地下饵站组成。该系统不管是室内型还是室外型,均能成功诱集到散白蚁;通过0.05%~0.1%的氟虫胺饵剂的合理利用,可以有效控制散白蚁的危害;一个散白蚁群体取食0.08%氟虫胺饵剂的量一般为10~20 g。很多时候,一管20 g左右的饵剂,散白蚁群体取食到一半左右即停止取食,而后期长期(1年以上)均没有监测到白蚁。

5. "卫士栓"白蚁防治装置

该装置由上海港臣治虫有限公司研制,饵剂有效成分不明。其装置结构分为:①装置整体外形为圆柱形管状,管端具管帽,帽顶平,具盖,底部锥形,外管管壁和管底锥面均具有8条斜缝,外管内层有内管,管壁具8条斜缝,插入管内将管内分为二区,即内管与内管之间空间为外层饵室区固定投放诱木条。内管中心空间为内层活动饵室区投放饵器,有二种(即诱饵管和毒饵管)插入或更换装置内层投饵饵室区,与装置配套使用。②饵器:为监测和检测白蚁,引诱探测白蚁或诱杀白蚁的专用饵管(诱饵和毒饵管),与装置投饵室配套使用。一般饵管直径20 mm,长24 mm,管表具斜缝,管内投放的饵料有两类,即诱饵或毒饵(何秀松等,2007)。

6. 白蚁诱饵管

该装置由诸暨市白蚁防治所研制。诱饵管由管盖、管体及诱饵剂三部分组成。管体端部为锥形,管壁上设有若干个供白蚁出入的圆孔和透气细缝,管体锥形端部也设有若干个出水孔。诱饵剂为氟虫胺(毛伟光等,2003)。

其他还有杭州市白蚁防治研究所研制的乐安居白蚁检测器和宁波市白蚁防治所和广东惠州南天生物科技有限公司研制的新产品。

原文刊登在《中华卫生杀虫药械》,2009,15(1):53-57

85 行道树白蚁危害情况调查及防治探讨

罗维沛[1]，洪延海[1]，潘达良[2]，谭锡荣[2]，高道蓉[3]

([1]深圳市宝安区爱卫办；[2]深圳市茂林有害生物防治有限公司；[3]南京市白蚁防治研究所)

城市害虫是城市生态系统的重要组成部分，它们生活在城市环境中，通过危害贮藏物、建筑物以及传播疾病等给人们的生活和健康带来威胁。白蚁作为城市害虫之一，不仅对城市建筑带来破坏，而且给绿化也带来了一定的影响。宝安区位于广东南海之滨，是深圳市七大辖区之一，地处东经113°52′，北纬22°35′。全区面积733 km^2，海岸线长30.62 km，地属亚热带海洋性气候，平均气温22℃，雨量充沛，年降水量1926 mm，气候非常适宜白蚁的孳生繁殖。1993年撤县建区以来，在历届政府的重视下，宝安区经济迅猛发展，人口迅速增加达500多万，城区道路绿树成荫，这些改变了城市内的生物种群和物理环境，使得气候、水文、动植物群落等发生了改变，这都为白蚁的繁衍生息提供了良好的条件。为了遏制白蚁危害增长的势头，控制路树白蚁危害、减少经济损失、保障行人及财产免遭伤害和损失、保护绿化环境，进一步降低整个宝安城区白蚁虫口密度，宝安区城管局(爱卫办)采用抽样调查方法对城区内行道树白蚁危害情况进行了调查，并对今后白蚁防治策略进行了探讨。

一、材料与方法

(一) 行道树白蚁危害调查

采用抽样调查方法，在城区分东、西、南、北、中随机抽查道路两侧路树，总共调查行道树4767株，包括荷花玉兰 Magnolia grandiflora L.、杧果 Mangifera indica L.、波罗蜜 Artocarpus heterophyllus Lam.、小叶榄仁 Terminalia catappa L.、垂叶榕 Ficus benjamina L.、人面子 Dracontomelon duperreanum Pierre、鸡蛋花 Plumeria rubra var. acutifolia Bailey、散尾葵 Chrysalidocarpus lutescens H. Wendl.、椰子 Cocos nucifera L.、广东紫薇 Lagerstroemia fordii Oliv. et Koehne、高山榕 Ficus altissima Bl.、桂花 Osmanthus fragrans Lour.、大王椰 Roystonea regia (Kunth) O. F. Cook、紫荆 Cercis chinensis Bunge、木棉 Bombax malabarcum DC.、大叶榕 Ficus virens Sit. var. Sublanceolata (Miq.) Corner、细叶榕 Ficus microcarpa L. f.、凤凰木 Delonix regia (Bojea) Raf、秋枫 Bischofia javanica Bl.、黄槐 Cassia surattensis Burm. f.、台湾相思 Acacia confuse Merr.、千层桉 Melaleuca quinquenevia (Cav.) Blake 和杉 Cunninghamia lanceolata (Lamb.) Hook 共23个树种。

(二) 材料

1%氟虫胺粉剂由江苏省常州晔康化学制品公司生产；2%克蚁星粉剂由浙江省德清县白蚁防治研究所生产；防白蚁涂料由浙江省诸暨市白蚁防治所生产；白蚁诱饵管由浙江省诸暨市白蚁防治所生产。

(三) 方法

有台湾乳白蚁巢的行道树用喷粉球向巢内和白蚁活动处多点喷施1%氟虫胺粉剂或2%克蚁星粉剂；对已被白蚁蛀空的行道树，为防止新的群体产生，插入白蚁诱饵管；在有白蚁活动的行道树，如树干外有白蚁路，可在树干1 m以下环涂防白蚁涂料；在有白蚁巢的行道树外土壤中每株埋设3个白蚁诱饵管。

二、结果

(一) 行道树白蚁危害情况

从表1可知，遭受白蚁侵害的树木有553株，白蚁侵害率为11.60%，其中轻度危害472株，中度危害59株，重度危害22株，占调查树木的比率轻度、中度和重度分别为9.90%、1.23%和0.46%；553株受白蚁危害树木中，轻度、中度、重度危害分别占85.35%、10.67%、3.98%。

表1 深圳市宝安城区行道树受台湾乳白蚁危害情况

树种	数量(株)	危害情况*及百分率(%)			
		无危害	轻度危害	中度危害	严重危害(有巢位)
黄槐	372	314(84.4)	58(15.59)	0	0
高山榕	885	727(82.15)	106(11.99)	41(4.63)	11(1.24)
人工椰	409	396(96.82)	13(3.2)	0	0
凤凰木	140	117(83.57)	10(7.14)	8(5.71)	5(3.57)
桂花	137	102(74.45)	35(25.54)	0	0
荷花玉兰	144	131(90.97)	13(9.02)	0	0
杧果	57	53(92.98)	4(7.01)	0	0
人面子	93	88(94.62)	5(5.38)	0	0
波罗蜜	47	39(82.98)	8(17.02)	0	0
木棉	267	239(89.51)	28(10.49)	0	0
千层桉	43	36(83.72)	0	5(11.63)	2(4.65)
紫荆	292	223(76.37)	60(20.55)	5(1.71)	4(1.37)
细叶榕	1304	1209(92.71)	93(7.13)	0	2(0.0015)
秋枫	376	350(93.09)	26(6.91)	0	0
垂叶榕	97	89(91.75)	8(8.24)	0	0
大叶榕	9	6(66.66)	3(33.33)	0	0
小叶榄仁	42	41(97.62)	1(2.4)	0	0
台湾相思	16	15(93.75)	1(6.25)	0	0
椰子	12	12(100)	0	0	0
紫薇	20	20(100)	0	0	0
鸡蛋花	3	3(100)	0	0	0
油棕	3	3(100)	0	0	0
杉	1	1(100)	0	0	0
合计	4767	4214(88.40)	472(9.90)	59(1.23)	22(0.46)

*无危害:没有白蚁活动痕迹;轻度危害:有白蚁初期活动痕迹;中度危害:白蚁活动痕迹较多;严重危害:树干被蛀蚀成空洞、有巢或造成死亡。

表2数据表明,受白蚁危害树种主要有大叶榕、紫荆、桂花、高山榕、波罗蜜、凤凰木、黄槐、千层桉、木棉、荷花玉兰等树种,轻度危害占危害总量的79.85%,中度危害占14.68%,重度危害占5.47%;其中高山榕、凤凰木、紫荆、千层桉属大型乔木,易遭受白蚁重度危害。

(二) 危害状

受白蚁危害的树木主要表现为树干表皮、韧皮部被蚁食,树干质部被蛀空。在气温较高的季节,可在树干表面见到白蚁的泥被泥线。在被白蚁危害较久的树上,每年分飞季节还可见到白蚁的分飞孔。树木受白蚁危害后,树势减弱,生长不良,枝叶枯死,直至死亡。台湾乳白蚁危害树木根部,在某些行道树的根颈部或树干中筑巢,在树干表面常有泥状白蚁路。

(三) 白蚁治理

1. 效果检查

为了验证治理效果,2008年12月进行了抽样检查,治理效果如下:①有巢的行道树2种粉剂均可达到灭治效果。行道树干外涂防白蚁涂料后再也没有白蚁路出现,说明此涂料不仅可用于阻止台湾乳白蚁蚁路的生长,而且对于黑翅土白蚁和黄翅大白蚁泥路有明显的抑制作用。②诱饵管可起到预防白蚁危害行道树的作用。

表2 深圳市宝安城区受白蚁侵害的主要树种及危害情况

树种	调查株数	危害株数	危害率(%)	轻度危害	中度危害	重度危害
大叶榕	9	3	33.33	3	0	0
紫荆	223	69	30.94	60	5	4
桂花	137	35	25.54	35	0	0
高山榕	885	158	17.85	106	41	11
波罗蜜	47	8	17.02	8	0	0
凤凰木	140	23	16.43	10	8	5
黄槐	372	58	15.59	58	0	0
千层桉	43	7	16.28	0	5	2
木棉	267	28	10.49	28	0	0
荷花玉兰	144	13	9.03	13	0	0
合计	2267	402	17.73	321	59	22

2. 药物处理

本次对遭受白蚁危害的树木进行了环保药物处理,采用了1%氟虫胺粉剂、2%克蚁星粉剂、防白蚁涂料。在有白蚁活动的行道树,如果树干外有蚁路,在树干1 m以下环涂防白蚁涂料,白蚁危害明显得到控制;有台湾乳白蚁巢的行道树用喷粉球向巢内和白蚁活动处多点喷施1%氟虫胺粉剂或2%克蚁星粉剂,3个月后未再发现活白蚁,控制效果显著。

三、讨论

本次对深圳市宝安城区行道树白蚁的治理策略进行了研究,通过使用符合环保要求的新型药物、诱饵管和防蚁涂料,达到了控制白蚁危害和降低白蚁种群数量的目的。

深圳市宝安城区地属亚热带海洋气候,台风较为常见,路树遭受白蚁危害后极易在台风天气折断,殃及行人,造成意外事故。香港曾有路树折断后压死行人的报道,宝安城区在台风天气也发生过由于白蚁危害致使路树树干部位折断压坏车辆的事件,因此对城区路树进行白蚁危害调查具有现实意义,也符合当今构建"以人为本,和谐社会"的宗旨。

目前,宝安区的路树白蚁治理还处于探索阶段。通过本次调查,基本上明确了路树白蚁危害的程度、危害种类、危害的树种,对日后开展城区路树大面积白蚁防治将起到指导作用。该项工作除了可应用到防治城区内的行道树外,还可逐步推广至整个宝安区的行道树,同时对古树木的保护也有重要意义。

过去我们在白蚁防治方面主要使用含剧毒成分的有机氯药物。该药对人畜毒性大,操作具有一定的危险性,同时在环境中有蓄积性,可污染环境。新药物的使用对白蚁防治具有明显的效果,完全可以代替沿用至今的白蚁治理类药物。

通过本次调查,可以明确目前宝安区行道树主要受白蚁危害的树种,明确今后开展白蚁防治的重点对象,同时对指导城区行道树绿化树种的选择也有一定的借鉴意义。

原文刊登在《中华卫生杀虫药械》,2009,15(5):397-399

86 深圳市白蚁调查

高道蓉[1]，高 文[1]，夏建军[2]，周 晔[3]，季国华[3]
([1] 深圳市高远有害生物防治有限公司；[2] 湖北省罗田县白蚁防治研究所；
[3] 常州晔康化学制品有限公司)

深圳是中国南部海滨城市，位于北回归线以南，东经 113°46′至 114°37′，北纬 22°27′至 22°52′。地处广东省南部，东临大亚湾和大鹏湾，西濒珠江口和伶仃洋，南边深圳河与香港相连，北部与东莞、惠州两城市接壤。经重新勘测，深圳市总面积为 1952.84 km^2，略小于原来统计的 2020 km^2。其中，深圳经济特区面积为 395.81km^2。截至 2003 年年末，深圳可建设用地 931 km^2，占土地总面积的 46.1%。土地开发面积逾 488 km^2，其中建成区面积 350 km^2(特区内 150 km^2)。

关于深圳白蚁的种类，有一些零星研究。广东省白蚁学会在《深圳市房屋建筑白蚁预防工程技术规程》附录 A 中所列深圳市常见白蚁危害种类有铲头堆砂白蚁、台湾乳白蚁、黄胸散白蚁、黑翅土白蚁、海南土白蚁和黄翅大白蚁。深圳市白蚁种类的调查自 1993 年深圳市白蚁防治管理所(前身为深圳市白蚁防治管理中心)成立以来一直都在陆续进行，2003 年以来采集和收集了大量白蚁标本，经鉴定深圳市白蚁种类有 17 种，归属于 3 科 8 属。

一、采集地介绍和白蚁种类分析

在深圳进行等翅目采集的地方主要是公园和郊野公园、住宅小区和工厂等，内伶仃自然保护区和红树林自然保护区也都进行了采集。

深圳市城区绿化面积很大，此外还有不少公园，仅直属市城市管理局辖管的单位，就有市中心公园、荔枝公园、儿童公园、洪湖公园、人民公园、笔架山公园、莲花山公园、皇岗公园、翠竹公园、东湖公园、仙湖植物园、园博园、梧桐山风景区、马峦山郊野公园、七娘山郊野公园、塘朗山郊野公园等。

深圳全境地势东南高，西北低。土地形态大部分为低山、平缓台地和阶地丘，东南部的大鹏、葵涌主要为低山；中部和西北部主要为丘陵，也有 500 m 以上的低山，山间有较大片冲积平原；西南部的沙井、福永、西乡等地主要为较大片的滨海冲积平原，平原占陆地面积的 22.1%。境内母岩以花岗岩为主，东部和北部有较大面积砂岩分布。境内最高山峰为梧桐山，海拔 943.7 m。

深圳属亚热带海洋性气候区，气候温和，雨量充沛，日照时间长。年平均气温为 23.7℃，最高气温为 36.6℃，最低气温为 1.4℃，无霜期 355 d。年日照时数 1975.0 h，太阳年辐射量 5225 MJ/m^2，年平均相对湿度 72.3%。每年 5—9 月份为雨季，年平均降雨量为 1608.1 mm。夏、秋两季偶有台风。

深圳市为广东省的一部分，它与香港新界相连，所以深圳市的白蚁与香港的白蚁有些相似，笔者曾在香港做过等翅目的专项调查。此次根据《中国动物志·昆虫纲·第十七卷·等翅目》对香港等翅目种类做了修正，本书所有等翅目名称据此而定。深圳和邻近的广东省香港特别行政区以及其他城乡的白蚁种类比较见表 1。从表 1 可以看出：①深圳市的总面积 1952.84 km^2，有白蚁 3 科 8 属 17 种，香港的面积为 1093 km^2，有白蚁 4 科 11 属 32 种，以单位面积的种类来统计深圳白蚁种类要明显少于香港。其原因一方面可能是深圳的郊野公园面积相对小一些，另一方面可能在深圳郊野公园采集白蚁标本的力度逊于香港。②广东省面积约为 18 万多平方千米(为深圳面积的 92.17 倍)，有白蚁 4 科 11 属 90 种，说明深圳亦是白蚁种类地理分布的密集地区。③深圳市目前已发现的 17 种白蚁中，13 种在香港已有所发现，两地共有种类占深圳白蚁的 76.47%。这同深圳与新界和九龙相连，而香港岛和离岛的形成是由于山体沉降和海水入侵而与大陆分离这一事实相吻合的。

表 1　深圳、香港、广东的等翅目

等翅目的科、属种	广东	深圳	香港	等翅目的科、属种	广东	深圳	香港
一、原白蚁科 Termopsidae				30. 窄头散白蚁 R. angusticephalus Ping et Xu	+		
（一）原白蚁属 Hodotermopsis Holmgren				31. 双峰散白蚁 R. angusticephalus Ping et Xu	+		
1. 山林原白蚁 H. sjöstedti Holmgren	+			32. 蟹腿散白蚁 R. cancrifemuris Zhu	+		
二、木白蚁科 Kalotermitidae				33. 黑胸散白蚁 R. chinensis Snyder	+		
（二）堆砂白蚁属 Cryptotermes Banks				34. 双色散白蚁 R. dichrous Ping	+		
2. 麻头砂白蚁 C. brevis (Walker)				35. 鼎湖散白蚁 R. dinghuensis Ping, Zhu et Li	+	+	+
3. 铲头砂白蚁 C. declivis Tsai et Chen	+	+		36. 黄胸散白蚁 R. flaviceps (Oshima)	+	+	+
4. 截头砂白蚁 C. domesticus (Haviland)	+			37. 福建散白蚁 R. fukienensis Light	+		+
（三）新白蚁属 Neotermes Holmgren				38. 高要散白蚁 R. gaoyaoensis Tsai et Li	+		
5. 长颚新白蚁 N. dolichognathus Xu et Han	+	+	+	39. 广州散白蚁 R. guangzhouensis Ping	+	+	
6. 恒春新白蚁 N. koshunensis (Shiraki)	+			40. 海南散白蚁 R. hainanensis Tsai et Huang	+		
7. 长头新白蚁 N. longiceps Xu et Han	+	+	+	41. 花坪散白蚁 R. huapingensis Li	+		
8. 楔头新白蚁 N. sphenocephalus Xu et Han	+			42. 湖南散白蚁 R. hunanensis Tsai et Huang	+		
9. 台山新白蚁 N. taishanensis Xu et Han	+			43. 圆唇散白蚁 R. labralis Hsia et Fan			+
10. 丘颏新白蚁 N. tuberogulus Xu et Han	+			44. 细颚散白蚁 R. leptomandibularis Hsia et Li	+		
11. 波颚新白蚁 N. undulatus Xu et Han	+	+	+	45. 罗浮散白蚁 R. luofunicus Zhu, Ma et Li	+		
（四）树白蚁属 Glyptotermes Froggatt				46. 小头散白蚁 R. microcephalus Zhu	+	+	
12. 麻颏树白蚁 G. maculifrons Ping et Li	+			47. 侏儒散白蚁 R. minutus Ping et Xu	+		
13. 赤树白蚁 G. satsumensis (Matsumura)	+			48. 陌宽散白蚁 R. mirus Gao, Zhu et Zhao	+		
14. 英德树白蚁 G. yingdeensis Li	+			49. 小散白蚁 R. parvus Li			+
三、鼻白蚁科 Rhinotermitidae				50. 近黄胸散白蚁 R. periflaviceps Ping et Xu	+		
（五）乳白蚁属 Coptotermes Waxmann				51. 近暗散白蚁 R. perilucifugus Ping	+		
15. 圆头乳白蚁 C. cyclocoryphus Zhu, Li et Ma	+	+	+	52. 平江散白蚁 R. pingjiangensis Tsai et Peng			+
16. 台湾乳白蚁 C. formosanus Shiraki	+	+	+	53. 似长头散白蚁 R. sublonicapitatus Ping	+		
17. 大头乳白蚁 C. grandis Li et Huang	+			54. 林海散白蚁 R. sylvestris Ping et Xu	+		
18. 广东乳白蚁 C. guangdongensis Ping	+			55. 毛头散白蚁 R. trichocephalus Ping	+		
19. 海南乳白蚁 C. hainanensis Li et Tsai			+	56. 八重山散白蚁 R. yaeyamanus Morimoto			+
20. 长带乳白蚁 C. longistriatus Li et Huang	+			57. 宜章散白蚁 R. yizhangensis Huang et Tong			+
21. 黑带乳白蚁 C. melanoistriatus Gao, Lau et He			+	（八）蔡氏白蚁属 Tsaitermes Li et Ping			
22. 单毛乳白蚁 C. monosetosus Tsai et Li	+			58. 英德蔡氏白蚁 T. yingdeensis (Tsai et Li)	+		
23. 斜孔乳白蚁 C. obliquus Xia et He	+			四、白蚁科 Termitidae			
24. 异头乳白蚁 C. varicapitatus Tsai et Li	+			（九）亮白蚁属 Euhamitermes Holmgren			
（六）杆白蚁属 Stylotermes Holmgren				59. 小头亮白蚁 E. microcephalus Ping et Li	+		
25. 连平杆白蚁 S. lianpingensis Ping	+			60. 方头亮白蚁 E. quadratceps Ping et Li	+		
26. 苏氏杆白蚁 S. sui Ping et Xu	+			（十）印白蚁属 Indotermes Roonwal et Sen-Sarma			
27. 短盖杆白蚁 S. valvules Tsai et Ping	+			61. 等齿印白蚁 I. isodentatus (Tsai et Chen)	+		
（七）散白蚁属 Reticulitermes Holmgren				（十一）锯白蚁属 Microcerotermes Silvestri			
28. 尖唇散白蚁 R. aculabialis Tsai et Huang	+			62. 小锯白蚁 M. minutus Ahmad			+
29. 肖若散白蚁 R. affinis Hsia et Fan	+	+	+	63. 菱巢锯白蚁 M. rhombinidus Ping et Xu	+		

续表

等翅目的科、属种	产地 广东	产地 深圳	产地 香港	等翅目的科、属种	产地 广东	产地 深圳	产地 香港
（十二）华扭白蚁属 *Sinocapritermes* Ping et Xu				（十七）象白蚁属 *Nasutitermes* Dudley			
64. 闽华扭白蚁 *S. fujianensis* Ping et Xu	+			86. 周氏象白蚁 *N. choui* Ping et Xu			+
65. 台华扭白蚁 *S. mushae*（Oshima et Maki）	+			87. 圆头象白蚁 *N. communis* Tsai et Chen	+		
（十三）钩扭白蚁属 *Pseudocapritermes* Kemner				88. 香港象白蚁 *N. dudgeoni* Gao et Lam			+
66. 大钩扭白蚁 *P. largus* Li et Huang	+			89. 封开象白蚁 *N. fengkaiensis* Li	+		
67. 中华钩扭白蚁 *P. sinensis* Ping et Xu	+			90. 倾鼻象白蚁 *N. inclinasus* Ping et Xu	+		
68. 圆囟钩扭白蚁 *P. sowerbyi*（Light）	+		+	91. 莽山象白蚁 *N. mangshanensis* Li	+		
（十四）近扭白蚁属 *Pericapritermes* Silvestri				92. 小头象白蚁 *N. parviceps* Ping et Xu	+		
69. 灰胫近扭白蚁 *P. fuscotibialis*（Light）			+	93. 小象白蚁 *N. parvonasutus*	+		
70. 扬子江近扭白蚁 *P. jangtsekiangensis*（Kemner）	+			94. 平圆象白蚁 *N. planiusculus* Ping et Xu	+		
71. 多毛近扭白蚁 *P. latignathus*（Holmgren）	+			（十八）歧颚白蚁属 *Havilanditermes* Light			
72. 近扭白蚁 *P. nitobei*（Shiraki）	+	+	+	95. 普通歧颚白蚁 *H. communis* Li et Xiao	+		
73. 平扁近扭白蚁 *P. planiusculus* Ping et Xu	+			96. 直鼻歧颚白蚁 *H. orthonasus*（Tsai et Chen）	+		
74. 大近扭白蚁 *P. tetraphilus*（Silvestri）	+			（十九）华象白蚁属 *Sinonasutitermes* Li			
（十五）大白蚁属 *Macrotermes* Holmgren				97. 二型华白蚁 *S. dimorphus* Li	+		
75. 黄翅大白蚁 *M. barneyi*（Light）	+	+	+	98. 翘鼻华白蚁 *S. erectinasus*（Tsai et Chen）	+		
76. 车八岭大白蚁 *M. chebalingensis* Ping et Xu	+			99. 大鼻华白蚁 *S. grandinasus*（Tsai et Chen）	+		
77. 长头大白蚁 *M. longiceps* Li et Ping	+		+	100. 居中华象白蚁 *S. mediocris* Ping et Xu	+		
78. 罗坑大白蚁 *M. luokengensis* Lin et Shi	+		+	101. 扁头华象白蚁 *S. platycephalus*（Ping et Xu）	+		
79. 平头大白蚁 *M. planicapitatus* Gao et			+	102. 三型华象白蚁 *S. trimorphus* Li et Ping			
（十六）土白蚁属 *Odontotermes* Holmgren				（二十）葫白蚁属 *Cucurbitermes* Li et Ping			
80. 黑翅土白蚁 *O. formosanus*（Shiraki）	+	+	+	103. 英德葫白蚁 *C. yingdeensis* Li et Ping	+		
81. 海南土白蚁 *O. hainanensis*（Light）	+	+		（二十一）钝颚白蚁属 *Ahmaditermes* Akhtar			
82. 平行土白蚁 *O. parallelus* Li	+	+	+	104. 周氏钝颚白蚁 *A. choui* Ping et Tong			
83. 上林土白蚁 *O. shanglingensis*			+	105. 丘额钝颚白蚁 *A. sinuosus*（Tsai et Chen）	+		
84. 始兴土白蚁 *O. shixingensis* Ping et Xu	+			（二十二）近瓢白蚁属 *Peribulbitermes* Li			
85. 遵义土白蚁 *O. zunyiensis* Li et Ping	+		+	106. 鼎湖近瓢白蚁 *P. dinghuensis* Li	+		

二、白蚁的危害

（一）白蚁的经济破坏概况

在深圳，台湾乳白蚁分布广泛，可造成严重的经济损失。它主要破坏房屋建筑木构件以及室内储藏品，还有电话线、电子门锁电线等。它亦危害室外的多种园林树木，如行道树和小区内的灌木等。据《深圳晚报》2004年5月8日报道，在解放路广场北街中间路段，一棵30年树龄的凤凰木大树（高约10 m，直径80 cm）因白蚁在根部筑巢而倒下，一条小路之隔的停车场内一辆新车被砸毁。

在深圳各地，无论住宅小区内居民还是别墅度假区，无论是大型公共建筑还是旅游景点，都有台湾乳白蚁引起的破坏。学校、工厂和医院无一不涉及，就连信兴广场地王商业中心这座68层的高层建筑，都有白蚁的"高空群体"存在。被白蚁危害的单位之多，在此就不一一列举了。

台湾乳白蚁对房屋建筑造成经济损失是较难统计的，但是它对贮存物品造成经济损失的个案还是可以统计出来的。据《深圳特区报》《深圳商报》《晶报》和《香港大公报》2006年9月5日报道，白蚁蛀毁了深圳东门一家茶叶店内的陈年普洱茶，造成的经济损失达百万多元人民币。

（二）白蚁破坏植物名录

现将其中15种白蚁危害的植物分别介绍如下。

1. 铲头堆砂白蚁：荔枝 *Litchi chinensis* Sonn.、榕 *Ficus microcarpa* L. F.、龙眼 *Dimocarpus longan* Lour.。

2. 长头新白蚁：秋枫 *Bischofia javanica* Bl.。

3. 长颚新白蚁：台湾相思 *Acacia confusa* Merr.。

4. 波颚新白蚁：台湾相思 *Acacia confusa* Merr.。

5. 台湾乳白蚁：人面子 *Dracontomelon duperrea-*

num Pierre、杧果 *Mangifera indica* L、木棉 *Bombax malabaricum* DC.、幌伞枫 *Heteropanax fragrans* Seem、南洋杉 *Araucaria heterophylla* Franco、黄槐 *Cassia surattensis* Bur. F.、紫荆 *Cercis chinensis* Bunge、凤凰木 *Delonix regia* Raf.、木麻黄 *Casuarina equisetifolia* L. ex Forst、乌桕 *Sapium sebiferum*（L.）Roxb、油桐 *Vernicia fordii* Airy-Shaw、秋枫 *Bischofia javanica* Blume、银柴 *Aporusa chinensis* Merr、栲树 *Castanopsis fissa* Rehder & Wilson、栗 *Castanea mollissima* Blume、竹 *Bambusa* spp.、樟树 *Cinnamomum camphora* Presl、荷花玉兰 *Magnolia grandiflora* L.、台湾相思 *Acacia confusa* Merr.、白桂木 *Artocarpus hypargyreus* Hance ex Benth.、波罗蜜 *Artocarpus heterophyllus* Lam、对叶榕 *Ficus hispida* L. f.、榕、垂叶榕 *F. benjamina* L.、高山榕 *F. altissima* Bl.、大叶榕 *F. virens* Sit. var. *sublanceolata* Corner、番石榴 *Psidium guajava* L.、千层桉 *Melaleuca quinquenevia*（Cav.）Blake、椰子 *Cocos nucifera* L.、散尾葵 *Chrysalidocarpus lutescens* H. Wendl、王棕 *Roystonea regia* O. F. Cook、马尾松 *Pinus massoniana* Lamb、石榴 *Punica granatum* L.、枇杷 *Eriobotrya japonica* Lindl、梅 *Prunus mume* Siebold & Zucc.、柑橘属 *Citrus* spp.、垂柳 *Salix babylonica* L.、鸡蛋花 *Plumeria rubra* var. *acutifolia* Bailey、广东紫薇 *Lagerstroemia fordii* Oliv. et Koehne、龙眼、荔枝、人参果 *Manilkara zapota*（L.）van Royen、杉 *Cunninghamia lanceolata* Hook、茶 *Camellia sinensis* O. Kuntze、桂花 *Osmanthus fragrans* Lour、小叶榄仁 *Terminalia catappa* L.。

6. 圆头乳白蚁：红楠大叶榕 *Machilus thunbergii* Siebold et Zucc.。

7. 黄胸散白蚁：柏科植物 *Cypressaceae* spp.、泡桐 *Paulownia fortunei*（Seem.）Hemsl.。

8. 广州散白蚁：竹。

9. 小头散白蚁：红花木 *Loropetalum chinense*（R. Br.）Oliv.。

10. 肖若散白蚁：杉。

11. 黄翅大白蚁：南酸枣 *Choerospondias axillaris* Roxb.、凤凰木、木麻黄、樟树、荷花玉兰、杨梅 *Myrica rubra* Siebold et Zucc、大叶桉 *Eucalyptus robusta* J. E. Smith、散尾葵、桃 *Prunus persica*（L.）Batsch、荔枝、假苹婆 *Sterculia lanceolata* Cav.。

12. 黑翅土白蚁：八角枫 *Alangium chinense*（Lour.）Harms、杧果、万年青 *Dieffenbachia* sp.、鸭脚木 *Schefflera octophylla*（Lour.）Harms、凤凰木、木麻黄、杜鹃 *Rhododendron simsii* Planch.、同株土蜜树 *Bridelia monoica*（Lour.）Merr.、黄牛木 *Cratoxylum ligustrinum* Blume、樟树、波罗蜜、斜叶榕 *Ficus gibbosa* Blume、杨梅、大叶桉、细叶桉 *Eucalyptus tereticornis* J. E. Smith、浦桃 *Syzygium jambos*（L.）Alston、柑橘属、荔枝、茶、朴树 *Celtis sinensis* Pers.、榆树 *Ulmus pumila* L.。

13. 平行土白蚁：苦楝 *Melia azedarach* L.。

14. 海南土白蚁：桃。

15. 近扭白蚁：草根 grass root、柑橘属、大王椰。

原文刊登在《中华卫生杀虫药械》，2011，17（3）：234-236

87 海南省六市县白蚁危害调查

高道蓉[1]，程冬保[2]，刘绍基[3]
([1]南京市白蚁防治研究所；[2]安徽省马鞍山市白蚁防治研究所；[3]香港渔农自然护理署)

一、前言

受海南省住房和城乡建设厅的委托，作者(高道蓉)于2010年11月15日至11月28日在海南省广昆白蚁虫害防治工程有限公司、海南立春白蚁防治有限公司有关人员的陪同下，按类别调查了海南省万宁市、东方市、三亚市、文昌市、琼海市和保亭县共六市县的城市建筑物、水库堤坝、园林与森林、电缆等的白蚁危害情况。之后，作者对调查中采集到的白蚁标本进行了初步分类鉴定，现将结果报道如下。

二、白蚁危害情况

(一) 万宁市

万宁市位于海南岛东南部沿海(东经110.39°，北纬18.8°)，土地面积为1883.5 km²。在土地面积中，山地约占一半，丘陵和平原各占四分之一。万宁市属热带季风气候，气候温和、温差小、积温高。年平均气温24℃，最冷月平均气温18.7℃，最热月平均气温28.5℃，全年无霜冻；雨量充沛，年平均降雨量在2400 mm左右；日照时间长，年日照时数平均在1800 h以上。万宁市属于中国白蚁区划的热带季雨林区中的海南岛亚区。

1. 城市建筑物白蚁危害情况

在万宁市调查的建筑物有金银岛大酒店、东山岭潮音寺、万宁大酒店和青梅林保护区。调查单位的危害部位、受害级别以及白蚁危害类群情况见表1。

表1 万宁市建筑物白蚁危害情况

调查单位	危害部位	受害级别	白蚁危害类群
金银岛大酒店	木门框	一般	堆砂白蚁
东山岭潮音寺	木门框	一般	堆砂白蚁
万宁大酒店	大堂木墙群	一般	乳白蚁
青梅林保护区	简易房屋门框	一般	锯白蚁

2. 水库白蚁危害情况

经踏看，在水声水库背水坡牛粪下发现了大白蚁和土白蚁，在万宁水库背水坡牛粪下发现了土白蚁。土栖白蚁可危害水库土坝，应引起重视。

3. 园林、森林白蚁危害情况

调查了万宁市兴隆热带植物园、万宁人民公园、青梅林保护区和东山岭的树木。这些调查单位的危害树种、受害级别和白蚁危害类群见表2。

表2 万宁市园林、森林白蚁危害情况

调查单位	危害树种	受害级别	白蚁危害类群
兴隆热带植物园	蛋黄果、金星果、降香黄檀、土檀木、油棕、槟榔、椰子、牛奶果、荔枝、美洲合欢、铁力木、小叶桉、波罗蜜、催吐罗芙木、可可、罗芙木、榴梿	一般	大白蚁 乳白蚁 土白蚁
万宁人民公园	椰子、细叶榕、小叶桉	轻微	堆砂白蚁、大白蚁
东山岭	大叶桉、椰子、木麻黄	一般	土白蚁 大白蚁 锯白蚁
青梅林保护区	青梅	一般	锯白蚁

4. 电缆白蚁危害情况

调查了万宁市万宁大酒店、金银大酒店和"热带雨林"的电缆,白蚁危害见表3。

表3　万宁市电缆白蚁危害情况

单位	电缆部位	电缆性质	危害程度	有无白蚁
万宁大酒店	电缆箱	电视、照明、通讯	无	无
金银大酒店	电缆箱	电视、通讯	无	近距离有土白蚁
"热带雨林"	电缆箱	电视、通讯	无	近距离有大白蚁

(二) 东方市

东方市位于北纬18°43′~19°18′,东经108°37′~109°07′。土地总面积2266.62 km²。东部及南部为丘陵和山地,西部为平原,约占46.3%。海拔在50~100 m之间的丘陵半山区主要分布在东南部,占20%。海拔50 m以下的平原和台地主要分布在沿海地带,占33.7%。东方市地势东高西低,又由东南向西北倾斜。东方市属热带季风海洋性气候区,旱湿两季分明,降雨量偏小,日照充足,蒸发量大。年平均气温24℃~25℃。日平均日照时数最多达9.5 h,年平均降雨量1150 mm,沿海地带雨量稀少,仅900 mm左右。年平均蒸发量达2596.8 mm,年蒸发量大于年降雨量。它属于中国白蚁区划的热带季雨林区中的海南岛亚区。

1. 城市建筑物白蚁危害情况

在东方市对国电海南大广坝发电有限公司办公大楼、渠首电站发电厂房和大广坝水电站招待所等建筑物进行了白蚁调查,调查结果见表4。

表4　东方市建筑物白蚁危害情况

调查单位	危害部位	受害级别	白蚁危害类群
国电海南大广坝发电有限公司办公大楼	办公大楼内防汛仓库(排泄物,有蚁路)	一般	乳白蚁
渠首电站发电厂房	厂房墙壁(有蚁路)	一般	乳白蚁
大广坝水电站招待所	多个门框	严重	堆砂白蚁

2. 大广坝水库白蚁危害情况

经踏看大广坝水库,发现水库附坝有白蚁。该水库已经治理,但未继续跟进,该水库继续遭白蚁危害的可能性较大,应引起重视。

3. 园林、森林白蚁危害情况

在东方市对三角公园、次生林和国电大广坝办公楼绿化带进行了调查,发现白蚁危害的树木及危害种类见表5。

表5　东方市园林、森林白蚁危害情况

调查单位	危害树种	受害级别	白蚁危害类群
三角公园	椰子、海枣、木麻黄	轻微	土白蚁
次生林	小叶桉、细叶榕、波罗蜜	轻微	土白蚁
国电大广坝办公楼绿化带	杧果、椰子、大叶榕	轻微	土白蚁

4. 电缆白蚁危害情况

调查了东方市东方罗带变电站、国电发电厂坝顶电缆、渠首发电厂和东方罗带变电站建筑物的电缆,白蚁危害情况见表6。

表6　东方市电缆白蚁危害情况

单位	电缆部位	电缆性质	危害程度	有无白蚁
东方罗带变电站		高压电缆 220 kV	无	无
国电发电厂坝顶电缆		高压电缆	无	无
渠首发电厂		高压电缆	无	附近有乳白蚁
东方罗带变电站建筑物	漏电开关	照明		有乳白蚁巢

(三) 三亚市

三亚市位于北纬18°09′34″~18°37′27″,东经108°56′30″~109°48′28″。全市面积1919.58 km²。全境北靠高山,南临大海,地势自北向南逐渐倾斜,形成一个狭长状的多角形。境内海岸线长209.1 km,有大小港湾19个,大小岛屿40个。地处亚热带地区。市区三面环山,北有抱坡岭,东有大会岭、虎豹岭和海拔394 m的高岭(狗岭),南有南边岭,形成环抱之势,山岭绵延起伏、层次分明;同时,山脉的延伸将市区分成若干青山围成的空间。三亚有东、西两条河穿过市区,两条河交叉南汇于南边海,北汇于中岛端,自然岸线曲折多变,上游水网纵横交错。三亚是热带雨林原生地,全市现有林地12.1万公顷,封山育林区6.2万公顷,森林覆盖率达64%。城市绿化覆盖率为44.4%。三亚市属热带海洋性季风气候。终年气温偏高,冬夏变化不大,四季温暖,年平均气温25.4℃,冬季平均气温20℃,常年平均水温25℃。年降雨量为1100~1625 mm,降雨量集中于5月至11月,占全年降雨量的85%~95%。它属于中国白蚁区划的热带季雨林区中的海南岛亚区。

1. 城市建筑物白蚁危害情况

调查了三亚市三亚图书馆、楼兰酒店和上岛咖啡店。有关白蚁危害情况见表7。

表7 三亚市建筑物白蚁危害情况

调查单位	危害部位	受害级别	危害白蚁种类
三亚图书馆	一楼外借室门框脚、厕所;地下室壁柜内发现蚁巢	严重	乳白蚁
楼兰酒店	住房部门框	一般	堆砂白蚁
上岛咖啡店	天花板	旧痕迹	

2. 福万水源池水库白蚁危害情况

经踏看福万水源池水库,在水库背水坡未发现泥被泥线,但附近林地广布泥被泥线,应引起重视。

3. 园林、森林白蚁危害

调查了三亚市橡胶林、槟榔林和三亚图书馆内缘绿化带,发现被害的树木和危害种类见表8。

表8 三亚市园林、森林白蚁危害情况

调查单位	危害树种	受害级别	白蚁危害类群
橡胶林	橡胶	一般	土白蚁、锯白蚁
槟榔林	槟榔	轻微	土白蚁
三亚图书馆内缘绿化带	凤凰木、大叶榕、椰子	轻微	乳白蚁

4. 电缆白蚁危害情况

调查了三亚市教育路路边的几种电缆,发现的有关情况见表9。

表9 三亚市电缆白蚁危害情况

单位	电缆部位	电缆性质	危害程度	有无白蚁
教育路路边	高压电箱	高压电缆	无	无
教育路路边	有线电视箱	电视电缆	无	无
教育路路边	中国电信电话线箱	通讯电缆	无	无

(四) 文昌市

文昌市位于海南省东北部,地处东经110°28′~111°03′,北纬19°20′~20°10′,属于低丘台地平原地带。平均海拔高度42.55 m,地势由西南内陆向东北沿海倾斜。东北部地势平坦,属于平原阶地,海拔在50 m以下,唯有铺前镇七星岭(海拔117 m)、翁田镇抱虎岭(207 m)和龙楼镇铜鼓岭(388 m)三座孤丘分布在东北沿海。西南部地势起伏不平,属于低丘台地,海拔在50~150 m之间,超过150 m的很少。文昌市属热带北缘沿海地带,具有热带和亚热带气候特点,属热带季风岛屿型气候。光、水、湿、热条件优越,全年无霜冻,四季分明。年平均温度23.9℃,多年在23.4℃~24.4℃之间,最低极温0.3℃~6.6℃,出现在1月份。年平均>10℃积温为8474.3℃,年平均日照时间为1953.8 h。夏日日照时间最长为13.19 h,冬日为10.57 h。年太阳辐射总能量为108.8~115.0 kcal/cm^2。雨量丰富,但时空分布不均,干、湿季明显,春旱突出,常年降雨量1721.6 mm,平均1529.8~1948.6 mm。文昌市属于中国白蚁区划的热带季雨林区中的海南岛亚区。

1. 城市建筑物白蚁危害情况

先后调查了文昌市古建筑孔庙贤哲阁、铁鑫建材商城、市政府大楼、文昌印刷厂、市财政局大楼、清澜高龙湾度假村、宏图高科海南电缆厂办公室和宋氏祖居等城市建筑物的白蚁危害情况。调查单位的危害部位、受害级别及白蚁危害类群见表10。

表 10 文昌市建筑物白蚁危害情况

调查单位	危害部位	受害级别	白蚁危害类群
孔庙贤哲阁	础上木柱、木雕花、梁	十分严重	堆砂白蚁 乳白蚁
铁鑫建材商城	瓷砖外包装、地台板、木门框	一般	堆砂白蚁 乳白蚁
市政府大楼	审计局电脑房门框、配电房门框	严重(需更换)	乳白蚁
文昌印刷厂(旧厂)	木门、木门框、窗框、木垫板、木扶梯	严重	堆砂白蚁 乳白蚁
市财政局大楼	地下室门框	一般	乳白蚁
清澜高龙湾度假村	8513、6805 B 座门框	严重	乳白蚁
宋氏祖居	门框脚	有旧痕	—
宏图高科海南电缆厂办公室	木柜内	巢	乳白蚁

2. 宝芳水库白蚁危害情况

经踏看宝芳水库,在库坝脚分别采到大白蚁和土白蚁,在迎水坡倒木中采到大白蚁。该水库有白蚁存在,其中土栖白蚁可危害水库土坝,应引起重视。

3. 园林、森林白蚁危害情况

调查了文昌市宋氏祖居园林、清澜高龙湾度假村绿化带和路边椰子林的树木。白蚁危害的树木和危害白蚁种类见表 11。

表 11 文昌市园林、森林白蚁危害情况

调查单位	危害树种	受害级别	白蚁危害类群
宋氏祖居	胭脂、椰子	轻微	土白蚁
清澜高龙湾度假村	椰子、小叶榕	轻微	乳白蚁、土白蚁
路边	椰子	轻微	大白蚁

4. 电缆白蚁危害情况

调查了文昌市市财政局、市政府配电房和铁鑫建材商城瓷砖仓库的电缆,有关白蚁危害情况见表 12。

表 12 文昌市电缆白蚁危害情况

单位	电缆部位	电缆性质	危害程度	有无白蚁
市政府	配电房	照明、通讯	无	附近有土白蚁
市财政局	电梯井	照明、通读	无	有白蚁旧患(蚁路)
铁鑫建材商城	地下	照明	无	未发现

(五) 琼海市

琼海市位于东经 110°27′,北纬 19°14。地处海南岛东部,万泉河下游。属于热带季风及海洋湿润气候区,年平均气温为 24℃,年平均降雨量 2072 mm,年平均日照时间为 2155 h,年平均辐射量为每平方 118.99 kcal,终年无霜雪。琼海市属于中国白蚁区划的热带季雨林区中的海南岛亚区。

1. 城市建筑物白蚁危害情况

在琼海市对银海度假村、琼海添城大酒店、博鳌禅寺万佛塔、博鳌禅寺厕所等建筑物进行了白蚁调查,调查结果见表 13。

表 13 琼海市建筑物白蚁危害情况

调查单位	危害部位	受害级别	白蚁危害类群
银海度假村	82 号别墅门框	一般	乳白蚁
琼海添城大酒店		一般	堆砂白蚁、乳白蚁
博鳌禅寺万佛塔	地板、墙群	十分严重	乳白蚁
博鳌禅寺厕所	门框	严重	乳白蚁

2. 合水水库白蚁危害情况

经踏看合水水库,发现背水坡上泥被较多,坝头上有台湾乳白蚁、黑翅土白蚁和黄翅大白蚁。该水库有土栖白蚁危害土坝的现象存在,应引起重视。

3. 园林、森林白蚁危害情况

在琼海市对城市广场、银海度假村、红色娘子军纪念园、博鳌禅寺园林、合水水库附近的橡胶林进行了调查。现将白蚁危害的树木及危害种类列为表14。

表14 琼海市园林、森林白蚁危害情况

调查单位	危害树种	受害级别	白蚁危害类群
银海度假村	大王椰、木棉、小叶榕	轻微	土白蚁
城市广场	葵、盆架子、木棉花	一般	土白蚁、大白蚁
红色娘子军纪念园	槐、大叶紫薇、波罗蜜、桉、凤凰木、椰	一般	土白蚁
橡胶林(接近合水水库)	橡胶	致死率8% 危害率25%	大白蚁
博鳌禅寺	菩提树	严重	堆砂白蚁、乳白蚁

4. 电缆白蚁危害情况

调查了琼海市银海度假村、合水水库和添城大酒店的电缆,有关白蚁危害情况见表15。

表15 琼海市电缆白蚁危害情况

单位	电缆部位	电缆性质	危害程度	有无白蚁
银海度假村		照明、电视	无	无
合水水库		高压	无	无
添城大酒店	变电箱	照明	无	无

(六)保亭县

保亭县位于北纬18°23′~18°53′,东经109°21′~109°48′。地处五指山脉南延部分,东北隅和西北隅高山连绵,地貌类型比较复杂,有中山、低山、高丘、低丘、盆地和河谷阶地等。整个地势从西北向东南倾斜构成保亭县特有山地、丘陵河谷阶地和盆地复杂地形。保亭县森林覆盖率达81.5%,居海南省第二。境内森林多为热带雨林,有林面积为141.5万亩(9.43万公顷)。保亭县属于热带季风气候区。具有热量丰富、雨量丰沛、蒸发量大、季风变化明显的特点。境内雨量丰沛,但降雨较集中,雨旱季明显。保亭县属于中国白蚁区划的热带季雨林区中的海南岛亚区。

1. 城市建筑物白蚁危害情况

调查了保亭县海垦新星农场办公楼、和平宾馆、七仙岭水库堤坝旁小屋和槟榔谷内简易屋,发现有关白蚁危害情况见表16。

表16 保亭县建筑物白蚁危害情况

调查单位	危害部位	受害级别	白蚁危害类群
海垦新星农场办公楼	门框	一般	乳白蚁
和平宾馆	踢脚线	严重	堆砂白蚁
七仙岭水库堤坝旁小屋	门框、窗框	严重	乳白蚁
槟榔谷内简易屋	门框脚	一般	大白蚁

2. 七仙岭水库白蚁危害情况

经踏看七仙岭水库,水库迎水坡上有不少泥被,该水库有潜在危险,应引起重视。

3. 园林、森林白蚁危害情况

调查了保亭县槟榔谷、七仙岭国家森林公园和七仙岭水库附近的橡胶林,发现的被害树木和危害种类见表17。

表 17 保亭县园林、森林白蚁危害情况

调查单位	危害树种	受害级别	白蚁危害类群
槟榔谷		一般	大白蚁
七仙岭国家森林公园		一般	土白蚁
橡胶林	橡胶	一般	锯白蚁、土白蚁

4. 电缆白蚁危害情况

调查了保亭县保城镇文明中路变电所、槟榔谷中的照明电缆、和平宾馆的电缆，发现的有关白蚁危害情况见表18。

表 18 保亭县电缆白蚁危害情况

单位	电缆部位	电缆性质	危害程度	有无白蚁
槟榔谷	电缆沟内	照明	无	无
保城镇文明中路	变电箱	照明	无	无
和平宾馆	变电箱	照明、电视	无	无

三、建议与讨论

本项调查研究中所调查的万宁市、东方市、三亚市、文昌市、琼海市和保亭县都有白蚁危害，有的城市甚至危害十分严重。海南省在我国属于白蚁危害最严重的省份，海南省各市、县都应按照建设部部令《城市房屋白蚁防治管理规定》全面开展白蚁预防工作。

对受白蚁危害严重甚至需要重新装修的建筑物，一定要进行彻底的灭治措施治理后方能重新装修，否则白蚁很快又会破坏木构件。重新装修建筑物中的木构件必须使用专用的防白蚁（防虫）涂料处理，最好用浸泡处理法。如果采用喷涂法，至少要喷涂两次以上，即等第一次喷涂干了后，再喷涂第二次。木构件如在装配过程中有切削，切削部分要重新喷涂。

堆砂白蚁属白蚁在海南的危害之严重为全国之冠。它不仅会危害海南的建筑物木结构，而且存在于海南的树木中。目前，堆砂白蚁的治理仍属世界难题，希望海南省加强研究，研制出一套符合海南省省情特点的治理方法。

海南省的经济林特别是橡胶林受白蚁危害较为严重，须加强治理；海南省的行道树、园林、森林受白蚁危害一般，如书本上记载铁力木是绝对不受白蚁危害的木材，但它的树干上仍有土白蚁属的泥线、泥被存在，这值得引起注意。

所踏查的六市（县）水库上均存在破坏水库土坝的土白蚁和大白蚁，它们均可在土坝内营巢，在背水坡取食，在迎水坡取水。它们在土坝内活动时，据报道一个成年土白蚁巢群可掏空土坝中 $1 \sim 2\ m^3$ 的土壤。一旦汛期水位升高，可由迎水坡进水从背水坡出水，经长期冲刷，如防护措施跟不上，可能酿成大祸。有的水库虽经治理，但远未达到无白蚁堤坝的水平，隐患仍然存在，建议水利部门加强水库堤坝白蚁的治理。此次所踏查的危害土坝的土白蚁属白蚁，以海南土白蚁为主。

此次所调查的电缆，虽说大多数未发现白蚁对电缆直接造成危害的事例，但是由于乳白蚁活动半径达100 m，土白蚁活动半径达50 m，所以海南的电缆实际处于各种白蚁的活动范围之中，即处于白蚁蛀蚀的有效范围之内。建议对所用电缆进行防白蚁处理（即防蚁电缆）或对埋设电缆的路由加强防白蚁处理。

建议海南省住房和城乡建设厅进一步加强对全省白蚁防治及研究的领导和指导。

（致谢：海南省广昆白蚁虫害防制工程有限公司、海南立春白蚁防治有限公司提供资助；在文昌市调查时得到文昌市白蚁防治服务中心朱兴柳经理的帮助；调查工作还得到了中国物业管理协会白蚁防治专委会秘书长陈丹琦先生和南京市白蚁防治研究所副所长陈道友先生的鼓励，特此一并感谢。）

［由于此文涉及白蚁防治工程业务（商业利益），原计划推迟发表，后因高道蓉老师突然辞世，导致本文未正式发表。］

88. Notes on the termites (Isoptera) of Hong Kong including description of a new species and a checklist of Chinese species

Gao Daorong[1], Paul K. S. Lam[2]
([1]Nanjing Institute of Termite Control; [2]Department of Zoology, University of Hong Kong)

Introduction

Information on termites in Hong Kong is limited and literature is generally scarce (Oshima, 1914; Light, 1924 and 1929). Harris (1963) reviewed 7 species of termites from Hong Kong. Hill, Hore and Thornton (1982) reported the occurrence of two other species of the family Rhinotermitidae, *Reticulitermes affinis* and *R. labralis*. Examination of termites collected by P. K. S. Lam. in 1983–1984 revealed one new species and five new record species. This paper summarizes scattered information from various sources and provides a key to termite species in Hong Kong, emphasizing those not found in Harris's paper, but excluding a new record described elsewhere in this Memoir. A checklist of termites in China is also included.

Checklist of termites in Hong Kong

Ⅰ. Family Kalotermitidae

(Ⅰ) Genus *Cryptotermes*

1. *Cryptotermes brevis* (Walker)

Not recorded in the present survey.

(Ⅱ) Genus *Neotermes*

2. *Neotermes* sp.

New record.

Collection site: Belcher's Hill, Hong Kong Island.

Date: May 31, 1983.

Ⅱ. Family Rhinotermitidae

(Ⅲ) Genus *Coptotermes*

3. *Coptotermes formosanus* Shiraki*

Not recorded in the present survey.

4. *Coptotermes communis* Xia *et* He

New record.

Collection sites: Tai Po Kau, The New Territories; Belcher's Hill, Hong Kong Island.

Dates: June 2, 1983; October 10, 1983.

(Ⅳ) Genus *Reticulitermes*

5. *Reticulitermes fukienensis* Light*

Not recorded in the present survey.

6. *Reticulitermes affinis* Hsia *et* Fan**

Not recorded in the present survey.

7. *Reticulitermes labralis* Hsia *et* Fan**

Not recorded in the present survey.

8. *Reticulitermes yaeyamanus* Morimoto

New record.

Collection site: Belcher's Hill, Hong Kong Island.

Date: October 30, 1983.

Ⅲ. Family Termitidae

(Ⅴ) Genus *Procapritermes*

9. *Procapritermes sowerbyi* (Light)*

Not recorded in the present survey.

10. *Procapritermes* sp.

New record.

Collection site: Belcher's Hill, Hong Kong Island.

Date: May 31, 1983.

(Ⅵ) Genus *Pericapritermes*

11. *Pericapritermes nitobei* (Shiraki)

New record.

Collection site: Belcher's Hill, Hong Kong Island.

Date: May 31, 1983.

12. *Pericapritermes fuscotibialis* (Light)*

Not recorded in the present survey.

(Ⅶ) Genus *Odontotermes*

13. *Odontotermes formosanus* (Shiraki) *

Collection sites: Tai Po Kau, The New Territories; Belcher's Hill, Hong Kong Island.

Dates: June 2, 1983; October 10, 1983.

14. *Odontotermes* sp.

New record.

Collection site: Belcher's Hill, Hong Kong Island.

Dates: March 16, 1983 (winged forms); May 31, 1983 (soldiers and workers)

(Ⅷ) Genus *Macrotermes*

15. *Macrotermes barneyi* Light *

Collection site: Belcher's Hill, Hong Kong Island.

Dates: February 6, 1983; June 5, 1983; October 10, 1983.

(Ⅸ) Genus *Nasutitermes*

16. *Nasutitermes dudgeoni* sp. nov.

Collection site: Ma On Shan, The New Territories.

Date: April 20, 1983.

* Harris (1963)

** Hill, Hore and Thornton (1982)

+ Present address: Department of Zoology, The University of Sheffield, Sheffield S10 2TN.

Description of new species

Nasutitermes dudgeoni sp. nov. (Fig. 1)

Soldier: Head is yellowish brown, pear-shaped, wider at the posterior. Posterior margin of the head is round but almost flat near the centre. Rostrum is tube-like, yellowish brown with sparse bristles at the tip. Rostrum slightly raised, forming an obtuse angle with the dorsal surface of the head. Antenna with 13 segments, the second longer than the third, the third longer than the fourth, the second similar to the fifth. Mandibles with apical spine. Saddle-shaped pronotum small, clearly narrower than the head width, anterior portion vertically raised, lateral sides narrow and curved, posterior margin round, anterior and posterior margins depressed in the middle. Femora long, hind legs reaching almost to the tip of abdomen.

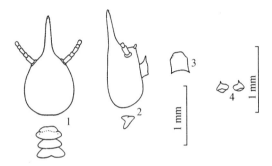

Fig. 1 *Nasutitermes dudgeoni* sp. nov.
1. Head and pronotum, dorsal view; 2. Head and pronotum, lateral view; 3. Postmentum; 4. Mandibles.

The soldier of *Nasutitermes dudgeoni* may be distinguished from *N. parvonasutus* (Shiraki) by its smaller head size, wider pear-shaped head and head length with rostrum (up to 1.32 mm) very much shorter than that of *N. parvonasutus* (up to 1.50 mm).

Holotype: Soldier, paratypes: Soldiers and workers. Type specimens are deposited in Nanjing Institute of Termite Control, People's Republic of China.

Dimensions of 2 soldiers (Unit: mm)

Head length including rostrum	1.32	1.31
Head length excluding rostrum	0.87	0.85
Head width	0.77	0.75
Held height excluding postmentum	0.61	0.55
Pronotum length	0.22	0.20
Pronotum width	0.45	0.45
Length of hind tibia	0.88	0.87

A Key to the 16 species of termites in Hong Kong

(Unless otherwise indicated, the key refers to soldiers)

1a. Head without fontanelle (a median dorsal pore); pronotum usually as wide as head (Kalotermitidae) ·················· 2
1b. Head with fontanelle; pronotum narrower than head ·· 3
2a. Head slightly quadrate; mandibles without or with weak marginal teeth (*Cryptotermes*) ················ *C. brevis* (Walker)
2b. Head slightly rectangular; mandibles with prominent marginal teeth, nearly half as long as length of head; third antennal segment not longer than others and not darker than fourth; hind femora not distinctly broad (*Neotermes*) ······ *Neotermes* sp. (Fig. 2)
3a. Pronotum flat and slightly kidney shaped (Rhinotermitidae) ·· 4
3b. Pronotum saddle-shaped (Termitidae) ··· 9
4a. Head slightly rectangular, parallel sided (*Reticulitermes*) ·· 5

4b. Head short, narrowed anteriorly (*Coptotermes*) ·· 8
5a. Frontal area not, or only slightly, raised (*Planifrontotermes*) ··············· *R. (P.) labralis* Hsia et Fan (Fig. 3)
5b. Frontal area distinctly raised (*Frontotermes*) ··· 6
6a. Head large and longer, length of head with mandible more than 3.07 mm, nearly 2.5 times as long as wide; posterior area of postmentum narrower ·· *R. (F.) affinis* Hsia et Fan (Fig. 4)
6b. Head small, length of head less than 2 mm ·· 7
7a. Head parallel sided, labrum mostly with paraterminal hairs, mandible slightly incurved ·· *R. (F) fukienensis* Light (Fig. 5)
7b. Head not parallel sided, wider in median part; labrum generally without paraterminal hair, mandible less incurved ········· ··· *R. (F) yaeyamanus* Morimoto (Fig. 6)
8a. Body larger, mandible slightly incurved, curved apexes longer; length of hind tibia more than 1.075 mm; postmentum broader; widest part of postmentum more than 0.4 mm ··· *C. communis* Xia et He (Fig. 7)
8b. Body smaller, mandible less incurved, slightly curved apically; length of hind tibia less than 1.075 mm; postmentum narrower; widest part of postmentum less than 0.413 mm ··· *C. formosanus* Shiraki
9a. Winged form: labrum slightly longer than wide and with sclerotized transverse band in the middle; Soldier: mandible slender and long, with or without marginal teeth (Macrotermitinae) ·· 10
9b. Winged form: labrum as long as or shorter than wide and without sclerotized transverse band in the middle; Soldier: mandibles degenerate or nonfunctional ··· 12
10a. Labrum with hyaline tip; mesonotum and metanotum greatly expanded laterally; soldiers di-ortrimorphic (*Macrotermes*) ··· ·· *M. barneyi* Light (Fig. 8)
10b. Labrum without hyaline tip; mesonotum and metanotum not greatly expanded laterally; soldiers monomorphie; left mandible with a marginal tooth (*Odontotermes*) ·· 11
11a. Body larger; length of head without mandibles more than 1.75 mm, widest part of head more than 1.37 mm ··············· ··· *Odontotermes* sp. (Fig. 9)
11b. Body smaller; length of head without mandibles less than 1.50 mm, widest part of head less than 1.30 mm ················ ··· *O. formosanus* (Shiraki)
12a. Fore leg without spurs; mandibles degenerate, non-functional; head produced into a nasus (Nasutitermitinae *Nasutitermes*) ·· *N. dudgeoni* sp. nov.
12b. Fore leg with three spurs; mandibles well developed, asymmetrical, non-functional; head with or without frontal projection (Termitinae) ·· 13
13a. Labrum anterolateral corners produced into short processes; head without frontal projection, tip of left mandible not strongly bent (*Pericapritermes*) ··· 14
13b. Anterior margin of labrum deeply concave, with its lateral corners produced into long, needle-like projections; antennae with 14 segments (*Procapritermes*) ··· 15
14a. Winged form: ocellus narrow and long, more than twice as long as wide ··············· *Pericapritermes fuscotibialis* (Light)
14b. Winged form: ocellus oval, less than twice as long as wide ·················· *Pericapritermes nitobei* (Shiraki) (Fig. 10)
15a. Winged form: fontanelle plate not raised ··· *Procapritermes* sp.
15b. Winged form: fontanelle plate very prominent, raised, nearly circular and large ··· ·· *Procapritermes sowerbyi* (Light) (Fig. 11)
(The *Microcapritermes* species recorded elsewhere in this *Memoir* is not included in this Key).

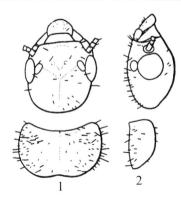

Fig. 2 *Neotermes* sp.
Imago: 1. Head and pronotum, dorsal view; 2. Head and pronotum, lateral view.

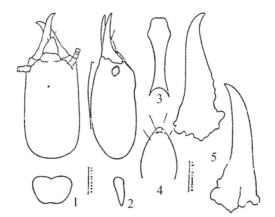

Fig. 3 *Reticulitermes labralis* **Hsia *et* Fan** (after Hsia *et* Fan, 1965)
Soldier: 1. Head and pronotum, dorsal view; 2. Head and pronotum, lateral view; 3. Postmentum; 4. Labrum; 5. Mandibles.

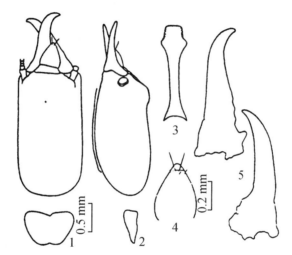

Fig. 4 *Reticulitermes affinis* **Hsia *et* Fan** (after Hsia *et* Fan, 1965)
Soldier: 1. Head and pronotum, dorsal view; 2. Head and pronotum, lateral view; 3. Postmentum; 4. Labrum; 5. Mandibles.

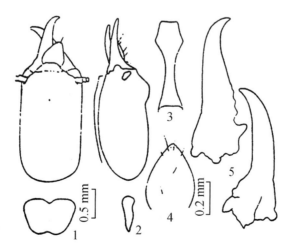

Fig. 5 *Reticulitermes fukienensis* **Light** (after Hsia *et* Fan, 1965)
Soldier: 1. Head and pronotum, dorsal view; 2. Head and pronotum, lateral view; 3. Postmentum; 4. Labrum; 5. Mandibles.

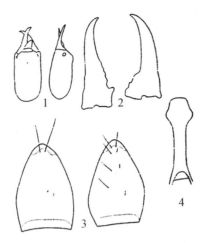

Fig. 6 *Reticulitermes yaeyamanus* Morimoto (after Morimoto, 1968)
1. Head, dorsal and lateral views; 2. Mandibles; 3. Labrum; 4. Postmentum.

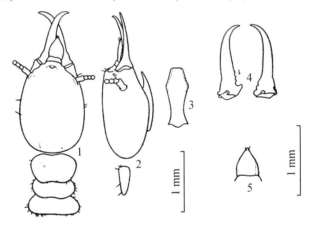

Fig. 7 *Coptotermes communis* Xia *et* He
1. Head and pronotum, dorsal view; 2. Head and pronotum, lateral view; 3. Postmentum; 4. Mandibles; 5. Labrum.

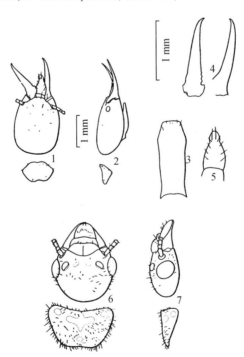

Fig. 8 *Macrotermes barneyi* Light
Minor Soldier: 1. Head and pronotum, dorsal view; 2. Head and pronotum, lateral view; 3. Postmentum; 4. Mandibles; 5. Labrum.
Imago: 6. Head and pronotum, dorsal view; 7. Head and pronotum, lateral view.

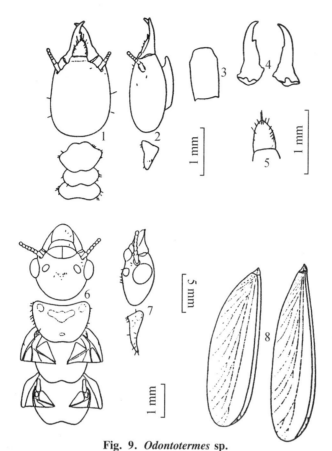

Fig. 9. *Odontotermes* sp.
Soldier: 1. Head and pronotum, dorsal view; 2. Head and pronotum, lateral view; 3. Postmentum; 4. Mandibles; 5. Labrum.
Queen: 6. Head and pronotum, dorsal view; 7. Head and pronotum, lateral view; 8. Wings.

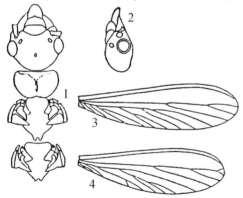

Fig. 10 *Pericapritermes nitobei* (Shiraki) (after Tsai *et* Chen, 1964)

Queen: 1. Head and pronotum, dorsal view; 2. Head, lateral view; 3. Fore wing; 4. Hind wing.

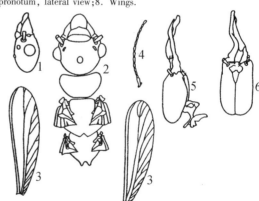

Fig. 11 *Procapritermes sowerbyi* (Light) (after Tsai *et* Chen, 1964)

Queen: 1. Head, lateral view; 2. Head and pronotum, dorsal view; 3. Wings. Soldier: 4. Antenna; 5. Head, lateral view; 6. Head, dorsal view.

Acknowledgements

We would like to thank Professor Xia Kailing and Mr. He Xiusong of Shanghai Institute of Entomology, Academia Sinica, China, for their advice throughout this study, and Miss Xu Rendi for help in the preparation of the figures. We are also grateful to Dr. David Dudgeon (Zoology Department, the University of Hong Kong) for his continual support, and the new species described in this paper has been named after him.

References

[1] Gao D, Zhu B. Catalogue of termites (Isoptera) of China (in Chinese) [J]. Termite Scientific and Technical Report, 1984, 1(4): 5-13.

[2] Gao D, Zhu B. Catalogue of termites (Isoptera) of China (supplement) (in Chinese) [J]. Termite Scientific and

Teachnical Report,1984,1(6):9.

[3] Hatris WV. The termites of Hong Kong[J]. Memoirs of the Hong Kong Natural History Society,1963,6:1-9.

[4] Hill DS, Hore PS, Thornton I W B. Insects of Hong Kong [M]. Hong Kong: Hong Kong University Press,1982,41: 133-139.

[5] Light SF. The termites (white ants) of China, with descriptions of six new species[J]. Chinese Journal of Science and Atrs,1924, 2:50-60,140-142,242-254,354-358.

[6] Light SF. Present status of our knowledge of the termites of China[J]. Lingnan Journal of Science,1929,7:581-600.

[7] Oshinla M. Notes on a collection of termites from the East Indian Archipelago[J]. Annot Zool, 1914, 8:553-585.

Appendix: Checklist of termites in China (Gao *et* Zhu, 1984a, b)

Ⅰ. Family Kalotermitidae

(Ⅰ) Genus *Kalotermes*

1. *Kalotermes inamurae* (Oshima, 1912)

(Ⅱ) Genus *Incisitermes*

2. *Incisitermes laterangularis* (Han, 1982-1983)

3. *Incisitermes minor* (Hagen, 1858)

(Ⅲ) Genus *Neotermes*

4. *Neotermes koshunensis* (Shiraki, 1909)

5. *Neotermes sinensis* (Light, 1924)

(Ⅳ) Genus *Cryptotermes*

6. *Cryptotermes domesticus* (Haviland, 1898)

7. *Cryptotermes havilandi* (Sjöstedt, 1897)

8. *Cryptotermes dudleyi* (Banks, 1918)

9. *Cryptotermes brevis* (Walker, 1853)

10. *Cryptotermes declivis* (Tsai *et* Chen, 1963)

11. *Cryptotermes angustinotus* (Gao *et* Peng, 1982-1983)

12. *Cryptotermes luodianis* (Xia *et* Gao, 1983)

13. *Cryptotermes pingyangensis* (He *et* Xia, 1982-1983)

(Ⅴ) Genus *Lobitermes*

14. *Lobitermes nigrifrons* (Tsai *et* Chen, 1963)

15. *Lobitermes emei* (Gao *et* Zhu, 1981)

(Ⅵ) Genus *Glyptotermes*

16. *Glyptotermes satsumensis* (Matsumura, 1904)

17. *Glyptotermes fuscus* (Oshima, 1912)

18. *Glyptotermes chinpingensis* (Tsai *et* Chen, 1963)

19. *Glyptotermes longnanensis* (Gao *et* Zhu, 1980)

20. *Glyptotermes euryceps* (Gao, Zhu *et* Gong, 1981)

21. *Glyptotermes hesperus* (Gao, Zhu *et* Han, 1981)

22. *Glyptotermes latignathus* (Gao *et* Zhu, 1982)

23. *Glyptotermes liangshanensis* (Gao *et* Zhu, 1982)

24. *Glyptotermes latithorax* (Fan *et* Xia, 1980)

25. *Glyptotermes curticeps* (Fan *et* Xia, 1980)

26. *Glyptotermes parvus* (Fan *et* Xia, 1980)

Ⅱ. Family Hodotermitidae

(Ⅶ) Genus *Hodotermopsis*

27. *Hodotermopsis sjöstedti* (Holmgren, 1911)
28. *Hodotermopsis japonicus* (Holmgren, 1912)

III. Family Rhinotermitidae

(VIII) Genus *Parrhinotermes*
29. *Parrhinotermes khasii* (Roonwal et Sen-Sarma, 1956)
30. *Parrhinotermes khasii ruiliensis* (Tsai et Huang, 1982)

(IX) Genus *Prorhinotermes*
31. *Prorhinotermes xishaensis* (Li et Tsai, 1976)
32. *Prorhinotermes japonicus* (Holmgren, 1912)

(X) Genus *Schedorhinotermes*
33. *Schedorhinotermes magnus* (Tsai et Chen, 1963)
34. *Schedorhinotermes tarakanensis* (Oshima, 1914)
35. *Schedorhinotermes pyricephalus* (Xia et He, 1980)
36. *Schedorhinotermes insolitus* (Xia et He, 1980)
37. *Schedorhinotermes fortignathus* (Xia et He, 1980)
38. *Schedorhinotermes ganlanbaensis* (Xia et He, 1980)

(XI) Genus *Coptotermes*
39. *Coptotermes curvignathus* (Holmgren, 1913)
40. *Coptotermes formosanus* (Shiraki, 1909)
41. *Coptotermes emersoni* (Ahmad, 1953)
42. *Coptotermes ceylonicus* (Holmgren, 1911)

(XII) Genus *Stylotermes*
43. *Stylotermes minutus* (Yu et Ping, 1964)
44. *Stylotermes latipedunculus* (Yu et Ping, 1964)
45. *Stylotermes inclinatus* (Yu et Ping, 1964)
46. *Stylotermes latilabrum* (Tsai et Chen, 1963)
47. *Stylotermes valvules* (Tsai et Ping, 1978)
48. *Stylotermes alpinus* (Ping, 1983)
49. *Stylotermes lianpingensis* (Ping, 1983)
50. *Stylotermes setosus* (Li et Ping, 1978)
51. *Stylotermes sinensis* (Yu et Ping, 1964)
52. *Stylotermes mecocephalus* (Ping et Li, 1978)
53. *Stylotermes undulatus* (Ping et Li, 1978)
54. *Stylotermes changtingensis* (Fan et Xia, 1981)
55. *Stylotermes wuyinicus* (Li et Ping, 1981)
56. *Stylotermes choui* (Ping et Xu, 1981)
57. *Stylotermes chongqingensis* (Chen et Ping, 1983)
58. *Stylotermes jinyunicus* (Ping et Chen, 1981)
59. *Stylotermes acrofrons* (Ping et Liu, 1981)
60. *Stylotermes robustus* (Ping et Li, 1981)
61. *Stylotermes laticrus* (Ping et Xu, 1981)
62. *Stylotermes labralis* (Ping et Liu, 1981)
63. *Stylotermes hanyuanicus* (Ping et Liu, 1981)
64. *Stylotermes triplanus* (Ping et Liu, 1981)

65. *Stylotermes chengduensis*（Gao et Zhu, 1980）

66. *Stylotermes longignathus*（Gao, Zhu et Han, 1981）

67. *Stylotermes crinis*（Gao, Zhu et Gong, 1981）

68. *Stylotermes angustignathus*（Gao, Zhu et Gong, 1982）

69. *Stylotermes fontanellus*（Gao, Zhu et Han, 1982）

70. *Stylotermes tsaii*（Gao et Zhu, 1982）

(XIII) Genus *Reticulitermes*

71. *Reticulitermes grandis*（Hsia et Fan, 1965）

72. *Reticulitermes affinis*（Hsia et Fan, 1965）

73. *Reticulitermes yizhangensis*（Huang et Tong, 1980）

74. *Reticulitermes assamensis*（Gardner, 1944）

75. *Reticulitermes longicephalus*（Tsai et Chen, 1963）

76. *Reticulitermes speratus*（Kobe, 1885）

77. *Reticulitermes flaviceps*（Oshima, 1908）

78. *Reticulitermes fukienensis*（Light, 1924）

79. *Reticulitermes parvus*（Li, 1979）

80. *Reticulitermes chayuensis*（Tsai et Huang, 1975）

81. *Reticulitermes curvatus*（Hsia et Fan, 1965）

82. *Reticulitermes chinensis*（Snyder, 1923）

83. *Reticulitermes labralis*（Hsia et Fan, 1965）

84. *Reticulitermes emei*（Gao et Zhu, 1981）

85. *Reticulitermes altus*（Gao et Zhu, 1982）

86. *Reticulitermes gulinensis*（Gao et Ma, 1982）

87. *Reticulitermes pseudaculabialis*（Gao et Shi, 1982）

88. *Reticulitermes dantuensis*（Gao et Zhu, 1982）

89. *Reticulitermes conus*（Xia et Fan, 1981）

90. *Reticulitermes ovatilabrum*（Xia et Fan, 1981）

91. *Reticulitermes rectis*（Xia et Fan, 1981）

92. *Reticulitermes tricolorus*（Ping et Li, 1982）

93. *Reticulitermes pingjiangensis*（Tsai et Peng, 1983）

94. *Reticulitermes wugangensis*（Huang et Yin, 1983）

95. *Reticulitermes hypsofrons*（Ping et Li, 1981）

96. *Reticulitermes leptogulus*（Ping et Xu, 1981）

97. *Reticulitermes planifrons*（Li et Ping, 1981）

98. *Reticulitermes testudineus*（Li et Ping, 1981）

99. *Reticulitermes brachygnathus*（Li, Ping et Ji, 1982）

100. *Reticulitermes luofunicus*（Zhu, Ma et Li, 1982）

101. *Reticulitermes huapingensis*（Li, 1980）

102. *Reticulitermes dinghuensis*（Ping, Zhu et Li, 1980）

103. *Reticulitermes citrinus*（Ping et Li, 1982）

104. *Reticulitermes croceus*（Ping et Xu, 1982）

105. *Reticulitermes leiboensis*（Gao et Xia, 1982-1983）

106. *Reticulitermes hainanensis*（Tsai et Huang, 1977）

107. *Reticulitermes gaoyaoensis*（Tsai et Li, 1977）

108. *Reticulitermes hunanensis* (Tsai *et* Peng, 1980)
109. *Reticulitermes aculabialis* (Tsai *et* Huang, 1977)
110. *Reticulitermes leptomandibularis* (Hsia *et* Fan, 1965)
111. *Reticulitermes qingjiangensis* (Gao *et* Wang, 1982)
112. *Reticulitermes translucens* (Ping *et* Xu, 1983)
113. *Reticulitermes trichothorax* (Ping *et* Xu, 1983)
114. *Reticulitermes xingyiensis* (Ping *et* Xu, 1983)
115. *Reticulitermes brevicurvatus* (Ping *et* Xu, 1983)

Genus *Heterotermes*

Heterotermes hainanensis (Tsai *et* Hwang)
= [*Reticulitermes hainanensis* (Tsai *et* Hwang, 1977)]
Heterotermes gaoyaoensis (Tsai *et* Hwang)
= [*Reticulitermes gaoyaoensis* (Tsai *et* Hwang, 1977)]
Heterotermes hunanensis (Tsai *et* Peng)
= [*Reticulitermes hunanensis* (Tsai *et* Peng, 1980)]
Heterotermes aculabialis (Tsai *et* Hwang)
= [*Reticulitermes aculabialis* (Tsai *et* Hwang, 1977)]
Heterotermes leptomandibularis (Hsia *et* Fan)
= [*Reticulitermes leptomandibularis* (Hsia *et* Fan, 1965)]
Heterotermes qingjiangensis (Gao *et* Wang)
= [*Reticulitermes qingjiangensis* (Gao *et* Wang, 1982)]

(XIV) Genus *Tsaitermes*

116. *Tsaitermes hunanensis* (Li *et* Ping, 1983)
117. *Tsaitermes oreophilus* (Ping *et* Li, 1983)
118. *Tsaitermes mangshanensis* (Li *et* Ping, 1983)
119. *Tsaitermes yingdeensis* (Tsai *et* Li, 1977)
120. *Tsaitermes oocephalus* (Ping *et* Li, 1981)

XIV. Family Termitidae

(XV) Genus *Indotermes*

121. *Indotermes isodentatus* (Tsai *et* Chen, 1963)

(XVI) Genus *Sinotermes*

122. *Sinotermes hainanensis* (He *et*, Xia 1981)
123. *Sinotermes yunnanensis* (He *et*, Xia 1981)

(XVII) Genus *Euhamitermes*

124. *Euhamitermes hamatus* (Holmgren) (Tsai *et* Chen)
125. *Euhamitermes zhejianensis* (He *et* Xia, 1982-1983)

(XVIII) Genus *Globitermes*

126. *Globitermes sulphureus* (Haviland, 1898)

(XIX) Genus *Microcerotermes*

127. *Microcerotermes crassus* (Snyder, 1934)
128. *Microcerotermes bugnioni* (Holmgren Tsai *et* Chen)

(XX) Genus *Termes*

129. *Termes marjoriae* (Snyder, 1934)

(XXI) Genus *Mirocapritermes*

130. *Mirocapritermes hsuchiafui* (Yu *et* Ping, 1966)

(XXII) Genus *Dicuspiditermes*

131. *Dicuspiditermes garthwaitei* (Gardner, 1944)

(XXIII) Genus *Procapritermes*

132. *Procapritermes sowerbyi* (Light, 1924)
133. *Procapritermes albipennis* (Tsai *et* Chen, 1963)
134. *Procapritermes mushae* (Oshima *et* Maki, 1919)
135. *Procapritermes parvulus* (Yu *et* Ping, 1966)
136. *Procapritermes huananensis* (Yu *et* Ping, 1966)
137. *Procapritermes vicinus* (Xia, Gao *et* Tang, 1983)
138. *Procapritermes pseudolaetus* (Tsai *et* Chen, 1963)
139. *Procapritermes minutus* (Tsai *et* Chen, 1963)

(XXIV) Genus *Pericapritermes*

140. *Pericapritermes nitobei* (Shiraki, 1909)
141. *Pericapritermes fuscotibialis* (Light, 1929)
142. *Pericapritermes laevulobliquus* (Zhu *et* Chen, 1983)
143. *Pericapritermes wuzhishanensis* (Li, 1982)
144. *Pericapritermes jangtsekiangensis* (Kemner, 1925)
145. *Pericapritermes gutianensis* (Li *et* Ma, 1983)
146. *Pericapritermes tetraphilus* (Stri, 1922)
147. *Pericapritermes semarangi* (Holmgren, 1913)
148. *Pericapritermes latignathus* (Holmgren, 1913)

(XXV) Genus *Macrotermes*

149. *Macrotermes barneyi* (Light, 1924)
150. *Macrotermes annadalei* (Silvestri, 1914)
151. *Macrotermes luokengensis* (Lin *et* Shi, 1982)
152. *Macrotermes hainanensis* (Lin *et* Ping, 1983)
153. *Macrotermes trimorphus* (Li *et* Ping, 1983)
154. *Macrotermes longiceps* (Li *et* Ping, 1983)
155. *Macrotermes denticulatus* (Li and Ping, 1983)

(XXVI) Genus *Microtermes*

156. *Microtermes dimorphus* (Tsai *et* Chen, 1963)

(XXVII) Genus *Hypotermes*

157. *Hypotermes sumatrensis* (Holmgren, 1913)

(XXVIII) Genus *Odontotermes*

158. *Odontotermes fontanellus* (Kemner, 1925)
159. *Odontotermes hainanensis* (Light, 1924)
160. *Odontotermes formosanus* (Shiraki, 1909)
161. *Odontotermes yunnanensis* (Tsai *et* Chen, 1963)
162. *Odontotermes gravelyi* (Silvestri, 1914)
163. *Odontotermes angustignathus* (Tsai *et* Chen, 1963)
164. *Odontotermes longzhouensis* (Lin, 1981)
165. *Odontotermes gianyangensis* (Lin, 1981)
166. *Odontotermes conignathus* (Xia *et* Fan, 1982)

167. *Odontotermes sellathorax* (Xia *et* Fan, 1982)
168. *Odontotermes annulicornis* (Xia *et* Fan, 1982)
169. *Odontotermes foveafrons* (Xia *et* Fan, 1982)
170. *Odontotermes zunyiensis* (Li *et* Ping, 1982)
171. *Odontotermes assamensis* (Holmgren, 1913)
172. *Odontotermes yarangensis* (Tsai *et* Huang, 1981)

(XXIX) Genus *Arcotermes* Fan

173. *Arcotermes tubus* (Fan, 1982-1983)

(XXX) Genus *Ahmaditermes*

174. *Ahmaditermes sinensis* (Tsai *et* Huang, 1979)
175. *Ahmaditermes sinuosus* (Tsai *et* Chen, 1963)
176. *Ahmaditermes deltocephalus* (Tsai *et* Chen, 1963)
177. *Ahmaditermes pyricephalus* (Akhtar, 1975)
178. *Ahmaditermes guizhouensis* (Li *et* Ping 1982)
179. *Ahmaditermes sichuanensis* (Xia, Gao *et* Pan, 1983)

(XXXI) Genus *Havilanditermes*

180. *Havilanditermes orthonasus* (Tsai *et* Chen, 1963)

(XXXII) Genus *Nasutitermes*

181. *Nasutitermes ovatus* (Fan, 1982-1983)
182. *Nasutitermes subtibialis* (Fan, 1982-1983)
183. *Nasutitermes fulvus* (Tsai *et* Chen, 1963)
184. *Nasutitermes parafulvus* (Tsai *et* Chen, 1963)
185. *Nasutitermes takasagoensis* (Shiraki in Nawa, 1911)
186. *Nasutitermes grandinasus* (Tsai *et* Chen, 1963)
187. *Nasutitermes erectinasus* (Tsai *et* Chen, 1963)
188. *Nasutitermes communis* (Tsai *et* Chen, 1963)
189. *Nasutitermes medoensis* (Tsai *et* Huang, 1979)
190. *Nasutitermes moratus* (Silvestri, 1914)
191. *Nasutitermes parvonasutus* (Shiraki in Nawa, 1911)
192. *Nasutitermes cherraensis vallis* (Tsai *et* Huang, 1979)
193. *Nasutitermes bulbus* (Tsai *et* Huang, 1979)
194. *Nasutitermes tibetanus* (Tsai *et* Huang, 1979)
195. *Nasutitermes subtibetanus* (Tsai *et* Huang, 1979)
196. *Nasutitermes gardneriformis* (Xia, Gao *et* Pang, 1983)
197. *Nasutitermes pingnanensis* (Li, 1979)
198. *Nasutitermes qingjiensis* (Li, 1979)
199. *Nasutitermes kinoshitae* (Hozawa, 1915)

(XXXIII) Genus *Aciculitermes*

200. *Aciculitermes gardneri* (Snyder, 1933)

(XXXIV) Genus *Hospitalitermes*

201. *Hospitalitermes luzonensis* (Oshima, 1917)

89 Use of attractants in bait toxicants for the control of *Coptotermes formosanus* Shiraki in China

Gao Daorong

(Nanjing Institute of Termite Control, Nanjing, China)

Abstract: Fungi-decayed sawdusts were tested in the laboratory for their attractiveness to *Coptotermes formosanus*. Fungi tested were *Gloeophyllum trabeum* (Pers. ex Fr.) Murr., *Tremella fuciformis* Berk., *Auricularia auricula* (L. ex Hook.) Underw., *Hericium erinaceus* (Bull.) Pers., and *Lentinus edodes* (Berk.) Singer. Results indicated that *H. erinaceus* has little attraction for this termite, while the others were more active. Among the fungi-infected sawdusts. *T. fuciformis* was the most attractive, followed in order by *A. auricula*, *G. trabeum*, and *L. edodes*. A jellied bait formulation using *T. fuciformis* and *A. auricula* infected sawdust, bagasse dust, agar, and mirex was developed for field control of *C. formosanus*.

Introduction

Species of the genus *Coptotermes* are widely distributed in China, with the northern limits in Jianhu County, Jiangsu Province (33°30′ north latitude, 119°48′ east longitude, Gao et al. 1982), the southern limits on Shanhu Island, Xisha Islands (16°36′ north latitude, 112° east longitude, Li and Tsai 1976), the eastern in Taiwan, and the western in the Sichuan Basin. The Formosan subterranean termite, *Coptotermes formosanus* Shiraki, is the best known species of the genus *Coptotermes* in China. This species causes serious damage to stored goods, railroad carts, boats, underground communication cables, crops, and forest trees because of its aggressiveness and large colonies. *C. formosanus* also occasionally builds nests in earthen dams, forming cavities and galleries that can cause the dam to fail.

Termite damage is a serious problem in our country, and termitologists and pest control operators have sought improved methods for termite control. The main methods used at present to control *C. formosanus* are these:

1. Locating and removing the nest. The location of water sources, food availability, and the exposed portions of infestation such as exit or air holes are used to locate nests. Nests that are found are usually removed in the winter. This method, however, can be quite destructive. Moreover, because of the presence of supplementary reproductives, the removal of the nest does not guarantee the destruction of the entire colony.

2. Dusting and spraying termiticides. Powdered or liquid termiticides are dusted or sprayed into the galleries, damaged timbers, or exit holes with a duster or a sprayer. Approximately 15 g of dust are required to treat a colony of *C. formosanus*. This amount of insecticide probably is more than necessary since the termite exists in a closed gallery system. Moreover, insecticide dusting can also be injurious to applicators.

The use of a toxic bait can reduce some of these hazards. An obvious advantage of the toxic bait technique is that only small quantities of toxicants are used. This greatly reduces problems with environmental contamination, especially when this technique is used instead of dusting and spraying termiticides. The toxic bait technique, however, requires an attractive bait. Han and Yan (1980) reported that the crude liquid extracts of wood infected by the fungus *Gloeophyllum trabeum* (Pers. ex Fr.) Murr. [as *Lenzites trabea* (Pets. ex Fr.)] were attractive to termites. Moreover, in the field, we observed that some termite species preferred sections of wood that had been used for the cultivation of edible fungi. It was also found that the termite-infested wood usually harbored fruiting bodies of edible fungi. This study was initiated to screen the readily available edible fungi for their attractiveness to termites, and to test the effects of a toxic bait incorporated with the selected fungi on the field colonies of *C. formosanus*.

Materials and Methods

1. Laboratory bioassay of the attractiveness of fungi. Five species of fungi were tested: *Gloeophyllum trabeum* (Fam. Polyporaceae), *Auricularia auricula* (L. ex Hook.) Underw. (Fam. Auriculariaceae), *Tremella fuciformis* Berk. (Fam. Tremellaceae), *Hericium erinaceus* (Bull.) Pers. (Fam. Hydnaceae), and *Lentinus edodes* (Berk.) Sing. (Fam. Pleurotaceae). *G. trabeum* was obtained from the Institute of Microbiology of Academia Sinica, and the rest from Nanjing Institute of Edible Fungi. The culture medium for the fungi consisted of 78% plane tree (*Platanus orientalis* L.) sawdust, 20% fresh rice bran, 1% cane sugar, and 1% calcium sulphate. A sterile medium containing ca. 60% water was inoculated with spores of each of five species, and maintained at 25℃ for 50 days before testing.

Two bioassay methods, a single-choice test and a multiple-choice test, were used. The bioassay unit used for the single-choice test comprised a rectangular enamel dish (40 cm × 30 cm) containing a thin layer of moistened sterile sand. Ten grams of medium with fungi and 10 g of control medium were placed on the sterile sand (Fig. 1A).

One hundred workers of *C. formosanus* were introduced to a circle between the control and fungi-infested medium in the enamel dish. The unit was kept at 25℃ for 24 hours, after which numbers of termites on the control and inoculated medium were counted. When the number of termites observed on an inoculated medium was significantly greater than on the control medium, the inoculated medium was considered attractive. Each test was replicated three times. Fungi that were attractive were tested further in multiple-choice tests.

Fig. 1B illustrates the experimental unit used for the multiple-choice test. The unit was similar to the one used for the single-choice test except that all of the attractive media as determined by the single-choice test were placed at an equal distance (12.5 cm) from the center where the termites were introduced. The termites were allowed to choose among the attractive fungi. Observations were made daily for 3 days.

2. Field testing of bait toxicants on *C. formosanus* colonies. The sawdust medium on which the attractive fungi were cultured was used as the attractant in baits. The toxicant used was mirex. Bagasse powder, which was used as a carrier, and the sawdust media with *T. fuciformis* and *A. auricula* were oven-dried at 60℃, ground into a powder, and sifted through a No. 120 sieve. Forty grams of mixed powder containing bagasse, sawdust with *T. fuciformis* and *A. auricula*, and mirex at a rate of 1:1:1:2 (W/W) were added to 500 mL of 3% agar. The jellied bait was allowed to cool and loaded into toothpaste tubes for field application.

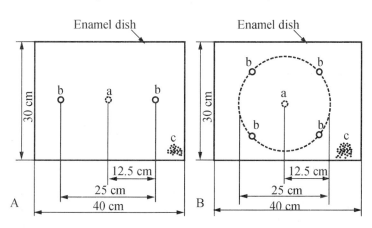

Fig. 1 Experimental units for single-choice test (A) and multiple-choice test (B) for fungi attractiveness to *C. formosanus*. Termites were introduced to a, while testing baits were placed in b on sand c.

Tests were conducted on six field colonies, two each from Jiangsu and Guangxi provinces and one each from Sichuan and Guangdong provinces. Jiangsu Province represents the eastern and northern limits of *C. formosanus* in China, while Sichuan Province represents the western limit and Guangdong and Guangxi provinces the southern limits.

The jellied bait was squeezed into runways of active infestations of *C. formosanus*. Observations were made approximately 3~12 weeks after the bait application. The nests of the treated colonies were identified and excavated for evaluation. If there were no living termites found in the nests or runways, or if a strong odor of decomposition was present, the control was considered successful.

Results and discussion

1. Laboratory bioassay of fungal attractiveness. The results of single-choice tests indicated that *C. formosanus* was not attracted to *H. erinaceus* (Table 1). *T. fuciformis* was the most attractive fungus to *C. formosanus* in the multiple-choice test (Table 1). *A. auricula* and *G. trabeum* were less attractive and *L. edodes* was the least attractive among fungi tested.

T. fuciformis became more attractive with time while *G. trabeum* became less attractive. Similar results were also observed with *Reticulitermes labralis* Hsia et Fan, *R. speratus* (Kolbe), *R. flaviceps* (Oshima), *R. aculabialis* Tsai et Hwang, and *Odontotermes fontanellus* Kemner; i. e., they all became less attractive with time.

2. Field control with jellied toxicant bait. Table 2 summarizes the results of field control using jellied toxicant baits. Successful control was obtained in all six field trials. When applied correctly, bait toxicant is an effective method to control field colonies of *C. formosanus*. Because bagasses and waste wood sawdusts are readily available in southern China, this bait can be prepared easily. Unlike termiticide spraying or dusting that may be hazardous to the applicators and require special training, the baiting technique is simpler and safer to apply, and will cause little or no environmental pollution since a minimal amount of chemicals is applied.

Our experience indicates that this jellied bait was also effective against field colonies of *Reticulitermes* spp., *Macrotermes* spp., and *Odontotermes* spp. Further studies are needed to find alternatives to replace mirex in the bait formulation.

Table 1 Numbers of *C. Formosanus* workers found on sawdust media inoculated with edible fungi in single-or multiple-choice test[1][2]

Fungus	Single-choice test		Multiple-choice test					
	Treatment	Control	24 h		48 h		72 h	
			No.	%	No.	%	No.	%
G. trabeum	293	4	24	11.0	8	3.2	7	3.3
A. auricula	291	0	52	23.9	43	17.4	29	13.7
T. fuciformis	295	0	130	59.6	189	76.2	163	77.3
L. edodes	296	3	12	5.5	8	3.2	12	5.7
H. erinaceus	140	157	—	—	—	—	—	—

[1] Those that died or were not found on the media were not counted.
[2] Numbers are the total of three replicates.

Table 2 Effect of bait-toxicant treatments on field colonies of *C. formosanus*

Location	Date of application	Point of application	Amount applied (tube)*	Date of inspection	Results
Nanjing, Jiangsu	May 28, 1984	Stem of *Cedrus deodara*	1	Aug. 6, 1984	Dead termites in the nest; no termites in the building infestations

Location	Date of application	Point of application	Amount applied (tube)*	Date of inspection	Results
Jiangning County, Jiangsu	May 30, 1984	Galleries in the roof. Nearby *Platanus orientalis*	2.5	Aug. 30, 1984	Dead termites in the nest and building infestations
Gui County, Guangxi	Nov. 11, 1983	Infested woods and galleries of three boats	8	Dec. 15, 1983	No living termites in six nests
Yulin, Guangxi	Apr. 19, 1985	Exit holes at the base stem of *Eucalyptus tereticornis*	2	May 5, 1985	No living termites in the nest
Ba County, Sichuan	Oct. 12, 1984	Galleries in the stem of an unknown tree	2.5	Nov. 5, 1984	No living termites in the nest
Guangzhou, Guangdong	Sep. 12, 1984	Galleries in the stem of *Eucalyptus robusta*	2	Oct. 12, 1984	No living termites in the nest

* One tube of bait contains ca. 0.244 g mirex.

Acknowledgment

I give my thanks to my teacher, Prof. Xia Kai-ling, Shanghai Institute of Entomology, Academia Sinica, for his helpful advice during the course of this study.

References

[1] Gao D, Zhu B, Wang X. Survey of termites in the regions of Jiangsu Province with description of two new species (Isoptera: Rhinotermitidae, *Reticulitermes*) [J]. Zool Res, 1982, 3(suppl.): 141(in Chinese with English summary).

[2] Han M, Yan F. A preliminary report on the comparative tests of termite trail following pheromone analogs from fungus-infected wood[J]. Acta Entomol, 1980, 23: 260-264 (in Chinese with English summary).

[3] Li G, Tsai P. On a collection of termites from the Xisha Islands of China with description of a new *Prorhinotermes* [J]. Acta Entomol, 1976, 19: 94 (in Chinese with English summary).

原文刊登在 Biology and Control of the Formosa Subterranean Termite, 1987: 53-57

90 Notes on the genus *Sinocapritermes* (Isoptera: Termitidae) from China, with description of a new species

Gao Daorong[1], Paul K. S. Lam[2]

([1] Nanjing Institute of Termite Control;
[2] Department of Applied Science, City Polytechnic of Hong Kong)

Abstract: The genus *Sinocapritermes* is briefly reviewed, and a new species is described. A key is also provided to the twelve species of *Sinocapritermes* recorded from China to date.

Introduction

In the light of previous work by Krishna (1968) and Ahmad & Akhtar (1981), Ping & Xu (1986) studied the *Procapritermes* termites in China and proposed a new genus *Sinocapritermes*. They reclassified *Procapritermes mushae* Oshima & Maki, *P. albipennis* Tsai & Chen, *P. parvulus* Yu & Ping and *P. vicinus* Xia *et al*. into the genus *Sinocapritermes*, and described six new species: *S. fujianensis*, *S. guangxiensis*, *S. magnus*, *S. planifrons*, *S. sinensis* and *S. yunnanensis*. Recently, another new species, *S. tianmuensis* was described by Gao (1989).

Sinocapritermes termites are usually found in underground holes, beneath fallen logs and branches, and underneath stones and cow dung. They occur in the subtropics, and the northern limit is Mt Tianmu, China (30.4° N, 119.5°E) (Gao, 1986, 1989).

The authors examined specimens of *Sinocapritermes* termites collected in 1987, and found that they contained a new species. Table 1 gives a list of twelve known species of *Sinocapritermes* in China and their distribution.

Table 1 Distribution of twelve known species of *Sinocapritermes* in China

Species	Province/region	Species	Province/region
S. albipennis	Yunnan	S. parvulus	Hainan
S. fujianensis	Fujian, Guangdong, Guangxi	S. planifrons	Yunnan
S. guangxiensis	Guangxi	S. sinensis	Yunnan
S. magnus	Sichuan, Guizhou, Guangxi, Jiangxi	S. tianmuensis	Zhejiang
S. mushae	Yunnan, Sichuan, Hunan, Hubei, Guangxi, Guangdong, Fujian, Taiwan, Jiangxi, Zhejiang	S. vicinus	Sichuan
		S. xiai	Guangxi
		S. yunnanensis	Yunnan

Key to the species of the genus *Sinocapritermes* from China
[modified from Ping & Xu (1986)] (Soldiers)

1. Head width > 1.19 mm ·· 2
   Head width < 1.19 mm ·· 8
2. Head relatively short, head index 0.66 ~ 0.75 ··· 3
   Head relatively long, head index 0.61 ~ 0.75 ··· 6
3. Maximum width of postmentum less than twice the minimum width ··· *sinensis*
   Maximum width of postmentum about twice as wide as the minimum width ························· 4
4. Head width 1.58 ~ 1.65 mm ··· *albipennis*

Head width less than 1.50 mm ········· 5
5. Frons lower than vertex ········· *xiai*
   Frons higher than vertex ········· *magnus*
6. Anterior margin of pronotum with a deep median notch ········· *guangxiensis*
   Anterior margin of pronotum without a deep median notch ········· 7
7. Length of head capsule 1.96 ~ 2.06 mm ········· *vicinus*
   Length of head capsule 2.17 ~ 2.32 mm ········· *planifrons*
8. Left mandible longer than right mandible ········· 9
   Length of left mandible similar to that of right mandible ········· 10
9. Vertex flat, head width 0.80 ~ 0.84 mm ········· *parvulus*
   Vertex raised, head width 0.94 ~ 0.99 mm ········· *fujianensis*
10. Vertex flat, length of median suture of head about half of the length of head capsule ········· *mushae*
    Vertex raised or slightly curved, length of median suture about one-third of the length of head capsule ········· 11
11. Frons higher than vertex ········· *yunnanensis*
    Frons lower than vertex ········· *tianmuensis*

Sinocapritermes xiai sp. nov.

Soldiers (Fig. 1) Head brownish yellow; labrum yellow, darker in the middle of the anterior portion; antennae light brownish yellow; thorax abdomen and legs yellow; head covered by moderately dense hair; head rectangular, relatively short, parallel sided, frons angle less than 30°; fontanelle in the middle of frons; labrum long, deeply concave anteriorly, with antero-lateral processes at both corners; mandibles long, twisted, asymmetric; left mandible ends in a hook-like structure; right mandible straighter than left mandible; antennae with 14 segments, the second segment longer than the third, the third segment longer than the fourth; pronotum saddle-shaped, anterior portion raised and almost as long as posterior portion; anterior margin of pronotum with a notch, posterior margin concave; tibial spurs 2:2:2. Measurements of the soldiers are given in Table 2.

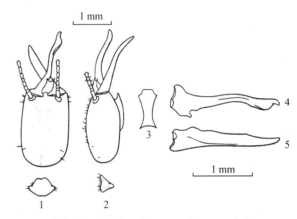

Fig. 1 Soldier of *Sinocapritermes xiai*.
1. Head and pronotum (dorsal view); 2. Head and pronotum (lateral view); 3. Postmentum; 4. Left mandible; 5. Right mandible.

Table 2 Measurements (mm) of two soldiers of *S. xiai*.

	Holotype	Paratype		Holotype
Head length (including mandible)	3.42	3.53	Maximum width of postmentum	0.43
Head length (up to mandibular base)	1.80	1.85	Minimum width of postmentum	0.20
Head width	1.26	1.27	Longest length of pronotum	0.25
Length of left mandible*	1.75	1.80	Median length of pronotum	0.24
Median length of labrum	0.34	0.36	Length of hind tibia	1.08
Width of labrum	0.21	0.22		

* Length of mandible was taken as the shortest distance from the condyle to the tip.

Workers (Fig. 2) Head brownish yellow; antennae and pronotum yellow; legs whitish yellow; head round, widest at the antennal base; vertex flat, slightly depressed in the middle postclypeus raised, length almost half of width; antennae with 14 segments, the second segment longer than the third and the fourth; the third segment of antennae smallest; antennal segments increase in size after the fifth segment; pronotum saddle-shaped, front portion raised, abdomen olive-shaped, translucent. Measurements of the workers are given in Table 3.

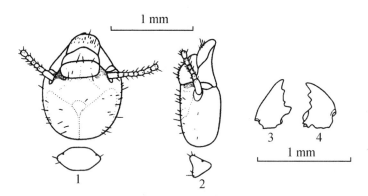

Fig 2. Worker of *Sinocapritermes xiai*
1. Head and pronotum (dorsal view); 2. Head and pronotum (lateral view); 3. Left mandible; 4. Right mandible.

Table 3　Measurements (mm) of two workers of *S. xiai*.

| Head length up tip of labrum | 1.15 | 1.21 | Width of pronotum | 0.51 |
| Head width | 0.96 | 1.00 | Length of hind tibia | 0.79 |

Comparison between *S. xiai*, *S. sinensis* and *S. vicinus*

The soldiers of *S. xiai*, *S. sinensis* and *S. vicinus* have similar body sizes. However, *S. xiai* may be distinguished from *S. sinensis* Ping et Xu by the following characteristics: vertex of soldier of *S. xiai* higher than frons and maximum width of postmentum about twice as wide as the minimum width. *S. xiai* differs from *S. vicinus* in that head is shorter, head index (i. e. head width/head length to mandibular base) 0.69 ~ 0.70 as compared with 0.62 ~ 0.65 for *S. vicinus*.

The type specimens were collected from soil by L. Z. Yang.

Type material

Holotype soldier, PEOPLE'S REPUBLIC OF CHINA: Guangxi region, Rong County, 18. iv. 1987 (Gao, Lam) (Shanghai Institute of Entomology, Academia Sinica, China). Paratypes, 1 soldier 2 workers, same data as holotype.

Acknowledgments

We would like to thank Professor Xia Kailing of Shanghai Institute of Entomology, Academia Sinica, China, for his advice throughout this study. We also thank Dr He Xiusong of Shanghai Institute of Entomology for his useful comments. We acknowledge the help from Miss Xu Rendi in the preparation of the figures.

References

[1] Ahmad M, Akhtar MS. New termite genera of the *Capritermes* complex from Malaysia, with a note on the status of *Pseudocapritermes* (Isoptera: Termitidae) [J]. Pakistan Journal of Zoology, 1981, 13: 1-12.

[2] Gao D-R. An investigation on the termites (Isoptera) from Mt. West Tianmu, Zhejiang Province, China [J]. Science and Technology of Termites, 1986, 3: 9-11. [In Chinese.]

[3] Gao D-R. A new species of *Sinocaprtermes* from Mt. Tianmu [J]. Science and Technology of Termites, 1989, 6: 1-5. [In Chinese with English abstract.]

[4] Krishna K. Phylogeny and generic reclassification of *Capritermes* complex (Isoptera: Termitidae, Termitinae) [J]. Bulletin of the American Museum of Natural History, 1968, 138: 265-323.

[5] Ping Z-M, Xu Y-L. Notes on termites of the genera *Pseudocapritermes*, *Malaysiocapritermes* and *Sinocapritermes*, gen. nov. from China (Isoptera: Termitidae) [J]. Wuyi Science Journal, 1986, 6: 1-20. [In Chinese with English abstract.]

原文刊登在 *Systematic Entomology*, 1990, 15: 331-334

Toxicity of AMICAL 48 (Diiodomethyl P-tolyl sulfone) against the *Reticulitermes aculabialis* (Isoptera: Rhinotermitidae)

Gao Daorong[1], Jackson Chan[2], Stephen Ip[3]

([1]Nanjing Institute of Termite Control; [2]Thomas Cowan & Co., Wanchai, Hong Kong; [3]Pesticide Service Co. Ltd., Hong Kong)

The topical LD_{50} of AMICAL 48 (diiodomethyl p-tolyl sulfone) against the subterranean termite *Reticulitermes aculabialis* Tsia et Hwang, was estimated at 115.0μg/g with 95% fiducial limits of 102.6 ~ 129.0μg/g. AMICAL 48 showed protracted activity against the termite. Time required to kill 90% of *R. aculabialis* (ELT_{90}) was 5.3 ~ 15.2 d when administered topically, 4.2 ~ 21.7 d after 48 h forced feeding, and 3 ~ 11.3 d when *R. aculabialis* were confined continuously on tested feeding substrate.

原文刊登在《第19届国际昆虫学大会论文摘要集》,1992: 247

92 Economic important termite species in China

Gao Daorong[1], Paul K. S. Lam[2], Yagab Sheik[3]
([1]Nanjing Institute of Termite Control; [2]Department of Biology, Chinese University;
[3]"ASIA" Pest Control Limited, Hong Kong)

Termite are important pests which can cause serious economic losses. They can damage the structure of houses, trees, horticultural crops, river banks, reservoir dams and underground cables, as well as transmission posts. Of the 379 termites species in China, 70 were found to attack structures and wood products. Termites capable of causing such damage include *Coptotermes* (southern China), *Reticulitermes* (northern China and regions along Yangtze River), and *Cryptotermes* (southern China), *Glyptotermes*, *Odontotermes*, *Macrotermes*, *Hodotermopsis*, *Ancistrotermes*, *Microcerotermes*, *Nasutitermes* and *Xiaitermes* are serious hazards to simple houses built close to forests on hillsides and timbering. Damage caused by *Incisitermes* has also been recorded in coastal regions of eastern China. Species of the genus *Coptotermes* are often considered as most destructive chiefly because of their great dispersal power, large colony size and high speed of destruction. *Reticulitermes* is particularly important due to its wide distribution.

原文刊登在《第19届国际昆虫学大会论文摘要集》，1992:596

93 Distribution of termites in China

Gao Daorong[1], Stephen Ip[2], Romeo L. Dizon[3]
([1]Nanjing Institute of Termite Control; [2]Pesticide Service Co. Ltd., Hong Kong;
[3]Velsicol Chemical Corporation, IL 60018-5119, USA)

China has a very rich isopteran fauna, with abundance and diversity from north to south. Termites are found throughout the country except Xinjiang, Neimenggu, Ningxia, Qinghai, Jilin and Heilongjiang, ranging from Dandong (Liaoning Province, 40.1°N) in the north to Hainan Province and Xisha Islands in the south. To date (1987), 379 species and 2 subspecies of termites are known to occur in China. The termite fauna in China is separately belong in the Oriental Region and the Palaearctic Region. Their boundaries, in the western is the large belt caused the Yangtze Plate impacted with the North China Plate (this boundline starts with Qingchuan in the northern of Sichuan Province, and crosses over Shanxi and Henan), and in the eastern is the Huai He River. The termites in the Palaearctic Region in China is only presenting the Genus *Reticulitermes*. The Oriental Region distributed termites in China can be divided into three subregions roughly: (1) The Mid-and East China Subregion. In this area, *Reticulitermes* spp. and *Odontotermes* spp. are the wide distributed species. (2) The South China Subregion. *Coptotermes* spp. are dominant species there and also there are special *Cryptotermes* spp. (3) The Indo-Malaya Subregion. There are certain special genera from Indo-Malaya Subregion, e. g. *Parrhinotermes*, *Microcapritermes*, *Hypotermes*, *Ancistrotermes*, *Bulbitermes* and *Hospitalitermes* etc.

原文刊登在《第 19 届国际昆虫学大会论文摘要集》，1992:596

94. The taxonomy, ecology and management of economically important termites in China

Gao Daorong[1], Paul K. S. Lam[2], Paul T. Owen[3]

([1] Nanjing Institute of Termite Control; [2] Department of Biology, Chinese University of Hong Kong; [3] Paul International, Hong Kong)

Abstract: This paper is a review of termites in China. The taxonomy of Chinese termites is outlined with a description of the genera recently established by Chinese workers. It also contains a section on the general ecology of termites in China. The beneficial role of and economic damage by termites are discussed.

Introduction

China has a very rich isopteran fauna, with abundance and diversity increasing from north to south. Termites are found throughout the country except Xinjiang, Neimenggu (Inner Mongolia), Ningxia, Qinghai, Jilin and Heilongjian, ranging from Dandong (Liaoning Province, 40.1°N) in the north (Zoological Division, Liaoning University, 1974) to Guangdong (Canton) Province and Xisha Islands in the south (Li and Tsai, 1976). To date, 379 species and 2 subspecies of termites are known to occur in China (Appendix 1). However, it's likely that through study of poorly known species may lead to their synonymy with more widely distributed forms.

The following is a review of termite research in China. Emphasis has been given to the taxonomy and management of economically important species. Some aspects of their ecology are also considered.

Systematics

Tsai and Chen (1964) classified Chinese termites into 4 families: Kalotermitidae, Termopsidae, Rhinotermitidae and Termitidae. Notwithstanding Tsai and Huang (1980) who included *Hodotermopsis* in the Hodotermitidae, thus removing Termopsidae from the Chinese fauna, we adopt the former system as follows:

Family Kalotermitidae
Family Termopsidae
Subfamily Termopsinae
Family Rhinotermitidae
Subfamily Heterotermitinae
Subfamily Stylotermitinae
Subfamily Coptotermitinae
Subfamily Rhinotermitinae
Family Termitidae
Subfamily Amitermitinae
Subfamily Termitinae
Subfamily Macrotermitinae
Subfamily Nasutitermitinae

The distribution of the number of genera and species among the 4 families is summarized as follows:

Family	Number of genera	Number of species
Kalotermitidae	6	67
Termopsidae	1	3
Rhinotermitidae	7	162 (1 subspecies)
Termitidae	28	148 (1 subspecies)

Family Kalotermitidae

This family (the dry-wood termites) is not associated with soil and includes 67 species, in 6 genera: *Neotermes* (18 species), *Kalotermes* (1 species), *Incisitermes* (2 species), *Glyptotermes* (35 species), *Lobitermes* (2 species), *Cryptotermes* (9 species). [Fan and Xia (1980) placed species of the genus *Lobitermes* under *Glyptotermes* while others have retained *Lobitermes* as a separate genus (Tsai and Chen, 1963, 1964; Tsai and Huang, 1980; Gao *et al*. 1981)]

Termites of the genus *Cryptotermes* can cause serious damage to structural timber, houses furniture and trees in tropical and subtropical China. The northern limits of this genus are in Jiangan County (Sichuan Province: 28.7°N, 105.1°E) (Gao, Peng and Xia, 1982-1983). Other members of this family which may reach pest status include *Glyptotermes* which has extended its northern limit to Wenxian County (Gansu Province: 32.9°N, 104.7°E) (Gao et al., 1980; Fan and Peng, 1986). The genus *Incisitermes* has a relatively restricted distribution, and has recently been reported in Nanjing city (Jiangsu Province: 31.1°N, 118.8°E) (Gao et al., 1982; Han, 1982-1983).

Family Termopsidae

The single Chinese genus of the damp-wood termites. *Hodotermopsis* damages houses and species of trees at high altitudes (Li S, 1982). They are common in primary and secondary forests about 1000 m above sea-level in Zhejiang, Hunan, Guangxi, Sichuan, Guizhou and Guangdong Provinces. The northern limit of termopsid distribution is Longquan county (Zhejiang Province: 27.8°N, 119.1°E) (Li S, 1982), A preliminary study indicates that three species occur in China namely *H. orientalis*, *H. yui* and *H. sjöstedti* (Li and Ping, 1988).

In recent years, timber imported from the west coast of the United Stated of America found to be infested with *Zootermopsis angusticollis* (Hagen) (Gao, Zhu and Wang, 1982; Zhang, 1983).

Family Rhinotermitidae

Rhinotermitids inhabit both wood and soil. Certain species can damage wood-work in buildings, stored products, underground cables and forest trees. 7 genera occur in China: *Reticulitermes* (81 species and 1 subspecies), *Tsaitermes* (5 species), *Coptotermes* (33 species), *Stylotermes* (33 species), *Prorhinotermes* (2 species), *Schedorhinotermes* (6 species) and *Parrhinotermes* (2 species).

[Note: The genus *Tsaitermes* is closely related to *Reticulitermes* in the imago-worker mandible of both genera, the second marginal tooth of the left mandible is as long as the first. However, *Tsaitermes* differs from *Reticulitermes* as follows: In the soldiers, the head is sub-ovaliform narrowing anteriorly. Lateral sides dilatant. Head contraction index (i. e. width of head the base of mandibles/maximum width or head 0.80 ± 0.05); head index (i. e. maximum width of head/length of head to side base of mandibles) 0.70 ~ 0.72. *Reticulitermes* has rectangular head with parallel sides, head index 0.50 ~ 0.65 (mean 0.57). In the imago of *Tsaitermes*, the antenna has 19 ~ 20 segments, frontal hump in soldiers level; while in *Reticulitermes*, the antenna has 16 ~ 18 segments. frontal hump in soldiers raised (Li and Ping, 1983)].

Tsai and Huang (1983) separated the genera *Heterotermes* and *Reticulitermes* by the shape of the apex of the labrum in the soldiers; pointed in *Heterotermes*, blunt in *Reticulitermes*. However, this view is not shared by other researchers (X. S. He, Z. M. Ping and K. L. Xia personal communication).

The economically important genus *Coptotermes* is widely distributed in southern China. In addition to damaging structural timber, stored products and forests, these termites also cause damage to reservoir dams. The northern limit of the distribution of *Coptotermes* in China is in Jianhu County (Jiangsu Province: 33.7°N, 119.1°E) (Gao et al. 1982, Gao 1987, Lin 1987). D. Gao recorded the occurrence of *Coptotermes obliquus* Xia and He on Shanhu Island (Xisha Islands: 16.6°N, 111.6°E) in March, 1975.

Stylotermes invades damaged trees, and in some cases, dark brown earthen excreta can be seen on the trunk. Pingwu County (Sichuan Province: 32.4°N, 104.5°E) marks the northern limit of *Stylotermes* distribution in China.

The genus *Parrhinotermes* occurs mainly in tropical evergreen broad-leaved forests in China. *P. ruiliensis* Tsai and Huang is found in Ruili (Yunnan Province: 24.1°N, 97.8°E). *P. khasii* Roowal and Sen-Same, found originally in Assam (India), has extended its range northward to Medog District (29.2°N, 95.3°E) in Xizang (Tibet). It is possible that the Tibetan Plateau shelters the Medog District from cold dry wind from the west, allowing the establishment of *P. khasii*, notwithstanding members of this genus normally have very narrow ranges (Tsai and Huang, 1982).

Family Termitidae

Termitidae is the largest isopteran family in China, and is represented by 4 subfamilies. 28 genera, 148 species and 1 subspecies:

Subfamily Amitermitinae
Genus 1 *Indotermes* (2 species)
Genus 2 *Sinotermes* (3 species)
Genus 3 *Speculitermes* (1 species)
Genus 4 *Euhamitermes* (14 species)
Genus 5 *Globitermes* (3 species)
Subfamily Termitinae
Genus 7 *Termes* (1 species)
Genus 8 *Microcapritermes* (1 species)
Genus 9 *Pseudocapritermes* (5 species)
Genus 10 *Malaysiocapritermes* (1 species)
Genus 11 *Sinocapritermes* (10 species)
Genus 12 *Dicuspiditermes* (1 species)
Genus 13 *Pericapritermes* (10 species)
Subfamily Macrotermitinae
Genus 14 *Macrotermes* (18 species)
Genus 15 *Odontotermes* (22 species)
Genus 16 *Hypotermes* (1 species)
Genus 17 *Ancistroterme* (1 species)
Subfamily Nasutitermitinae
Genus 18 *Nasutitermes* (25 species, 1 subspecies)
Genus 19 *Arcotermes* (1 species)
Genus 20 *Nasopilotermes* (1 species)
Genus 21 *Periaciculitermes* (1 species)
Genus 22 *Sinonasutitermes* (4 species)
Genus 23 *Peribulbitermes* (8 species)
Genus 24 *Bulbitermes* (1 species)
Genus 25 *Ahmaditermes* (8 species)
Genus 26 *Cucurbitermes* (2 species)
Genus 27 *Havilanditermes* (1 species)
Genus 28 *Hospitalitermes* (3 species)

The Nasutitermitinae extend northwards to Shangchen (Henan Province: 31.7°N, 115.4°E) (Wang and Li, 1984). *Odontotermes* and *Ahmaditermes* reach Luoyang (Henan Province: 34.6°N, 112.4°E) (Wang and Li, 1984) and Mt. Tianmu (Zhejiang Province: 30.4°N, 119.5°E) (Gao, 1986, 1988) respectively. *Odontotermes* and *Macrotermes* are both economically important, damaging forest trees (especially at the seedling stage), reservoir dams, river banks and houses.

A brief description of the genera recently established by Chinese taxonomists is given below. Further studies would be required to establish their validity.

Sinotermes He and Xia, 1981 (Fig. 1)

Sinotermes closely resembles *Indotermes* Roonwal and Sen-Sarma (1960) in the general shape of the head capsule, but differs as follows: (1) Imago: anterior margin of pronotum slightly convex in the middle (slightly concave in *Indotermes*); ocelli nearer to the eyes, and posterior margin of the second marginal tooth of the right mandible nearly straight (distinctly concave in *Indotermes*). (2) Soldier: head capsule raised in the middle (raised near posterior end in *Indotermes*); postmentum with the widest part in anterior half, about twice as broad as the narrowest portion (only slightly broader in *Indotermes*); marginal tooth of the left mandible with the tip laterally positioned and the anterior cutting edge nearly straight (the tip anteriorly positioned and the cutting edge) distinctly concave in *Indotermes*. [Note: On the basis of the generic characteristics stated above, He and Xia (1981) proposed that *Indotermes thailandis* should be transferred to the genus *Sinotermes*].

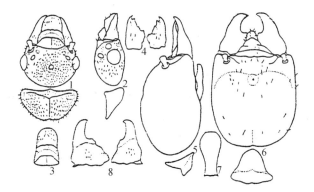

Fig. 1 *Sinotermes hainanensis* (after He and Xia)
Imago (1~4), Soldier (5~8): 1. Head and pronotum, dorsal view; 2. Head and pronotum, lateral view; 3. Labrum; 4. Mandibles; 5. Head and pronotum, lateral view; 6. Head and pronotum, ventral view; 7. Postmentum; 8. Mandibles.

Arcotermes Fan, 1982-1983 (Fig. 2)

The soldier of this genus closely resembles that of *Ahmaditermes* Akhtar, but can be distinguished from the latter by the following characteristics: posterior margin of head not depressed in the middle; soldier monomorphie. It also resembles that of *Bulbitermes* Emerson in the shape of the head and its posterior margin which is not depressed, but *Arcotermes* does not have the distinct apical spines found on the mandible of *Bulbitermes* (Fan, 1982-1983).

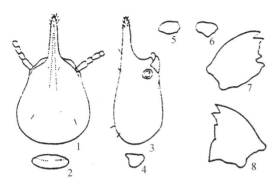

Fig. 2 *Arcotermes tubus* (after Fan)
Soldier: 1, 2. Head and pronotum, dorsal view; 3, 4. Head and pronotum, lateral view; 5, 6. Left and right mandibles. Worker: 7, 8. Left and right mandibles.

Periaciculitermes Li, 1986 (Fig. 3)

Periaciculitermes closely resembles *Aciculitermes* Emerson, but differs as follows: (1) Soldier: nasus without minute projection at the base on each side (*Aciculitermes*: with minute projection). (2) Worker: left mandibular index 0.84 (*Aciculitermes*: left mandibular index 0.73). In *Aciculitermes* Ahmad, apical tooth of left mandible of imago-worker is smaller than the first marginal tooth of both mandibles; left mandible index 0.44. In *Proaciculitermes* Ahmad, the head of soldier has a slight constriction behind the antennae; left apical tooth of imago-worker larger than the first marginal tooth, left mandibular index 0.40 (Li, 1986).

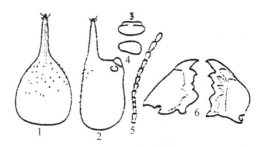

Fig. 3 *Periaciculitermes menglunensis* (after Li)
Soldier: 1. Head, dorsal view; 2. Head, lateral view; 3. Pronotum; 4. Right mandible; 5. Antenna. Worker: 6. Mandibles.

Sinonasutitermes Li, 1986 (Fig. 4)

Sinonasutitermes closely resembles *Nasutitermes* Dudley, but differs as follows: (1) Soldier: large body size, dimorphic or trimorphic; mandible with very small apical processes. Major Soldier: head without nasus, wider than long (in *Nasutitermes*, most species are monomorphic; mandible with long apical processes or without apical process. Head of major Soldier longer than wide or equal. (2) Imago-worker: apical tooth of left mandible larger than the first marginal tooth (in *Nasutitermes*, left mandible with apical tooth as long as or slightly shorter than the first marginal tooth).

[Note: *Nasutitermes erectinasus* Tsai and Chen has been transferred to the genus *Sinonasutitermes* as the apical tooth of the left mandible of its imago-worker is larger than the first marginal tooth (Li and Ping, 1986)].

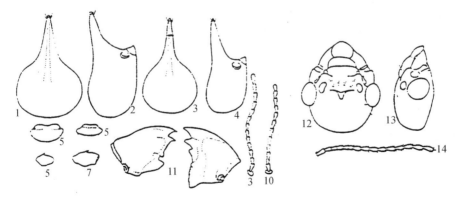

Fig. 4 *Sinonasutitermes dimorphus* (after Li)
1. Major soldier: Head, dorsal view; 2. Major soldier: Head, lateral view; 3. Minor soldier: Head, dorsal view; 4. Minor soldier: Head, lateral view; 5. Major soldier: Pronotum; 6. Minor soldier: Pronotum; 7. Major soldier: Left mandible; g. Minor soldier: Left mandible; 9. Major soldier: Antenna; 10. Minor soldier: Antenna; 11. Imago: Mandibles; 12. Imago: Head, dorsal view; 13. Imago: Head, lateral view; 14. Imago: Antenna.

Peribulbitermes Li, 1985 (Fig. 5)

This genus closely resembles *Bulbitermes* Emerson but the posterior margin of head of the soldier is not extended in *Bulbitermes*. Soldiers of *Ahmaditermes* have the posterior margin of the head slightly depressed in the middle, and have no spines on the mandibles while those of *Nasutitermes* have no constriction behind the antennae (Li, 1985).

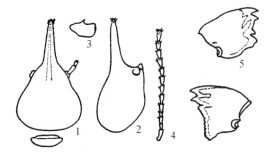

Fig. 5 *Peribulbitermes dinghuensis* (after Li)
Soldier: 1. Head and pronotum, dorsal view; 2. Head, lateral view; 3. Left mandible; 4. Antenna.
Worker: 5. Mandibles.

Cucurbitermes Li and Ping, 1985 (Fig. 6)

Cucurbitermes can be distinguished from other nasute genera of the oriental region by a combination of the following characteristics: (1) Soldier: head with lateral sides strongly bulging behind the antennae carinae; base of nasus and antennae carinae constricted to give a cucurbit-shape; posterior margin of head almost straight; mandible without apical spines; antennae with 13～14 segments. (2) Imago-worker: left mandible with apical tooth as large as the first marginal tooth; the cutting edge almost straight between marginal teeth.

In most species of *Nasutitermes*, the soldiers are monomorphic; mandibles usually with spines. Head capsule without any pronounced constriction behind antennae carinae.

The genus *Cucurbitermes* closely resembles *Ahmaditermes* Akhtar, but differs as follows: (1) Soldier: nasus is thin and long; posterior margin of head almost straight (*Ahmaditermes*: nasus is very short; posterior margin of the head is slightly depressed in the middle). (2) Imago-worker: left mandible with cutting edge almost straight between marginal teeth [*Ahmaditermes*: left mandible with cutting edge between mar-

ginal teeth distinctly wavy) (Li and Ping, 1985)].

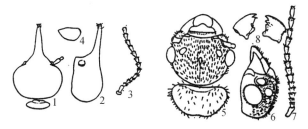

Fig. 6 *Cucurbitermes yingdeensis* (after Li and Ping)
Soldier: 1. Head and pronotum, ventral view; 2. Head, lateral view; 3. Antenna; 4. Left mandible.
Imago: 5. Head and pronotum, ventral view; 6. Head, lateral view; 7. Antenna; 18. Mandibles

Sinocapritermes Ping and Xu, 1986 (Fig. 7)

This genus is closely related to *Procapritermes*, but differs as follows: (1) Soldier: tibial spurs of *Sinocapritermes* 2:2:2 (3:2:2 for *Procapritermes*); head of *Sinocapritermes* without a weakly developed frontal ridge (*Procapritermes* has frontal ridge); left mandible of *Sinocapritermes* with a hook at apex and broad below hook (left mandible of *Procapritermes* not broad below hook). (2) Imago: tibial spurs of *Sinocapritermes* 2:2:2 (3:2:2 for *Procapritermes*); distance between apical tooth of right mandible and the first marginal tooth longer than distance between the first and the second marginal teeth for *Sinocapritermes* (distance between apical tooth of right mandible and the first marginal tooth twice as long as distance between the first and the second marginal teeth for *Procapritermes*) (Ping and Xu, 1986).

Nasopilotermes He, 1987 (Fig. 8)

This genus was first established as *Pilotermes* by He (1987), but he later renamed it as *Nasopilotermes* because the name, *Pilotermes*, had already been used by Emerson (1955, 1960). This genus resembles closely *Havilanditermes* Light, but has the following characteristics: (1) Soldier: dimorphic; head with posterior margin slightly depressed in the middle; mandibles without points, some minor soldiers may have small points but no minute tooth at the tip. (2) Worker: mandible with posterior margin of apical tooth longer than anterior margin of the first marginal tooth, the third marginal tooth of left mandible with anterior margin as long as posterior margin.

The soldier of *Nasopilotermes* is also closely related to those of *Cucurbitermes* Li and Ping, *Sinocapritermes* Li and *Nasutitermes* Dudley, but can be distinguished by its head having a slight depression in the middle, head and rostrum of major and minor soldiers being covered by numerous short hairs (He, 1987).

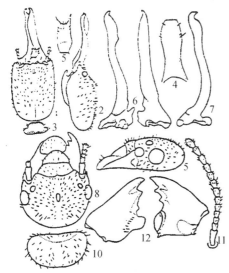

Fig. 7 *Sinocapritermes sinensis* (after Ping and Xu)
Soldier: 1. Head, ventral view; 2. Head, lateral view; 3. Pronotum, ventral view; 4. Postmentum; 5. Labrum; 6. Left and right mandibles; 7. Left mandible (from a different angle). Imago: 8. Head, ventral view; 9. Head, lateral view; 10. Pronotum, ventral view; 11. Antenna. Worker: 12. Left and right mandibles.

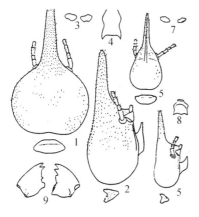

Fig. 8 *Nasopilotermes jiangxiensis* (after He)
Major soldier (1~4), minor soldier (5~8): 1,5. Head and pronotum, dorsal view; 2,6. Head and pronotum, lateral view; 3,7. Mandibles; 4,8. Postmentum; 9. Worker: Mandibles.

Beneficial role of termites

Termites are notorious pests but certain species, especially those inhabiting soil, may have beneficial roles in nature. Termites are known to house a large number of microorganisms in their intestine. These microorganisms contain cellulose, and are thus capable of digesting carbohydrates such as cellulose, and possibly lignin. These processes have the overall effect of enhancing nutrient recycling. Moreover, the activities of termites beneath the soil surface can alter the physical and chemical properties of the soil, and may have an important influence on agriculture. Zhang (1987) studied the impact of *Macrotermes barneyi* and *Odontotermes formosanus* on soil fertility, and found that the activities of the termites and their associated fungus combs could increase the contents of organic matter and nutrients (N, P and K) in the surrounding area.

Other beneficial roles of termites can be briefly summarized as follows:

(1) Fungi associated with certain genera of Macrotermitinae can provide edible mushrooms (Cheo, 1942, 1945, 1948; Zang, 1981a, 1981b; He, 1985; Zhang and Ruan, 1986). Fungi associated with living termites include the following species:

Family Amanitaceae

Genus *Termitomyces*

T. albuminosus (Berk.) Heim

T. aurantiacus Heim

T. robustus (Beeli) Heim

T. striatus (Beeli) Heim

T. albiceps He

T. cylindricus He

T. macrocarpus Zhang and Ruan

T. cylpeatus Heim

T. fuliginosus Heim

T. microcarpus (Berk and Broome) Heim

Genus *Sinotermitomyces*

S. cavus Zang

S. carnosus Zang

(2) In China, the medical use of termites has a long history. In the Ming dynasty, the famous Chinese pharmacologist, S. Li, described in his work *Outlines of Chinese Medical Herbs* that termites can be used for treatment of a number of diseases (Zhang, 1985; Huang and Lin, 1989). Furthermore, the termite-associated fungus, *Termitomyces albuminosus*, has been found to contain ergosterol, and is being used as traditional medicine. The use of termites and termite-associated fungi as medicine deserves further investigation.

(3) Termites have very high calorific (3 kJ per 100 g) and nutritional values, and have been used as

food in China as well as other parts of the world. Water accounts for about 50% of the body weight of termites, and the other major components include inorganic salts, carbohydrates, fats and proteins. Recent analyses have shown that *Coptotermes formosanus* contains 17 different, including some essential, amino acids: aspartic acid, threonine, serine, glutamic acid, proline, glycine, alanine, cystine, valine, methionine, isoleucine, leucine, tyrosine, phenylalanine, lysine, histidine, arginine (Huang et al., 1987; Huang and Lin, 1989).

(4) Soil-associated termites collect their nest-building material by digging into the ground, and transporting soil from deeper levels up to the surface. Hence, it is possible to obtain useful preliminary information of the types and mineral contents of the soil at deeper levels by analyzing the composition of the termite nests in that area (Zhang, 1987).

ECOLOGY
Swarming

Termites produce winged adults which take part in dispersal flights (swarming). Swarming only takes place when external environmental conditions are favourable. The timing of swarming activities varies both between and within species, and is generally earlier in the south than in the north.

Climatic conditions required for the initiation and synchronization of the dispersal flights of *Coptotermes formosanus* have been studied in provinces such as Guangdong (Li, 1979), Guangxi, Zhejiang (Tang and Li, 1959a), Fujian, Hunan, Hubei (Zhang, 1965) (Table 1). In China, swarming behaviour of *Reticulitermes affinis*, *R. yizhangensis*, *R. hainanensis*, *Macrotermes barneyi*, *Hodotermopsis* sp., *Incisitermes laterangularis*, and *I. minor* have also been investigated (The Yongxiu Forestry Research Institute 1977, Li S, 1982; Yin, 1982a, 1982b; Han, 1982-1983). It is evident that the conditions initiating dispersal flights vary between species, and such information is well documented in China (Table 2). It is apparent that meteorological factors including air pressure, relative humidity, ambient temperature and precipitation have important influences on the swarming activities of termites.

Table 1 Climatic conditions associated with the swarming of *Coptotermes formosanus* Shiraki (after Lin, 1987)

Provinces	Zhejiang	Hubei	Hunan	Guangdong	Guangxi	Fujian
Month(s)	late May to late June	late May to late June	early April to late June	early April to late May	mid April to late May	late May to late June
Peak Month	June	June	June	May	May	June
Time	19:00-21:00	19:00-21:00	19:10-19:40	19:30-22:00	18:20-19:10	19:15-21:00
Temperature (℃)	22~28	22~27	22~29	21~29	27~28	26~30
Atmospheric Pressure (mb)	1001.0~1007.6	1000.2~1003.7	1001.2~1013.2	1004.5~1013.4	1012.0~1014.0	1003.5~1012.0
Humidity(%)	73~86	71~96	85~90	81~96	80~85	75~87

Table 2 Climatic conditions associated with the swarming of termites in China

Species	Month(s)	Time	Air temperature (℃)	Atmospheric Pressure (mb)	Relative Humidity (%)	Province	Reference
Reticulitermes flaviceps	February to April	12:00-14:00	20	999.99~1006.65	—	Zhejiang	Tang and Li (1959a)
Reticulitermes flaviceps	March	13:00-15:00	22	1009.32 or below	62 or below	Hubei	Li(1966)
Reticulitermes speratus	mid February to early May	12:00-14:00	17~30	1009.60~1028.00	28~76	Tianjin	Termite research group(1978)
Reticulitermes chinensis	late April to June	after 15:00	21 or above	947.99~963.99	35~82	Shanxi	Zhang(1964)

Species	Month(s)	Time	Air temperature (℃)	Atmospheric Pressure (mb)	Relative Humidity (%)	Province	Reference
Reticulitermes chinensis	early and mid May	12:00	21~29	1006.7~1017.4	—	Tianjin	Termiteresearch group(1979)
Reticulitermes chinensis	—	—	17~26	1013.32	40~80	Sichan	Pan, et al. (1985)
Odontotermes formosanus	April to June	18:00-20:00	19 or above	944.65~1003.99	80 or above	Guangdong Hubei	Li, et al. (1979)
Odontotermes hainanensis	May to July	12:00-15:30	24~27	998.65~1006.65	90~95	Guangdong	Shi, et al. (1987)
Macrotermes barneyi	late April to late June	2:00-8:00	20~28	981~996	70~80	Hunan	Dai(1987)

Establishment and development of colonies

Coptotermes formosanus starts egg-laying 5~13 days after copulation, and produces a clutch of about 25 eggs at a rate of 1~4 eggs per day. Eggs take 24~32 days to hatch and oviposition stops for a short period before hatching of the first clutch (Li et al., 1979; Huang et al., 1984). The development of *C. formosanus* colony is relatively slow. Towards the end of the first year, the colony would contain 33~73 individuals. By the end of the second and third years, the colony may have 183~626 and 1000~2000 individuals respectively. The number of inhabitants may reach 5000 after four years (Li et al., 1979). In laboratory cultures, the production of winged adults was observed only after 8 years (Huang and Chen, 1983).

Odontotermes formosanus begins oviposition 4~10 days after colony foundation, lays a clutch of 71~98 eggs in 20 days (2~6 eggs per day) then pauses for about 6 weeks (Liu et al., 1982). However, Huang et al. (1984) reported no such resting stage. The number of individuals can increase from about 90 in a three-month old colony to about 5000 in three years. Fungi start to develop inside the nest 3~4 months after the establishment of the colony, and take 2~3 years to develop into two or more fungus combs. The successful establishment of laboratory cultures depends on the successful formation of the fungus combs (Liu et al., 1981). A culture of *O. formosanus* has been maintained in the laboratory for over eight years, and no winged adults have been produced (Y. Z. Liu, personal communication).

Odontotermes hainanensis starts egg laying 2~5 days after foundation and produces 40~136 eggs in 45 days (about 2 eggs per day). Eggs normally require 27 days to hatch (Li T, unpublished). Similar studies involving members of the genera *Reticulitermes* and *Cryptotermes* are currently in progress.

Besides the establishment of new colonies by imagoes engaged in dispersal flights, termite colonies can also be formed as a direct result of budding (or fission). Such a phenomenon has been observed in genera *Coptotermes* and *Reticulitermes*, and involves the production of reproductives as a result of isolation from the mother colony. Zhao (1964, 1976) pointed out that the destruction of nests would not be an effective means of controlling those termite species that have the capacity of rapidly regenerating secondary colonies once the mother colony has been destroyed. Investigations of the development of colonies of *C. formosanus* and *R. chinensis* are currently being carried out in China.

Termitarium (termite nest)

The structure of a nest reflects, to a certain extent, the basic biology of the species inhabiting it. Chinese termites can be categorized into 3 groups according to the substrate on which the nests are built: (1) wood-associated, (2) soil-associated and (3) wood/soil associated termites.

Wood-associated termites include the relatively primitive Kalotermitidae and Termopsidae. This group often has small colonies and simple nests consisting of series of narrow, parallel tunnels carved out of wood.

In *Cryptotermes*, *Incisitermes* and *Glyptotermes*, the lower side of the entrance to the nest is often filled with sandy excretory material.

The soil-associated and wood/soil-associated termites include many species of the families Rhinotermitidae and Termitidae. The shape of the nest is extremely variable with some resembling that of the wood-associated termites. The nests are basically tunnels made in wood and soil e. g. *Reticulitermes* spp. In these nests, the queen occupies the extended part of the nest which shows little signs of differentiation. The external opening is not obvious. Nests of other species can be rather complex, and distinctly differentiated, consisting of different compartments e. g. *Coptotermes* and *Odontotermes*. The material used for building such nests can range from wood and/or soil in simple tunnel-building termites to a complex mixture of wood, soil, faeces, secretory and excretory products in species which build complex nests e. g. *C. formosanus*.

Termite nests serve an important function of maintaining temperature, relative humidity and possibly air pressure inside the nest. The nest of *Coptotermes formosanus* has a narrow ditch of about 5 ~ 6 cm deep on the outside. Inside the nest, the cells are often arranged concentrically, or the arrangement will follow the shape of the nest. The royal cell is located inside the central chamber which is often crescent-shaped. The use of radioactive tracers has revealed that individual termites may move between the central and the side chambers several times each night (Li *et al.*, 1981). Young nests do not have side chambers. However, as the colony develops and requires more food, side chambers (3 ~ 5 or more) are built. The central chamber has the following characteristics:

(1) The central chamber contains the royal cell.

(2) The central chamber contains eggs and larvae while side chambers do not have eggs and rarely have larvae.

(3) The central chamber often has obvious ventilation holes on the outside while those of the side chambers, if present, are not conspicuous.

(4) The central chamber is surrounded by a narrow ditch.

(5) Woody material is often concentrated around the central chamber.

The external features of the nests of *Coptotermes formosanus* e. g. exit holes, ventilation holes and faeces are important clues to the exact location of the nests. The exit holes in buildings are about 1 ~ 6 cm long and 0. 2 ~ 0. 5 cm wide, and variable in shape. They are found most commonly on door frames, beams, wood columns and ceiling boards etc. The distances between the ventilation holes and the nest are shorter than those between the exit holes and the nest. The ventilation holes are smaller and less conspicuous, and have the important function of regulating relative humidity and temperature. During the hot season, temperatures inside a *C. formosanus* nest can reach 32℃ ~ 36℃ (failing to 4℃ during winter). The wall of the nest contains 33% of water. The relative humidity inside the nest is often maintained at high levels (90% ~ 100%). The level of carbon dioxide is about 0. 5% ~ 6. 5%.

Tsai *et al.* (1965) classified the termitaria of *Odontotermes formosanus* into seven different types according to their architecture, which correspond to various main stages during the development of the nest. The seven stages are:

(1) Unilocular young nest without fungus comb.

(2) Unilocular young nest with fungus comb.

(3) Oligolocular young nest with the central chamber (containing the royal pair) on the uppermost site.

(4) Oligolocular young nest with the central chamber on the lower site.

(5) Multilocular young nest with several layers of fungus combs in its central Chamber.

(6) Multilocular young nest with a group of fungus combs accumulated in its central chamber.

(7) Old multilocular nest with degenerating fungus combs in its central chamber.

The fungus combs from the main part of the nest except in stage 1. Each comb undergoes a period of construction and a period of destruction. In the nest, old combs are continuously being substituted by new combs throughout the life of the colony. The number of empty chambers in a nest is a good indicator of the age of the colony. The construction of new combs and the degeneration of old combs cause a change in the architecture of the nest, as well as gradual increase in the depth of the nest beneath the ground. In the central chamber of mature nests skeletal structures, formed by large flaks of soil material serve to support the fungus combs. These skeletal may reach a thickness of about 3 cm in old nests. The royal pair apparently migrate from an old central chamber to a new central chamber between stages 3 and 4 and also between stages 4 and 5, during the course of the development of the nest.

In winter, young nests (stages 1 ~ 4) which are characterized by small colonies and a simple structure have poor heat-conserving ability, and their internal temperatures fluctuate with those of their surroundings. By contrast, mature nests (stages 5 and 6), insulated by many layers of air as a result of the complex internal structures, are better able to maintain higher temperatures (20℃ ~ 26℃) relative to ambient soil temperatures (12℃ ~ 16.5℃). Old nests (stage 7), containing an aging colony, have lower metabolic rates, and can only maintain their temperature at about 19℃ when the surrounding temperature is 15℃ (Liu et al., 1982). The temperature inside the nests has an important influence on termite reproduction. Indeed, young colonies can only reproduce in the summer when the external temperatures are high whereas mature colonies can breed all year round (Liu et al., 1982).

Termites in the warmer southern China can build nests extending above the ground (forming a mound). These termites include *Macrotermes annandalei* (Silvestri), *Odontotermes yunnanensis* Tsai and Chen, *Termes marjoriae* (Snyder), *Globitermes sulphureus* (Haviland), *Pericapritermes wuzhishanensis* Li, *Microcerotermes marilimbus* Ping and Xu and *M. remotus* Ping and Xu (Li, 1982; Ping and Xu, 1984).

Economic damages caused by termites

Termites are important pests which can cause serious economic losses. They can damage the structure of houses, trees, horticultural crops, river banks, reservoir dams and underground cables, as well as transmission posts. It was estimated that 60% ~ 70% of the electrical faults in southern China have been attributed to damage of electric cables caused by termites (The United Research Group of Plastic Cable Protection 1978). In some cases, termites destroy the insulating layer of enamel-coated wire and plastic cables, and cause fires.

Termites as pests of agricultural crops

Reticulitermes speratus (syn: *R. flaviceps*) is an important pest of Indian corn (*Zea mays* L.) and wheat (*Triticum aestivum* L.) (Xue and Yuan, 1965). *Coptotermes formosanus* has been known to cause damage to sunflower (*Helianthus annuus* L.), *Reticulitermes flaviceps* to India corn (*Zea. mays.* L.), *Odontotermes formosanus* to sugarcane, waternut (*Eleocharis dulcis* (Burm. f.) Trin. ex Henschel) and sweet potato (*Ipomoea batatas* (L.) Lam.) (Tang and Li, 1959b).

In Yunnan Province, members of the genus *Microtermes* were reported to have caused a 40% loss of peanuts (*Arachis hypogaea* L.) and a 20% loss of the seedlings of tropical crops. On Hainan Island, *Odontotermes formosanus* caused damage to upland rice and destroyed 10% ~ 15% of sugar cane seedlings. Termites can also attack the roots of lowland rice when the fields have been drained (The Division of Plant Protection, 1974). Other economically important species include *Macrotermes barneyi*, *Pericapritermes nitobei*, *Odontotermes hainanensis* (Jen 1964). Sugar cane is the most susceptible to termite attack at high altitudes. Susceptibility of sugar cane increases with age. The plants would fail to bud when the percentage of termite damage exceeds 70. In 1958, termites reduced sugar cane production on Hainan Island by 5% ~ 15% (Jen, 1964).

Termites as pests of forestry and horticultural crops

Members of the genus *Cryptotermes* are pests of *Ficus* spp., *Litchi chinensis* (lychee), *Lagerstroemia fordii* (ford crapemyrtle). *Glyptotermes* can attack *Psidium guajava* (common guava), *Juglans regia* (royal walnut), *Pterocarya stenoptera* (Chinese wingnut), *Salix babylonica* (babylon weeping willow), *Gleditsia sinensis* (Chinese honeylocust), *Sophora japonica* (Japanese pagoda tree), *Liquidambar formosana* (beautiful sweetgum), *Schima superba* (schima), *Mangifera indica* (mango), *Ilex chinensis* (purple flower holly), *Artocarpus heterophyllus* (jackfruit),

Ficus microcarpa (smallfruit fig), *Ficus lacor* (big leaf fig), *Cyclobalanopsis delavayi* (delavay oak), *Fraxinus chinensis* (Chinese ash), *Osmanthus fragrans* (sweet osmanthus), *Aphananthe aspera* (scabrous aphananthe), *Toona sinensis* (Chinese mahogany), *Phoebe zhennan* (Zhennan) (Gao, Tu and Sun, 1984). *Coptotermes* spp. build nests in willows, camphor trees, *Eucalyptus amplifolia*, *Sapium sebiferum* (Li et al., 1979). Yu and Ping (1964) estimated 10% termite-induced loss of *Delonix regia* (royal Poinciana) trees (diameter c. 1m) in Hekou city, Yunnan Province.

Reticulitermes can infest London plane tree and Chinese fir (Gao et al., 1985) while *Stylotermes* infests trees such as *Ficus hispida* (opposite leaf fig), *Morus laevigata* (Mulberry), *Illicium verum* (Truestar anisetree), *Schima superba* (Schima) and *Rhododendron* spp. (Tsai et al., 1978). The genera *Odontotermes* and *Macrotermes* are important pests of Chinese fir, common sassafras, masson pine, oak, water fir, camphor trees etc. (The Forest Administration of Fanchang County, 1977). *Hodotermopsis* damages *Pinus taiwanensis* (Taiwan pine), *Cryptomeria fortunei* (Chinese cedar), *Vaccinium sprengelii* (Sprengel blueberry). *Pinus kwangtungensis* (Kwangtung pine), *Acanthopanax sinensis* (Chinese acanthopanax), *Pinus massoniana* (Masson pine), *Castanopsis* sp., *Cercis chinensis* (Chinese redbud), *Syzygium buxifolium* (box-leaved syzygium), *Meliosma angustifolia* (narrow leaf Meliosma) (Li S, 1982; Yin, 1982a).

With the establishment of monospecific plantation, the impact of termites on forestry is likely to become more important. The Forest Administration of Fanching County (1977) estimated 20% ~ 30% damage of fir trees by termites. In severe cases, 90% of the trees were damaged, and 10% of the seedlings destroyed. Similarly, *Odontotermes formosanus* caused 17% damage to seedlings of *Eucalyptus robusta* and *E. tereticornis* in the south-eastern part of Guangdong Province. In certain areas, 80% of the trees were damaged and 50% killed (Yu and Ping, 1964).

The use of the insecticide, mirex, for controlling *Odontotermes*, *Macrotermes*, *Coptotermes* and *Reticulitermes* has proved to be effective (less than 0.5 g is required to eliminate an *Coptotermes* colony). However, it should be noted that mirex has recently been banned due to its carcinogenic nature. In forests, fungus combs of dead *Odontotermes* and *Macrotermes* colonies can generate fungi of the genus *Xylaria* e.g. *X. nigripes* (Klotzsch) Sacc. and *X. furcata* Fr. The appearance of these fungi can be used as a surface indicator for assessing the relative effectiveness of different control methods (Wang, 1984; Gao et al., 1985).

Termites damaging buildings

Termites often cause integral damage to structural timber, weakening the load-bearing points of wooden structures, and can result in the sudden collapse of buildings. Termites capable of causing such damage include *Coptotermes* (southern China), *Reticulitermes* (northern China and regions along Yangtze River), and *Cryptotermes* (southern China). *Glyptotermes*, *Odontotermes*, *Hypotermes*, *Macrotermes* and *Hodotermopsis* are serious hazards to simple houses built close to forests on hillsides (Yu and Ping, 1964; Li S, 1982; Gao, Tu and Sun, 1984; Fan and Peng, 1986; Gao, 1987). Damage caused by *Incisitermes* has also been recorded in coastal regions of eastern China (Han 1982–1983). Members of the genus *Coptotermes* are often considered as most destructive chiefly because of their great dispersal power, large colony size and high speed of destruction. *Reticulitermes* is particularly important due to its wide distribution. In 1984, a survey was conducted on 23 cities in China, and it was estimated that a total area of $2.2 \times 10^7 m^2$ has been affected by termites, causing an estimated loss of over US \$ 0.4 billion in China (Lin, 1986, 1987). Careful control of termites is clearly necessary in China, and this should involve the following procedures:

(1) Elimination of winged adults to prevent the formation of new colonies. Wing reproductives are positively phototactic, and can be effectively controlled by light-trapping.

(2) Damage to buildings could be alleviated by good building practices:

a. remove all wood debris from the building site before starting construction and after the building has been completed;

b. avoid direct contact between wooden structures

and the soil surface by a concrete layer;

c. improve drainage by building the foundation slightly above ground.

(3) Soil should be treated chemically before pouring the concrete to prevent termite infestation. For example, 1~1.5 litres of 1% chlordane can be applied per 1 m^2 of area, and 10~15 litres per 1 m^3 of foundation fill.

(4) Wood should be treated with preservatives to prevent termite attack and decay, and this provides a longer service life. Preservatives can be applied by brushing, spraying or soaking. To obtain maximum protection, wood can be pressure-impregnated with termiticides.

Termiticides commonly used in China are mirex and arsenite. Fumigants such as methyl bromide and sulphuryl flouride are very effective in controlling *Cryptotermes*.

Termites damaging dams and underground cables

The importance of termites in damaging dams has been well documented in ancient China (see review by Zou, 1963). In southern China, reservoir dams are often inhabited by termites of the genera *Odontotermes*, *Macrotermes* and *Coptotermes*. These termites establish colonies and build nests inside the dams, creating huge networks of tunnels, which can have the overall effect of weakening the structure of the dams and can cause serious catastrophes (The Division of Ecological Research, 1982; Li et al., 1986). Dams can be protected from termite damage by the use of toxic baits and frequent application of termiticide. Yao (1985) reported that an outer shell (about 50 mm thick) of sand and gravel can act as an effective barrier blocking routes of termite entry.

In recent years, underground cables have been widely installed in China. These cables have an outer insulating layer composed of high-density materials such as polyvinyl chloride (PVC), polyethylene, low pressure polyethylene, polystyrene, nylon, phenol resin and rubber. These materials fail to resist termite attack, resulting in frequent electric stoppages (Li et al., 1979). These accidents are most common in provinces south of the Yangtze River. Genera responsible are *Coptotermes*, *Reticulitermes* and *Odontotermes*. In China, hardened PVC is becoming more and more widely used to resist termite attack. Other methods include the incorporation of termiticide e. g. dieldrin (3% by weight), chlordane and lindane (5%) into the insulting materials of the wire or treating the soil surrounding the cable with chemical termiticide (Li et al. 1979).

[Note: termiticide-plasticizer mixtures are prepared by adding two parts of the termiticide (e. g. dieldrin, chlordane, heptachlor and lindane) to one part of plasticizer, plastic granules are first heated at 80℃~100℃ for 10 minutes. A quantity of 3~5 litres of the termiticide-plasticizer mixture is then added to 100 kg of the melting plastic, which is then stirred for about 20 minutes. The rest of the procedure follows the general plastic, which is then stirred for about 20 minutes. The rest of the procedure follows the general plasticprocessing techniques. Heat-treatment experiments have confirmed that termiticides such as dieldrin, lindane and chlordane retain their toxicity after being subjected to 160℃ for 30 minutes (The United Research Group of Plastic Cable Protection, 1978)].

Acknowledgment

We thanks Dr. D. Dudgeon (Zoology Department, The University of Hong Kong) for useful comments on an earlier draft of the manuscript.

References

[1] Cheo CC. A study of *Collybia elbuminosa* (Berk.) Petch, the termite growing fungus in its connection with *Agerita duthiei* Berk (*Termitosphaeria duthiei* (Berk.) Ciferri) [J]. Science Record, 1942, 1: 243-248.

[2] Cheo CC. On termites and chicken drum sticks [J]. Science (China), 1945, 27: 25-51.

[3] Cheo CC. Notes on fungus-growing termites in Yunnan [J]. Lloydia, 1948, 11: 139-147.

[4] Dai XG. Studies on the bionomics of *Macrotes barneyi* Light [J]. Scientia Silvae Sinicae, 1987, 23: 498-502.**

[5] The Division of Ecological Research (Guangdong Institute of Entomology). Survey of termites on Moyanjian-dike [J]. Water Resources and Hydropower Engineering, 1982, 11: 54-56.*

[6] The Division of Plant Protection (Lishuan District Agriculture Research Institute). A preliminary survey on the ter-

mite *Odontoterrnes formosanus* (Shiraki) infesting rice [J]. Kunchong Zhishi, 1974, 11: 23-24. *

[7] Emerson AE. Geographical origins and dispersions of termite genera [J]. Fieldiana Zoology, 1995, 37: 466-521.

[8] Emerson AE. Six new genera of Termitinae from the Belgian Congo (Isoptera, Termitidae). American Museum Novitates, 1988: 1-49.

[9] Fan SD. A new genus and three new species of Nasutitermitinae (Isoptera) from Jiangxi Province, China [J]. Contrbutions from Shanghai Institute of Entomology, 1982-1983, 3: 205-211. **

[10] Fan SD, Peng XF. A record on the termite (*Glyptotermes*) attacking buildings [J]. Contributions from Shanghai Institute of Entomology, 1986, 6: 271-272. *

[11] Fan SD, Xia KL. On the genus *Glyptotermes* (Isoptera: Kalotermitidae) from China, with descrptions of three new species [J]. Contribtions from Shanghai Institute of Entomology, 1980, 1: 161-171. **

[12] The Forest Administration of Fanchang County, Anhui Province (and the Department of Forest Protection. Auhui Agricultural College). The control of forest subterranean termites[J]. Scientia Silvae Sinicae, 1977, 1: 54-58. *

[13] Gao DR. An investigation on thc termites (Isoptera) from Mt. West Tianmu, Zhejiang Province, China [J]. Science and Technology of Termites, 1986, 3: 9-11. *

[14] Gao DR. Use of attractants in bait toxicants for the control of *Coptotermes formosanus* Shiraki in China [M].// Tamashiro M, Su N Y, eds. Biology and control of the fromosan sudterranen termite. Honolulu, Hawaii: College of Tropical Agriculture and Human Resources, University of Hawaii. 1987: 53-57.

[15] Gao DR. Two new species of the genus *Ahmaditermes* (Isoptera: Termitidae) from Mount Tianmu, China [J]. Science and Technology of Termites, 1988, 5: 9-15. **

[16] Gao DR, Peng XF, Xia K L. Notes on two new species of termites from Sichuan, China (Isoptera: Kalotermitidae and Rhinotermitidae) [J]. Contributions from Shanghai Institute of Entomology, 1982-1983, 3: 193-198. **

[17] Gao DR, Tu CR, Sun CM. The genus *Glyptotermes* (Isoptera: Kalotermitidae) from China: with a description of a new species [J]. Journal of Nanjing Institute of Forestry, 1984, 4: 53-60. **

[18] Gao DR, Zhu BZ, Gan B R, et al. A new toxie bait for the control of forest-infested termites [J]. Journal of Nanjing Institute of Forestry, 1985, 3: 128-131. **

[19] Gao DR, Zhu BZ, Gong A H, et al. Studies on the termites from Sichuan. III. Notes on the genus *Glyptotermes* Froggatt from Chengdu [J]. Entomotaxonomia, 1981, 3: 137-140. **

[20] Gao DR, Zhu BZ, Liu F Y, et al. Survey of termites in the southern regions of Shanxi and Ganus Provinces with descrption of a new species [J]. Entomotaxonomia, 1980, 2: 69-74. **

[21] Gao DR, Zhu BZ, Wang S. Survey of termites in the regions of Jiangsu Province with description of two new species (Isoptera: Rhinotermitidae, *Reticulitermes*) [J]. Zoological Research, 1982, 3(suppl.): 137-144. **

[22] Han MZ. A new species of the genus *Incisitermes* Krishna (Isoptera: Kalotermitidae) [J]. Contrbutions from Shanghai Institute of Entomology, 1982-1983, 3: 199-204. **

[23] He SC. Taxomomic studies on *Termitomyces* from Guizhou Province of China [J]. Acta Mycologica Sinica, 1985, 4: 103-108. **

[24] He XS. A new genus and two new species of Nasutitermitinae (Isoptera) from the Jiulian Mountains, China [J]. Contributions from Shanghai Institute of Entomology, 1987, 7: 169-176. **

[25] He XS, Xia K L. New genus of termites related to *Indotermes* from China (Isoptera: Termitidae) [J]. Contributions from Shanghai Institute of Entomology, 1981, 2: 197-204. **

[26] Huang LW, Chen L L. The inceptive swarming of reproductive *Coptotermes formosanus* in laboratory reared colonies [J]. Acta Entomologica Sinica, 1983, 26: 436-464. **

[27] Huang LW, Lin Q F. Studies on amino acid composition from the body of *Coptotermes formosanus* Shiraki [J]. Kunching Zhishi, 1989, 26: 158-159. *

[28] Huang WL, Lin Q F, Yuan S L, et al. An intital report of the determination of amino acid content of *Coptotermes formosanus* Shiraki and its changes in the incipient colony formation [J]. Zoological Research, 1987, 8: 343-348. **

[29] Jen DF. A preliminary study on the termites infesting sugar cane and their control [J]. Acta Phytophylacica Sinica, 1964, 3: 49-60. **

[30] Li GX. Termite mound nests of Hainan Island, China with a new species of *Capritermes* (Isoptera: Termitidae) [J]. Zoological Research, 1982, 3: 443-450. **

[31] Li GX. New species of the new genus *Peribulbitermes* and of the genus *Ahmaditermes* of the subfamily Nasutitermitinac from China (Isoptera: Termitidae) [J]. Acta Zootaxonomica Sinica, 1985, 10: 95-101. **

[32] Li GX. Four new species of *Nasutitermes* and new genus

Periaciulitermes of subfamily Nasutitermitinae from China (Isoptera: Termitidae) [J]. Zoological Research, 1986, 7: 207-216. *

[33] Li GX, Dai ZR, Zhong D Q, et al. Integated control of termites. pp. In: Integrated control of major insect pests in China [J]. Science Press (Peking), 1979, 401-428. *

[34] Li GX, Ping ZM. Description of a new genus *Tsaitermes* and its three new species from China (Isoptera: Rhinotermitidae: Hetermitinae) [J]. Entomotaxonomia, 1983, 5: 239-245. **

[35] Li GX, Ping ZM. Two new species of the new genus *Cucurbitermes* of subfamily Nasutitermitinae from China (Isoptera: Termitidae) [J]. Acta Entomologica Sinica, 1985, 28: 85-90. **

[36] Li GX, Ping ZM. Three new species of new genus *Sinonasutitermes* of subfamily Nasutitermitinae from China (Isoptera: Termitidae) [J]. Zoological Research, 1986, 7: 90-98. **

[37] Li KS, Tsai PH. On a collection of termites from the Xisha Islands of China with description of a new *Prorhinotermes* [J]. Acta Enomologica Sinica, 1976, 19: 94-100. **

[38] Li S. Survey of termite populations in Zhejiang Province with descriptions of three new species [J]. Acta Agriculturae Universitatis Zhejiangesis, 1979, 5: 63-72. *

[39] Li S. Notes on the habitat and castes of *Hodotermopsis sjöstedti* Holmgren [J]. Acta Entomologica Sinica, 1982, 25: 311-314. **

[40] Li S, Ping ZM. Notes on the genus *Hodotermopsis* Holm. of China and two new species (Isoptera: Termopsidea) [J]. Acta Entomologica Sinica, 1988, 31: 300-305. **

[41] Li T, Chao Y, Shi GS, et al. Experiments on the foraging behaviour of the termite *Odontotermes formosanus* (Shiraki) by labelling with radioactive Iodine^{131} [J]. Acta Entomologica Sinica, 1981, 24: 113-114. *

[42] Li T, Chao y, Shi JX, et al. The effects of nests of the termite *Odontotermes formosanus* on stability of the constructions of dikes [J]. Acta Eeologica Sinica, 1986, 6: 60-64. **

[43] Li YH. *Reticulitermes flariceps* (Oshima) and its control in Yichang city [J]. Chinese Bulletin of Entomology, 1966, 10: 155-157. *

[44] Li SQ. Taiwan subterranean termite and its control, China [J]. Science and Technology of Termites, 1986, 3: 1-8. *

[45] Li SQ. Present status of *Coptotermes formosanus* and its control in China [M]// Tamashiro M, Su N Y, eds. Biology and Control of the Formosan subterranean termile. Honolulu, Hawaii: College of Tropical Agriculture and Human Resources, Universtiy of Hawaii, 1987, 31-36.

[46] Liu YZ, Tang GQ, Pang Y Z, et al. Observations on the construction of the unilocular young nest of *Odontotermes formosanus* (Shiraki) [J]. Acta Entomologica Sinica, 1981, 24: 361-366. **

[47] Liu YZ, Tang GQ, Pang Y Z, et al. Observations on the relations between the activities of *Odontotermes formosanus* (Siraki), its termitarium's growth, and the ambient temperature and moisture [J]. Zoological Research, 1982, 3 (suppl.): 219-228. **

[48] Pan YZ, Peng XF, Lu JL, et al. Division and prediction of nuptial flight stage of *Reticulitermes chinensis* Snyder in Sichuan Basin [J]. Journal of Nanjing Institute of Forestry, 1985, 4: 144-151. **

[49] Ping Z M, Xu YL. Four new species of the genus *Microcerotermes* Silvestri from Guangdong and Guangxi, China (Isoptera: Termitidae) [J]. Entomotaxonomia, 1984, 6: 43-53. **

[50] Ping ZM, Xu YL. Notes on termites of the genus *Pseudocapritermes*, *Malaysiocapritermes* and *Sinocpritermes*, gen. nov. from China (Isoptera: Termitidae) [J]. Wuyi Science Journal, 1986, 6: 1-20. **

[51] Shi JX, Li T, Zhang J F, et al. Observations on the emergence and swarming of *Odontotermes hainanensis* Light [J]. Chinese Bulletin of Entomology, 1987, 24: 337-343. *

[52] Tang C, Li S. Forecasting of the swaring of the yellowthorax termite, *Reticulitermes flarceps* Oshima, in Hangchow [J]. Acta Entomologica Sinica, 1959a, 9: 477-482. **

[53] Tang C, Li S. Termites of Hangchow (I) and (II) [J]. Chinese Bulleton of Entomology, 1959b, 5: 277-280, 318-320. *

[54] Termite research group (Department of Biology, Nankai University, Tianjin and the termite control group, Hongshunli Station of Housing Management, Hepei Distrct, Tianjin). Observations on infestation and swarming of *Retioulitermes speratus* (Kolbe) in Tianjin [J]. Chinese Bulletin of Entomology, 1978, 15: 175. *

[55] Termite research group (Department of Biology, Nankai University, Tianjin and the termite control group, Hongshunli Station of Housing Management, Hepei Distrct, Tianjin). A preliminary study on the biology of *Reticulitermes chinensis* Snyder [J]. Acta Scientiarum Naturalium Universitatis Nankaiensis, 1979, 1: 103-110. *

[56] Tsai PH, Chen NS. New termites from south China [J].

Acta Entomologica Sinica, 1963, 12: 167-198. **

[57] Tsai PH, Chen NS. Problems on the classification and fauna of termites in China [J]. Acta Entomologica Sinica, 1964, 13: 25-37. **

[58] Tsai PH, Chen NS, Chen A G, et al. Architecture and development of the termitarium of *Odontotermes* (*O.*) *formosanus* (Shiaki) [J]. Acta Entomologica Sinica, 1965, 14: 53-71. **

[59] Tsai PH, Huang FS. Termites of China [M]. Bejing: Science Press. 1980. *

[60] Tsai PH, Huang FS. *Parrhinotermes khasii ruiliensis* sp. nov. from China, with notes on the distribution of the genus *Parrhinotermes* Holmgren (Isoptera: Termitidae) [J]. Acta Entomologuca Sinica, 1982, 25: 306-310. **

[61] Tsai PH, Huang FS. A taxonomy of the subfamily Heterotermitinae [J]. Acta Entomologica Sinica, 1983, 26: 431-436. **

[62] Tsai PH, Ping ZM, Li GX. Four new species of the genus *Stylotermes* Holmgren, K. et N. (Isoptera: Rhinotermitidae, Stylotermitinae) from Kwangsi [J]. Acta Entomologica Sinica, 1978, 21: 429-436. **

[63] The United Research Group of Plastic Cable Protection of Kwantung Province. Studies on the prevention of termite damages of the undergound plastic cables [J]. Acta Entomologica Sinica, 1978, 21: 27-34. **

[64] Wang YA. Initial screening of baits for subterranean termite control [J]. Forest Science and Technology, 1984, 8: 27-29. *

[65] Wang ZG, Li DS. A collection of termites from Henan Province with descriptions of new species [J]. Journal of Henan Academy of Sinence, 1984, 1: 67-83. **

[66] Xue C, Yuan L. *Reticulitermes speratus* (Kolbe) from Jiaodong (Shandong Province) [J]. Chinese Bulletin of Entomology, 1965, 11: 185. *

[67] Yao DC. A preliminary investigation of the effect of using composite earth dam with sand and gravel shell for prevention of damage from white ants [J]. Water Resources and Hydropower Engineering, 1985, 3: 57-58. *

[68] Yin SC. A preliminary study of *Hodotermopsis sjöstedti* Holmgren [J]. Scientia Silvae Sinica, 1982a, 18: 58-63. *

[69] Yin SC. Observations on the mating-flight of ten different species of *Reticulitermes* spp. in Hunan Province [J]. Forest Pest and Disease, 1982, 1: 7-10. *

[70] Yongxiu Forestry Research Institute, Jiangxi Province. Swarming of subterranean termites and their control [J]. Chinese Bulletin of Entomology, 1977, 14: 88-89. *

[71] Yu ST, Ping ZM. Studies of the faunal regions of Isoptera in China [J]. Acta Entomologica Sinica, 1964, 13: 10-24. **

[72] Zang M. Notes on the classification and distribution of *Termitomyces* from Yunnan [J]. Acta Botanica Yunnanica, 1981a, 3: 367-374. **

[73] Zang M. *Sinotermitomyces*, a new genus of Amanitaceae from Yunnan, China [J]. Mycotaxon, 1981b, 13: 171-174.

[74] Zhang SD. Primary study on swarming of *Coptotermes formosanus* Shiraki in Hubei Province, China [J]. Chinese Bulletin of Entomology, 1965, 9: 330-362. *

[75] Zhang YJ. Damage of *Reticulitermes chinensis* Synder and its swarming Xian city, Shanxi Province, China [J]. Chinese Bulletin of Entomology, 1964, 8: 174-175. *

[76] Zhang YJ. Must put the termites as an object of quarantine inspectine [J]. Journal of Northwest University, 1983, 4: 48-55. *

[77] Zhang ZF, Ruan XY. *Termitormyes macrocarpus* Zhang et Ruan sp. nov [J]. Acta Mycologica Sinica, 1986, 5: 10-13. **

[78] Zhang ZH. Studies on physical and chemical properties of the soil of termitarium of *Odontotermes formosanus* and *Macrotermes barneyi* [J]. Journal of Hangzhou Universty, 1987, 14: 80-90. *

[79] Zhang ZQ. Studies on frontal gland secretion of termite soldiers and its utilization [J]. Science and Technology of Termites, 1985, 2: 15-16. *

[80] Zhao Y. A discussion on the elimination of *Coptotermes formosanus* by the destruction of nests through digging [J]. Chinese Bulletin of Entomology, 1964, 8: 91-93. *

[81] Zhao Y. Observations on the supplementary reproductives of *Coptotermes formosanus* Shiraki [J]. Chinese Bulletin of Entomology, 1976, 13: 155. *

[82] Zoological Division (Department of Biology, Liaoning University). The first report on *Reticulitermes speratus* (Kolbe) from Llaoning Province [J]. Chinese Bulletin of Entomology, 1974, 3: 42

[83] Zou SW. Termite damage and its control in ancient literature [J]. Chinese Bulletin of Entomology, 1963, 7: 110-115. *

* In Chinese

** In Chinese with English Abstract

原文刊登在《第19届国际昆虫学大会论文摘要集》，1992：596

Notes on the genus *Microcerotermes* (Isoptera: Termitidae) from China, with description of a new species

Gao Daorong[1], Paul K. S. Lam[2]

([1] Nanjing Institute of Termite Control;
[2] Department of Biology, Chinese University of Hong Kong)

Abstract: The genus *Microcerotermes* in China is briefly reviewed, and a new species described. A key is also provided to the five species of *Microcerotermes* recorded from China to date.

INTRODUCTION

In China, the genus *Microcerotermes* Silvestri occurs in Hainan province and southern part of Guangxi region, Guangdong Province. The northern limit of this genus is Guangzhou (Canton city) (23.1°N, 113.2°E). Tsai & Chen (1964) first recorded two species of *Microcerotermes* (*M. bugnioni* Holmgren and *M. burmanicus* Ahmad) from China. Later, Tsai & Huang (1980) reported that the two species should be *M. bugnioni* Holmgren and *M. crassus* Ahmad. Recently, Ping & Xu (1984) proposed that *M. bugnioni* [previously recorded by Tsai & Chen (1964) and Tsai & Huang (1980)] and *M. burmanicus* [recorded as *M. crassus* by Tsai & Huang (1980)] were actually new species and described them as *M. rhombinidus* Ping & Xu and *M. remotus* Ping & Xu respectively. Ping & Xu (1984) subsequently produced a list of four *Microcerotermes* species: *M. marilimbus* Ping & Xu, *M. periminutus* Ping & Xu, *M. remotus* and *M. rhombinidus*.

M. marilimbus builds pagoda-shaped nests above ground. *M. rhombinidus* constructs black, leathery, irregularly-shaped nests (diameter: 3 ~ 6 cm) at a depth of 12 ~ 20 cm beneath the soil surface. *M. remotus* builds ball-shaped nests with one-third to two-thirds of each nest exposed above ground. The nests are hard, porous and variable in size (base diameter ranging from 0.5 to 1 m). The royal cell usually occupies the central portion of the nest close to the base, and is semi-circular in cross section with an arched ceiling. *M. remotus* can cause damage to the wooden structures of buildings, power-transmission posts, railway sleepers and fences particularly in moist areas. In addition, this species can also attack rubber tree [*Hevea brasiliensis* (HBK) Muel. Arg.] which is commonly used for the manufacture of furniture in China (Shi & Tan, 1986). Seventy-eight species of timber from Hainan Island were tested for their resistance against termites, and it was found that *M. remotus* could build nests on and inflict considerable damage to *Hopea hainanensis* Merr. & Chun, *Madhuca hainanensis* Chun & How and *Lithocarpus* spp. (Ping & Su, 1984).

In addition to the four species of *Microcerotermes* termites reported from China, Thrower (1986) recorded the occurrence of *M. minutus* Ahmad from Hong Kong. Furthermore, the authors examined specimens of *Microcerotermes* termites collected from Guangdong province, Guangxi region and Hainan province, and found that they contained a new species. Table 1 gives a list of the six known species of *Microcerotermes* in China (including Hong Kong) and their distribution.

Table 1 Distribution of known species of *Microcerotermes* in China (including Hong Kong)

Species	Province (or region)	County/city	Latitude	Longitude
M. marilimbus	Hainan	Wanning	18.8°N	110.3°E
M. minutus		Hong Kong	22.2°N	113.9°E
M. periminutus	Hainan	Qingzhong	19.0°N	109.8°E
M. remotus	Hainan	Ya	18.2°N	109.5°E
		Baoting	18.6°N	109.7°E
		Dongfang	19.1°N	108.6°E
		Ledong	18.7°N	109.1°E
		Lingshui	18.4°N	110.0°E
M. rhombinidus	Guangdong	Taishan	22.2°N	112.7°E
		Guangzhou	23.1°N	113.2°E
		Dianbai	21.5°N	110.9°E
		Xuwen	20.3°N	110.0°E
		Haikang	20.9°N	110.0°E
		Zanjiang	21.2°N	110.3°E
	Hainan	Dan	19.5°N	109.5°E
		Baisha	19.2°N	109.4°E
		Chengmai	19.7°N	110.0°E
		Qiongshan	19.9°N	110.3°E
		Ledong	18.7°N	109.1°E
		Ya	18.2°N	109.5°E
		Baoting	18.6°N	109.7°E
		Lingshui	18.4°N	110.0°E
		Wanning	18.8°N	110.3°E
		Tongshi	18.7°N	109.5°E
	Guangxi	Pubei	22.2°N	109.5°E
		Nanning	22.8°N	108.3°E
M. dolichocephalicus	Guangxi	Rong	22.8°N	110.5°E

KEY TO THE SPECIES OF THE GENUS *MICROCEROTERMES* FROM CHINA

[modified from Ping & Xu (1984)]

Soldiers

1. Monomorphic: mandibles saber-shaped, length of mandible < 0.80 mm ················ 2

   Dimorphic: mandibles hook-shaped, length of mandible > 1.00 mm ················ 4

2. Head capsule long; head index 0.52 ~ 0.53 ················ *M. dolichocephalicus* sp. nov.

   Head capsule short; head index 0.56 ········ 3

3. Frontal hump plane; postmentum strongly convex ················ *M. periminutus*

   Frontal hump slightly raised; postmentum plane ················ *M. rhombinidus*

4. Height of head including postmentum generally > 0.90 mm; median area of postmentum convex; width of waist 0.26 ~ 0.31 mm ··· *M. marilimbus* (major)

   Height of head including postmentum generally < 0.90 mm; median area of postmentum convex; width of waist 0.20 ~ 0.25 mm ················ 5

5. Head capsule long, length generally > 1.48 mm; Head index 0.58 ~ 0.62 ················ 6

   Head capsule short, length generally < 1.45 mm; head index 0.66 ~ 0.69 ········ *M. remotus* (minor)

6. Posterior margin of head nearly straight; mandibles relatively slender with relatively straight tips ················ *M. marilimbus* (minor)

   Posterior margin of head broad and round; Mandibles relatively stout with slightly curved tips ················ *M. remotus* (major)

Imagoes

1. Length of hind tibia 0.94 ~ 1.02 mm ······ 2
   Length of hind tibia 0.71 ~ 0.73 mm ········ 3

2. Distance between ocellus and eye about equal to the longer diameter of ocellus ······ *M. marilimbus*

   Distance between ocellus and eye less than half of the longer diameter of ocellus ············ *M. remotus*

3. Distance between ocellus and eye less than the

longer diameter of ocellus (c. 0.07 mm) ·················
··················· *M. dolichocephalicus* sp. nov.

Distance between ocellus and about equal to the longer diameter of ocellus (c. 0.05 mm) ················
························· *M. rhombinidus*

Description of news species
Microcerotermes dolichocephalicus sp. nov.

Imagoes (Fig. 1)

Head oval and dark brown. Postclypeus brown with conspicuous middle groove; postclypeus raised, length about half of width. Eye small, circular and rather flat. Ocellus oval; distance between ocellus and eyes less than diameter of ocellus; light-coloured mark between ocelli. Antennae yellowish brown with 14 segments, the third segment smallest, segments increase in size after the fifth segment, shaped like a string of beads. Pronotum colour same as head with a light-coloured 'T'-shaped mark; anterior margin of pronotum straight and slightly raised, posterior margin with a slight central depression. Femur yellowish brown; tibia light reddish brown and darker than femur. Abdominal tergum light yellowish brown; body covered by dense hair. Fontanelle small and inconspicuous. Wing scale larger in the fore than hind wings; M vein of fore wing fused with Cu vein at the base and has 2~3 branches; near the tip of the wing, M and Cu veins follow similar paths, Cu vein has 7~10 branches; M vein of hind emerges from the base of Rs vein. Measurements of the imagoes are given in Table 2.

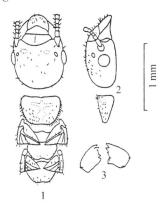

Fig. 1 Imago of *Microcerotermes dolichocephalicus* sp. nov.
1. head, pronotum, mesonotum and metanotum (dorsal view);
2. head and pronotum (lateral view); 3. mandibles.

Table 2 Measurements (mm) of 4 imagoes of *M. dolichocephalicus*

	range	mean
Body length excluding wings	3.81~4.54	4.15
Length of fore wing	4.75~5.32	5.09
Width of fore wing	1.20~1.25	1.23
Head length (up to tip of labrum)	0.94~1.05	1.01
Head width including eyes	0.75~0.79	0.77
Head width excluding eyes	0.66~0.69	0.67
Longer diameter of eye	0.18~0.19	0.18
Shorter diameter of eye	0.15~0.17	0.15
Longer diameter of ocellus	0.070~0.072	0.07
Shorter diameter of ocellus	0.058~0.062	0.06
Distance between ocellus and eye	0.045~0.048	0.05
Distance between eye and ventral side of head	0.065~0.090	0.08
Length of pronotum	0.35~0.38	0.37
Width of pronotum	0.55~0.57	0.56
Length of hind tibia	0.62~0.68	0.67

Soldier (Fig. 2)

Head yellowish brown; antennae light yellowish brown; thorax, abdomen and legs yellow. Head covered sparse hair, thorax and abdomen covered by denser hair. Head roughly rectangular, longer than wide, paralled sided, posterior margin slightly curved. Frontal hump slightly raised with one inconspicuous minute protrusion on each side; fontanelle inconspicuous. Mandibles saber-shaped, long and think, hook-like at the apex; Inner margin of mandible finely serrated, with one thick tooth at a distance about one third from the base. Labrum almost square in shape and short. Antenna with 13 segments, third segment shortest. Pronotum saddle-shaped, anterior end raised, anterior margin depressed in the middle, posterior margin relatively flat in the middle; abdomen long and thin. Measurements of the soldiers are given in Table 3.

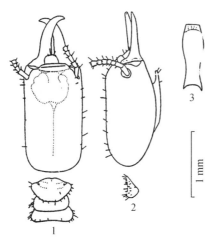

Fig. 2 Soldier of *Microcerotermes dolichocephalicus* sp. nov.

1. head, pronotum, mesonotum and metanotum (dorsal view);
2. head and pronotum (lateral view); 3. postmentum.

Table 3 Measurements (mm) of two soldiers of *M. dolichocephalicus*

	Holotype	Paratype
Head length including mandible	1.92	1.97
Head length excluding mandible	1.44	1.44
Head width	0.75	0.77
Head height including postmentum	0.71	0.72
Length of left mandible	0.79	0.80
Length of postmentum	0.74	0.77
Widest width of postmentum	0.30	0.30
Narrowest width of postmentum	0.19	0.20
Width of pronotum	0.50	0.53
Length of hind tibia	0.60	0.62

Workers

Head brownish yellow; abdomen pale yellow; body covered by dense hair; head quadrate, sides of head posterior to antennal sockets straight, posterior margin round; postclypeus slightly raised with a conspicuous central groove, length about half of width; antenna with 13 segments, third segment shortest; pronotum saddle-shaped; abdomen long and thin. Measurements of the workers are given in Table 4.

Table 4 Measurements (mm) of 2 workers of *M. dolichocephalicus*

Head length up to tip of labrum	1.05	0.95
Head width	0.78	0.76
Width of pronotum	0.45	0.50
Length of hind tibia	0.46	0.54

Comparison between *M. dolichocephalicus* and *M. rhombinidus*

The soldier of *M. dolichocephalicus* may be distinguished from *M. rhombinidus* Ping & Xu by its longer and thicker mandibles, mandibles more curved at the pointed apex, head length (up to mandibular base) longer, head index 0.521~0.533 (head index of *M. rhombinidus* 0.56~0.63).

The imago of *M. dolichocephalicus* may be separated from *M. rhombinidus* by its smaller dimensions, larger ocelli, distance between ocellus and eye less than the diameter of the ocellus.

Locality: Rong county, Guangxi region (Table 1). Soldiers (holotype and paratype), imagoes (morphotype and paramorphotypes) and workers were collected from soil by L. Z. Yang, 18-IV-1987.

Type: The holotype was deposited at Shanghai Institute of Entomology, Academia Sinica, People's Republic of China. The paratypes were deposited at Nanjing Institute of Termite Control and Shanghai Institute of Entomology, Academia Sinica, People's Republic of China.

Acknowledgments

We would like to thank Professor Xia Kailing of Shanghai Institute of Entomology for his advice throughout this study. We also thank Dr. He Xiusong of Shanghai Institute of Entomology and Ping Zhengming of Guangdong Institute of Entomology for their useful comments. We acknowledge the help from Miss Xu Rendi in the preparation of the figures.

References

[1] Ping ZM, Xu YL. Four new species of the genus *Microerotermes* Silvestri from Guangdong and Guangxi, China (Isoptera: Termitidae) [J]. Entomotaxonomia, 1984, 6: 43-53.

[2] Shi ZH, Tan SQ. Report on preservation test of the wood of *Herea brasiliensis* [J]. Scientia Silvae Sinica, 1986, 22: 54-62.

[3] Thrower SL. A termite species new to Hong Kong [J]. Memoirs of the Hong Kong Natural History Society, 1986, 17: 11.

[4] Tsai PH, Huang FS. Termites of China [M]. Beijing: Science Press, 1980: 56.

原文刊登在 *Men Hong Kong Nat Hist Soc*, 1992, 19: 63-70

附录：高道蓉发表的白蚁新种名录

刘绍基整理
(香港渔农自然护理署植物及除害剂监理科,香港九龙)

I. **Valid Species described by Prof. Gao Daorong**

FAMILY: KALOTERMITIDAE
[1] *Cryptotermes angustinotus* Gao & Peng, 1983
[2] *Cryptotermes luodianis* Xia, Gao & Deng, 1983
[3] *Glyptotermes daweishanensis* Gao in Huang, Zhu, Ping, He, Li & Gao, 2000
[4] *Glyptotermes emei* (Gao & Zhu, 1981) Gao in Huang, Zhu, Ping, He, Li & Gao, 2000
[5] *Glyptotermes euryceps* Gao, Zhu & Gong, 1981
[6] *Glyptotermes hejiangensis* Gao, 1984
[7] *Glyptotermes hesperus* Gao, Zhu & Han, 1981
[8] *Glyptotermes latignathus* Gao, Zhu & Han, 1982
[9] *Glyptotermes liangshanensis* Gao, Zhu & Gong, 1982
[10] *Glyptotermes longnanensis* Gao & Zhu, 1980

FAMILY: RHINOTERMITIDAE
Subfamily: Coptotermitinae
[11] *Coptotermes melanoistriatus* Gao, Lau & He, 1995

Subfamily: Heterotermitinae
[12] *Reticulitermes altus* Gao & Pen in Gao, Pan, Ma & Shi, 1982
[13] *Reticulitermes dantuensis* Gao & Zhu, 1982
[14] *Reticulitermes emei* Gao, Zhu, Gong & Han, 1981
[15] *Reticulitermes gulinensis* Gao & Ma in Gao, Pan, Ma & Shi, 1982
[16] *Reticulitermes leiboensis* Gao & Xia, 1983
[17] *Reticulitermes mirus* Gao, Zhu & Zhao, 1985
[18] *Reticulitermes perangustus* Gao, Shi & Zhu, 1984
[19] *Reticulitermes pseudaculabialis* Gao & Shi in Gao, Pan, Ma & Shi, 1982
[20] *Reticulitermes qingjiangensis* Gao & Wang, 1982

FAMILY: STYLOTERMITIDAE
[21] *Stylotermes angustignathus* Gao, Zhu & Gong, 1982
[22] *Stylotermes chengduensis* Gao & Zhu, 1980
[23] *Stylotermes crinis* Gao, Zhu & Gong, 1981
[24] *Stylotermes fontanellus* Gao, Zhu & Han, 1982
[25] *Stylotermes longignathus* Gao, Zhu & Han, 1981
[26] *Stylotermes tsaii* Gao & Zhu in Gao, Zhu, Tang, Ji & Ma, 1982

FAMILY: TERMITIDAE
Subfamily: Apicotermitinae
[27] *Euhamitermes guizhouensis* Gao & Gong, 1985

Subfamily: Nasutitermitinae
[28] *Ahmaditermes dukouensis* Gao & Deng, 1987
[29] *Ahmaditermes foveafrons* Gao, 1988
[30] *Ahmaditermes sichuanensis* Xia, Gao, Pan & Tang, 1983
[31] *Ahmaditermes tianmuensis* Gao, 1988
[32] *Ahmaditermes xiangyunensis* Gao & Gong, 1989
[33] *Hospitalitermes damenglongensis* He & Gao, 1984
[34] *Hospitalitermes jinghongensis* He & Gao, 1984
[35] *Hospitalitermes majusculus* He & Gao, 1984
[36] *Nasutitermes anjiensis* Gao & Guo, 1995
[37] *Nasutitermes changningensis* (Gao & He, 1988) Ahmad & Akhtar, 2002
[38] *Nasutitermes dudgeoni* Gao & Lam, 1986
[39] *Nasutitermes gardneriformis* Xia, Gao, Pang & Tang, 1983
[40] *Nasutitermes hejiangensis* Gao & Tian, 1990
[41] *Nasutitermes heterodon* (Gao & He, 1988) Ahmad & Akhtar, 2002
[42] *Nasutitermes huangshanensis* (Gao & Chen, 1988) Krishna, Crimaldi, Krishna & Engel, 2013
[43] *Nasutitermes longwangshanensis* (Gao, 1988) Ahmad & Akhtar, 2002
[44] *Nasutitermes qimenensis* (Gao & Chen, 1992) Krishna, Crimaldi, Krishna & Engel, 2013

[45] *Nasutitermes sinensis* Gao & Tian, 1990

[46] *Nasutitermes tianmuensis* (Gao & He, 1988) Ahmad & Akhtar, 2002

[47] *Xiaitermes tiantaiensis* Gao & He, 1993

[48] *Xiaitermes yinxianensis* He & Gao in Gao & He, 1993

Subfamily: Macrotermitinae

[49] *Macrotermes planicapitatus* Gao & Lau, 1996

[50] *Odontotermes fuyangensis* Gao & Zhu, 1986

[51] *Odontotermes meridionalis* Gao & Yang, 1987

Subfamily: Termitinae

[52] *Microcerotermes dolichocephalicus* Gao & Lam, 1992

[53] *Pericapritermes hepuensis* Gao & Yang, 1990

[54] *Sinocapritermes tianmuensis* Gao, 1989

[55] *Sinocapritermes vicinus* (Xia, Gao, Pan & Tang, 1983) Ping & Xu, 1986

[56] *Sinocapritermes xiai* Gao & Lam, 1990

II. Status / Combination changed by Prof. Gao Daorong

FAMILY: RHINOTERMITIDAE

Subfamily: Rhinotermitinae

[57] *Parrhinotermes ruiliensis* Tsai & Huang, 1982: Gao, Lam & Owen, 1992

FAMILY: TERMITIDAE

Subfamily: Macrotermitinae

[58] *Ancistrotermes dimorphus* (Tsai & Chen, 1963) Gao & Chen, 1992

Subfamily: Termitinae

[59] *Pericapritermes wuzhishanensis* (Li, 1982) Gao & Lam, 1986

III. Synonym species described/combined by Prof. Gao Daorong

FAMILY: RHINOTERMITIDAE

Subfamily: Coptotermitinae

[60] *Coptotermes anglefontanalis* Gao, Lau & He, 1995 (synonym of *C. suzhouensis* Xia & He, 1986)

Subfamily: Heterotermitinae

[61] *Tsaitermes oocephalus* (Ping & Li, 1981) Gao & Lam, 1986 (synonym of *Reticulitermes oocephalus* Ping & Li, 1981)

FAMILY: TERMITIDAE

Subfamily: Macrotermitinae

[62] *Parahypotermes sumatrensis* (Holmgren, 1913) Zhu in Huang, Zhu, Ping, He, Li & Gao, 2000 (synonym of *Hypotermes sumatrensis* (Holmgren, 1913) Mathur & Thapa, 1962)

Subfamily: Nasutitermitinae

[63] *Mironasutitermes shangchengensis* (Wang & Li, 1984) Gao, 1988 (synonym of *Nasutitermes shangchengensis* Wang & Li, 1984)

IV. Invalid Species Cited in Prof. Gao Daorong's Literature

FAMILY: RHINOTERMITIDAE

Subfamily: Coptotermitinae

[64] *Coptotermes orthognathus* Gao, Zu & Wang, 1982 [nomen nudum]

[65] *Coptotermes pargrandis* Gao, Zu & Wang, 1982 [nomen nudum]

Reference

[1] Krishna K, Grimaldi DA, Krishna V, et al. Treatise on the Isoptera of the World[J]. Bulletin of the American Museum of Natual History, 2013, 377: 1-2704.